GEFÜGEKUNDE DER GESTEINE

MIT BESONDERER BERÜCKSICHTIGUNG DER TEKTONITE

VON

DR. BRUNO SANDER

PROFESSOR AN DER UNIVERSITÄT INNSBRUCK

MIT 155 ABBILDUNGEN IM TEXT
UND 245 GEFÜGEDIAGRAMMEN

WIEN

VERLAG VON JULIUS SPRINGER

1930

ISBN-13: 978-3-7091-9562-8   e-ISBN-13: 978-3-7091-9809-4

DOI: 10.1007/978-3-7091-9809-4

Vorwort.

Gesteine sind, im Sinne dieses Buches, den fügenden Vektoren symmetriegemäße Gefüge — wie auch die lebendigen Massen —, im Feinbau geregelte Gebilde aus anisotropen Elementen — wie auch die Kristalle —, aber ungleich diesen statistisch anisotrope Gefüge.

Ähnlich wie in der Erforschung der Kristalle, so kann man in der Erforschung der Gesteine die Betrachtung der Begrenzung gegenüber der Betrachtung des Gefüges zeitweilig zurückstellen, bis der Begriff der Gesteine als anisotroper Gefüge mit Symmetrieeigenschaften ausgearbeitet und auf erzeugende Bedingungen beziehbar geworden ist.

Beim derzeitigen Stande solcher Arbeiten kann es sich noch nicht um ein Handbuch und nicht um ein Lehrbuch für petrographische Anfänger handeln, sondern es handelte sich darum, ein besonderes Arbeitsgebiet, das ich seit mehr als 20 Jahren in verstreuten Einzelarbeiten vertrat, deutlicher und übersichtlich zu machen. Insbesonders für Fachgenossen, denen die unbefangene Handhabung neuerer Begriffe noch mehr Vergnügen macht als die verfeinerte, aber gelegentlich endlose Wechselrede mit älteren und welche neue Fragestellungen neuen Antworten noch vorziehen. In der Tat wird man noch mehr neue Fragen als Antworten und letztere öfters als Hypothesen bezeichnet vorfinden. Die Durchdringung des sehr umfänglichen Tatsachenmaterials, welches an und für sich für die unwidersprechliche Veranschaulichung der Grundgedanken genügen dürfte, mit Hypothesen muß durchgeführt werden, wenn man die Belebung des Gegenstandes für die Mitarbeit anderer höher stellt als die Sicherung des Autors vor jeder Gelegenheit, seine Meinung oder eine ihm angesonnene einmal widerlegt zu sehen.

Übrigens erkenne ich die vernünftige Rolle und Aufgabe des Widerstandes, der allen Versuchen, bekannte Gegenstände anders zu betrachten, begegnet und bewerte ihn in keiner Weise. Es muß sich eben zeigen, ob die rechte Stunde für weitere Resonanz einer Arbeitsrichtung geschlagen hat, und das hängt ja nicht nur von Persönlichem ab.

Auf dem Wege, über welchen das Buch berichtet, waren amerikanische, namentlich G. Beckers Arbeiten, die überraschendste und erfreulichste Begegnung im weiteren Gesichtskreis. Ihnen gegenüber begann mein Neuland mit der Durchführung des Gedankens, daß Entstehung und Umformung der Gesteine mit korrelater symmetriegemäßer Gefügeregelung erfolgt, nicht nur nach der Gestalt, sondern auch nach dem Feinbau der Körner. Eine zweite Begegnung, welche vielfach zu gemeinsamen Fortschritten und zu unabhängig voneinander erarbeiteten Ergebnissen führte, war die mit W. Schmidt, in dessen Einführung statistischer Untersuchungsmethoden in die Gefügeuntersuchung man heute die den Gesteinen als statistisch anisotropen Gebilden grundsätzlich angepaßte Methode erkennen kann. Eine ermunternde Begegnung war die mit den Schülern und Mitarbeitern meines Innsbrucker Instituts — Dr. Schmidegg, Frau Dr. Felkel, Dr. Reithofer — und mit manchen Gästen aus Deutschland — Prof. Christa, Prof. Rüger, Prof. Drescher und Frau Dr. Korn, die ich unter anderen nenne, da ihre Mitarbeit an der Gefügeanalyse durch Diagramme im Buche ersichtlich ist. Der gesamte noch kleine Kreis gefügeanalytischer Arbeit wird im Literaturverzeichnis übersichtlich; damit auch die zeitliche Entwicklung der Arbeitsrichtung und die lebendige Resonanz und Mitarbeit, welche sie in Deutschland gefunden hat.

Herrn Kollegen Prof. Schatz danke ich Aussprachen über mathematische Formulierungen. Herrn Dr. Schmidegg die Auszählung aller von mir aufgenommenen Diagramme und Beihilfe bei Herstellung der Lichtbilder, Frau Dr. Felkel Korrekturbeihilfe, Herrn Prof. Krejci rumänisches Material, meiner Frau besonders die mühevolle Niederschrift des Textes.

Die meisten der im Buche vertretenen Ansichten waren aus der Tektonik und Petrographie alpiner Gesteine entstanden und wurden im engsten Anschlusse an etwa 15jährige geologische Aufnahmen in den Alpen entwickelt.

Im Jahre 1927 aber ermöglichte mir die Notgemeinschaft der Deutschen Wissenschaft die reichliche Heranziehung deutscher Gesteinsmaterialien, wie es meinem Bestreben entsprach, die Arbeitsrichtung in unmittelbarere Fühlung mit deutschen Forschungsstätten zu setzen und deren Kritik zugänglicher zu machen.

Wenn sich das Buch in diesem Sinne durch 44 Diagramme deutscher Gesteine belebt hat, so ist das also der Notgemeinschaft der Deutschen Wissenschaft zu danken, welcher ich auch bei dieser Gelegenheit meinen Dank gern abstatte.

Über die in diesem Buche vertretenen Stoffe und nahestehende bei der diesmaligen Auslese ausgefallene habe ich seit 1908 publiziert und seit 1911 an der Universität Innsbruck mehrfach gelesen, zuerst 1911 „Über die geologische Bedeutung von Gesteinsgefügen“, zuletzt in der im Buche vorliegenden Form 1929/30 über „Gefügekunde der Gesteine“. Das Buch lag im November 1929 druckfertig und berücksichtigt den Stand der Sache bis dahin.

Die Verlagsbuchhandlung, deren Aufforderung das Buch veranlaßte, ist den Ansprüchen eines so entscheidend auf Veranschaulichungen angewiesenen Themas noch weit über meine Voraussicht hinausgehend nachgekommen. Dadurch ist es möglich geworden, daß sich das Buch an einen viel weiteren Kreis wendet, und mehrfach, wo es sich auf meine älteren Arbeiten bezieht, über deren oft empfundenen Mangel an Veranschaulichung hinausgelangt.

Möge das Buch durch seine auch mir selbst angemessene Zurückhaltung in mathematischen Formulierungen dem für die Entwicklung der Gesteinskunde unentbehrlichen Leserkreise der Geologen zugänglich sein und durch seine allgemeinen Fassungen auch manchen nur scheinbar abseits liegenden Themen, z. B. der Bodenkunde, dienen; auch die Böden sind erzeugenden Vektoren symmetriegemäße Gebilde und als solche noch wenig dargestellt.

Innsbruck, im Juli 1930.

Bruno Sander.

Inhaltsverzeichnis.

Erster Teil.

Allgemeine Gefügekunde.

Seite

A. Abgrenzung und Gliederung des Gegenstandes 1
B. Bewegung und Symmetrie der mechanischen Umformung 6
  I. Grundbegriffe 6
  II. Kinematische Analyse affiner Umformung im isotropen Bereich 9
  III. Symmetriebetrachtungen 21
  IV. Einfache Beispiele nichtaffiner Bewegungsbilder 33
  V. Bewegung und Symmetrie des tektonischen Strömens 53
  VI. Umformende Kräfteanordnungen und Festigkeitsverhalten 73
  VII. Festigkeitsverhalten und Gefügebildung 79
  VIII. Fugen und Rupturen 91
  IX. Durchbewegte Parallelgefüge (Schieferungstheorien) 97
C. Bewegung und Symmetrie der Anlagerung 103
D. Periodische Gefüge 109

Zweiter Teil.

Das Korngefüge.

A. Umformung und Umwandlung der Gesteine 113
B. Untersuchung und Darstellung der Korngefüge 118
C. Allgemeine Begriffe für die Analyse der Korngefüge 135
  I. Der Kristall als Gefügekorn 135
  II. Übersicht der Raumdaten des Korngefüges 140
  III. Regelung (Allgemeins) 143
  IV. Regelung (Besonderes) 147
  V. Wachstumsgefüge und deren Regelung 156
  VI. Interngefüge; Keimregelung; Korrelate Untermaxima; gepreßtes Starrgefüge 162
  VII. Weitere Gesichtspunkte; Zusammenfassung 171
D. Einzelne Mineralgefüge 173
  I. Quarz 173
  II. Kalzit 202
  III. Glimmer 207
  IV. Feldspate 216
  V. Hornblende 217
E. Typische Korngefüge 217
  I. Ebenen des Gefüges 218
  II. Rotierte Gefüge 231
  III. Trikline Tektonite (Schiefgürtel, $B \perp B'$) 239
  IV. Gekrümmte Gefüge 243
  V. Beziehungen zwischen mechanischer Deformation und Kristallisation . . . 262
  VI. Heterokinetische Bereiche; „Höfe" im Gefüge u. a. 275
  VII. Schmelztektonite 276
  VIII. Anlagerungsgefüge 279
  IX. Verschiedenes 281
F. Morphologische und physikalische Anisotropie der Korngefüge . . 284

Zu den Diagrammen: Seite
  Zur Untersuchungsmethode 289
  Quarz. 289
  Kalzit (Marmore) 293
  Glimmer 295
  Zusammengesetzte B-Tektonite; „Korn-in-Korn"-Gefüge 296
  Überlagerte Rotationen im triklinen Gefüge 297
  Gekrümmte Gefüge 297
  Schmelztektonite, Regelung nach der Korngestalt (z. T.) 298
  Trikliner Tektonit mit $B \perp B'$ und unverlagertem, geregeltem Interngefüge . . . 299
  Hornblende 299
  Wachstumsgefüge 300
  Gefügeregel und technische Festigkeit 300

Diagramme 302
Literaturbelege in zeitlicher Folge 346
Sachverzeichnis 350

Erster Teil

Allgemeine Gefügekunde.

A. Abgrenzung und Gliederung des Gegenstandes.

Gefüge; Gefüge und Bewegungsbild; G. Becker; Gefügekunde und Morphologie; Grenzflächen erster und zweiter Art; Zwischengefüge; Beziehung zum Bau der irdischen Sphären;
Beziehung zur systematischen Gesteinskunde.

Die räumlichen Daten im Inneren eines Gebildes mit irgendeiner Außengestalt oder Begrenzung beschreiben das Gefüge dieses Gebildes. Um das Gefüge zu beschreiben, unterscheidet man dessen rein gedankliche und dessen reelle
Teile oder Elemente; bisweilen dann wieder Elemente niederster und höherer
Ordnung, welch letztere zusammenhängende Gruppen ersterer umfassen. Zerlegt man ein Gefüge gedanklich in Scharen beliebig im Gefüge verteilter Elemente, welche gegenüber den anderen etwas (z. B. gleiche Raumlage, Größe,
Festigkeit usw.) gemeinsam haben, so heißt eine solche Schar ein Teilgefüge.
Teilgefüge können sich also in Gesamtgefügen durchdringen und überlagern.

Absolute Ausmaße gehören nicht in die allgemeine Definition des Gefüges.
In dem erörterten Sinne sind reelle tektonische Gefüge, Korngefüge und Gefüge
gerichteter Kräfte Gegenstand des Folgenden, letztere (Vektorengefüge) nur in
ihren Symmetrieeigenschaften und nur insofern als diese in reellen Gefügen zur
Abbildung gelangen.

Gefüge im Sinne dieses Buches sind also feste oder fließende Gebilde aus wirklich oder gedanklich unterschiedenen Teilen, deren Beziehungen zueinander und
zu dem von ihren zusammengesetzten Ganzen beim derzeitigen Stande der Einsicht so viel Allgemeingültiges enthalten, daß man sie erörtern und zum Gegenstand einer Gefügekunde machen kann.

Das Buch beschränkt sich auf die Gefügekunde geologischer Materialien.
Aber es ist nötig, sich der Allgemeingültigkeit solcher Überlegungen bewußter
zu sein als wenn man etwa Mikrotektonik, Granittektonik, Intrusionstektonik
abgrenzt, ohne diesen Umstand zu betonen. Es ist nötig, wegen des Anschlusses
an die exakte Naturwissenschaft, welche, wie man sehen wird, vielfach Grundlagen
und Methoden beistellt, wenngleich, wie man ebenfalls sehen wird, es noch keine
allgemeine theoretische Gefügekunde gibt und im einzelnen gerade die zukunfts-
reichsten Fragestellungen der neueren Gefügekunde noch keine endgültige
Theorie vorfinden. Ich nenne nur die Gefügebildung nach der Grenzflächenphysik in Kristallgefügen, die mechanisch chemische Deformation, die Regelungen, die Abbildungskristallisation im weitesten Sinne, die allgemeine Mechanik anisotroper Gefüge; ja die Theorie mechanischer Spannungen überhaupt.

Einerseits gerade weil die Theorie der Gefügekunde so vielfach erst von der
Zukunft zu erwarten ist und eben Zusammenfassungen, wie dieses Buch dem
Theoretiker solche Lücken sichtbar machen, andererseits weil sich gerade in
diesem Buche zeigen läßt, wie fruchtbar der Anschluß an die vorhandene Theorie

schon bisher war, muß mit der theoretischen Grundlage begonnen und dieselbe immer im Auge behalten werden.

Das Buch betrachtet ferner Gefüge als bewegte Gebilde und Ergebnisse von Bewegungen; auch das kann manchem als eine größere Beschränkung erscheinen als mir.

Die Physik trennt seit jeher scharf Dynamik, die Lehre von den „Kräften" von Kinematik, der reinen Bewegungslehre ohne Bezugnahme auf nichtgeometrische Eigenschaften des Bewegten, auf bewegende oder durch Bewegungen hervorgerufene Kräfte. So ist Dynamik und Kinematik begrifflich scharf zu trennen, wie oft auch Beobachtung und Experiment beide Betrachtungsarten fordern und zu fruchtbarer Wechselwirkung bringen mag. Der Vorteil dieser Trennung besteht nicht nur für die Lehre, sondern auch für die Forschung und besonders auch auf dem Gebiet der Gefügekunde, da man sich und anderen vielfach eine voreilige und beirrende Festlegung auf unbewiesene Aussagen über Kräfte ersparen kann, wo die reinen Bewegungen näher erfaßt und typisiert sind und deren allgemeine Theorie, die Kinematik, fester steht als eine dynamische Theorie.

Man kann sagen, daß eine bewußte und schärfere Trennung beider Betrachtungsarten viele unfruchtbare Mißverständnisse und viele berechtigte Kritik in der Entwicklung der neueren Tektonik, z. B. der Deckenlehre, erübrigt hätte. Es hat auch bei Behandlung tektonischer Großgefüge nicht an Betonung der rein geometrischen Betrachtungsweise und an rein geometrischen Typisierungsversuchen für vorgefundene oder angenommene Bewegungsbilder geologischer Sonderfälle gefehlt (Ampferers Bewegungsbilder; W. Schmidts Gleitbrettfalten-Tektonik) und ich habe selbst eine bewußte und scharfe begriffliche Trennung des kinematischen und dynamischen Gesichtspunktes in die Gesteinskunde eingeführt und zur Grundlage einer Betrachtung der Zusammenhänge zwischen Teilbewegung und Gefüge in Gesteinen sowie der Definition der Tektonite als Gesteine mit summierbarer Teilbewegung im Gefüge gemacht (L 13, 15, 22).

Aber heute, nachdem mir die Arbeiten G. F. Beckers als weit bedeutendere bekannt geworden sind als ich es je aus deren dürftiger Einwirkung auf unser Schrifttum erraten konnte, muß ich diesen Forscher als den erfolgreichsten, mir bekannten Pionier und Klassiker einer klaren Trennung und geologisch eingehenden Anwendung der rein kinematischen (Strain) und dynamischen (Stress) Betrachtungsweise auf geologische Themen begrüßen. Gerne begegne ich manchen Grundgedanken dieses Buches, wie den von der Bedeutung abgebildeter Gleitung in Gesteinen, um welchen ich mich mit W. Schmidt seit 1908 bemühte, in so guter noch heute so lehrreicher Vertretung durch einen Vorgänger. Und es sind die Gedanken, welche ich neu einführte, z. B. die Regelung nach dem Kornfeinbau als Korrelat der Durchbewegung (L 13) sozusagen schon unausdrücklich dargebracht Vorgängern wie G. Becker und Gleichstrebenden wie W. Schmidt, der durch Einführung der statistischen Betrachtungsweise die Ergebnisse der Gefügeuntersuchung erst quantitativ darstellbar und mitteilbar machte.

Man wird also den Gedanken der Trennung von Kinematik und Dynamik in der Gliederung des Stoffes und im einzelnen immer wieder begegnen, ganz entsprechend einem Ausspruche Thomsons (L 1):

„Man sieht also, daß es viele Eigenschaften der Bewegung, Verlagerung und Umformung gibt, welche sich unabhängig von Kraft, Masse, chemischer Zusammensetzung, Elastizität, Wärme, Magnetismus und Elektrizität betrachten lassen; und daß es von großem Nutzen für die Naturwissenschaft ist, derartige Eigenschaften zuerst zu betrachten."

Und man wird den Betrachtungen G. Beckers weit mehr Raum als üblich gegeben finden, womit ich mehr zum Studium der Originalarbeiten anregen als dasselbe ersetzen möchte.

Anders als zur mathematisch-physikalischen Lehre und Methode sind die Beziehungen einer Gefügekunde in dem hier festgehaltenen Sinne zur „Morphologie" als Lehre von den äußeren Begrenzungen. Es sind diese Beziehungen ähnlich, wenn auch nicht restlos analog, denen zwischen morphologischer und physikalisch-feinbaulicher Kristallographie, und es ist zu erwarten, daß nicht wenige Themen — das der rythmischen Vorgänge z. B. — gemeinsame werden und daß dasselbe Problem bisweilen gefügekundlich bisweilen morphologisch besser zu fassen ist. Diese Beziehung soll betont und gleich etwas verdeutlicht werden. Vielfach finden wir Grenzflächen wichtig für das Gefüge: Erstens werden manche Gefüge wie die Anlagerungsgefüge (z. B. das Dünengefüge, Kristallrasen u. a.) ausschließlich an Grenzflächen gebaut, sind typische Grenzflächengefüge, deren Bau vor allem der Gestalt der erzeugenden Grenzfläche zuordenbar ist; zweitens sind Grenzfläche und Gefüge häufig der Symmetrie desselben, beide erzeugenden Vorganges gemäß und so auf dieselbe Anisotropie beziehbar, wofür mechanisch umgeformte Gesteine und die Sedimente viele Beispiele geben. Unter den im weitesten und eigentlichen Sinne als Unstetigkeitsflächen gefaßten Grenzflächen ist eine ganz bestimmte, ohne Hinblick auf Gefügefragen getroffene Auslese nach Gestalt und Entstehung Gegenstand der Morphologie der Erdoberfläche: nämlich eben die Erdgrenze gegen Luft und Wasser, bzw. die untiefe Grenzzone ihrer Gestaltung; während z. B. die vielfach ebenso scharfe Grenze Schmelzflüssig-Fest heute noch von anderer Seite behandelt wird.

Es gehören also die von der Morphologie betrachteten Flächen hinsichtlich ihrer gefügekundlichen Bedeutung nicht in die große Gruppe jener Grenzflächen (erster Art), welche Bereiche mit gemeinsamem Bewegungsbild trennen und mit denselben nach der Kontinuumsmechanik umgeformt werden, z. B. viele gefaltete Gesteinsschichten, Wasserwogen unter Wind u. a., sondern in die zweite große Gruppe der Grenzflächen (zweiter Art), welche Bereiche ohne gemeinsames Bewegungsbild (z. B. unbewegt — bewegt) und ohne gemeinsame Umformung nach der Kontinuumsmechanik trennen.

Die von der Morphologie betrachteten Grenzflächen II. Art trennen also bewegt — unbewegt oder — andersbewegt in größeren Bereichen. Zwischen diese aber schaltet sich eine auch in Grenzflächen I. Art unterscheidbare, im Falle II. Art sehr stark hervortretende gefügebildende Zwischenschicht, stofflich zusammengesetzt aus dem Material beider Bereiche, also stofflich eine Mischzone, kinematisch eine ebenfalls von beiden Bereichen einschließlich der eventuellen Unbewegtheit des einen Bereiches beeinflußte Zone, die Zone der Gefügebildung zwischen den Bereichen kurz der Bildung eines Zwischengefüges, wie z. B. der meisten Anlagerungsgefüge.

Da sich die Gestaltung auch einer solchen Grenzfläche II. Art nicht getrennt von der Kinematik der gefügebildenden Zwischenschicht betrachten läßt, diese Kinematik und das Gefüge selbst ebenfalls nicht getrennt voneinander betrachtet werden, sondern übereinander Aufschlüsse geben sollen, ergibt sich der Wert morphologischer und gefügekundlicher Betrachtungen füreinander, ja die Unvermeidlichkeit gemeinsamer Betrachtungen und der hohe Wert der Morphologie für die Gefügekunde, wo diese gewisse Zwischengefüge betrachtet.

Noch eine dritte Berührungsfläche einer möglichst allgemein gedachten Gefügekunde mit anderen Wissensgebieten ist zu erhoffen.

Es liegt nahe, das Allgemeine, was wir von der Bewegung in der Wasserhülle, Gashülle und Gesteinshülle der Erde wissen, schließlich vergleichend und unterscheidend nebeneinander zu stellen. Diese Gegenüberstellung ist in zwei Teilen zu vollziehen. Der eine Teil betrifft das Zustandekommen der Einzelformen etwa eines Wasserwirbels, eines Bodenwindes, einer Gesteinsfalte usw. Hierin

— man könnte von einer allgemeinen mechanischen Deformationslehre sprechen — könnte man heute schon ziemlich weit gelangen; denn die Bewegungslehre der Flüssigkeiten und Gase ist vielfach ausgebaut und für eine Bewegungslehre der Gesteine liegen wenigstens die in diesem Buche zusammengefaßten Grundlagen und Ausgangspunkte vor. Erst auf einem solchen Unterbau könnte man meines Erachtens mit ganzem Erfolge an den zweiten Teil der Aufgabe gehen: das ozeanische, das atmosphärische und das tektonische Gesamtbewegungsbild einander gegenüberzustellen. Es würde sich durch diese Gegenüberstellung auch am besten zeigen, wie verschieden weit für jede der drei Sphären ein erdumfassendes einheitliches, in sich lückenloses Bewegungsbild wirklich nachgewiesen ist und heute auf einen erdumfassenden Kräfteplan ohne zusammenhanglose autonome Bezirke bezogen werden kann. Es geht dabei noch immer um die alte Frage nach der Ein- oder Mehrpersönlichkeit des Erdgeistes oder zunächst des Neptun, Pluto und Aeolus.

Die Beantwortung im Sinne der Einpersönlichkeit oder anders gesagt die wenigstens mittelbare Beziehbarkeit der örtlichen Phänomene aufeinander scheint mir für die Atmosphäre und Hydrosphäre am weitesten gelangt, für die Gesteinhülle aber gerade heute wieder durch Entwürfe angeregt, aber nicht allgemein kritisch diskutiert zu sein.

Erdgefüge und Weltgefüge sind nicht Gegenstand dieses Buches, aber es war darauf hinzuweisen, mit welchen Bestrebungen die Gefügekunde voraussichtlich einmal in Fühlung treten wird, und zwar vielfach als Unterbau und Hilfswissenschaft wie eingangs angedeutet, so z. B. was die Feststellung der Reichweite verborgener einheitlicher Pläne überhaupt anlangt.

Noch eine Berührungsfläche der hier versuchten Gefügekunde ist zu beachten, die mit der systematischen geologisch-petrographischen Gesteinskunde. Und hier dürfte es die Idee der Gefügekunde verdeutlichen, wenn zunächst die Verschiedenartigkeit der Einstellung — übrigens ohne Bewertung der systematischen Gesteinskunde für ihre eigenen Zwecke — genügend verdeutlicht wird.

Die übliche Einteilung der Gesteine in Sedimente, Erstarrungsgesteine und metamorphe Gesteine ist für Aufgaben wie die des vorliegenden Buches von wenig Interesse. Sie verhüllt für solche Aufgaben mehr als sie besagt, denn sie bringt keine wesentlichen Bedingungen der Gefügeeigenschaften zu Worte. Ja sie ist sogar der Erkenntnis physikalischer Bedingungen und damit einer wirklich allgemeinen, auch die technologischen und experimentellen Erfahrungen an künstlichen Produkten mitumschließenden Gesteinskunde und deren Darstellung hinderlich; ferner geht sie in der Auswahl der Vorgänge, welche sie betont — Sedimentation, Erstarrung, Metamorphose — mehr geologisch als logisch zu Werke. So z. B. finden wir an der Bildung von Sedimentgestein Erstarrung und Metamorphose — als „Diagenese" — mitbeteiligt; in Erstarrungsgesteinen spielen Sedimentationsvorgänge (an bereits erstarrten Flächen und nach der Schwere) und von der Erstarrung zeitlich nicht abgrenzbare Metamorphosen eine Rolle; metamorphe Gesteine erweichen, erstarren und kristallisieren wie Erstarrungsgesteine. Scholastisches Festhalten an derartigen Einteilungen kann den Blick für die entscheidenden Vorgänge nur beengen und führt dazu, daß diese einzeln entdeckt und verschieden benannt werden, auch wo gerade in ihrer Zurückführung auf das gleiche physikalische Gesetz Übersicht und Fortschritt läge. So z. B. sind die Sedimentationsvorgänge in Magmen als solche lange und vielfach noch bis heute unerfaßt geblieben, obgleich nicht nur für ihre Differentiation sondern auch für ihre Gefügekunde der Vorgang der Sedimentation als solcher oft zu diskutieren ist; der Vorgang der Entmischung wurde als Differentiation in Erstarrungsgesteinen beachtet, aber die Bedeutung der Entmischung in metamorphen Tektoniten wenig erkannt, und weder die Übergänge zu Differentiationen noch die gemeinsamen Gesetze für beide Vorgänge betont; und die gemeinsamen Gesetze für die Durchbewegung, Symmetrie und das Verhältnis von Kristallisation zu mechanischer Umformung in Erstarrungsgesteinen, Sedimenten und metamorphen Gesteinen traten erst beim Ausbau der petrotektonischen Untersuchungen zutage, welche in diesem Buche besonders in den Vordergrund gestellt sind.

Mithin soll zwar von „Sedimenten", „Erstarrungsgesteinen" und „Metamorphen" die Rede sein, da dieses Buch ja den Geologen für eine allgemeiner gültige Betrachtungsweise zu gewinnen sucht, aber es geschieht dies nur mit dem oben gemachten Vorbehalte. Und es soll, wie ich es seit L 12 befürwortete und übte, durch die bestehende Benennung der Gesteine und trotz derselben zu entscheidenden Vorgängen durchgedrungen und der Leser in die Lage versetzt werden, jedem Gesteine gegenüber solche Vorgänge mehr ins Auge zu fassen als die Benennungen, welche mit der Vertiefung solcher Einsichten besser geändert als nur anders definiert werden und heute u. a. vielfach jene Vertreter anderer Fächer von der Gesteinskunde abhalten, welche mehr dazu zu sagen hätten als der scholastische Petrograph. So z. B. sagt die Bezeichnung „monokliner Para-Tektonit deformiert nach Feldspat und Biotit mit Quarz und vor Kalzit" Bestimmtes aus, ein Wort wie Gneis aber nichts von alledem und überhaupt nichts Eindeutiges.

Die Gliederung des Gegenstandes erfolgt so, daß in einem ersten Teile jene allgemeiner gültigen kinematischen Zusammenhänge übersichtlich gemacht werden, deren Verwirklichung in Gesteinsgefügen im zweiten Teil durch die Analyse der Korngefüge aufgezeigt wird. Dieser zweite Teil steht also dem ersten allerdings als Sonderfall, aber als entscheidender und lehrreichster aller Sonderfälle der Gefügebildung gegenüber — welcher etwa ebenso wie das Gebilde „Kristall" einen kurzen Namen für „geregeltes kristallines Korngefüge" tragen sollte. — Die Trennung in diese beiden Teile entspricht der Absicht, daß die mehr abstrakt ableitende Betrachtungsweise des ersten Teiles und die aus konkreten Einzelfällen folgernde Betrachtungsweise des zweiten Teiles einander, vollkommen unabhängig voneinander, begegnen und bestätigen.

Diese Absicht wieder dient nicht allein der klareren Beweisführung, sondern entspricht dem historischen Hergang: Die gefügeanalytischen Befunde sind nicht nur unfälschbar durch theoretisch kinematische Annahmen, sondern sie wurden fast durchwegs ohne solche gefunden und weitgehend zusammengefaßt, so daß die Übereinstimmung der induktiven Resultate des zweiten Teiles mit den mir später begegneten deduktiven Resultaten des ersten Teiles den Hauptanreiz für die buchmäßige Zusammenfassung bot. Keineswegs alle im ersten Teile deduktiv dargestellten Ergebnisse sind übrigens deduktiv erschlossen worden, sondern viele wichtige Allgemeinergebnisse sind gefügeanalytisch erschlossen und wegen ihrer allgemeineren Geltung in den ersten Teil eingefügt.

Der erste Teil gliedert sich durch Unterscheidung affiner und nichtaffiner Umformung, durch Unterscheidung Isotroper und Anisotroper und durch Einführung von Symmetriebetrachtungen, welche Außenkräfte, Spannungen, Teilbewegungen und Gefüge verknüpfen. Nach Erörterung des Festigkeitsverhaltens lassen sich Fugen, Rupturen und die allgemeine Theorie durchbewegter Parallelgefüge behandeln. An diese Erörterung der mechanischen Umformung läßt sich auf Grund der gewonnenen Bewegungsbilder und Symmetriebegriffe der Vorgang der Anlagerung im weiten Sinne bei aller Unterscheidung doch in seiner gefügekundlichen Bedeutung enge anschließen.

Auch die Periodizität der Gefüge findet sich in beiden großen Gruppen.

Im zweiten Teile werden nach dem notwendigen Hinblick auf die korngefügebildenden Vorgänge in Gesteinen und auf die neuere Methodik der Korngefügeanalyse die wichtigsten allgemeinen Begriffe für die Beschreibung und Deutung des Korngefüges eingeführt. Daran schließt sich die Darstellung des Verhaltens einiger häufigster gesteinsbildender Minerale als Gefügekorn und monomiktes oder polymiktes Gefüge. Auf Grund dieser Darstellungen läßt sich eine deskriptive und eine hypothetische genetische Typisierung der natürlichen Korngefüge von Gesteinen geben. Damit ist auch die Anisotropie der Gesteine typisiert.

Der beste Weg für den Leser führt über den ersten und zweiten Teil wieder in den ersten zur besseren Erfassung mancher Hinweise auf den zweiten Teil, welche im ersten schon nötig waren.

B. Bewegung und Symmetrie der mechanischen Umformung.

I. Grundbegriffe.

Homogenität; Isotropie; Strain und Stress; homogene und affine Umformung Isotroper und Anisotroper; symmetriegemäße Umformung Anisotroper; symmetriekonstante Umformung.

Ein Gefüge ist isotrop in dem betreffenden Bereiche, wenn jede Gerade von jeder in anderer Richtung gezogenen ununterscheidbar ist; wo nicht, so heißt das Gefüge homogen- oder inhomogen-anisotrop. Mithin kann ein Gefüge, das in Bereichen über einer gewissen Größe statistisch isotrop ist, in kleinen Bereichen anisotrop sein, wie das u. a. manche Gesteinsgefüge, z. B. ein Granit, veranschaulichen.

Es kann also ein isotropes Gefüge aus anisotropen Bereichen bestehen. Mithin ist es nötig, der gedachten Bereiche bewußt zu bleiben, wenn man von isotropen und anisotropen Gefügen spricht.

Ein isotroper oder anisotroper Gefügebereich heißt homogen, wenn wir Teilbereiche von anzugebender Größe, von welchen statistische Isotropie oder Anisotropie im obigen Sinne ausgesagt wird, voneinander ununterscheidbar finden, falls wir sie — bei Anisotropen unverdreht gegeneinander — vergleichen.

Die Gesteine finden fallweise Betrachtung ihres Verhaltens in homogenen oder inhomogenen, isotropen oder anisotropen Bereichen verschiedenster Größe im Sinne obiger Definition. Eine besonders wichtige Rolle spielen sehr große homogene anisotrope Bereiche. Die Gesteine sind heute im allgemeinen als Gebilde erkennbar, deren Erkenntnis auf sehr wesentliche Ergebnisse verzichtet, wenn man ihre Anisotropie nicht mehr betont als bisher oder gar vernachlässigt. Es ist irreführend, etwa kleine nicht faktisch rein isotrope Bereiche als isotrop zu behandeln, und ihr also abgeleitetes Verhalten zum Verhalten großer Bereiche deduktiv zu summieren. In großtektonisch interessierenden Bereichen sind die Gesteine im allgemeinen nicht nur anisotrope, sondern auch inhomogene Gefüge; vorausgesetzt daß sich die Betrachtung nicht auf große Tiefen bezieht, in welchen kennzeichnenderweise gerade diese Inhomogenität, und was am tektonischen Stil von ihr abhängt, verschwindet.

Allgemeine Betrachtungen als Grundlage für das Studium der mechanischen Umformung solcher Bereiche — als Grundlage einer allgemeinen Tektonik — haben sich also beim einfachsten Falle beginnend zu befassen mit homogenen Umformungen isotroper Bereiche, homogenen Umformungen anisotroper Bereiche, nichthomogenen Umformungen isotroper und anisotroper Bereiche; das ist die Reihenfolge der in diesem Buche herangezogenen allgemeinen Grundlagen für die Betrachtung der Gefügeumformungen, wobei die Größe der betrachteten Bereiche schwankt vom Gesichtsfeld unter dem Mikroskop bis zum tektonischen Profil.

Die nun zunächst folgenden Begriffe sind anschließend an Helmholtz' Übersetzung der Natural Philosophy von Thomson und Tait, welche auch für die Zwecke einer Gefügekunde einen besonders schönen Weg in die Kinematik eröffnet, eingeführt mit den für den Zweck des Buches geeigneten Ergänzungen.

Deformation oder Strain ist die Änderung der Form oder der Dimensionen an einer festen oder flüssigen Masse oder an einer Gruppe von Punkten, deren gegenseitige Lagen bekannten Bedingungen unterworfen sind. Für manche Zwecke genauer muß man jene Umformungen eigens bezeichnen, welche ohne Volumänderung verlaufen oder deren Volumänderungen für die betreffende Frage unbeträchtlich sind. Homogen ist eine Umformung, während welcher ein homogenes Gebilde homogen bleibt. In Thomsons Definition: Wenn die einen beliebigen Raum erfüllende Materie irgendwie deformiert wird und alle Punktpaare, welche sich anfänglich in gleichen Abständen voneinander auf parallelen Geraden befinden, gleich weit voneinander entfernt (der Abstand kann ein anderer geworden sein) und auf parallelen Geraden (deren Richtung von ihrer früheren abweichen kann) bleiben, so wird die Umformung eine homogene genannt. Die Geometrie homogener Umformungen ist die Geometrie der affinen Transformation und um darauf hinzuweisen, kann man auch von affiner Umformung und von affiner Tektonik sprechen; homogene Umformungen sind geometrisch eben affine Umformungen. Die Eigenschaften der homogenen oder affinen Umformung sind: Gerade bleiben Gerade, Ebenen bleiben Ebenen, Parallelogramme bleiben Parallelogramme, Parallelepipede bleiben Parallelepipede, ähnliche und ähnliche gelegene Vorzeichnungen gehen in ähnliche und gegeneinander ähnlich gelegene über.

Längenverhältnisse auf Parallelen bleiben ungeändert. Jede ebene Figur geht in eine ebene Figur über, welche die verkleinerte oder vergrößerte orthographische Projektion der ersteren auf irgendeine Ebene ist. Zum Beispiel wenn aus einer Ellipse ein Kreis wird, so werden ihre Hauptaxen aufeinander senkrechte Kreisradien.

Da jede orthogonale Projektion einer Ellipse (einschließlich Kreis) wieder eine Ellipse (einschließlich Kreis) ist, so bleiben vorgezeichnete Ellipsen Ellipsen, Ellipsoide bleiben Ellipsoide, nämlich Flächen, deren jeder Schnitt eine Ellipse bleibt.

Das Ellipsoid, in welches eine vorgezeichnete Kugel übergeht, heißt Strain- oder Deformationsellipsoid, seine Achsen Deformationsachsen. Solange sich nur zwei in einer Ebene liegende Achsen des Deformationsellipsoides ändern, ist die Deformation eine ebene Deformation, jene Ebene die Deformationsebene. Solange die Achsen richtungskonstant bleiben, ist die Deformation eine reine oder unrotationale. Wenn eine Ebene Symmetrieebene für das aus allen auftretende Deformationsellipsoiden entstehende Gebilde bleibt, ist die Deformation bilateralsymmetrisch oder monoklin.

Im allgemeinen sind Deformationen in Verzerrungen und Rotationen zerlegbar, also nicht reine, sondern rotationale Deformationen. Monokline rotationale Umformungen entsprechen u. a. schiefer Pressung des mechanisch Deformierten gegen eine Unterlage und stellen den tektonisch wichtigsten Typus der Deformationskinematik dar.

Bei homogener Deformation bleiben alle identisch (d. i. kongruent und lagengleich) begrenzten Bereiche identisch begrenzte Bereiche. Ähnlich und lagengleich begrenzte Bereiche bleiben ähnlich und lagengleich begrenzte Bereiche.

Wenn man sich also in einem Körper K Bezirke k denkt, welche ähnlich wie dieser Körper begrenzt sind, z. B. Kugeln in einer Kugel, so wird nach der homogenen Deformation wieder $K \sim k$ sein.

Daß alle Längen im gleichen Verhältnis geändert werden, ist ein Kennzeichen der elastischen Umformung Isotroper, aber nicht nur dieser; affine Deformation deckt sich also begrifflich nicht mit elastischer. Wir haben das Strainellipsoid geradeso bei nicht elastischer Umformung.

Während also in den Begriff Strain nichts von „Elastizität" eingeht, bedeutet nach Helmholtz der von Rankine 1850 eingeführte Ausdruck stress elastische Reaktion, wenn die im Körper hervorgerufenen Kräfte (Spannungen) betrachtet werden, Zwang, wenn der Zustand betont ist, in welchen der Körper durch das Dasein oder Fehlen dieser Kräfte versetzt ist. Man könnte also jene Gesteine, in deren Gefüge unrückläufige Teilbewegungen das ganze Gepräge bestimmend zum Ausdruck kommen und welche ich gelegentlich der Betonung dieser Teilbewegungen Tektonite genannt habe, auch Strainite nennen. Die Bezeichnung Stressite dagegen ist nur für Gesteine folgerichtig, deren Gepräge elastischer Zwang in einer wenigstens gefügeanalytisch nachweislichen Art bestimmt hat.

Wenn Anisotrope in dem früher definierten Sinne homogen umgeformt werden, d. h. so, daß sie jederzeit homogene Gebilde sind, so ist ihre Umformung ebenfalls eine affine Umformung. Es gibt überhaupt keine nichtaffine durch die Vertauschbarkeit der Bereiche als homogen definierte Umformung.

Damit nämlich die Bereiche jederzeit vertauschbar sind, müssen Gerade Gerade und Ebenen Ebenen bleiben und äquidistante Punkte auf Parallelen müssen äquidistante Punkte auf Parallelen bleiben. Denn sobald eine Gerade oder Ebene einen Knick oder eine Krümmung erfährt, läßt sich durch den Knick oder die Krümmung die Grenze zweier nicht vertauschbarer Bereiche legen, womit der Definition von Homogenität widersprochen ist. Eine ebensolche Grenze ließe sich dort legen, wo die Äquidistanz der Punkte nicht erhalten ist.

Ist die Deformation also im Sinne der Vertauschbarkeit homogen, so müssen Gerade Gerade und Ebenen Ebenen bleiben und äquidistante Punkte auf Parallelen äquidistante Punkte auf Parallelen. Dann ist aber die Umformung eine „affine" (Euler-Möbius nach Liebisch).

Ist also die Deformation in dem für Isotrope und Anisotrope definierten Sinne — erhaltene Vertauschbarkeit der Bereiche — homogen, so ist sie auch affin.

Mithin geht auch bei anisotropen homogen Deformierten ein Ellipsoid einschließlich Kugel in ein Ellipsoid über. Und es ist also folgerichtig, daß Thomson, ohne irgend etwa anisotrope Körper auszunehmen, die Homogenität der Deformation geradezu definiert durch die Eigenschaften, welche die affine Transformation definieren.

Daraus daß die homogene Umformung erfahrungsgemäß auch bei festigkeitsanisotropen Körpern möglich ist, ergibt sich, daß die wirksame Festigkeitsanisotropie diesfalls selbst durch ein Ellipsoid irgendeiner bestimmten Lage L gegenüber dem Strainellipsoid, welches bei Isotropie auftreten würde, darstellbar ist. Denn die Überlagerung von Ellipsoiden und nur diese ergibt wieder Ellipsoide und ermöglicht damit den homogenen Verlauf der Umformung. Besteht die Lage L nun darin, daß alle Achsen oder eine Achse der beiden Ellipsoide ($E'E''$) oder auch eines anderen symmetrischen Bezugskörpers der Anisotropie gleichgerichtet sind, so ist die Umformung des anisotropen Körpers vollständig bzw. teilweise symmetriegemäß der Festigkeitsanisotropie. Das ist z. B. der Fall, wenn die Festigkeitsanisotropie durch die Vektoren der

Umformung erst erzeugt wird bzw. wenn der Bezugskörper der erzeugten Festigkeitsanisotropie E' gegenüber E'' um eine der bei beiden gleichgerichteten Achsen rotiert wird, wie das bei rotationalen Strains häufig vorkommt und in Gefügen abgebildet ist. Hiebei stimmt die Symmetrie der Festigkeitsanisotropie mit der Symmetrie des Gefüges auf jeden Fall derart überein, daß gefügeanalytisch gleichwertige Richtungen im Festigkeitsverhalten nicht verschieden sein können, wohl aber gefügeanalytisch unterscheidbare Richtungen im Festigkeitsverhalten ununterscheidbar. Da das Gefüge den Vektoren der Umformung in sehr vielen Fällen symmetriegemäß gestaltet wird, ist damit auch die Festigkeitsanisotropie der Umformung symmetriegemäß. Verläuft die Umformung derart, daß sich ihre Symmetrieelemente nicht bzw. nur zum Teile verlegen, so verläuft sie ganz bzw. teilweise symmetriekonstant. Dies wird bei der Umformung Anisotroper von Anfang an nur bei ganz bzw. teilweise symmetriegemäßer Umformung der Fall sein können, da sich andernfalls die Symmetrieelemente des Gefüges und damit der Festigkeitsanisotropie während des Umformungsaktes verlagern.

II. Kinematische Analyse affiner Umformung im isotropen Bereiche.

Wert einer Strainanalyse für homogene Umformung im Isotropen; Die Strainanalyse nach G. Becker: Allgemeine Formulierungen, Internrotation, Shear (einfache Schiebung Helmholtz'), Zusammengesetzte Umformungen, Nichtrotierende Umformung, Scherbewegung (scission Beckers), Zwei Shears mit gemeinsamer Deformationsebene, Ebene Umformung mit flächenkonstanter Hauptellipse, Zerlegungsmöglichkeiten allgemeinster Umformung, Umformung durch Pressung, Die Ebenen des größten Tangentalstrains, Zahlenbeispiel, Dreidimensionale Umformung.

Translation, Rotation und Dehnung lassen sich in Umformungen unterscheiden, reine Translationswirkungen getrennt von den anderen betrachten, nachdem man irgendeinen Punkt als 0-Punkt des Koordinatensystems für die Betrachtung der anderen Effekte verwendet hat. Während man einen homogen umgeformten Bereich durch ein einziges Strainellipsoid an einem beliebigen Punkt beschreibt, ist es für die Beschreibung nichthomogen umgeformter Bereiche im allgemeinen nötig, örtlich die Änderung der Achsenlage und der Rotationslage des Strainellipsoides anzugeben. Die Rotation ist (Euler) immer um eine einzige Achse möglich und sie ist aus 3 Einzelrotationen um die 3 Achsen des Strainellipsoids, das mit einem anderen gedeckt werden soll, möglich. Die Beschreibung solcher Bereiche vereinfacht sich aber, wenn wir die Symmetrieverhältnisse gerade bei den für tektonische und auch für sehr viele technologische Fragen wichtigsten Strains beachten. Diese Umformungen besitzen eine Symmetrieebene. Es können also Rotationen überhaupt nur um eine Achse normal zu dieser Symmetrieebene erfolgen. Es ist also für die Beschreibung solcher inhomogen umgeformter Bereiche hinreichend, die Rotationen in der Symmetrieebene (um die auf derselben normale Achse) zu beschreiben und darzustellen, indem man die Symmetrieebene als Zeichenebene wählt. Sehr oft lassen sich mit Vorteil genügend kleine Bereiche eines inhomogen umgeformten größeren Bereiches als homogen deformiert betrachten und man kann dann auf die Beschreibung des größeren Bereiches in der angedeuteten Weise übergehen. Namentlich im Gefüge der tektonisch umgeformten Gesteine sind quasihomogen deformierte Kleinbereiche innerhalb großer inhomogen deformierter Bereiche typische Objekte näherer Untersuchung und ihre quasihomogene Deformation ist entscheidend für das Korngefüge. Aus diesem Grunde ist es gut, von der kinematischen Untersuchung homogen deformierter Bereiche auszugehen. Die zweite Einschränkung der Untersuchung auf Isotrope dagegen ist nicht allgemein damit zu begründen, daß sich kleine Bereiche quasiisotrop verhalten — das ist gerade bei Gesteinen vielfach nicht der Fall — sondern damit, daß sich manche Gesteine quasiisotrop verhalten.

Zur Grundlage allgemeiner tektonischer Betrachtungen reicht aber die Betrachtung der Umformung nicht aus. Denn weitaus die meisten Gesteine, auch sehr viele von denen wir das bisher nicht wußten, sind nicht Festigkeitsisotrop. Und es wird im zweiten Teil gezeigt, daß auch schon geringe Grade solcher Anisotropie unter bestimmten Umständen bestimmten Kräfteplänen gegenüber sehr abändernd auf das für isotrope Körper im betreffenden Kräfteplan zu errechnende Verhalten wirken. Und man kann mit voller Sicherheit z. B. an allen phyllonitischen Gesteinen zeigen, daß genügend hohe Grade solcher Anisotropie — unter Umständen jedem Kräfteplan gegenüber — die Teilbewegungen ganz anders lokalisieren als für isotrope Körper im betreffenden Kräfteplan zu erwarten wäre: Die Teilbewegungen erfolgen bei beliebiger Einspannung als Gleitung in den vorgezeichneten Flächen geringster Schubfestigkeit; das Kneten blättriger Teige oder das Ballen eines Papierstoßes veranschaulichen extrem solche Fälle im Experiment.

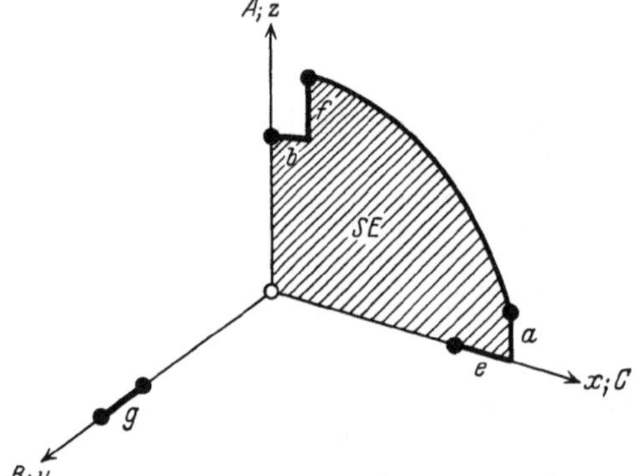

Abb. 1.

Man muß also dieses Prinzip der Benützung vorgezeichneter Bahnen durch die Teilbewegungen bei beliebiger Einspannung neben der Festigkeitslehre für isotrope Körper bei Betrachtung der Gesteinswelt immer wach halten und diesen Vorbehalt für das Folgende festhalten.

Vom Standpunkte dieses Buches aus wird in diesem Abschnitte den kinematischen Analysen G. Beckers die größte Bedeutung zugemessen und eine der Aufgaben des Buches in der Untersuchung erblickt, wieweit sich unsere gefüge-analytischen Resultate mit den kinematischen Deduktionen Beckers decken. Diese Untersuchung entscheidet sowohl darüber, welche Wirklichkeit den Deduktionen Beckers und welche Bedeutung der deduktiven reinen Kinematik für die tektonischen Deformationsakte zukommt, als auch darüber, welche Bedeutung die Gesetze affiner Deformation für die Erfassung der unrückläufigen Deformationen besitzen. Wegen dieser für das vorliegende Buch und für eine zeitgemäße Behandlung der Tektonite notwendigen Fragen und wegen der mannigfaltigen Bejahung, welche sie in diesem Buche erfuhren, ist es nötig, die Beckersche Lehre erstmalig in einem weit ausführlicheren Auszuge darzustellen als bisher bei der Zitation Beckers üblich war. Ich halte es hierbei gelegentlich für eine Forderung treuer Übersetzung und durchaus für einen Gewinn, unsere Ausdrucksweise durch englische Termini zu bereichern, wo der englische Ausdruck kürzer und begrifflich schon ohne Umschreibung scharf genug ist. Weshalb soll man in solchen Fällen gerade in griechische oder lateinische Termini Begriffliches hineinlegen, das sie nie enthielten oder deutsche Gebrauchswörter umdefinieren, welche von ihrer Alltagsbedeutung weit schwieriger abzugrenzen sind als ein „Fremdwort“ aus der nächstverwandten Sprache und Zivilisation. Übrigens ersetzt mein teilweise wörtlicher Auszug nur im Hinblick auf meine Fragestellung das überaus lehrreiche Studium der Beckerschen Originalarbeiten. Für die Bezeichnungen in den Originalarbeiten Beckers werden dem Gebrauche der Gefügekunde besser entsprechende eingesetzt.

Allgemeine Formulierungen. Im Koordinatensystem xyz der Abb. 1 bewegt sich jeder andere Punkt außer O in Ebenen $\parallel (xz)$ ohne andere Beschränkung als daß der Strain homogen sei. Jede Ebene $\parallel (xz)$ bleibt $\parallel (xz)$, und $\parallel Oy$ finden nur Längenänderungen statt. Die Koordinaten eines beliebigen Punktes vor dem Strain x, z stehen zu den Koordinaten dieses Punktes nach dem Strain in linearen Beziehungen. Hierbei sind a, b, e, f, g willkürlich und gleich für alle Punkte des Körpers: Sie sind die Koordinaten einzelner Punkte nach dem monoklinen Strain. Ist der Strain so gering, daß die Quadrate der Ortsänderungen zu vernachlässigen sind, so lassen sich a, b, e, f, g als unendlich klein behandeln. Man kann jede Formel mit den genannten Größen in eine Formel für kleinen Strain verwandeln, indem man die zweite und die höheren Potenzen dieser Größen vernachlässigt.

Die Kugel $x^2 + y^2 + z^2 = 1$ geht in ein Ellipsoid über, welches gefunden wird, wenn man für xyz ihre Ausdrücke mit den Verlagerungsgrößen $abefg$ einsetzt. Der Schnitt dieses Ellipsoides durch Ebene (xz) ist die Haupt-Ellipse des monoklinen Strains mit den Halbachsen A und C. Ihre Gleichung ist

$$\{(1+f)^2 + a^2\}\,x'^2 - 2\,\{b\,(1+f) + a\,(1+e)\}\,x'z'$$
$$+ \{(1+e)^2 + b^2\}\,z'^2 = \{(1+e)\,(1+f) - ab\}^2. \tag{1}$$

Wenn $b\,(1+f) + a\,(1+e)$ positiv ist, so bildet die größere Achse dieser Ellipse einen positiven spitzen Winkel mit Ox.

Die Fläche der Ellipse ist gleich der des Kreises

$$x'^2 + z'^2 = (1+e)\,(1+f) - ab = AC. \tag{2}$$

Die Achsen ergeben sich aus der Gleichung

$$(A \pm C)^2 = \{(1+e) \pm (1+f)\}^2 + (a \mp b)^2; \qquad B = 1 + g. \tag{3}$$

Das Volumen, das der Einheitswürfel nach der Deformation annimmt, heiße h^3; dann ist

$$h^3 = ABC = (1+g)\,\{(1+e)\,(1+f) - ab\}. \tag{5}$$

Die Internrotation. Die Diskussion beschränkt sich auf die Rotation um B und demgemäß auf die Festlegung von A. Sei der Winkel, welchen A mit Ox nach dem Strain einschließt, v, so ist dieser Winkel aus Gleichung (1)

$$\operatorname{tg} 2\,v = -\,2\,\frac{b\,(1+f) + (1+e)}{a^2 + b^2 + (1+f)^2 - (1+e)^2}.$$

Damit ist auch die auf AB normale Ebene CB gegeben. Um nun die Lage zu finden, welche dieselben materiellen Geraden A und C in der unbeanspruchten Masse hatten, ist zunächst zu beachten, daß vor wie nach dem Strain $A \perp C$ steht; denn bloße Rotation ändert keine Winkel und nichtrotierender Strain ist definiert als eine Deformation, bei welcher die Ellipsoidachsen ihre Richtung beibehalten.

War daher μ der Winkel der Faser A mit Ox vor dem Strain, so war $\operatorname{tg} \mu = \dfrac{z}{x}$

und es ist nach der Verlagerung der Winkel von A mit Ox

$$\operatorname{tg} v = \frac{z'}{x'} = \frac{a + (1+f)\,\operatorname{tg}\mu}{(1+e) + b\,\operatorname{tg}\mu}.$$

Weitere Rechnung ergibt

$$\operatorname{tg}(v + \mu) = \frac{a + b}{(1+e) - (1+f)}; \qquad \operatorname{tg}(v - \mu) = \frac{a - b}{(1+e) + (1+f)}. \tag{6}$$

Der Winkel $(\nu - \mu)$ ist der Betrag, um welchen eine materielle Faser, welche vor dem Strain mit der fixen Koordinate Ox den Winkel μ einschloß, durch den Strain gegenüber den fixen Koordinaten tatsächlich rotiert wurde.

Aus (6) ergibt sich, daß im Falle $a = b$ die Tangente des Rotationswinkels und damit dieser selbst $= 0$ wird, also keine Rotation stattfindet. Wird der Strain infinitesimal, so wird $a - b$ infinitesimal, $(1 + e) + (1 + f)$ aber nähert sich dem Wert 2.

Es verschwindet also diese Rotation mit verschwindendem Strain.

Wenn der gemeinsame Grenzwert für ν und μ ν_0 ist, so ist $\operatorname{tg}(\nu + \mu) = \operatorname{tg} 2\nu_0$ oder

$$\operatorname{tg} 2\nu_0 = \frac{a + b}{(1 + e) - (1 + f)}.$$

Denselben Wert erhält man, wenn man abe und f den Nullwert erreichen läßt in den Formeln für $\operatorname{tg} 2\mu$ und $\operatorname{tg} 2\nu$.

So wird $\nu - \nu_0 = \nu_0 - \mu$.

Es ist evident, daß während der Rotation immer neue vorgezeichnete Fasern nacheinander in die Lage der Ellipsoidachsen eintreten. Die ganze Serie dieser Fasern bildet einen Keil $\nu_0 - \mu$ oder $\dfrac{\nu - \mu}{2}$.

Außer den Geraden parallel Oy können eine bis zwei andere materielle Gerade $\perp Ox$ während des Strains ihre Richtung beibehalten.

Wenn $\varkappa$ der Winkel ist, welcher eine beliebige Gerade in der (xz)-Ebene vor dem Strain mit Ox einschließt und λ dieser Winkel nach dem Strain, so ist

$$\operatorname{tg} \lambda = \frac{z'}{x'} = \frac{a - (1 + f)\operatorname{tg}\varkappa}{(1 + e) + b\operatorname{tg}\varkappa}$$

für $\lambda = \varkappa$ (also keine Rotation) gibt dies

$$\operatorname{tg}\varkappa = \frac{f - e}{2b} \pm \sqrt{\frac{a}{b} + \left(\frac{f - e}{2b}\right)^2}. \tag{7}$$

Dieser Gleichung entsprechen 2 reelle Gerade, wenn der Wert unter der Wurzel nicht negativ ist. Die zwei fallen zusammen, wenn dieser Wert 0 wird oder wenn $4ab + (e - f)^2 = 0$.

Der Wert von $\operatorname{tg}\varkappa$ wird dann $\pm\sqrt{\dfrac{-a}{b}}$, wobei also a und b entgegengesetztes Vorzeichen haben. Dieser Sonderfall bezeichnet die reine scherende Umformung: Es gibt nur eine einzige durch den Strain nicht rotierte Ebene, die Ebene scherender Umformung normal zu Ebene (xz).

Die Bedingung für diese Nichtrotation ergibt sich aus $\operatorname{tg}\varkappa$. Die Gleichung stellt zwei Gerade dar und wenn $\varkappa_1$ und $\varkappa_2$ die beiden Winkel mit Ox sind, so ist

$$\operatorname{tg}\varkappa_1 \operatorname{tg}\varkappa_2 = \frac{-a}{b}.$$

Ist keine Rotation da, so bleiben die Achsen der Ellipse unverlegt und $\operatorname{tg}\varkappa_1 \operatorname{tg}\varkappa_2 = -1$ oder $a = b$.

Das Produkt der Längen der unrotierten Linien ist konstant $= AC$, gleichviel ob sie mit A und C zusammenfallen oder nicht.

Reine Rotation ohne Umformung spielt im Gesteine eine große Rolle, indem sie den Bereich gegenüber den umformenden Kräften verlegt. Wir bezeichnen sie, wo sie beliebigen Betrages und ohne Verknüpfung mit der erörterten Internrotation rotationeller Strains auftritt, als **Externrotation** und betrachten sie später. Die Deformation durch reine Ausdehnung spielt nur in Sonderfällen in Gesteinsgefügen eine Rolle und bleibt deshalb hier unberücksichtigt. Es werden zuerst die „einfachen" elementaren Umformungen formuliert, dann die aus den einfachen „zusammengesetzten".

In Rotationen, Dehnungen und einfache Shears (einfache Schiebungen Helmholtz') lassen sich die zusammengesetzten Umformungen analytisch zerlegen.

Shear oder einfache Schiebung Helmholtz'. Einfache Schiebung, die einfachste Umformung, kann man definieren als eine nichtrotierende Umformung ohne Dehnung, bei welcher eine Achse des Strainellipsoides ihre Länge beibehält.

Die Einheitskugel geht hierbei in ein Strainellipsoid über mit den Achsen α, 1, $\frac{1}{\alpha}$; α heißt Schiebungskoeffizient. Ist $2s = \alpha - \alpha^{-1}$; $2\sigma = \alpha + \alpha^{-1}$, also $\sigma^2 - s^2 = 1$, so heißt $2s$ der Betrag, s das Maß der Schiebung. Die Verlagerungsformeln für eine Schiebung, deren kontrahierte Achse mit Ox den $\sphericalangle \vartheta$ einschließt, sind: $x' = x(\sigma - s \cos 2\vartheta) - zs \sin 2\vartheta$; $z' = z(\sigma + s \cos 2\vartheta) - xs \sin 2\vartheta$; $y' = y$.

Für $\vartheta = 90^0$ werden diese Gleichungen

$$x' = xa; \qquad z' = \frac{z}{a}; \qquad y' = y.$$

Für $\vartheta = 45^0$, einen wichtigen Fall, ist

$$x' = x\sigma - zs; \qquad z' = z\sigma - xs; \qquad y' = y.$$

Da das Volumen des Strainellipsoids und der Flächeninhalt der Hauptellipse unveränderlich ist, kann es sich nur um eine solche Neuanordnung der Materie handeln, bei welcher jede Normalfaser auf der Ebene (xz) der Schiebung ihre Dicke, Länge und Richtung beibehält und lediglich in eine neue Lage verschoben wird. Da der längste Ellipsen-Durchmesser > 1, der kurze < 1 ist, müssen dazwischen 4 Radien $= 1$ liegen, symmetriehalber 2 Durchmesser bildend.

Es gibt also 2 Durchmesser, welche vor und nach dem Strain gleiche Länge haben. Diese Durchmesser sind die Spuren auf (xz) von Ebenen durch Oy und diese Ebenen (Kreisschnitte des Ellipsoids) erleiden überhaupt keine Verzerrung durch den Strain. Dasselbe gilt von ihren Parallelebenen. Der Abstand solcher unverzerrter Ebenen vor und nach dem Strain ist derselbe. Es kann also eine Schiebung nur darin bestehen, daß die unverzerrten Ebenen übereinander gleiten und daß sich die Winkel zwischen den 2 Systemen solcher Ebenen ändern.

Das Verhalten dieser Ebenen während des Strains ist von geologischem Interesse. Da es aber zum Teil auf Rotation beruht, ist es erst nach Besprechung der zusammengesetzten Strains diskutabel. Abb. 2 zeigt nach einem Versuch von Becker die (xz)-Ebene eines in einem rechtwinkligen Drahtgitter erzeugten Shears. Auf das undeformierte Gitter wurde der Kreis mit Durchmessern, so wie er schwarz noch jetzt sichtbar ist, mit weißer Farbe aufgetragen und durch den Shear so deformiert, wie er jetzt weiß sichtbar ist. Abb. 3 zeigt das Shearellipsoid bei Deformation einer Kugel aus ineinandergefügten Pappekreisen. Diese Kreise stellen die unverzerrten Ebenen des Ellipsoids dar, und zwar die diametralen die Kreisschnitte gerade dieses Strainellipsoids. Hierbei ist die Unverzerrtheit dieser einander übergleitenden Ebenen und die Bedeutung dieses Gleitens als Teilbewegung anschaulich, die Distanz der Ebenen aber und das Volumen nicht konstant und daher das für optische Demonstration von Beer in Darmstadt verfertigte Modell kein echter Shear.

1. Zusammengesetzte Umformungen.

Nichtrotierende Deformation. Jede solche Deformation läßt sich darstellen durch 2 zueinander rechtwinklige elementare Shears mit einer gemeinsamen Achse (z. B. z; Ebenen der Scherbewegungen (xz) und (zy).

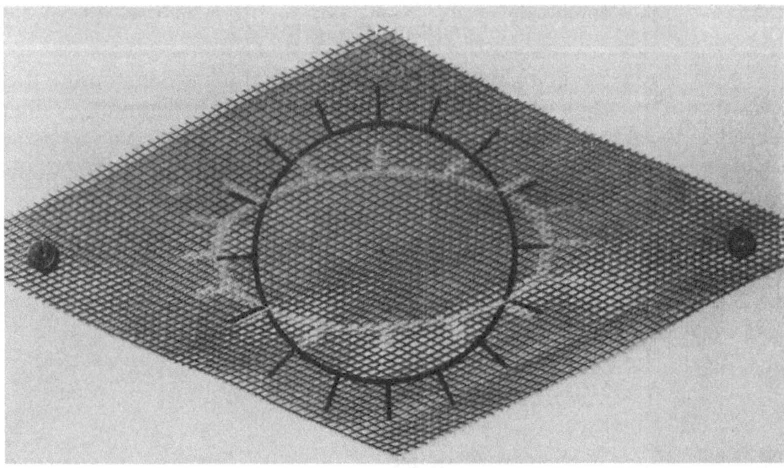

Abb. 2.

Es läßt sich nämlich beweisen, daß jedes beliebige Verhältnis zwischen A, B und C des Ellipsoids, dessen Volumen proportional zu h^3 ist, durch 2 solche Elementarshears erzielbar ist.

Abb. 3.

Ebenso wichtig ist der umgekehrte Satz. Beliebig viele Shears, axial an eine Kugel gelegt, können die Achsenverhältnisse nur zu Werten $A\,BC$ ändern, da das Volumen der Masse proportional $A\,BC = h^3$ bleibt. Man kann also beliebig viele axiale Shears schon durch 2 ersetzen. Dies gilt mit einer beliebigen Achse als gemeinsamer Achse für beide Shears. Aber meist weisen Symmetrieverhältnisse auf eine bestimmte Achse als die gemeinsame. Eine Kugel läßt sich also durch 2 Shears, welche aufeinander $\perp$ stehen, in jedes verlangte Strainellipsoid überführen. Jedes gegebene Strainellipsoid läßt sich durch nur 2 solche Shears ($\perp$ aufeinander) aus der Einheitskugel ableiten. Das ist zunächst eine rein gedankliche Operation, deren Realität ohne Gefügekorrelate (Abbildung der Shears) nicht erweislich wäre.

Durch Betrachtung der Korngefüge wird gezeigt, daß im tektonischen Plättungsakt tatsächlich 2 mit ihren Hauptellipsen aufeinander senkrechte Strains häufig Gefügekorrelate haben, und es ist wichtig zu wissen, daß sie für jede Umformung ausreichen. Die Relativbewegungen, welche jeder von 2 Shears in den aufeinander senkrechten Ebenen der Umformung hervorbringt, sind voneinander unabhängig.

Scherbewegung. Scherbewegung ist eine weniger einfache Bewegung als reine Schiebung. Es ist der Fall, bei welchem es im Ellipsoid nur 1 Gerade konstanter Richtung in der (xz)-Ebene während des Strains gibt.

Scherbewegung (bzw. als Teilbewegung dynamisch betrachtet „Scherung") ist zusammengesetzt aus einem einfachen Shear und einer Rotation der Achsen des Strainellipsoids. Scherbewegung, diese geologisch wichtigste Teilbewegung, ist also ein rotationeller Strain, eine („intern") rotierende Umformung, was mit einem Kartenpaket mit aufgezeichnetem Kreise demonstrierbar ist. Der wichtigste Fall der Scherbewegung ist der, in welchem die richtungskonstanten und unverzerrten Ebenen mit einer Koordinatenachse in der Hauptellipse parallel sind, was aber nicht unbedingt nötig ist. Fallen sie z. B. mit Ox zusammen, so sind die Verlagerungen einfach:

$$x' = x - 2zs; \quad z' = z; \quad y' = y;$$

$2s = \alpha - \alpha^{-1}$ ist der Scherungsbetrag.

Die Rotation ist $\operatorname{tg}(\nu - \mu) = s$. Die Ellipsenachsen sind bei Strainbeginn mit 45^0 zu den Koordinatenachsen geneigt. Ist ϑ der Winkel, mit welchem eine ursprünglich mit Oz parallele Faser (welche nicht eine Ellipsenachse wird!) nach dem Strain geneigt ist, so ist $\operatorname{tg}\vartheta = b = 2s$. Daher ist der Scherungsbetrag $=$ Relativbewegung auf Distanzeinheit zwischen den unverzerrten Ebenen (Thomson). Dieser Fall der einfachsten Scherbewegung ist in allen Versuchen mit Kartonpaketen und unselten in Gesteinsbereichen mit affiner einschariger Zerscherung veranschaulicht (vgl. S. 33—46).

Zwei Shears mit gemeinsamer Deformationsebene. Eine wichtige Kombination ist die, daß die Achsen des einen Shears 45^0 bilden mit den Achsen des anderen, im allgemeinen mit dem ersten ungleichen. Dieser Strain, obgleich zusammengesetzt aus zwei nichtrotierenden einfachen Shears, ist ein rotierender Strain. Der erste Shear ändert nämlich als nichtrotierender Strain die Richtung jeder vorgezeichneten Geraden, mit Ausnahme der mit seinen Achsen zusammenfallenden. Die Richtung dieser wird aber dann im allgemeinen durch den zweiten ungleichen Shear geändert. So daß ein rotierender Strain resultiert. Die Rotation ist gegeben durch

$$\operatorname{tg}(\nu - \mu) = \frac{s\,s_1}{\sigma\,\sigma_1},$$

worin

$$2\sigma_1 = \alpha_1 + \alpha_1^{-1}; \quad 2s_1 = \alpha_1 - \alpha_1^{-1}.$$

An Stelle der 2 Shears kann man auch einem einfachen Shear vom Betrage $2\sqrt{\sigma^2 s_1^2 + \sigma_1^2 s^2}$ und die Rotation wie oben setzen.

Ebene Umformung ohne Dehnung. Die allgemeinste von Becker betrachtete Umformung läßt sich betrachten als ein Strain mit konstantem Flächeninhalt der Hauptellipse in Ebene (xz), kombiniert mit einem Shear rechtwinklig zu dieser Ebene und einer Dehnung.

Die komplexeren Effekte beschränken sich nun auf diese Ebene, in welcher Rotation auftritt und es ist also besonders wünschenswert, die ebene Umformung ohne Dehnung auf einfache Elemente zurückzuführen.

Eine Lösungsmethode besteht darin, daß man diesen allgemeinen Strain zusammensetzt aus Elementarstrains, welche symmetrisch zu den fixen Achsen liegen, nämlich:

Ein axialer Shear; ein Shear unter 45^0 zu Ox; eine Scherbewegung, deren konstante Richtung mit einer der Achsen zusammenfällt.

Die allgemeinste ebene Deformation mit konstantem Inhalt der Hauptellipse in (xz) ist immer auflösbar in einen axialen Shear, einen zweiten Shear unter 45^0 zu Ox und eine Scherbewegung in Richtung der einen Achse.

Wenn $a = b$ wird, so wird diese allgemeinste Deformation ein einzelner Shear.

Ist $\dfrac{b}{a} = \dfrac{1+e}{1+f}$, so reduziert sich der Strain auf 2 Shears; die Scherbewegung verschwindet.

Ist $a = 0$ und $\dfrac{1+e}{1+f} = \alpha_3^2$, so ist der Strain ein axialer Shear, kombiniert mit einer Scherbewegung.

Eine geologisch vielsagende Lösung des Problems ist folgende: Jede Deformation mit konstantem Inhalt der Hauptellipse in Ebene (xz), welche die größte und kleinste Ellipsoidachse enthält, ist auflösbar:

1. entweder in 2 Shears mit $\measuredangle\ \vartheta$ miteinander,
2. oder in 1 Shear und Scherbewegung mit $\measuredangle\ \varphi$ miteinander.

1. erzeugt eine geringe Rotation, welche bei infinitesimalem Strain selbst infinitesimal von der 2. Ordnung ist.

2. erzeugt eine starke Rotation, welche bei infinitesimalem Strain infinitesimal von derselben Ordnung ist.

Die mathematische nötige und ausreichende Bedingung für das Vorhandensein von Fall 1 ist: gleiches Vorzeichen der Verlagerungsgrößen a und b (siehe Abb. 1); für Fall 2: ungleiches Vorzeichen bei a und b.

Wir betrachten nun beide Fälle:

1. gleiches Vorzeichen; dann kann man zeigen, daß der Strain aus 2 Shears besteht und $abef$ bestimmen

$$a = \frac{s_2 \sin 2\,\vartheta}{\alpha_3}; \quad b = -\,\alpha_3\,s_2 \sin 2\,\vartheta; \quad 1+e = \alpha_3\,(\sigma_2 - s_2 \cos 2\,\vartheta);$$

$$1+f = \frac{\sigma_2 + s_2 \cos 2\,\vartheta}{\alpha_3}.$$

Diese Werte entsprechen einem axialen Shear mit dem Koeffizienten α_3 und einem zweiten mit α_2, welcher mit $Ox \measuredangle \vartheta$ bildet.

2. Haben a und b verschiedene Vorzeichen, so ergeben sich die Verlagerungsgrößen

$$a = s_1 \frac{(1 \pm \cos 2\,\varphi)}{\alpha_3}; \quad b = -\,\alpha_3\,s_1\,(1 \pm \cos 2\,\varphi);$$

$$1+e = \alpha_3\,(1 + s_1 \sin 2\,\varphi); \quad 1+f = \frac{1 - s_1 \sin 2\,\varphi}{\alpha_3}.$$

Diese Werte entsprechen einem axialen Shear mit Koeffizient α_3 und einer Scherbewegung mit Koeffizient α_1.

Man kann also einen Strain mit flächenkonstanter Hauptellipse bei gegebenen Verlagerungen $(abef)$ auf verschiedene Art auflösen. Man kann aber auch die Verlagerungsgrößen $abef$ finden, wenn ein Shear und die Werte von v und μ gegeben sind.

Ist der Koeffizient dieses Shears α, so ergeben sich daraus die Werte σ und s. Diese beiden Werte zusammen mit den Werten von $(v+\mu)$ und $(v-\mu)$ geben 4 Gleichungen für die Berechnung von $abef$:

$$\left.\begin{aligned} a &= s \sin (v + \mu) + \sigma \sin (v - \mu); \quad 1 + e = \cos (v - \mu) + s \cos (v + \mu); \\ b &= s \sin (v + \mu) - \sigma \sin (v - \mu); \quad 1 + f = \cos (v - \mu) - s \cos (v + \mu). \end{aligned}\right\} \quad (8)$$

Diese Werte, eingesetzt in früher gewonnene Formeln, ergeben, auf welches einfachste Shearsystem eine gegebene Rotation und ein Shear zu beziehen sind.

Umformung durch Pressung. Ersetzt man die Pressung durch eine kubische Kompression mit dem Koeffizienten h und 2 gleiche Shears mit Koeffizienten α unter 90^0 zueinander und schreibt

$$2t = \alpha - \alpha^{-2}; \quad 2\tau = \alpha + \alpha^{-2},$$

so sind die Verlagerungsformeln für einen Strain durch Pressung in Richtung ϑ:

$$x' = \frac{x}{h}(\tau - t \cos 2\vartheta) - \frac{z}{h} t \sin 2\vartheta;$$

$$z' = \frac{z}{h}(t + \tau \cos 2\vartheta) - \frac{x}{h} t \sin 2\vartheta; \quad y' = \frac{y}{h}(\tau + t).$$

Und diese Ausdrücke bezeichnen einfachen Shear.

Ist die Pressung vertikal $\vartheta = 90^0$, so gilt

$$x' = \frac{x\,\alpha}{h}; \quad z' = \frac{z}{\alpha^2 h}; \quad y' = \frac{y\,\alpha}{h}.$$

Ist ein derartiger Vertikalstrain kombiniert mit einer Scherbewegung in einer horizontalen Richtung, wie in vielen tektonischen Transporten, so sind die Werte von x nur durch den zweiten Strain modifiziert.

Wenn x'' der Endwert von x ist und $2 s_1$ der Betrag des Shears, welcher durch die Scherbewegung hervorgebracht wird, so gilt

$$x'' = \frac{x\,\alpha}{h} - \frac{2 z s_1}{\alpha^2 h}; \quad z'' = z'; \quad y'' = y'; \quad \operatorname{tg}(v - \mu) = \frac{s_1}{\tau}(\tau - t)$$

die Rotation bezeichnend. Die Rotation ist von der Größenordnung des Strains und auch bei kleinem Strain nicht zu vernachlässigen. Ist der Strain erzeugt durch vertikale Pressung, kombiniert mit Shear unter 45^0, so bleibt der Wert von y ungeändert. Wenn σ_2 und s_2 die Werte für diesen zusätzlichen Shear sind und x''' und z''' die endgültigen Verlagerungen für diesen Fall, so gilt

$$\alpha''' = \frac{x\,\alpha\,\sigma_2}{h} - \frac{z\,s_2}{\alpha^2 h}; \quad z''' = \frac{z\,\sigma_2}{\alpha^2 h} - \frac{x\,\alpha\,s_2}{h}; \quad y''' = y'; \quad \operatorname{tg}(v - \mu) = \frac{s_2\,t}{\sigma_2\,\tau}.$$

Bei infinitesimalem Strain ist die Rotation infinitesimal der zweiten Ordnung.

2. Die Ebenen des maximalen Tangentalstrains.

Lage der unverzerrten Ebenen (Kreisschnitte des Strainellipsoids). Im einfachen Shear sind die Kreisschnitte des Strainellipsoids unverzerrte Ebenen, parallel zu welchen Relativbewegung stattfindet. In den anderen ebenen Umformungen mit flächenkonstanter Hauptellipse gibt es ähnliche, aber in wesentlichen Hinsichten abweichende Ebenen. Im dreidimensionalen Strain sind die entsprechenden

Ebenen nicht mehr unverzerrt, kennzeichnen aber ebenfalls noch den Charakter der Deformation.

Die Diskussion wird also mit dem einfachen Shear begonnen und das Resultat für komplexe Strains modifiziert.

Die Kreisschnitte eines Shearellipsoids mit Koeffizient α bilden mit der größeren Achse einen Winkel, dessen Cotangente α ist.

Heiße dieser Winkel $\tilde{\omega}$, so ist der Betrag des Shears

$$2\,s = \alpha - \alpha^{-1} = \operatorname{ctg}\tilde{\omega} - \operatorname{tg}\tilde{\omega} = 2\operatorname{ctg}\tilde{\omega} = 2\operatorname{tg}(90^0 - 2\,\tilde{\omega}).$$

Es ist also hier s gemessen durch die Abweichung des Winkels zwischen den Kreisschnitten von 90^0.

Die Ausgangslage der Partikel, welche die unverzerrten Ebenen zusammensetzen, in bezug auf die Fasern, welche mit den Achsen der Ellipsenachsen zusammenfallen, zeigt eine einfache Beziehung zu $\tilde{\omega}$.

Angenommen, der Shear ist axial und hat die Kugel $x_1^2 + y_1^2 + z_1^2 = h^2$ in das Ellipsoid $\dfrac{x^2}{\alpha^2} + z^2 \alpha^2 + y^2 = h^2$ verwandelt, und $\dfrac{z_1}{x_1} = \dfrac{\alpha^2}{x}$, dann bildeten diese materiellen Ebenen von dem Shear denselben Winkel mit der kleineren Ellipsoidachse, wie nachher mit der größeren.

Die Ebenen maximalen Strains. Man kann die besprochenen unverzerrten Ebenen noch von einem anderen Gesichtspunkt aus betrachten. Zwei sehr dünne Lagen der noch undeformierten Masse sollen sich in Oy schneiden und mit $Ox \sphericalangle \varphi$ bilden. Nach dem Strain sind diese Ebenen wieder Ebenen. Aber sie bilden mit Ox den $\sphericalangle \varphi'$ und es gilt

$$\operatorname{tg}\varphi = \alpha^2 \operatorname{tg}\varphi' \quad \text{oder} \quad \operatorname{tg}(\varphi - \varphi') = \frac{(\alpha^2 - 1)\operatorname{tg}\varphi}{\alpha^2 + \operatorname{tg}^2\varphi}.$$

Das gibt die Rotation.

Je größer $\varphi - \varphi'$ wird, desto größer wird der Tangentalstrain. Nun ist aber dieser Winkel und seine Tangente am größten, wenn

$$\operatorname{tg}\varphi = \alpha \quad \text{oder} \quad \operatorname{tg}\varphi' = \frac{1}{\alpha} = \operatorname{tg}\tilde{\omega}.$$

Also sind die unverzerrten Ebenen (Kreisschnitte des Strainellipsoids) die mit dem größten Tangentalstrain.

Andererseits ist für die unrotierten Achsen $\varphi - \varphi' = 0$, also ein Minimum und daher der Tangentalstrain auch gleich 0.

Winkel der unverzerrten Ebenen bei Internrotation. Obgleich es am Ende eines Shears oder anderer ebener Strains unverzerrte Ebenen mit denselben Dimensionen wie vor dem Strain gibt, so trifft es nicht zu, daß diese selben Ebenen materiell genommen keine Verzerrung durchgemacht haben (bzw. daß in ihnen am Ende Material liegt, das während des Strains nie verzerrt war).

Im allgemeinen bestehen die Kreisschnitte am Anfang und am Ende des Strains aus ganz verschiedenen Partikeln. Oder mit anderen Worten: diese Kreisschnitte rotieren mit einem gewissen Winkel durch das Material, nach und nach alle Teilchen in einem keilförmigen Teil des Materials berührend, der von materiellen Ebenen begrenzt wird.

Diese Internrotation durch die Materie vollziehen die beiden Kreisschnitte im allgemeinen Falle auf verschiedene Weise, so daß das Verhältnis dieser Bewegung zur Materie ein ganz verschiedenes ist. Dies wird nach G. Becker in viskosem Material von großer Bedeutung.

Die Lage der Kreisschnitte muß also bestimmt werden. Mit Hilfe der allgemeinen Formeln ist es möglich, die Grenzwerte zu bestimmen, zwischen welchen die Kreisschnitte rotieren, wenn der Betrag des Strains gegeben ist.

Bei Strainbeginn bilden die größere Achse der Shearellipse $\sphericalangle v_0$ mit Ox; die Kreisschnitte bilden dann 45^0 mit dieser größeren Achse oder $v \pm 45^0$ mit Ox. Ist der Strain vollzogen, so bildet die große Ellipsachse $\sphericalangle v$ mit Ox und die Kreisschnitte (unverzerrten Ebenen) $\sphericalangle \tilde{\omega}$ mit dieser Achse.

Aber vor Strainbeginn machte die materielle Faser (bzw. Aufzeichnung), welche damals der großen Ellipsenachse entsprach, $\sphericalangle \mu$ mit Ox und die Reihe der Teilchen, welche in den Kreisschnitten lagen, machte mit μ einen Winkel $90^0 - \tilde{\omega}$.

Der Winkel, welchen die vor und nach dem Strain im Kreisschnitt liegende Materie bildet, oder anders gesagt, der Keil, durch welchen der Kreisschnitt während des Strains rotiert, ist also für die zwei Kreisschnitte des Strainellipsoids: $(v \pm 45^0)$ und $\{\mu \pm (90^0 - \tilde{\omega})\}$.

Auf jener Seite der kleineren Ellipsenachse, gegen welche die Rotation erfolgt, ist diese Verlagerung also

$$v_0 + 45^0 - (\mu + 90^0 - \tilde{\omega}) = \tilde{\omega} - 45^0 + \frac{v - \mu}{2}$$

und auf der anderen Seite der kleinen Ellipsenachse

$$\{\mu - (90^0 - \tilde{\omega})\} - (v_0 - 45^0) = \tilde{\omega} - 45^0 - \frac{v - \mu}{2}.$$

Die Differenz der Verlagerungen ist der Rotationswinkel. Dieser hat eine positive Größe nur, wenn der Strain ein rotierender ist (Internrotation). Im einfachen Shear ist die Verlagerung auf jeder Seite $\tilde{\omega} - 45^0$; daher die Differenz $= 0$; daher keine Rotation. Bei der Scherbewegung ist $2\,(\tilde{\omega} - 45^0) = v - \mu$. Die Verlagerung ist also auf der Seite, von welcher her die Rotation erfolgt $= 0$, und ein und dieselbe materielle Lage ist maximalem tangentalen Strain während des ganzen Strainverlaufes ausgesetzt. Dagegen rotiert der andere Kreisschnitt durch den größtmöglichen Winkel. In jedem Falle ebener Umformung ist die Verlagerungsdifferenz einfach durch den Rotationswinkel gegeben. Für 2 Shears in derselben (xz) Ebene mit einen Winkel von 45^0 ist diese Differenz (die Rotation also) gemessen durch $\operatorname{tg}(v - \mu) = \frac{ss_1}{\sigma\sigma_1}$.

Für ebene Umformungen ist der Wert $\tilde{\omega}$ einfach auszudrücken durch die Verlagerungsgrößen

$$\frac{1}{\alpha^2} = \operatorname{tg}^2 \tilde{\omega} = \frac{C}{A}.$$

Daher also

$$\operatorname{tg}^2 2\tilde{\omega} = \frac{4AC}{(A-C)^2} = 4\frac{(1+e)(1+f) - ab}{(e-f)^2 + (a+b)^2}. \tag{9}$$

Solche Rotationsverhältnisse veranschaulicht Abb. 4 für ein zahlenmäßig festgelegtes Beispiel. Das Quadrat wird umgeformt in das Rhomboid. Die vollen Linien, die sich im Zentrum schneiden, sind die endgültigen Hauptschnitte und Kreisschnitte des Strainellipsoids (Achsen und unverzerrte Gerade der in der Zeichenfläche liegenden Achsenellipse des Strainellipsoids). Die gebrochenen Geraden, die sich im Zentrum schneiden, zeigen die Lage der Geraden von gleicher Bedeutung mit den vollschwarzen bei Beginn des Strains. Die Geraden, gebrochen mit Punkten v_0 und $v_0 \pm 45^0$, geben die Lage der materiellen Fasern (oder Vorzeichnungen auf dem Material), welche bei Strainbeginn mit der großen Ellipsenachse und mit den Kreisschnitten zusammenfielen. Die Schraffur bezeichnet also die keilförmigen Bereiche im Material, welche von den rotierenden Kreisschnitten im Lauf des Strains bestrichen werden. In Zahlen ergibt dieser Fall folgendes:

Sei $\qquad a = 0{,}1$; $\quad b = 0{,}3$; $\quad 1 + e = 1{,}2$; $\quad 1 + f = 0{,}7$; $\quad 1 + g = 1{,}1$.

Das ist ein rotationaler Strain, weil b nicht $= a$ sondern $b > a$; nach Gleichung (6) ergibt sich $\sphericalangle (v + \mu) = 38^0\ 40'$; $\sphericalangle (v - \mu) = -6^0\ 1'$.

Wäre nun $\sin (v - \mu) = a$, so hätten wir reine Rotation ohne Strain. Das ist nicht der Fall, wir haben also Strain.

Aus Formel (5) erhält man $h = 0{,}962$. Wäre die Deformation auf die (xz) Ebene beschränkt, so wäre $1 + q = h$. Das ist nicht der Fall: Wir haben also wenigstens 2 Shears. Um diese beiden zu finden, werden zunächst die Achsen des Ellipsoids aus (3) bestimmt

$$A = 1{,}275$$
$$B = 1{,}1$$
$$C = 0{,}635.$$

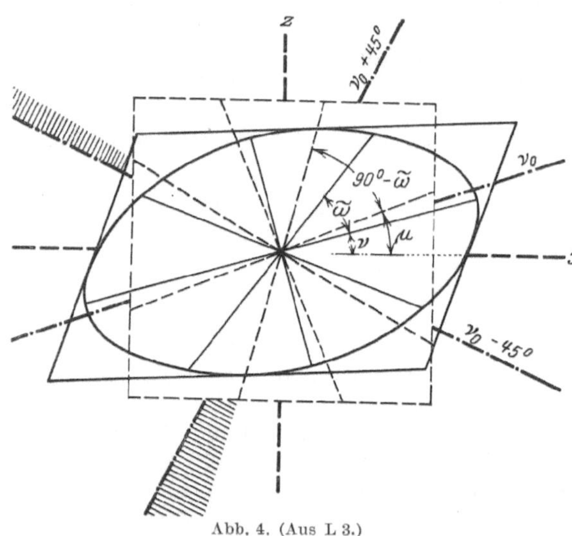

Abb. 4. (Aus L 3.)

Das ergibt

$$\alpha = \frac{A}{\cdot h} = 1{,}325;$$

$$\beta = \frac{B}{h} = 1{,}143,$$

Gleichung (1) [Gleichung der (xz) Ellipse] zeigt, daß die größte Ellipsenachse einen positiven spitzen Winkel mit Ox bildet.

Rotation, Dilatation und die Koeffizienten der 2 Shears sind also nun bekannt.

Um die Rotation und den Shear zusammenzusetzen aus zweidimensionalen nichtdehnenden Shears, seien $a_1 b_1 e_1 f_1$ die Verlagerungen, welche der α Shear und die Rotation allein erzielen.

Dann ergibt Formel (8)

$$a_1 = 0{,}0695; \qquad b_1 = 0{,}2872; \qquad 1 + e_1 = 1{,}2572; \qquad 1 + f_1 = 0{,}8113.$$

Für diese Verlagerung ist Abb. 4 gezeichnet.

Das gibt für die elementaren zweidimensionalen Strains

$$\alpha_2 = 0{,}9168; \qquad \alpha_3 = 1{,}2524; \qquad s_1 = 0{,}0708.$$

Mithin ist der α Shear mit der Rotation äquivalent mit:

1. Ein Shear mit seiner Kontraktionsachse in (Oz) mit Koeffizient 1,2524.

2. Ein Shear, dessen Dehnungsachse mit Ox 45^0 bildet, mit Koeffizient $\dfrac{1}{\alpha_2} = 1{,}0908$.

3. Eine Scherbewegung $s_1 = 0{,}0708$.

Da a_1 und b_1 dasselbe Vorzeichen haben, könnte man den zweidimensionalen Strain mit flächenkonstanter Hauptellipse auch zurückführen auf zwei Shears ohne Scherbewegung; aber diese würden nicht 45^0 miteinander bilden. Der Wert $\tilde\omega$ ist gegeben durch $\operatorname{tg} \tilde\omega = \dfrac{1}{\alpha} = 0{,}7545$, also $\tilde\omega = 37^0\ 2'$. Auch aus Gleichung (9) ist $\tilde\omega$ zu erhalten.

Die erste materielle Faser, welche bei Strainbeginn die Lage der großen Ellipsoidachse einnahm, machte mit Ox den Winkel $v_0 = \frac{1}{2}(v + \mu) = 19^0\ 20'$. Gleichzeitig waren die Kreisschnitte in den Lagen $v \pm 45^0$, das ist $64^0\ 20'$ und $-25^0\ 40'$. Die

Ausgangslage der Faser, welche eventuell mit der endgültigen großen Achse zusammenfällt, war $\sphericalangle \mu$ mit Ox; $\sphericalangle \mu = 20^0\,20,5'$. Die Ausgangslage der Fasern, welche am Ende des Strains maximalen Strain erleiden, war $\mu \pm (90^0 - \tilde{\omega})$, das ist $75^0\,18,5'$ und $-30^0\,37,5'$. Die Keilwinkel, welche in der ungestrainten Masse die Materie einschließen, welche nach und nach maximalen Strain erleidet, sind von der Seite, von der die Rotation kommt

$$\mu + (90 - \tilde{\omega}) \quad \text{d. i. } 75^0\,18,5' \quad \text{und} \quad v_0 + 45^0 \quad \text{d. i. } 64^0\,20';$$

ihre Differenz ist $10^0\,58,5'$. Von der anderen Seite sind diese Winkel $\mu - (90 - \tilde{\omega})$ und $v_0 - 45^0$; deren Differenz ist $4^0\,57,5'$. Demnach wandern die materiellen Fasern auf der positiven Seite der größeren Achse mehr als zweimal so schnell durch den Maximalstrain als auf der negativen Seite (siehe Abb. 4). Wenn also das Festigkeitsverhalten des Körpers hiervon abhängt, so ist diese Differenz für die Resultate in der einen und in der zweiten Kreisfläche entscheidend, und hier knüpft die Becker sche Hypothese für ungleichscharige Zerscherung an.

Winkel ω ist für dieses Beispiel $33^0\,25'$, so daß der β-Shear die Geraden maximalen Strains ungefähr um $3,5^0$ verlegt, ohne weiteren Einfluß auf dieselben.

3. Dreidimensionaler Strain.

Die Relativbewegungen der Partikel in der (xz) Ebene bei einem Shear α bleiben unbeeinflußt durch einen zweiten coaxialen Shear in der (xy) Ebene. Der einzige Effekt des zweiten Shears in der (xz) Ebene besteht darin, daß gleichförmig die Länge aller Geraden parallel zur gemeinsamen Achse im Verhältnis β geändert wird. Wenn also vor dem Einsetzen des β-Shears eine Gerade mit A den Winkel $\tilde{\omega}$ einschloß, so wird der β-Shear diesen Winkel in ω verändern; dann ist

$$\operatorname{tg} \omega = \beta^{-1} \operatorname{tg} \tilde{\omega} = \frac{1}{\alpha\beta}.$$

Diese Geraden, welche mit A den Winkel ω einschließen, werden nur im Falle $\beta = 1$ unverzerrt sein; aber sie werden bei jedem Werte von β Gerade maximalen Tangentialstrains sein. Die Rotation um Oy ist unbeeinflußt von Shear β. Also gilt für dreidimensionalen Strain ebenso wie für zweidimensionalen: Die Differenz in der Lage der Ebenen größten Strains gegenüber der Lage bei Strainbeginn ist der Rotationswinkel $v - \mu$.

III. Symmetriebetrachtungen.

Nichtelastische affine Umformung; Beschränkung auf Symmetriebetrachtungen; Symmetriegemäße Anisotropisierungen während der Umformung und durch dieselbe; Symmetriebeziehungen zwischen Anisotropie, Umformung und Kräftesystem; Symmetrie von Gefügen aus Teilgefügen mit gegebener Symmetrie; Erniedrigung und Erhöhung der Symmetrie; Zwillingsgefüge; Einzelfälle der Überlagerungssymmetrie; Überprägung und Umprägung; Einfluß gezwungener und ungezwungener Umformung auf das Verhalten Anisotroper; Häufigkeit monokliner Gesteinsgefüge; Symmetriegemäße Umformung.

Die Erfahrung lehrt (L12), daß sich auch unrückläufige Deformationen (Plastilin, Kartonpakete Abb. 9, 10) durch eingezeichnete Kugeln verfolgen lassen, welche in homogenen Bereichen in Ellipsoide übergehen. Dieser Umstand ist für das tektonische Experiment und für die tektonisch so wichtige Unterscheidung gleicher Endformen mit verschiedener Teilbewegung von Bedeutung (L 12). Ferner hat die Gefügeanalyse der Gesteine Übereinstimmungen der mechanischen Beanspruchung vor dem Fließen des Gesamtgesteins — abgebildet nur an einer oder mehreren Kornarten — mit der unrückläufigen Deformation — abgebildet am Gesamtgestein — aufgezeigt. Eine allgemeine Erörterung dieses Zusammenhanges hat besonders die Frage zu klären, unter welchen Bedingungen unrückläufige Ellipsoide, also affine Deformationen, entstehen. Diese Frage ist deshalb von großer Bedeutung, weil in solchen Fällen die Straintektonik, wie sie eben durch Beckersche Beispiele veranschaulicht wurde, gilt: sie lassen sich als affine Umformungen der Geometrie behandeln.

Wenn man unter elastischer Deformation rückläufige versteht, so gilt, wie schon früher bemerkt, die ganze entwickelte Strainkinematik Isotroper keineswegs nur für den elastischen Bereich, sondern für alle affinen Umformungen, ob rückläufig oder nicht.

Innerhalb der affinen Umformung, deren Gesetze auf S. 7 und 8 in Übersicht gebracht sind, gilt folgendes: Die Einheitskugel geht im ersten Umformungsakte in ein Ellipsoid I über, welches fixen Koordinaten gegenüber bestimmt orientiert und durch die Koordinaten $x' = Ax + By + Cz$; $y' = A'x + B'y + C'z$; $z' = A''x + B''y + C''z$ eines Punktes P' an Stelle von Punkt P mit den Koordinaten $x\,y\,z$ bezeichnet ist. Wenn nun eine zweite beliebig orientierte affine Umformung erfolgt, welche aus der Einheitskugel das Ellipsoid II erzeugen würde, so ist das Ergebnis beider Umformungen immer ein Ellipsoid III und so fort, solange die Umformungen affin bzw. homogen bleiben und gleichviel ob das betrachtete Gebilde isotrop oder anisotrop ist. Aber Achsenlänge und Orientierung des letzten Ellipsoides ist durch die Anisotropie des Gebildes und durch die Orientierung der Umformungen beeinflußt. Beide Einflüsse lassen sich allgemein erörtern, wenn man die Orientierung eines vorhergehenden Ellipsoides, einer Anisotropie und der umformenden Kräfte nur derart vornimmt, daß man die Lage von Symmetrieelementen angibt. Solche Symmetriebetrachtungen sind ab S. 25 durchgeführt.

Um vorerst ein einfaches Beispiel, vielleicht das tektonisch wichtigste von allen, anzugeben, welches den Begriff der monoklinen Umformung (s. S. 7) voraussetzt, kann man sagen: Solange die Symmetrieebene einer bilateralsymmetrischen (monoklinen) Krafteanordnung — das sind z. B. die meisten tangentalverschiebenden Kräfte der Erdoberfläche — mit einer Symmetriebene eines früheren Ellipsoids E affiner Umformung zusammenfällt, sind alle der Symmetrie von E gemäßen Abbildungen (Anisotropien) im Gefüge mit der Symmetrie der neuen Krafteanordnung verträglich. Die Zuordenbarkeit ist bestimmt, wenn das Umformungsellipsoid E Internrotation um eine Achse besitzt (vgl. z. B. Abb. 4), wodurch eine Symmetrieebene (die zur Achse $\perp$ Zeichenebene in Abb. 4) ausgezeichnet, die beiden anderen aufgehoben werden und damit die Umformung selbst deutlich monoklin wird. Monokline Umformungen und Anisotropien, deren Symmetrieebene zusammenfällt mit der eines neuerdings deformierenden monoklinen Krafteplanes, sind durch ihre Verbreitung die tektonisch überhaupt wichtigsten und es ist in solchen Fällen die Symmetrieebene des Krafteplanes in der ganzen symmetriekonstanten Umformung leicht ersichtlich.

Wenn die Lehre von der affinen Umformung unrückläufige Umformungen beschreiben kann, so ist es doch zunächst auch in kleinsten Bereichen fraglich, ob sie alle letzteren beschreibt. Denn alle geologisch interessierenden und die meisten technologisch interessierenden Körper verwandeln sich während des Deformationsaktes stetig in andere festigkeitsanisotrope Körper. Man kann also schon aus diesem Grunde in diesen weitaus meisten Fällen nicht ohne weiteres die fortschreitende Deformation aus lauter kleinen, am unveränderten Körper erfolgten Akten der elastischen Deformation und Entspannung summieren, bevor die während der Deformation auftretende Festigkeitsanisotropie des Körpers in ein Gesetz gefaßt ist und dieses bei der Summierung zu Worte kommt: Es wird sich ergeben, daß dieses Gesetz vor allem ein Symmetriegesetz ist. Also nur wenn man die Gesetze der Anisotropisierung eines Gebildes während der betrachteten Umformung kennt und mitbetrachtet, kann man den Gesamtablauf der Umformung zusammensetzen aus kleinen Differentialakten, deren jeder sich aus einer elastischen Deformation bei konstanter Anisotropie und aus Entspannung zusammensetzt.

Denken wir uns nun ein isotropes Gebilde, das unrückläufig umgeformt und dabei fortlaufend etwa durch zunehmende Gefügeregelung anisotropisiert wird, wie das die deformierten Gesteine und Metalle erkennen lassen. Dann lassen wir nach dem Differentialakte einer elastischen Deformation bis zur Elastizitätsgrenze, wobei also die ganze Deformation elastizitätstheoretisch beschreiblich ist, die Deformation unrückläufig werden (wozu gegebene Zeit bei gegebener Wärme genügt), und es sei unrückläufig auch die Anisotropisierung, die im betrachteten Differentialakt erreicht wurde. Diese Anisotropie ist von den Kräften des betrachteten Aktes erzeugt und denselben symmetriegemäß. Wir können nun die Deformation symmetriegemäß fortsetzen. Dann gilt das Gesagte von allen folgenden Differentialakten und mithin vom ganzen betrachteten Umformungsakte: Einander symmetriegemäße Umformungen und die von ihnen erzeugten Anisotropien (z. B. Gefügeregeln) sind einander symmetriegemäß; sind sie z. B. monoklin, so haben sie gemeinsame Symmetrieebene.

Setzen wir die Deformation nach dem ersten Akte aber gegenüber der im ersten Akt erreichten Anisotropie nicht symmetriegemäß, sondern mit beliebiger Lage der deformierenden Außenkräfte gegenüber der erreichten Anisotropie fort, so ist innerhalb des zweiten Differentialaktes elastischer Deformation die Lage des Elastizitätsellipsoids nicht symmetriegemäß, also nicht mehr einfach innerhalb von Symmetrievorschriften bestimmt, sondern nur durch die praktisch selten verwendbaren allgemeinen Gleichungen elastischer Deformation Anisotroper.

Wenn wir also einen in der Lage seiner Symmetrieelemente konstanten Umformungsvorgang kennen, so wissen wir: die durch ihn erzeugte Anisotropie mit ihren Symmetrieelementen ist so gelegen, daß sie der Symmetrie des erzeugenden Vorganges nicht widerspricht (symmetriegemäß).

In ihren Symmetrieeigenschaften sind also kontinuierliche, symmetriekonstante, anisotropisierende (z. B. Kornlagen regelnde) Deformationen mit den Hilfsmitteln der affinen Straintektonik Isotroper und der Elastizitätstheorie Isotroper analysierbar; ebenso neuerliche Deformation von Außenkräften, welche einer vorgefundenen Anisotropie gegenüber symmetriegemäß angeordnet sind.

Die Erfahrung bestätigt durchaus diesen Satz und belehrt auch darüber, daß gefügenalytisch vor allem Symmetrieeigenschaften der Deformation der Untersuchung zugänglich und damit von Interesse sind.

Wenn wir nun von dieser allgemein verbreiteten, stetigen Änderung des Körpers mit der Anisotropisierung unmittelbar durch die mechanische Deformation absehen, so haben wir noch die in Gesteinen ungemein verbreitete Änderung des Körpers durch autonome molekulare Bewegung, besonders durch Kristallisation während der Deformation zu beachten (alle parakristallin deformierten Gesteine IV. Teil). Auch diese Kristallisation erfolgt im allgemeinen ohne Änderung der Symmetrie der bereits mechanisch erzeugten Gefügeanisotropie und unterliegt den bereits gepflogenen und später weiter ausgeführten Symmetriebetrachtungen.

Und dasselbe gilt von einer dritten Art der Änderung eines Körpers während der Umformung, von der Änderung durch die Deformation, wie sie die mechanische Technologie vorläufig noch ohne eingehendere Konfrontierung mit dem

Gedanken der mechanischen Gefügeregelung betrachtet, und durch Zug-, Druck- und Torsions-Diagramme, sowie (Ludwik) Fließkurven darstellt.

Diese Änderungen kennzeichnen freilich zunächst das Festigkeitsverhalten gegenüber menschlicher Bearbeitung und im Laboratoriumsversuch von, gegenüber tektonischen Deformationen, sehr großer Deformationsgeschwindigkeit (als spezifische Schiebung) und relativ großer Unveränderlichkeit des Materials, abgesehen von der dabei, wie gesagt, noch wenig beachteten mechanischen Gefügeregelung. Aber diese Änderungen sind die bestbekannten; sie haben nach der Regel „Gleiches Festigkeitsverhalten bei homologen Temperaturen (gleich weit vom Schmelzpunkt)" auch für geologische Deformationen größerer Rindentiefe besonderes Interesse und der technologischen Erfahrung entspringt zunächst unser Begriffsinventar betreffend das Festigkeitsverhalten überhaupt, auch das tektonische.

Da es nun keinen Grund gibt, anzunehmen, daß diese dritte Art der Änderung eines Körpers während der Deformation zu einer Anisotropie führt, welche den umformenden Kräften nicht symmetriegemäß gegenüber läge, so unterliegen diese Änderungen, wenn sie überhaupt merklich auftreten, ebenfalls den schon umrissenen und nun ausführlicher zu behandelnden Symmetriebetrachtungen. Es ist also unter den ein Gestein während seiner Umformung anisotropisierenden Vorgängen keiner, der bei ganzer bzw. teilweiser Symmetriekonstanz des Umformungsaktes — mag man diesen als Bewegungsbild oder als Vektorensystem darstellen — eine nicht auch dem Umformungsakte symmetriegemäße Anisotropie erzeugt.

Sehr oft lagen die Gesteine schon als mechanisch anisotrope Gefüge vor, als jene Umformung begann, deren Gepräge wir untersuchen. Mithin wird das Verhalten solcher Gefüge bei der mechanischen Umformung von Interesse. Dieses Interesse wird weder durch die Betrachtung lediglich der Kristalle als anisotroper Gefüge, wie sie in den Lehrbüchern der Kristallographie ja durchgeführt ist, vollkommen befriedigt, noch durch die Betrachtung der Gesteine als isotroper und quasiisotroper Körper, welche sie nun einmal sehr oft nicht sind. Wir betrachten homogene Bereiche solcher mechanisch anisotroper Gefüge. Deformieren wir homogen — gegen die Möglichkeit homogener Deformation Anisotroper ist kein Grund anzuführen — so erhalten wir auch bei den Anisotropen das durch den Begriff homogener Deformation geforderte Ellipsoid affiner Transformation des Strainellipsoids. Nur die Lage des Strainellipsoids den erzeugenden Kräften gegenüber ist nicht so einfach wie bei Isotropen, sondern durch die Lage der Achsen der Anisotropie α, β, γ gegenüber den erzeugenden Kräften mitbedingt, welche im isotropen Körper des Strainellipsoid $A\,B\,C$ erzeugen würden. Elastizitätsellipsoid und Deformationsellipsoid fallen ferner im allgemeinen nicht zusammen (wie bei mechanisch Isotropen). Es gibt aber bei der mechanischen Umformung mechanisch Anisotroper, seien sie Kristalle oder geregelte Gefüge, zwischen Strainellipsoid $A\,B\,C$, Elastizitätsellipsoid, Anisotropieachsen α, β, γ und Kräfteplan verhältnismäßig leicht erfaßbare Symmetriebeziehungen bei gegebener Lage zueinander. Diese Symmetriebeziehungen sind für die Deutung der ganz wesentlich Symmetriedaten enthaltenden Gefügediagramme viel wichtiger als die Rekonstruktionen einzelner Deformationsellipsoide, wobei die nötigen Daten nie zur Verfügung stehen und außerdem ja das Deformationsellipsoid nicht als Ellipsoid, sondern nur in seiner Symmetrie (regelnde Kreisschnitte) ein ablesbares Korrelat im Gefüge hat. Dazu kommt noch, daß unter den tektonischen Deformationen einige Fälle von besonders einfachen solchen Symmetriebeziehungen zwischen Kräfteplan, gegebener Anisotropie und Strainellipsoid vollkommen vorwalten (Plan *1*, s. S. 57).

Seien $A > B > C$ die Achsen des Strainellipsoids, welches ein Kräfteplan
(z. B. schiefe Pressung) im Isotropen erzeugen würde, so sind die Lagebeziehungen
zwischen Kräfteplan und $A\,B\,C$ in der Straintektonik G. Beckers in Sonderfällen weitgehend analysiert. Bezüglich der Symmetriebeziehungen aber gilt
allgemein:

I. Der Kräfteplan erzeugt ein Strainellipsoid in einer den Symmetrieelementen des Kräfteplanes (Außenkräfte und Reaktionskräfte) nicht widersprechenden Lage. Zu berücksichtigen ist dabei, daß das Strainellipsoid in seiner Abbild-
barkeit meist ein monoklines Gebilde ist (Ungleichwertigkeit der Kreisschnitte
bzw. der Ebenen maximalen Tangentalstrains (s. S. 18).

Enthält z. B. der Kräfteplan eine singuläre Gerade, so kann diese nur in die
Symmetrieebene eines monoklinen Ellipsoids fallen oder auf derselben $\perp$ stehen,
da nur solche singuläre Gerade die Symmetrie des Ellipsoids nicht aufheben. —
Hat der Kräfteplan selbst eine Symmetrieebene, so muß diese mit einer bzw. der
einzigen des Strainellipsoids zusammenfallen. Ist also die Deformation eine ebene,
so ist die Deformationsebene eine Symmetrieebene für das deformierte Gefüge
(für dessen Teilbewegungen und Regelungsakte) und für den deformierenden
Kräfteplan. Gehen wir nun auf die Betrachtung mechanisch Anisotroper über
und führen die Lage der Anisotropieachsen α, β, γ ein, so gilt:

II. a) Wenn die Anisotropie α, β, γ so liegt, daß sie zusammen mit der Symmetrie von $A\,B\,C$ (also des Strainellipsoids für Isotrope) gleich hohe Symmetrie
wie die von $A\,B\,C$ (rhombisch oder monoklin) ergibt, so ist diese Anisotropie
ohne Wirkung auf die Symmetrie des Gefüges und seine Symmetriebeziehung
zum Kräfteplan. Mithin deckt sich Fall IIa und Fall I ohne Wirkung der vorgefundenen Anisotropie auf die resultierende Symmetrie. Der Fall stellt z. B.
einen Differentialakt aus der schon beschriebenen symmetriekonstanten Umformung dar.

II. b) Wenn die Anisotropie α, β, γ so liegt, daß sie zusammen mit der Symmetrie von $A\,B\,C$ eine niedrigere Symmetrie als die von $A\,B\,C$ (rhombisch oder
monoklin) ergibt (mithin eine monokline oder trikline), so liegen die Elemente
dieser niedrigeren Symmetrie (Sa') gegenüber der Symmetrie des überprägen-
den oder umprägenden Kräfteplanes symmetriegemäß, d. h. in diesem Falle
so, daß eine Symmetrieebene in Sa' mit der des Kräfteplanes zusammenfällt
und so erhalten bleibt.

Beispiel: Seien ABC die Achsen des Strainellipsoids für angenommene Isotropie und (hkl) Bezeichnungen für Flächen in der kristallographisch üblichen
Weise, bezogen auf ABC als Achsen. Bestände dann die wirksame (wirtelige)
Anisotropie z. B. nur in einer Einschar von selbst isotropen s-Flächen s_1, so sind
folgende Fälle möglich:

1. $s_1 = (100)$ oder (010) oder (001); die Symmetrie von ABC bleibt ungeändert; Fall IIa.

2. $s_1 = (h0l)$ oder $(0kl)$ oder $(hk0)$; die Symmetrie wird entweder

a) aus rhombischem ABC monoklin: Der zugehörige Kräfteplan ist ein
solcher, daß seine Symmetrie mit dazu monokliner Symmetrie ohne weitere Erniedrigung vereinbar ist (z. B. horizontales s liegt als $(h0l)$ zu ABC einer schiefen
Pressung; tektonisch typisch);

b) oder aus monoklinem $A\,B\,C$ monoklin: wie a);

c) oder aus monoklinem ABC triklin: Die Symmetrie des zugehörigen Kräfteplans ist nicht mehr nach unseren Regeln bestimmbar (z. B. schiefes s liegt als
$(0kl)$ zu einem monoklinen $A\,B\,C$ mit ungleich abgebildeten Kreisschnitten
$(h0l)$. Wenn sich dann die Anisotropie bemerkbar macht, so geschieht dies durch
triklines Gefüge.

3. $s_1 = (h\,k\,l)$; die Symmetrie ist auf jeden Fall triklin und von der Symmetrie des zugehörigen Kräfteplans durch einfache Symmetriebetrachtungen nichts erschließbar.

Für derartige Symmetriebetrachtungen kann es von Wert sein, ganz allgemein die Symmetrie (reell oder gedanklich) aus Teilgebilden mit gegebener Symmetrie zusammengesetzter Gebilde zu betrachten. Welche Symmetrie (Sr) entsteht, wenn zwei Gebilde bzw. Gefüge von gegebener Symmetrie (Sa und Sa') einander als Teilgefüge bei gegebener Lage von Sa gegenüber Sa' homogen durchdringen und überlagern? Wir versuchen, diese Frage zu lösen, indem wir alle voneinander unterscheidbaren Fälle aufstellen. Die Annahmen, von denen wir dabei ausgehen, sind:

1. Gleichwertige Richtungen mit gleichwertigen überlagert ergeben gleichwertige;

2. gleichwertige mit ungleichwertigen ergeben ungleichwertige;

3. ungleichwertige mit ungleichwertigen ergeben im allgemeinen ungleichwertige, nur in Sonderfällen gleichwertige.

Wir betrachten zunächst diese Annahmen, dann die Ersetzbarkeit von gleichwertig und ungleichwertig durch geometrische Daten und dann tabellarisch die möglichen Fälle. Überlagert man zwei verschiedene Gebilde, welche einzeln die Symmetrien Sa und Sa' besitzen, so entfallen in Sr alle Symmetrieelemente, welchen bei der angenommenen Lage der beiden Gebilde irgendein Gefügedatum eines der beiden Gebilde widerspricht. Es entfallen alle Symmetrieelemente aus Sa und Sa', welche nach der Überlagerung einander widersprechen und es verbleiben also von Sa und Sa' in Sr nur, bei der gewählten Lage von Sa zu Sa', einander nicht widersprechende, vereinbare Symmetrieelemente. Seien z. B. in Abb. 5 $v_1 = v_2$ gleichwertige Richtungen im Sa-Gebilde, $v_1' \neq v_2'$ seien jene Richtungen im Sa' Gebilde, welche nach der zu betrachtenden Überlagerung beider Gebilde mit v_1 und v_2 in der Richtung zusammenfallen. Dann ist $(v_1; v_1') \neq (v_2; v_2')$. Mithin entfällt in Sr die Symmetrieebene E, welche für Sa allein existierte.

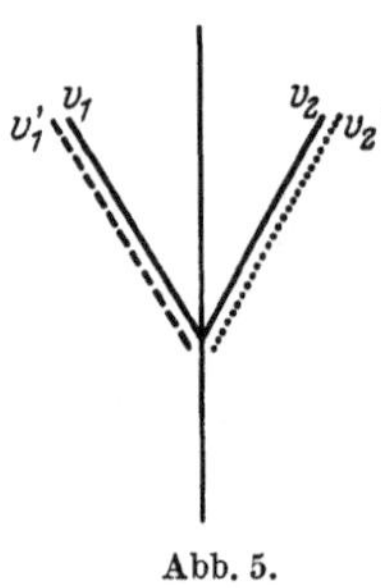

Abb. 5.

In diesem Sinne ergibt Überlagerung ungleichwertiger Richtungen auf gleichwertige als Resultat ungleichwertige Richtungen und dementsprechende Reduktion von Symmetrieelementen durch die Überlagerung.

Im allgemeinen gilt dies auch von der Überlagerung ungleichwertiger Richtungen auf ungleichwertige, $v_1 \neq v_1'$ und $v_2 \neq v_2'$. Denn die Resultierenden können nur in einem Sonderfalle einander gleich werden, wenn ganz bestimmte Bedingungen erfüllt sind.

Diese bestimmten Bedingungen müßten aber nicht nur für ein einzelnes Paar $(v_1; v_1') = (v_2; v_2')$, sondern für alle derartigen Paare in der Überlagerung zusammenfallender Richtungen erfüllt sein, damit die Gleichung $(v_1; v_1') = (v_2; v_2')$ ein Symmetrieelement, z. B. eine Symmetrieebene, die in Sa und in Sa' fehlte, in Sr bedingen könnte.

Diese Entstehung neuer Symmetrieelemente in Sr, welche in Sa und in Sa' fehlten, ist mithin, wie unmittelbar einzusehen, vor allem an die Bedingung $Sa = Sa'$ gebunden, ferner an bestimmte Bedingungen der relativen Verdrehung von Sa gegenüber Sa' vor der Überlagerung, wie solche bekanntlich in den Zwillingsgesetzen der Kristalle festgelegt sind. Wie in polysynthetischen und mimetischen Zwillingen Gebilde mit neuen Symmetrieelementen in Sr vorliegen, so kennen wir auch unter Gesteinsgefügen Beispiele, welche sich gedanklich aus gleichen Teilgefügen zusammensetzen lassen mit neuen Symmetrieelementen in Sr (z. B. D 181); die Körner der Teilgefüge können hierbei Einzelkörner oder Zwillingsteilkristalle sein. Es gilt also:

Unter der Bedingung zweier gleicher Gebilde und unter bestimmten Lagebedingungen kann die Überlagerung zu neuen Symmetrieelementen in Sr führen. Das resultierende Gefüge heißt bei Kristallen eine Zwillings- bzw. polysynthetische Viellingsbildung, bei anderen derartigen Gefügen wollen wir sagen: sie lassen sich entweder gedanklich oder sogar genetisch als Zwillingsgefüge betrachten.

Wenn man nun die Gleichwertigkeit und Ungleichwertigkeit von Richtungen durch gleiche und ungleiche Größe der Radien von Bezugsflächen veranschaulicht, so veranschaulichen diese Bezugsflächen vollkommen die Symmetrie von Sa und Sa'. Und wenn wir diese beiden Bezugsflächen für Sa und Sa' in verschiedener Lage übereinanderlagern, so ergeben hierbei gleich große Radien mit gleich großen wieder gleich große, gleich große mit ungleich großen ungleich große, und ungleich große mit ungleich großen bleiben unbestimmt. Mithin ergibt die durch Überlagerung unserer beiden Bezugsflächen für Sa und Sa' erzeugte Fläche in ihren Radien, je nach deren gleicher oder ungleicher Größe, ein Abbild der durch Überlagerung bzw. Durchdringung des Gebildes Sa mit dem Gebilde Sa' entstehenden gleichwertigen und ungleichwertigen Richtungen in dem durch die homogene Durchdringung entstehenden Gebilde. Ein solches Abbild der resultierenden gleichwertigen und ungleichwertigen Richtungen ist aber auch das Abbild der gesuchten resultierenden Symmetrie Sr.

Um diese zu finden, können wir uns also die Komponenten Sa und Sa' durch symmetriegemäße Bezugsflächen veranschaulichen, diese Bezugsflächen in allen Lagen, welche unterscheidbare Fälle ergeben, überlagern, und Sr des resultierenden Gebildes ablesen. Als Bezugsflächen für die uns interessierende wirtelige (w), rhombische (r) und monokline (m) Symmetrie der Komponenten nehmen wir das Rotationsellipsoid (w), das dreiachsige Ellipsoid (r) und ein Gebilde als Repräsententen der monoklinen Symmetrie: Eine allgemein zylindrische Fläche ohne andere Symmetrieelemente als ein Symmetriezentrum und eine Symmetrieebene senkrecht zur erzeugenden Geraden; wonach das durch den zur erzeugenden Geraden senkrechten Schnitt gehende Lot auf denselben eine Digyre ist. In der Tabelle bedeutet E Symmetrieebene, D Symmetrieachse.

Von den gewählten Ellipsoiden kommt hierbei lediglich ihre Symmetrie, nicht etwa ihre analytische Formel in Betracht; man könnte ebensogut Ovaloide oder andere gleichsymmetrische Gebilde wählen. Denn von Sa und Sa' ist nicht gesagt, daß beiden ellipsoidische Bezugsflächen entsprechen. In allen Fällen ist damit zu rechnen, daß sowohl die Symmetrie Sa als Sa' in den zwei Teilgefügen des komplexen Gefüges für sich betrachtet erhalten bleiben kann.

Aus den gepflogenen allgemeinen Betrachtungen und aus der fallweisen Betrachtung in der Tabelle ergibt sich für die wirteligen, rhombischen und monoklinen Gefüge: Die durch Überlagerung resultierende Symmetrie (Sr) ist im allgemeinen gegenüber der Symmetrie der Komponenten (Sa, Sa') erniedrigt; im allgemeinsten, auch tektonisch unseltenen Falle bis triklin. Im Sonderfalle paralleler Überlagerung gleicher Komponenten wird die Symmetrie nicht erniedrigt. Die Symmetrie wird bei ungleichen Komponenten $SaSa'$ wenigstens auf die Stufe der niedriger symmetrischen Komponenten ($w > r > m$) erniedrigt. In Sonderfällen der Überlagerung gleicher Gebilde können neue Symmetrieelemente auftreten (Zwillingsgefüge).

Wenn man in dieser Tabelle die Fälle einklammert, deren Auftreten weniger wahrscheinlich ist, da sie nur in bestimmten Lagen ohne Bewegungsfreiheit der beiden Gebilde gegeneinander auftreten, so verbleiben ausschließlich monokline und trikline Sr.

Tabelle der Überlagerungssymmetrien geologisch wichtiger ungleicher homogener Gebilde (Komponenten) bei homogener Durchdringung.

Komponenten	Lage der Komponenten zueinander	Name des resultierenden Falles	Überlagerungssymmetrie So_1 = einzelner Sonderfall ohne Lagenfreiheit, So_r = Gruppe von Sonderfällen, So_a = allgemeinster Fall	
ww'	$E^\infty \parallel E'^\infty$	$ww'\,^1$	(w)	So_1
ww'	E^∞ schief zu E'^∞	$ww'\,^2$	m	So_a
ww'	$E^\infty \perp E'^\infty$	$ww'\,^3$	(r)	So_1
wr	$E^\infty \parallel E^2$	$wr\,^1$	(r)	So_1
wr	$E^\infty \parallel D^2$	$wr\,^2$	m	So_r
wr	$E^\infty = (hkl)$ in Sa	$wr\,^3$	tr	So_a
wm	$D^\infty \parallel D^2$	$wm\,^1$	m	So_r
wm	$D^\infty \parallel E^2$	$wm\,^2$	m	So_r
wm	$E^\infty = (hkl)$ in Sa	$wm\,^3$	tr	So_a
mm'	$E^2 \parallel E^{2'}\,(= 010)$	$mm'\,^1$	m	So_r
mm'	$E^2 = (h0l)'$	$mm'\,^2$	tr	So_r
mm'	$E^2 = (0kl)'$	$mm'\,^3$	tr	So_r
mm'	$E^2 = (hk0)'$	$mm'\,^4$	tr	So_r
mm'	$E^2 = (hkl)'$	$mm'\,^5$	tr	So_a
mr	$E^2 \parallel E_2$	$mr\,^1$	m	So_r
mr	$E^2 \parallel (h0l)$	$mr\,^2$	tr	So_r
mr	$E^2 \parallel (hkl)$	$mr\,^3$	tr	So_a
rr'	$E^2 \parallel E^{2'}; D^2 \parallel D^{2'}$	$rr'\,^1$	(r)	So_1
rr'	$E^2 \parallel (h0l)$	$rr'\,^2$	m	So_r
rr'	$E^2 \parallel (hkl)$	$rr'\,^3$	tr	So_a

Den Fällen monokliner Sr entspricht durchweg Rotation der beiden Gebilde gegeneinander, um eine mit zwei Symmetrieachsen (in Sa und in Sa') parallele Symmetrieachse in Sr. Wie sich auch aus der später folgenden Beschreibung der tektonischen Umformungspläne ergibt, haben diese Fälle monokliner Sr weitaus die größte Wahrscheinlichkeit wirklichen tektonischen Auftretens.

Die Symmetrie Sr eines durch mechanische Umformung eines anisotropen Ausgangsmaterials erzeugten Gefüges läßt sich betrachten als Überlagerung der Symmetrieelemente der ersten Anisotropie Sa mit den Symmetrieelementen Sa' (wirtelig w; rhombisch r; monoklin m) der letzten prägenden Umformung. Hierbei kann Sa entweder noch durch wirkliche reliktische Gefügekorrelate in Sr vertreten sein (Überprägung) oder nicht mehr (Umprägung). Im letzteren Falle kann Sa entweder auf die räumliche Lage von $Sr \neq Sa'$ von Einfluß gewesen sein (Sa ist eine mechanisch wirksame Anisotropie) oder ohne Einfluß (mechanisch unwirksame Anisotropie), so daß $Sr = Sa'$ so entsteht, als wäre der betrachtete Körper als isotroper umgeformt worden (Umformung im Quasiisotropen). Ob die Umformung bei Anisotropen quasiisotrop verläuft, das hängt nicht nur von der Lage der Außenkräfte gegenüber der Anisotropie ab, wie das schon aufgezeigt wurde, sondern auch von der Umschließung des Bereiches bzw. von der Ausweichemöglichkeit, wie Abb. 6—8 veranschaulicht. Ein stark festigkeitsanisotropes Gewebe (Achsen der Anisotropie durch das schiefgestellte rechtwinklige Kreuz bezeichnet) ist mit Kreismuster versehen und zwischen Rahmen gespannt; unbelastet in Abb. 6; in Abb. 7 mit seitlicher Ausweichemöglichkeit durch die in Abb. 6 sichtbaren Gewichte belastet: Die Anisotropie bewirkt bei affin ebener Umformung Schiefstellung der (stark gedehnten) Hauptellipse. In Abb. 8 ist bei ganz gleicher Belastung die seitliche Verschiebung der unteren Leiste

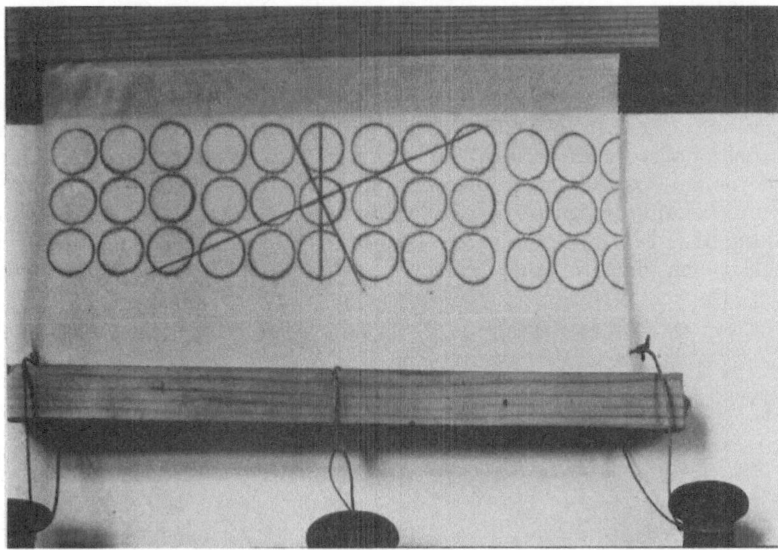

Abb. 6.

durch einen Riegel verhindert: Die Deformation verläuft vollkommen wie im Isotropen bei gleicher Behandlung also quasiisotrop; mit weniger gedehnter

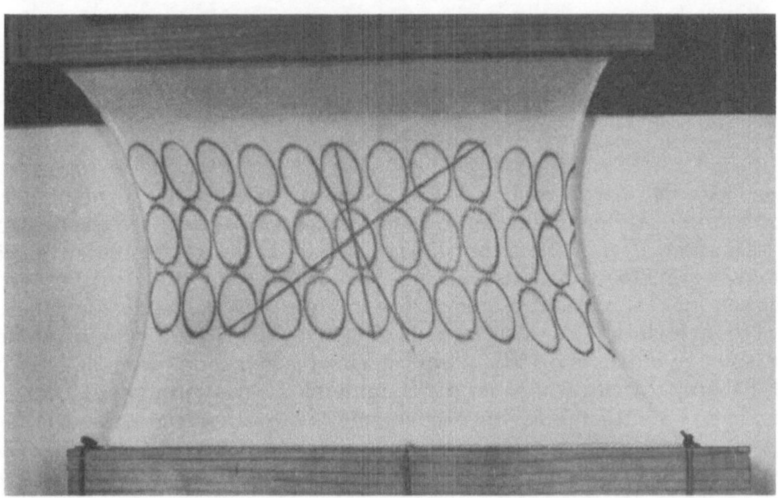

Abb. 7.

Hauptellipse. Ins Auge zu fassen ist nur der mittlere Bereich der Präparate, da die Inhomogenität der Begrenzung sich in den randlichen Bereichen durch nicht-affine Umformung (Rotationen!) geltend macht. Das Auftreten „quasiisotroper"

Umformung bei genügend gezwungener Umformung (mit behinderter Ausweichemöglichkeit) gegenüber deutlicher Auswirkung der Anisotropie bei gleicher aber genügend ungezwungener Beanspruchung (mit Ausweichemöglichkeit) ist stets zu beachten, wenn es sich z. B. an tektonischen Gefügen um die Einschätzung des Einflusses der Anisotropie handelt, oder um die Kennzeichnung gezwungener und ungezwungener Tektonik.

Ob die Einspannung geologisch anisotroper Körper in dem erörterten Sinne gezwungen oder ungezwungen ist, welche Ausweichemöglichkeit besteht oder nicht, das entscheidet also ebenfalls darüber, wie die Festigkeitsanisotropie des Materials (der Gesteine) zu Worte kommt und wie die Umformung verläuft. Bei gegebenem Verlauf und bekannter Anisotropie läßt sich auf gezwungene oder ungezwungene Umformung bzw. Tektonite schließen. Daraus, daß beide Fälle in der Natur häufig sind, erklärt sich, daß die einen Forscher mehr die Wirkung mechanischer Vor-

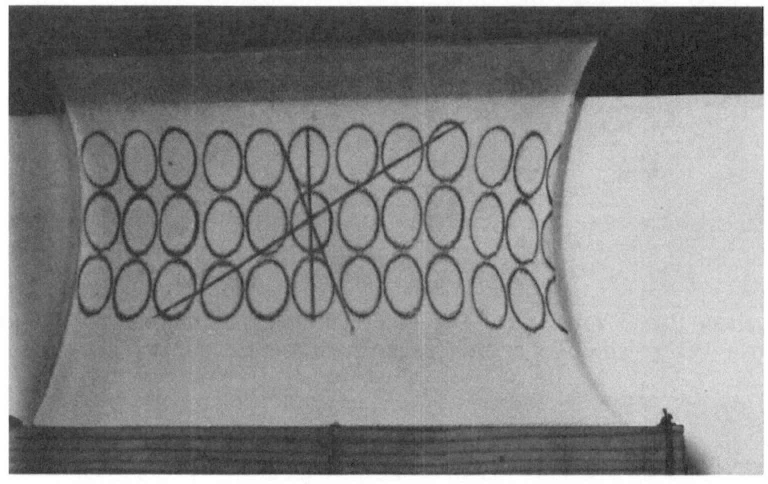

Abb. 8.

zeichnung, also der Anisotropie auf die Teilbewegung und der Ablauf der Umformung betonten, andere mehr den Umstand, daß sich anisotrope Gesteine quasiisotrop verhalten, d. h. z. B. Scherflächen schief zu vorgezeichneten s-Flächen angeordnet, wie in Isotropen aufweisen.

Bezüglich der Umprägung und Überprägung ist folgendes zusammenzufassen: Wenn sich zwei Anisotropien (Gefüge, abbildbare Vektorensysteme) von gegebener Symmetrie Sa, Sa' nämlich wirtelig (w), rhombisch (r), oder monoklin (m), beliebig überlagern, so ist die Symmetrie Sr des durch die Überlagerung entstehenden Gesamtgebildes im allgemeinen eine erniedrigte, da Symmetrieelemente einander aufheben. Die Überlagerungssymmetrie Sr ist in der Tabelle S. 28 in Übersicht gebracht. Von besonderem Interesse ist in diesem Buche der eben erwähnte Fall der Überprägung oder Umprägung eines Gefüges von gegebener Symmetrie Sa. Deformiert man ein solches Gefüge homogen, wobei dem Deformationsellipsoid selbst die (abbildbare) Symmetrie Sa' zukommt (allgemein m, seltener r, sehr selten w), so tritt bei der so häufigen Überprägung das Sr der Tabelle S. 28 auf, bei „restloser Umprägung" nur Sa'. Dieses Sa' kann bei ganz restloser, Sa ja vollkommen auslöschender Umprägung, dem umprägenden Kräfteplan nur symmetriegemäß gegenüber liegen. Bei der faktisch infolge unvollkommener Kornregelung durchaus zu erwartenden nicht restlosen Umprägung jedoch kann Sa' dem umprägenden Kräfteplan nur dann ebenfalls symmetriegemäß (das heißt ohne mehr als jedenfalls nötige Erniedrigung der Symmetrie des ganzen Systems Gefüge $+$ Kräfteplan gegenüberliegen, wenn schon Sa dem Kräfteplan symmetriegemäß gegenüber lag. Es ist im letzteren faktisch ebenfalls häufigen Falle, was die Lage von $Sr = Sa'$ gegenüber den Symmetrieelementen Sk des prägenden Kräfteplanes anlangt, so, als ob die Deformation an isotropem Material erfolgt wäre, abgesehen von solchen symmetriegemäßen Bewegungen von Sa' gegenüber Sk, welche die Symmetrie des Systems $Sa' + Sk$ nicht verändern. Es ist ein Hinweis auf das Vorwalten tektonischer Umformung mit Rotation, daß monokline Symmetrie in tektonisch umgeformten anisotropen Gesteinen so stark vorwiegt.

In den voranstehenden Erörterungen wurde eine bestehende Anisotropie lediglich in ihrer Symmetrie definiert und lediglich mit der Symmetrie des neuen Strains konfrontiert. Damit ist der neue Strain nicht bestimmt, aber für die möglichen Lagen der Einfluß auf die Symmetrie des Gefüges bestimmt, in welchem über die bestehende Anisotropie ein neuer Strain geprägt wird. Durch reliktische Gefüge sind derartige Überprägungen ja nachweislich und durch genügend gezwungene Umformung kann sogar ein Strainellipsoid wie im Isotropen auf Anisotrope geprägt werden. Da in Anisotropen nicht die einfachen Beziehungen zwischen der Lage von Strainellipsoid, Stressellipsoid und den erzeugenden Kräften bestehen wie in Isotropen, kann man in der Verknüpfung zwischen Deformation und Kraft nicht so weit gehen wie bei Isotropen. Aber man kann vielen Symmetriebeziehungen zwischen Deformation und Kraft auch bei statistisch Anisotropen nachgehen. Es läßt sich nun auch noch zeigen, daß nach der Wahrscheinlichkeit ihres natürlichen Auftretens bei mehrfach geprägten Gefügen ebenso wie bei einfach geprägten der monokline Typus im Vordergrunde steht, wie es auch der Erfahrung über die Häufigkeit einfach geprägter und mehrfach geprägter monokliner Tektonite entspricht. Um zu beurteilen, ob ein Strain symmetriegemäß ist, betrachtet man das Ellipsoid, welches er am isotrop gedachten Material erzeugt: Alle Lagen dieses Ellipsoids, welche die Symmetrie der gegebenen Anisotropie des Materials nicht verringern, kurz alle mit der Anisotropiesymmetrie verträglichen Lagen, entsprechen „symmetriegemäßen" Umformungen, Bewegungsbildern, Kräfteanordnungen, Spannungen und Beanspruchungen. Die Symmetrietypen der wichtigen natürlichen anisotropen Gefüge sind:

I. Eine einzige Schar von s-Flächen ohne wirksam ausgezeichnete Richtung in s. Symmetrie eines Rotationsellipsoides mit Achse L. Wirtelsymmetrie (w), z. B. Sedimente aus einem nichtströmenden Medium.

II. Zwei gleiche Scharen s_1 und s_2 oder $s_1^a \, s_1^b \ldots$ und $s_2^a \, s_2^b \ldots$ sich schneidend in b; rhombische Symmetrie (r) eines dreiachsigen Ellipsoids, in welchem s_1 und s_2 Kreisschnitte sind, z. B. B-Tektonite mit reinen Shears bei gerader Pressung; selten.

III. Zwei oder mehrere $s_1 s_2 s_3 = (h0l) \ldots$ sich schneidend in $b = B$; 1 Symmetrieebene $\perp b = B$; monokline Symmetrie (m); z. B. „B-Tektonite" bei schiefer Pressung ohne oder mit Externrotation. Häufigster Tektonit.

IV. Die s-Flächen sind sowohl $(h o l)$ als $(o k l)$, die zugehörigen Schnittgeraden $b_1 = B_1$; $b_2 = B_2$ stehen aufeinander senkrecht. Es sind folgende Fälle möglich:

a) II kombiniert mit II: rhombische Symmetrie (r); als seltene Sonderfälle tetragonale und reguläre denkbar, aber ohne praktisches Interesse;

b) II kombiniert mit III: monokline Symmetrie (m);

c) III kombiniert mit III: trikline Symmetrie (tr).

Beispiele „B-Tektonite aus Plan 2" (siehe S. 58).

Auf dieser Grundlage lassen sich für die Haupttypen anisotroper Gesteine folgende symmetriegemäße Strains in Übersicht bringen.

Eine ohne Erniedrigung der Symmetrie erfolgende Umformung ist bei wirtelsymmetrischen Anisotropen nur denkbar, wenn das Umformungsellipsoid ein Rotationsellipsoid ist, dessen Achse mit der Achse der Wirtelanisotropen zusammenfällt. Bei Sedimenten anisotroper Teilchen, die ohne Richtungssinn in s, also aus ruhendem Medium abgesetzt werden, bedeutet die durch das Gewicht des anwachsenden Sedimentes erfolgende homogene Umformung des Gefüges einen hierhergehörigen Fall.

Unter den Tektoniten würden B-Tektonite mit ganz gleichmäßiger Besetzung des Gürtels diesen Fall verwirklichen, so lange die Externrotation des betreffenden Bereichs, welche den Gürtel erzeugte, anhält. Der Fall ist jedoch nur als Grenzfall von Interesse, da B-Tektonite allgemein monoklin sind.

Im Falle rhombischer Symmetrie fordert die vollkommen symmetriegemäße Umformung Zusammenfallen der beiderseitigen rhombischen Symmetrieachsen und außerdem ein rhombisches Strainellipsoid, also gleiche Abbildung beider Kreisschnitte. Daß es hergehörige Umformungen mit symmetriegemäßen Abläufen von genügender Dauer für eine Abbildung im Gefüge gibt, das ist durch die Fälle von gleichwertiger Abbildung beider Flächen maximalen Tangentalstrains erwiesen (siehe Korngefüge D 143—145). Darüber, daß dieser Fall weit seltener ist als verschiedene Abbildungen der beiden Kreisschnitte und mithin weniger symmetriegemäßer Ablauf der Umformung siehe S. 18. Im weitaus häufigsten Falle monokliner Anisotroper mit Symmetrieebene (010) ist jede Umformung ganz symmetriegemäß, deren Strainellipsoid entweder gleichwertige Abbildung der Kreisschnitte bewirkt (also selbst rhombisch ist) und irgendeine Symmetrieebene mit (010) deckt oder bei Ungleichwertigkeit der Kreisschnitte seine Hauptellipsenebene mit (010) deckt. Beides ist innerhalb der für tektonisches Strömen bezeichnenden Bewegungsbilder allenthalben häufig realisiert. Sehr viele B-Tektonite in ihrer ersten Ausprägung und viele auch in zweiten Überprägungen sind hergehörige, in vielen Akten vollkommen symmetriegemäß deformierte Beispiele; oder wenigstens triklin mit monoklinem Habitus. Ein anderes Beispiel bieten Sedimente, deren Entstehung aus einem Medium mit bestimmter Strömung sich durch einen Richtungssinn der Aufbereitungsregel in s zu erkennen gibt. Dieser Richtungssinn steht oft nahe rechtwinklig (D 66—68) zur sedimentierenden Küste. Die Häufigkeit tektonischen Strömens ebenfalls rechtwinklig zum Kontinentalrand ist bekannt; mithin die Gelegenheit zur symmetriegemäßen Umformung solcher Sedimente nicht selten, sondern typisch. Die Symmetrie trikliner Gefüge kann durch Kombination mit einem Strainellipsoid nicht erniedrigt und ohne Umprägung auch nicht erhöht werden. Für symmetriegemäße Umformungen mit dementsprechenden Regelungen der Kornlagen im Gefüge bringt dieses Buch zahlreiche Beispiele. Die wichtigste und tektonisch häufigste symmetriegemäße Umformung in langen oder immer wiederholten Akten ist die ebene oder fast ebene Deformation eines monoklinen Gebildes (Gefüge, Gebirge), wenn die Symmetrieebene des Gebildes die Deformationsebene $\perp B$ ist. (Alle einachsigen „B-Tektonite"; Gebirge aus verschiedenen Faltungsphasen mit konstantem Streichen.) Daneben spielt Deformation $\| B$ eine wichtige Rolle („$B \perp B'$-Tektonite"; Faltung des Streichens im gleichen Akte).

Auch nichthomogene Umformungen können ganz und teilweise symmetriegemäß oder nichtsymmetriegemäß erfolgen und fallen dann unter die gepflogene Betrachtung.

IV. Einfache Beispiele nichtaffiner Bewegungsbilder.

Verbreitung nichtaffiner Umformungen; endogene und exogene nichtaffine Umformung; Beispiele nichtaffiner Umformung; Bedeutung der Grenzflächen für endogene Nichtaffinität; exogene Nichtaffinität; affine und nichtaffine Umscherung; Zerlegbarkeit nichtaffiner Bereiche in affine; charakteristische Gleichung (Kurve) der Umscherung; Umscherung verschiedener Vorzeichnungen; Kriterien der Umzeichnung durch Umscherung; Faltenschemata für Stauung und Abströmen; Rechnerische Analysen: für affine Umscherung von Falten, für nichtaffine Umscherung von Ebenen; interne und externe Rotation um B; Rollung und Längung in Achse B.

Die Bedeutung des affinen Bewegungsbildes für die Gefügelehre liegt, wie früher bemerkt, darin, daß sehr oft kleinere Bereiche quasiaffin umgeformt sind — so auch Teilbereiche großer nichtaffiner Bereiche — und darin, daß der Betrachtung affindeformierter Bereiche die Straintektonik nach Becker und Thomson und teilweise die Lehre von der elastischen Umformung zugute kommt. Sehr viele kleine Bereiche, z. B. Falten und sehr kennzeichnenderweise fast alle größeren Bereiche tektonischer Gefüge sind aber nicht affin umgeformt. Der kinematischen Betrachtung solcher Bereiche kommt ihre häufige Zerlegbarkeit in affine zugute und außerdem eine ganze Reihe noch zu erörternder allgemeiner Kennzeichen, unter welchen wieder die Anwendbarkeit der allgemeinen Symmetriegesetze anisotroper Gebilde auf die Gefügebildung die wichtigste Rolle spielt.

Bei nichtaffiner Umformung kann das erzeugte Gefüge für unsere Beobachtungsmittel sowohl homogen als inhomogen sein, wie namentlich die Korngefüge der Falten im zweiten Teil veranschaulichen werden.

Der überaus weiten Verbreitung nichtaffiner Bewegungsbilder irdischer Gesteine entsprechen zwei ganz verschiedene Entstehungsbedingungen: Mechanische Inhomogenität des betrachteten Bereiches schon vor Beginn der Umformung — Grenzflächen enthaltende Bereiche endogener nichtaffiner Umformung — und zweitens meistens rhytmische Änderungen physikalischer Größen der Umformung, ohne daß diesen Änderungen irgendwelche Inhomogenität des Bereiches vor Beginn der Umformung entspricht — exogene nichtaffine Umformung. Für die Betrachtung der Morphologie des Gefüges, nicht der Grenzflächen selbst, kommt die exogene nichtaffine Umformung ganz besonders in Betracht — auch alle affine Umformung ist übrigens in diesem Sinne exogen — da man ja (vor Beginn der Umformung inhomogene) Bereiche für viele Betrachtungen in homogene zerlegen kann.

Es sollen daher für endogen nichtaffine Umformungen einige allgemeine Betrachtungen, namentlich über Einflüsse von Grenzflächen, bei tektonischen Umformungsgefügen genügen, für exogen nichtaffine Umformung die Analysen nach G. Becker und W. Schmidt gegeben werden; zuerst aber sollen Beispiele affine und nichtaffine Umformungen veranschaulichen.

Von den vor der Umformung mit (mechanisch unwirksamen) Kreisen bedeckten, eben umgeformten und in der Ebene der Umformung gezeichneten Plastilin- und Kartonpaket-Präparaten zeigen Abb. 9 (Plastilin) und Abb. 10 (Karton) höchstsymmetrische Biegung, als Ganzes nichtaffin umgeformte Bereiche. Die Biegung verläuft in Abb. 9 in der bekannten Art der Biegung eines Stabes mit unverzerrter Faser (unverzerrte Kreise) $\parallel$ zum Stabe; in Abb. 10 mit ganz anderer Teilbewegung als Biegegleitung zwischen den Blättern mit unverzerrter Faser $\perp$ zum Stabe. Abb. 11 zeigt mindersymmetrische Biegung durch Biegegleitung ohne unverzerrte Faser. In allen 3 Fällen wäre ein zu den veranschaulichten Umformungen symmetriegemäß gebildetes Gefüge im Gesamtbereich der ganzen Deformation betrachtet inhomogen, im Teilbereiche einzelner Ellipsen homogen. Die affine Umformung größerer Teilbereiche des Präparats ergibt sich für Abb. 10 und 11 randlich dort, wo kongruente Ellipsen gleichgerichtet liegen, und die benachbarten Begrenzungen des Kartonpakettes (im Experimente nur

Abb. 9.

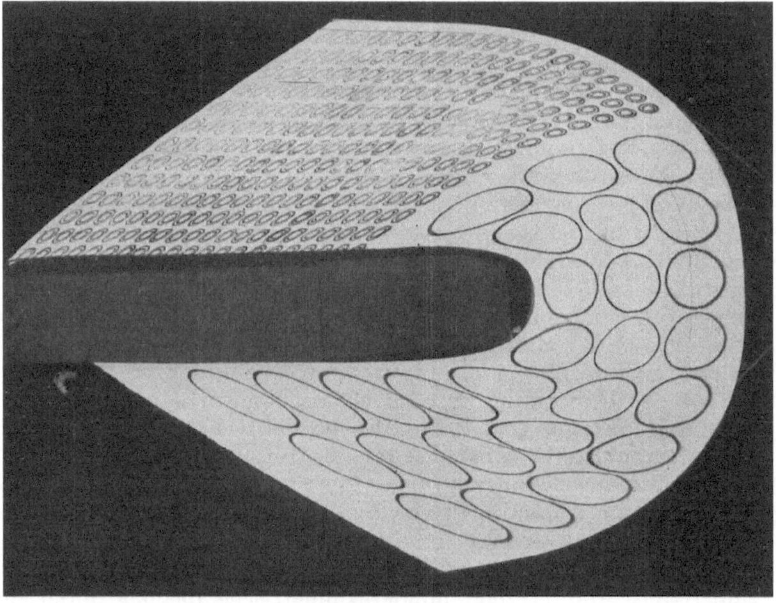

Abb. 10.

angenähert) gerade blieben. Alle 3 Präparate veranschaulichen Externrotationen um das Lot zur Umformungs- (und Zeichen-)ebene, in bezug auf ein fixes Koordi-

natensystem. Die Symmetrie der Gesamtbereiche und aller dem Umformungsakte zuordenbaren Daten (Bewegungsbild, erzeugtes Kleingefüge usw.) ist für
Abb. 11 monoklin, für Abb. 9 und 10 etwas höher: rhombisch-mindersymmetrisch.

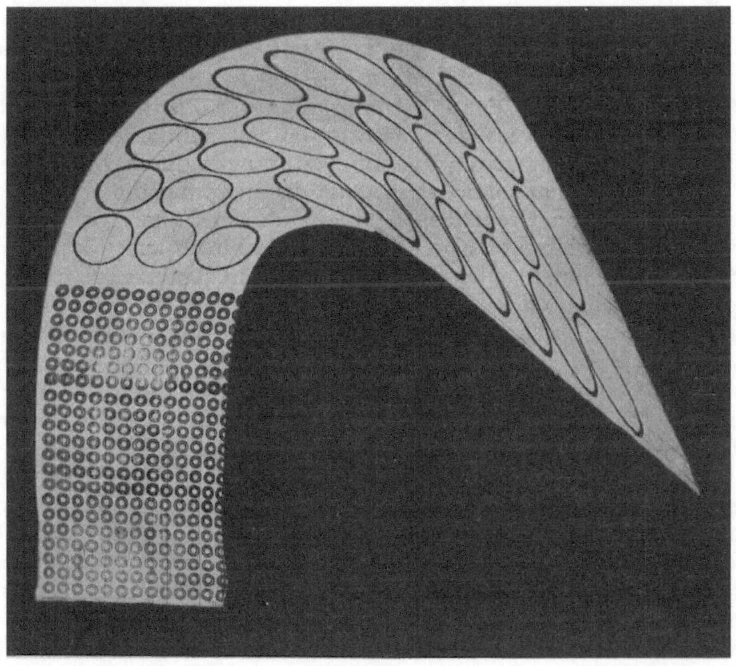

Abb. 11.

Die Symmetrie kleinerer Bereiche ist in Abb. 11 überall monoklin, in Abb. 9
und 10 fast überall, in der Spur der Symmetrieebene ⊥ zur Zeichenebene aber
rhombisch. Die Nichtaffinität der Umformung aller 3 Präparate ist exogen, sie

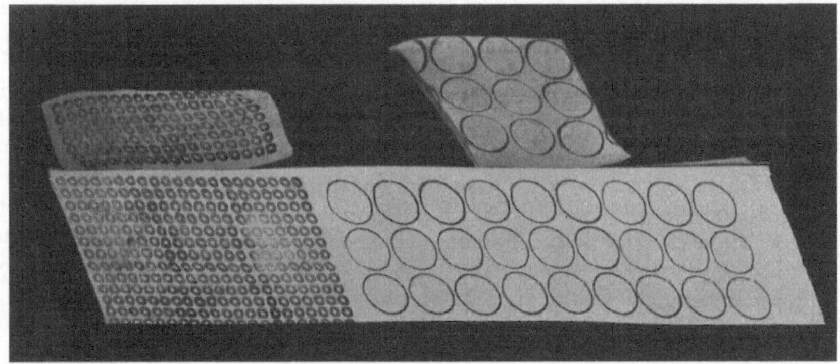

Abb. 12.

ist also nicht durch Inhomogenität vor der Umformung, aber auch nicht durch
Einwirkung von Grenzflächen erzeugt wie die randliche Nichtaffinität in Abb. 7
8 und 12, in welch letzterer die Inhomogenität der Begrenzung zur Externrotation (rechts und links!) geführt hat.

3*

Abb. 12 zeigt diesen nichtaffinen Bereichen gegenüber affindeformierte mit reiner Scherbewegung im Kartonpakett (unten), Shears und Scherbewegung im schiefgepreßten Teige (oben) Bewegungsbilder, welche in beiden Fällen ebener Umformung zur gleichen Ellipse mit Internrotation führten. Es ist damit auch das Ergebnis der strainkinematischen Analysen veranschaulicht, daß dieselbe Umformung nicht nur gedanklich, sondern reell verschieden zusammengesetzt werden kann.

Endogene Nichtaffinität. Für die Umformung vor Beginn der Umformung inhomogener Gefüge sind besonders wichtig die elastizitätstheoretisch und experimentell vielfach untersuchten Spannungsstörungen durch Inhomogenitäten im Sinne von Grenzflächen jeder Art. Es sind das nicht nur die bestanalysierten Fälle des Einflusses von Grenzflächen auf in diesem Falle elastische Gefügebildung, sondern sie wirken sich im Korngefüge vielfach aus: die Spannungen sind am Kontakt mit heterogenen Körnern höher und führen dort früher zu unrückläufigen rupturellen oder fließenden Deformationen.

Um die Bedeutung mechanischer Grenzflächen für die Gefügebildung in den begrenzten Gefügen bei Durchbewegung übersichtlich zu machen, kann man von einer Kennzeichnung der Grenzfläche durch Typisierung des Festigkeitsverhaltens der begrenzten Gefüge (A, B) ausgehen. Je verschiedener dieses Festigkeitsverhalten ist, desto weniger Gemeinsames haben die Bewegungen in A und in B bei gemeinsamer gleichzeitiger Beanspruchung von A und B, desto unabhängiger und weniger in ein Bewegungsbild zusammenfaßbar sind die Teilbewegungen in A und in B und auch die denselben zuordenbaren Gefüge. Grenzfälle sind z. B. Luft und Wasser gegen starre Teile der Erdoberfläche, wenn wir dabei nicht die Bewegungen an der Grenzfläche selbst betrachten. Übergangsfälle zeigen die tektonischen Profile nicht zu großer Tiefe an mechanisch verschiedenen Lagen, die Grenzflächen Schmelze-Gestein in verschiedenen Rindentiefen, die Bewegung an der Grenzfläche windbestrichenen Gewässers u. a. m.

Eine erste Bedeutung der Grenzfläche G für die Gefüge liegt also darin, daß sie bei gemeinsamer Durchbewegung Teilbewegung A_t von Teilbewegung B_t trennt und nach der Durchbewegung voneinander unterscheidbare, durch diese Teilbewegungen erzeugte Gefüge A_g und B_g.

Die Verschiedenheit von A_g und B_g ist schon bei isotropem Ausgangsmaterial für A_g und B_g gegeben durch das vorausgesetzte verschiedene Festigkeitsverhalten, ferner durch den Verlauf der Kraftlinien an G; bei anisotropem Ausgangsmaterial weiter noch beeinflußt von Art und Orientierung der Anisotropie. Hiernach kann in Sonderfällen die Grenzfläche nach der Durchbewegung zwei Bereiche mit übereinstimmender Gefügesymmetrie trennen. Im allgemeinen Falle aber wird das bei anisotropem Ausgangsmaterial nicht eintreten. Und man hat in gemeinsam belasteten und durch die Ebene G getrennte Bereichen A und B zunächst allgemein mit der Möglichkeit zu rechnen, daß sich A_g und B_g auch in der Raumlage ihrer Symmetriedaten unterscheiden, wenn auch durch Analyse auf die gemeinsame Belastung beziehbar bleiben können.

Eine weitere Bedeutung der Grenzfläche für das Gefüge tritt hervor, wenn wir nicht wie soeben die ihrem unmittelbaren Einflusse entrückten Bereiche A und B, sondern das unmittelbar beeinflußte Gefüge in genügender Nähe von G betrachten.

Die Gefügeanalyse solcher Bereiche hat gelehrt, daß dieses Gefüge G durch die Kinematik der Grenzfläche selbst entscheidend geprägt wird, sei diese nur einmal oder in beliebig dichter paralleler Wiederholung vorhanden (z. B. rhythmisch wiederholte s-Flächen durch Schichtung oder Zerscherung). Die Kinematik der Grenzfläche selbst wird aber durch 3 Erfahrungstatsachen gekennzeichnet. Diese sind:

1. Auftreten von Relativverschiebung von A und B, also von Gleitung in G.

2. Verbiegung von G im Verlauf der Gleitung, also Biegegleitung in G. Dabei hat die jeweilige Verbiegung eine „Falten‘‘-Achse, auf welcher eine Symmetrieebene $\perp$ steht. In letzterer liegt die lineare Gleitgerade a und die Symmetrieebene ist im Falle rein zweidimensionaler „ebener‘‘ Umformung die Deformationsebene der Kinematik. E ist auch die Symmetrieebene der erzeugenden Kräfte und Bewegungsbilder, kurz der erzeugenden Vektoren.

3. Diese Verbiegung ist eine rhythmisch wiederholte.

Durch diese drei Tatsachen als Erfahrungstatsachen und zunächst rein kinematisch genommen ist das Gefüge G in allen wesentlichen Zügen bestimmt und deutbar.

Unstetigkeitsflächen „erster Art‘‘ begrenzen innerhalb eines Gebildes mit zusammenfaßbarem Bewegungsbild Teile mit unstetiger Änderung mechanisch wichtiger Größen.

Alle derartigen Grenzflächen I. A. verschwinden mehr und mehr mit zunehmender Rindentiefe, wie uns die Tektonik verschiedener Niveaus lehrt. Es ergibt sich in bezug auf das Festigkeitsverhalten ein so stetiger Übergang zu den plutonischen Tiefen, daß wir nur in bestimmten Fällen eine mechanische Grenzfläche fest-flüssig — eine Grenzfläche zweiter Art — innerhalb der geologischen Materialien überhaupt begegnen; nämlich nur in den Fällen des Auftretens von Schmelzflüssen in Festes. Und nur so lange bestehen hier Grenzflächen zweiter Art und bedingen jene für die Deformation eines fest-flüssigen Systemes allein bezeichnenden Züge, auf welche die Bezeichnung Intrusionstektonik zu beschränken wäre, als eben die Unstetigkeit der Grenzfläche besteht; also im allgemeinen nicht mehr für Deformationen nach zulänglichem Wärmeausgleich.

Als Unstetigkeitsflächen „zweiter Art‘‘ wurden schon früher Grenzflächen bezeichnet (fest-flüssig-gasförmig), welche von keinem gemeinsamen Bewegungsbilde der begrenzten Medien überschritten werden, mithin absolute Begrenzungen eines Bewegungsbildes darstellen, welches selbst sie mannigfaltig beeinflussen. Einflüsse solcher Grenzflächen auf das Bewegungsbild strömender Medien — Einflüsse, welche die Strömung lenken — sind in der Bewegungslehre von Luft und Wasser analysiert und von dort weit eingehender als bisher auf eine Intrusionsmechanik anwendbar; auch für elastische Wellen ist der Einfluß solcher Grenzflächen physikalisch klargelegt. Ferner ist durch die mechanische Technologie der Einfluß von äußeren und inneren Begrenzungsflächen fester Körper auf deren Deformation im rückläufigen und unrückläufigen Bereiche untersucht. Von diesen Einflüssen kommen nun als gefügebildend im Sinne dieses Buches mit den erwähnten ausgezeichneten und für ernstliche Weiterarbeit unerläßlichen physikalischen Grundlagen zunächst folgende in Betracht.

Einflüsse von Grenzflächen auf gefügebildende tangentale Strömung, wofür bei Erörterung der Regelung nach der Korngestalt Beispiele gegeben werden.

Einflüsse elastischer Wellen auf Gefügebildung durch rhythmische Zerscherung (vgl. S. 110) sind annehmbar, ihre Abhängigkeit von absoluten Grenzflächen ist sicher, aber bisher nicht auf Beispiele angewendet. Einflüsse von absoluten Grenzflächen auf die Verkrümmung von Vorzeichnungen durch gleitende Platten sind Seite 48 erwähnt.

Ein gefügebildender Einfluß gestaltlicher Begrenzung bei der Deformation geologischer Materialien ist nur im Festigkeitsversuch — als Fehlerquelle, wenn die Ergebnisse nicht als Sonderfälle betrachtet werden (vgl. II. Teil, F.) — und in der Natur dann wirksam, wenn die Lage von gefügebildenden Scherflächen durch eine freie (Gas, Wasser-)Begrenzung innerhalb gewisser Grenzen mitbestimmt ist. Für das tektonische Großgefüge kommt der Einfluß absoluter Grenzflächen während der Deformation mehrfach in Frage.

Zunächst sind überhaupt alle tektonischen Deformationen obersten Niveaus solche mit einseitiger Begrenzung durch die absolute Grenzfläche fest-gasförmig oder fest-flüssig. Zur Kennzeichnung subaquatischer tektonischer Bewegungen gegenüber subärischen dürfte im allgemeinen insbesondere Beeinflussung von Transporten durch den Auftrieb für die vom Wasser untergriffenen Teile verwendbar sein. Auf einen Versuch subaquatische Tektonik anderweitig zu kennzeichnen, wird angesichts der noch geringen Erfahrungen hier verzichtet.

Bei subärischen tektonischen Deformationen kommt die absolute Grenzfläche, die Oberfläche, einmal in Frage als Fläche ohne Deformationswiderstand eines zweiten Materials gegenüber tektonischen Bewegungen. Die Oberfläche ist die einzige Fläche ohne solchen Deformationswiderstand, welche die zu betrachtenden Bereiche tektonischer Deformation begrenzt.

Mithin hängen die Deformationen an der Oberfläche außer von den deformierenden Kräften nur vom betrachteten Materiale und von der Schwerkraft ab, welche für manche Betrachtungen wegfällt. Die Bedeutung der Oberfläche für die tektonische Deformation hat man allgemein darin erblickt, daß man, allerdings ohne Beachtung der hier zu beachtenden Schwerkraft, das Ausweichen gegen diese Oberfläche für den Deformationsvorgang mit kleinster Arbeit bei tangentaler Pressung hielt. Nach oben lösten die neueren Tektoniker ihre Raumfragen für alle Tiefen mit Ausnahme Ampferers und der seinem Vorgange folgenden. Hier aber nehmen wir die Bedeutung der Oberfläche als Fläche geringsten Widerstandes für obere Niveaus in Anspruch und deuten schief nach oben ausstreichende Gleitflächen in diesem Sinne als ein durch die Oberfläche mitbedingtes tektonisches Gefüge. Damit wird nicht geleugnet, daß dasselbe Gefüge auch durch Ausweichen gegen unten entstehen könnte; wenn wir eben an Stelle einer bekannten Oberfläche eine unbekannte Unterfläche mit bestimmten Eigenschaften versehen wollten. Über die Möglichkeit, Flächen leichteren Ausweichens gefügeanalytisch festzustellen, vgl. Abb. 23, 24. G. Becker war der erste, welcher die Vereinfachung der Betrachtung bei Zerscherung gegen eine freie Oberfläche hin für tektonische Analyse ausgenützt hat, damit das erste Beispiel einer klar analysierten nichthomogenen tektonischen Deformation, der späteren „Gleitbrettfalte", überhaupt gab, zugleich das erste Beispiel einer tektonischen Deformation mit Einfluß der Oberfläche und das erste Beispiel einer gesetzmäßigen tektonischen Deformation der Oberfläche selbst.

Die Deckenlehre sprach da und dort von tektonischen Schüben über Oberflächen, deren verschiedene Gestaltung später mit in Betracht gezogen wurde. Ampferer aber hat aus aufnahmegeologischen Befunden auf eine allgemeinere Verbreitung von Überschiebungen über vorhandenes Relief geschlossen und damit der Betrachtung tektonischer Deformation an einer unebenen Oberfläche aktuelles Interesse gegeben.

Exogene Nichtaffinität. Einen besonders wichtigen Sonderfall stellt die von G. Becker (L 2) und von W. Schmidt (L 14, 48) untersuchte Verkrümmung einer rein visuellen, mechanisch wirkungslosen, vorgezeichneten Ebene E' dar, wenn das diese Ebene enthaltende Gebilde in Ebenen E nicht parallel zu E' zergleitet.

Bei affiner Umformung würde hierbei E' eine Ebene bleiben, ihre Schnitte mit allen Ebenen, in welchen wir das umgeformte Gebilde zur Untersuchung durchschneiden, wären Gerade. Das ist gegenüber den zufälligen Schnitten durch die Zertalung das wichtigste Kennzeichen affin deformierter Bereiche für den Tektoniker: wo ebene Vorzeichnungen in allen Schnitten Gerade liefern, also eben geblieben sind, da herrscht affine Tektonik. Im Falle der gleichsinnigen Zergleitung in einer Ebenenschar E bedeutet dies, daß die Geschwindigkeit, mit der sich zwei beliebige gleich weit voneinander entfernte E gegeneinander verschieben, im ganzen affinen Bereiche dieselbe ist bzw. die Änderung der Wege in E, gedacht parallel einer fixen Abszisse wäre linear, wenn man das E-Pakett auf einer fixen Ordinate $\perp E$ durchschreitet.

Bei jeder nichtlinearen Änderung wird die Vorzeichnung E' verkrümmt und diese Krümmung ist der genaue geometrische Ausdruck des Gesetzes, welches die nichtlineare Zunahme der Wege x und damit den Charakter der betreffenden nichtaffinen Umformung bestimmt. Betrachtet man ebene Umformungen, legt die zergleitenden Pakette (Karton, Pappe) in Ebene (xy) eines rechtwinkligen Koordinatensystems, nimmt x als Gleitrichtung und betrachtet in der Umformungsebene (xz), so ergeben die aus Geraden G in (xz) entstehenden Kurven bei Einrechnung des Winkels α zwischen G und x mittelbar, bei $\alpha = 90$ also $G - z$ unmittelbar das Gesetz der Deformation. In dieser Weise sind alle hier veranschaulichten Umzeichnungen durch Zergleitung oder kurz Umscherungen erzeugt und alle wichtigen Fälle veranschaulicht, da affine und nichtaffine Umscherung bei ebener Umformung für die Entstehung von tektonischen und von Korngefügen eine sehr große Rolle spielt (L 14, 48, 62) und die Beispiele zur Veranschaulichung analysierbarer nichtaffiner Umformung am besten geeignet sind.

Eine affine ebene Deformation durch Umscherung zeigt Abb. 14 und 22. Als Umformungsgesetz für alle nichtaffinen Deformationen ist eine Krümmung des Lotes auf die Kartonpakette in eine logarithmische Kurve (siehe seitliche Begrenzung) als ein von Becker betonter Fall gewählt und nach dessen Vorgang erzeugt durch zerrendes Streichen des obersten Kartons eines (zur Ausschaltung der Reibungszunahme mit der Tiefe) belasteten Pakettes. Während das Lot G in Abb. 14 und 22 eine Gerade blieb, geht es in Abb. 17 usw. in eine Kurve über. Es ist in Abb. 18, 19 anschaulich, daß die Deformation um so mehr quasiaffin (Ellipsenbildung!) ist, je mehr sich die Kurve örtlich dem Verlauf einer Geraden nähert. Ferner ergibt sich, daß bei genügend enger Umgrenzung des betrachteten Teilbereiches einer solchen nichtaffinen Umformung an Stelle der Kurve ihre Tangente tritt und damit affine Umformung: Nichtaffine Deformationen lassen sich in quasiaffin deformierte Teilbereiche zerlegen. In Abb. 18 ist die Zusammensetzung eines größeren nichtaffinen Bereiches (großer verzerrter Kreis) aus Teilbereichen mit quasiaffiner (Quasiellipsen *1* und *2*) und nichtaffiner (Nichtellipse *3*) Umformung ersichtlich; so wie *1* läßt sich auch *3* wieder in analoge kleinere Bereiche zerlegen. Abb. 16 läßt die auch rechnerisch faßbare Abhängigkeit des Kurvenverlaufes von der Art der Gleitplatten am ganz verschiedenen Verlauf der Kurventangente für Karton (weiß) und Pappe (grau) erkennen. Schaltet man ein Blatt Zelluloid Z also eine Ebene kleinerer Reibung in ein solches System, so ergibt das nur eine vollkommen unstetige Verschiebung des oberen Teiles der Kurve gegen den unteren an Fläche Z, aber keine Änderung der Kurve, mithin keine Änderung der Art, wie sich der oben vom Transporte der Hand erteilte Impuls in das Pakett hinein verbreitet.

Die hier gewählte logarithmische charakteristische Kurve (bzw. Gleichung) der Umscherung dient nur als eine der möglichen Kurven für stetige Zunahme oder Abnahme der Relativverschiebungsbeträge in einem nichtaffin deformierten Gleitgefüge zur Veranschaulichung der bei solcher Umscherung

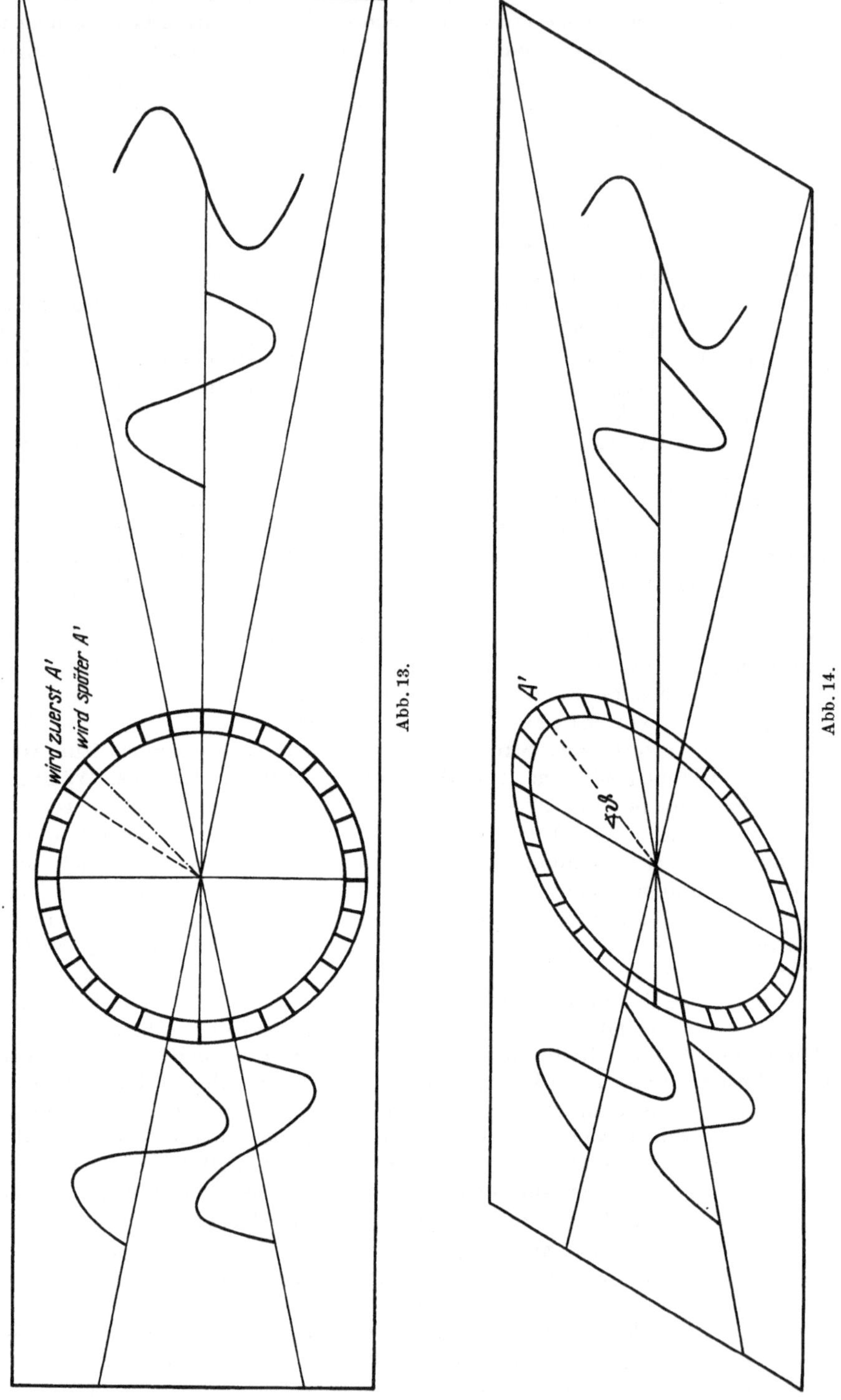

wird zuerst A'
wird später A'
Abb. 13.
A'
48
Abb. 14.

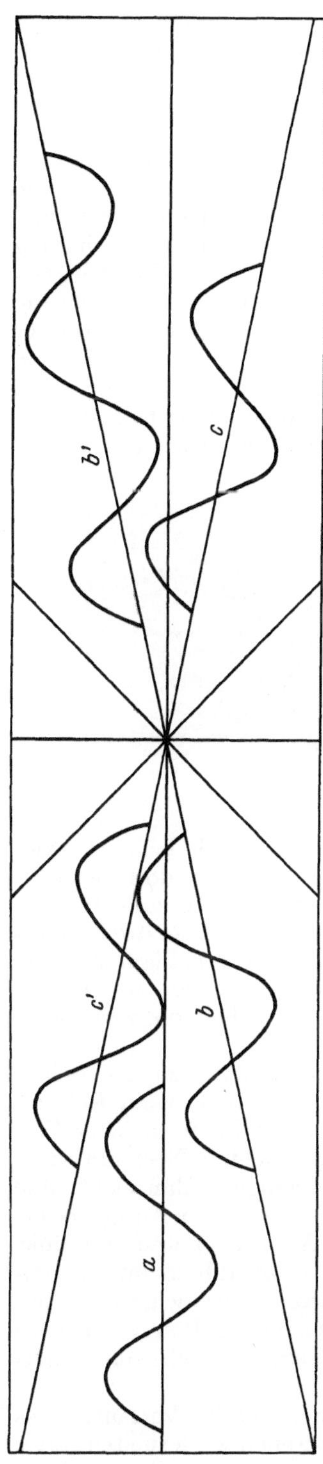

auftretenden Umzeichnung verschiedener Vorzeichnungen. Die Umzeichnungen hängen ab vom Betrage der Relativverschiebungen in der Umzeichnung, von der Lage der Scherfläche gegenüber der Vorzeichnung und von der Gleitrichtung. In allen Fällen ist die charakteristische Kurve der Umscherung (das ehemalige Lot auf E) in der Mitte oder am Rande ersichtlich.

In allen Beispielen verläuft die Gleitung mit gleichsinniger Relativverschiebung in allen E-Ebenen, also so wie es z. B. freiem Abfließen eines ins Gleiten geratenen Bretterstoßes entspricht.

Da bei vielen (längs Böden oder Wänden) angenähert tangentalen Transporten geologischer Gebilde ein Abfließen des Gebildes durch Zergleitung in tangentalen Gleitflächen erfolgt und sehr oft die Vorzeichnungen (z. B. als Sedimentationsflächen) ebenfalls eben sind, so ist zunächst die Verzerrung von Geraden bei verschiedenem Winkel zwischen E' und E und verschiedener Gleitrichtung zu beachten. Die Verzerrung solcher Geraden bildet eine liegende Scherfalte (Gleitbrettfalte W. Schmidts), wenn die Gleitung in E in derselben Richtung erfolgt, in welcher E' einfällt; also widerhaarig gegen die Spuren von E'. Die Falte wird S-förmig, wenn die Kurve einen Wendepunkt besitzt und es ergibt sich, daß aus der Richtung von Faltenscharnieren nicht ohne weiteres auf den Relativsinn der Gleitungen und mithin auch nicht auf die Richtung des tektonischen Transportes geschlossen werden kann. Den Wendepunkten der charakteristischen Kurve entspricht also nicht eine Änderung im Sinne der Relativverschiebungen, wohl aber eine Änderung im Betrage der Relativverschiebungen und der Verschiebung gegenüber fixen Koordinaten. Dies ist in Abb. 17—19 unmittelbar anschaulich: Je steiler die charakteristische Kurve verläuft, desto kleiner die Relativverschiebungen. Die charakteristische Kurve verläuft am steilsten im Wendepunkt; bei gleicher Ordinate liegt auch der Wendepunkt der S-Falte. Jeder Einfluß also, welcher die Relativverschiebung ändert, kann bei Umscherung S-Falten erzeugen und jeder rhythmische derartige Einfluß rhythmische S-Falten. Die Ursache der Rhythmik ist in solchen Fällen ungeklärt, aber eher als in rhythmische Vorzeichnung in jener Rhythmik zu suchen, welche so viele affin angelegte mechanische Umformungen in rhythmisch nichtaffine

verwandelt und vielleicht auf Schwingungen des deformierten Körpers während der
Deformation zurückgeht (Becker). Die Umzeichnung von Ebenen (bei ebener Umformung) ist für charakteristische Kurven ohne und mit Wendepunkt in Abb. 14
bis 19, in eine Übersicht gebracht, welche in erster Annäherung das vielfach weiter
zu vertiefende erste Urteil darüber, ob durch Umscherung umgezeichnete Natur-
profile vorliegen, fallweise ermöglichen soll. Dieselben Figuren erlauben die
Umzeichnung im Falle vorgezeichneter Falten für alle typischen Sonderfälle
ohne weitere Erörterung abzulesen. Alle hierbei entstehenden Faltentypen sind
dem Tektoniker bekannt, ihre Auffassung als Umzeichnungen durch Umscherung
bei einsinnigem Abfließen ist möglich, bedarf aber stets der Untersuchung des Gefüges, wie sie im Abschnitt Falten durchgeführt ist (s. II. Teil) und der Beachtung
der Mächtigkeitsänderungen, welche für derartige Umzeichnungen durch Abb. 17
und 21—25 typisiert und gekennzeichnet sind. Das allgemeinste Kennzeichen
solcher Mächtigkeitsänderungen ist, daß die Mächtigkeitsänderung auch bei
affiner Scherbewegung (Abb. 22) nicht einfach von der Neigung der betreffenden
Schichte vor der Umformung abhängt, wie dies der Fall ist, wenn eine vorge-

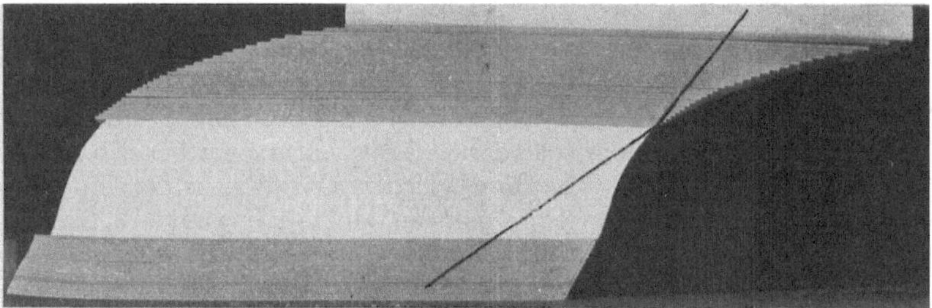

Abb. 16.

zeichnete, mechanisch unwirksame Platte in einem Teige sich bei vertikaler
Pressung desselben dort verdickt, wo ihre Ausgangslage steil war, dort verdickt,
wo sie flach war. Die Mächtigkeitsänderung folgt ganz anderen, zum Teil aus
Symmetriebetrachtungen erschließbaren, für bestimmte charakteristische Kurven errechenbaren, für unseren Fall in allem Typischen aus den Figuren ablesbaren und mit den Naturprofilen zu konfrontierenden Gesetzen, womit sich
durch die Vorarbeiten G. Beckers und Schmidts ein Gebiet für verfeinerte
tektonische Analyse auftut.

Hierbei ist wieder die verschiedene Lage der Vorzeichnung zu den Scherflächen Abb. 15 und 17 (a, b, c) und zum Betrage der herrschenden Relativverschiebungen sowie zu Wendepunkten (verschiedene Ordinate gleicher Vorzeichnungen in Abb. 13, 18, 19 und 15, 17 *bb'*, *cc'*) zu beachten. Noch ein wich-
tiges allgemeines Ergebnis veranschaulichen die Zeichnungen. Man sieht, daß
sich *S*-Falten durch Umscherung öffnen können: z. B. die in der Ausgangslage
im unteren und oberen Teile gleiche *S*-Falte öffnet in Abb. 18 am weitesten links
ihren oberen Teil, in Abb. 19 (Wendepunkt) beide Teile; in Abb. 22 (affine Umformung!) öffnet sich das der Mittellinie links nächstgelegene Scharnier. Einsinnige Umscherung kann also den Krümmungsradius von Falten verkleinern
und vergrößern, falten und glätten und es können gefaltete Bereiche durch glät-
tende Umscherung in Wendepunkten verschwinden.

Abb. 21—25 dient als Schema für die Überlegung, daß im Verlaufe eines
für die Bildung vieler Faltengebirge sehr typischen, bisweilen wiederholten Aktes
eine Phase der Stauung von einer Phase des Abfließens gefolgt ist. Der durchaus

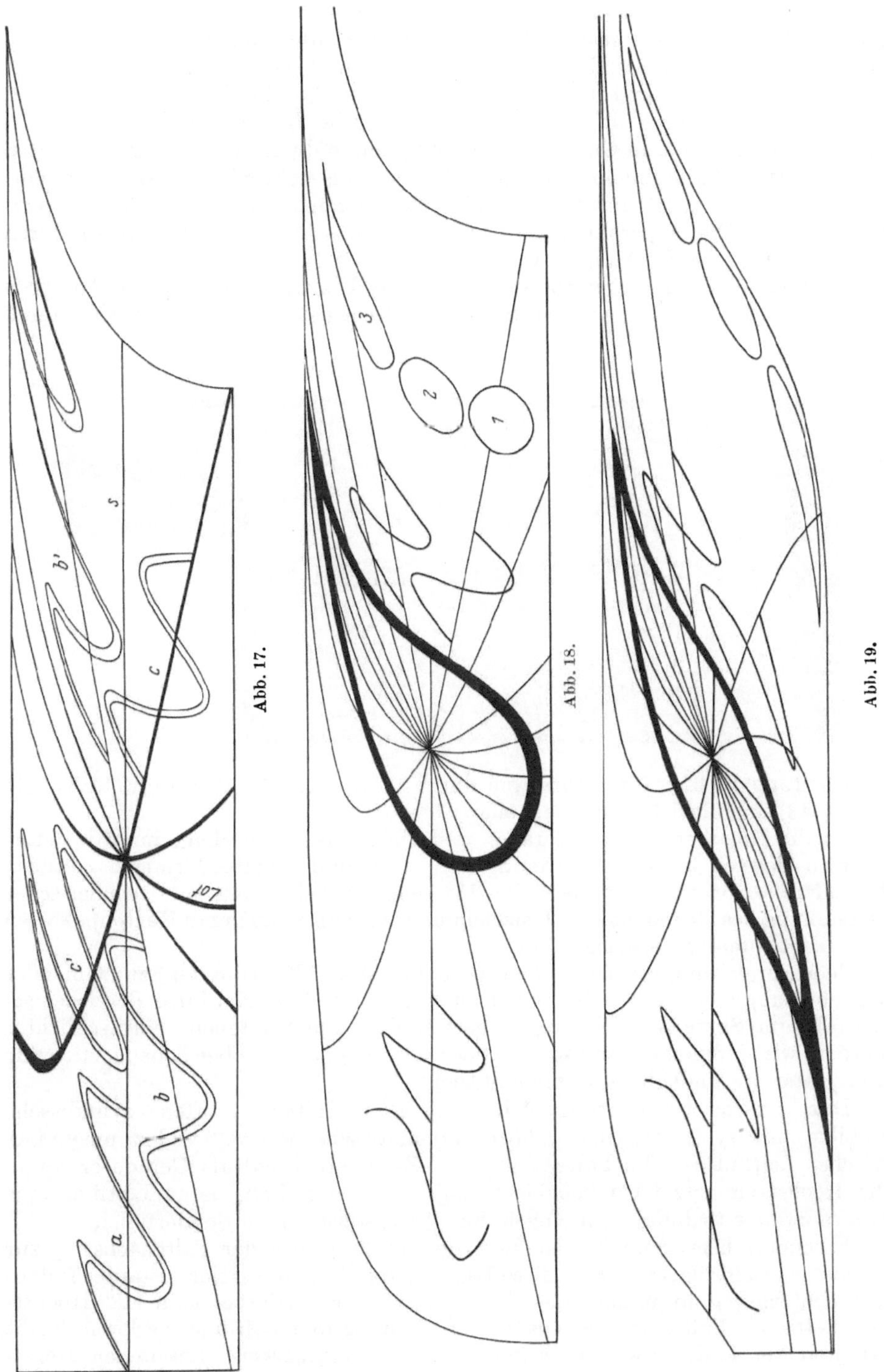

Abb. 17.
Abb. 18.
Abb. 19.

typische Charakter des Vorganges entspricht der Auffassung, daß derartige
Gebirgsbildung sehr wesentlich eine Abbildung noch nicht allgemein definierter
Inhomogenität in der Bodenreibung von Bewegungshorizonten ist, wie das in
Sonderfällen von tektonisch überströmten Bodenschwellen (L 33, 35) schon
definiert ist. Es wurden also in Abb. 21 einige wichtige Faltenlagen aus Stau-
phasen schematisiert und in Abb. 22 affin, in Abb. 23—25 nichtaffin umgeformt,
so daß die Umformung durch die charakteristische Kurve definiert ist. Es ist
also zu erwarten, daß in Gestalt und Mächtigkeiten die in Abb. 22—25 erzeugten
umgescherten Faltenbilder häufigen Faltentypen tektonischer Bereiche entsprechen und es trifft dies für das tektonisch genügend erfahrene Auge unverkennbar zu. Die experimentelle Erzeugung von Abb. 17 aus Abb. 15 durch
Kartonpakette ist in Abb. 20 veranschaulicht.

An diese allgemeinen Typisierungen sollen in Umrissen geometrische Analysen
angeschlossen werden, wie sie für affine Umscherung bzw. Bereiche durch

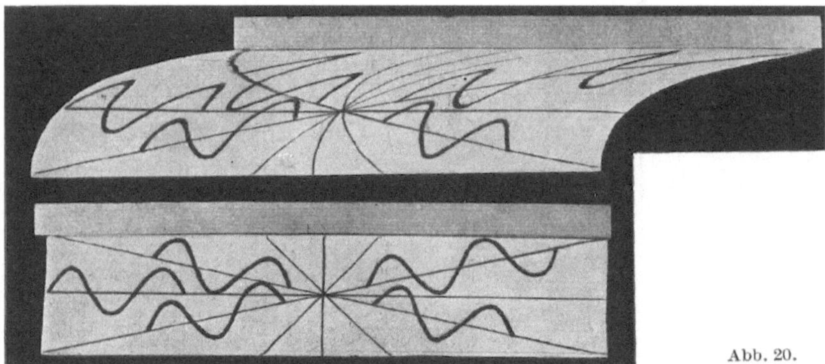

Abb. 20.

Schmidegg (L 62), für nichtaffine durch G. Becker (L 2) und W. Schmidt
(L 14, 48) ausführlich behandelt sind.

Da die Umscherung von Geraden und Ebenen beliebiger Lage im affin deformierten Bereich für die Anordnung von stab- und scheibenförmigen Körnern
besonders wichtig ist, ist sie Seite 151 genauer behandelt, mit rechnerischer
Darstellung des Grundzugs der Umzeichnung, wie er sich auch mit Kartonpaketten
durch Anschauung beweisen läßt:

Jede Zergleitung mit nach oben (gegenüber fixen Koordinaten) zunehmender
Verschiebung der Gleitplatten wirkt auf die Vorzeichnungen ihres Bereiches so,
daß alle im Sinne der Gleitung rotiert und in die Gleitebene eingeschlichtet
werden, wie wenn eine Hand in der Gleitrichtung glättend über beliebig stehende
und gestaltete umlegbare Gebilde streicht.

Durch affine Umscherung bleiben an allen Falten — offene zylindrische
Gebilde mit symmetrischer („höchstsymmetrische Falten") oder unsymme-
trischer Leitlinie — die Faltenachsen (= Zylinderachsen) als Gerade erhalten,
die Höchstsymmetrie bei beliebiger Lage nur bei Falten, deren Leitlinie eine
Kurve zweiter Ordnung (ein Kegelschnitt) ist, sonst nur in Sonderfällen.

Besonders hervorzuheben ist die Lage der Falte mit der Faltenachse $\perp$ zur
Ebene der Deformation. Denn diese Lage entspricht symmetriekonstanter faltender Umformung in monoklinen Bewegungsbildern. Hierbei geht die Höchstsymmetrie bei Falten mindestens dritter Ordnung (der Leitlinie) verloren, bleibt
erhalten bei Falten zweiter Ordnung, den näherungsweise unseltenen Kegel-

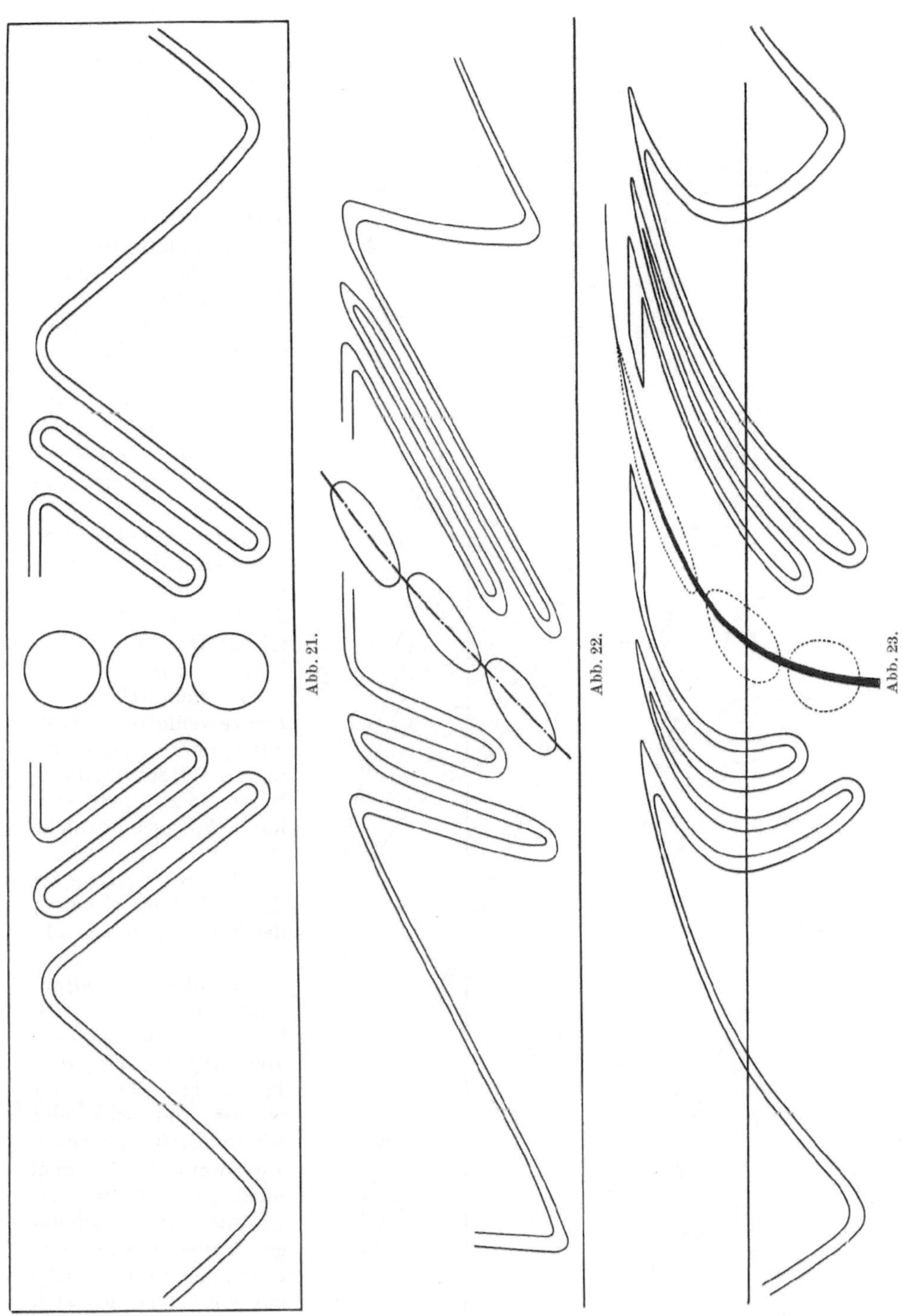

Abb. 21.

Abb. 22.

Abb. 23.

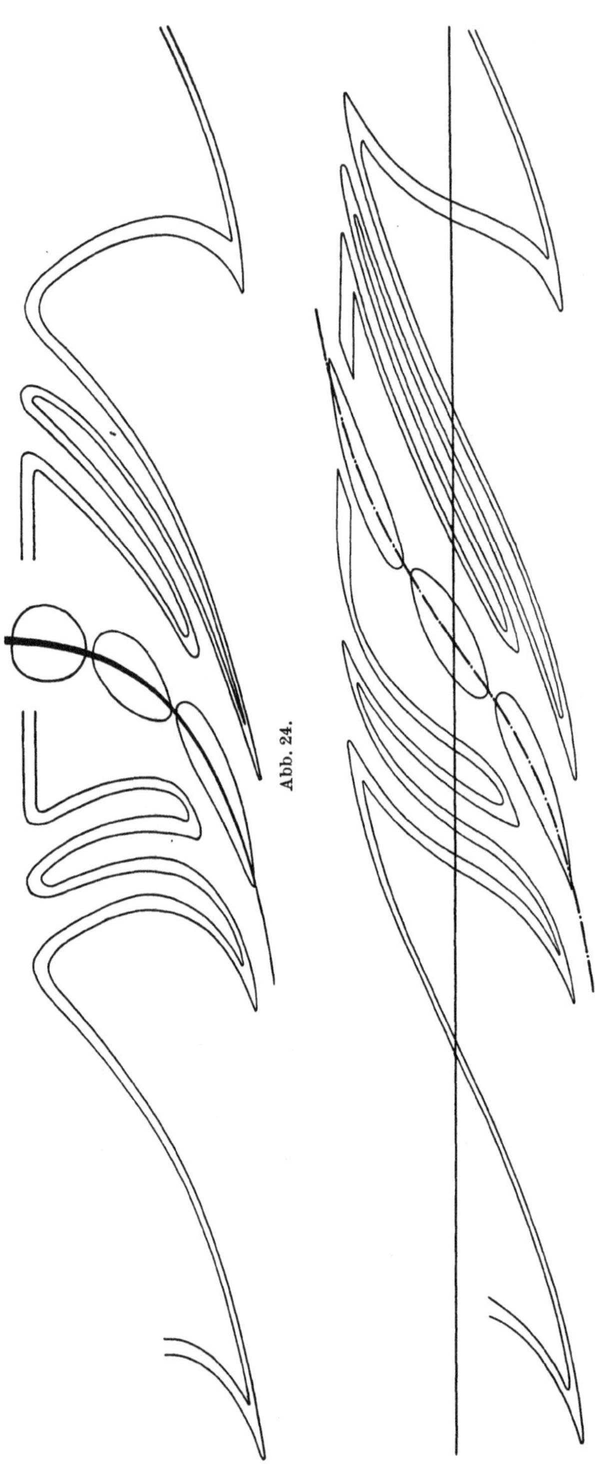

Abb. 24.

Abb. 25.

schnittfalten. Im übrigen kann man die Fälle je nach der Schnittkurve der Falte mit der Ebene der Deformation (xz) in 4 Gruppen bringen (Schmidegg L 62):

1. Schnittkurve: Gerade $\parallel x$. Weder Gestalt noch Lage der Falte wird geändert; das Gefüge aber homogen durchgeschert.

2. Schnittkurve: Gerade schief zur Gleitrichtung, rotiert in (xz); die Höchstsymmetrie bleibt erhalten. Die Faltenachse liegt in (xz) schief zu x und ändert ihre Neigung.

3. Schnittkurve: Kegelschnitt; dessen Symmetrie bleibt erhalten, die Falte höchstsymmetrisch. Die Faltenachse liegt nicht in (xz).

4. Schnittkurve: Kurve wenigstens 3. Ordnung; deren Symmetrie und die Höchstsymmetrie der Falte geht verloren. Faltenachse nicht in (xz).

Das Kleingefüge ist durch die Lage von (xy) der Falte gegenüber diktiert.

Geradlinige Faltenschenkel verhalten sich in ihrer Mächtigkeitsänderung wie die ganze Falte. Ihre Mächtigkeit wächst und schwindet wie die Breite der Falte, auch wenn die Schenkel nicht parallel sind; die „Breite" ist an beliebiger Stelle in einer Geraden gemessen, welche ein symmetrisches Stück der (höchstsymmetrischen) Falte abschneidet. Die Faltenbogen liegen zueinander parallel: verschiedener Krümmungsmittelpunkt; gleicher Krümmungsradius; einander entsprechende Bogenstücke sind kongruent; konstante Mächtigkeit, wenn in einer bestimmten gleichen Richtung an allen Stellen des Bogens gemessen wird. Das alles kennzeichnet die im affin zerscherten Bereich durch Umscherung entstandene Falte („Gleichbrettfalte", Scherfalte) also unseren Fall.

Im Gegensatze dazu verlaufen bei Falten durch Biegung die Faltenbögen konzentrisch, nicht kongruent: gemeinsamer Krümmungsmittelpunkt; verschiedener Krümmungsradius.

Falten, deren Bögen weder konzentrisch noch parallel sind, können aus planparallelen Schnitten weder nur durch Umscherung noch nur durch Biegung entstanden sein.

Bei affiner Umscherung bleiben dieselben materiellen Punkte Faltenscheitel und wandern mit im Sinne der Relativverschiebung; erfolgt die Umscherung von links nach rechts, so wandert ein nach aufwärts gerichteter Faltenscheitel nach rechts, ein nach abwärts gerichteter nach links. Ein in der Scherungsrichtung bzw. entgegengesetzt gerichteter Scheitel wandert nach aufwärts bzw. nach abwärts, und zwar um so weniger, je kleiner der Krümmungsradius der Falte wird. Wendepunkte, also auch „Mittelschenkel", können weder vollkommen verschwinden noch neu entstehen, mithin aus S-Falten keine einfachen werden.

Die nichtaffine Zergleitung hat für den dynamischen Sonderfall, daß der Impuls von einer Platte aus auf die entfernten übertragen wird G. Becker (L 2) behandelt, allgemeiner kinematisch und mit Hinweis auf ihre tektonische Bedeutung W. Schmidt (L 14), dem wir zuerst folgen.

Für alle charakteristischen Kurven, also bei beliebig nichtaffiner Umscherung, ja sogar bei unstetiger, gilt, daß alle Dimensionen in der Scherfläche gemessen bei der Umzeichnung konstant bleiben und gleiche Geschwindigkeit während der Umformung haben, wie das für die Scherfläche einfacher Scherbewegung schon (S. 15) festgestellt ist.

Legt man die charakteristische Kurve so, daß in der Deformationsebene (xz) x die Wege der Kurvenpunkte senkrecht zu z angibt, also $x = tv$, so nimmt die Geschwindigkeit der Punkte zu mit wachsendem z; dabei ist das Gesetz der Geschwindigkeitsänderung mit z als unveränderlich betrachtet. Dann ist $\dfrac{dx}{dz}$ bzw. $\dfrac{dv}{dz}$ die Kurventangente für jeden Punkt und zugleich das Gesetz für die Geschwindigkeitsänderung.

Ändert man in der Gleichung, welche $\dfrac{dv}{dz}$ bestimmt, die Konstanten, so ergeben sich für die Gestalt der Kurve alle Übergänge von Unstetigkeit bis zu eben merklicher Krümmung; die Änderung von t ergibt Kurven von untereinander gleichem Typus. Betrachtet man nicht die Umzeichnung einer Geraden $\parallel z$ (die „charakteristische Kurve"), sondern einer Geraden bzw. Parallelenschar, welche mit z den Winkel α einschließt, so wird die Differentialgleichung der umgescherten Kurve, wenn β die Neigung dieser Kurve gegen z ist, $\operatorname{tg}\beta = \operatorname{tg}\alpha + t\dfrac{dv}{dz}$.

Ist α und $\operatorname{tg}\alpha$ negativ, so wird die Umzeichnung eine „liegende S-Falte" wenn man x horizontal legt.

Variiert die Zeit, so nähert sich die Mächtigkeit des Mittelschenkels einem oberen Grenzwert.

Variiert $\dfrac{dv}{dz}$, so ergeben sich die verschiedenen Gestalten der liegenden Falte bis zum Verschwinden des Mittelschenkels. Erst mit $t\dfrac{dv}{dz} = \operatorname{tg}\alpha$ ergibt sich ein ausgesprochener Scheitel, also auch ein Mittelschenkel erst nach gewisser Zeit t um so eher, je kleiner $\sphericalangle \alpha$. Verschiedenes α bei gleicher Umscherung ergibt verschiedene Scherfaltenformen.

Ist M die Mächtigkeit senkrecht zur Schicht vor der Umformung, so ist die Mächtigkeit nach der Umformung $M' = M \dfrac{\cos \beta}{\cos \alpha}$; mithin bei großem α (im Mittelschenkel) verringert, bei kleinem (im Scheitel der liegenden Falte) um so mehr vergrößert, je kleiner der Winkel zwischen vorgezeichneter Schichtfläche und Scherfläche ist.

Nach diesen Schmidtschen Aufstellungen läßt sich der Scherfalten, bzw. Gleitbrettfaltencharakter einer Faltenform vor allem dadurch prüfen, daß man für jedes z die Werte tg α und tg β mißt und versucht, ob eine mögliche charakteristische Kurve vorhanden und für jede Stelle der Falte gültig ist. Eine zweite ebenfalls notwendige, aber nicht ausreichende Bedingung des Scherfaltencharakters ergibt das Kleingefüge in seinen der faltenden Durchbewegung zuordenbaren Daten: Da in Scherfalten die Durchbewegung in der Gleitgeraden der Scherflächen stattfindet, so muß das korrelate Kleingefüge in diesem Sinne homogen sein (s. II. Teil).

Die Behandlung eines Sonderfalles durch G. Becker (L 2) ergab folgendes.

In einem genügend belasteten Plattenpaket seien die Enden der Platten in einer Geraden AB ausgerichtet. Platte W gehe um den Betrag b vor. Die Reibung ist zwischen allen Platten dieselbe. Da an jedem Plattenkontakt Energie verloren geht, ist die weiter übertragene Energie und damit die Geschwindigkeit der Platten nicht dieselbe, sondern nimmt mit der Entfernung von Platte M ab.

Es ist bei gleichförmiger Geschwindigkeit das Verhältnis der Wege irgend zweier benachbarten Platten konstant, und als Gleichung ergibt sich für eine unbegrenzte Plattenzahl

$$y = A \, m^{-x}, \quad \text{worin} \quad m = \frac{b_1}{b_2} = \cdots \frac{b_n}{b_{n+1}},$$

also eine gewöhnliche logarithmische Kurve. Für eine begrenzte Plattenzahl

$$y = y' - y'' = A \, m^{-x} - A \, m^{x-2n} = A \, m^{-x} (1 - m^{2(x-n)}).$$

Bei Einschaltung einer Platte mit viel geringerer Reibung, also eines Gleithorizontes ist die einzige Wirkung die unstetige Verschiebung an dieser Platte sonst wird an keinem Kontakte etwas geändert. Mithin sind solche unstetige Verschiebungen in Scherfalten nicht unbedingt auf einen eigenen Deformationsakt zurückzuführen. Und es ergibt sich, daß die Reibung dort nur stetig variiert, wo die Umzeichnungen durch Parallelzerscherung stetig ineinander übergehen.

Änderung der Plattendicke verlegt nicht den 0-Punkt der charakteristischen Kurve, ändert aber die Gestalt der Kurve. Da die Krümmung von Antrieb der Scherung und von der Plattenzahl abhängt, haben Kurven bei verschiedener Plattendicke keine gemeinsame Tangente (Abb. 16). Es ist also die relative Plattendicke aus der beobachtbaren Kurvenkrümmung errechenbar: Die Größe der Gleitbrettfalte hängt von der Gleitbrettmächtigkeit ab.

Rotationen. Man bezieht alle Rotationen auf ein fixes Koordinatensystem und verfolgt sie an rein visuellen Vorzeichnungen, welche selbst keinerlei mechanische Inhomogenität, aber eine materielle Ebene bzw. Faser bezeichnen.

Auch die Verfolgung mit Hilfe starrer stab- und scheibenförmiger Einschlüsse ist möglich, denn solche erleiden entsprechend ihrer Starrheit keine Deformation, wohl aber Rotationen, ebenso wie eine (durch die Vorzeichnung gefärbte) materielle Faser oder Ebene der untersuchten Masse. Die erste große Unterscheidung der Rotationen betrifft Rotationen, welche eine Inhomogenität bedingen und Rotationen bei erhaltener Homogenität des betrachteten, sie umschließenden Bereiches. Wir haben schon in anderem Zusammenhang erstere **Externrotationen** (außerhalb des homogen bleibenden Bereichs), letztere **Internrotationen** genannt.

Ein an den Seiten mit Kreismustern versehenes Kartonpaket wird an einem Ende geklemmt und scharf abgebogen. Es zeigt dann ein Bereich affine Deformation: Alle aufgezeichneten Kreise gehen in identische Ellipsen über (siehe Abb. 26 seitliches Ende). Die vor Beginn der Umformung eingezeichneten Kreisdurchmesser parallel zu x und z sind diesen fixen Koordinaten gegenüber identisch rotiert, um die Koordinatenachse y, welche zugleich die Achse der erzeugten Falte ist. Dasselbe gilt von den Ellipsenhauptachsen, wenn wir auch solche einzeichnen. Sie liegen im Moment des Überganges des punktierten Rechteckes J in das Parallelogramm J unter 45^0 geneigt zu ox und oz und drehen sich im weiteren Verlauf jenes Überganges stetig und errechenbar gegenüber den fixen Koordinaten x und z um y als Rotationsachse; entgegen dem Uhrzeiger um einen Wert unter dem Grenzwert 45^0. In J herrscht rotational strain Beckers, eine rotationale affine Deformation mit In

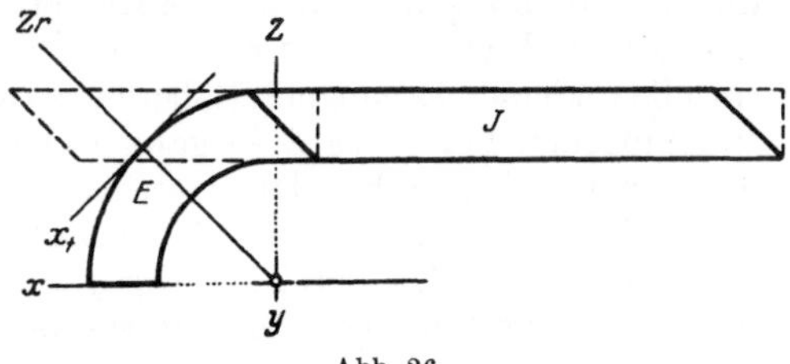

Abb. 26.

ternrotation der Achsen, begrenzten und von der Gleichung des Deformationsellipsoids diktierten Betrages. Der Bereich J ist als Ganzes gegenüber den Koordinaten, also evtl. gegenüber Außenkräften nicht rotiert.

Stellen wir den Bereich aus anderem Materiale her und unterwerfen ihn einem homogenen Zug, so zeigen unsere Vorzeichnungen das Auftreten von Ellipsen, deren Hauptachsen nur Größenänderung, aber keine Rotation im Verlaufe der Deformation zeigen. Es herrscht in J irrotational strain Beckers mit unrotierten Ellipsenachsen.

Haben wir aber in unsere Kreismuster noch andere Durchmesser als die späteren Ellipsenachsen eingezeichnet, so finden wir diese alle gegenüber den fixen Koordinaten rotiert.

Wenn wir diesen Fall, Beckers Sprachgebrauch folgend, eine irrotationale homogene Deformation nennen, so haben wir eine von der früheren unterscheidbare Art von Internrotation zu unterscheiden. Wieder werden nach dem Diktat des Ellipsoides unsere vorgezeichneten Durchmesser (mit Ausnahme der Hauptachsen) um errechenbar begrenzte Beträge gegenüber den fixen Koordinaten rotiert.

Man findet also zwei Arten von Internrotation im affin-deformierten Bereich möglich:

1. Internrotation bei rotationalem Strain. Die Achsen der Ellipse rotieren; mit ihnen rotieren auch die anderen Ellipsendurchmesser unsymmetrisch zu Ebene (yz). Aber es kann außer der Senkrechten auf die Ellipse (Rotationsachse y des Ellipsoids des hier gegebenen Beispiels in Abb. 26) noch 2 oder 1 Ellipsendurchmesser ohne Rotation geben. So liegt in dem hier gegebenen Beispiele der Scherbewegung im Bereiche J eine unrotierbare, den Vorgang sehr kennzeichnende Gerade in Kartonblatt und Zeichenfläche; sie ist unrotierbar, während alle anderen einschließlich der Achsen der Ellipse mit fortschreitender (und rückläufiger) Deformation um y rotieren.

2. Internrotation bei irrotationalem Strain. Die Achsen der Ellipse rotieren nicht. Ihre anderen Durchmesser aber rotieren um begrenzte Beträge $< R$ symmetrisch zu den Achsen.

Es kennzeichnet also die Internrotationen, daß sie begrenzte Beträge haben und daß diese Beträge und sonstigen Eigenschaften kinematisch aus dem Deformationsellipsoid in einem fixen Koordinatenkreuz für einen bestimmten Strain ableitbare sind.

Betrachten wir nun den Bereich E der Abb. 26, so gilt das von den Rotationen nicht mehr. Dieser Bereich ist inhomogen. In genügend kleinen quasiaffinen Bereichen sind Ellipsoide möglich mit rotationellem Strain wie in J (bei Verwendung von Plastilin solche mit irrotationellem Strain), zu den Internrotationen dieser Strains treten aber, wieder vom fixen Koordinatenkreuz xyz aus betrachtet, externe Rotationen der ganzen Ellipsoide und Ellipsen.

Diese Externrotationen treten zu den vom örtlich wechselnden Strain diktierten hinzu, im betrachteten Sonderfalle ebener Umformung mit gleicher Rotationsachse y.

Sie haben also Beträge und Drehsinne, welche durch das örtlich wechselnde Strainellipsoid auch am selben Ort nicht gegeben sind. Dieses örtlich wechselnde Strainellipsoid mit seinen Internrotationen ist selbst als Ganzes in einer von Ort zu Ort wechselnden Weise rotiert. Diese Weise ist diktiert dadurch, daß die einzelnen kleinen Homogenitätsbereiche (mit ihren Strainellipsoiden) innerhalb des inhomogenen Bereiches E — ganz anders als in J — als Ganzes im Verlauf der Deformation gegenüber den fixen Koordinaten umgestellt werden; und zwar so, daß diese Umstellung, die Externrotation im betrachteten Sonderfalle, von der Verbiegung des Bereiches E gegenüber den fixen Koordinaten abhängt.

In dem gewählten, die Verhältnisse bei Biegefalten kennzeichnenden Beispiele, fällt, wie gesagt, die Rotationsachse für Internrotationen und Externrotationen zusammen.

Dadurch ist es auf eine praktische, genügend einfache Weise möglich, Internrotationen und Externrotationen örtlich zu trennen. Wir heben die Externrotation weg, indem wir nach einem für die Gefügeanalyse der Korngefüge an krummen Bezugsflächen in Innsbruck geübten Verfahren an Stelle der fixen Koordinaten xz an jeder Stelle ein tangental-radial zur Biegung gedrehtes Koordinatenkreuz $x_t z_r$ setzen.

Was wir nach dieser Aufrollung der Krümmung erhalten, ist dann mit dem Bereich J unmittelbar vergleichbar. Anordnung und Gestalt der Strainellipsen des Bereichs E nach der Aufrollung nennen wir die reduzierte Deformation und prüfen vor allem, wie weit sie sich tatsächlich mit der Deformation in J deckt. Klemmen wir das Paket ganz rechts und machen die Krümmung durch Lösen der Klemme am linken Ende rückläufig, so sehen wir sogleich, daß in unseren Beispielen die reduzierte Deformation in E von der Deformation in J ununterscheidbar ist. Und wir nennen derartige inhomogene Deformationsbereiche reduzierbar oder rückführbar. Die Reduktion erfolgt in unserem Falle sehr einfach durch Aufrollung mit Hilfe von Koordinatendrehung um y, wodurch die mit der Internrotation gleiche Rotationsachse besitzende (symmetriegemäße) Externrotation weggehoben wird.

Derartige begriffliche Unterscheidungen sind notwendig. Denn es spielen Rotationserscheinungen in den strainkinematischen Deduktionen Beckers eine wichtige Rolle. Eine ebenso wichtige Rolle spielen sie, wenn man, von der direkten Korngefügeanalyse herkommend, immer wieder Rotationserscheinungen in den geregelten Gefügen vorfindet. Und es muß im Sinne der Lehre von den zur Deformation korrelaten Korngefügen als eine der zeitgerechtesten

Aufgaben der Gefügekunde bezeichnet werden, die Deduktionen Beckers mit den davon ganz unabhängigen Analysen geregelter Korngefüge zu konfrontieren. Gerade die Korngefüge, von welchen es Becker am wenigsten erwartete, werden darüber belehren, welche von gedanklich ganz verschiedenartig zusammensetzbaren und zerlegbaren Strains jeweils wirklich aufgetreten sind, sich abgebildet haben, und was man weiter daraus schließen kann.

Zusammenfassend: Im Falle rotationalen Strains eines Bereiches zwischen zwei unrotierten Ebenen unter schiefer Pressung erfolgt eine materielle Rotation in bezug auf fixe Koordinaten bis zum Betrage unter 90⁰, Internrotation des betreffenden Strains.

Sehen wir von der Begrenzung des Bereiches durch zwei unrotierte Ebenen ab, wie das in Gesteinen so häufig realisiert ist, so setzt die Externrotation des ganzen Bereiches „zwischen bewegten Backen" um einen unbegrenzten und unbestimmten Betrag ein. Externrotation bei Umformung zwischen bewegten Backen ist ein in inhomogenen B-Tektoniten sehr vielfach verwirklichter Fall, welchem gegenüber die hier „Internrotation" zum Teil genannte Rotation des rotational strain Beckers schon wegen der Forderung eines homogenen Bereiches zwischen zwei parallelen Ebenen einen ebenfalls häufigen, aber doch weniger allgemeinen Fall darstellt. Die Überlagerung von interner und externer Rotation ist in „reduzierbaren" Gefügen trennbar.

Den Gedanken der Externrotation um eine Achse $y = B$ machen sowohl tektonische Befunde als Gefügeanalysen in vielen B-Tektoniten (deutlich stengeligen Gesteinen) unabweislich. Bei Rotation um B, also rollender oder wälzender Beanspruchung, werden die Dehnungen $\perp B$ rückläufig, während sich die Dehnungen $\parallel B$ summieren, so daß ein Stengel oder eine Nudel $\parallel B$ entsteht; wie eben der Akt des Nudelwalzens mit der Hand zeigt.

Nur diese Rollung ist imstande, die Fälle maximaler relativer Längung $\parallel B$ mechanisch zu erzeugen. Mithin ist Rollung und Wälzung nachgewiesen, wo $\parallel B$ größere mechanische Längung von Gefügeelemente erfolgte als in anderen Richtungen; zugleich ist seitliches Ausweichen nachgewiesen.

Die genauere Betrachtung dieser Rollung ergibt folgendes:

Ein Bereich rotiert bei gleichbleibender schiefer Pressung um B. Von den durch Becker analysierten Fällen der Internrotation unterscheidet sich dieser grundsätzlich, z. B. dadurch, daß keine unnachgiebige, sondern eine nachgiebige Unterlage vorhanden ist und die Einbettung jene Rotation im Sinne der schiefen Pressung erlaubt. Allgemeiner: Sobald der betrachtete Bereich dem durch eine Komponente der schiefen Pressung und den Einbettungswiderstand wachgerufenen drehenden Kräftepaar folgen kann, tritt eine Externrotation des Bereiches um Achse „B" ein.

Der Bereich erhält sein Strainellipsoid ganz im Sinne von Beckers Straintektonik, wird aber gegenüber diesem immer wieder merklich aufgeprägten Ellipsoid mit gleicher oder ungleicher Schnelligkeit oder ruckweise rotiert. Hierbei kommen die verschiedensten materiellen ($h0l$) Flächen in die Lage der Ebenen maximalen Tangentalstrains, erhalten dessen Abbildung im Gefüge und das Endergebnis sind in B sich schneidende s-Flächen und Korngefüge, welche nicht mehr auf den straintektonischen Entwurf Beckers zu beziehen, sondern nur durch externe Rotationen verschiedenen Betrages verständlich sind. Unselten zeigt die Analyse der Korngefüge derartige Beispiele unter B-Tektoniten, aufzufassen als reelle Rotationen und symmetriekonstante Neuüberprägungen eines anisotropen Gefüges, wie es einer einzigen Gesteinsgleitflächenschar entsprechen würde.

In derartigen Gefügen bzw. Diagrammen treten mehr und mehr die Züge

4*

rhombischer oder monokliner Symmetrie zurück gegenüber wirteliger Symmetrie um Achse $b = B$. Viele B-Tektonite zeigen solche Bilder, wie im II. Teil gezeigt wird.

Der Fall der rollenden Umformung ist dadurch von Interesse, daß sich bei genügend rascher Rotation des Bereiches dessen Kontraktionen und Dehnungen $\perp B$ auf einen Mittelwert für die materiellen Fasern $\perp B$ bringen, welcher der Radius eines Kreises und der Größe nach $\frac{A+C}{2}$ ist. (A größte, C kleinste Achse des Strainellipsoids); während immer dieselben materiellen Fasern $\|\, B$ Dehnung erfahren. Die materiellen Fasern $\perp B$ wenden also als Radien der Ausgangskugel vom Werte 1 wechselweise gedehnt und wieder kontrahiert entgegen einem Werte $\frac{A+C}{2} < 1$ (Radius der Einheitskugel). Wenn das Volumen der Einheitskugel konstant bleibt, so entspricht:

$$\left(1. \quad \frac{A+C}{2} > 1; \quad B < 1; \quad \text{Kontraktion in } B.\right)$$

$$2. \quad \frac{A+C}{2} < 1; \quad B > 1; \quad \text{Dehnung in } B.$$

$$\left(3. \quad \frac{A+C}{2} = 1; \quad B = 1; \quad \text{rotierter Shear ohne } \pm \text{ Querdehnung.}\right)$$

Fall 1 wäre nicht realisierbar, da eine Kugel nicht zu einer Scheibe $\perp B$ durch Druck $\perp B$ und Rotation um B umgeformt werden kann. Dagegen ist die Abnahme des Wertes $\frac{A+C}{2} < 1$ in Fall 2 bei gegebener seitlicher Ausweichemöglichkeit durch rollendes Auswalzen einer Kugel leicht realisierbar und kann je nach der Reibung an der Einbettung zu Zugrissen $\perp B$ in der Einbettungsmasse führen. Bei diesem Strain bilden die rotierten Ebenen maximalen Tangentalstrains Doppelkegel mit B als Achse, ganz wie bei einem $\|\, B$ angesetzten Zug an einem Zylinder $\|\, B$. Es sind beiderlei Beanspruchungen ganz folgerichtigerweise in ihren Wirkungen und Abbildungsmöglichkeiten im Gefüge ununterscheidbar: es handelt sich in beiden Fällen um eine Kontraktion $\perp B$ und Dehnung $\|\, B$.

Das Auftreten von Gefügeelementen, deren größter Durchmesser $\|\, B$ liegt, ist eine lang bekannte und von der Korndimension bis zu den tektonisch gewalzten Riesenstengeln (L 33, 35) auch an verzerrten Fossilen vielfach beschriebene Tatsache. Sie entspricht (L 3, 27) zunächst nicht dem straintektonischen Ellipsoid, dessen größter und kleinster Durchmesser ja $\perp B$, dessen mittlerer $\|\, B$ liegt; aber sie ist durch rollende Rotation erklärbar.

Man hat aber dabei zuerst scharf zu unterscheiden, ob diese häufige Tatsache „längster Durchmesser $\|\, B$" zurückzuführen ist auf:

1. Teilung eines Gefügeelementes durch die $(h0l)$-Scherflächen in Stengel $\|\, B$.

2. Verzerrung eines Gefügeelementes $\|\, B$, also mechanische Längung $\|\, B$.

3. Wachstum eines Gefügeelementes $\|\, B$ am raschesten.

4. Einstellung vorhandener Stengel durch Regelung nach Korngestalt $\|\, B$.

Alle 4 Fälle liegen allenthalben in Wirklichkeit vor. Die Schwierigkeit, daß eine vorgezeichnete Kugel $\perp B$ ihre größte und kleinste Verzerrung erfährt, daß wir also ein $\perp B$ maximal gelängtes Gefügeelement im Strain Plan 1 zu erwarten hätten, besteht nur für Fall 2. An der wirklichen mechanischen Längung maximal $\|\, B$ von Gefügeelementen, auch von Fossilen, kann kein Zweifel bestehen; zahlreich sind auch die Beispiele, in welchen querzerrissene Stengel noch $\|\, B$ auseinander schwimmen bis zu Abständen, für deren Erklärung keine Kontraktion des Stengels ausreicht. Ferner ist auch bei schiefer Pressung im Strainplan 1

eine Querdehnung vorhanden, also Längung $\parallel B = b$. Rollende Pressung inhomogener Bereiche im erörterten Sinne vermag auch bedeutende Dehnungsbeträge zu erklären.

V. Bewegung und Symmetrie des tektonischen Strömens.

Unterscheidung von kinetischer und starrer Tektonik; zweidimensionale Tektonite; monokline Symmetrie tangentaler Bewegungsbilder, ihrer Vektoren und Abbildungen im Gefüge; Plan *1;* Achsenlinien; Plan *2;* Bügelnde und wälzende tektonische Plättung; S-Tektonite und B-Tektonite; die tektonische Analyse; Reichweite einheitlicher Beanspruchung und Bewegung; Summierbarkeit der Teilbewegung: Tektonite; der tektonische Transport als Strömungsbild; dynamische Sonderstellung tektonischer Strömungsakte; rotierendes und nichtrotierendes Strömen; kinematische Turbulenz; Schwellenwirkung; heterokinetische Stellen; turbulente Mischgesteine; kinematische Wirbel; Welle und Falte; Trägheit und innere Reibung; schleichende Umformung; Zusammenfassung.

Angesichts bisheriger Ergebnisse tektonischer Forschung und mancher undeutlichen und mißverständlichen Abgrenzung sowohl der Ergebnisse als der Fragestellungen scheint der Zeitpunkt gekommen, die allgemeine Tektonik deutlicher in eine kinetische und in eine statische (Stresstektonik) zu gliedern; wobei die Stresstektonik Differentialakte der tektonischen Transporte untersucht, die kinetische Tektonik die Bewegungsbilder und deren unrückläufige Teilbewegungen behandelt. In unserem Sinne ist letztere die bisher als Tektonik auf mechanisch-technologischer und petrographischer Grundlage seit Heims Mechanismus zuerst in Amerika, dann erst seit 1908 wieder bei uns gepflegte Lehre. Die Stresstektonik behandelt die Beanspruchungen, welche entweder noch zu gar keinen unrückläufigen Deformationen des Gesamtgesteins geführt haben, also demselben gegenüber elastische Deformationen sind, wenngleich unter Umständen mit ablesbaren Effekten an einzelnen Kornarten des Gesteins, oder welche nur zu ganz geringen, nicht zu tektonischen Deformationen im üblichen Sinne vereinbaren unrückläufigen Bewegungen geführt haben. So zeigt der Porphyrgneis Abb. 27 in Gestalt apliterfüllter gekreuzter Scherklüfte stresstektonische Züge; in Abb. 28 ist dasselbe Ausgangsmaterial, wie es in Abb. 27 vorliegt, unter Scherbewegung viel größeren Betrages in linsigen Tektonit mit Parallelschlichtung aller queren Elemente verwandelt und zeigt nur noch Züge kinetischer Tektonik.

Zwischen Stresstektonik und kinetischer Tektonik besteht ein analoges Verhältnis wie zwischen den für beide grundlegenden Lehren von den elastischen und von den unrückläufigen Deformationen, auch was die weit besser ausgebaute reine Theorie für elastische Deformationen und damit für stresstektonische Erscheinungen anlangt. Ferner auch insofern, als sehr oft die unrückläufige Deformation bzw. kinetische Tektonik an die elastische Deformation anschließt und wesentliche Züge derselben namentlich Symmetrieeigenschaften beibehält. Dadurch werden Elastizitätstheorie und die von Becker für geologische Zwecke dargestellte Strain-Stress-Theorie von größter noch lange nicht ausgewerteter Bedeutung für die kinetische Tektonik, deren Erscheinungen vielfach aus den Plänen elastischer Beanspruchung ableitbar sind (L 12, 47). Ohne dies zu verkennen, muß man aber derzeit auf die große Bedeutung einer eigenen und klar abgegrenzten Betrachtung stresstektonischer Erscheinungen hinweisen, an welcher der Tektoniker noch oft vorübergeht und welche, wie schon in anderem Zusammenhange bemerkt, am meisten die Gesteinshülle der Erde gegenüber ihrer Gas- und Wasserhülle kennzeichnet.

Dem eben erörterten Stande der Einsicht entspricht es, wenn in diesem Buche die Theorie auf Seite der Stresstektonik, die deskriptive Typisierung der Befunde auf Seite der kinetischen Tektonik umfänglicher behandelt wird. Zunächst soll

Abb. 27. Porphyrischer Granitgneis. Brenner, Tirol. (Aus L 16.)

Abb. 28. Knollengneis. Pfitscherjoch, Tirol. (Aus L 16.)

aber gerade der den meisten Lesern fernerliegende Gegenstand der Stresstektonik durch Beispiele veranschaulicht werden. In der Petrographie wurden seit der Unterscheidung stabiler und mobiler Kataklase (L 16, 23, 24, 38) stresstektonische Erscheinungen im Korngefüge im Sinne obiger Ausführungen angesprochen und unterschieden. Es wurde mehrfach (L 79, 92, 93) darauf hingewiesen, daß mit der Beachtung solcher Erscheinungen und bei der Empfindlichkeit mancher Kornarten die Möglichkeit gegeben ist, allerletzte mechanische Beanspruchungen aus dem Gefüge abzulesen, auch wo sie keinem tektonischen Bewegungsbild angehören und mithin dem nicht petrotektonisch geschulten Geologen entgehen. Im zweiten Teile dieses Buches haben derartige Studien bereits zum gefügeanalytischen Nachweis fast aller Eigenschaften des Strainellipsoids geführt, welche Becker theoretisch fordert und deren Korrelat in der Gefügeregelung er noch nicht kannte.

Ein sehr großes Material im Sinne unserer Definition rein stresstektonischer Erscheinungen liegt ferner noch unvollkommen gesichtet in den zahlreichen Beobachtungen über Gesteinsfugen vor. Eine Sichtung wirklicher und virtueller Gesteinsfugen in solche von stresstektonischer und in solche von kinetisch tektonischer Bedeutung ist eine Vorbedingung sowohl für die tektonische Synthese solcher Gebiete, als für eine richtige Einschätzung von Klufteinmessungen.

Die an so vielen Gesteinen lange bekannten und erörterten „endogenen" Kontraktionsklüfte, welche Becker ganz folgerichtig als Äußerungen endlichen Strains mitbehandelt, ferner virtuelle gelegentlich aufreißende gefügebedingte Klüfte sind stresstektonische Erscheinungen.

Im allgemeinen, aber nicht ohne besondere Ausnahmen, gehören die homogenen Umformungspläne der Stresstektonik, die inhomogenen der kinetischen Tektonik an, oder anders gesagt es sind die homogenen Bereiche in Gebieten reiner Stresstektonik größer.

Unter tektonischen Deformationen oder Bewegungen verstehen wir ungezwungen und ohne dem mehr Wert als den eines verständlichen Wertes beizumessen alle zu Bewegungsbildern zusammenfaßbaren (also transportlichen) Bewegungen der geologischen Materialien jedes Festigkeitsverhaltens.

Eine sehr große Gruppe tektonischer Bewegungsbilder — sie mögen sogar manchem Tektoniker zunächst als einzige vorschweben — kommt als allgemeinstes und wichtigstes Kennzeichen zu, daß sie im ganzen oder in wichtigen Teilen, in erster Annäherung betrachtet nahezu oder ganz ebene Deformationen im Sinne der Kinematik sind. (Mit Thomson L 1) sagt man:

„Ein fester Körper erleidet eine ebene Deformation oder wird in zwei Dimensionen deformiert, wenn seine Deformation der Bedingung genügt, daß alle Verschiebungen längs einer Schar paralleler Ebenen erfolgen und für alle Punkte jeder zu diesen Ebenen senkrechten Geraden gleich und parallel sind. Eine beliebige dieser Ebenen heißt Deformationsebene. Danach bleiben bei einer ebenen Deformation alle zur Deformationsebene senkrechten Zylinderflächen zylindrisch und senkrecht zu derselben Ebene und erleiden längs der erzeugenden Linien nirgends eine Ausdehnung. In den analytischen Ausdruck der ebenen Deformationen gehen nur zwei unabhängige Veränderliche ein und daher bietet dieser Fall eine Klasse von besonders einfachen Problemen dar."

Ob der Körper „fest" ist, ist dabei für unsere Zwecke belanglos und wir nehmen dieses Bewegungsbild für geologische Materialien jedes Festigkeitsverhaltens als zweidimensionale Umformung oder ebene Umformung, bei Mitauftreten von Umformungen normal auf die Umformungsebene und symmetrisch zu dieser als monokline Umformung in Verwendung. Das Lot auf die Deformationsebene wollen wir der Achse der ebenen Deformation nennen. Sie ist in der Bezeichnungsweise dieses Buches *b* und *B* genannt.

Alle Gebiete mit B-Achsen bieten bewußte und scharfgefaßte Beispiele; darin, daß seit jeher die Tektonik so vieler Gebiete, allerdings nicht immer bewußt und berechtigt, lediglich in der Deformationsebene obiger Definition profiliert wurde, kommt das Gefühl für die Rolle, welche zweidimensionale Umformung auf Erden spielt, zur Geltung. Nicht nur tektonische Transporte, sondern auch Transporte in der irdischen Wasser- und Gashülle, mithin alle irdischen Transporte bezeichnet das Vorwalten zweidimensionaler Umformung. Hierbei sind am häufigsten die Transporte tangental, die Deformationsebene vertikal zur Erdoberfläche. Die Deformationsebene ist Symmetrieebene für den Bewegungsvorgang und alles durch ihn erzeugte tektonische Gefüge bis ins Korngefüge, wie das so zahlreiche Diagramme dieses Buches widerspiegeln. Viele Gebirge wird man heute weniger gut mit Kennzeichnungen wie „einseitiger Schub" erfassen als mit der Aussage, daß sie sich als Gebilde aus einer oder mehreren vorzugsweise ebenen und lange symmetriekonstanten Umformungen darstellen lassen, deren Deformationsebenen parallel oder nicht parallel waren. Gebirge, in deren Streichen sich nach der Erfahrung des Aufnahmegeologen weniger ändert als im Querprofil, gehören hierher (ebenso z. B. steilachsige Schlingentektonik s. S. 59); nicht hierher gehören tektonische Deformationen ohne Streichen, wie z. B. manche aufdringende Salzhorste, näherungsweise, ferner stetig geändertes Streichen.

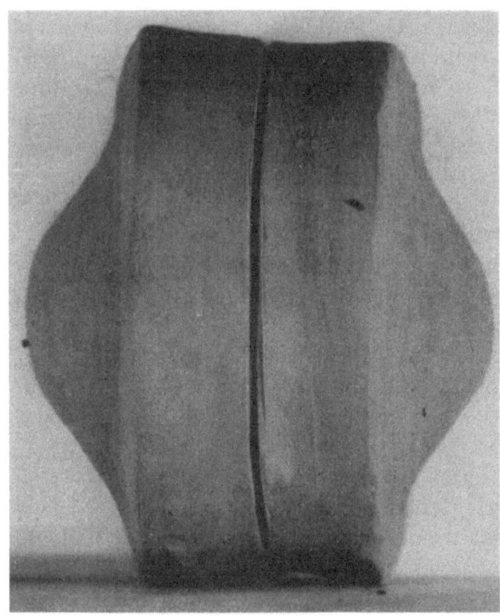

Abb. 29. Scharnier eines hufeisenförmig gebogenen Plastilinstreifens mit eingeritzter Symmetrie- (und Deformations-) Ebene.

In der Bezeichnungsweise dieses Buches ist im Achsenkreuz $(a b c)$, auf welches wir die Deformationen beschreibend beziehen $(a c)$ die Deformationsebene, das so Richtungskonstante $b = B$ mithin das Lot auf die Deformationsebene. Der auf Seite 57 definierte „Plan 1" stellt eine monokline, sehr oft nahezu ebene Umformung dar, „Plan 2" (Seite 58) die Kombination zweier solcher Umformungen mit rechtwinklig gekreuzten B-Achsen. Man wird bei der tektonischen Verbreitung dieser Pläne begreiflich finden, daß sich die Strainanalysen Beckers fast ganz auf ebene Umformungen beziehen; die Betrachtungen des Buches berücksichtigen wegen ihrer bisherigen, zu geringen Beachtung auch die Änderungen in Richtung $b = B$.

Ganz ebenso oft wie die homogenen Umformungen sind die nichthomogenen Umformungen eben, bzw. monoklin, vgl. Abb. 29.

Da nun im strengen Sinne ebene oder zweidimensionale Umformungen weit seltener sind als solche, in welchen die Symmetrieebene der ebenen Umformung erhalten bleibt, aber auch in der Achse $b = B$ Verlagerungen $|| b = B$ möglich sind, so wollen wir diese bilateral-symmetrischen, oder kurz monoklinen Umformungen in ihrer großen Bedeutung für alle tangentalen irdischen Bewegungen und alle ihnen zuordenbaren Abbildungen betonen.

Es handelt sich hierbei übrigens um den allgemeinsten, in allen tangentalen Relativbewegungen in Festhülle, Luft- und Wasserhülle gleichermaßen vorherrschenden, wesentlich vom Materiale unabhängigen kinematischen Charakterzug. Da alle diesem Bewegungsbilde zuordenbaren gefügebildenden Vektoren dem monoklinen Bewegungsbilde symmetriegemäß sind, gilt dies auch von dem den Vektoren zuordenbaren Kleingefüge eines beliebigen Gebildes, welches sich während einer tangentalen Bewegung entwickelt, bei welcher sich gleiches „rechts" und „links" und ungleiches „oben" und „unten" unterscheiden lassen, also eine Symmetrieebene, in welcher die Bewegung erfolgt, senkrecht auf die Wand, längs welcher der Transport (bzw. die Relativbewegung) erfolgt. Dies ist der notwendige, hinreichende und genügend allgemeine Grund für die monokline oder bilateralsymmetrische Symmetrie mit Symmetrieebene in der Bewegungsrichtung, wie sie allen z. B. auf Gestirnen tangental bewegten Gefügen und durch vererbte Abbildung der Vektorensymmetrie auch lebendigen Gebilden zukommt.

Pläne in tektonischen Transporten. Das einfachste und häufigste Bewegungsbild tektonischer Transporte zeigt also monokline Symmetrie:

a Transportrichtung „Fallen",

b „B-Achsen", Scherungsachsen, Faltenachsen, „Streichen",

c Vertikale auf (ab), Belastungsdruck.

Ebene (ac) Symmetrieebene, üblicher und kennzeichnendster Profilschnitt für solche Transporte. Hierbei ist B die einzige mögliche und sehr oft betätigte Rotationsachse. Das zugehörige stresstektonische Bild der jeweiligen elastischen Beanspruchung zeigt gleiche und gleichorientierte monokline Symmetrie mit folgender Zuordnung des Strainellipsoids, wenn wir die für den häufigsten Fall gültige Annahme machen, daß die an der oberen Grenzfläche des betrachteten Liegenden ansetzende Außenkraft des in Richtung a rascher vorgehenden Hangenden auf der genannten Grenzfläche schief steht, und zwar in Richtung des Transportes einfallend.

Seien ABC die Hauptachsen des zugehörigen Strainellipsoids wie Seite 11 dargestellt ist und abc dieselben Richtungen wie oben eingeführt, so ist dann: $a \neq A$, $b = B$, $c \neq C$; mit interner und externer Rotation des Strainellipsoids um $b = B$; $b = B$ ist auch Schnittgerade für die Scherflächen $-s$ dieser Beanspruchung: diese sind, kristallographisch bezeichnet und auf Achsenkreuz abc bezogen, $(h\,0\,l)$-Flächen mit der Zonenachse $b = B$; wie die sie erzeugenden Kreisschnitte des Ellipsoids.

Diese beiden deskriptiv und genetisch engverbundenen stresstektonischen und tektonischen Pläne bezeichnen wir als ersten Elementarplan tektonischer Tangentaltransporte der „festen" Erdrinde. Da wir diesen Plan — ganz ähnlich wie den Begriff des Shears für die Analyse zusammengesetzter Strains — für die Analyse komplizierterer tektonischer Transporte als einen festen Begriff kurz und handlich bezeichnen müssen, nennen wir ihn $P\,1$. Er entspricht einem Tangentaltransport des betrachteten Bereiches „zwischen symmetrischen Ufern". Wir werden nach solchen Ufern, was ihre Symmetrie (nach der Sagittalebene des Transportes), ihre fixe Lage und ihren konstanten Abstand voneinander anlangt, mehrfach im Anschluß an bereits in der Literatur dargestellte Tektonik typisieren. Die Darstellung von $P\,1$ auf Karten erfolgt am besten vor allem durch örtliche Eintragung der $b = B$-Achsen als Gerade (evtl. mit seitlichem Fallzeichen ←) und Verbindung derselben zu „Achsenlinien".

Die reale Existenz und Häufigkeit von $P\,1$ ganz in dem hier festgelegten Sinne ist heute eine durch die Abbildung der zugehörigen Kreisschnitte als s-Flächen $(h\,0\,l)$ erwiesene Tatsache.

Ebenso ist gefügeanalytisch bereits die Abbildung mehrerer um $b = B$ externrotierter Ellipsoide im selben Gestein nachgewiesen.

Ebenso sind bereits viele Fälle bekannt, in welchen im selben Gefüge zwei deutlich abgebildete B-Achsen Winkel miteinander bilden und s-Flächen $(0kl)$ auftreten.

Es ist der nicht um $b = B$, sondern sonst gegen $P\,1$ verdrehte Plan $P\,1$ mit allen seinen Eigenschaften, welcher hier vorliegt, und den wir dann $P\,2$ nennen.

Sehr oft ist $P\,2$ das um c, also in einer $(h0l)$-Ebene um 90^0 gegen $P\,1$ verdrehte $P\,1$: Fall $P\,2 \perp P\,1$ mit auffallend gut erhaltener monokliner Symmetrieebene (ac) des zusammengesetzten Gesamtplanes, kurz ,,$P\,2 \perp P\,1$ monoklin''. Aber schon die Rotation um die B-Achse von $P\,2$ hebt diese Symmetrie auf, wir haben ,,$P\,2 \perp P\,1$ triklin'' als Ausdruck für eine Verschiedenheit der Ufer.

Es ist nun eine der wichtigsten noch wenig behandelten Fragen, welche durch Beachtung der zeitlichen Beziehungen zwischen Deformation und Kristallisationsakten zu klären versucht werden muß:

Ob in den Einzelfällen aus dem Korngefüge nachweisbarer, mit ihren B-Achsen rechtwinklig gekreuzter Gefüge, jeweils die Abbildung eines einzigen Deformationsaktes zerlegt in 2 Ellipsoide, vorliegt — eine Zerlegung in Komponenten, welche die Straintheorie ermöglicht, aber nicht erzwingt, da jeder affine Strain durch ein einziges Ellipsoid vertretbar ist. Oder ob es sich um zwei zeitlich verschiedene, wenn auch in vielfach aufeinanderfolgenden Unterakten wirksame Beanspruchungen handelt. Gerade durch die Lösung der einen Spannung würde die andere allein wirksam, in einem Wechsel, der wahrscheinlich aber noch unbewiesen ist. Auf jeden Fall beweist die Häufigkeit von $P\,2 \perp P\,1$ bzw. gerade rechtwinklig gekreuzter Achsen $B \perp B'$ im Gefüge, daß die beiden $P\,1$ und $P\,2$ entsprechenden Akte nicht unabhängig voneinander sind. Analysen des Korngefüges zeigen, daß $P\,2$ der oft beobachtbaren Dehnung in B ebenso entspricht wie $P\,1$ der Dehnung in a des Planes $P\,1$ (s. trikline Gefüge II. Teil).

Am tektonischen Strömungsakte, welcher sehr oft zugleich ein Plättungsakt ist, sind vor allem zwei Typen zu unterscheiden:

1. Bereich A wird über A' bewegt unter Gleitung in einer Grenzfläche (Tektonisches ,,Bügeln''), mit welcher die Hauptrichtung der Außenkraft einen Winkel zwischen 0 und 90^0 bildet.

Dieser Winkel bestimmt den Strain wie er in Beckers straintektonischen Studien analysiert ist.

2. A wird über A' bewegt unter Externrotation (Rollung oder Wälzung) der betrachteten Bereiche in A, in A' oder in A und A' (Tektonisches ,,Walzen''). Die Rotationsachse B liegt quer zur Hauptrichtung des Transportes. In genügender Tiefe unter A ist für beide Fälle gemeinsam, daß sich eben nur die Last über A' erhöht; das ,,wie'' (1. oder 2.) hat keinen Ausdruck mehr. Im ersten Falle bildet ungleichscharige bis einscharige Zerscherung und Internrotation das typische Gefüge: die Fläche (s) ist das Hervortretende an den so durchbewegten Gesteinen, den ,,S-Tektoniten''. Im zweiten Falle ist das Hervortretende die Achse B der ,,B-Tektonite''.

Die kinetische Tektonik hat die Aufgabe, aus Schnitten durch deformierte Teile der Erdrinde das Bewegungsbild bei der Deformation zu rekonstruieren. Diese Rekonstruktion ist nur dann eindeutig, wenn man die Teilbewegungen zu größeren summiert, denn gleiche Deformationen des betrachteten Ganzen (welches z. B. ein Gebirgsteil mit Verkrümmung ursprünglich unverkrümmter Einzellagen sein kann) können ja mit Hilfe ganz verschiedener korrelater Teilbewegungen zustande kommen. Aber gerade das ,,wie'', d. h. mit welchen Teilbewegungen die Großdeformation zustande kommt, muß bekannt sein, wenn man aus dem Gefüge das wirkliche Bewegungsbild und aus diesem etwa den Kräfteplan bei der tektonischen Deformation erschließen will.

Alle Tektonik betrachtet Fälle, in welchen sich zwei betrachtete Gesteinsbereiche (A, A') gegeneinander verschieben. Es lassen sich dabei Flächen deutlich erkennen oder denken, innerhalb welcher diese Relativverschiebung gleich schnell erfolgt. Nennen wir diese Flächen S, so finden wir auf den Linien $G \perp S$ geometrisch die Abstände der S-Flächen voneinander. Wenn die Relativverschiebungen der zwischen S-Flächen liegenden Teile gegeneinander in den verschiedenen S-Flächen verschieden groß sind, so bezeichnet also G den kürzesten Weg, auf den wir zu den verschiedenen Werten der Relativverschiebungen in verschiedenen S gelangen. Nun bezeichnen wir in einem Bereiche, in welchem wir die S-Flächen als Ebenen betrachten können, immer die Richtungen, welche wir brauchen, folgerichtig zu Seite 57, wie kristallographische Achsen; Flächen und Gerade in a, b, c mit den Indizes h, k, l; c ist unser G ($=$ Lot auf S); a ist die Richtung der Relativverschiebungen in S; die Achsen a und c bestimmen die (,,sagittale") Ebenen (ac), welche normal auf S liegt und in welcher die Gleitgerade a liegt; b ist dann das Lot auf Ebene (ac), zugleich das Lot auf die Gleitgerade.

Das Bewegungsbild irgendwelcher Massenverschiebungen am Erdkörper ist vor allem durch die Angabe zu kennzeichnen, welche Orientierung gegenüber den Bezugsrichtungen der Erde diese Richtungen a, b, c hatten.

Die Erfahrung lehrt, daß unter allen Rotationen dieses tektonischen Achsenkreuzes Rotationen um b vorwiegen, mithin b die konstanteste Achse ist und am häufigsten horizontal liegt.

·Der Vertikalschnitt in (ac) ist das typische ,,Querprofil" der Tektonik. Aber nicht insofern es ein Vertikalschnitt ist, sondern insofern es ein (ac)-Schnitt ist, bringt so ein Querprofil immer ganz Bestimmtes und Begrenztes aus unserem Bewegungsschema als charakteristischer Schnitt des Bewegungsbildes zur Anschauung, nämlich die maximalen Relativverschiebungen, welche in (ac) liegen.

Dieser Fall, daß b horizontal liegt, beherrscht aber nicht einmal alle Bereiche in horizontalen Massentransporten der Erdrinde (Gesteine, Schmelzmassen, Eiskörper). Sondern schon an den in Richtung b erreichbaren inhomogenen seitlichen Begrenzungen dieser Massen, ferner bei tangentalen Transporten von Massen mit wirksamer Anisotropie gegenüber der Beanspruchung finden wir, daß b mit dem Horizontwinkel bis 90^0 einschließen kann (steilachsige Tektonik). Um in solchen Fällen das Bewegungsbild und sein Korrelat im Gefüge richtig zu verstehen und darzustellen, muß man sich dessen bewußt sein, daß der Vertikalschnitt keineswegs mehr die Rolle spielt wie in den Fällen mit dem Erdradius $\perp b$; der Vertikalschnitt kann vollkommen ausdruckslos werden, was die maximalen Relativverschiebungsbeträge anlangt. Man muß mithin vor allem (ac)-Schnitte darstellen, auch wenn diese horizontal liegen; nicht aber darf man, ohne die Änderung in der Bedeutung des Schnittes bewußt zu betonen, ein Gebiet mit verschiedener Orientierung des abc-Kreuzes gegen den Erdradius einfach durch Serien von Vertikalschnitten darstellen und diese dann als einander gleichbedeutende zu einem Bewegungsbild zu verbinden suchen.

Es gibt 3 vielfach realisierte Möglichkeiten, ein mit (ab) horizontales abc-Kreuz der Bewegung gegenüber den geographischen Richtungen zu verdrehen:

1. Die Rotation des abc-Kreuzes um c ergibt ein immer schon von der Tektonik berücksichtigtes Datum (Änderung im Streichen und Fließrichtung der Gebirge und Massengüsse). Diese Operation ändert die Einstellung des Bewegungsbildes der Masse nur gegenüber den nicht sphärischen Kraftfeldern. Einwirkungen dieser Operation auf das Bewegungsbild (z. B. deutlich erfaßbare Unterschiede

im Bewegungsbild der Faltengebirge nach ihrer Streichrichtung) sind bisher nur im Falle der Begegnung seitlicher Inhomogenität bekannt.

2. Die unseltene Rotation um a ergibt z. B. für die Flanken (seitliche Inhomogenität!) mit konstanter Richtung strömender Massen typische Verhältnisse: mehr oder weniger steilgestellte b-Achse (der Faltung- und Zerscherung) unter Knickung oder Biegung von b im Streichen; ferner überprägte Gefüge mit $P\,1 + P\,2$ deutlich durch $B \perp B'$ meist triklin.

3. Die Rotation um b ist in Horizontal- und Vertikaltransporten, in allen Transporten mit Anpressung längs einer Wand am häufigsten; b tritt dann als Achse für interne und externe Rotation am meisten hervor, ist am besten sichtbar und in diesem Buche als B bezeichnet.

Hat jeder Bereich in einem tektonischen Transporte sein im zweiten Teil durch Analyse des Korngefüges gekennzeichnetes Achsenkreuz $a\,b\,c$, so ist mit dessen Festlegung gegenüber geographischen Koordinaten das Bewegungsbild örtlich petrotektonisch beschrieben, dem Kleingefüge eindeutig korrelat und mithin einfach rekonstruierbar. Das Kleingefüge hat nur einfache Prägung. Sehr oft aber überlagern sich im selben Bereich mehrere Prägungen, welche entweder voneinander unabhängigen tektonischen Akten zugeordnet sind oder voneinander in der Seite 58 angedeuteten Weise abhängigen. Auch der Nachweis derartiger Akte gelingt durch Analyse des Korngefüges.

Reichweite einheitlicher Beanspruchung und Bewegung. Ein ungestörtes Areal der Erdrinde liegt im Felde der Schwerkraft. Betrachten wir eine horizontale Platte aus diesem Areal, oben und unten begrenzt durch eine Ebene, welche die mechanische Homogenität begrenzt, festigkeitsisotrop, von einer Ausdehnung, in welcher die Erdkrümmung noch zu vernachlässigen ist und also die Erdradien parallel. Ein solcher Bereich ist durch die Schwerkraft senkrecht zu den Grenzebenen oben und unten mit der Richtung R der angreifenden Außenkräfte beansprucht, ohne Einfluß der seitlichen Begrenzung, wenn wir ihn z. B. kreisförmig umschreiben. So lange weder Inhomogenitäten in den Grenzflächen noch in der seitlichen Begrenzung unseres Bereiches — inhomogene Einbettung — angenommen werden, stellt der betrachtete Bereich den Fall eines um die Vertikale R rotationssymmetrischen Strains dar. Ob sich Abbildungen eines derartigen Strains im Gefüge findet, bleibt in diesem Zusammenhange dahingestellt.

Jedenfalls ist weit mehr mit örtlichen Inhomogenitäten und mit Anisotropie zu rechnen, wenn wir den Bereich etwa mit einem Kreis von der Größe Meterzehner bis Meterhunderter umschreiben; wie es in diesem Zusammenhange von Interesse ist. Jede kleinste örtliche Inhomogenität bzw. nicht symmetriegemäße Anisotropie in diesem Umkreis geneigt, um örtlich jene Forderung der Rotationssymmetrie des Strainellipsoids um R aufzuheben: Es tritt ein auf das empfindlichste zur örtlichen Inhomogenität eingestelltes dreiachsiges Strainellipsoid auf, über dessen Orientierung gegenüber den geographischen Korrdinaten nur die Orientierung der örtlichen Inhomogenitäten fallweise entscheidet.

Es sind nun zwei Fälle denkbar:

1. Die örtlichen Inhomogenitäten im betrachteten Umkreise haben keinen gemeinsamen Richtungssinn; mithin fehlt ein solcher auch den Strainellipsoiden und deren Abbildungen im Gefüge. Dieser Fall ist z. B. in manchen Störungshöfen um mechanisch heterogene Stellen und Einschlüsse (Fossile, Gerölle, Konkretionen, Mineralkörner) innerhalb des betrachteten Bereiches gefügeanalytisch nachgewiesen.

2. Die Abbildungen der Strainellipsoide im Gefüge haben im betrachteten Umkreis von der Größe Meterzehner, -hunderter gemeinsamen Richtungssinn. Das kann nur zwei verschiedene Ursachen haben:

a) Es waren schon vor dem betrachteten Strain örtliche Inhomogenitäten mit gemeinsamem Richtungssinn also Anisotropie vorhanden. Das ist z. B. der Fall, wenn die Inhomogenitäten ein älteres System bei Entstehung (Sedimentationsakte) oder Umwandlung (Deformationsakte) des Gesteins über den ganzen Bereich homogen wirksamer Vektoren abbilden.

b) Die örtlichen Inhomogenitäten ohne gemeinsamen Richtungssinn sind im betrachteten Bereiche überdeckt von den über den ganzen betrachteten Bereich hin homogen oder wenigstens symmetriekonstant wirksamen Vektoren einer neuen mechanischen Beanspruchung.

In der Tat kommt dem Falle 2 eine allenthalben in der Erdrinde nachweisliche Bedeutung zu. Und da die Rolle der gefügebildenden Vektoren von Sedimentationsakten in 2a gegenüber den Vektoren mechanischer Deformation überhaupt zurücktritt, so kann man sagen:

Die allgemeinsten, den Großbau der Erdrinde und den Feinbau ihrer Gesteine gleichermaßen beherrschenden Grundzüge sind die tangentale Schichtung der Gesteine und die Größe einheitlich mechanisch beanspruchter Areale nachweislichermaßen bis in die Metertausende, bis in viel höhere Ordnungen im Sinne der Kontinentalverschiebung, welche aber mit den Gesichtspunkten dieses Buches noch nicht überprüft ist.

Daß die Abbildung einheitlicher Beanspruchungspläne solche Areale umfaßt, steht, ohne damit identisch zu sein, in Übereinstimmung mit den zuerst in der Tektonik, dann in der Petrographie der Tektonite erfaßten, über Areale gleicher Größenordnung hin einsinnigen Bewegungsbildern.

In Tektonik und Petrotektonik geht man heute eindeutig von der Erfassung der Teilbewegungen auf deren Summierbarkeit zu immer größeren Bewegungsbildern über, da der umgekehrte Schluß von den großen Endformen oder auch nur von größeren Teilbewegungen auf die komponierenden Bewegungen kleinerer Teile nicht eindeutig ist. Dieser Weg ist grundsätzlich bis ins Korngefüge an Beispielen aufgezeigt und ist auch ein sicherer Weg zur Erkenntnis der Reichweite von Bewegungsbildern.

Gegenüber den zahlreichen Analogien der Bewegungsbilder in der Gashülle, Wasserhülle und Gesteinshülle der Erde sind aber als das für die Gesteinshülle allein Bezeichnende, den anderen beiden Fehlende, die einheitlichen Beanspruchungspläne auch elastischer Beanspruchung von großer Reichweite zu betonen und eben deshalb von den Bewegungsbildern begrifflich zu trennen.

Eben deshalb kommt auch dem Nachweis einheitlicher Beanspruchungspläne, in welchen noch keine unrückläufige Deformation des Gesamtgesteins auf die Abbildung elastischen Strains an einzelnen Kornarten des Gesteins folgte, grundsätzliche Bedeutung zu. Namentlich auf diesen Gesichtspunkt wäre die Untersuchung großer, besonders homogener geologischer Körper, also der Granite, einzustellen, nicht etwa darauf, deren den allgemeinen Gesetzen folgende Bewegungsbilder als etwas allzu Besonderes denen anderer Gesteine, an denen diese Züge früher bekannt waren, gegenüberzustellen.

Durch das von der Tektonik lange vernachlässigte Studium elastischer oder an elastische Beanspruchungspläne wegen der noch geringen Verlagerungen ganz eindeutig anschließbarer Beanspruchungspläne (Stresstektonik) würden gerade die für die „feste" Erdrinde bezeichnendsten Züge besser erfaßt als von der Tektonik. Durch solche Beiträge ermöglicht der Geologe dem Geophysiker die Erreichung eines Zieles allgemeinster Geologie, welches heute nur dieser letztere erreichen kann: die Bedeutung der gleichen und der unterscheidenden Züge in der Bewegung der drei zugänglichen irdischen Sphären allgemeinst darzustellen.

Tektonite. In der Gesteinskunde und in der Tektonik war es nützlich, jene Gesteine, deren Teilbewegung im Gefüge summierbar ist, eigens zu bezeichnen als Tektonite. Bezüglich dieser Summierung von Teilbewegungen gilt folgendes:

Ia. Im einfachsten Falle, das ist bei affiner Deformation, ist diese Summierbarkeit eben durch die Homogenität gegeben: Alle Spuren der Relativbewegungen sind an jeder Stelle gleichgerichtet, also zu unabgelenkt fortsetzenden Ebenen und Geraden verbindbar. Das gilt von Daten, welche überall örtlich auf dasselbe Strainellipsoid beziehbar sind.

Ib. Die Summierung gelingt auch noch leicht, wenn sich die Abmessungen des Ellipsoids stetig ändern, ohne daß das Achsenverhältnis $A < B < C$ geändert ist und die Achsenrichtungen unstetig geändert sind. Die als Scherflächen abgebildeten Kreisschnitte ändern hierbei stetig ihren Winkel, lassen sich aber noch leicht zu gebogenen Großgleitflächen verbinden, welche sich z. B. anschicken, eine Widerstand leistende Schwelle zu übersteigen. Dasselbe gilt namentlich bei symmetriekonstanten Rotationen um b stetig geänderten Betrages.

Bei allen genannten Änderungen haben wir den „Plan" nicht unstetig geändert; in unserem Falle Plan *1*: $b =$ Rotationsachse, (ac) Symmetrieebene; die Kreisschnitte bleiben $(h0l)$ Flächen.

Man kann also zusammenfassend sagen:

Die Teilbewegungen bei streng homogener oder nur innerhalb eines konstanten Planes stetig geänderter Durchbewegung sind leicht zusammenzufassen.

Beispiel: Homogenes Gestein (Granit, Quarzit, Kalk) mit verbogenen Scherflächen.

Ic. Diese Zusammenfassung zur Deformation des Ganzen gelingt auch dann noch gut, wenn sich örtlich umgrenzte Bereiche (Falten, Linsen, Spindeln, Stäbe) mit bestimmtem, in sich nicht homogenem Bewegungsbild im betrachteten großen Bereiche F gleichgerichtet oder symmetriegemäß zur (monoklinen) Symmetrie des Planes *1* gegeneinander verlagert (also um b rotiert) wiederholen. Den tektonisch wichtigsten Fall bildet die Wiederholung kleiner Falten f, welche selbst Scherfalten oder Biegefalten sein können.

Die Zusammenfassung ist also in I a,b,c leicht, die für die Summierung zur Großdeformation nötige richtige Deutung der Flächen und Geraden kann Schwierigkeiten machen. Diese lassen sich durch Untersuchung der Flächen mit genügender Vergrößerung und durch Gefügeanalysen beseitigen. Beispiel: Das Problem der Harnische (s. II. Teil).

IIa. Der Plan wird durch Überschreitung der Beziehung $A > B > C$ geändert, also rechtwinklig umgestellt. Beispiele: Deformation an starren Ufern des Transportes; Tangentale Pressung vorher steilgestellter s-Flächen aus dem ersten Plan (Steilachsige Tektonik s. S. 59).

IIb. Das Ellipsoid wird beliebig geändert und verdreht.

Die Zusammenfassung wird sehr oft ermöglicht durch genügend stetige Übergänge und dadurch, daß insbesondere an Grenzen beide Pläne übereinander geprägt sind, aber mit verschieden ausgestalteten s-Flächen und Achsen.

Dieses letztere ist meist nur korngefügeanalytisch zu erkennen, aber auch in den anderen Fällen ermöglicht die Gefügeanalyse und nur diese die richtige Analyse und Zusammenfassung der abgebildeten Ebenen und Achsen und damit die tektonische Synthese.

Kinematik des Strömens. Die Gefügekunde hat mit der Kinematik strömender Bewegung aus folgenden Gründen Fühlung zu nehmen.

Wir erkennen in der Lehre von den Tektoniten die Gefüge fast aller stetig umgeformten Gesteine als Abbilder von Teilbewegungen zur Umformung des Ganzen. Diese Umformung erkennen wir eben damit als ein Strömen dessen kinematische Gesetze im Gefüge der Tektonite (strömende Schmelzen in allen Übergängen zu anderen Tektoniten) allenthalben Ausdruck finden. Es ist mithin nötig, die Gesetze des Strömens selbst zu betrachten, wenn man die Gefüge der Tektonite verstehen will.

Ferner tritt die Gleichartigkeit mancher Bewegungsbilder im tektonischen Strömen und im Strömen von Flüssigkeiten und Gasen in mehr und mehr typischen Fällen hervor und daneben werden allgemeinste Gesetze, namentlich Symmetriegesetze, welche überhaupt die Kinematik aller unter stetiger Durchbewegung erfolgenden Transporte beherrschen, sichtbar (s. S. 57). Alles dies findet seinen Ausdruck auch in den tektonischen Großgefügen und ist zu deren Verständnis zu beachten.

Es gibt kaum ein allgemeines Gesetz der Hydraulik, welches heute für den, der die Bewegung der Erdrinde ernstlich mit allen vorhandenen Grundlagen und in ihrer lesbaren Abbildung im Gesteinsgefüge durch Sedimentation und Durchbewegung zu betrachten sucht, nicht von Interesse wäre.

Für die Tektonik überhaupt nicht in Frage kommen jene Untersuchungen der Hydromechanik, welche die innere Reibung unbetrachtet lassen. Aber auch für eine Mitbetrachtung der inneren Reibung ergeben sich Verschiedenheiten für flüssiges und tektonisches Strömen wie für die Deformation von Flüssigen und Festen überhaupt grundsätzlich dort, wo die Elastizität der Festen zu Worte kommt.

Gegeneinander relativ bewegte Flüssigkeitsschichten werden (L 63) beeinflußt durch die Kräfte der „inneren Reibung" zwischen den Teilchen; es ist also die innere Reibung als Schubwiderstand wie bei festen Körpern definiert. Zähigkeit, Viskosität ist die Eigenschaft, durch innere Reibung Impulse von Teilchen zu Teilchen zu übertragen, entsprechend der Viskosität der festen Körper. Zwischen zwei benachbarten Gleitschichten mit Abstand dy und Geschwindigkeitsunterschied du wirkt bei Flüssigkeiten die Scherkraft τ proportional dem Geschwindigkeitsgefälle $\dfrac{du}{dy}$; $\tau = \mu\,\dfrac{du}{dy}$, wobei μ Zähigkeitskoeffizient heißt. Eine so einfache Beziehung ist in das natürliche tektonische Strömen nicht einführbar, da sich die Gleitschichten und deren Reibung während der tektonischen Akte mannigfaltig ändern, z. B. durch Ausarbeitung (Bahnung) mit Einregelung von Gleitmineralen und Herabsetzung der Reibung in nachkristallinen Tektoniten; durch von der Formel unabhängige Erhöhung der Reibung in manchen parakristallinen Tektoniten. Auch hier haben wir besonders die lange Dauer der tektonischen Umformungsakte und die Änderung des Materials schon während mechanisch einheitlicher Akte zu beachten, Verhältnisse, welche so oft die wirklichen tektonischen Deformationsakte schon von den bisher üblichen des Laboratoriums unterscheiden. Gegenüber dem obigen einfachen Reibungsgesetz zäher Flüssigkeiten sind also die festen Körper des Laboratoriums und noch mehr die Tektonite dadurch unterschieden, daß mit und während der dauernden Deformation eine unrückläufige Veränderung des Körpers selbst, auch seines Zähigkeitskoeffizienten, erfolgt, welche über den bloß elastisch anisotropen Zustand während der Deformation hinausgeht. Was das Verhältnis zwischen elastischer Umformung Fester und zwischen der Umformung von Flüssigkeiten anlangt, so ist bei aller Analogie zwischen dem Tensortrippel elastischer und dem hydrodynamischer Spannungen bezeichnend, daß die elastischen Spannungen den Deformationen, die hydrodynamischen den Deformationsgeschwindigkeiten proportional gesetzt werden; für tektonische Deformationen ist aber eben wegen der wenig bekannten unrückläufigen Änderung des Körpers eine einfache Proportionalität der Spannungen weder zur Größe der Deformation noch zu der der

Deformationsgeschwindigkeit anzunehmen. Mithin wird hier noch einstweilen wenig Gewicht auf die Übertragung von dynamischen Betrachtungen über Flüssige und Bildsame ins Tektonische gelegt, mehr aber auf die Beachtung der rein kinematischen gemeinsamen Züge, welche da wie dort strömende Transporte kennzeichnen.

Unter den kinematischen Darstellungsmethoden strömender Medien ist die allgemeinste und vollständigste Methode, jederzeitige Koordinaten der Teilchen als Funktionen von Anfangskoordinaten anzugeben (L 111), in vielen Fällen entbehrlich, da meist nur die Relativbewegungen voneinander unterscheidbarer Teile (z. B. Körner) bei der Gefügebildung zu Worte kommen. Diese Darstellung ist überdies mathematisch kompliziert, meist unübersichtlich und in vielen Fällen von tektonischem Interesse undurchführbar. Man wählt also andere, so z. B. die Darstellung in Stromlinien, deren Tangenten überall mit der Richtung der Geschwindigkeit der Strömung übereinstimmen.

Die Stromlinien, die durch die Punkte einer geschlossenen Kurve gehen, bilden die Stromröhre, deren Inhalte bilden die Stromfäden, einander übergleitende Ebenen die Schichten der Strömung.

Stationär ist eine Bewegung, bei der die Geschwindigkeit an einen und demselben Raumpunkte dauernd dieselbe bleibt.

Unverwickeltes und verwickeltes Strömen. — Ebensowenig wie in der Kinematik der Wasserhülle und der Atmosphäre kann man in der Kinematik der Gesteine den zunächst rein kinematisch zusammenfassenden Begriff des lamellaren (schichtweisen) nichtrotierenden Strömens und der wirbelnden bzw. rotierenden Teilbewegung in den strömenden Massen entbehren. Erlauben doch diese beiden Begriffe die zweite allgemeinste Typisierung der Bewegungsbilder, nachdem wir deren Symmetrieeigenschaften schon betrachtet haben (s. S. 57). Sowohl unverwickelt lamellare als wirbelige Bewegungsbilder sind durch Einblasen von Rauch in sonnige Luft oder in einem Gerinne mit und ohne Wandrauhigkeiten bei Färbung einzelner Stromfäden zu veranschaulichen. Verschieben sich die verschieden gefärbten Rauchschichten oder Stromfäden gegeneinander unverwickelt, so wollen wir von unverwickelter, nichtrotierender lamellarer, verwickeln sie sich, von verwickelter, rotierender, lamellarer Strömung auch in der Tektonik sprechen.

Eine Grenze für diese keineswegs ohne weiteres scharf getrennten Bewegungsformen könnte man setzen, wenn man etwa sagte: Rotierendes Strömen beginnt, wenn keine Komponente des gebogenen Stromfadens mehr in die Richtung der lamellaren Bewegung fällt, also der bereits wirbelige Stromfaden wenigstens 90° mit dem lamellaren bildet.

Findet man in einem betrachteten Bereiche der Gesteinsumformung oder eines Gletschers als einzige Teilbewegung, daß von s-Flächen begrenzte Teile längs paralleler Geraden oder unverwickelter Kurven übereinandergleiten, so ist das tektonische Strömen der Masse dort ein unverwickelt lamellares. Wir sprechen von unverwickelt-lamellaren tektonischen Transporten und von affinen und nichtaffinen unverwickelt-lamellaren Tektoniten. Werden aus jenen Geraden verwickelte Kurven, so kann man von wirbeligen, rotierenden Transporten und Tektoniten (B-Tektonite zum Teil) sprechen, und es wird fast in allen Fällen, deren monokline Symmetrie mit einer Symmetrieebene senkrecht zu den zylindrischen Elementen der Teilbewegung als einzige überall gültige Kennzeichnung anzunehmen sein (monokline rotierende Transporte). Monokline rotierende Transporte bzw. deren Tektonite kennzeichnen z. B. die Schieferhülle der von höheren Transporten bereits überfahrenen Gneisschwelle des Tauernwestendes in den Tiroler Zentralalpen (L 33, 35). Eben-lamellare Transporte und deren

Tektonite kennzeichnen jene steirischen Grobgneisgebiete, von welchen ausgehend W. Schmidt viele alpine Faltungen im wesentlichen als lamellarer Transport mit faltenhafter Verkrümmung mechanisch belangloser Vorzeichnungen (Gleitbrettfalten) erschienen.

Im tektonischen Profile (mit stetiger Umformung) strömen fast immer inhomogene Massen mit lagenweisem Wechsel und Wechsel innerhalb einer Lage. Bereiche einer Oberlage unterliegen schiefer Pressung oft bei nachgebender Unterlage. Externrotationen zwischen den mit verschiedener Geschwindigkeit gleitenden Lagen und wellenförmige Verbiegung der Grenzflächen sind dann unabhängig von einer Grenzgeschwindigkeit eingeleitet und bieten rein kinematisch das Bild wirbligen Strömens. Wahrscheinlich ist das Vorhandensein von Grenzflächen mechanischer Inhomogenität nichtparallel zum unverwickelten Stromfaden (Wandrauhigkeit, Einschlüsse) die Grundbedingung für das Auftreten verwickelten tektonischen Strömens ebenso wie bei Flüssigkeiten.

Im allgemeinen verlaufen tektonische Strömungen im großen unverwickelt laminar — die Bahnen der Teilchen sind Gerade oder einfache Kurven —, im besonderen zeigen sie geordnete inhomogene Wirbel mit geraden oder wenig verbogenen Achsen (— B-Achsen bei Externrotation um B), sowie seltener eingewickelte Falten durch Biegegleitung in den laminaren.

Nach dem früher angeführten Grundgesetz der Reibung in laminarströmenden reibenden Flüssigkeiten (siehe S. 63) erhält man in zäher Flüssigkeit zwischen zwei gegeneinander verschobenen Platten lineares Wachstum der Laminar-Geschwindigkeit von der ruhenden zur bewegten Wand, mithin eine affine Deformation der Flüssigkeit, wobei eingezeichnete Gerade Gerade bleiben; anders also, als man es im Falle tektonischen laminaren Strömens großer Bereiche zu sehen gewohnt ist, wobei nichtaffine Umformung typisch ist. Man kann hierfür die anfängliche oder im Verlauf der Deformation entstehende Inhomogenität des Materials heranziehen. Becker hat jedoch (L 2) die nichtaffine Deformation auch für homogene gleitende Schichtpakete abgeleitet, indem er die Trägheit einführte.

Von Interesse sind ferner die tektonischen Analogien zum Turbulenzbegriff der Hydrodynamik rein kinematisch genommen.

Da man nun einmal, wenn auch meines Erachtens unberechtigtermaßen, die Kinematik der turbulenten Strömung als „unregelmäßig wirbend‘, „ungeordnet“ bezeichnet findet, die tektonischen Strömungsbilder aber bezeichnenderweise, wo nicht ausnahmslos, geregelt sind und gegebenenfalls axial geordnete Rotationen zeigen — auch in den intensivsten tektonischen Mischungszonen —; da ferner die Turbulenz in der Hydromechanik ein stark dynamischer Begriff ist, so ist der Begriff turbulent, allerdings nicht ohne weiteres auf tektonische Strömungen übertragbar.

Wenn man jedoch diese Vorbehalte festhält, kann man rein kinematisch sehr wohl von örtlicher turbulenter Tektonik in einem sonst laminar strömenden tektonischen Bewegungsbild sprechen, ja man könnte gegenüber der laminaren Drift der Kontinente in den orogenen Zonen vor allem geordnete Turbulenz, ausgelöst durch Inhomogenität der Rinde, erblicken.

Das entscheidende Merkmal der Turbulenz in der Hydromechanik ist (L 21), daß sich der eigentlichen Strömung (Grundbewegung) der ganzen Masse eine „unregelmäßig“ oder „unordentlich“ wirbelnde Nebenbewegung der einzelnen Teilchen überlagert. Meist ist eine laminare Bewegung turbulent überlagert: Es wäre also nicht richtig zu sagen: Jede Flüssigkeitsbewegung ist entweder laminar oder turbulent.

Diese rein kinematische Definition ist, wie man sieht, auf tektonisches Strömen gut übertragbar; nur werden wir die Nebenbewegungen keineswegs unregelmäßig oder unordentlich nennen, sondern nach den Gefügen der Tektonite, vor allem symmetriegemäß zur Symmetrie der „Grundbewegung" oder örtlichen Bedingungen und zu größeren Bewegungsbildern zusammenfaßbar. Sehr viele Tektonite (Umfältelung!) sind geradezu gekennzeichnet durch statistisch homogen verteilte, untereinander gleichartige solche Nebenbewegungen, welche eine über das Ganze gelagerte Anisotropie ausmachen.

Turbulente Bewegung finden wir in Gefügen abgebildet zwischen einzelnen Schichten, entstanden abhängig von der bisweilen noch sichtbaren relativen Rauhigkeit[1] der Bewegungsschichten; so etwa in Fluidalgefügen mancher geflossenen Schmelzen. Auch in großen tektonischen Maßstäben begegnen wir turbulentes Strömen über aufgerauhtem Boden.

Ebenso begegnen plötzliche Querschnittserweiterungen als Veranlassungen für das Auftreten turbulenter tektonischer Bewegungsbilder, indem z. B. eine jähe Eintiefung des Bodens von der strömenden Basalschicht einer tektonischen Decke mit turbulentem Bewegungsbild erfüllt wird.

Zeige ein lamellar strömender tektonischer Bewegungshorizont eine beispielsweise nach oben zunehmende Geschwindigkeit und gehe in rotierende, turbulente Teilbewegungen über, so ergibt sich eine mittlere Geschwindigkeit gleichförmig über den turbulenten Querschnitt verteilt und ein Energieverlust durch die Turbulenz, mithin eine Verlangsamung der Bewegung des auf unserem Horizonte schwimmenden Transportes. Wir haben also gerade dort, wo in tektonischen Transporten turbulente Bewegungsbilder — die meistbetonten Züge großer Transporte — auftreten, eher an eine Bremsung dieses Transportes durch turbulente Reibung zu denken als in seinem laminaren Verlaufe.

Überströmte Schwellen bedingen Stauungen, stationäre, in der Zeit gleichbleibende Zustände ungleichförmiger Bewegung. In Gesteinsgefügen jeden Ausmaßes finden wir zunächst die Tatsache des Umfließens durch Biegung der Stromfäden um das Hindernis oder durch örtliche Turbulenz ganz wie bei Flüssigkeiten ablesbar ausgedrückt, eine Tatsache, welche man auch rein straintektonisch ableiten kann.

Wenn es auch nicht möglich ist, derzeit alle Seiten, welche das Stauungsproblem für den Hydrodynamiker hat, für die Betrachtung tektonischen Strömens auszuwerten, so ist doch schon die Feststellung von einigem Wert, daß auch das Phänomen der Stauung sowohl das Strömen von Flüssigkeiten als tektonische Strömungsbilder kennzeichnet. Und was die Deutung letzterer anlangt, so gilt angesichts der Gleichheit laminarer Stauungsbilder im Wasser und in Gestein, daß das Gefügebild einer Stauung lediglich auf eine Schwelle weist, aber keinen Schluß auf die innere Reibung der gestauten Masse ergibt; mithin auch keinen Schluß etwa darauf, daß gestaute Massen unter Fernleitung gerichteten Druckes gegen die Schwelle angeschoben seien.

Hekterokinetische Stellen („Tote Räume"). Schließlich spielt in tektonischen Gefügen jeden Ausmaßes eine Rolle, was der Hydromechaniker als Totwasser bezeichnet. Es sind durch plötzliche Änderungen des Gerinnequerschnitts oder der Richtung der „Grundbewegung" dieser letzteren entzogene, heterogen durchbewegte Räume. Da sie gerade in strömenden Flüssigkeiten durchbewegte und (Erosions-)Arbeit leistende Räume darstellen, ist die Bezeichnung Totwasser nicht glücklich, aber sie ist verwendet und trifft sich mit dem was man in Gesteinsgefügen mit etwas mehr Berechtigung als „druck-

---

[1] Für unsere Zwecke am besten als Verhältnis der mittleren Bodenunebenheit zur Mächtigkeit der betrachteten strömenden Schicht zu definieren.

geschützte" oder tote Stellen bezeichnet hat: Stellen im Sattel aufeinander reitender Faltenschenkel, in den Augenwinkeln von Einsprenglingen usw. Darüber, ob solche Stellen druckgeschützt waren, können wir höchstens mittelbar etwas vermuten, was wir unmittelbar erkennen, ist, daß sie der homogenen Durchbewegung bzw. Strömung entzogen waren und im Bilde derselben kinematisch inhomogene Stellen bisweilen mit eigener turbulenter, aber symmetriegemäßer Teilbewegung darstellen.

Sie sind also am besten als Inhomogenitäten im Strömungsbilde definiert und deshalb begrifflich hier angereiht. Eine scharfe Abgrenzung solcher Stellen von turbulenten symmetriegemäßen Wirbeln, wie sie Unebenheiten beströmter Wände — Wirbelachse || Wand — in ihrer Symmetrie sehr gut den „Wasserwalzen" entsprechend, erzeugen, wäre schon begrifflich ganz verfehlt.

Mit Hilfe der für das tektonische Strömen modifizierten (siehe S. 64ff.) Bewegungsbilder lamellaren und turbulenten Strömens und einer von Wilhelm Schmidt[1] gegebenen Erfassung der Turbulenz als Massenaustausch auch bei Überlagerung lamellarer Bewegung läßt sich die Kinematik der so weitverbreiteten Mischgesteine in tektonischen Bewegungshorizonten ganz allgemein erfassen. Es ist die Kinematik lamellar übereinandergleitender Niveaus A und A', an deren Grenze sich von Inhomogenitäten veranlaßte Teilrotationen oder Teilwirbel als Turbulenzelemente einstellen; deren Gesamtheit schaltet sich zwischen A und A' als turbulentes Niveau, in welchem sich der Massenaustausch zwischen A und A' durch Bildung tektonischer Mischgesteine aus A und A' vollzieht. Vom Beginn turbulenter Mischung bis zur Bildung mehrerer 100 m mächtiger Mischgesteine, auf deren turbulente Mischung sehr oft wieder laminare Teilbewegung folgt, lassen sich diese Bewegungsbilder in jeder Entwicklungsphase in alpinen Bewegungshorizonten beobachten. Daß es sich wirklich um Turbulenzelemente mit Rotation, mithin um Teilwirbel sehr oft mit heterogenen achsialen Kernen handelt, läßt sich direkt beobachten. Ebenso daß diese Teilwirbel keineswegs ungeordnet, sondern symmetriegemäß mit ihren Achsen || B, quer zur Richtung des lamellaren Transportes gerichtet sind. Es gibt ja unter den Tektoniten als Gesteinen mit in ein Bewegungsbild zusammenfaßbaren (also geordneten) Teilbewegungen überhaupt nur lamellare und geordnete wirbelige Tektonite und die geordneten Mischtypen beider, nicht aber ungeordnete, was so recht eigentlich den Begriff des Tektonites aufheben würde. Und man müßte von den Erfahrungen an Tektoniten aus vorschlagen, geordnete (statistisch anisotrope, symmetriegemäße) Turbulenz von ungeordneter (im betrachteten Bereich statistisch isotroper) scharf zu unterscheiden. Man kann dann sagen: Alle von der laminaren Grundbewegung initiierte turbulente Bewegung ist derselben symmetriegemäß anisotrop geordnet. Nur die nicht von der laminaren Bewegung initiierte Turbulenz von Teilchen mit autonomer Beweglichkeit und Energie (z. B. Diffusion überlagert auf lamellare Bewegung) ist ungeordnet, nicht symmetriegemäß oder überhaupt nicht in ein Bild mit Richtungssinn zusammenfaßbar.

Das Bewegungsbild der tektonischen Walzung als einer Externrotation stabförmiger Elemente in nichtaffinen Bewegungshorizonten, wie es (L 33, 35) als eine Strömungserscheinung beschrieben ist, ist sprachlich schon deshalb günstig, weil es die vielfache kinematische Analogie mit den Wasserwalzen und Fließwirbeln der Hydraulik festhält. Diese Analogie besteht nicht nur darin, daß in beiden Fällen ein Bereich um eine in ihrer Lage gegenüber Bett und Strömung bestimmte, dem Vorgange symmetriegemäße Wirbelachse rotiert wird,

---

[1] Schmidt, W.: Der Massenaustausch in freier Luft und verwandte Erscheinungen. Probleme der kosmischen Physik. Bd. 7. Hamburg: Henri Grand 1925.

sondern auch darin, daß die Walzen in beiden Fällen vielfach bei gleicher Lage der Strömung zum Bette und gleichen Gestaltungen des Bettes (Schwellen) auftreten. Und wenn man auch keine gemeinsame dynamische Gleichung für beide Vorgänge aufstellt, welche die Gleichheit der Bewegungsbilder dynamisch ableiten ließe, so ist doch gerade diese Gleichheit der Kinematik zunächst das Wertvolle und Festzuhaltende und es ist von Interesse, daß sich dieselben Bewegungsbilder, wenn man mit Becker von der Tektonik herkommt, straintektonisch, und wenn man von der Hydrodynamik kommt, hydrodynamisch auffassen lassen, wie das im folgenden für einige Fälle skizziert ist.

Betrachten wir zuerst den in Tektonitgefügen aller Ausmaße oft veranschaulichten Fall, daß eine Schwelle laminar umflossen wird, so ist dieser Fall in lami-

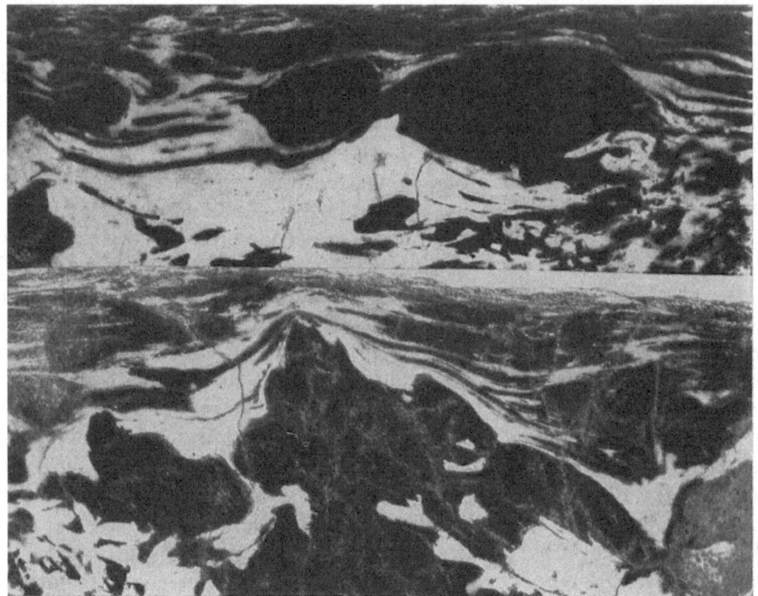

Abb. 30. Monoklines Bewegungsbild: Gabbroamphibolit über Gabbropegmatit. Natürliche Größe.
Pensertal, Südtirol.

nar strömenden Tektoniten (Abb. 30), in laminar strömendem Wasser (Abb. 31) und in Wind über Dünen (Abb. 32) rein kinematisch vollkommen ununterscheidbar; er ist beide Male schichtweise Gleitung um die Schwelle gebogener Gleitflächen, krummbahnige Gleitung um ein Hindernis. In beiden Fällen sind gleichgelegene heterokinetische Bereiche „t" dem laminaren Bewegungsbild entzogen und trennt eine Fläche *Sch* maximaler laminarer Relativverschiebung beide Bereiche. Sie ist im Wasser durch Färbungen ebenso wie der laminare Aufbau überhaupt leicht sichtbar zu machen, im tektonischen Fließen durch Scherungs-s ersichtlich. Soweit in den Räumen Rotation erfolgt, ist ihr Sinn in beiden Fällen im Sinne eines von der laminaren Strömung gedrehten Rades der laminaren Strömungsrichtung zugeordnet. Es zeigt Abb. 31 eine laminar überströmte Schwelle im Wasser, Abb. 30 die Überströmung starren Hornblendegefüges in Gabropegmatit durch laminaren Amphibolit. Die Abbildung zeigt 2 Stellen (in nat. Größe), oben und unten, übereinandergestellt und läßt die Stromfäden durch Verteilung der dunklen Hornblendensubstanz gut erkennen.

In beiden Fällen kommt t dadurch zustande, daß die Schichten der Ablenkung in den Winkel Widerstand entgegensetzen. Die Hydraulik (L 113) sieht hierin das Beharrungsvermögen bei gewisser Geschwindigkeit des laminaren Fließens. Straintektonisch ergibt sich die Ablenkung der Scherflächen an der Schwelle sogleich konstruktiv auch mit der Lagenänderung der unnachgiebigen Unterlage U aus dem Beckerschen Strainellipsoid für jede Stelle der Bahn, die Abscherung des Raumes t aber aus der unverschieblichen Einspannung des Materiales in t gegenüber der Verschieblichkeit des Materiales außerhalb t und (bei der relativ

geringen tektonischen Deformationsgeschwindigkeit) nicht aus einem Beharrungsvermögen, sondern aus der Steifheit des Materials außerhalb t. Es ist kinematisch so, als ob Wasser bei rascher Deformation aus dem Beharrungsvermögen jene Steifheit erhielte, welche das Gestein schon bei langsamer Deformation besitzt. Es könnten dann die straintektonischen Ableitungen auch auf Wasser ange-

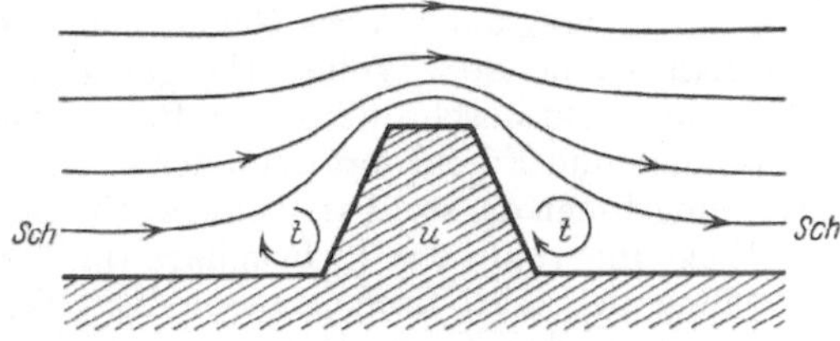

Abb. 31. Monoklines Bewegungsbild: Wasser über Schwelle.

wendet werden und es wäre die kinematische Übereinstimmung beider Bewegungsbilder auf eine gemeinsame Wurzel gebracht.

Zwischen der Rotation eines Rundstabes um seine Stabachse und einem in sich geschlossenen Wasserwirbel besteht rein kinematisch kein Unterschied. Dynamisch sind Wirbel (und Wellen) für Flüssigkeiten ohne innere Reibung nicht ableitbar. Ist aber innere Reibung vorhanden, so scheint mir die Entstehung des Wirbels tektonisch und hydrodynamisch auf eine Rotation zurückzuführen, erteilt durch die Reibung des Bereiches an relativ zueinander gleitenden Flächen. Die Entstehung selbständiger Wirbel ist dabei durch Inhomogenität des Materials

sehr begünstigt, tektonisch durch Herausscherung mechanisch heterogener Stäbe $\parallel B$, welche um B rotiert geschlossene Wirbel bilden und ihre nächste Umgebung mitnehmen können. Auch hier läßt sich die wirbelige Anordnung von

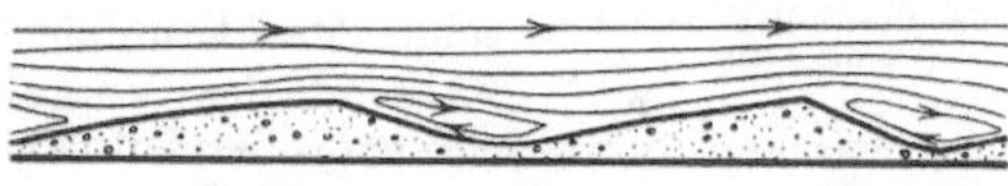

Abb. 32. Monoklines Bewegungsbild: Wind über Dünen. (Aus L 115.) Ein hierzu symmetriegemäßes Dünengefüge (Rippeln) zeigt Abb. 151.

Gleitflächen in dieser Umgebung Punkt für Punkt straintektonisch konstruieren.

Betrachten wir schließlich ein tektonisches Bewegungsbild stetiger Umformung neben dem Strömungsbild einer Flüssigkeit und fassen zusammen: Laminare Gleitflächen und Verbiegung derselben als Falte, Wirbel, Walze beherrschen kinematisch gleich und mit gleichen Symmetriegesetzen beide Bilder. Erscheint die Dynamik beiderseits heute verschieden, so dürfte künftig auch diese Verschiedenheit mehr als Grenzfall einer gemeinsamen Formel, denn als bloßer Gegensatz erscheinen.

Es seien nur noch einige genauere Begriffsfassungen hier angeschlossen.

Der Wasserbautechniker versteht unter Walzen festliegende, nicht mit dem Strome gehende Wirbel, deren Wasser mithin auf der einen Seite stromaufwärts fließt. Fließwirbel dagegen (L 113, S. 30) „ziehen mit der Strömung und schieben sich ähnlich den Rollen eines Rollenlagers zwischen verschieden schnell bewegte Wasserkörper ein. Sie treten bei turbulent fließendem Wasser auch in geraden Flußstrecken auf und werden durch die verschiedene Größe der Abflußgeschwindigkeiten benachbarter Wasserschichten hervorgerufen. — Im

Gegensatz zu den Wasserwalzen besitzen alle Wasserteilchen der Fließwirbel Abwärtsbewegung."

Fließwirbel entsprechen also kinematisch vollkommen den in Tektoniten (namentlich Schmelztektoniten) weitverbreiteten, zwischen übereinandergleitenden Lagen rotierten Elementen. Es sind in diesem Sinne die meisten Externrotationen der Tektonite „Fließwirbel"; Fälle festliegender tektonischer Walzen sind nicht nachgewiesen.

Während der kinematische Begriff des Wirbels heute im tektonischen Strömungsbilde brauchbar ist und selbst die Dynamik dieser Gebilde in Gestein und reibender Flüssigkeit einiges Gemeinsame erkennen läßt, bedarf die dem Wirbel sehr nahe stehende „Welle" (Woge) gegenüber rascher Übertragung des Begriffes ins Tektonische künftiger Betrachtungen. Ein Bewegungsbild ist durch die Bahnen und Eigenrotationen der bewegten Teile definiert; durch Bahnen und Strömungslinien darstellbar. Und es scheint bezeichnend, daß das Bewegungsbild der Woge innerhalb der Lithosphäre (in Tektoniten und Profilen) nicht als Teilbewegung des tektonischen Strömens „Wellengleitung" nachweislich, sondern höchstens an den Grenzflächen der Lithosphäre als Verbiegung derselben als

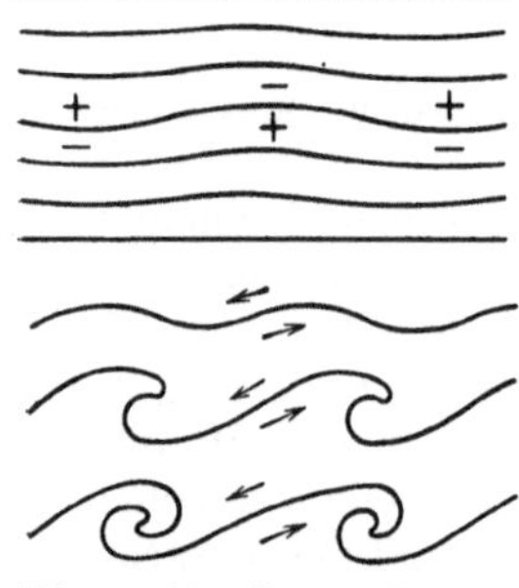

Abb. 33. (Aus L 111.) Relativsinn des Übergleitens verkehrt wie die Pfeile.

Ganzes zu finden ist. Aus einer wellenförmigen verbogenen Endform einer vorgezeichneten Ebene in der Lithosphäre kann man nämlich allgemein deren Teilbewegungen nicht erschließen und mithin auch nicht ihren kinematischen Wellencharakter; die Verbiegung kann z. B. durch Parallelzerscherung entstanden sein, ein Bewegungsbild, das gar nichts mit einer Woge zu tun hat.

Gleichviel ob man Wellen an der Grenze zweier einander übergleitender Schichten als Wirbel anspricht oder nicht (L 114), so können aus ihnen jedenfalls Wickelfalten und Wirbel werden wie Abb. 33 (L 111) zeigt. Man kann sich leicht vorstellen, daß die Wogen während des Vorganges mechanisch heterogene Bereiche zwischen den einander übergleitenden Schichten darstellen und als solche rotiert werden. In diesem Falle entspricht der Erscheinung kinematisch vollkommen die Aufwickelung von Falten auf rotierte, schon anfänglich heterogene Bereiche (z. B. Einschlüsse) an den Grenzflächen laminar strömender Tektonite und Magmen. Solche gewellte Flächen (Abb. 33) lassen sich dann als Grenzflächen, besetzt mit inhomogenen Fließwirbeln, betrachten: Die Wellen sind nicht mehr Wogen im Sinne von Helmholtz und Ahlborn (L 114). Damit ist man bei der Frage, ob sich wellenförmig ineinandergreifende Falten an der Grenze einander übergleitender heterogener Schichten als Wellen betrachten und benennen lassen.

In beiden Fällen handelt es sich um in der Endform geometrisch gleiche, aus laminarer Strömung heterogener Schichten verschiedener Geschwindigkeit entstehende, unter Umständen im Raum rhythmisch wiederholte Krümmungen von Grenzflächen. Und es ist nötig, diese Neugebilde tektonischen Strömens gefügeanalytisch danach zu unterscheiden, ob die zugehörige Teilbewegung Parallelzerscherung s_1 schief zu den ursprünglichen Schichten s des laminaren Strömens war oder Biegegleitung in s. Im letzteren Falle erscheint ein kinematischer Vergleich dieser Falten mit Wellenembryonen noch ohne zeitliche Rhythmik nicht aussichtslos, ist aber nicht durchgeführt. Es ist also zu dem häufigen und alten Vergleich Woge—Falte — von den ziemlich unverbindlichen „Faltenwogen" der Tektoniker bis zur „Kymatologie" Cornish' (L 5, 6) und Rinnes

„Wellengleitung" (L 50) — zu bemerken, daß die Arbeit an diesen unverbindlichen Vergleichen noch ungeleistet ist.

Da langsamere Deformation bei größerer innerer Reibung so oft ähnliche Bewegungsbilder ergibt, wie schnellere Deformation bei kleinerer innerer Reibung, so ist das Verhalten der inneren Reibung zur Trägheit, welche bei rascher Deformation zu Worte kommt, von Interesse.

Bei zähen Flüssigkeiten (L 111, 63) genügt die geometrische Ähnlichkeit noch nicht, um mechanisch ähnliche Vorgänge darzustellen. Die Verhältnisse werden durch die dimensionslose Größe R bestimmt $R = \dfrac{\varrho\, l\, u}{\mu}$. Es ist l = Längenabmessungen in cm, ϱ = Dichte, u = Geschwindigkeit, μ = Zähigkeitskoeffizient. R ist die Reynoldssche Kennzahl und gibt das Verhältnis der kinetischen Energie zur Arbeit der Reibungskräfte. Ist nach der kinetischen Theorie $\mu = \varrho\, c\, \lambda$, c = molekulare Geschwindigkeit, λ = freie Weglänge der Moleküle, so ist

$$R = \frac{\varrho\, l\, u}{\varrho\, c\, \lambda} = \frac{u}{c} \cdot \frac{l}{\lambda}.$$

In der Reynoldsschen Kennzahl $R = \dfrac{\varrho\, l\, u}{\mu}$ tritt das Verhältnis auf $\dfrac{\mu}{\varrho}$ = Zähigkeitskoeffizient/Dichte = kinematische Zähigkeit.

Nur bei gleicher Reynoldsscher Zahl sind geometrisch ähnliche Strömungsvorgänge auch mechanisch ähnlich: R entscheidet mithin auch über das Modellproblem tektonischen Fließens.

Der Grenzfall der sehr kleinen Reynoldsschen Zahl, die schleichende Bewegung ist (nach L 111) dadurch gekennzeichnet, daß die Trägheitseinflüsse gänzlich gegen die Reibungseinflüsse zurücktreten.

Wo nur die Reibungseinflüsse diktieren und schleichende Bewegung stattfindet, erfolgt das laminare tektonische Fließen im Homogenen nicht mit Verkrümmung gerader Vorzeichnungen. Erfolgt es mit Verkrümmung im Homogenen, so waren Trägheitswiderstände im Spiel und das tektonische Strömen kein schleichendes.

Die Abbildungen veranschaulichen einiges Gesagte am besten, wenn sie nun noch nebeneinander in Übersicht gebracht werden.

Alle Abbildungen zeigen monokline bilateralsymmetrische Transporte, ebene oder zweidimensionale stetige Umformungen der allgemeinen Kinematik so dargestellt, daß die Symmetrieebene in der Zeichenebene liegt. In Abb. 31, 32 sind die eingetragenen Linien die Bahnen der Teilchen. In Abb. 33 und vielleicht auch in Abb. 30 in der Kerbe stellen die Linien nicht im selben Sinne von den Teilchen stationär durchlaufene Bahnen dar, sondern die Verbiegung solcher Bahnen in Kurven, von welchen nicht mehr gilt, daß jedes Teilchen die ganze Kurve durchläuft; es sind Augenblicksaufnahmen der verwickelten Bahnen nichtstationären Strömens und sie würden in einem späteren Zeitpunkt aufgenommen anders aussehen.

Laminares Strömen über fixe Unebenheiten — Schwellen und Kerben — zeigt sich im Wasser, Luft und Gestein an die Schwellen geschmiegt, weiter fort allmählich wieder geebnet. Die Kerben werden von Luft und Wasser mit Wirbeln, vom strömenden Gestein typischerweise unter Biegegleitung mit gestauten Falten erfüllt, deren B-Achse der Symmetrie des Vorgangs entspricht und mithin gleichgerichtet ist wie die Wirbelachsen analoger Wasserwalzen.

Die Abscherung der anderes Bewegungsbild zeigenden Füllmasse der Kerben (heterokinetische Bereiche) von der ebenen laminaren Strömung ist in allen Fällen deutlich. Alles Grundsätzliche an den Bildern gilt vom Ausmaße (von Dünnschliff bis zum Profil) unabhängig.

Die Bildung von Wickelfalten in laminar strömenden Medien ist mit gleichem Bewegungsbild für geschichtetes Wasser (Abb. 33), geschichtete Luft (Abb. 34) und geschichtetes Gestein (Abb. 150) dargestellt; im letzteren Wirbel mit dauernd inhomogenem Kern.

Gemeinsame kinematische Züge aller irdischen Deformationsbilder und hieraus entspringende dynamische Grundfrage. In diesem Buche wurde nun schon vielfach auf die geometrische Gleichheit in den wesentlichen Zügen hingewiesen, welche zutage tritt, wenn wir die Bewegungsbilder des Wassers, der Luft und der Gesteinshülle vergleichen; wofern wir im letzteren Falle solche Bereiche betrachten, in welchen die bewegten Teile dem deformierten Bereich gegenüber, also relativ, klein sind (also stetig durchbewegte mit kontinuierlicher Verzerrung der Vorzeichnung).

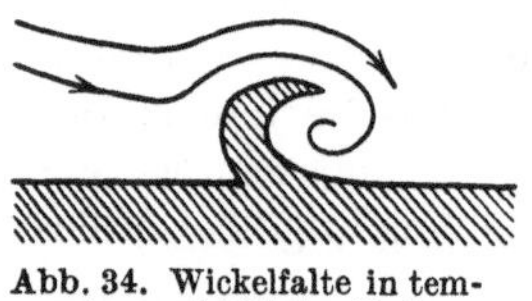

Abb. 34. Wickelfalte in temperaturgeschichteter Luft an einem „Riegel". Nach v. Ficker in Müller-Pouillets Physik.

Vor allem zeigte sich, daß die Gleichheit solcher rein kinematischer Züge sich als eine Gleichheit der Symmetrieeigenschaften der Bewegungsbilder erfassen läßt. Diese auffallende rein geometrische Tatsache der gleichen Symmetrie irdischer Massentransporte wird „selbstverständlich", wenn man sie mit allgemeinen dynamischen Symmetriebetrachtungen zusammenhält. Als Ausgangspunkt letzterer Betrachtungen kann man folgende Fassung nehmen.

Der u. a. Seite 26 erörterte Grundsatz, daß sich die Vektorensymmetrie — überblickbar als Anisotropie eines umgebenden oder durchdringenden Mediums, als Kräftefeld, als Relativbewegung — auf ein Gebilde abbildet, ist das allgemeinste, was sich über das entstehende Gebilde voraussagen läßt und in zahllosen Vorgängen in Experiment, Technik und Natur allenthalben veranschaulicht. Die aus äolischen und wässerigen Transporten abgesetzten Sedimente mit dem Grobgefüge der Rippelmarken, Dünen usw. und ihrem zum Grobgefüge symmetriegemäßen Korngefüge gehören ebenso hierher wie die tektonischen Grobgefüge und die hierzu symmetriegemäßen Korngefüge der Tektonite. Und ganz ebenso gehören hierher symmetriegemäße, täglich sichtbare Gebilde strömender Atmosphäre und strömender Gewässer, was deren sichtbare Elemente und deren bewegte Grenzflächen anlangt. Ebenso die Anisotropisierung bearbeiteter Materialien, besonders, aber nicht allein der Metalle, und die Anisotropisierung von Wasser und Luft, wie sie in Versuchen schön und vielfach veranschaulicht ist. Letztere Medien lassen sich für die Dauer solcher Deformationen (Strömungserscheinungen) als inhomogene Bereiche mit symmetriegemäß anisotrop angeordneter Inhomogenität betrachten; diese Inhomogenität u. a. als eine örtlich verschiedener Umformungsgeschwindigkeit zugeordnete Inhomogenität des Festigkeitsverhaltens, welches sich mit steigender Umformungsgeschwindigkeit in mancher Hinsicht dem festen Körper nähert — wie das schon die Hand des Schwimmers empfindet. An dieser hier nicht formulierten dynamischen Beziehung und an dem hier formulierten Abbildungsgesetz der Vektorensymmetrie liegt es, daß für tektonische Deformationen die Heranziehung der Kinematik und Dynamik sowohl der festen als der flüssigen Körper fruchtbar ist und sich beide Begriffswelten hier begegnen.

Nach dieser Symmetriebetrachtung wurde es als Sonderfall verständlich, wenn tangental transportierte Gebilde im Schwerefeld der Erde, seien sie Luft, Wasser, Gestein oder lebende Massen, die Symmetrieebene der bei solcher Bewegung begegneten und wachgerufenen Vektoren abbilden, wonach oben und unten, vorn und rückwärts ungleich, rechts und links gleich ist, mithin eine Spiegelebene in der Bewegungsrichtung liegt.

Neben dieser gleichen Symmetrie, die sich auf gleiche Bedingungen zurückführen läßt, gibt es aber noch eine andere, zunächst ebenfalls rein geometrisch zu fassende Gleichheit, welche andere gemeinsame Eigenschaften der atmosphärischen ozeanischen und tektonischen Strömungsbilder betrifft. Auf diese Gleichheit wurde als auf laminare und wirbelige Bewegungsbilder hingewiesen. Und wenn wir auch Ausdrücke wie laminar und wirbelig und turbulent nur als rein kinematische in die Tektonik übertragen, so entsteht doch ganz wie im Falle der gleichen Symmetrie auch ein dynamisches Problem, nämlich die Frage nach der Formulierung, in welcher wir nur erfolgreich definierte Größen zu ändern brauchen, um zu verstehen, unter welchen dynamischen Bedingungen auch feste (inhomogene) Gebilde sich geometrisch gleich bewegen wie Gas und Wasser.

VI. Umformende Kräfteanordnungen und Festigkeitsverhalten.

Bedeutung des Stress für das Gefüge; Flächen maximaler Schubspannung; G. Beckers stresstektonische Theorien: Shearstress, Stress allgemeinster Umformung mit 1 Rotationsachse B, Gerade und schiefe Pressung; tektonische Wahrscheinlichkeit der Stress-Strain-Systeme; starr deformierte und nicht starr deformierte Bereiche.

Ungeachtet der Grundeinstellung dieses Buches, die Gefügekunde so weitgehend als möglich nur in Bewegungsbildern und Symmetriebetrachtungen zu behandeln und auch von Kräften zunächst nur die Symmetrie ihrer Anordnungen in Betracht zu ziehen, ist es notwendig, die Anordnung gefügebildender Kräfte und ihre Beziehung zu den einfachen Bewegungsbildern umrißweise festzulegen. Denn das Festigkeitsverhalten der Gesteine, welches über sehr viele Daten der Gefüge — z. B. rupturelle oder nichtrupturelle Teilbewegung im Gefüge — entscheidet, läßt sich heute nur durch dynamische Betrachtungen mit den Bewegungsbildern in Zusammenhang bringen. Ferner bestehen schon seit G. Beckers Arbeiten für die Entstehung so wichtiger Gefügedaten wie Klüftung und Schieferung ausgearbeitete dynamische Theorien, an welchen noch heute keine Gefügekunde vorübergehen kann. Auf die Betrachtung der Anordnung von Außenkräften, elastischen Reaktionskräften (Spannungen, Stress) und Reibungswiderständen, wie sie in der Elastizitätslehre und Lehre vom bildsamen Zustand L 114 gepflegt werden, kann durch das folgende nur hingewiesen werden, und nur dort, wo es sich um die tektonisch wichtigsten Fälle handelt, oder um die Fälle der einfachsten Strains. Die Betrachtung der elastischen Reaktionskräfte hat für die Erklärung der Gesteinsgefüge aus drei Gründen Bedeutung. Viele tektonische gefügebildende Deformationen überschreiten die Bruchgrenze der Gesteine; dann ist entweder das ganze der Deformation korrelate Gefüge unmittelbar elastizitäts-theoretisch diktiert und ableitbar oder wenigstens die Entstehung der Teile, welche dann noch gegeneinander verschoben werden. Solche rupturelle Tektonik zeigen viele Umformungen nahe der Erdoberfläche.

Zweitens lassen sich viele unrückläufige Gesteinsdeformationen mit Elastizitätsgrenze, namentlich was ihre erste Anlage anlangt, mit Vorteil im Differentialakte elastischer Deformation betrachten, welcher für genügend kleine Bereiche auch bei nichtaffiner Umformung zu behandeln ist.

Drittens erfordert elastizitätstektonische Überlegung das nur durch fallweise Untersuchungen zu lösende, von G. Becker (L 3) in die Betrachtung eingeführte Problem der Deformationsakte mit gleichzeitiger ruptureller und nichtruptureller Prägung von Gefügeflächen in bezug auf dieselbe Kornart oder verschiedene Kornarten.

Im folgenden ist Stress gleichbedeutend mit bezogener Spannung pro Flächeneinheit, Normalstress, also bezogene Normalspannung, Tangentalstress bezogene Schubspannung.

Von den Kräften der einfachen Schiebung gilt (L 3) folgendes: In Abb. 35 (Shearstress) sind $-Qu$ und P die Kräfte pro Flächeneinheit, welche den Würfel (elastisch) deformiert erhalten. In der beliebigen Ebene E ist

$$-F = P \cos \vartheta; \quad G = Qu \sin \vartheta.$$

Setzt man an Stelle von $-F$ und G die Normalspannung (N) und Schubspannung (T) für E, so ist

$$T = -F \sin \vartheta - G \cos \vartheta = (P + Qu) \sin \vartheta \cos \vartheta,$$

$$N = -F \cos \vartheta - G \sin \vartheta = P \cos^2 \vartheta + Qu \sin^2 \vartheta.$$

Mithin wird die spezifische Schubspannung in einem Würfel für $\vartheta \pm 45^0$ ein Maximum: Ebenen unter 45^0 zu den Kräften der geraden Pressung (P und $-Qu$) haben die stärkste bezogene Schubspannung. In diesen Ebenen wird also zuerst die Überschreitung der Elastizitätsgrenze durch die Schubspannung (Zerscherung oder laminares Fließen) erfolgen. Diese hier nach Becker vollzogene Ableitung des Winkels $\vartheta = 45^0$ gilt für einfache Schiebung. Es läßt sich aber der Zusammenhang zwischen spezifischer, gerader Pressung und dem Winkel (ω), welchen die maximalen dabei auftretenden spezifischen Schubspannungen mit der Richtung der Pressung bilden, auch ableiten, ohne daß man als Deformation einfache Schiebung voraussetzt.

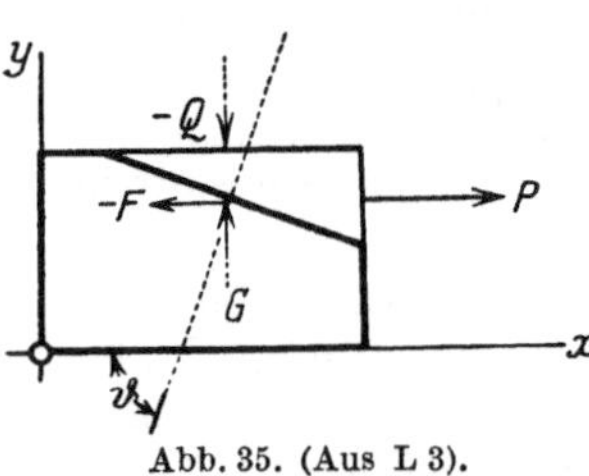

Abb. 35. (Aus L 3).

Man findet diese und andere Grundannahmen für bildsame Deformation in L 114.

Die Flächen maximaler Schubspannung müssen mit den Flächen, in welchen die Elastizitätsgrenze zuerst von den Schubspannungen überschritten wird, nicht zusammenfallen (L 11).

Die einfache Schiebung ergibt sich aus zwei gleich großen Kräften verschiedener Vorzeichen, rechtwinklig gegeneinander angesetzt.

Als Beispiel einer komplizierteren Beckerschen Stress-Analyse sei die Untersuchung angeführt, welche einfache Strains der allgemeinsten mechanischen Beanspruchung (allgemeinster Stress eines deformierbaren Bereiches) zugeordnet werden können; und andererseits ob diese einfachsten Strains dieselben sind, welche sich als Komponenten allgemeinster Strains ergeben haben.

Betrachten wir mit L 3 einen würfelförmigen Bereich. An jeder Würfelfläche greift eine Kraft von beliebiger Größe und Richtung an. Jede dieser sechs Kräfte läßt sich in eine Komponente senkrecht zur Würfelfläche und in 2 Komponenten parallel zu den Seiten der Würfelfläche zerlegen. Das sind 6 normale und 12 tangentale Komponenten, welche zusammen die allgemeinste Beanspruchung unseres Bereiches darstellen. Die einander gegenüberliegenden normalen Komponenten sind gleich groß, wenn der Schwerpunkt des Würfels ruht; die 12 tangentalen Komponenten ergeben sechs Paare mit Drehmomenten. Je zwei solche Paare lassen sich auf eine der drei Würfelkantenrichtungen (= Koordinaten x, y, z für unsere Betrachtung) als Rotationsachse beziehen. Da die Analyse der Strains auf das Vorhandensein nur einer Rotationsmöglichkeit beschränkt wurde, und unsere Aufgabe die Konfrontation von Stress und Strain ist, beschränken wir die Rotation für das Stress-System ebenfalls auf eine Achse ($R = y$). Nach dieser Beschränkung der allgemeinsten Beanspruchung verbleiben als Kräfte für unseren Fall einachsig rotatorischer Beanspruchung noch die in Abb. 36 dargestellten aktionsfähig: Die drei auf den Würfelflächen senkrechten Paare und zwei ungleiche tangentale Paare mit entgegengesetzten Rotationsbestreben. Diese von Becker vollzogene Begrenzung entspricht tatsächlich dem Gefüge der meistverbreiteten B-Tektonite.

Die Kräfte senkrecht zu der Würfelfläche, also P, Qu, R lassen sich nach L 3 wie folgt zerlegen:

In Richtung der Achse	x	z	y
Dehnung	⅓ $(P + Qu + R)$	⅓ $(P + Qu + R)$	⅓ $(P + Qu + R)$
Shear.	− ⅓ $(Qu + R − 2P)$	⅓ $(Qu + R − 2P)$	0
Shear	O	⅓ $(Q + P − 2R)$	− ⅓ $(Q + P − 2R)$
Summe	P	Qu	R

Die drehenden Kräftepaare lassen sich auflösen in zwei gleiche und entgegengesetzte Paare, welchen ein Shear entspricht, dessen Achsen mit P und Qu 45⁰ machen, und in ein als Rest verbleibendes drehendes Paar $C_1 - C_2$, welches einen freiliegenden Würfel um y rotieren würde. Wenn jedoch eine der Würfelflächen (aus der Zone y) an einer unnachgiebigen Ebene parallel zur Richtung dieses Kraftpaares Widerstand findet, wird reine Scherbewegung den Würfel parallel zu dieser Ebene zerscheren.

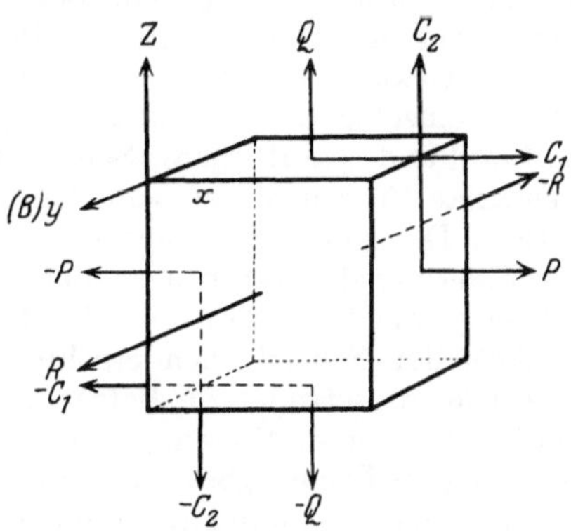

Abb. 36. (Aus L 3.)

Diese Kombination eines drehenden Kraftpaares und einer unnachgiebigen Ebene ist äquivalent einem Stressystem wie das für einfachen Shear, aber in bezug auf die fixen Koordinatenachsen während des Strains rotiert. Damit unterscheidet sich wesentlich die Entstehung von einfachem Shear und Scherung: kein Kräftesystem von konstanter Richtung und Größe kann Scherung erzeugen. Wie man an der Abb. 36 sieht, wäre im Falle einer unnachgiebigen Ebene (xy) das Paar C nicht aktionsfähig und der Stress würde nur erzeugen Dehnung, axialen Shear und den rotationellen Shear-Stress, welcher Scherbewegung verursacht: Fall der Scherbeanspruchung. Im Realfalle nachgiebiger Unterlage zeigt der erzeugte Strain einen Mitteltyp zwischen dem beim Fehlen einer Unterlage (xy) und dem bei vollkommen nachgiebiger Unterlage (xy): das ist Scherung und Shear unter 45⁰ zu den Achsen. Wenn also das betrachtete Kräftesystem einen Rotationswiderstand findet, so ergeben sich folgende elementare Strains: Dehnung; Shear mit Umformungsebene (yz); 2 Shears mit Umformungsebene (xz), einer davon unter 45⁰ zu den Achsen; Scherung in Ebene (xy) mit Umformungsebene (xz).

Der allgemeinste, früher behandelte Strain entspricht jeder Kombination dieser elementaren Strains. Mithin ist bewiesen, daß ein allgemeiner Strain des hier behandelten Typus (einachsig rotatorischer Strain) sich in ganz dieselben Komponenten zerlegen läßt wie der allgemeinste Strain. Eine ausführlichere Untersuchung der allgemeinen Beanspruchung ergibt ferner, daß im allgemeinen die Geraden konstanter Richtung im Strainellipsoid gegenüber fixen Koordinaten und einer fixen Außenkraft rotieren; ausgenommen den Fall völlig unnachgiebiger Unterlage.

Wenn die Verlagerungsgröße a oder b verschwindet, so zeigt der Strain nur axiale Deformation und Scherbewegung, was wieder eine unnachgiebige Unterlage oder ein kompensierendes System von Drehkräften fordert.

Gerade Pressung. Unter natürlichen Bedingungen ist mit exakt gerader, wirtelsymmetrischer Pressung im homogenen, isotropen oder symmetriegemäß anisotropen Bereich ohne Einfluß der Symmetrie der reellen Begrenzung des Bereiches selten zu rechnen; daher auch kaum mit dem derartig bedingten Auftreten kegelförmiger Gleitflächen unter 45° zur Pressung. Der engen Bedingtheit und Unwahrscheinlichkeit wirtelsymmetrischer Pressung entspricht es, daß sowohl die rupturellen als nichtrupturellen Tektonite für genügend genaue Betrachtung monoklin oder triklin sind, und daß man auch in scheinbar isotropen Gefügeflächen (einer Schieferung z. B.) eine Richtung ausgezeichnet, und damit monokline Symmetrie findet. Ist aber ein dreiachsiges Strainellipsoid und die ihm zuordenbar erzeugte symmetriegemäße Anisotropie vorhanden, so ist die Lage eines komponierenden Strains aus Symmetriegründen nicht mehr frei, sondern unter rechtem Winkel zum ersten Strain gekreuzt. Bei sprödelastischem Verhalten einer (genügend schnell deformierten) Masse erklärt sich damit das häufige Vorkommen von je 2 Scharen von Scherklüften aus der Zone A und B des Achsenkreuzes für den Hauptstrain der Pressung $||C$, durch Ausweichemöglichkeiten, Schwerewirkung und Anisotropie das fallweise Vorwalten der einzelnen Zonen. Ist das einzelne Bruchstück ideal sprödelastischer Zerpressung durch mehr als die 4 in A und B tautozonale Scherflächen begrenzt, so ist auf mehrere nicht gleich orientierte Pressungen zu schließen (L 3, 8). Einer der Ruptur vorhergehenden, stetigen Deformation entspricht eine Rotation der Scherflächen im Sinne der Vergrößerung des Wirkungswinkels (L 3) zwischen Scherkluft und Pressungsrichtung, welch letztere sich in diesen Fällen als Symmetrale des stumpfen Winkels der Scherflächen erschließen läßt, wenn keine den Wirkungswinkel ändernde Anisotropie in Betracht kommt. Bei anhaltender, nichtruptureller Deformation unter Pressung, also beim Fließen unter Pressung, machen mithin die zuerst ins Fließen geratenen, am längsten fließenden und am meisten veränderten Ebenen einen immer größeren Winkel mit der Pressungsrichtung P. Auch das Strainellipsoid wird geplättet, und das Ergebnis ist ein Scherflächengefüge s, dessen Flächen sich unter sehr spitzen Winkeln schneiden. Derartig rotierte s-Flächen stehen dann fast normal zum Pressungsdruck. So wird bei Teigen von geringer Starrheit schon angenähert, ebenso wie in zähen Flüssigkeiten ohne Starrheit (Rigidität), das Strainellipsoid eine unendlich dünne Scheibe, der Stofftransport erfolgt angenähert mit Stromfäden $\perp P$ und $||s$. Schlüsse von Scherflächen im Gefüge auf die Richtung P sind also nur mit fallweiser Berücksichtigung des Festigkeitsverhaltens möglich.

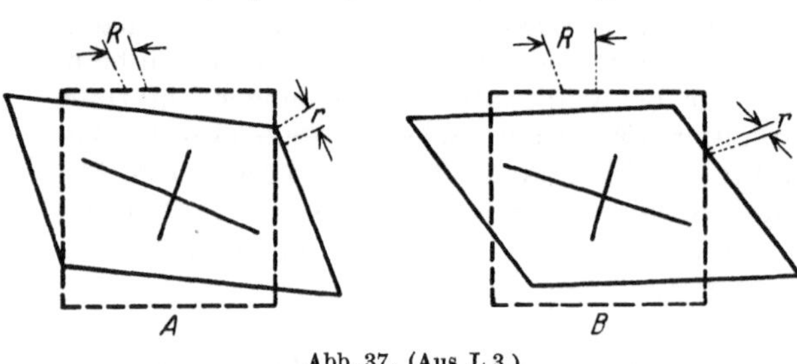

Abb. 37. (Aus L 3.)

Schiefe Pressung. Abbildung 37 A und B zeigt zweidimensionale, ausgesprochen schiefe Pressung eines Würfels bei nachgiebiger und unnachgiebiger Einbettung, mit den Ellipsenachsen (Kreuze im Zentrum) und den von den Ebenen maximalen Tangentialstrains während der Deformation durchwanderten materiellen Keilen. Diese Internrotation besteht in Abb. 37 A aus der ziemlich gleich starken Rotation der Kreisschnitte und einer Rotation der Ellipsoidachse um höchstens 2° 45′; in Abb. 37 B aus einer sehr ungleichen Rotation der Kreisschnitte (mit den

Keilen r und R) und einer Achsenrotation bis $15^0\,21'$. Abb. 37 A enthält 2 Shears mit Koeffizient $\frac{5}{4}$, in der Deformationsebene um 45^0 gegeneinander verdreht, Abb. 37 B einen Shear und eine Scherbewegung (beide ebenfalls $\frac{5}{4}$). $R - r\,(= v - \mu)$ ist also in Abb. 37 A $2^0\,45'$, in Abb. 37 B $15^0\,21'$. Es tritt also nur im Falle unnachgiebiger Einspannung die Ungleichwertigkeit der Scherflächenscharen R und r hervor, welche bestimmte materielle Flächen verschieden lang beeindrucken; am längsten diejenigen mate-

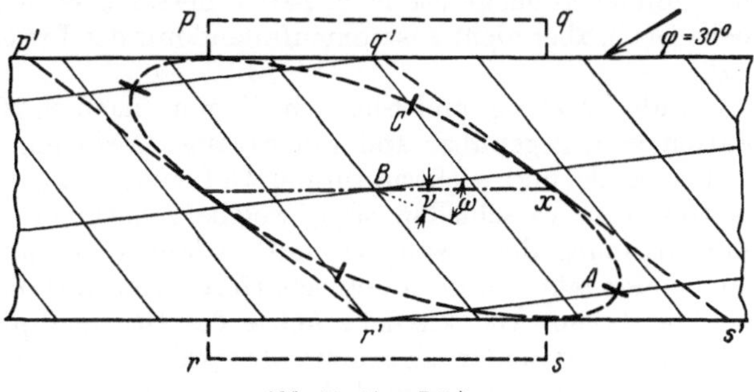

riellen Flächen, welche im Keile (Abb. 37 B r) langsamster Internrotation der beeindruckenden Fläche maximalen Tangentalstrains liegen. Dies ist die Tatsache, von welcher die Beckersche Hypothese der ungleichscharigen Zerscherung (siehe S. 18) ausgeht. Abb. 38 und 39 zeigen für (Poissonsche) Kör-

Abb. 38. (Aus L 3.)

per, bei welchen die lineare Querkontraktion $\frac{1}{4}$ der zugehörigen (kleinen) Längung beträgt, die berechneten Ergebnisse schiefer Pressung.

Abb. 38 zeigt einen solchen Körper unter 30^0 (in Abb. 39 unter 60^0) schief gepreßt im Momente der Zerspaltung für folgende Größen. Es ist angenommen

$$f = -\,4\,e;\quad b = -\,1.$$

Dann ist

$$e = 0{,}0577 = g;\quad f = -\,0{,}2309;\quad \tilde{\omega} = 31^0\,20';\quad \omega = 28^0\,42';\quad v = -\,22^0\,37';$$

$$\mu = -\,51^0\,19';\quad A = 1{,}562;\quad B = 1{,}058;\quad C = 0{,}521.$$

Der Bewegungskeil für die eine (steile) Ebenenschar maximalem Tangentialstrains ist $0^0\,41'$ und für die andere (flache) 28^0. Der berechenbare Rupturenabstand ist $w = 0{,}765$ bzw.

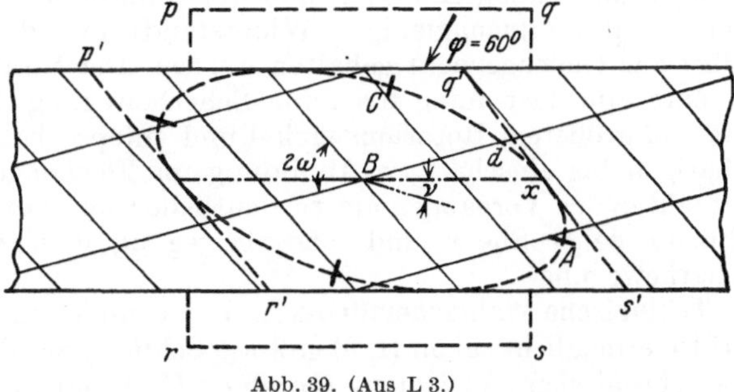

0,481, wie für einen solchen Körper in L 3 ausgeführt ist.

Es ergibt sich, daß durch e und b die Werte ω, v und w bestimmt sind. Sind aber die 2 Werte von w und die Winkel zwischen den Klüften (oder $\sphericalangle\,2\,\omega$) gemessen, so können die Verlagerungsgrößen und die Neigung $\sphericalangle\,\varphi$ der

Abb. 39. (Aus L 3.)

schiefen Pressung berechnet werden, wenn feststeht, daß die Masse ohne seitlichen Zwang auf unnachgiebiger Unterlage ruhte und die Reibung im Liegenden und Hangenden der Masse gleich groß ist. Derartige Berechnungen können in Anwendung auf genügend klare Sonderfälle stresstektonisch und, was den Schluß auf das Festigkeitsverhalten zur Zeit der Pressung anlangt, wertvoll werden. Allgemein gilt von der schiefen Pressung nachgiebigen Materials folgendes (L 3).

Schiefe Pressung ist ersetzbar durch gerade Pressung und eine Tangentalkraft zur gepreßten Fläche.

Diese letztere bildet mit der Trägheit des Körpers ein drehendes Kräftepaar, welches den Körper so lange rotiert, als nicht der Widerstand der Umgebung (der „Einbettungswiderstand“) so groß wie das Kräftepaar wird und ihm Gleichgewicht hält.

Mithin ist der betrachtete Bereich unterworfen einer geraden Pressung und 2 Kräftepaaren im Gleichgewicht (in der Ebene AC). Diese zwei bestimmen einen einfachen Shear (siehe S. 74ff.), dessen größte und kleinste Achse liegen in Ebene (AC), aber nicht zusammenfallend mit der Pressungsrichtung, eine mittlere in B.

Gerade Pressung und Shear bedingen (nach S. 76) einen Strain mit Internrotation von, gegenüber anderen Strains, geringem Betrage.

Rupturelle und nichtrupturelle Gefügeprägung wird in denjenigen Ebenen des Gesteines verschieden sein, welche langsamer von der Ebene maximaler Schubspannung durchwandert, mithin länger geprägt wurden, kleinere Winkel miteinander bilden und in den schärferen Keil der obigen Strainanalyse schiefer Pressung fallen. Die kleinere Achse des Strainellipsoids, das ist die Richtung wirklicher maximaler Zusammendrückung, liegt zwischen der Richtung der Pressung und der kleineren Achse des zusätzlichen Shears der Beckerschen Zerlegung. Erfolgt die Ruptur schon vor merklicher stetiger Deformation, so ist

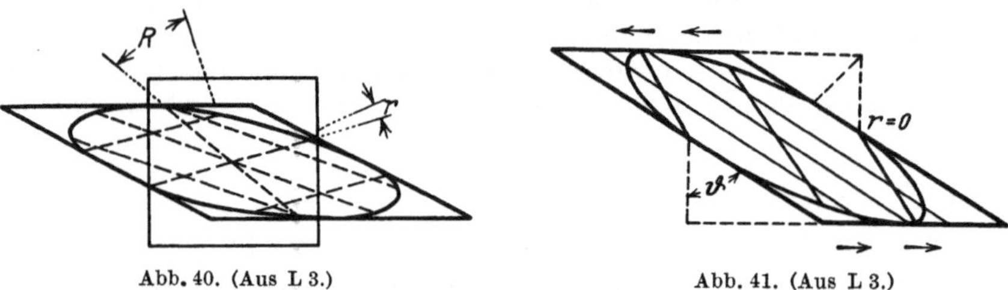

Abb. 40. (Aus L 3.)   Abb. 41. (Aus L 3.)

der Strain nicht merklich rotationell. Abb. 37 A und 40 zeigen solchen Strain bei schiefer Pressung nachgiebigen Materials. Bei schiefer Pressung unnachgiebigen Materials (Abb. 37 B und 41) kann dem freien Kräftepaar (Tangentalkomponente, unnachgiebiger Widerstand) nur durch den Strain der Masse selbst das Gleichgewicht gehalten werden. Der Strain erhält also als eine Komponente eine fast reine bis reine Scherbewegung. Dieser Strain ist rotational mit viel größerem Rotationswinkel und entsprechend mehr Anlaß zur ungleichscharigen bis einscharigen Abbildung im Flächengefüge, womit der monokline Charakter des Vorganges um so deutlicher im erzeugten Gefüge ablesbar wird. Abb. 40 zeigt Shear und Shearbewegung gleichen Betrages; Abb. 41 reine Scherbewegung.

Tektonische Wahrscheinlichkeit. Der Einblick in die zu den Strains gehörigen Kräfte ermöglicht schon (L 3) gewisse Schlüsse auf die zu erwartende Häufigkeit des tektonischen Auftretens einzelner Umformungstypen. Es fordert die reine Dehnung 3 gleiche, rechtwinklig zueinandergestellte Kräftepaare, ist also tektonisch unwahrscheinlich. Einfache nichtrotierende Schiebung fordert 2 solche Kräftepaare und ist also selten zu erwarten. Dagegen ist gerade Pressung unselten, schiefe Pressung tektonisch am häufigsten. Letzterer entsprechen bei unnachgiebiger Unterlage die Spannungen von gerader Pressung und Scherung, bei nachgiebiger Unterlage von gerader Pressung und einfacher Schiebung (Shear).

Ebenfalls zu einem Urteil über die tektonische Wahrscheinlichkeit, ja Möglichkeit der Stress-Strain-Systeme führen Symmetriebetrachtungen. Alle Deformationen im monoklinen Strömen unterliegen ja der monoklinen Symmetrie dieser Bewegung und Beanspruchung, nach welcher eine Symmetrieebene durch das Lot auf die überströmte Wand (Boden) jedenfalls vorhanden ist. Zu dieser Symmetrieebene (ac) im Achsenkreuz a, b, c des Strömungsbildes verhält sich das Strainellipsoid geradezu wie die Indikatrix zum monoklinen Achsenkreuz. Und man kann aus, dem Kristalloptiker vertrauten, Symmetriebetrachtungen ableiten, welche Lage Strainellipsoide im Achsenkreuz des tektonischen Strömens haben können, und welche Rotationen symmetrieverträglich sind, solange und wo das tektonische Strömen streng monoklin erfolgt.

1. Es sind nur Strainellipsoide symmetrieverträglich, von welchen ein Hauptschnitt mit (ac) zusammenfällt.

2. $b = B$ ist die einzige Rotationsachse, um welche ein Strainellipsoid extern rotieren darf, ohne der Symmetrie des Vorganges zu widersprechen.

3. Um Achse a und c können die Strainellipsoide nicht mit ihren Achsen rotieren, sondern nur bei fixen Achsen mit ihren Kreisschnitten symmetrisch zu (ac).

Diese Lage- und Bewegungsmöglichkeiten der Strainellipsoide im monoklinen tektonischen Strömen werden von solchen Strainellipsoiden wirklich ausgenützt, welche auf Pressungen $\parallel (ac)$ des Achsenkreuzes rückführbar sind; unter diesen Pressungen sind solche schief zu Inhomogenitätsflächen, welche selbst symmetriegemäß zum Strömungsvorgang liegen, am wahrscheinlichsten und unter den Inhomogenitätsflächen wieder solche aus der Zone der b-Achse erfahrungsgemäß am häufigsten. Schon die Rotation solcher Flächen um b bei vertikaler Belastung macht schiefe Pressung zu einem typischen Vorgange im tektonischen Strömungsakt.

Bei Körpern mit sehr geringer Starrheit, also etwa bei weichen Teigen, zu deren rascher Deformation schon ihr eigenes Gewicht genügt oder bei zähen Flüssigkeiten, fallen bei starken Umformungen mit weitgehend verflachten Strainellipsoiden die Kreisschnitte für geologische Betrachtung angenähert mit Ebene (AB) fast $= (ab)$ zusammen, die Vorgänge im Gefüge sind nur auf (ab) beziehbar; (ab) wird z. B. die Schieferungsebene. Beobachtungen über das Fließen über Unebenheiten (siehe S. 68) lehren, daß Schmelzen derart umgeformt werden, aber auch ungeschmolzene Tektonite, woraus hervorgeht, daß bei den betreffenden Deformationsbedingungen (lange Dauer parakristalliner Deformationen siehe II. Teil) keine Starrheit zu Worte kam. Man kann derartige Umformungen als nichtstarre gegenüberstellen den starren, muß dabei aber den Bereich festhalten, für den die Aussage gilt; denn ein Gestein kann in größeren Bereichen L^3 nichtstarr, also ohne „Leitung von Kräften auf die Entfernungen L" umgeformt sein und zugleich in kleineren Bereichen l^3 starr, mit Leitung von Druckkräften und Scherflächenbildung bis zur Entfernung l. Die Kinematik von starren Bereichen in dieser Definition würde durch die Straintektonik G. Beckers beschrieben, die Kinematik nichtstarrer Bereiche kinematisch in den Hauptzügen besser durch unsere Erörterung des tektonischen Strömens gekennzeichnet. Für die Betrachtung starr deformierter Bereiche sind die Flächen maximaler Strains, also die Kreisschnitte des Strainellipsoids, die technologischen Erfahrungen und Betrachtungen über den Winkel der Scherflächen mit der Pressungsrichtung, und die Beckerschen Arbeiten grundlegend. Für die Betrachtung der nichtstarr deformierten Bereiche gilt das nicht; es sind die Begriffe aus der Mechanik reibender Flüssigkeiten vorzuziehen.

VII. Festigkeitsverhalten und Gefügebildung.

Technologisches und tektonisches Festigkeitsverhalten; innere Reibung; Elastizität; Kohäsion; Härten; tektonische Formfestigkeit; veränderliche Fließhärte; Festigkeitsänderung; Zähigkeit; Sprödigkeit—Schmeidigkeit; Schubwiderstand; Starrheit; Scherflächen-Winkel zur Pressung; Ablenkung der Scherflächen im mechanisch inhomogenen Bereich; Strainellipsoid und Stressellipsoid Anisotroper.

Der Wortschatz des täglichen Lebens, welcher sich zunächst nicht auf das allgemeine Festigkeitsverhalten im technologischen Sinne, sondern auf die Verarbeitungsfähigkeit bezieht, ist nichts als eine mehr oder weniger folgerichtige Kennzeichnung des Verhaltens kleiner Körper gegenüber bestimmten Beanspruchungen unter engbegrenzten Bedingungen. Es ist dieser Wortschatz für die mechanische Technologie, für den Bereich der Laboratoriumsbedingungen, durch schärfere Definitionen und Wortabänderungen (Ludwik u. a.) verwendbar gemacht worden. Hierbei zeigte sich bekanntlich, daß sich ohne solche Fassung der Wortschatz des Alltags viel zu konkret für eine allgemeiner gültige Beschreibung des Festigkeitsverhaltens, auf sehr bestimmte Einzelfälle bezieht, überdies derselbe Ausdruck auf verschiedene Einzelfälle der mechanischen Bearbeitung, so daß ein Körper beispielsweise in einem Sinne „härter“, im anderen Sinne weniger hart sein kann als ein zweiter Körper. Man muß also zunächst der Klärung der Begriffe und damit des unzulänglichen Wortschatzes der bloßen Muttersprache durch die mechanische Technologie folgen, sodann aber Erweiterungen vornehmen.

Eine erste Übersicht wichtiger Materialmerkmale bei Umformung ergibt Unterschiede in bezug auf folgende Größen (nach L 36):

1. Die Kraft, welche zur Erzielung gleich großer absoluter Deformationen nötig ist (klein: Gummi, feuchter Ton; groß: Stahl).

2. Der absolute Deformationsbetrag, welcher zur Erreichung der Elastizitätsgrenze nötig ist (klein: Stahl, feuchter Ton; groß: Gummi).

3. Der Prozentbetrag einer beliebigen Deformation, welcher nach Entfernung der deformierenden Kraft unrückläufig bleibt (0 % vollkommen elastisch; 100 % vollkommen plastisch).

4. Die zusätzliche Kraft, welche benötigt wird, um einen zusätzlichen Betrag unrückläufiger Deformation zu erzielen (negativ; Null; positiv).

5. Die Zeit, welche benötigt wird, um bei zwei Körpern denselben absoluten Betrag nichtrktureller, unrückläufiger Deformation zu erzielen.

6. Die Lage der Bruchgrenze in bezug auf die Lage der Fließgrenze.

Es ist nicht möglich, das tektonische Festigkeitsverhalten aus technologischen Laboratoriumsversuchen oder aus der Kontinuumsmechanik vollständig abzuleiten, besonders weil während der langdauernden tektonischen Deformationsakte das Gestein sich (z. B. durch Kristallisationen, Stofftransporte) noch weit stärker verändern kann als sich ein Körper im Laboratoriumsversuch ändert. Entwirft man z. B. mit Verarbeitung von Laboratoriumsversuchen die **Fließkurve** eines Körpers (aus innerer Reibung und Größe der vorangegangenen Deformation als spezifischer Schiebung) oder die **Geschwindigkeitskurve** (aus innerer Reibung und Deformationsgeschwindigkeit als spezifischer Schiebungsgeschwindigkeit), so stellen diese Kurven das Festigkeitsverhalten bei der Umformung für einen relativ konstanten Körper dar, der sich nur durch die Umformung selbst in seinen Eigenschaften ändert. Und so ist nicht nur das Festigkeitsverhalten eines Körpers für verschiedenartige Umformungen aus der Kurve ableitbar, sondern auch direkt vergleichbar mit dem anderer Körper. Könnte man die Fließkurve für tektonische Deformationsakte entwerfen, so würde sie bisweilen, namentlich für kleine Differentialakte der ganzen Umformung oder für rasche Umformungen ebenfalls eine vergleichbare Fließkurve von typischem Verlaufe sein; oft aber wäre das nicht der Fall, da die innere Reibung in tektonischen Akten nicht nur (heute noch undurchsichtig) von der vorangegangenen Umformung, sondern auch von Vorgängen abhängt, welche mit der Umformung keinen oder einen noch nicht erfaßbaren Zusammenhang haben, z. B. chemisch bedingt sind. Damit hängt es zusammen, daß dieselbe Kraft dem sich in seiner inneren Reibung unabhängig ändernden Gestein einmal als zwingende Kraft gegenüberstehen kann, welche umformt, ein anderes Mal als lastende immergegenwärtige, aber erst bei Entfestigung umformende Kraft; so z. B. wenn ein Bereich, welcher der Schwere gegenüber starr blieb, genügend rasch für eine Wahrnehmung in geologischen Zeiten zu fließen beginnt.

Da derartige Schwierigkeiten eine direkte Erfassung des Festigkeitsverhaltens während tektonischer Umformungen verhindern, und das Festigkeitsverhalten hier nur als Gefügebildner interessiert, so ist die Frage die: ob und wie die bei technologischen Deformationen auftretenden Festigkeitseigenschaften die Teilbewegungen während der tektonischen Deformation beeinflussen und damit aus dem Bilde, das wir vor uns sehen, erschließbar werden, wenn man nur Umformungsakte ohne unabhängige Änderung des Körpers betrachtet.

Insbesondere ist zu fragen, wie sich Unterschiede zweier gemeinsam deformierter Materiale in bezug auf die jeweils in Rede stehende Festigkeitseigenschaft äußern, und zwar bei bestimmten Deformationen und bei beliebiger Deformation. Um Unterschiede wird es sich ja meistens handeln, da die absoluten Werte der technischen Größen für Gesteine unter hohen Drucken noch wenig untersucht sind. Dergleichen Größen, welche in Frage kommen, und von denen hier einige erörtert werden, sind: die Elastizitätsdaten (E. Modulus Elm; E. Grenze Elg); bezogene Reiß-, Druck- und Scherfestigkeit; bezogene Dehnungen; Kohäsion; Zähigkeit; Schmeidigkeit — Sprödigkeit; Härte — Weichheit; innere Reibung; spezifische Schiebung; Verfestigung — Entfestigung. Kohäsion, Schmeidigkeit und Härte bestimmen als technologische Grundeigenschaften (L 7, 9, 11) die Verarbeitungsfähigkeit, die technologische Qualität der Materialien, also deren Verhalten bei bleibender Deformation durch äußere Kräfte. Es ist nun zunächst fraglich, ob es irgendwie einen Sinn hat oder bekommen kann, von tektonischen Einheiten, von geologischen Körpern verschiedener Kohäsion, Schmeidigkeit, Härte, Zähigkeit, innerer Reibung, Plastizität usw. zu reden. Werden aber diese Eigenschaften nicht im technologischen, sondern in einem modifizierten Sinne genommen, so sollen sie mit der Bezeichnung „tektonisch" versehen werden.

Die Ludwiksche Fließkurve kennzeichnet das Verhalten eines Materials während seiner Deformation folgendermaßen (L 10, 11):

„Je höher der Beginn der Fließkurve liegt, um so härter ist das ‚ursprüngliche Material', je steiler dieselbe verläuft, eine um so intensivere kalte Härtung erfährt es mit wachsender Deformation, und einen um so bedeutenderen Deformationswiderstand setzt es seiner weiteren Kaltbearbeitung entgegen, je später diese Kurve ihren Kulminationspunkt erreicht, um so schmeidiger wird es (wenigstens im allgemeinen) sein."

Wir versuchen, solche Vorstellungen so zu verallgemeinern, daß sie alle geologischen Körper mit umfassen, z. B. Muren, unstetige tektonische Profile der Oberfläche oder geringer Tiefe, Böden, aber auch Deformationen mit intergranularer und intragranularer Teilbewegung im Kleingefüge. Es tritt dann an Stelle der inneren Reibung als Schubwiderstand allgemeiner die Reibung zwischen den Teilen, welche die Teilbewegung zur Deformation des Ganzen ausführen, gleichviel ob diese Teile nach Metern oder Millimetern messen. Je nach dieser Reibung, welche sich während der Deformation ändern, aber nie die innere Reibung in sich undurchbewegter Teile übertreffen kann, wird z. B. ein Bergsturz leichter oder schwerer „fließen".

Aber anders als einer Flüssigkeit kommt einem geologischen Körper unter Umständen, vom Augenblick seiner Zerlegung z. B. in große Blöcke, welche die Teilbewegungen ausführen, für die betreffende Bewegung des Ganzen eine verschwindend kleine Kohäsion bei einer beträchtlichen (möglicherweise bis zur inneren Reibung der Einzelteile ansteigenden) inneren Reibung zu, während letztere bei Flüssigkeiten für den Ruhezustand $= 0$ ist. Ein derartiger geologischer Körper wird als Ganzes in seinem Festigkeitsverhalten einem unbindigen Boden entsprechen. Er wird z. B. keinen Zug aufnehmen, aber er wird, wenn er unter Umschließung deformiert wird, so daß er nicht zerfallen kann und seine Teile bis zur Wirkung von Nahkräften aneinander gepreßt sind, alle technischen Größen in seinem Festigkeitsverhalten als Ganzes unterscheiden lassen, welche Terzaghi an Böden nachgewiesen hat; also einen Elastizitätsmodulus unterhalb, und wechselnde Elastizitätsmoduli außerhalb seiner Elastizitätsgrenze, bezogene Druckfestigkeit, Scherfestigkeit, Querdehnung usw. Es ist also der Standpunkt für die Betrachtung des Festigkeitsverhaltens aller Körper und damit auch aller geologischen Körper, und für die Betrachtung der Deformation einzelner solcher Körper oder daraus zusammengesetzter Systeme (Gefüge, Profile) der folgende: Wir unterscheiden das zu deformierende Ganze und dessen Teile, welche sich aneinander verschiebend die zur Deformation des Ganzen oder ihrer selbst korrelate Teilbewegung ausführen. Diese Teile sind zu kennzeichnen: in ihrem Größenverhältnis zum Ganzen; ferner in ihrer iso- oder heterometrischen Gestalt; ferner in ihren Festigkeitseigenschaften, sofern diese zur Geltung kommen, namentlich in bezug auf Festigkeitsanisotropien; ferner ist ihre Gleichartigkeit bzw. Ungleichartigkeit untereinander zu unterscheiden; endlich ist zu beachten, ob in ihnen selbst noch korrelate Teilbewegungen zur Deformation des Ganzen oder ihrer selbst vor sich gehen. Außer den Teilen ist ihre Reibung aneinander in Betracht zu ziehen. Diese ist die zur betrachteten Deformation des Ganzen gehörige (tektonische) innere Reibung, welche mit der Druckspannung senkrecht zur Teiloberfläche, also mit dem Umschließungsdruck des Ganzen, sehr oft wächst.

Elastizitätsmodulus und Elastizitätsgrenze. Die Elastizität der Gesteine wird durch das knallende Gebirge in Tunnels hinlänglich bewiesen. Gesteine sind im allgemeinen elastisch gespannt. Untersuchungen über knallendes Gebirge, anläßlich von Tunnelbauten, sollten auf Grundlage stresstektonischer Betrachtungen unter Berücksichtigung der Anisotropie des Spannungszustandes durchgeführt werden.

Der Elastizitätsmodulus ist im Bereiche reversibler Deformation als das Verhältnis zwischen elastischer Spannung und elastischer Dehnung definiert, geometrisch als Funktion des Winkels der Spannungskurve mit den Koordinatenachsen. Im Bereich der bleibenden Deformation existiert ein Elastizitätsmodulus von fortwährend veränderlicher Größe.

1. Wie verhält sich ein Bereich A mit höherem Elm neben einem Bereich B mit niedrigerem Elm bei gemeinsamer Deformation?

2. Wie verhält sich ein Bereich mit bestimmtem Elm, wenn sich die Geschwindigkeit der Belastung ändert? Namentlich wenn sie sehr klein oder sehr groß wird.

3. Wie verhält sich ein Bereich bei gleicher Beanspruchung, wenn sein Elm geändert wird?

ad. 1. Je höher der Elastizitätsmodulus, desto größere Kraft braucht es, um gleiche elastische Dehnung zu erzielen. Das Material A ist also das widerstandsfähigere, wenn A und B elastisch beansprucht werden. Wird nur A oder B bleibend deformiert, so kommt dies zum Ausdruck. Aber es hängt nicht vom Elm ab, ob A oder B das bleibend Deformierte ist, sondern es läßt sich von dem bleibend Deformierten nur sagen, daß es die niedrigere Elastizitätsgrenze hatte. Werden sowohl A als B bleibend deformiert, so verläuft die Spannungsdehnungskurve für A steiler, solange es den höheren Elm hat. Das bedeutet, daß B einer wachsenden äußeren Kraft fortlaufend mehr als A nachgibt, also im Deformationsbild das Beweglichere, Ausweichendere ist, welches mehr Teilbewegung aufnimmt als A.

Im beigegebenen schematischen Spannungsdehnungs-Diagramm Abb. 42 gilt:

Ordinaten von der Elg ab = bezogener Schubwiderstand (bzw. innere Reibung) beim jeweiligen Beginn bleibender Deformation; oder äußere Kraft proportional zu diesem gesetzt; Spannungsgrößen. Abszissen = bezogene Schiebung; Dehnungsgrößen.

S Beginn der unrückläufigen Deformation. Ab S also „Fließkurve" der Körper. A, B (mit Verfestigung) und C (mit Entfestigung), A und B von gleicher, bisweilen im Zenit der Kurven begrenzter, C von unbegrenzter Schmeidigkeit.

Durch die Vertikalkomponente eines tektonischen Transportes und andere Umstände kann in der Natur während des Ablaufs einer Deformation sowohl Entfestigung („kristalline Mobilisation"; Kataklase) als Verfestigung durch „kristalline Erstarrung" erfolgen, und schon damit der Verlauf der tektonischen Festigkeitskurve eines Gesteins im Naturgeschehen ein wechselvollerer werden als bei Kurve $A\,B$ und C, ja unregelmäßig wie D, deren Wendepunkte geologischen Ereignissen (Begegnung mit Magmen u. dgl.) entsprechen würden.

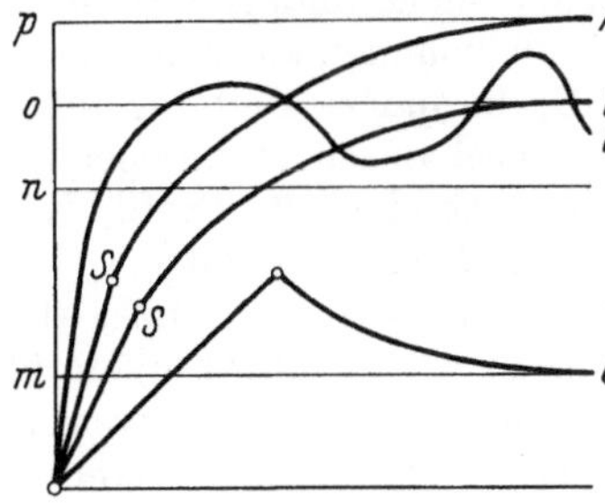

Im Diagramm ist veranschaulicht, daß A immer höheren Elm hat als B. Durch m, n, o, p sind wichtige Werte der steigenden äußeren Kraft k bezeichnet, welche die Deformation erzwingt.

$k = m$; A und B nur reversibel deformiert; Gefügemerkmale an einzelnen Kornarten möglich.

$k = n$; A und B z. T. reversibel, wesentlich aber irreversibel deformiert, B durch dieselbe äußere Kraft, z. B. einen walzenden Druck, stärker deformiert als A, also fließender, ausweichender, wie erörtert. B ist weniger starr und hat deshalb z. B. bei gleicher Mächtigkeit kleinere Stauchfalten.

Abb. 42.

$k = o$; wichtig kann der Umstand werden, daß durch ein bereits fließendes B nur ein bis Null sinkender Teilbetrag der äußeren Kraft als gerichtete Kraft auf A übertragbar ist. In einem derartigen „teilweise fließenden" Gefüge ist im äußersten Falle $k = o$ (z. B. k Druckfestigkeit von B) durch B auf A übertragbar; vor höheren Kräften ist A durch B überhaupt beschützt, wo immer der Weg der äußeren Kraft durch B zu A führt. In solchen Fällen, welche in Gefügen jeden Ausmaßes häufig und wirksam sind, wird es also zum Angriff einer Kraft $k > o$ auf A überhaupt nicht kommen. Anders in den Fällen, in welchen die äußere Kraft A direkt trifft und durch A geleitet wird. k kann gleich p werden, in höherem Betrage aber nicht durch A hindurchgeleitet werden, also überhaupt nicht durchs Gefüge. In diesem letzteren Falle werden A und B fluidal deformiert vorliegen und es werden voraussichtlich keine genaueren Unterscheidungen zu machen sein.

ad. 2. Wird die äußere Kraft sehr langsam zugesetzt, so wird die Kurve unter Umständen etwas flacher, wird sie rasch zugesetzt, so wird die Kurve steiler. Dies ist von Terzaghi für bindige Böden festgestellt. Es werden sich also Sedimente plötzlichen Beanspruchungen gegenüber, also z. B. gegenüber vulkanischen Durchschießungen oder seismischen Beanspruchungen gegenüber, unter Umständen widerstandsfähiger verhalten können als etwa langsam aufgetragenen oder ruhenden Belastungen gegenüber. Auch besagt das fluidale Deformationsbild aus den Tiefen des Gesteinsfließens nichts über das Verhalten gegenüber raschen, z. B. seismischen, Beanspruchungen der Gesteine in jenen Tiefen.

ad 3. Das Gestein wird bei Erhöhung des Elm formfester in dem unter 1. erörterten Sinne; über Herabsetzung von Elm s. später.

In allen Fällen, in welchen B leichter fließt als A, also für alle Fälle bleibender Deformation, mit Ausnahme des unter „ad 1" zuletzt erwähnten Sonderfalles, wird das Bewegungsbild des Gefüges $A + B$ jene charakteristischen Züge annehmen, deren Mannigfaltigkeit aus der gleichzeitigen Deformation eines „festeren", „härteren", gegen die äußere Kraft widerstandsfähigeren, „steiferen" Materiales (A) und einem „weicheren", gegen die äußere Kraft nachgiebigeren, „bildsameren" Materiale (B) bekannt ist, welche Ausdrücke man ohne genaue Definition gebraucht findet. Es wird diesem Bilde immer etwas von einem bestimmten Extrem, dem „Schwimmen" von A in B beim Umrühren oder Strömen des Gefüges zukommen. Es wird B, das „Bildsamere", mehr von den Teilbewegungen korrelat zur Deformation des ganzen Gefüges $A + B$ an sich ziehen und in seiner Teilbewegung kleinere Teile bewegen als A.

Es ist wahrscheinlich, daß ein Bewegungsbild mit gleichen Zügen auch auf Grund einer anders definierten mechanischen Inhomogenität des Gefüges zustande kommen kann als durch Unterschiede im Elastizitätsmodulus; indem man z. B. die innere Reibung in einer passenden Definition einführt. Man kann für das mechanisch inhomogene Gefüge $A + B$ mit seinem „polykinetischen" Bewegungsbild (z. B. Profil, Korngefüge) die Deformation in unserem Falle eine polyelastische nennen.

Die Elastizitätsgrenze, als bezogene äußere Kraft bzw. Schubspannung, bei welcher die Schubfestigkeit überschritten wird und also bleibende Deformation zur elastischen hinzuzutreten beginnt, kann dadurch sichtbar werden, daß der Körper mit der niedrigeren Elg (neben einem mit höherer Elg bei gemeinsamer Deformation) früher bricht oder fließt. Ist von zwei Körpern im Gefüge der eine gebrochen oder geflossen, der andere nicht deformiert, so hat der erstere die niedrigere Elg. Ist aber der eine Körper gebrochen, der andere geflossen, so sagt das nur aus, daß für beide die Elg überschritten wurde, aber nichts über das Verhältnis der beiden Elg. Im Bereiche der unrückläufigen Deformation beider Körper kommt eben nur noch Elm, nicht aber Elg als Formfestigkeit zu Wort. Eine Bedeutung der Elastizitätsgrenze für das Gefüge liegt darin, daß der Winkel der Kreisschnitte mit dem Pressungsdruck um so größer wird, je weiter die Deformation vor Überschreitung der Elastizitätsgrenze gelangt, je später also die unrückläufige Abbildung der Kreisschnitte eintritt, welche wir aus dem Gefüge z. B. als Klüfte ablesen (L 3).

Bei steigender Temperatur und bei verlangsamter Deformation kann die Elg sinken. Und es können damit die elastischen Anteile an der Deformation ganz in den Hintergrund treten, sofern sie z. B. durch gewisse Abbildungsarten der Trajektorien einen Ausdruck fänden.

Bei Verfestigung eines Körpers im Verlaufe der Deformation steigt die Elg.

Eine Fließkurve Ludwiks enthält am allgemeingültigsten Elm und Elg in ihren Änderungen während der Deformation und macht beide als Funktionen der inneren Reibung anschaulich. In dieser Abhängigkeit können wir Elm und Elg an geologischen Körpern mit Teilen irgendwelcher Größe wiederfinden.

Kohäsion. Zunächst ist es möglich, auch bei geologischen Körpern, z. B. tektonischen Einheiten, von Kohäsion im physikalischen Sinne zu reden. Betrachten wir absteigend einen Schnitt durch die Erdrinde, indem wir jedesmal wenigstens ein Areal von Kilometern als geologischen Körper ins Auge fassen, dessen Eigenschaften als Einheit wir mit denen einer anderen Einheit vergleichen, so treten wir aus einer oberen Schale geringsten Zusammenhangs und vielfach unterbrochener Kohäsion, also mit einem Werte der „tektonischen" Kohäsion des Ganzen $= 0$, in eine tiefere Schale, in welcher die Berührung der Teile gemäß dem höheren Druck und vielfach unter Mitwirkung der Befeuchtung bereits eine so enge ist, daß atomare Nahkräfte zwischen den Teilen auftreten. Es ist also in diesem Sinne schon eine Kohäsion des Ganzen, z. B. der ganzen Schale vorhanden. Der Grad dieser Kohäsion im Fugennetz, und damit der tektonischen Kohäsion des Ganzen, wird vom Druck abhängen, und wird jedenfalls geringer sein, als die interne Kohäsion der nicht durch Fugen getrennten Einzelteile.

Steigt man noch tiefer, also in die Schale bruchloser Umformung, so wird dieser Unterschied zwischen „tektonischer" Kohäsion des Ganzen und experimental-physikalischer Kohäsion der Einzelteile verschwinden.

Härten, Formfestigkeit (tektonische Fließhärte). Es ist vor allem eine Härte zu unterscheiden, welche sich (Reibungshärte) auf die Arbeit bei reibender Abnützung bezieht, bei Abreibung durch Teile, welche in einem Medium von verschiedenem Flüssigkeitsgrad liegen. Je nach letzterem Umstande kann die Härte desselben Körpers, gemessen durch die Abnützung bei gleicher Arbeit, verschieden sein gegenüber Sand in Luft (also z. B. gegenüber dem Sandstrahlgebläse oder dem Sandwind der Wüste, Windhärte); gegenüber Sand in Wasser (also gegenüber der Wassererosion, Wassererosionshärte); gegenüber Sand in Eis (Eiserosionshärte); oder endlich gegenüber einem festen Körper, z. B. gegenüber einem Gestein, was als tektonische Schleifhärte gegenüber einem Gestein X eine Rolle in der Beschreibung tektonischer Vorgänge mit unstetiger Tektonik spielen könnte. Ist die tektonische Schleifhärte einer Korngattung A (z. B. im durchbewegten Gefüge irgendeines Ausmaßes) kleiner als die der Gattung B, so wird A bei der Durchbewegung eine entsprechend stärkere Abscheuerung und gegebenenfalls mit der Abscheuerung verbundene chemische Umwandlung erfahren.

In den Intergranularen mancher durchbewegten Gefüge wird das Korn mit kleinerer Schleifhärte verschliffen. Voraussichtlich ändert sich die Schleifhärte bei allen geologischen Materialien mit dem Druck $\perp$ zur Reibungsfläche. Einschlägige Beobachtungen fehlen sowohl in Myloniten als in Profilen.

Von den geologisch wichtigen Härten entspricht die Windhärte der technologischen Einhiebhärte, die Eiserosionshärte und tektonische Schleifhärte der Ritzhärte. Es ist klar, daß sich der Wert aller aus Ritzhärten summierten Härten mit der Ritzrichtung bezogen auf die Orientierung des Gefüges ändert, sobald ein Gefüge ohne statistische Isotropie des Intergranularnetzes oder der Kornlagen vorliegt. Es besteht eine Analogie mit der von Kristallfläche und Ritzrichtung auf der Fläche abhängigen Mineralhärte auch bei anisotropen Gesteinen und Gefügen jeder Dimensionierung.

Einer technologisch sehr oft bestimmten und tektonisch bedeutsamen Härte begegnen wir beim Eindrücken eines Körpers in einen anderen als Eindringungs- oder Kerbhärte (tektonische Kerbhärte).

Es handelt sich dabei um eine ganz andere Härte, als sie durch den Ritzversuch eruierbar wäre. Der Widerstand gegen das Hineindrücken eines anderen Körpers, die Eindruckhärte der Technologie, hängt von den inneren Reibungen ab, welche beim Platzmachen zu überwinden sind. Dieses Platzmachen oder Ausweichen erfolgt unter Teilbewegung von Teilen, deren Verschiebung gegeneinander eben die im betreffenden Falle zu Wort kommende innere Reibung des Gefüges (irgendeines Ausmaßes) entgegenwirkt. Es dient zur Kennzeichnung des Vorgangs in großtektonischen Gefügen, daß die bewegten und ausweichenden Gefügeelemente des passiven geologischen Körpers, absolut gemessen, nicht etwa klein sein müssen. Es kann sich z. B. um das Eindringen eines Schubspanes in subaquatischen Blockschutt handeln, dessen Kerbhärte als geologischer Körper in Frage kommt. Sofern wir das Verhalten geologischer Körper zueinander zu beschreiben haben, müssen wir uns auch die ihnen angepaßten Begriffe bilden, welche, wie in diesem Beispiel, keineswegs immer die des technologischen Laboratoriumsexperimentes sind. Das dem Naturvorgang am besten angepaßte geologische Experiment aber dürfte jederzeit zu finden sein, wenn man sich vor allem vor Augen hält, daß das Größenverhältnis der bewegten Teile zum deformierten Ganzen in der Natur und im Experiment das gleiche sei. Und daß man als tektonische innere Reibung bei einer geologischen Deformation nicht etwa jedesmal die technologische innere Reibung des betreffenden Gesteins vor sich hat, sondern die Reibung der bei der geologischen Deformation aneinander verschobenen Teile, gleichviel ob es sich um eine Falte mit ruptureller Teilbewegung oder um einen Bergsturz handelt.

Dieser erörterte Begriff der inneren Reibung, welche letzten Endes (Terzaghi) immer von Nahkräften geliefert wird, ist auf alle geologischen Gebilde aus einander berührenden Teilen anwendbar, mithin auch der Begriff der Formfestigkeit, wie sie am allgemeinsten durch eine Fließkurve bzw. im elastischen und im folgenden Zeitbereiche durch den variablen Elastizitätsmodulus gekennzeichnet ist, dessen tektonische Auswirkung bereits erörtert wurde.

Einen Körper bzw. ein Gefüge, welches den höheren variablen Elastizitätsmodulus und damit den höheren Formänderungswiderstand besitzt als ein anderes, werden wir nicht einfach härter, sondern formfester nennen (Formfestigkeit), um den Anklang an zu bestimmte Beanspruchungsarten (Zug usw.) zu vermeiden.

Ein Bereich mit Formfestigkeit, der starre Bereich einer früheren (S. 53ff.) Betrachtung, muß als Ganzes einen Formwiderstand durch Spannungen haben, und zwar durch Schubspannungen bzw. innere Reibung seiner Teilbewegung, wodurch eine Leitung gerichteter Kräfte durch den ganzen Bereich, und damit die wenigstens teilweise Übertragung einer außen angreifenden deformierenden Kraft durch den Bereich hindurch möglich ist. Ist er nicht in diesem Sinne merklich spannbar — eine Bedingung, die selbst Böden (Terzaghi) erfüllen —, so ist die Formfestigkeit dieses Bereiches gleich Null. Der Bereich ist nicht als Ganzes spannbar, besitzt keine Trajektorien, welche ihn durchqueren. Er ist ohne Umschließung überhaupt nicht durch eine außen ansetzende Kraft als Ganzes deformierbar, mit Umschließung aber nicht trajektoriengemäß, sondern nur hydraulisch — nichtstarr — deformierbar. Es hat keinen Sinn von zwei solchen Bereichen auszusagen, sie seien verschieden formfest, da sie überhaupt keine Formfestigkeit in diesem Sinne besitzen. Dagegen können Teile dieser Bereiche sehr wohl (auch bei dauernder Deformation) Trajektorien und Elm im Sinne der Experimentalphysik besitzen, wie früher erörtert und demnach unterschieden und „starr deformiert" werden.

Ein gewisses Maß, bis auf welche Reichweiten gerichtete Kräfte durch einen Bereich leitbar sind, ergeben vielleicht jeweils die größten Stauchfalten, wenn wir sie (z. B. in verschiedenen Tiefen) auseinanderlegen. Wir finden in größeren Tiefen die bekannten sehr kleinen Stauchfalten, nach allen Größenübergängen auf der Oberfläche als maximale Spannweiten sicherer Stauchfalten höchstens Größenordnungen von Kilometern. Damit verliert eine vergleichende Bezeichnung größerer geologischer Körper als mehr oder weniger formfest ihre Berechtigung. Und es ist im großen Gefüge der Erdrinde keinerlei Analogie zu erwarten zu der weitgehend ablesbaren Rolle, welche Formfestigkeitsunterschiede im Gefüge eines Profiles spielen.

Die Änderung der Formfestigkeit für bleibende Umformung oder tektonische Fließhärte, also das Verhalten eines Materials bei der Deformation bzw. die

Änderung von dessen Flüssigkeitsgrad beim Fließen (L 11), wäre aus der Fließkurve abzulesen.

Die Ordinaten kennzeichnen als Schubwiderstände die jeweilige Härte zu Anfang und während des Verlaufes der Deformation (= spezifische Schiebung = Abszisse). Durch diese Ludwiksche Aufstellung gelangen wir zu dem auch für tektonische Betrachtungen unerläßlichen allgemeinsten Begriff der Härte, bzw. Formfestigkeit, als eines während des Deformationsaktes veränderlichen Schubwiderstandes. Es ist durch die erste Ordinate, also durch die Elastizitäts- bzw. Streckgrenze, nur die „Anfangshärte" bei Beginn der Deformation gegeben. Die Veränderlichkeit ist ein wesentliches Kennzeichen auch der tektonischen Fließhärte.

Die tektonische Fließkurve eines Gesteins für die ganze Zeit aller von dem Gestein erlebten Deformationen würde sehr oft einen wechselvollen, übrigens einer mehrphasigen Tektonik zuordenbaren Verlauf haben, ähnlich D in Abb. 42. Und sie würde nicht nur das tektonische Schicksal des Gesteins grundsätzlich ablesen lassen, sondern auch seine Kristallisationsphasen, welche nicht ohne Einfluß auf das Festigkeitsverhalten sind.

Bleibend deformierbare Gesteine und bindige Böden sind in ihrem Festigkeitsverhalten durchaus analog, insofern dieses durch die Beziehung zwischen Spannung und Dehnung beschrieben ist. Damit ist dank Terzaghis Feststellungen das Gemeinsame im Festigkeitsverhalten aller geologisch interessierenden Materialien, auch der nicht festzementierten Sedimente, erkennbar. Dieses Gemeinsame im Festigkeitsverhalten ist neben die Gemeinsamkeit in den Bewegungsbildern aller stetig deformierbaren Gefüge zu stellen, welche im vollkommen gleichen Formenschatz aller stetig deformierten Gefüge veranschaulicht ist: Ein deformierter Ton zeigt denselben Formenschatz stetiger fluidaler Deformation, wie ein mylonitischer Kalk oder ein Profil der verschiedensten Gesteine aus entsprechenden Tiefen.

Jener Formenschatz stetiger Deformation ist durch das Verhältnis der Größe des deformierten Ganzen einerseits und der die Teilbewegungen ausführenden Teile andererseits gegeben.

Verfestigung — Entfestigung. Um den Begriff der tektonischen Fließhärte oder Formfestigkeit weiter zu erörtern, kann man fragen, ob die so charakteristische technologische Verfestigung bei der Deformation kristalliner Aggregate ein Analogon hat, wenn man das Fließen der Gesteine betrachtet. Es ergibt sich, daß die tektonische Fließhärte unabhängig und abhängig vom Deformationsakt veränderlich ist, daß die Orientierungsverfestigung ein gutes Analogon hat, und daß für die eigentliche Kristallverfestigung noch keine tektonische Analogie erfaßbar ist.

Zwischen und in den bewegten Teilen der Teilbewegung bei Umformung ist die innere Reibung lokalisiert, auf welche es bei der kräftemäßigen Betrachtung der betreffenden Deformation und bei der Abschätzung des Festigkeitsverhaltens geologischer Körper ankommt. Man hat also zuerst die rein geometrische Seite der Sache zu betrachten, das „Bewegungsbild" (Ampferer) und, als dessen vielleicht wirksamste Charakteristik, das Größenverhältnis zwischen den bewegten Teilen und dem deformierten Ganzen, welches die Stetigkeit der tektonischen Deformation bestimmt (den oft vagerweise sogenannten „plastischen", „fließenden" Charakter der Deformation, gleichviel, ob sie im Dünnschliff oder als Profil vorliegt).

In den oberen Niveaus, in welchen die innere Reibung in geringerem Grade unmittelbar durch die molekularen Nahkräfte gegeben ist, wird das Prinzip von der Ausarbeitung vorgezeichneter Bahnen geringeren Schubwiderstandes sogar schon bei anfänglicher statistischer Isotropie des geologischen Körpers — noch mehr z. B. in den Fällen starker Anisotropie durch Gefügeflächen — vorwalten, die innere Reibung zwischen den bewegten Teilen und damit die Arbeit mit fortschreitender Deformation vermindern, und es wird infolgedessen keine tektonische Verfestigung des geologischen Körpers durch den Deformationsakt eintreten, sondern das Gegenteil, eine tektonische Entfestigung, ein leichteres Fließen, ein Sinken der tektonischen Fließhärte. Könnten wir eine tektonische Fließkurve für einen solchen geologischen Körper aufstellen, so würde diese nicht steigen, wie die meisten Fließkurven technologischer Versuche an isotropem Material, sondern sinken, unter Umständen schon von der Fließgrenze an.

Dagegen bedeutet jede Gleichrichtung (Regelung) anisotroper Teile eine Festigkeitsanisotropie des Gefüges und damit dessen „Orientierungs"-Verfestigung gegenüber bestimmt orientierten Deformationen. In allen Fällen, in welchen wir überhaupt Festigkeitsänderungen begegnen, ist zu unterscheiden, welche Festigkeitsänderungen nur auf Änderung der Orientierung des zurzeit anisotropen Körpers gegenüber der von außen an den Bereich angelegten Kraft rückführbar sind. Derartige Festigkeitsänderungen spielen tektonisch und in Kleingefügen eine Rolle.

Andere Festigkeitsänderungen sind nicht auf die Lage der Anisotropie gegenüber den Außenkräften rückführbar, sondern im Isotropen oder Anisotropen auf Änderungen der Größe jener Schubspannung, bei welcher dauernde Deformation eintritt. Auch solche Festigkeitsänderungen, welche wirklich die Formfestigkeit erhöhen oder verringern, begegnen wir sowohl im Korngefüge als im tektonischen Profil, sowohl im Gefolge von chemischen Änderungen als reinen Gefügeänderungen, wofür namentlich die Korngefüge Beispiele bieten. Sehr oft sind solche Festigkeitsänderungen mittelbar abhängig von der Deformation als Durchbewegung, welcher Kristallisationen folgen (kristalline Mobilisation durch Umrührwirkung L 24).

Zähigkeit; Sprödigkeit — Schmeidigkeit. Da Dehnungsgrößen unmittelbarer an gemeinsam tektonisch deformierten Gesteinen sichtbar werden, ist es am besten, Bruchdehnungen als Kennzeichen der tektonischen Zähigkeit der Gesteine zu nehmen. Dabei haben wir zunächst Gesteinsdeformationen im Auge, welche „unter Aufrechterhaltung des Zusammenhanges" deformiert werden oder besser unter Teilbewegung von Teilen, zwischen denen noch Nahkräfte wirkten, gleichviel ob die Nahkräfte nur bei einem großen Umschließungsdruck um das Ganze wirksam werden.

In der tektonischen Deformation wird der höhere Grad der tektonischen Zähigkeit eines Gesteins unter ganz gleichen Deformationsbedingungen dadurch gekennzeichnet, daß beim zäheren Gestein der Bruch entweder nach größeren Dehnungen als beim weniger zähen Gestein erreicht wird oder überhaupt nicht. Es ist hierbei zu bedenken, daß die meisten tektonischen Deformationen nicht so verlaufen, daß eine unabhängige äußere Kraft an einzelne Gesteinsteile des geologischen Körpers zwingend angesetzt und unabhängig variiert wird, wie wenn ich einen Körper „bis zum Bruch" belaste, sondern in der Weise, daß eine zunächst wenig deformierende, aber stets gegenwärtige, lange gleichbleibende oder langsam geänderte Kraft lastet, bis das bisweilen von dieser Kraft unabhängig veränderliche Gestein nachgibt mit jenen Teilbewegungen, welche von der Kraft eben erzielbar sind.

Gegenüber solchen lastenden Beanspruchungen werden die Körper ununterscheidbar, welche nur gegen ruhende (z. B. Siegellack), nicht aber gegen stoßweise, plötzliche Beanspruchung zähe sind. Wir werden also im allgemeinen das Verhalten der Gesteine in der tektonischen Beanspruchung schon deshalb, weil die plötzliche Beanspruchung bis auf seltenere Fälle zurücktritt, zäher finden, als wenn dem nicht so wäre.

Ferner aber werden wir noch aus anderen Gründen zähes, dehnbares Verhalten begünstigt finden. Der eine dieser Gründe ist lehrbuchbekannt, seit Kick unter entsprechend hohem Umschließungsdruck aus Marmor Münzen geprägt hat; es ist der hohe Druck. Ein anderer Grund für die Begünstigung zähen Verhaltens der Gesteine ist aber der obengenannte tektonische, daß nämlich drastisch gesagt, sehr oft der immer gegenwärtigen konstanten Kraft gegenüber ein Gestein erst nachgibt, wenn es eben dank einer unabhängig dazu tretenden Veränderung zähe fließend nachgeben kann, z. B. teilweise fließend bei parakristalliner Umformung (s. II. Teil). Je später Abschiebung (bei Erreichung des Höchstwertes der stetigen spezifischen Schiebung) eintritt, desto größer ist für menschliche Bearbeitung die Fähigkeit zur bleibenden stetigen Formänderung oder die Schmeidigkeit (L 9). Schmeidigkeit ist also Deformationsfähigkeit durch Schiebung und begrifflich unabhängig vom Deformationswiderstand. Die Schmeidigkeit ist gegenüber den verschiedenen Deformationsarten eine relative, aber durch den Höchstwert der spezifischen, bleibenden Schiebung allgemein charakterisierbar.

Für die Betrachtung von Körpern, deren Teile Teilbewegung zu einer Deformation ausführen, sind diese Begriffe zu erweitern. Vor allem ist zu beachten, daß sich bei steigendem Umschließungsdruck die innere Reibung des Körpers, d. h. die Reibung zwischen seinen Teilen und die spezifische Schiebung zwischen seinen Teilen, den im Inneren eines Teiles herrschenden Verhältnissen annähern kann. Ferner läßt sich zwar für manche Betrachtungen die „Abschiebung" begrifflich durch das Unstetigwerden der spezifischen Schiebung kennzeichnen. Aber es wird dieser Unstetigkeitspunkt die Deformationsfähigkeit (z. B. die tektonische Schmeidigkeit eines Gesteins) nicht in einer brauchbaren Weise kennzeichnen, da sehr oft (z. B. bei der Zerscherung eines Phyllits unter Druck) in s überhaupt keine Abschiebung im Sinne einer Aufhebung aller Nahkräfte zwischen den Teilen und eines Zerfalles erfolgen kann.

Die tektonische Schmeidigkeit wird also für Gefüge oder geologische Körper, in denen Zerfall und Aufhebung aller Nahkräfte zwischen den Teilen durch Umschließung verhindert ist, eine unbegrenzte sein, und wir werden zwei solche Körper besser durch Kennzeichnung ihrer bewegten Teile, als durch verschiedene Schmeidigkeit kennzeichnen können.

Übersicht des Festigkeitsverhaltens. Mit der Schiebung vom Betrage 1 in der Zeiteinheit ist eine Schubspannung von bestimmter Größe verbunden. Diese Größe ist das Maß für den Schubwiderstand (Viskositätsgrad G. Beckers); in diesem Widerstand ist (L 3) der Betrag der vorangegangenen Schiebung ein Faktor; im Gegensatz zu rein elastischer Deformation. Dieser Viskositätsbegriff deckt sich also mit dem Begriff „innere Reibung als spezifischer Schubwiderstand". Man kann Körper unterscheiden, welche konstanter Beanspruchung ohne Grenzen, wenn auch langsam fließend, nachgeben, also keine Verfestigung gegenüber symmetriekonstanter Umformung zeigen (Viskosflüssige Beckers, unbegrenzt schmeidige Tektonite); und solche, welche sich verfestigend konstanter Beanspruchung nur begrenzt nachgeben (Viskosfeste Beckers; begrenzt schmeidige Tektonite). Fließen ist hierbei kontinuierliche geordnete Relativbewegung, ausgeführt von (im Vergleich zum betrachteten Bereich) genügend kleinen Teilen, solange diese einander berühren, dabei Kräfte endlicher Größe übertragen und eine innere Reibung endlicher Größe bedingen. Das Fließen wird begrenzt: bei konstanter Außenkraft entweder gar nicht (reibende Flüssigkeit ohne Verfestigung) oder durch Verfestigung; bei wachsender Außenkraft entweder gar nicht (unbegrenzt schmeidiges Verhalten) oder durch Ruptur.

Die Lage von Scherflächen zum Pressungsdruck (L 3) bei ihrer Entstehung ($\omega = 45^0$ bis 90^0) ist weitgehend vom Festigkeitsverhalten zur Zeit der Pressung und damit auch davon abhängig, ob der Druck langsam oder rasch angesetzt wurde. Da man aber in Gesteinsgefügen meist weder die eine noch die andere Unbekannte in dieser Gleichung kennt, ist aus der Gleichung nur zu entnehmen, daß man nicht etwa allgemein aus Scherflächen oder gar aus allen „Schieferungen" auf eine Pressung von bedeutender, 45^0 angenäherter Schiefe als Erzeugerin schließen kann; um so weniger als auch Rotationen der Scherflächen den Winkel gegen 90^0 vergrößern können.

Nach B. Becker L 3 ist der Winkel $\omega = 45^0$ für ein vollkommen starres Verhalten, auch wenn es vollkommen plastisch ist (feine Pulver ohne Elastizitätsgrenze); $\omega = 0$ für Flüssigkeiten (ohne Starrheit); ω hat Zwischenwerte für mittelstarres Verhalten.

Daraus, daß der Winkel der Scherflächen mit der Pressungsrichtung vom Festigkeitsverhalten abhängt, ergibt sich (L 3) für die Pressung eines mechanisch inhomogenen Bereiches, daß die Scherflächen in den homogenen Teilbereichen desselben verschieden verlaufen: mit kleinerem ω in starren Teilbereichen („Einschlüssen") E, mit größerem ω in weniger starren Teilbereichen G. Verbindet man solche Scherflächen in E und G, so erscheint ein geknickter Verlauf, eine Ablenkung der Scherflächen, aus welcher Rückschlüsse auf das Festigkeitsverhalten von E und G zur Zeit der Scherung möglich sind. Nach einer allgemeinen Überlegung zeigen starrere Einschlüsse in schiefgepreßter Grundmasse Rotation im Sinne der Relativbewegung in der Grundmasse, außerdem aber, wenn sie sich nicht vollkommen starr verhalten, abgelenkte Scherflächen (L 3).

Endlich ist noch das Verhältnis des Spannungsellipsoids zum Umformungsellipsoid in Übersicht zu bringen:

Sowohl bei isotropen als bei anisotropen Körpern ist ein Spannungsellipsoid (Stressellipsoid Se) vorhanden und bei affiner Deformation ein Deformationsellipsoid (Strainellipsoid Sa). Folgende Fälle sind zu unterscheiden:

$A.$ Die Achsen von Se fallen mit den Achsen von Sa in der Richtung zusammen:

1. bei isotropen Körpern.

2. Wenn die Achsen der Anisotropie Sn mit den Achsen von Se zusammenfallen; wie das z. B. bei der Anisotropisierung eines „isotropen" Körpers auch schon während der elastischen Beanspruchung der Fall ist. Es fallen dann Sn mit Se und mit Sa in der Richtung zusammen.

$B.$ Die Achsen von Se liegen in anisotropen Körpern zu den Achsen von Sa entweder:

1. So, daß Se und Sa eine der drei (jedem für sich zukommenden) Symmetrieebenen als monokline Symmetrieebene des Systems $Se + Sa$ beibehalten. Es ist dies dann der Fall, wenn die Beanspruchung von Sn symmetriegemäß erfolgt, so daß auch Sn und der angrenzende Kräfteplan jene Symmetrieebene gemeinsam haben. Monokline Beanspruchung und Umformung Anisotroper; tektonisch von weitester Verbreitung.

2. So, daß Se und Sa als System $Se + Sa$ geometrisch betrachtet keine Symmetrieebene besitzen. Es ist dies dann der Fall, wenn die Beanspruchung von Sn vollkommen unsymmetriegemäß erfolgt, so daß Sn und der angrenzende Kräfteplan keine Symmetrieebenen gemeinsam haben. Trikline Beanspruchung und Umformung Anisotroper.

VIII. Fugen und Rupturen.

Unterbrechung und Modifikation der Kontinuität; Bedingungen für beide Arten von Gefügeflächen; G. Beckers Hypothese einschariger Schieferung; Fugen und Rupturen im Achsenkreuz $a\,b\,c$; G. Beckers Theorie der Rupturenabstände bei schiefer Pressung; $(a\,c)$-Klüfte.

Unter Rupturen sollen verstanden werden von einer Umformung erzwungene Trennungsflächen, welche die Kontinuität unstetig unterbrochen, nicht lediglich modifiziert haben. Hierbei hat eine „Überwindung der Kohäsion" stattgefunden; aber nicht jede Überwindung der Kohäsion ist eine Ruptur. Denn bei genügendem Umschließungsdruck ist eine Überwindung der Kohäsion durch Abschiebung lediglich mit einer Modifikation der Kontinuität verbunden. Rupturen können also überhaupt nur unterhalb eines bestimmten Wertes des Umschließungsdruckes auftreten. Oberhalb dieses Wertes treten an Stelle der Rupturen, das heißt unter gleichen Bedingungen und in gleicher Lage, Flächen auf, in welchen die Kontinuität lediglich modifiziert ist; so z. B. an Stelle der rupturellen Abschiebung eine Schieferung durch Fließen, an Stelle eines Zugrisses, genau wie Zugrisse angeordnete Flächen lokalen Fließens. Mehr als andere Körper lehren die Gesteinsgefüge, daß es hier keine scharfe Grenze gibt, und es ist eine nur in den Extremfällen leicht zu handhabende Trennung, wenn hier die Rupturen getrennt erörtert werden.

Derselbe Umformungsakt kann im gleichen Gestein, ja im gleichen Korn rupturelle Trennungsflächen neben nicht rupturellen erzeugen. Man sieht hiermit, daß nicht nur der hydrostatische Druck hierüber entscheidet. Und viele Beispiele zeigen, daß auch die Deformationsgeschwindigkeit als Schubgeschwindigkeit mitspricht. Wird dieselbe Last genügend langsam angesetzt, so fließt der Körper (z. B. Siegellack), welcher bei rascher Belastung bricht: Fließen braucht dann eine Mindestzeit und erfolgt also nur, wenn ein Grenzwert der Deformationsgeschwindigkeit nicht überschritten wird.

Die rupturellen Deformationen der obersten Erdrinde bezeugen den geringeren Umschließungsdruck der geringeren Tiefe, fließende Deformationen größerer Tiefe den größeren Druck; daher der übliche Schluß, daß rupturelle Deformation neben fließender am gleichen geologischen Körper zwei verschiedenen Akten in verschiedener Rindentiefe zuzuordnen sei. Dieser Schluß ist um so berechtigter, als größere Tiefen auch wegen der zunehmenden, mit der Deformation gleichzeitigen Umkristallisation, fließende Deformation begünstigen.

Aber da auch die Deformationsgeschwindigkeit, insbesonders wieder in kristallisierenden Gesteinen eine über rupturelle und nichtrupturelle Deformation entscheidende Rolle spielt, ist es möglich, daß demselben Akte zuordenbare Deformationen von verschiedener Geschwindigkeit oder von verschiedener Dauer (z. B. für zwei materielle Ebenenscharen), auch demselben Akte zuordenbare rupturelle Deformationen (z. B. Scherungen) neben nichtrupturellen erzeugen. Diese Möglichkeit kam u. a. zu Wort in G. Beckers Hypothese einschariger Schieferung bei schiefer Pressung, wonach (s. S. 100) der rasch internrotierende Kreisschnitt Kl des Strainellipsoids eine ganz andersartige Deformation desselben Gesteins darstellen sollte (rasche und kurzdauernde Beanspruchung der Materie in Kl, also Ruptur) als der langsam internrotierende Kreisschnitt S (langsamere und längerdauernde Beanspruchung der Materie in S, also fließende Schieferung).

Ferner kann ein Material auch derart festigkeitsanisotrop sein, daß es bei gleicher Beanspruchung in der einen Flächenschar fließt, in der anderen bricht. Diesem an translatierenden Kristallen bekannten Verhalten ist die Translationsfähigkeit mancher anisotroper Gesteine (z. B. Phyllonite), was rupturelle und nichtrupturelle Deformation anlangt, an die Seite zu stellen. Mithin kann auch die Anisotropie der Gesteine bewirken, daß im selben Deformationsakte rupturelle und nichtrupturelle Gleitung auftritt. Am größten ist diese Wahrscheinlichkeit in den Fällen, in welchem die Anisotropie symmetriegemäß zur Beanspruchung erzeugt wird. Geschieht dies durch verschieden rasch rotierende Kreisschnitte, so schließen sich die Differentialakte der Umformung zu einem Vorgange, in welchem verschiedene Internrotation Anisotropie erzeugt und diese letztere rupturelle und nichtrupturelle Gleitung bedingt.

Sehr oft kann man in Gesteinsgefügen die Lage der Achsen abc festlegen. Man findet dann ganz oder teilweise vertreten Fugen und Rupturen aus den Zonen dieser 3 Achsen, so daß diese Flächen ein System bilden, welchem entweder monokline Symmetrie zukommt: unsymmetrisch rotierte $(h0l)$ Flächen als Scherungsschieferung und symmetrische $(0kl)$ Flächen als rupturelle Scherfläche, häufig, symmetrische $(hk0)$ Flächen, selten. Oder trikline Symmetrie: unsymmetrisch rotierte $(h0l)$ wie oben, unsymmetrische $(0kl)$. Oder selten sogar rhombische Symmetrie: alle überhaupt vertretenen Zonen symmetrisch besetzt. Außer diesen Scherflächen findet man (ac) als Zugrisse.

Diese Anordnungen in Plan 1 und Plan 1 + 2 (monoklin oder triklin) entsprechen, was die Scherflächen anlangt, den Kreisschnitten rechtwinklig gekreuzter Strains. Es wurde schon erörtert, daß diese Symmetrie vom häufigsten Plane tektonischer Transporte diktiert ist.

(ac) steht, wie die Bezeichnung sagt, immer $\perp$ auf b, und dieses ist dann immer eine Rotationsachse.

Das Achsenkreuz abc kann, wie schon erörtert, den irdischen Bezugsrichtungen verschieden gegenüberstehen — am häufigsten ist c vertikal — und um jede Achse rotiert sein. Das ergibt für die Klüfte alle Fälle und die Mehrdeutigkeit einzelner Kluftlagen in der Natur.

G. Becker hat (L 3) unter Hinweis auf die Granite aber allgemein für genügend homogene und isotrope Gesteine eine dynamische Theorie der Kluftsysteme entwickelt, so umfassend sie ohne Rücksicht auf das Korngefüge sein kann. Es fehlt also die Unterscheidung zwischen Korngefüge erzeugenden und vom Korngefüge bedingten, nur gelegentlich ausgelösten, kurz gesagt zwischen primären und sekundären Klüften, was namentlich für die Auffassung der Klüfte $\perp$ B („Gürtelklüfte" s. II. Teil) ins Gewicht fällt. Die Konfrontation der klufttektonischen Befunde mit der Beckerschen Theorie muß neben der Konfrontation mit dem Korngefüge der wesentliche Teil einer klufttektonischen Untersuchung im Sinne dieses Buches werden. Deshalb wird Beckers Hypothese als solche umrißweise, aber mit getreuer Anlehnung an Beckers Fassung eingeführt.

Zunächst tritt die Abhängigkeit des Effektes vom Festigkeitsverhalten, mithin vom Material und von Deformationsbedingungen hervor:

1. Manche Gesteine sind bei mäßig rascher Umformung geradezu ideale, elastische und spröde feste Körper. Bei schiefer Pressung treten dann die Rißsysteme von Abb. 38 u. 39 auf. Die Richtung der Hauptkraft ist also aus den Rissen erschließbar: Diese Richtung teilt den stumpfen Winkel der Risse und liegt dabei näher an der kürzeren Seite des Rißparallelogramms. Für Poissonsche Körper kann diese Richtung berechnet werden aus den Seitenlagen dieses Parallelogramms und dessen Winkeln.

2. Ist ein Gestein viskos nicht plastisch (bzw. unter solchen Bedingungen deformiert, daß man Viskositätswiderstände hervorruft, aber das Gestein nicht für beträchtliche Zeit in einem Strain hält, welcher die Elastizitätsgrenze überschreitet und hart unter die Bruchgrenze fällt), so ist der Viskositätseffekt auf

den Langseiten der Parallelogramme größer als auf den Kurzseiten. Dann bilden sich Risse nur entsprechend den Kurzseiten und der Fels zerfällt in Platten nach diesen Kurzseiten.

3. Sind die Bedingungen so, daß sowohl Viskosität als Plastizität zu Worte kommt, so tritt Fließen parallel zur Kurzseite der Parallelogramme ein wegen der dort kleineren Viskositätswiderstände.

Ist die Plastizität genügend groß, so wird sich der Strain in dieser Richtung nicht als Ruptur, sondern als plastische Deformation äußern. Wenn der Plastizitätsgrad nicht hinreicht, alle Rupturen zu verhindern, so wird er wenigstens den zur Auslösung des Strains nötigen Rupturenbetrag herabsetzen, und wir werden einem Gemisch von Umformung und Ruptur begegnen. Dieser gemischte Effekt wird entweder in der Vergrößerung des Rupturenabstandes oder wahrscheinlicher in der Unterbrechung der Rupturen bestehen.

Nicht in derselben Weise wie die Kurzseiten können sich die Langseiten der Parallelogramme verhalten. Diese Ebenen schwingen internrotierend so rasch durch die Masse, daß keine Zeit bleibt für das Auftreten mechanischen Fließens.

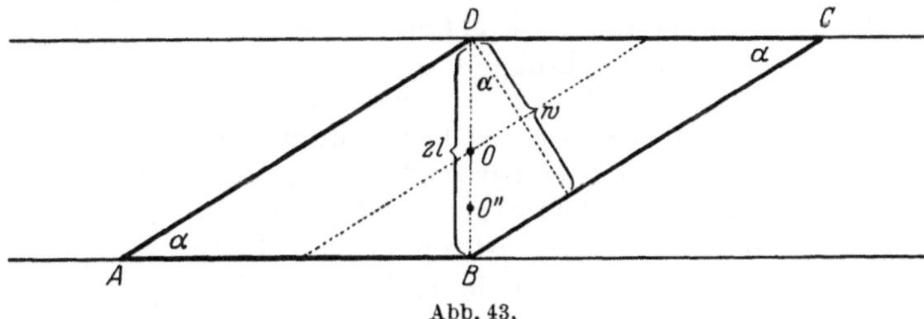

Abb. 43.

Wenn diese also überhaupt Ausdruck finden, so muß es sein als scharfgeschnittene Rupturen.

Der Abstand (w) dieser Rupturen oder die Mächtigkeit der im Vorgange (Abb. 38 und 39) entstehenden Platten muß der Entspannung und bestimmten Umstellungen der Fragmente entsprechen:

Nur wenn die Abstände zwischen je zwei aufeinanderfolgenden steilen Klüften in Abb. 38 und 39 so klein sind, daß bei Rotation des Fragments um das Lot zur Zeichenebene ein kleinerer Fragmentdurchmesser $\parallel l$ einstellbar wird (sich also die Dicke der Platte verringert), kann ein Fragment unter schiefer Pressung kippen und tritt ein Nachgeben der Platte gegenüber dem Druck ein:

1. Die Rupturen müssen also wenigstens so weit voneinander entfernt sein, daß das obere Ende der einen senkrecht über dem unteren Ende der anderen Ruptur steht.

2. Mithin müssen solche Rupturen um so enger aneinander rücken, je steiler sie stehen. Das ist jedoch begrenzt, denn eine unendlich kleine Rotation des Lotes auf die große Platte um das in irgendeinem seiner Punkte errichtete Lot auf die Zeichenebene verringert die Plattendicke nicht. Für die bei genügend langsamer Umformung zutreffende Voraussetzung, daß die entlastende Ruptur mit der geringsten Arbeit erzielt wird, ergibt Beckers Rechnung $w = l \cos \alpha$. Diesen Wert Beckers erhält man unter derselben Voraussetzung auf einem kürzeren Wege (vgl. Abb. 43).

Gegeben ist α, da die Kreisschnitte des Strainellipsoids durch die Schiefe der Pressung bestimmt sind. In den Kreisschnitten als Ebenen maximalen Tangentialstrains treten die Rupturen auf; ferner ist gegeben $2\,l$. Der gezeichnete Fall $\omega = 2\,l \cos \alpha$ ist dann der Grenzfall, in welchem eben schon Rupturen mit Entspannung auftreten können, und deren Zahl am geringsten, mithin die Deformationsarbeit am kleinsten ist, so daß dieser Zustand zuerst begegnet wird.

Nun liegt aber bei einer Einspannung der Platte mit gleicher Beweglichkeit im Liegenden und im Hangenden der Drehpunkt in 0; und damit ergibt sich die Beckersche Gleichung. Dasselbe gilt von der zweiten, im gleichen Akte unabhängig von der ersten gebildeten Rupturenschar, wobei für $\sphericalangle \alpha$ statt $(\omega + v)$ der Wert $(\omega - v)$ eingesetzt wird.

Darüber, ob beide Kreisschnitte oder nur einer als Rupturenschar abgebildet wird, entscheidet nach Becker die Internrotation, mithin der Grad der fließenden Deformation vor Eintreten der Ruptur, also die Zähigkeit in der S. 88 gewählten Definition als Bruchdehnung, in folgender Weise (L 3): Nur solche Materialien lassen sich mit einer Einschar von Rupturen zerscheren (mit Schere z. B.), in welchen die innere Reibung zu Worte kommt, beträchtliche Deformation der Ruptur vorangeht, und demnach nur die eine Schar der Ellipsoidkreisschnitte als Rupturen erscheint. Versucht man, nichtfließende, spröde Substanzen, z. B. Glas, mit der Schere zu schneiden, so erhält man ganz gemäß der Theorie beide Rupturenscharen: Die elastische Deformation ist sehr gering, mithin keiner der beiden Kreisschnitte merklich rotiert. Ergebnis: die Masse hat nur eine Ruptur in $(\omega + v)$, aber feinste Stufen in Richtung $(\omega - v)$.

Nach Theorie und Experiment sind nur Massen von beträchtlicher fließender Deformierbarkeit durch Außenkräfte glatt und einscharig schneidbar. Daß Gesteine im Laboratorium nicht schneidbar sind, sondern zerbrechen, bezeugt ihre Sprödigkeit unter Laboratoriumsbedingungen. Daß der Geologe Gesteine so oft glatt und einscharig zerschert findet, ist ein sicherer Beleg dafür, daß die Gesteine sich vor der Ruptur bis zu beträchtlichem Betrage elastisch oder plastisch deformierbar erwiesen und für G. Becker der Hauptbeweis dafür, daß die Stresse in der in seinem Hauptwerke (L 3) erörterten Weise wirken.

Auf den von Becker nicht erörterten Fall der Zugrisse $\perp b = B$ im Plan 1 beziehen sich die folgenden Ausführungen, und zwar auf jene häufigen Reißklüfte $\perp B$, welche nur auf überall homogen verbreitete Bedingungen nicht auf Zerreißung einer inhomogenen stabförmigen Einbettung rückführbar sind.

Gerade in B-Tektoniten hat man mit einem sehr oft direkt beobachtbaren Strain zu rechnen, welcher in b den Einheitsradius — nicht aber identisch mit einem Zugversuch — längt. Wenn diese Längung nun die Längung für eine Überschreitung der Elastizitätsgrenze des Gesteins bei Zug in b überschreitet — was eine durchaus sichergestellte Annahme ist —, und das Gestein besitzt die Fähigkeit zu elastischer Deformation — was eine ebenfalls sichergestellte Annahme ist —, so wird eine elastische Kontraktion von b gleichmäßig verteilt überall erfolgen, welche die Reißklüfte $\perp B$ in dem neu eingelagerten Bereiche erzeugt, sobald der Strain aussetzt. Derartige Klüfte müssen einen konstanten Abstand voneinander haben, welcher von der Elastizitätsgrenze bei der Umformung abhängt. Diese Elastizitätsgrenze wäre aus der Weite der Kluft gemessen in b errechenbar.

Der Hergang wäre also folgender:

I. Ein Gesteinsbereich wird unter den Bedingungen bis ins Korngefüge stetiger Umformung unter den gekennzeichneten Strain gesetzt.

Er erfährt u. a. die erwähnte Querdehnung $\| b = B$ und lagert sich dabei in eine neue Einbettung gegenüber den Nachbarbereichen ein. Wenn man den experimentellen Fall reibungsloser Einspannung mit Druck $\perp B$ und einziger Ausweichemöglichkeit $\| B$ beachtet, so ist auch die Möglichkeit von Rissen $\perp B$ durch die Querdehnung schon in Akt I in Betracht zu ziehen.

Die Dehnung $\parallel b$ betrage q und besteht aus der elastischen rückläufigen Dehnung q_r und der unrückläufigen Dehnung q_u; $q = q_r + q_u$.

II. Nun wird der Strain aufgehoben.

Der betrachtete Bereich ist gemäß q neu eingebettet und kontrahiert sich um den rückläufigen Querdehnungsbetrag q_r. Diese Kontraktion ist genau so wie die eines erkaltenden Gesteins homogen verteilt. Ganz wie bei einem erkaltenden Gestein führt sie zu gleichmäßig im Gestein verteilten Reißklüften $\perp b = B$. Mithin zu jenen, bestimmten Abstand d voneinander haltenden Querklüften $\perp b$, deren frappierende Ähnlichkeit mit der Klüftung von Massengesteinen nach Wärmevektoren wahrscheinlich schon vielen Beobachtern aufgefallen ist.

Die Bedingungen für die Entstehung solcher Reißklüfte (ac), kurz RK (ac), sind rückläufige Deformation, in einem monoklinen Kräfteplan (mit schiefer Pressung zu reellen Grenzflächen des betrachteten Bereiches) und Entlastung, bevor die ganze Deformation unrückläufig geworden ist.

Auf diese Bedingungen läßt sich also von solchen Zugrissen rückschließen. Bezüglich des Beanspruchungsplanes ist man auf diesen Rückschluß nicht angewiesen, da man diesen Plan immer direkt aus dem Gefüge erschließt. Dagegen läßt sich nur aus RK (ac) erschließen:

1. daß ein Betrag der Deformation tatsächlich rückläufig, also elastisch, war;

2. daß entlastet wurde, bevor die ganze Querdehnung unrückläufig wurde, was z. B. bei allen Ungleichgewichtsgesteinen nach einer endlichen Zeit zu erwarten ist. Ferner bezeugt das Auftreten von RK (ac), also einer unstetigen Umformung, daß eine stetige Umformung endlichen Betrages, und zwar ein Strain endlicher Größe und außerdem ein bestimmter Typus der von Becker behandelten Finite strains der Bildung von RK (ac) vorangegangen ist. Die $RK(ac)$ sind ebensoweit verbreitet und ebenso in der Erdrinde horizontiert (in großen Tiefen verschwindend) wie die Scherungsachsen B der Gürteltektonite. Das wird damit verständlich, daß sowohl RK (ac) — mittelbar — als die sich in B schneidenden Scherflächen $(h0l)$ — unmittelbar — auf das Strainellipsoid zu beziehen sind. Die so weite Verbreitung der RK (ac) bezeugt die weite Verbreitung elastischer Umformung in der Erdrinde. Für ein oberes Niveau derselben sind mithin nachweislichermaßen elastische Umformungen die Vorläufer der dauernden, und mithin ist der Anschluß an die Elastizitätstheorie bei Betrachtung dauernder Deformation dieses Niveaus durch Tatsachen geboten.

Die Eigenschaften, welche wir nach dieser Annahme über die Entstehung von hergehörigen RK (ac) zu erwarten haben, sind:

1. Orientierung in (ac) des zugehörigen monoklinen Gefüges; mit diesem und mit dessen Regeln dem zugehörigen Beanspruchungsplan zuordenbar.

2. Durchschneiden des Gefüges auch in Fällen, in welchen keine Kornart mit der Fläche geringster Kohäsion statistisch wahrnehmbar in (ac) eingeregelt ist. Also Durchschneiden der Körner ohne Rücksicht auf deren Lage: Die Risse sind nicht bedingt durch die Regel, treten also auch als nachweisliche primäre Klüfte auf.

3. Gleicher Abstand jener Risse, welche auf denselben Akt Belastung — Entlastung beziehbar sind. Konstante Periode der Risse eines solchen Systems.

4. Abhängigkeit des Rißabstandes von der Zugfestigkeit des betreffenden Gesteins.

5. Abhängigkeit der Rißweite von der elastischen Deformierbarkeit also von der Elastizitätsgrenze; mit höherer Elastizitätsgrenze wachsend.

6. Auftreten nur bei elastischer Deformation. Diese ist unabhängig von RK (ac) auch durch einscharig zerschneidende $(h0l)$ Flächen erwiesen. Letzteres hat Becker durchaus überzeugend abgeleitet (L 3).

7. Auftreten der Risse auch unter Umständen, welche die Annahme einer Zerreißung lediglich durch den Zug der umfassenden Einbettung als Außenkraft (analog dem Abreißen eines Fadens mit beiden Händen) nicht gestatten.

Für die Frage, wovon die Rißdistanz abhängt, sind 2 Grenzfälle zu unterscheiden:

1. Eingebetteter Stab $\|$ B. Die Reibung des Stabes an der Einbettung hält der $\|$ zum Stabe kontrahierenden Kraft das Gleichgewicht. Gleichgewicht haltende Kräfte senkrecht zu den Endflächen des Stabes sind zu vernachlässigen.

2. Eingebettete Platte. Die Kräfte senkrecht zu den Plattenflächen halten der normal zur Platte kontrahierenden Kraft das Gleichgewicht. Die randliche Reibung der Platte ist zu vernachlässigen.

Fall 1. Sei die Reibung des Stabes an der Einbettung pro Flächeneinheit ϱ, die Rißdistanz l, der Radius des Stabquerschnittes r; σ die Reißfestigkeit des Materials in der Kontrahierungsrichtung pro Flächeneinheit.

So ist die im Augenblick des Abreißens Gleichgewicht haltende Stabreibung $2\,r\pi\,l\varrho$; die Gleichgewicht haltende Spannung $r^2\pi\sigma$ also $2\,r\pi\,l\varrho = r^2\pi\sigma$ oder $2\,l\varrho = rs$ also $l = \dfrac{r\,\sigma}{2\,\varrho}$.

Mithin ist die Rißdistanz der spezifischen Reißfestigkeit des Materials und dem Stabquerschnitt gerade proportional, der spezifischen Reibung an der Einbettung verkehrt proportional. Für konstantes σ und ϱ ist $l = Kr$. Solche Fälle sind leicht zu beobachten. Wie z. B. Abb. 93 zeigt, wächst die Rißdistanz gleichartiger Einlagen in gemeinsamem Einbettungsmaterial bei gemeinsamer Deformation mit dem Querschnitt. In solchen Fällen kann man l und r messen, dann ist $\dfrac{\sigma}{\varrho} = \dfrac{2\,l}{r}$ oder $\sigma = m\,\varrho$, wobei m bekannt ist.

Bisweilen ist nun σ innerhalb gewisser Grenzen experimentell bekannt, so für Quarz in bestimmter Stellung, so ganz angenähert für Marmor. Es ergibt sich dann die Möglichkeit, die spezifische innere Reibung im Gestein zur Zeit der tektonischen Umformung zwischen der stabförmigen Komponente und der Grundmasse zu bestimmen.

Wird in der ersten Gleichung $\varrho = 0$, so ist $l = \infty$, d. h. ein kontrahierender Stab in einer Flüssigkeit zerreißt nicht.

Fall 2. Nach der Entlastung werden im betrachteten Bereiche elastisch kontrahierende Kräfte in homogener Verteilung wach. Diese sind zwischen 2 Abrißflächen summiert $r^2\pi\,lk$ und halten $r^2\pi\sigma$ gerade das Gleichgewicht; $r^2\pi\,lk = r^2\pi\sigma; \; l = \dfrac{\sigma}{k}$.

Mithin wächst unter diesen Bedingungen die Rißdistanz mit wachsender Reißfestigkeit und nimmt ab mit wachsendem k; wobei k die Kontraktionskraft einer Längeneinheit (quer zur Plattenfläche ϑ) pro Flächeneinheit ist.

Diese spezifische Kontraktion kann verschiedener Art z. B. auch das gerichtete Maximum einer Abkühlungskontraktion sein und eignet sich auch für die Betrachtung von erkaltenden und durch Wasserverlust schrumpfenden Gefügen.

Finden wir einen eingebetteten Bereich querzerrissen vor, so muß eine der folgenden Bedingungen zutreffen:

1. Die Außenkraft ist Zug durch die anhaftende und selbst fließende Einbettungsmasse und überschreitet die Reißfestigkeit; diese letztere liegt unter oder über der Elastizitätsgrenze.

2. Die Außenkraft ist Pressung. Sie erzeugt $\perp$ zur Pressungsrichtung (also in B) Querdehnung. Dieser Querdehnung entspricht, solange die Pressung dauert, eine Längung in B unter oder über der Elastizitätsgrenze.

a) Nimmt man an, daß diese Längung jenes Maß überschreitet, bei welchem Zug $\parallel B$ Abreißen mit sich bringen würde, so kann die Querdehnung die Reißfestigkeit übersteigen, und, wenn die Einbettung keinen genügenden Widerstand gibt, Zerreißung erfolgen. Entlasten wir nun in der neuen Einbettung des Körpers, so haben wir dieselben Verhältnisse wie in 1. Einen Körper, welcher in Richtung B über seine Reißfestigkeit gelängt ist und sich so zu kontrahieren strebt wie in einem Zugversuch. Dieser Zugversuch, dem die elastisch kontrahierende Spannung ja entspricht, darf mithin der Größe nach nicht die Elastizitätsgrenze überschreiten, kann aber die Reißfestigkeit überschreiten;

b) in diesem Falle erfolgt Zerreißen durch die elastischen Spannungen einer Querdehnung, welche zu einer Neueinbettung bzw. neuen Lage eines größeren Bereiches geführt hat. Aber dieser Fall ist nur dann möglich, wenn die Reißfestigkeit unter der Elastizitätsgrenze liegt.

3. Mithin sind Reißklüfte $\perp B$ an isotropen Materialien möglich, wenn eine der Bedingungen 1, 2a, 2b zutrifft. Trifft keine dieser Bedingungen zu, und finden wir trotzdem Reißklüfte $\perp B$, so ist vor allem in Betracht zu ziehen, daß es sich um anisotrope Körper handelt, und daß auf isotrope der in Betracht gezogene Strain selbst anisotropisierend wirkt. Damit diese Anisotropie für die Erklärung der Reißklüfte $\perp B$ in Betracht kommt, muß sie derart sein, daß a) die Reißfestigkeit des Gesamtgesteins für Längung $\parallel B$ erniedrigt wird, oder daß b) die Elastizitätsgrenze für Längung $\parallel B$ erhöht wird, oder c) daß die Anisotropie zusätzliche $\parallel B$ kontrahierende Spannungen mit sich bringt. Man steht damit vor der nicht gelösten Frage, ob und wie sich das Eintreten von Fall a, b oder c fallweise aus bekannten Gefügen oder aus allgemeinen Betrachtungen über passive mechanische Gefügebildung von B-Gesteinen wahrscheinlich machen läßt.

IX. Durchbewegte Parallelgefüge (Schieferungstheorien).

Definitionen der Schieferung; verschiedene Flächengefüge; Flächengefüge durch mechanische Umformung: Kreisschnitte (Scherflächen-*s*) und Hauptschnitte (Plättungs-*s*) des Strainellipsoids; G. Beckers Theorie einschariger Scherflächen als Schieferungstheorie; andere Ausgestaltung von *s*-Flächen; Einscharigkeit; ältere Vorgänger der Gefügekunde.

Die Geschichte der Schieferungstheorien war lange zugleich die Geschichte der Gefügekunde umgeformter Gesteine und ist heute das Gebiet, auf welchem sich allgemeine Umformungslehre und Analyse der Korngefüge untrennbar überlagern. Wenn die allgemeine Umformungslehre der Gesteine hier mit der Schieferungstheorie abgeschlossen wird, so ist doch darauf hinzuweisen, daß erst die Kennzeichnung der Gefügeflächen durch das Korngefüge (im II. Teil) den vollen Einblick in das Wesen der Schieferung erzieht und auch einiges davon vorweg genommen werden muß.

Flächenhaftes bis lineares Parallelgefüge, entstanden in typisierbaren laminaren Bewegungsbildern eines werdenden oder sich verändernden Gesteines, mit oder ohne hervortretende mechanische Inhomogenität — das ist die gefügekundlich brauchbarste, aber gegenüber allen üblichen Definitionen weitere Definition einer Gruppe im wesentlichen zusammengehöriger Erscheinungen, aus welcher man verschiedene Gruppen herausgegriffen und als geschieferte Gesteine mit Heranziehung lediglich geologischer Entstehungsbedingungen bezeichnet hat.

Definiert man Schieferung als das Gefüge der Gesteine, welche der Geologe und Petrograph Schiefer und kristalline Schiefer nennt, so ist diese „Schieferung" überhaupt kein gefügekundlicher Begriff, denn sie deckt sich deskriptiv nicht einmal mit Parallelgefüge und hat genetisch überhaupt kein gemeinsames Prinzip. Es ist also der Ausdruck Schieferung heute mehrdeutig und in einer Gefügekunde durch schärfere Kennzeichnung solcher Anisotropien zu ersetzen, während sich zugleich für eine ungenetisch beschreibende Bezeichnung eines Parallelgefüges Ausdrücke wie *s*-Flächen u. dgl. empfehlen. *s*-Flächen sind also **mechanisch** ausgezeichnete Parallelflächen eines Gefüges wenn nicht eigens erwähnt wird, „mechanisch belanglos" oder „bloß vorgezeichnet".

An Stelle älterer Bemühungen, zu erklären, wie die dem Geologen auffälligste Äußerung der Anisotropie, die Klüftbarkeit nach *s* zustande komme, ist heute die Beschreibung der Anisotropie selbst durch Gefügedaten (Korngestalten und Kornlagen) getreten, ganz ähnlich wie der Gitterbau der Kristalle als Träger aller Anisotropie an Stelle gelegentlicher Äußerungen derselben trat.

Es besteht nicht mehr der langanhaltende Gegensatz zwichsen Schieferungstheorien, welche Gestalt und Anordnung der Körner und solchen, welche die häufige erste Anlage einer Schieferung als Scherfläche betonten. Vielmehr sind die mannigfaltigen Zusammenhänge zwischen zwei voneinander begrifflich unabhängigen und einander nicht widersprechenden Tatsachen wie Scherung und die Daten des Korngefüges Gegenstand der Befassung.

Man läßt sich bei der Feststellung geologischer einzumessender Gesteinsflächen von folgenden Beobachtungen leiten, welche irreführen können, wenn verschiedenwertige Flächen zusammengefaßt werden.

Die Flächen sind:

A. Vorzeichnungen im Gestein. 1. Entweder mit dem Gestein umgestellt und als Hinweise auf diese Umstellung zu benützen. 2. Oder neuangelegte Scherflächen also mit ganz anderer Bedeutung im Bewegungsbild als im Fall 1. 3. Oder durch Umscherung umgestellte Flächen nach 1. und 2.

B. Ergebnisse einer Reaktion des Gesamtgefüges auf Atmosphärilien. Derartige Flächen müssen gar nicht eindeutig erklärbar sein, wenn sie ein Kompromiß zwischen den Teilgefügen der einzelnen Kornarten darstellen und nicht einmal alle diese Teilgefüge in ihrer Bedeutung feststehen.

C. Ergebnisse eines ganz speziellen Festigkeitsversuches (Teilbarkeit nach dem Hammerschlag), welcher aber als solcher noch weniger als die üblichen Festigkeitsversuche an Einkristallen (Spaltversuch und Translationsversuch) technologisch diskutiert und bekannt ist. Auch der Hammerschlag des Geologen erzeugt bisweilen undeutbare Kompromißflächen zwischen den Teilgefügen der einzelnen Kornarten (vgl. z. B. Abb. 88). Der Versuch, solche Flächen mit irgendeiner primitiven Deutung in eine tektonische Synthese einzuführen, führt irre.

Es ist also auch für tektonische Untersuchungen nötig, die Flächengefüge schärfer als üblich zu definieren.

Man faßt zunächst am besten Flächengefüge durch mechanische Umformung als durchbewegte Parallelgefüge zusammen, gleichviel ob das Ausgangsmaterial isotrop war oder durch eine genügend betonte Anisotropie (z. B. Feinschichtung oder älteres Parallelgefüge) bei genügender Bewegungsfreiheit das neue Parallelgefüge unvollkommen bis vollkommen in die Bahnen des älteren lenkte. Aus früheren Betrachtungen ergibt sich, daß die Flächen durchbewegten Parallelgefüges entweder angenähert die Kreisschnitte des Strainellipsoids bei Pressung sind und als solche — solange keine Rotation des Bereiches eintritt — mit dem Pressungsdruck auf den Bereich einen Winkel von 45° bis nahe 90° erschließen können. Oder die Flächen des durchbewegten Parallelgefüges sind (*A B*) Flächen des Strainellipsoids bei Pressung (nichtstarre Teige; inhomogene Gefüge mit plättbaren Inhomogenitäten bei gerader Pressung) unter nahe 90° zum Pressungsdruck.

Diesen Winkel der Gleitflächen mit der Richtung der Pressung betrifft u. a. die seit G. Becker oft (s. namentlich W. Schmidt) erörterte Frage, ob aus einer Schieferung *s* auf einen erzeugenden Hauptdruck normal oder schief zu *s* zu schließen sei. Der Beantwortung hat vor allem die genaue Definition des betreffenden s voranzugehen. Bezieht man die Frage auf ein durch Scherung neu entstandenes s und versteht unter Pressung den auf eine Grenzfläche des betrachteten Bereiches ausgeübten Druck noch vor seiner eventuellen (bei schiefer Pressung) Zerlegung in eine Komponente normal und tangental zur Grenzfläche, so ist für diese Fälle gerader und schiefer Pressung die Lage der Scherflächen zur Pressung von G. Becker strainkinematisch abgeleitet (vgl. S. 18, 77).

Der Winkel ist zunächst kein rechter, kann sich jedoch einem solchen praktisch nähern:

Erstens je mehr sich das Festigkeitsverhalten des deformierten Gebildes dem einer Flüssigkeit nähert, also mit Abnahme der inneren Reibung und Starrheit. Zweitens kann sich der Winkel einem Rechten nähern durch interne Rotation des erzeugten s (welches als solches dabei sehr wohl deutlich oder mit anderen neuangelegten s-Flächen erhalten bleiben kann) im Verlaufe des Plättungsaktes durch die Pressung: Wenn dann s_1 und die mit fortschreitende Plättung, durch Internrotation (z. B. um B bei schiefer Pressung) ebenfalls der Lage von s_1 nachwandernden $s_2 s_3$ usw. in Gestalt einer vom Geologen wahrgenommenen resultierenden Fläche s leichtester Spaltbarkeit des Gesteins vorliegen, so kann diese sehr wohl dem letzten prägenden Pressungsdrucke des ganzen Aktes annähernd senkrecht gegenüber gestanden sein.

Mithin läßt sich aus der gegebenen Fläche leichtester Klüftbarkeit S, auch wenn feststeht, daß sie scherungsmechanisch entstanden ist, nicht allgemein erschließen, daß die erzeugende Pressung schief oder gar unter etwa 45^0 wie bei der ersten Anlage von s_1 oder normal zu S gestanden sei.

Nennt man die aus Kreisschnitten ableitbaren, mit der Außenkraft Winkel bis 45^0 bildenden durchbewegten Parallelgefüge kurz Scherflächengefüge („Scherungs-s" usw.), dann ist die durch Fließen in solchen Scherflächen verminderte, aber noch nicht aufgehobene Kohäsion — also eine dynamisch genetische Definition! — die Cleavage G. Beckers. Diese Definition umfaßt viele, aber nicht etwa alle s-Flächen in Gesteinen, auch durchaus nicht alle Fälle, welche im Deutschen als Schieferung bezeichnet werden. Ebendeshalb, weil in keiner Sprache zwei Forscher dasselbe unter derartigen längst schon verschieden definierten Ausdrücken wie „Schieferung" verstehen, ist als ein ungenetischer, rein beschreibender Ausdruck für Flächenscharen mechanischer Inhomogenität — wie sie mehr oder weniger eindeutig in Teilbarkeitsversuchen der Natur, des Geologen und des Technikers zu Worte kommen — die Bezeichnung s-Flächen vorzuziehen. Da Becker einen Teil, wenn auch einen ungemein bedeutsamen Teil, dieser s-Flächen heraushebt und es noch andere gibt, ist seine Theorie nicht etwa eine Theorie aller s-Flächen oder alles dessen, was deutsche Geologen Schieferung nennen.

Und da Becker genetisch definiert, kann man seine Cleavage zu rein deskriptiven Angaben wie z. B. „in s verflachte Körner" und zu den rein deskriptiven nichtgenetischen Definitionen der Schieferung überhaupt nicht von vornherein in Gegensatz stellen. Vielmehr ist zu prüfen, ob die beschreibenden Merkmale, mit denen manche die Schieferung definieren, nicht genetisch auf Beckers Scherflächen rückführbar sind. Dies ist, wie in diesem Buche gezeigt wird, vielfach der Fall; auch bezüglich mancher Fälle von in s verflachten Körnern. Und es bietet eine besondere Befriedigung zu sehen, wie nach so vielen fachlichen Kontroversen an Stelle einer mißverständlich betonten Gegensätzlichkeit die gegenseitige Bestätigung der Eindrücke ausgezeichneter Beobachter tritt.

Was Sedgwick, van Hise und Leith besonders ins Auge fassen, sind in der Sprache dieses Buches Fälle von Abbildungskristallisation von s-Flächen (auch Scherflächen) mit Regeln nach der Korngestalt. Was Becker besonders ins

Auge faßt, sind die erstmalig durch Scherung angelegten s-Flächen, deren große Bedeutung er als erster richtig erkannte und vertrat.

Beckers Meinung (mit Tyndall und Daubrée), daß Parallelordnung scheibenförmiger Körner — Gefügeregel nach der Korngestalt also — „unwesentlich für die Cleavage" sei, können wir heute im Sinne dieses Buches durch die Aussage ersetzen, daß sowohl Gefügeregel nach der Korngestalt s-Flächen in Gesteinen bedingt und steigert als auch — mit weit größerer Bedeutung gerade in den von Becker besonders beachteten nachkristallin zerscherten Gesteinen — Regelung der Kornlagen nach dem Kornfeinbau. Letztere, nämlich von der Korngestalt unabhängige Gefügeregel nach dem Kornfeinbau hat Leith noch nicht gekannt, ja deren Existenz gerade bezüglich Quarz und Kalzit, an welchen sie bei uns aufgefunden wurde, noch negiert.

Der Kern seiner Hypothese der Schieferung und der Einscharigkeit von Schieferungen ist mit G. Beckers Worten (L 8), wobei ich nur die Achsen im Sinne dieses Buches neu bezeichne:

Cleavage entwickelt sich am vollkommensten, wenn die erzeugende Beanspruchung ihre Richtung nicht ändert; denn dann ist der Viskositätswiderstand gering. Im Falle des rotationellen Strain gibt es zwei Scharen von Ebenen maximaler Schiebung, beide parallel der Rotationsachse. Sie bilden mit der größten Achse des Strainellipsoids Winkel von der Größe $\mathrm{tg}\,\omega = \dfrac{\pm\,C}{(A\,B\,C)^{\frac{1}{3}}}$, wobei A die größte, C die kleinste und B die Rotationsachse ist.

Die Ebenen maximaler Schiebung fallen nur in einem Grenzfalle mit den Kreisschnitten des Ellipsoids zusammen. Im Verlauf der Beanspruchung rotieren diese Ebenen, keilförmige Bereiche des Körpers bestreichend. Aber die beiderlei Ebenenscharen rotieren mit verschiedenen Beträgen: Die eine Schar hat eine 20mal bis unbegrenzt größere Winkelgeschwindigkeit als die andere. In den Ebenen, welche rasch rotieren, verstärkt die innere Reibung (viskosity) die Starrheit (rigidity), es bleibt keine Zeit für Fließvorgänge beträchtlichen Ausmaßes, und wenn nicht Zerreißung eintritt und sich Klüfte bilden ist der Effekt gering. In der anderen Schar von Ebenen — den langsamer rotierenden — ist der Viskositätswiderstand geringer, der Körper hat Zeit, fließend nachzugeben, die Kohäsion verringert sich: die Cleavage entsteht. Mit einem Wort, die Theorie besagt, daß Cleavage zustande kommt durch Fließen des festen Körpers als Reaktion auf rotationellen Strain. Was von der Energie des Systems nicht gespeichert wird, wird in den Ebenen größter Schiebung verausgabt, und dies mag oder mag auch nicht zu Änderungen des Mineralbestandes führen. Zur Veranschaulichung, nicht zum Belege dieser Hypothese Beckers dient Abb. 44. Sie zeigt scharf geregelten Quarzit mit schematischer Einzeichnung von Beckers Deutung der sich schneidenden Regelungs- und Klüftungsflächen als Kreisschnitte der Hauptellipse (gestrichelt).

Hier liegt also zu einer Zeit, als man in unserem geologischen Schrifttum auf die Bedeutung der mechanischen Technologie als einer Grundlage für petrographische und tektonische Studien erst hinweisen mußte (L 12) und lange bevor man (L 13, 15, 27, 46 usw.) bei uns von da aus zur Betonung der Gleitungen im Gestein als wichtigster allenthalben begegneter tektonischer Teilbewegungen gelangte, eine ausgebaute, vielen noch heute vertretenen Schieferungstheorien, wie wir heute aus dem Korngefüge erweisen, weit überlegene Hypothese für Scherflächen — s vor, welche sogar das Problem der Einscharigkeit von Scherflächen schon in einer von der neueren Gefügeanalyse aus überprüfbaren Gestalt zu lösen versucht.

Es liegt sehr nahe, mit den Mitteln der neueren Gefügeanalyse der Korngefüge danach zu fragen, ob nicht nur Beckers Scherflächen abgebildet seien, sondern auch deren Rotation in Gestalt entsprechend rotierter s-Flächen eine Abbildung im Gestein erhalten haben. Diese Frage findet man durch die im zweiten Teile behandelten Beispiele bejaht und eben damit Beckers Theorie gefüge-analytisch begründet. Die weitere Frage lautet dann, ob alle um B (= b) rotierten s-Flächen im Sinne von Beckers Theorie, also („intern") rotierte Ebenen seien. Diese Frage findet man durch Korngefügebeispiele im zweiten Teil verneint. Denn die Scherflächenrotation der Beckerschen Theorie betrifft nicht eine Rotation, bei welcher der ganze Körper gegenüber der Außenkraft um beliebige Beträge (um B) rotiert wird.

Wie im zweiten Teil des Buches gezeigt wird, sind die gefügeanalytischen Ergebnisse über durchbewegte Parallelgefüge nicht nur mit G. Beckers Theorie vereinbar, sondern sprechen bisher für dieselbe, wenn auch sehr wichtige Punkte, wie Beckers Hypothese der Einscharigkeit, noch nicht durch Analysen der Korngefüge überprüft sind. Aber nur in den nach und während der Kristallisation

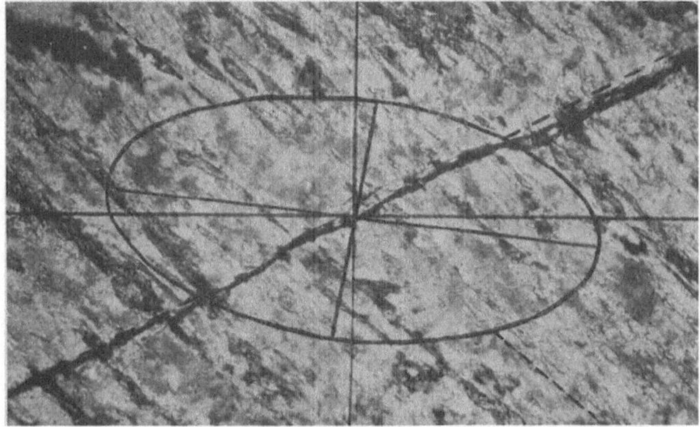

Abb. 44. Quarzit, Sterzing am Brenner. Vergr. nahe 35.

durchbewegten Parallelgefügen genügt die Betrachtung mit den Beckerschen Begriffen. In vielen durchbewegten Parallelgefügen erfolgen nachträglich Kristallisationen in dem durch die Parallelzerscherung anisotropen Medium symmetriegemäß nach den im zweiten Teile dargestellten Prinzipien. Und diese Prinzipien sowie das Prinzip der Lokalisierung von Gleitungen in bereits vorhandenen s-Flächen beliebiger Entstehung sind bisweilen für die Ausgestaltung des vorliegenden Parallelgefüges als solches (für die leichtere Teilbarkeit in s u. a. m.) wirksamer als die Entstehung durch Fließen in einer Ebene maximalen Tangentalstrains.

Die Verbreitung durchbewegter Parallelgefüge durch Scherung ist eine sehr große; Gleitung in s die wichtigste Teilbewegung in den schieferigen Gesteinen (L 13, 16 u. a.). Neben der berechtigten Betonung der von Vorzeichnung unabhängigen Scherung als erster parallelgefügebildender tektonischer Teilbewegung, wie sie G. Becker und bei uns besonders W. Schmidt vertraten, sind die Vorgänge zu beachten, welche die Parallelgefüge ausgestalten und als solche steigern.

Ungleichscharige und einscharige Scherung. Die Gefüge der hierfür geeigneten, genügend empfindlich in Scherflächen einstellbaren, Minerale und die Analysen von Beanspruchungen ohne Fließen (siehe II. Teil) zeigen deutlich, daß Einscharigkeit der Scherflächen selten ist. Man hat meistens wenigstens 2 ($h0l$) s-Flächen, in intern rotierten Gefügen oft schon 2 n, in extern rotierten immer mehr als eine. Die „eine" Scherfläche, von welcher das Problem der Einscharigkeit ausging, hat sehr oft kein anderes Gefügekorrelat, als daß sie die Symmetrale des spitzen Winkels von 2 oder 2 n reellen Scherflächen mit Einregelung ist. Sie ist dann selbst überhaupt keine Scherfläche und ihre Einscharigkeit mithin kein Problem, wohl aber ist sie die spaltbarste Fläche. Und es ist lehrreich zu sehen, wie untief an eine einzelne Festigkeitsreaktion geknüpfte Begriffe gegenüber den gefüge-analytisch gewonnenen sind und daß an solche Begriffe geknüpfte Probleme schlecht gestellte Fragen sein können. Auch die $(0\,kl)$-Flächen findet man meistens zweischarig $(0\,kl)$, $(0\,\bar{k}l)$. Wirkliche Einscharigkeit ist also nicht der häufigste Fall, Ungleichscharigkeit weit häufiger.

Die Einscharigkeit von s-Flächen bildet ferner nur hinsichtlich jener Gefüge-daten ein Problem, welche in der ersten Anlage solcher Flächen zustande kommen (nicht hinsichtlich der durch kristalline Abbildung und mechanische Ausarbeitung erworbenen Charaktere einer „Schieferung"). Das Problem bezieht sich also nicht auf alle s-Flächen und nicht auf alle irgendeine Schieferung ausmachenden bzw. dieselbe steigernden Merkmale.

Ferner tritt das Problem der Einscharigkeit zurück bzw. es wird praktisch unüberprüfbar in allen Fällen, in welchen aus einem der S. 90, 99 angeführten Gründe der Winkel der s-Flächen mit der Pressungsrichtung gegen 90⁰ hin wächst: Die nacheinander spitze Winkel bildenden s-Flächen erscheinen dann, sehr günstige Fälle wie Diagramm 43 ausgenommen, als eine einzige und fordern eine Erklärung, die sie nicht zu fordern haben.

Dennoch gibt es ein Problem der Ungleichscharigkeit bis Einscharigkeit der Scherflächen, wie schon Becker richtig erkannte.

In G. Beckers schon erörterter Schieferungstheorie ist die Ungleichscharig-keit auf Internrotation bei schiefer Pressung zurückgeführt. Gegenüber dieser in ihren Annahmen über das Festigkeitsverhalten bis heute noch hypothetisch gebliebenen Erklärung hat Becker die Bedeutung der Behinderung der einen Gleitung für das Zustandekommen einschariger Scherung zwar selbst veranschau-licht (L 3, Fig. 5), aber nicht erörtert.

Mit der Beckerschen Rückführung einschariger Scherungs-s auf bloße Unter-schiede in den beiden Kreisschnittrotationen eines Strains ist das korngefüge-analytische Ergebnis, daß zweischariges s viel häufiger ist, als ohne Gefügeanalyse bekannt wird, gut verträglich. Ebenso der Nachweis, daß Gesteine schon vor der unrückläufigen Deformation des Gesamtgesteins schon an einzelnen Kornarten dem Maximalstrain entsprechende unrückläufige Deformation erkennen lassen (L 79). Es ist also die Elastizitätsgrenze für das Gesamtgestein nicht überschritten, das Gesamtgestein ist nicht geflossen, und es sind wirklich noch die Daten eines elastischen Strains, welche an bestimmt orientierten Körnern unrückläufig ab-gebildet werden. Diese Unterscheidung zwischen Gesteinsdeformation und Korn-deformation ist der Ausgangspunkt für weitere Prüfung des Beckerschen Grund-gedankens. Schmidt hat zur Erklärung von einscharigem Scherungs-s den Ge-danken eingeführt, daß nur jene Schar genügend deutlich wird, welche ins Freie führt oder, wie man sagen könnte, deren Betätigung geringeren Widerstand findet und die Teilbewegung für das Ausweichen der Masse in der Richtung geringsten Widerstand darstellt. Das ist ein Gedanke, welcher in Festigkeitsversuchen leicht zu veranschaulichen und für die Betrachtung tektonischer Deformationen unentbehrlich ist.

Da die tektonischen Deformationen häufig als Pressung zwischen bewegten Backen erfolgen, ist auch zu erwarten, daß die eine s-Schar, verglichen mit der anderen, schon im Entstehen der beiden durch Externrotation in eine bestimmter

Ausgestaltung günstigere Lage gerät, z. B. auch was den Weg ins Freie anlangt. Ferner verlaufen in sehr vielen Fällen die verschiedensten weiteren Deformationen einscharig, wenn ein mechanisches *s* irgendwelcher Entstehung bereits vorgezeichnet ist. Dies ist bei Betrachtung von Einzelfällen und bei der Abschätzung der Häufigkeit einschariger tektonischer Deformationen zu bedenken, wenn auch die Grundfrage nach der erstmaligen Entstehung einschariger Scherflächen davon nicht berührt ist. In allen Darstellungen, welche vom Deformationsellipsoid ausgehen, ist Zweischarigkeit der allgemeinere Fall, Einscharigkeit der eigener Erklärung bedürftige Sonderfall. Die größere oder geringere Häufigkeit dieses Sonderfalles berührt nur die Frage nach der Dringlichkeit einer Erklärung dafür, nicht aber die Erklärung selber. Der bisher theoretisch am tiefsten gehende, das heißt auf die Elemente der theoretischen Mechanik zurückgreifende Erklärungsversuch scheint mir der Beckersche. Denn dieser schließt an an die allgemeinen Bedingungen für das Auftreten von Scherbewegung und an die Wahrscheinlichkeit dieser Bedingungen in tektonischen Deformationen.

Unter den ältesten (nach L 4 und 8) Schieferungstheoretikern sind als Vorläufer der heutigen Gefügekunde zu feiern:

J. Phillips gab schon 1843 eine Erklärung des Zusammenfallens der Kornspaltflächen mit den Gesteinsspaltflächen, welche der heutigen Einsicht in Einregelungsvorgänge und Teilbewegungen näher stand als alles nach ihm, denn er spricht von einer „schleichenden Bewegung zwischen den Teilchen des Gesteins, deren Ergebnis ist, diese Teilchen in einer für ganze Landstriche immer gleichen Richtung vorwärts zu rollen".

D. Sharpe erklärte die Schieferung durch Druck $\perp s$, A. Laugel (1855) durch nichtrotationale Schiebung.

Sorby kannte Schieferung durch Gleichstellung heterometrischer Korngestalten an gepreßten Ton-Glimmer-Gemischen und an gepreßtem Wachs.

Daubrèe erzeugte 1879 Schieferung in homogenem, aus einer Öffnung gepreßtem Material.

Wenn sich die Entwicklung spiralig vollzieht, findet sich die Gefügekunde der Schieferung heute über Sedgwick, der annahm, die Cleavage bestehe in einer Parallelordnung individueller Partikel, verursacht durch gerichtete Kräfte im Gestein; das ist die Vorahnung der Gefügeregelung durch Vektorensysteme. Und wir befinden uns wieder näher ältesten Anschauungen, daß die Gesteine eine Art Kristallspaltbarkeit besitzen, als den erfolgreichen und für die damalige Weiterentwicklung wertvollen Gegnern dieser Anschauungen, welche die Spaltbarkeit der Gesteine als Auswirkung ihres Feinbaues noch nicht kannten.

C. Bewegung und Symmetrie der Anlagerung.

Begriff der Anlagerung (Sedimentation i. w. S.); symmetriegemäße Sedimentationsvorgänge in und aus anisotropen Medien; gefügekundliche Bedeutung des Dünengefüges als Beispiel und Aufgabe; allgemeinstes Symmetriegesetz der Gefüge.

Sedimentation ist für die Fragestellungen dieses Buches nicht nur die Bildung von „Sedimentgesteinen", sondern umfaßt eine viel größere Anzahl von Vorgängen, deren Gemeinsames eben damit auch als das gefügekundlich Wesentliche betont und übersichtlich werden soll. Wesentlich erscheint hierbei z. B. das Gemeinsame zwischen einem aus Wasser chemisch sedimentierten wandständigen Kristallrasen und einem ebensolchen aus Schmelzfluß; unwesentlich für den Begriff der Sedimentation, wenn auch nicht für den Verlauf derselben ist das Medium und die Temperatur desselben. Als Sedimentation im weiteren Sinne oder Anlagerung bezeichnen wir jeden Vorgang, bei welchem das sedimentierte Gebilde

durch Anlagerung in einem sedimentierenden „Medium" zuwandernder Elemente
wächst. In dieser Definition kann man alle Erscheinungen erfassen, für welche das
folgende gilt, ihr Gemeinsames verständlich machen, ihr Unterscheidendes als
Sonderfälle aus den in der Definition verwendeten Begriffen ableiten und gliedern.
Der Aggregat- und der Festigkeitszustand des durchwanderten Mediums ist nicht
für das Allgemeinste des Vorganges, sondern nur für die Sonderfälle von Interesse.
Wir kennen Sedimentationsvorgänge in und an Kristallen, deren Anisotropie
hierbei ebensogut wie die anderer fester Medien zum Ausdruck kommt. Und die
Sedimentation innerhalb von Starrgerüsten mit Abbildung von deren verschie-
dener Wegsamkeit ist ein häufiger Vorgang, den z. B. das Wachstum von Konkretionen in festen Medien, manche Lateralsekretionen und Ausblühungen an
Oberflächen veranschaulichen.

Eine allgemeine dynamische Erörterung der Sedimentation in diesem Sinne
hätte außer den wandernden Elementen und dem durchwanderten Medium
auch noch die die Elemente relativ zum Medium und zur Sedimentationsfläche
bewegenden Kräfte (Diffusion, Schwerkraft, Kapillarität, Reibung, autonome Bewegung von Lebewesen) zu behandeln. Wenn man sich aber darauf beschränkt,
die Gefüge der Sedimente in eine erste Übersicht zu bringen, so genügt folgendes.

Da sich die Symmetrie des Sedimentationsvorganges im Zeitpunkt des Ab-
satzes auf die grobe und feinbauliche Symmetrie des wandernden Sedimentes
überträgt und (im Sinne dieses Buches) eben daraus erschließbar werden soll,
muß sie in Übersicht gebracht werden. Diese Symmetrie setzt sich aus verschiedenen Symmetrien zusammen.

Zunächst kann das Medium selbst, aus dem der Absatz erfolgt, im Ruhezustand isotrop sein, wie die meisten hier interessierenden Bereiche von Luft und
Wasser oder isotrope permeable Starrgerüste (manche Gesteine); oder das Medium ist schon im Ruhezustand anisotrop. Dieser Zustand des Mediums ist zunächst durch seine Symmetrieelemente und deren Lage zu fixen Koordinaten
ganz nach dem für mechanische Umformungen bereits durchgeführten Vorgange
zu definieren.

Dieser Symmetrie überlagert sich (in gleicher Weise wie für Tektonite
erörtert) die Symmetrie in der Bewegung der zu sedimentierenden Elemente.
Diese Symmetrie ist in strömenden Medien (Luft, Wasser) durch das Bewegungsbild derselben gegeben. Es handelt sich hierbei in erster Linie um tangentale
Transporte mit monokliner Symmetrie, mithin um die auch für die größte Gruppe
anisotroper Gesteine, die durchbewegten Tektonite, welche ja auch die Symmetrie tangentaler Transporte aufweisen, bezeichnendste und schon ausführlich
erörterte Symmetrie. Es ist also kein Zufall, daß die Symmetrie so vieler Sedimente mit der der Tektonite übereinstimmt.

Nachdem die derart zusammengesetzte Symmetrie des Sedimentationsvorganges
definiert ist, kann angenommen werden, daß sie in mechanischen Sedimenten
ohne weiteres an geeigneten Kornarten zur Abbildung gelangt.

In chemischen Sedimenten jedoch ist noch mit einer Überlagerung durch
Symmetrieelemente zu rechnen, welche die Anisotropie der bewachsenen Wand
(für die untersten Lagen) und die Regelung durch Wachstumsauslese der Keime
(II. Teil) mit sich bringt.

Aus dem erörterten allgemeinen Gesetze der symmetriegemäßen Sedimentation ergibt sich, daß auch für Sedimente eine Einteilung in Vertikaltransporte
und Tangentaltransporte für die Gefügesymmetrie etwas sagt, während es für
die Symmetrieeigenschaften der Gefüge nichts sagt, ob das Sediment durch
Luft, Wasser oder beide absedimentiert wurde.

Ein vorläufiges Beispiel symmetriegemäßen monoklinen Sedimentsgefüges ist:

Absinkendes mechanisches Sediment haftet bis zu äußerstens 40⁰ (L 115) auf schiefer Unterlage und bildet zu dieser parallele Feinschichten s. Besteht jedoch bei schiefer Unterlage das Sediment aus formanisotropen Teilchen, so kann für genügend verfeinerte Untersuchungsmethoden das Sediment eine singuläre unterscheidbare Richtung „f" in s erhalten, f entspricht der Fallinie der Unterlage bei Bildung des Sediments; die in s auf f gezogene Normale ist eine zweite singuläre Richtung in s und entspricht dem Streichen der Unterlage bei Bildung des Sediments. Das Sediment kann mithin deutbares monoklines Gefüge erhalten, dessen Symmetrieebene den Fallwinkel des Sediments bei seiner Bildung enthält und der Symmetrieebene eines Sediments auf horizontaler Unterlage, aber aus einem in der Symmetrieebene strömenden Medium entspricht.

Heute am Beginne statistischer Gefügeanalyse der Sedimente ist die symmetriegemäße Anlagerung zwar ein gesicherter Gesichtspunkt, hat aber den Hauptwert als Arbeitshypothese. Denn erst zahlreiche Untersuchungen können ergeben, mit welcher Wahrnehmbarkeit für unsere Untersuchungsmittel es zum Ausdruck kommt, daß die Vektoren des Sedimentationsvorganges nur Symmetriegemäßes, ihrer Symmetrie nicht widersprechendes Gefüge bilden können. Die Wirksamkeit der Vektoren des Sedimentationsvorganges auf das Gefüge ist heute viel weniger bekannt als die Wirksamkeit der Vektoren des mechanischen Umformungsvorganges.

Beide Fälle aber unterliegen dem Gesetz der symmetriegemäßen Gefügebildung, und nicht nur für umgeformte Gefüge, sondern auch für Sedimente inner - halb und aus anisotropen oder nur anisotrop bewegten Medien sind im zweiten Teile dieses Buches Beispiele gegeben.

Die Arten der gefügebildenden Teilbewegung bei Anlagerung sind hierbei zu beachten; sie sind

1. Auskristallisation und Adhäsion (Ausflockung),
2. mechanische Einlagerung bei Einkippung in die Grenzfläche.

1. erfolgt nach dem von anderen Vektoren z. B. einer Strömung beeinflußbaren Diktat von Nahkräften. 2. erfolgt nach dem Diktat der Schwerkraft oder einer Strömung.

Die Beachtung der Symmetrie ergibt für Sedimente eine ganz analoge Betrachtungsart, wie sie für tektonische und magmatische Transporte bereits durchgeführt wurde. Sie gestattet also endlich eine Konfrontation überhaupt aller Gefüge geologischer Gebilde vor demselben Forum und die Ableitung ihrer Symmetrieeigenschaften aus Feldern, deren Symmetrie in wichtigen Fällen für geologisch „ganz verschiedene" Gebilde dieselbe ist; so z. B. wenn es sich einerseits um das Gefüge eines tangental transportierten Tektonites handelt, andererseits um das Gefüge eines aus einem tangental strömenden Medium abgesetzten Sedimentes, sei dieses Medium Wasser, Luft oder ein Schmelzfluß.

Das Symmetriegesetz macht verständlich, daß es bilateralsymmetrische Sedimente und bilateralsymmetrische Tektonite gibt: beide sind Abbildungen der bilateralen Symmetrie tangentaler irdischer Transporte. Es ist übrigens klar, daß solche Betrachtungen nicht nur für geologische Sedimente gelten, sondern für jede Sedimentation in Gestalt oder Innenbau anisotroper Elemente und ob es sich nur um die mechanische Sedimentation gestaltlich anisotroper Elemente oder um die chemische Sedimentation in ihrem Feinbau anisotroper Elemente handelt. Es lassen sich also (vgl. L 41, 51) auch die Sedimente als Ergebnisse von Bewegungen betrachten, deren Symmetrie aus dem Gefüge der Sedimente ablesbar wird; so z. B. ist ein feingeschichtetes Gestein, das bei genügend verfeinerten Untersuchungsverfahren keine Richtung in der Sedimentationsebene s bevorzugt zeigt, mit einer Symmetrieachse $\perp s$ sedimentiert worden, mithin aus einem Medium ohne tangentale Strömung; ist aber eine Gerade in s bevorzugt, so bezeugt dies tangentale Bewegung im sedimentierenden Medium.

Die Gefügeanalyse der Sedimente mit solchen Gesichtspunkten ist eine geologisch ebenso wichtige Angelegenheit wie die petrotektonische Analyse der Tektonite und Magmen und daher in diesem Buche wenigstens durch einige Beispiele angeregt.

Die Betrachtung ist nun für Sedimente besonders einfach, denn der Bewegungszustand des sedimentierenden Mediums und die Schwerkraft oder eine „Wand" definieren die Symmetrie, nach deren Abbildung im Sediment wir fragen. Es genügt, folgende Fälle zu betrachten:

1. die Sedimentation aus ruhenden isotropen Medien nach dem Diktat der Schwere oder

2. dem Diktat einer selbst isotropen oder anisotropen Wand,

3. aus einem laminar (also anisotrop) bewegten Medium,

4. aus einen turbulenten Medium, wobei das turbulente Medium entweder statistisch isotrop (relativ ungeordnet) oder anisotrop (relativ geordnet) sein kann.

Das deutlichste Beispiel symmetriegemäßen Anlagerungsgefüges aus anisotrop bewegten Medien geben die Dünengefüge aller Art, die besten Beispiele symmetriegemäßer Anlagerung innerhalb eines anisotropen Mediums geben die erst im II. Teile behandelbaren Kristallisationen anisotroper Gesteinsgefüge.

Sekundäre Schichtung. Als sekundäre Schichtung bezeichnen wir alle Fälle, in welchen der betrachtete schichtweise Wechsel erst innerhalb eines bereits vorhandenen, im übrigen ruhenden Gefüges entsteht. Es handelt sich hierbei beschreibend um eine Änderung des Chemismus mit oder ohne Änderung des Gefüges. Von der Anlagerung ist dieser Vorgang zu unterscheiden, nicht etwa weil das vom Stofftransport durchwanderte ein ruhendes, u. U. festes Gefüge ist, sondern in Fällen, wo keinerlei reelle Wand für die Anlagerung vorhanden ist, z. B. wenn es sich um Liesegangs rhythmisch ausgelöste, von örtlicher Konzentration eines diffundierenden Stoffes abhängige Fällungen handelt, welche damit sekundäre Schichtung einzeichnen, oder um Stofftransporte in Böden usw. Ganz wie bei Anlagerungen ist mit einer möglichen Abbildung der Symmetrie des durchwanderten ruhenden anisotropen Gefüges in den neu hinzutretenden sekundären Gefügemerkmalen für alle Fälle zu rechnen. So wird sich verschiedene Wegsamkeit des ruhenden Gefüges schon in der Distanz der Sekundärschichten bei einfacher Diffusion nach Liesegang geltend machen; ferner wird vermutlich die Wachstumsregel sekundärer Kristallite auf die Anisotropie des durchwanderten Gefüges und daneben auch auf die Diffusionsrichtung beziehbar sein. Im Falle der Entmischung durch Diffusion in einem Gefüge mit Lagenbau kann dieser Einfluß der Anisotropie des Durchwanderten für den sekundären Chemismus und das sekundäre Gefüge zu Worte kommen, so z. B. wenn Stoffe aus verschiedenen Feinschichten a in damit wechsellagernde Feinschichten b übersiedeln, oder eine das System $abc\ldots$ durchwandernde Lösung in a anders reagiert als in b.

Kurz, es ist damit zu rechnen, daß auch die Ergebnisse sekundärer Schichtung — als ein Sonderfall der symmetriegemäßen Neubildung von Sekundärgefüge in Gefüge — die Anisotropie des durchwanderten Gefüges und die Bahnen der Wanderung symmetriegemäß abbilden. Diese Auffassung ist für die Untersuchung sekundärer Gefüge sowie für die Untersuchung sekundärer Schichtung und Umschichtung heuristisch wichtig. Es wird Umschichtung durch durchgreifende Stofftransporte oder lagenweise Entmischung im allgemeinen parallel zur ursprünglichen Schichtung verlaufen. Und es wird bei der Analyse jeder Schichtung nötig sein festzuhalten, daß aus der einheitlichen Parallelschichtung eines vorliegenden Endprodukts eben wegen der erörterten symmetrischen Abbildung nicht sein einheitlicher Bildungsakt erschließbar ist. Mit solchen Betrachtungen sind wir schon bei Betrachtung der Veränderung eines fertigen oder werdenden Gesteines. Durch Anlagerung entstandene Gefüge sind zunächst begrifflich von Gefügen ohne Anlagerung z. B. Liesegangs Diffusionsgefügen zu unterscheiden. Das Lot zur Wand ist für die neu anwachsenden Kristalle eine polare Richtung, deren Polarität in vielen Gefügen zum Ausdruck kommt. Bei Diffusionsgefügen im isotropen Medium würde der polare Vorgang des Diffusionsstromes $\perp$ zur Schichtung eine gleich orientierte Polarität zulassen. Unselten kann man auch Fälle begegnen, in welchen bei Sekundärschichtung durch Diffusion nur die Diffusionsrichtung zum Ausdruck kommt und die Sekundärschichten einen Winkel mit ursprünglicher Schichtung bilden: Beide Gefüge überlagern einander, ohne daß eines das andere auslöschte.

Rippel und Dünenbildungen, welche man als Oberflächen betrachtet und auch als solche gestaltlich typisiert hat, sind für die Gefügekunde Anzeichen von Bedingungen, welche den Aufbau des Sedimentgefüges solange regeln, als eben rippelnde Sedimentation erfolgt. Durch zeitlich andauernde rippelnde Sedimentation entsteht ein lehrreiches typisches Gesteinsgefüge, welches auch alle gegenseitigen Lagebeziehungen der zu verschiedenen Zeiten gebildeten Rippeloberflächen und viele Anzeichen von Abtrag und Aufbau, vor allem aber die wirkliche Symmetrie aller erzeugenden Vektoren im „inneren" Gesteinsgefüge (Dünengefüge) abgebildet enthält, damit ein besonders schönes Beispiel für symmetrische Abbildung der erzeugenden Vektoren gibt und mit anderen Gesteinsgefügen vergleichbar macht.

Von allgemeinstem gefügekundlichen Interesse ist das Dünengefüge:

1. Durch die deutliche Gefügesymmetrie (Grobsymmetrie und Feinsymmetrie) und deren klare Beziehbarkeit auf die erzeugenden Vektoren in einem tangental bewegten sedimentierenden Medium.

2. Durch seinen folgenweisen Aufbau in der Zeit (sukzessive Bildung gegenüber simultaner Bildung anderer Gefüge), welcher (wie bei anderen Sedimenten) die zeitliche Änderung der gefügebildenden Bedingungen nicht nur indirekt erschließen, sondern direkt ablesen läßt. Es gibt keine Stelle im Gefüge, welche nicht mit allen anderen Stellen einer ehemaligen Grenzfläche durch gleichzeitige Gefügebildung verbunden ist. Diese Grenzflächen gleichzeitiger Gefügebildung folgen mit einem zeitlichen Gefälle übereinander. Bilden diese Flächen eine Schar lediglich im Lot auf ihrer Tangentalebene (die Sedimentationsebene) gegeneinander verschobener Flächen, so waren solange (mithin in der auf dem Lot ablesbaren Zeit) die Flächen stationäre Grenzflächen, und das erzeugte Gefüge hatte rhombische Symmetrie. Es wäre dies aber nur dann zu erwarten, wenn auch die erzeugenden Vektoren rhombisch symmetrisch wären, also etwa nicht in einer Strömung, sondern in gleich starkem Hin- und Widerströmen.

Andernfalls ist Wandern der Dünen und monokline Symmetrie des erzeugten Gebildes zu erwarten und auch wirklich zu begegnen.

3. Durch das gesetzmäßige Ineinandergreifen progressiver (aufbauender) und regressiver (Abtrag) Vorgänge bei der Gefügebildung.

4. Als Sonderfall rhythmischer Umgestaltung und Stabilisierung einer wogenförmigen Grenzfläche.

5. Als Beispiel für eine statistisch geordnete Teilbewegung, wie sie für alle aus strömenden Medien sedimentierten Teile kennzeichnend ist.

Hierbei ist die Gesetzmäßigkeit der Bahnen und Orientierungen eines einzelnen Teilchens nicht in allen Fällen deutlich, jedoch in der Mehrheit der Fälle (statistisch) so definiert, daß die Teilchen nicht nur einen definierten neuen Raum (die gewanderte Düne) erfüllen, sondern den Strömungen des Mediums (z. B. als Teilchenbahnen ebener Deformation) zugeordnet sind; ebenso sind die Orientierungen der Teilchen in der statistischen Mehrheit der Fälle den Strömungen des sedimentierenden Mediums zugeordnet und ergeben folgerichtig als statistischen Effekt eine Gefügeregel (nach der Korngestalt), welche die Vektorensymmetrie der Strömung so weit abbildet als eben die Vektoren wirksam waren, nie aber eine andere Symmetrie.

Es ist also irreführend, wenn man in Fällen statistisch geordneter Teilbewegung wie bei der Sedimentation aus strömenden Medien oder auch bei der turbulenten Strömung in Flüssigkeiten von ungeordneter Bewegung der Teilchen (Turbulenzkörper) spricht.

Die quer zur Bewegungsrichtung des sedimentierenden Mediums liegenden Dünen haben Achsen B, auf welchen eine Symmetrieebene senkrecht steht, eine Symmetrieebene (ac) aller Bereiche mit rechts und links gleicher oder gleichartig geänderter Strömungsgeschwindigkeit des erzeugenden Mediums. Die Differentialbewegungen der Umformung ebener Sande in Dünen und Dünengefüge verlaufen zweidimensional in dieser Ebene (ac); der Vorgang stellt kinematisch ein Beispiel ebener Deformation nach (ac) dar; das Dünengefüge enthält allgemein zylindrische Elemente (ac). In diesem Bewegungsbild sind ganz wie in Umformungsbildern der Tektonite auch Gefügeelemente möglich, welche den Fäden der Strömung entsprechen also $||$ (ac) liegen (sog. Strichdünen usw.).

Für eine Gefügeanalyse des Dünengefüges liegen erst Anfänge vor. Ein systematisches Studium aller Sedimentationsgefüge und der dabei beteiligten abbildenden Vektoren ist sowohl durch Härtungspräparate natürlicher Gefüge als durch Herstellung künstlicher Gefüge unter bekannten und variablen Bedingungen, jedesmal verbunden mit Gefügeanalysen, dem einwandfreien „geologischen Experiment" zugänglich, dessen Name übrigens besser auf das Experimentieren mit geologischen Variablen (Erosionen, Aufschüttung) Änderung von Wasserläufen und Becken usw. (siehe Paulkes Studien an Wächten und Lawinen! L 81) zu begrenzen, als auf zweifelhafte physikalische und chemische Experimente mit geologischer Fragestellung zu übertragen wäre.

Gefügeanalytisch ausgewertete Sedimentations-Experimente können folgende Punkte klären:

Die Bedingungen für die Abbildung der Vektoren des Sedimentationsvorganges im Gefüge, ausgehend von der Abbildung der Symmetrie; die Teilbewegungen und das Bewegungsbild des Sedimentationsvorganges; die Zerlegung inhomogener Sedimentationsakte, wie z. B. der Bildung der Rippeln und des Dünengefüges, in ihre homogenen Bereiche (Luv, Lee, Scheitel) und Synthese desselben zum Gesamtablauf; Typen der sedimentären Aufbereitung nach Kornarten (selektiv in Luv, Lee, Scheitel nach Gestalt, Größe, Gewicht, L 115). In der Einlagerung der Körner zwischen Nachbarn muß die relativ stabilste aller möglichen Lagen gegenüber dem bewegten erodierenden Medium statistisch zu Worte kommen, ferner die relativ stabilste Lage des Kornes während des Transportes im sedimentierenden Medium; was ebenfalls gefügeanalytisch überprüfbar ist.

Nach der Betrachtung der Anlagerungsvorgänge ist nunmehr folgende allgemeine Fassung des Symmetriegesetzes für gefügebildende Bewegung möglich, wenn man parakinetische und diakinetische (vgl. L 89 Hennig) Bewegungsbilder unterscheidet, je nachdem der betrachtete Bereich A sich an einem anderen

Bereich B vorbei (z. B. Tektonite aus $A + B$) oder durch B hindurch bewegt (z. B. Anlagerung von A aus bewegten oder unbewegtem B). Sowohl parakinetisch als diakinetisch entstandene Gefüge können nur eine der Vektorensymmetrie der Bewegung gemäße, d. h. nicht widersprechende, und die Symmetrieelemente der Vektorensymmetrie ganz oder teilweise enthaltende Symmetrie zeigen; eben dies ist ihr Gemeinsames. So z. B. haben Tektonite unter scharfer Pressung und Dünengefüge die monokline Symmetrie der in der erzeugenden Bewegung (einer monoklinen Umformung) möglichen Vektoren.

D. Periodische Gefüge.

Symmetrische und translative Wiederholung; Periodizität I und II. Art; Überlagerungsperiodizität; Tangentalwellung; Mäandern.

In einem Raumgebilde können gleichartige Daten mehrfach vorhanden sein, sie wiederholen sich. Die Arten dieser Wiederholung „regelmäßig oder unregelmäßig" kennzeichnen das Gebilde und sind mithin voneinander zu unterscheiden. Diese Arten der Wiederholung sind ihrerseits am besten zu kennzeichnen durch Angabe der geometrisch definierten Bewegungen, welche ein solches Datum D_1 in ein anderes gleiches D_2 deckbar überführen.

Wo sich die Wiederholung definieren läßt durch die Symmetrielehre des homogenen Diskontinuums, bedarf sie keiner weiteren Erörterung. Diese Symmetrielehre der Kristallographie ist ein unersetzbares Rüstzeug auch für das Studium aller anderen Gefüge. Sie wird besser vorausgesetzt als unzulänglich kurz behandelt.

Es ist ein Zweck dieses Buches, zu zeigen, wie brauchbar und unersetzbar die Symmetrielehre auch für die Analyse anderer Gebilde und Gefüge als der Kristalle ist.

Die Arten der Wiederholung für den betreffenden Gesichtspunkt gleicher Gefügedaten sind also entweder symmetrische Wiederholungen (Deckung durch Spiegelung, Deckdrehung, Inversion). Oder sie sind Wiederholungen in gleichen Abständen auf erzeugenden Geraden und Ebenen (Deckung durch Translation).

Symmetrische und translative Wiederholung beherrscht die weitaus meisten Gesteinsgefüge. Sie ergibt die wichtigsten Züge ihrer Beschreibung und die wichtigsten Schlüsse auf ihre kinematische und dynamische Entstehung. Was letztere anlangt, so steht man auch als Gefügeanalytiker vor allen vielfach ungelösten Fragen, welche Periodizität und Rhythmus überhaupt mit sich bringen.

Beispiele für symmetrische Wiederholung geben die Gefügediagramme dieses Buches mit ihren Symmetrieeigenschaften; Beispiele für translative Wiederholung geben s-Flächen der Feinschichtung und der Zerscherung; untereinander gleiche Biege- und Scherfalten usw.

An translativen Wiederholungen von Gefügedaten ist vor allem zu beachten, ob sie (I. Art) einem einheitlichen periodischen Vorgange (mittelbar oder unmittelbar) zuzuordnen sind oder (II. Art) Ergebnisse voneinander unabhängiger, sich überlagernder periodischer Vorgänge an bestimmten, sich mithin ebenfalls periodisch wiederholenden Punkten der Überlagerung; die gedachten Vorgänge haben miteinander im gleichen Zeitpunkte verglichen verschiedene Phase und können auch verschiedene Perioden haben.

Für die I. Art wären als Beispiele die auf Schwingungen rückführbaren Gefügedaten zu nennen, so mit Wahrscheinlichkeit die Periodizität in exogenen nichtaffinen Umscherungen (periodische Scherfalten), vielleicht auch (L 3) im Abstand konstante, also periodische Primärzerscherungen überhaupt.

Becker hat nach meinem Ermessen mit genügender Vorsicht und ganz berechtigtermaßen den Gedanken eingeführt, daß rythmisch verteilte $(h0l)$ Flächen sogar in ihrer ersten Anlage schon auf Wellensysteme (state of tremor L 3) durch den Stresseffekt bei ruptureller Scherung zurückgehen könnten. In diesem Gedanken an rhythmisch verteilte Steigerung der Gleitung liegt wohl auch die notwendige und ausreichende Erklärung der Periodizität in Schmidts Gleitbrettfalten.

Dieser Gedanke an und für sich ermöglicht die Annahme rhythmisch verteilter, rasch durchlaufender, also höchstens zu Rupturen (nicht zum Fließen) führender Strains, welche 1. genetisch den gleichzeitigen Strainplan ruhiger Beanspruchung (z. B. Plan 1) nicht begleiten müssen, aber derselben Symmetrie gehorchen; und 2. deren raschem, unter Umständen einmaligem Auftreten und Schwinden, Rupturen mit minimalen ausarbeitenden Verschiebungen entsprechen können, also z. B. Scherflächen ohne merkliche Beträge der Relativbewegung.

Die II. Art ist ins Auge zu fassen, wo es sich um periodische Schichtung handelt, welcher hiernach nicht immer eine Ursache mit gleicher Periode und Phase entsprechen muß. Die zwei einander überlagernden periodischen Vorgänge, welche die u. U. zunächst allein wahrnehmbaren periodischen Punkte erzeugen, können z. B. zwei voneinander unabhängige periodische Änderungen zweier verschiedener Komponenten einer Schichtung sein, etwa der mechanischen und der biologischen, deren periodischer Gesamteffekt den Atmosphärilien gegenüber zu Worte kommt und von Geologen wahrgenommen wird. Dieser Überlagerungseffekt ist dann nur als solcher richtig verstanden und die Suche nach einer anderen Ursache mit der Periode des Überlagerungseffektes vergeblich oder irreführend. Es ist also wichtig, mit Überlagerungsperioden zu rechnen. Eine dynamisch genetische Erklärung periodischer Gefüge ist erst abgeschlossen, wenn die periodischen Einzelgrößen und deren Überlagerungseffekte bekannt sind, wie dies z. B. bei Liesegangschen Diffusionen in bereits periodisch gebauten Gefügen oder bei Schwingungen in solchen der Fall sein kann.

Tangentalwellung. — Daß Grenzflächen, an welchen sich Lagen übergleiten, zunehmend und begrenzt, mithin auch rhythmisch verbogen werden, ist eine überall (Tektonite, Wasserwellen unter Wind, Dünen usw.) begegnete Tatsache, welche als solche rein kinematisch ungenetisch als Tangentalwellung bezeichnet werden soll. Die Zusammenfassung aller Fälle, was das reine Bewegungsbild anlangt, kann allerdings nur bis zu einem gewissen später erörterten Grade unbestreitbar durchgeführt werden und müßte schon als kritische Basis für dynamische Zusammenfassung durchgeführt werden, ist aber trotz mancher Beiträge (L 94) noch nicht durchgeführt.

Diese Zusammenfassung, nah oder weniger weit und ohne scharfe Feststellung, ob sie eine rein kinematische oder eine dynamische sein soll, oder ausdrücklich als dynamische, wurde oft durchgeführt (Cornish' „Kymatologie"; Baschin; Literatur und Kritik bei Kaufmann L 89; Rinne „Wellengleitung" L 50). Rein kinematisch ist allen diesen Wellengleitungen bei weitester Fassung folgendes gemeinsam:

1. Daß sich das Phänomen nur in nichthomogenen Bereichen abspielt; sei es, daß heterogene Schichten einander übergleiten — vielleicht genügt schon der heterogene Zustand, der durch unstetig verschiedenes Geschwindigkeitsgefälle $\perp$ zu den Schichten gesetzt ist —; sei es, daß ein materiell verschiedener Film, eine von Anfang an oder während des Vorgangs heterogene Grenzschicht die Nachbarschichten trennt; sei es, daß materiell heterogene Bezirke mitströmen.

2. Das Bewegungsbild ist ebene Umformung, hat mithin monokline Symmetrie mit der Deformationsebene = Symmetrieebene und allgemein zylindrische Umformungen $\perp$ auf dieser Ebene (ac); weitergehend ist aber das Bewegungsbild, z. B. einer Düne und einer tektonischen Falte, keineswegs gleich (Düne starr, in zeitlichen Folgen gebautes Zwischengefüge; Falte durchbewegt!).

3. Mit oder ohne heterogene Keime treten Rotationen mit Achse $\perp$ (ac) auf (Wirbel, Einwickelungen usw.).

Dynamisch ist allen diesen Wellengleitungen bei weitester Fassung gemeinsam die Reibung zwischen den einander übergleitenden Schichten. Bezüglich der wichtigsten, für einzelne Fälle aufgestellten dynamischen Erklärungsprinzipien soll nun lediglich betrachtet werden, ob sie überhaupt für sämtliche Fälle in Betracht kommen könnten.

a) Daß die rhythmische Wellenform eine stabile Grenzfläche geringster Reibung darstelle, finde ich für keinen der Fälle überzeugend abgeleitet; wahrscheinlich bestehen die Schwierigkeiten und Aussichten einer solchen Ableitung für alle Fälle gleich. Trotzdem wären die bei Kaufmann (L 89) angeführten Gesichtspunkte von Interesse für eine exaktere „physikalische" Erörterung derselben, wenn Kaufmann wahrzunehmen glaubt, daß für Rhythmen in der Horizontalen und in der Vertikalen die Umformung der Grenzfläche in Richtung auf ein stabiles Minimum innerer Reibung (Scherung) das gemeinsame erklärende Prinzip sei (Dünen, Schienenriffeln, Strandspitzen u. a.).

b) Eine Grenzfläche mit Relativbewegung zweier Schichten wird gekrümmt, indem kleinste Abweichungen von der Ebene durch Über- und Unterdruck verstärkt werden[1]. Das Prinzip hat gleiche Aussichten für alle Fälle, erklärt aber für sich allein noch nicht die Rhythmik.

c) Ähnliches gilt von der meines Wissens nicht versuchten Auffassung, daß ein genügend geschwindes Übergleiten mit Reibung zweidimensionaler schiefer Pressung gegen die Grenzfläche gleichkomme und die dabei auftretenden Strainellipsoide eine fortschreitende Verkrümmung der Grenzfläche bedingen, deren Begrenzung im Grade sich mangels von Inhomogenitäten nur rhythmisch wiederholen könnte.

Es gibt also keine endgültig durchgeführte dynamische Erklärung, jedoch ist von den denkbaren zu erwarten, daß sie für alle Fälle gelten, mithin wirklich die Aufstellung einer gemeinsamen Dynamik für alle Fälle von Wellengleitung möglich sein wird, wobei Starrheit und Trägheit wahrscheinlich füreinander eintreten. Was gleiches Festigkeitsverhalten und Bewegungsbild anlangt.

Eine solche strainkinematische Betrachtung der Wellengleitung läßt sich für beliebige, affin und stetig deformierte reibende Stoffe A und A' in homogenen Bereichen wie folgt versuchen.

Die Umformung ist eine zweidimensionale oder wenigstens monokline. Ausgegangen wird davon, daß A und A' einander reibend und unter Druck auf die Grenzfläche G übergleiten. Es ist dann so, als ob G von einer Resultierenden R schief gepreßt würde. Für das Auftreten der schiefen Pressung R ist also Reibung an der Grenzfläche die nötige und ausreichende Bedingung: Nur auf reibenden Grenzflächen kann überhaupt umformend schief gepreßt werden. Von der Kraft K und K', welche A und A' in Abb. 45 tangential bewegt, kommt für die Umformung von A und A' nur die Reibung an G, nämlich r, in Betracht. Ferner kommt für die Umformung von A und A' die Kraft $N \perp G$, also der Druck senkrecht zur überglittenen Grenzfläche in Betracht. Die Resultierende von r

---

[1] Prandtl, Einstein: Elementare Theorie der Wasserwellen. Naturwissensch. Bd. 4, S. 509. 1916.

und N ist R, die Resultierende von r' und N' ist R'. Ist A und A' ununterscheidbar, wie in einem Bereiche ebenschichtiger Strömung in einer homogenen Masse,
so sind alle diese Kräfte untereinander gleich und halten sich das Gleichgewicht:
S bleibt unverbogen. Andernfalls ist eine reelle wirksame Pressung R vorhanden.
Nichtstarre Massen, also Teige und reibende Flüssigkeiten, stellen ihre Grenzfläche quer zu einer einzeln angreifenden Pressung; das ist schon die Erfahrung
unserer Hand mit bildsamen Materialien und strainkinematisch darstellbar.

Das Strainellipsoid für diese schiefe Pressung liegt in A' bei reiner Scherbewegung oder Schiebung + Scherbewegungen so, wie im Schema angedeutet,
d. h. es besteht die Tendenz, in A' bei irgendwo gegebener Ausweichemöglichkeit
einen Kreis in die Ellipse R zu überführen. Ebenso in A in eine — da A' und A
während der Deformation verschieden angenommen sind — nicht gleiche, aber
ähnlich gelegene Ellipse. Das bedeutet eine luvseitig ansteigende Grenzfläche G',
welche nach oben durch die Begrenztheit des affin deformierten Bereiches von
A' begrenzt sein wird und mithin sich nur periodisch wiederholen kann. Bei

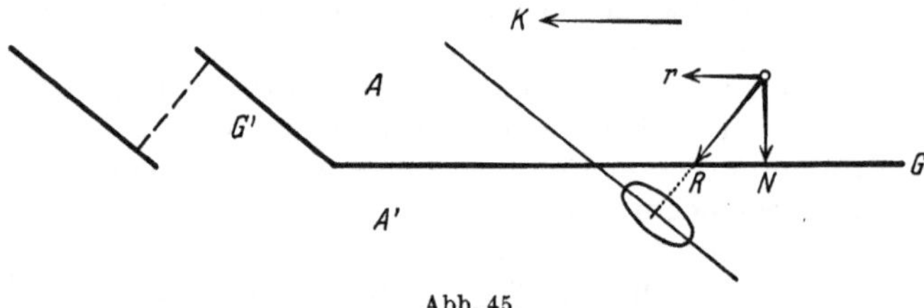

Abb. 45.

Flüssigkeiten könnte die Verschiedenheit von A und A' schon durch die verschiedene Deformationsgeschwindigkeit in A und A' gegeben sein und Trägheitswiderstände könnten bei Flüssigkeiten im Falle genügender Deformationsgeschwindigkeit gleiches Festigkeitsverhalten erzeugen, wie es hoch viskose
Körper bei viel geringerer Deformationsgeschwindigkeit zeigen.

Mäandern. — Nach einem von F. M. Exner[1] ausgesprochenen Prinzip ist
geradlinige Strömung nur ein vereinzelter Fall unter allen möglichen Potential-
bewegungen, ein unwahrscheinlicher Spezialfall, dessen Auftreten mehr Be-
gründung bedarf als die stabilere Bewegungsform mäandernden Abfließens.
Gefügeanalytische Befunde sprechen direkt dafür, daß auch das tektonische
Abfließen bisweilen kurzatmig mäandernd oder torkelnd erfolgt, so daß zwei
Gleitgerade sich symmetrisch zu einer annehmbaren Hauptgleitgeraden in der
Deformationsebene unterscheiden lassen.

Bedenken wir uns unabhängig von diesem Gedankengang die Möglichkeit,
daß laminares Strömen ein anisotropisierbares Gefüge verfestigt und damit
einen bremsenden Widerstand gegen weitere Benützung einer Gleitgeraden
setzt, so erhalten wir wieder das Ergebnis, daß das Abfließen ebenso torkelnd
erfolgt wie das Abrollen einer Kugel im Gerinne, einen gleichen Effekt, wie
durch das genannte Exnersche Prinzip.

[1] Ann. Hydr. Bd. 47. 1919; zitiert nach L 89.

Zweiter Teil.

Das Korngefüge.

A. Umformung und Umwandlung der Gesteine.

Unmittelbare und mittelbare Umwandlung durch Umformung; langdauernde Umwandlung und Laboratoriumsversuch; Gefügebildung bei Umwandlung; unmittelbare und mittelbare Teilbewegung; Molekularmetamorphose und mechanische Metamorphose, atomdynamisches und mechanisches Gefüge; Kristallisation als wichtigste Molekularmetamorphose der Korngefüge, passive Gefügeregelung als wichtigste mechanische Metamorphose der Korngefüge; Überlagerung beider; Umrisse der Analyse derselben am Gestein; Symmetriebeziehungen zwischen atomdynamischem und mechanischem Gefüge; Zusammenfassung.

Umformung und Umwandlung. Wenn man die Umformung eines Körpers betrachtet, so ist im allgemeinen erfahrungsgemäß dieser Körper als ein Gebilde mit konstanten und mit veränderlichen „Eigenschaften" während des betrachteten Aktes aufzufassen.

Begreiflicherweise war man im Streben nach einer ersten Annäherung in der Untersuchung allzu geneigt, alle Eigenschaften außer denen, deren Änderung man gerade verfolgt, als konstant, als wirkliche konstante „Eigenschaften" zu betrachten. Aber schon unter den Größen, welche den wirklichen Ablauf einer mechanischen Umformung bestimmen, gibt es so wenige während der Umformung konstante, daß man geradezu sagen kann: Im allgemeinen ändert der Körper während einer Umformung nicht nur stetig die Eigenschaften, welche sein Festigkeitsverhalten bestimmen, sondern der Körper verwandelt sich während der Umformung stetig in einen anderen; die mechanische Umformung ist von Umwandlung stetig begleitet. Und besonders gilt dies von geologischen Körpern.

Diese Umwandlungen sind auf die mechanische Umformung auf eine so mannigfaltige Art beziehbar, daß man einige Begriffe einführen muß. Es sind folgende Fälle möglich:

I. Die Umwandlung besteht in den unmittelbar zur mechanischen Umformung gehörigen Teilbewegungen. Solche Umwandlungen zeigen im allgemeinen das chemische und physikalische Verhalten einschließlich des Festigkeitsverhaltens des Körpers geändert, und zwar in a) rückläufiger; b) unrückläufiger Weise. Wir nennen sie unmittelbare mechanische Umwandlungen oder mechanische Umwandlungen erster Art. Sie bestehen vor allem im Auftreten von Anisotropien, deren Vektoren beziehbar sind auf die Regelung, welche die bewegten Teile korrelat zur mechanischen Umformung erfahren haben. Beispiele:

Für Ia. Elastisch gespannte amorphe Körper mit Anisotropien durch Regelung autonomer, nach Gestalt oder Feinbau anisotroper bewegter Teile (L 108).

Für Ib. Unrückläufig mechanisch deformierte Systeme mit Anisotropien durch Regelung autonomer, nach Gestalt oder Feinbau anisotroper bewegter Teile. Metalle, Gesteine.

Durch die Trennung in Ia und b soll nur darauf hingewiesen werden, daß mechanische Regelung und dadurch bedingte Anisotropisierung nicht etwa auf den Bereich unrückläufiger Deformationen beschränkt ist. Sie wurde auch weder von Lehmann[1] darauf beschränkt noch von mir, als ich (L 28) das Prinzip der mechanischen Gefügeregelung in seiner faktischen Bedeutung für Metalle und Gesteine betonte, nachdem ich eben in Gesteinen genügend oft die mechanische Regelung nach dem Kornbau nachgewiesen hatte (L 13 und folgende).

Es ist mithin deduktiv durchaus zu erwarten und durch die Erfahrung bestätigt, daß eine Anisotropisierung schon im Bereich elastischer Deformation (z. B. komplexer Gefüge) einsetzt. Und schon für diesen Bereich wäre der Gedanke mit zu diskutieren, unter welchen Bedingungen für die Anisotropie die Deformation homogen bleibt.

Der zweiten unbeachteten Frage, inwiefern elastische Deformation im gespannten anisotropen Felde neu wachsende Kristalle mittelbar regeln kann, werden wir unter II. begegnen.

II. Die Umwandlung ist nur mittelbar der mechanischen Umformung und deren Regelung zuordenbar.

Auch diese Umwandlungen zeigen im allgemeinen das chemische und physikalische Verhalten des Körpers einschließlich des Festigkeitsverhaltens geändert, und zwar unrückläufig. Wir nennen sie mittelbare mechanische Umwandlungen oder mechanische Umwandlungen II. Art.

Auch sie bestehen in Anisotropien, deren Vektoren wenigstens mittelbar, ganz insbesonders in ihrer Symmetrie der mechanischen Umformung und deren Gefügeregeln zuordenbar sind.

Beispiele: Parakristallin (während der Kristallisation) und vorkristallin (vor Abschluß der Kristallisation) deformierte Gesteine und Metalle.

Für I. und II. ist es gemeinsam, daß es sich um Abbildung von Anisotropien handelt, namentlich als Abbildung von Symmetrieverhältnissen, deren Betrachtung vielfach vor Lösung quantitativer Fragen schon mit voller Sicherheit durchführbar ist.

Es ist nun gegenüber unseren Laboratoriumsversuchen ganz besonders zu beachten:

1. daß diese Abbildung eine zeitlich unbegrenzte Reichweite hat, d. h. es können zuordenbare Umwandlungen noch unbegrenzt lange nach dem Deformationsakte erfolgen, welcher die abzubildende Anisotropie erzeugte; mittelbare mechanische Umwandlungen können sich also über unbegrenzte Zeiten erstrecken und lange nach dem Deformationsakt können sich sogar im Sinne der Deformation liegende innere Materialtransporte noch vollziehen, welche man mittelbare Teilbewegungen der Deformation nennt (s. S. 115).

2. daß sich bei der langen Dauer tektonischer Deformationsakte ganz allgemein und in einem viel höheren Grade, als bei Laboratoriumsversuchen, die Gesteine während der Deformation unmittelbar und mittelbar umwandeln. Und während das Studium der Zusammenhänge zwischen mechanischer Umformung und Umwandlung für die Technologie und Physik weniger dringlich schien als es allerdings mir selbst scheinen würde, machen gerade diese Zusammenhänge und die Beziehbarkeit der Umformung und Umwandlung der Gesteine aufeinander einen Hauptgegenstand der Petrotektonik aus. Daß sich diese aber in diesem Sinne fruchtbar behandeln ließ, ist ganz besonders durch die Beachtung der Symmetriezusammenhänge zwischen den begrenzten Anisotropien erzeugender und abbildender Felder — auch Gefüge sind Felder — möglich geworden.

---

[1] Phys. Z. Nr. 11, S. 386. 1907.

Für die Betrachtung· mit genügend großen Zeiteinheiten erfolgt eine vielfach kontinuierliche Umwandlung aller Gesteine in andere Gesteine oder in Gebilde ohne Gesteinscharakter (Detritus, Böden, Lösungen), sehr oft auch Einverleibung in sedimentierende Systeme.

Sehr viele Gesteine sind am verständlichsten als Einzelakte in einer Umwandlung. Alle Umwandlungen erfolgen durch Bewegung von Teilen. Alle diese Teilbewegungen sind gefügebildend. Die bewegten Teile sind:

A. Atomgruppen bis Atome.

B. Größer als Moleküle $\left\{\begin{array}{l}\text{Mineralkörner} \\ \text{Gefügeelemente höherer Ordnung (Körner-} \\ \text{gruppen usw.).}\end{array}\right.$

A. Moleküle und Atome bewegen sich im Gestein:

1. Nach dem Diktat der Diffusion, der Lösung und Kristallisation, der chemischen Reaktion; der Grenzflächenphysik; mit und wahrscheinlich auch ohne Vermittlung des Wassers.

2. Nach dem Diktat hydrostatischer Druckgefälle (Öl, Wasser).

3. Nach dem Diktat von Temperaturgefällen (Konvektion; Wasser).

4. Als unmittelbare Teilbewegung zu einer mechanischen Umformung (z. B. Druckzwillinge).

B. Größere Teile bewegen sich im Gestein lediglich in unmittelbarer Teilbewegung zu einer mechanischen Umformung des Ganzen.

Als Teilbewegung zu einer mechanischen Umformung des betrachteten Bereiches bezeichnen wir in Gesteinen jede Bewegung irgendwelcher Teile, derzufolge nach der Umformung im betrachteten Zeitbereiche wieder ein kontinuierliches Gestein vorliegt. Unter diesen Teilbewegungen gibt es dann solche, welche kinematisch und dynamisch unmittelbar auf die mechanische Umformung als unmittelbare Teilbewegungen derselben beziehbar sind; wie die Differentialbewegungen der Kontinuumsmechanik. Da aber die mechanische Gesteinsumformung, wie bemerkt, in der Natur in langen Zeiträumen erfolgt, in welchen sich die unter 1. bis 3. aufgezählten Molekularbewegungen vielfältig abspielen, so ist es gut, diese Molekularbewegungen als mittelbare Teilbewegungen der mechanischen Umformung zu erfassen in jenen zahlreichen Fällen, in welchen sie, Rupturen während des Öffnens oder nachträglich füllend, Massentransporte im Gesteine darstellen, welche zwar nicht als mechanische Differentialbewegungen zur Deformation unmittelbar nach deren Diktat erfolgen, aber doch mittelbar, indem sie von der Umformung diktierte Rupturen füllen und so die Kontinuität der umgeformten Masse erhalten.

Jedes der zahlreichen Gesteine, in deren Gefüge Kristallisation immer wieder entstehende Rupturen im Verlaufe der Deformation gefüllt hat, z. B. ein Blastomylonit, veranschaulicht diese mittelbare Teilbewegung, deren Begriff für das Verständnis der Gesteinsgefüge unerläßlich ist. Zum Beispiel finden wir Gesteine, die linear gestreckt werden und normal zur echten Streckungsachse (b) immer wieder zerrissen und verheilten. Der betrachtete Umformungsvorgang ist eine Längung nach b; die zugehörigen Teilbewegungen sind unmittelbare, z. B. eben die Zerreißungen der Körner und des Gesamtgesteins $\perp b$, und mittelbare, die Füllung der Querklüfte $\perp b$.

Wir haben also einen Überblick über die bewegten Teile (molekulare und nichtmolekulare Teilbewegung) und über die Gesetze der Einzelbewegung. Diese sind entweder Gesetze der Atomphysik im weiten Sinne und umfassen die Vorgänge der Diffusion, Lösung, Kristallisation; Grenzflächenphysik und Chemie. Damit beschreibbare Änderungen des Gesteins werden als dessen Molekularmetamorphose zusammengefaßt. Oder die Gesetze der Bewegung sind Gesetze der Kontinuumsmechanik. Damit beschreibbare Änderungen betreffen die mechanische Metamorphose 'des Gesteins.

Die Molekularmetamorphose umfaßt sowohl Änderungen des Mineralbestandes als Änderungen des Gefüges, wobei wir unter Gefüge immer alle Raumdaten des Gesteins verstehen. Da das Gefüge auch durch die mechanische Metamorphose geändert wird, aber beide Änderungen nach ganz verschiedenen Gesetzen erfolgen, so werden sie am besten verschieden bezeichnet. Was am Gefüge durch Molekularmetamorphose zustande kommt und verändert wird, nennen wir das atomdynamische Gefüge, was durch mechanische Metamorphose zustande kommt, das mechanische Gefüge. Das ist also eine genetische Einteilung und mit dem typischen Mangel einer solchen behaftet, nämlich: sie ist erst am Ziele der Einsicht sicher anzuwenden, aber sehr oft nicht auf dem Wege zur Einsicht in die Vorgänge. Auf diesem Wege bedürfen wir rein beschreibender, nichts Genetisches vorwegnehmender Begriffe für die Gefügebearbeitung und werden solche aufstellen.

Immerhin gibt es sehr vieles am Gesteinsgefüge, was sich heute sehr gut als atomdynamisches Gefüge in unserem Sinne von den Zügen des mechanischen Gefüges trennen läßt; so z. B. alles was zustande kommt durch Wachstum und Lösung der Kristalle im Gefüge.

Kristallisationsvorgänge mit und ohne Bildung neuer Minerale sind die wichtigsten Äußerungen der Molekularmetamorphose der Gesteine. Die wichtigsten Äußerungen der rein mechanischen Metamorphose sind:

1. stetige oder unstetige mechanische Deformationen an Gefügeelementen, namentlich an Kristallkörnern;

2. unmittelbare Teilbewegungen, namentlich rotierende Relativbewegungen der Körner gegeneinander, wodurch der Deformation des Ganzen zuordenbare Gleichstellungen der Körner, „passive Gefügeregelungen" nach der äußeren Korngestalt oder nach dem Korninnenbau zustande kommen, wenn die Körner in einer der beiden Hinsichten anisotrop sind.

In sehr vielen Gesteinen überlagern und durchwirken einander die Vorgänge, welche wir als molekulare und mechanische Metamorphose gedanklich getrennt haben; einem Beispiele hierfür wurde als mittelbare Teilbewegung schon begegnet. Es gilt also, zunächst das wirklich begegnete Endresultat rein zu beschreiben, dann beide Metamorphosen bzw. ihre Züge voneinander zu trennen, endlich ihre Einflüsse aufeinander festzustellen.

Um das zunächst ganz kurz in Umrisse zu bringen, unterscheidet man am Gesteine Mineralbestand und Gefüge. Am Gefüge unterscheidet man die Intergranulare und das Richtungsgefüge der Körner (Regelung nach Kornfeinbau). Regel nach der Korngestalt ist auch möglich ohne Regel nach dem Kornfeinbau, ganz unabhängig von demselben, aber auch zusammenfallend mit der Regel nach dem Kornbau. Jede der beiden Regeln kann mit und ohne Zusammentreffen mit der anderen vorkommen.

Sind beide Regeln nebeneinander vorhanden, so bedingt dies eine vorwaltende Gefügetracht des Einzelkorns, d. h. bestimmte kristallographische Richtungen fallen mit bestimmten Korndurchmesserlängen zusammen.

Beide Regeln können sowohl durch Molekularmetamorphose als durch mechanische Metamorphose entstehen. Durch Molekularmetamorphose aber nur dann, wenn das Wachstum der Kristalle in einem anisotropen Gesteinsgefüge erfolgt.

Damit sind wir bei einer der wichtigsten allgemeinen Beziehungen, welche die Veränderung der Gesteine bestimmt: Sowohl die molekulare als die mechanische Metamorphose schafft Gesteine, in welchen die Anisotropie des Vorgängers wenigstens in ihren Symmetrieeigenschaften in der Regel für unsere heutigen Untersuchungsmittel erkennbar bleibt. Gegenüber der Molekularmetamorphose, also etwa der Umkristallisation, ist dieser Vorgänger, dieses vorher vorhandene Gefüge, ein an jeder Stelle anisotropes Feld, nicht ohne Einfluß auf die Orientierung neu wachsender Kristalle; auch kann die Anisotropie des Vorgängers die einer späteren Diffusion wahrnehmbar unterlagern, wie schon bei Besprechung der Anlagerung erwähnt wurde.

Gegenüber der mechanischen Metamorphose kann die Anisotropie des Ausgangskörpers namentlich dann zu Worte kommen und wahrnehmbar sein, wenn die Vektorensymmetrie des mechanischen Deformationsaktes eine andere, bzw. anders orientierte ist als die des Ausgangskörpers.

Zusammenfassung. Alle Veränderungen an einem wirklich oder gedanklich umgrenzten Körper, welche für unsere Aufgabe in Frage kommen, lassen sich als Bewegungen den Körper wirklich aufbauender oder gedanklich in ihm gesetzter Teile übersichtlich machen.

Wir unterscheiden zunächst 2 Kategorien solcher Veränderungen ohne auf ihre Beziehungen zueinander oder auf anderes Gemeinsames als das eben Ge-

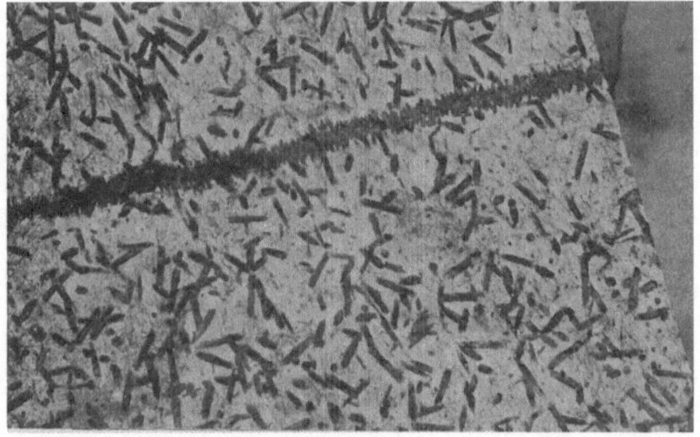

Abb. 46. Kordieritschiefer Ölsnitz (Sammlg. Sächs. Landesanstalt). Garbenschiefer mit Holoblastenwachstum nach der Wegsamkeit in s und in einem auf b deutlich senkrechten Zugriß (ac). Schwach verkleinert.

nannte einzugehen. Im einen Falle lassen sich die Bewegungen zu einem Bewegungsbilde zusammenfassen, welches nach dem Diktat die Gestalt des Körpers ändernder Außenkräfte verläuft und ganz bestimmte durch die Mechanik analysierte Bewegungstypen umfaßt: reine mechanische Umformung.

Im anderen Falle sind die Bewegungen diktiert durch die an jedem Punkte des Körpers autonomen Nahkräfte der Atome und ergeben die durch die Gesetze der Kristallisation, Oberflächenenergie, chemischen Reaktion, Diffusion diktierten Typen: Man kann in diesem Sinne von molekularer Umwandlung des Körpers — im Einzelfall von Kristallisation usw. — sprechen, aber man darf dabei zweierlei nicht vergessen: einmal kann auch rein mechanische Umformung bis ins Gefüge der Moleküle und Atome greifen. Und ferner besteht unbeschadet der scharfen begrifflichen Trennung zwischen den Bewegungen mechanischer Umformung und molekularer Umwandlung die Möglichkeit, daß sich beide beeinflussen und die Tatsache, daß beide in einem einheitlichen Umformungsakte einander in Unterakten ablösen, deren Dauer beliebig klein werden kann. In diesem Falle können sowohl die unmittelbaren Teilbewegungen der rein mechanischen Umformung als die Bewegungen der molekularen Umwandlung —

als „mittelbare Teilbewegungen" — die Anpassung des Körpers an eine durchaus mechanisch diktierte Neugestalt vollziehen und einander symmetriegemäß
überlagernde atomdynamische und mechanische Gefüge bilden. Besonders einfache Beispiele der Überlagerung von atomdynamischen und mechanischen
Zügen des Gefüges zeigen Abb. 46 u. 47.

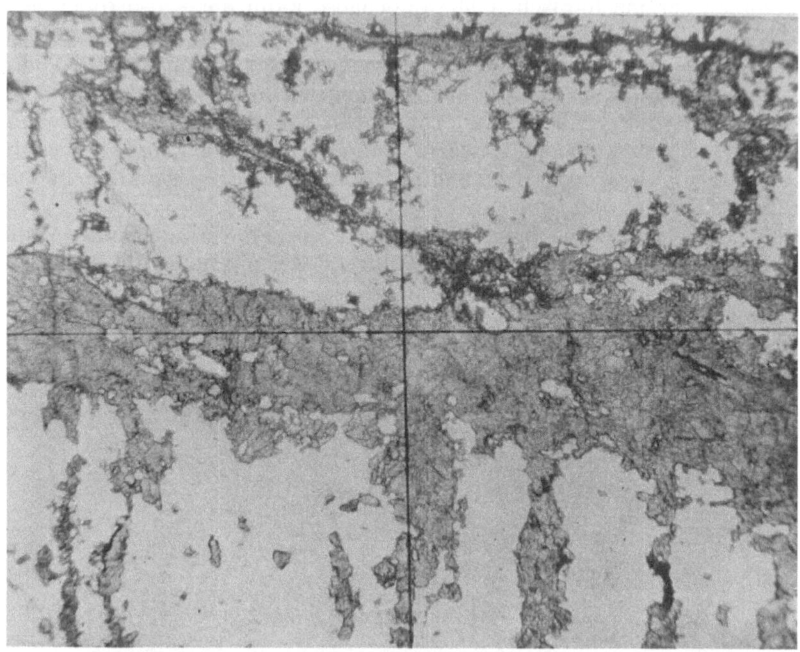

Abb. 47. Epidotisation eines Amphibolites nach *s* (kürzere Seite des Bildes) und (*ac*)-Rissen
(längere Seite des Bildes). Vergr. nahe 35.

Durch die Untersuchung der Gesteine als Korngefüge lassen sich sowohl
die Betrachtungen des I. Teiles dieses Buches als die eben umrissenen Gesichtspunkte für die Auffassung der Gesteine als in Wandlung begriffener Gebilde mit
deutbarem Gefüge am besten prüfen und verdeutlichen. Dies soll geschehen,
indem zuerst die allgemeinen Begriffe für die Analyse der Korngefüge eingeführt
werden; dann werden typische Korngefüge besprochen und einzelne Analysenbeispiele gegeben.

B. Untersuchung und Darstellung der Korngefüge.

Präparation; Methoden ohne Federow; Lagefreiheit des Korns bei gegebener Reaktion
mit einem Hilfspräparat; *U*-Tisch Methode; orientierte Schmidtsche Diagramme; Bezeichnung des Netzes; Einmessung von Einachsigen; Indikatrix und Kornlage; Einmessung von
Ebenen; statistische Auszählung; Messungen am „Einkristall"; Teildiagramme; Unzufälligkeit der Untermaxima und -minima; Messung ihrer Winkeldistanz; Einfluß der Polzahl;
Betrachtung der Diagramme; Rotation; Einzelkorn und Nachbarn; Überindividuen; mittlere
Lagendivergenz; Summation der Diagramme; synoptische Diagramme; Röntgenaufnahmen.

Kurze Umrisse der Untersuchungsmethoden von Korngefügen können praktische Übungen nicht ersetzen, sind aber zum Verständnis der folgenden Darstellungen nötig. Entsprechend dem engen Zusammenhange zwischen anisotropem
Korngefüge und Großgefüge sind zunächst die Daten des letzteren in ihrer Raum-

lage gegenüber den geographischen Koordinaten und gegenüber den Schliffen eindeutig festzulegen. Die Daten des Großgefüges sind Ebenen und Gerade. Am besten zeichnet man in das auch für die Kornanalysen benützte Netz in gleicher Ansicht mit der Bezeichnung der Weltrichtungen an der Peripherie des mithin horizontal in der Lagenkugel liegenden Zeichenkreises die Lote der Ebenen und die Durchstoßpunkte der Geraden. Bei Ebenen wird das gemessene Streichen auf der Peripherie des Kreises aufgesucht und ergibt einen Durchmesser; über diesem Durchmesser wird der den gemessenen Fällen entsprechende Großkreis (Schnitt der Ebene mit der Lagenkugel) aufgesucht und dessen Pol eingetragen. Bei Geraden wird als Durchmesser die Vertikalebene aufgesucht, in welcher die Gerade liegt und auf diesem Durchmesser der dem Fallen der Geraden entsprechende Punkt. Die Probenahme erfolgt am besten wie folgt: Eine Ecke des Gesteins wird womöglich, aber nicht notwendigerweise, auf einer Gefügeebene mit einer leeren Leukoplastetikette fest beklebt; auf letzterer wird Streichen und Fallen nach Befeuchtung mit Tintenstift mit Winkelangaben eingezeichnet, und noch bemerkt, ob die etikettierte Ebene im Gesteinsverbande nach oben oder unten sah, wenn man nicht ein für allemal nach oben sehende Ebenen wählt. Dann erst wird das Probestück mit seiner Etikette aus dem Gesteinsverbande herausgeschlagen und läßt sich nun jederzeit eindeutig wieder in seine natürliche geographische Lage bringen. Dasselbe gilt von allen daraus verfertigten Schliffen und Diagrammen, wenn man wie folgt vorgeht:

In möglichst einfacher Orientierung gegenüber am Gesteine etwa ersichtlichen Koordinaten, z. B. *abc*, im Sinne des allgemeinen Teiles [also (*ab*) Hauptgefügefläche, (*ac*) Symmetrieebene, *c* Lot auf (*ab*), *b* (*B*) Hauptachse] werden wenigstens 3 Flächen (*ab*) (*ac*) (*bc*) angeschliffen. Von diesen Flächen werden in der Schliffffläche durch Pfeile mit Richtungsangabe orientierte Schleifsplitter ein für allemal mit der Anschlifffläche aufgeklebt und dünngeschliffen. Jedes Korndiagramm ist durch seinen Index eindeutig zur Natur bzw. zum Diagramm des Großgefüges einstellbar und mit letzterem ohne weiteres konfrontierbar. Schlechte Orientierungen und zu weicher Einbettungskitt der Schliffe sind die besonderen Gefahren der Präparation für die Kornanalyse. Der hier beschriebene Vorgang ist in Abschn. F für eine Festigkeitsprüfung noch weiter erörtert. Die Dicke der Schliffe ist besser den Fragestellungen anzupassen als zu schematisieren. Ein Inventar der Handstücke mit Zeichnungen ist namentlich im Falle der Schliffherstellung bei einer Firma notwendig. Polierte Anschliffe sind wichtig für die Färbung der Intergranulare mit Nigrosin in Alkohol nach Hirschwald und für die Beobachtung bei intensiver Schiefbeleuchtung unter dem Stereomikroskop; die Betrachtung großer, nur im Anschliff umfaßbarer Bereiche ist sehr oft unerläßlich.

Mit derselben eindeutigen Orientierung wie für Schliffe erfolgt die Herstellung der dickeren Plättchen für die Gefügeaufnahme mit Röntgenlicht entweder so, daß das röntgenisierte Plättchen erst hernach für die optische Analyse dünngeschliffen wird oder so, daß der optisch untersuchbare Dünnschliff parallel zu sich selbst verschoben das Röntgendiagramm ergibt, das sonst durch die Dicke des Präparats zustande kommt.

Die Untersuchung erfolgt derzeit durch optische Methoden und Debje-Scherrer-Diagramme.

Die optischen Methoden sind ältere Übersichtsmethoden ohne Federow oder Bestimmung der einzelnen Kornlagen mit dem Universaldrehtisch nach Berek (kurz *U*-Tisch) und statistischer Erfassung derselben nach Schmidt. Die älteren, für die erste Übersicht dienlichen optischen Methoden ohne Federow stellen fest, ob von den verglichenen Körnern eines bestimmten Minerales alle oder die Mehrzahl bei Tischdrehung gleichzeitig gleiche optische Reaktionen geben. Gelegentlich brauchbare optische Reaktionen sind:

Auftreten des relativ höheren bzw. niedrigeren Brechungsindex (Schulbeispiel Kalzitgefüge); Auslöschung bzw. Aufhellung (vgl. Abb. 73, 82, 102); Auftreten additiver bzw. subtraktiver Farben bis Kompensation mit Hilfspräparat bzw. Kompensator. Der Farbeneffekt der Körnermehrheit wird bisweilen durch Beobachtung mit unscharfer Einstellung deutlicher.

Bei allen diesen Methoden ist die Rotationslage der Indikatrix eines Kornes, das die Reaktion gibt, zwar begrenzt, aber nicht bestimmt. Wenn man also an Stelle des Kristallkornes seine Indikatrix denkt, mit deren Lage übrigens ein Kristall wieder nur mehrdeutig festgelegt ist (vgl. S. 126), so kommt dieser Indikatrix eines die Reaktion gebenden Kornes eine Lagenfreiheit zu, deren Kenntnis für Schlüsse aus der Reaktion auf die Lage des Kornes notwendig und im Falle der additiven bzw. subtrativen Interferenzfarben mit dem Hilfspräparat von allgemeinerem Interesse ist und deshalb für diesen Fall umrißweise (L 41) erörtert wird.

Wir denken uns das Aggregat aus Indikatrixellipsoiden von einer Ebene, der Schnitt- oder Zeichenebene, geschnitten.

Es erscheinen die Schnitte der Ellipsoide im allgemeinen als Ellipsen mit den Durchmessern α' und γ'. Wir machen die Annahme: Gemeinsames Steigen und Fallen der Interferenzfarben der Körner erfolgt dann, wenn γ' (bzw. α') der Körner sich zu γ'' (bzw. α'') des Vergleichspräparates ganz oder teilweise summiert. Kreuzen wir die Nikols und stellen γ'' des Gipses z. B. unter 45^0 zu den Nikolschwingungsrichtungen, so wird eine teilweise Summation von γ' zu γ'' noch möglich sein, solange γ', der längere Ellipsoiddurchmesser im Quadranten von γ'', welches fix eingestellt bleibt, pendelt, also um höchstens $\sphericalangle \varrho = 45^0$ von der Richtung γ'' abweicht, welche wir zur Bezugsrichtung für die Untersuchung machen und diesfalls σ nennen wollen. Wir nehmen also schon in einer Ebene, der Schnittebene, eine gewisse maximal begrenzte Bewegungsfreiheit für γ' und damit für das Ellipsoid an, ohne daß das Phänomen des gemeinsamen Steigens der Körnerfarben aufgehoben wird. Diese Bewegungsfreiheit wurde schon im Hinblick auf andere Vektoren mit $\varrho = 45^0$, also maximal angenommen. Wenn wir uns nun an Stelle der Ellipsoide des Gefüges ein einziges Ellipsoid denken, welches um seinen festen Mittelpunkt pendelnd alle Lagen einnehmen soll, die ohne Aufhebung des gemeinsamen Steigens der Farben möglich sind, so erhalten wir durch die Gesamtheit dieser Lagen eine Übersicht darüber, welche Körnerlagen mit unserem Phänomen vereinbar sind, oder anders gesagt, was gemeinsames Steigen und Fallen der Interferenzfarben in einem Schnitte über die Orientierung der Körner aussagt. Die Frage nach der Gesamtheit der möglichen Achsenlagen für das ohne Störung des Regelungsphänomens pendelnde Ellipsoid ist also eine geometrische geworden:

Welche Lagen kann die längste Hauptachse eines um seinen Mittelpunkt frei beweglichen Ellipsoides einnehmen, wenn die Bedingung $\sphericalangle \varrho < 45^0$ erfüllt bleiben soll, wobei ϱ den Winkel bedeutet, den die große Achse der Schnittellipse mit einer festen, in der gleichen Ebene liegenden, durch den Mittelpunkt gehenden Geraden σ bildet? Die Lösung der Frage durch M. Pernt (L 41) ergibt für ein dreiachsiges Ellipsoid, daß das Maß der Bewegungsfreiheit von dem Größenverhältnis der 3 Hauptachsen des Ellipsoids ($\gamma > \beta > \alpha$) abhängt, und von der Lage der Geraden, in welcher der Hauptschnitt ($\gamma \beta$) des Ellipsoids die Schliffebene schneidet, und daß sich der größte Ellipsoiddurchmesser γ in keinem Fall in den von den sphärischen Kegelschnitten begrenzten grobpunktierten Kugelkalotten und in jedem Falle innerhalb des von den Kreisen K

ausgeschnittenen, nicht punktierten Kugelstückes bewegen kann (vgl. Abb. 48).

In Abb. 48 der Lagenkugel ist g die Schliffebene; die Spur von s auf g ist die Bezugsgerade σ unserer Betrachtung. γ kann nicht in das grobpunktierte, α nicht in das leere Gebiet der Kugeloberfläche gelangen. Für ein verlängertes Rotationsellipsoid ergibt die Betrachtung, daß sich der größte Ellipsoiddurchmesser ganz ebenso wie im ungünstigsten Grenzfalle beim 3-achsigen Ellipsoid innerhalb des von Großkreisen ausgeschnittenen, nicht punktierten Kugelstückes bewegen kann.

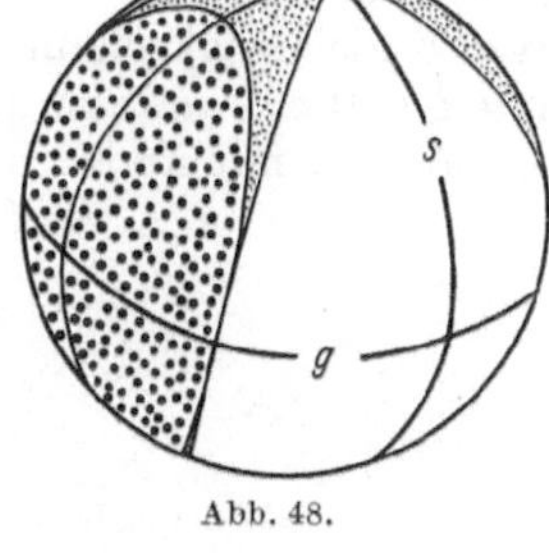

Abb. 48.

Man sieht also, welche Lagenfreiheit der Körner mit gemeinsamer Farbenreaktion gegenüber einem optisch in σ schwingenden Hilfspräparat vereinbar ist; und es zeigen manche Quarzdiagramme Fälle, in welchen diese Lagenfreiheit tatsächlich ausgenützt ist.

Die Kombination verschiedener Schliffe durch ein Gefüge ergibt eine entsprechende Einschränkung der erörterten Mehrdeutigkeit des Befundes bei Betrachtung eines einzigen Schliffes.

U-Tischmethode. Wegen der Mehrdeutigkeit der angeführten Methoden, der weit sichereren Mineraldiagnose an jedem Korn und der Erkennbarkeit vieler bei anderer Betrachtung überhaupt entgehender Korn- und Gefügedaten ist die räumliche Festlegung und Projektion der optischen oder anderer Korndaten, Gefügeflächen usw. durch Einmessung mit dem Federow derzeit überlegen. Voraussetzung ist Übung in den Methoden Federows, wie sie von Berek (L 117) in einer auch für den Gefügeanalytiker gut brauchbaren Weise bei Ausgabe des Leitzschen Universaldrehtisches zugänglich gemacht wurden. Eine Einführung in diese Methoden muß hier entfallen, jedoch sollen für die Gefügeanalyse typische Beispiele gegeben und speziell gefügeanalytisch interessierende Umstände erörtert werden.

Der U-Tisch ist (L 53) zu ergänzen durch einen Schmidtschen Parallelführer, welcher die Messungen Korn für Korn durch Parallelverschiebung des Schliffes ermöglicht, durch eine Anschlagklammer am Teilkreis des Mikroskoptisches und für Übungszwecke zu versehen mit einem statt der Glasplatte in den Tisch einlegbaren Ringe, in welchen eine Skiodromenkugel für Einachsige und Zweiachsige in beliebiger Lage eingesetzt werden kann; das ermöglicht die rascheste Einübung und auch später die schnellste Lösung auftretender Zweifel (Abb. 49).

Die Eintragung der Daten — Lote und Spuren von Ebenen, Durchstoßpunkte von Geraden des Kornes, das man im Zentrum einer Kugel denkt — erfolgt nicht, wie kristallographisch üblich, auf einer stereographischen Projektion dieser Kugel, sondern nach Schmidt auf der flächentreuen Azimutalprojektion der unteren Hälfte einer mit der Hauptachse in der Zeichenebene liegenden, mit Meridianen (Großkreisen) und Breitekreisen (Kleinkreisen) versehenen Hohlkugel. Den Anblick eines solchen Netzes gibt Abb. 50, 51. Ist das Netz unter dieser Voraussetzung mit eingetragenen Daten besetzt — Schmidtsches Diagramm — und ist die Projektion der oberen Kugelhälfte von außen gesehen erwünscht, so ergibt sich dieser Anblick der Lagenkugel für dieselbe Besetzung durch Drehung des Diagramms um 180° in der Zeichenebene.

Ein Beispiel für Orientierung eines Diagrammes in einem Falle ohne mikroskopische Anhaltspunkte gibt dunkler Granulit (D 46, 47) von Reitzenstein in Sachsen. Auf einer zunächst unverstandenen Kluftfläche wurde $O—W$ als Streichen, 85 S als Fallen eingetragen, das Stück abgeschlagen und, da keine Gefügedaten sichtbar waren, zwei beliebige aufeinander senkrechte Schliffe, nur zum Stücke und damit zur Natur orientiert, hergestellt. Der zur eingemessenen Kluftfläche senkrechte Schliff wurde auf seine Meßoleate gezeichnet und seine Orientierungsdaten in der Natur ebenfalls: N, S; oben, unten; O, W wobei die Definition der Projektion als Hohlkugelhälfte zu beachten ist. Die starke Längung der Quarzschnitte ergab die Spur von s als Durchmesser, das Diagramm der Achsen ergab für den Kenner von Quarztektoniten den Pol der Achse a im Bewegungsbild abc, als Großkreis über der Spur von s die Ebene (ab), und damit die Lage von a, b und c. Damit ist das örtliche Bewegungsbild festgestellt, vom Diagramm ablesbar und mit anderen Stellen vergleichbar: Die b-Achse des Gesteins liegt

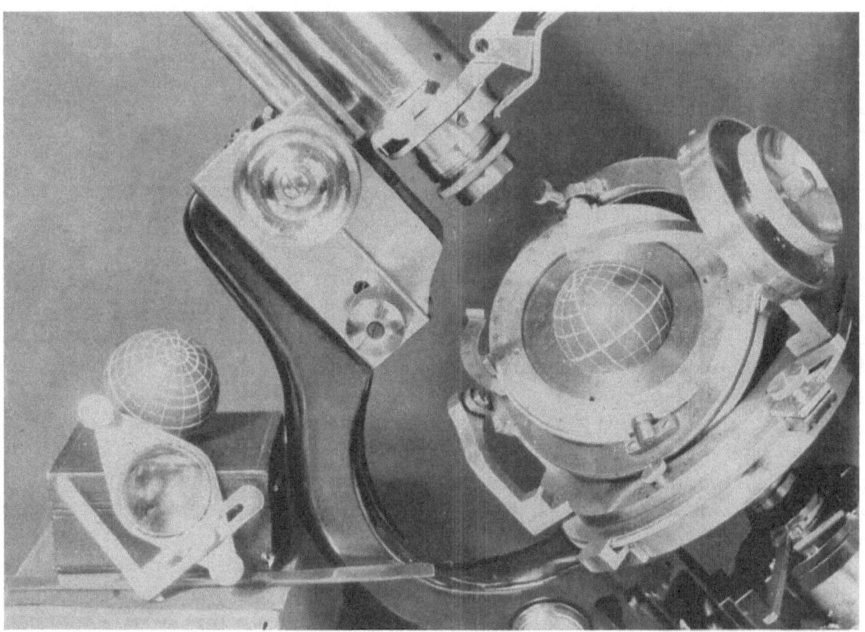

Abb. 49. Stativ mit Universaldrehtisch nach Fedorow (Berek Leitz). In den Drehtisch ist eingelegt der Ring mit Skiodromenkugel für Zweiachsige. Am linken Bildrand sieht man festgeklemmt am untersten Teilkreise die Klemme, welche durch Anschlag am Nonius dieses Teilkreises Rückkehr in die Ausgangsstellung ohne Ablesung ermöglicht. Links im Bilde dieses Segment mit Schmidtschem Parallelführer und Hornlöffel zum Verschieben des Schliffes.

in der Meridianebene des Ortes und fällt 50⁰ Süd, die a-Achse (Gleitgerade) und die c-Achse (Pol der Schieferung) liegen in der Ebene $\perp b$ (Streichen OW, Fallen 40⁰ N) aus den geographischen Hauptrichtungen um 40⁰ gegen den Uhrzeiger verdreht.

Um Diagramme zu vergleichen rotiert man deren wichtige Maxima (nicht die einzelnen Punkte!) richtig in ein Netz, dessen N, S, O, W oben und unten der Natur entspricht.

Das flächentreue Schmidtsche Netz ist wie das Wulffsche Netz der Kristallographen gegenüber einer konzentrisch darauf rotierten Oleate mit Daten in flächentreuer Projektion für alle Messungen auf Großkreisen und Kleinkreisen zu verwenden.

Auf dem Netz in der fixen Lage, Abb. 50, liegt konzentrisch drehbar die Oleate für die Eintragungen; sie erhält randlich eine Marke (Index), deren Deckung mit einen bestimmten Punkte (z. B. Süd) des fixen Netzes nach jeder Drehung die Ausgangslage herstellt, in welcher auch die gewünschten Richtungen des Präparates eingezeichnet werden (vgl. z. B. D 6, 12, 14, 186).

Um das Netz für Messungen herzurichten, gibt man dem U-Tisch und dem Netz die Ausgangsstellung. An der Peripherie erhält das Netz in gleicher Folge die Bezifferung des Teilkreises für die innerste Vertikalachse A_1. In der N—S-Richtung enthält das Netz, Abb. 50, 2 Bezifferungen. Die eine „L" dient der Eintragung des Lotes von Ebenen (deren Spur im Schliff man mit A_1 ostwestlich eingestellt hat) durch A_4:

Wenn man die Ebene selbst durch $A_4 \parallel$ zur Tubusachse stellt und auf Skala A_4 abliest, so befindet sich das Lot der Ebene auf N-S an einem Punkte, den man mit der Ablesung auf Skala A_4 bezeichnet; für den Leitzschen U-Tisch ist das in Abb. 50 durchgeführt. Daneben ist eine andere Skala auf N—S für Einstellung von Geraden mit A_4 in die Tubusachse. Auf O—W eine Skala für Eintragung von Loten auf Ebenen (mit N—S-Spur), welche man mit A_2 der Tubusachse parallel stellt.

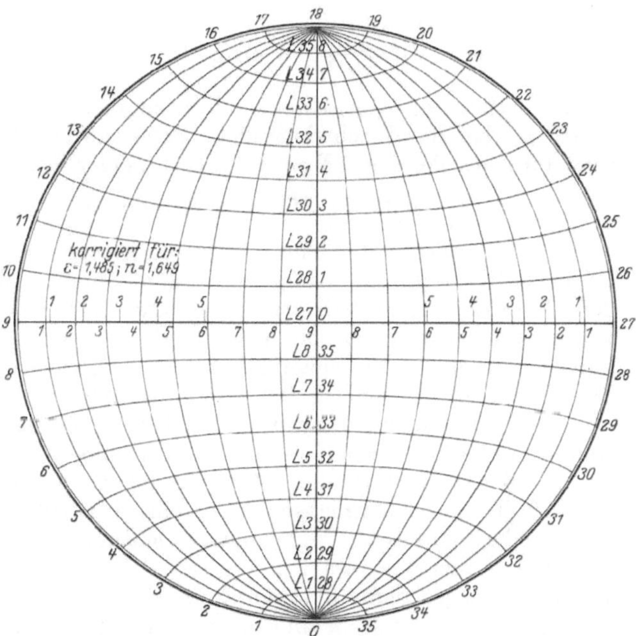

Abb. 50. Schmidtsches Netz für Gefügestatistik. Bezeichnet als Vorlage für Einmessungen und in Oleate verwendbar für Nachmessungen auf den größeren Diagrammen dieses Buches.

Die Bezeichnung der Skalen am Fedorow und die Verwendung der Achsen des Fedorow kann hiervon auch abweichen. Jedenfalls aber müssen auf dem Netze für jedes gewählte Verfahren die Zahlen den Ablesungen auf den betätigten Teilkreisen der Apparatur entsprechen.

Als Beispiel seien hier die Skalen für in diesem Buche vielverwendete Einmeßverfahren angeführt, welche für einen U-Tisch mit der in Bereks Buch vorausgesetzten Teilkreisbezifferung gelten:

1. Direkte Einmessung einer Geraden des Kristalls, z. B. der optischen Achse, erfolgte durch A_4, die Verzeichnung des Poles nach N—S des Gradnetzes mit der Bezifferung:

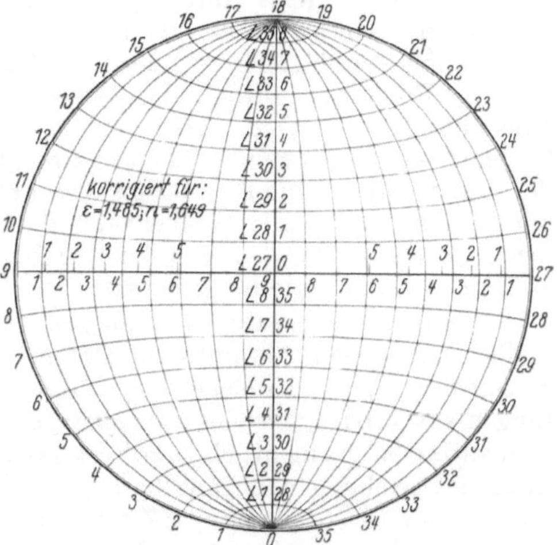

Abb. 51. Wie 50; verwendbar zum Nachmessen der kleineren Diagramme dieses Buches.

$$N - 9, 8, 7 \ldots 3, 2, 1, 0 \ (\text{oder } 36), 35, 34 \ldots 28, 27 - S.$$

2. Einmessung einer Ebene E erfolgte in verschiedenen Fällen:

a) Einmessung der Ebene $\perp$ zur Achse eines einachsigen Kristalls durch A_2 und Verzeichnung ihres Poles (= optische Achse) auf $W-O$ des Gradnetzes mit der Bezifferung:

$$W - 10, 20, 30 \ldots 70, 80, 90, 70 \ldots 30, 20, 10 - O;$$

b) Einmessung von Kalzitzwillingslamellen durch Einstellung ihrer Spur in $W-O$ (bei $N-S$ schwingendem Polarisator), Betätigung von A_4 und Verzeichunug des Poles auf $N-S$ des Gradnetzes mit der Bezifferung:

$$N - 0, 35, 34, 33 \ldots 28, 27 \text{ oder } 9, 8, 7 \ldots 3, 2, 1, O - S.$$

Bei Mineralien mit höherer Doppelbrechung, also z. B. gerade beim Kalzit, ist es nötig, sich bei jedem Verfahren, ob man nun die Achse direkt oder den Äquator der Skiodromenkugel oder eine Translationslamelle einstellt, jedesmal klarzumachen, ob man ω oder ε' bzw. ε beobachtet. Denn da man seine Segmente nur entweder gleich ω oder gleich ε oder allenfalls, für manche Zwecke ausreichend, gleich dem mittleren Index wählen, während der Manipulation aber nicht wecheln kann, ist man unter Umständen zu Korrekturen nach dem Berekschen darauf bezüglichen Nomogramm gezwungen, welche man gleich auf dem betreffenden Maßstab der Projektion, etwa durch eine anders gefärbte Teilung gebrauchsfertig macht. Um solche Umstände zu beurteilen, ist es nötig, jeweils die Schwingungsrichtungen seiner Apparatur und die im Kristalle, letzteres etwa am besten mit Hilfe einer Skiodromenkugel, zu berücksichtigen, wie es denn überhaupt für diese Methode unerläßlich ist, über die Bewegungen des Kristalls und seiner Schwingungsrichtungen fortlaufend lückenlos im Bilde zu bleiben. Man arbeitet sich da in jedes Mineral ein. So ist z. B. bei Kalzit gerade die starke Doppelbrechung hierin sehr leitend, da man alle Kornbewegungen, mit welchen man einen gegen ω steigenden Indexwert zu Worte bringt, an dem sich verstärkenden Relief des Kornes alsbald erkennen lernt. Bei meiner Aufstellung erfolgte die Polarisatorschwingung $N-S$. Bei der Bestimmung der Achse durch Einstellung der auf ihr senkrechten Äquatorebene der Skiodromenkugel in die Sagittalebene des Beobachters erfolgt, solange diese Einstellung (durch Achse A_2) noch unvollkommen ist, Aufhellung bei Betätigung von A_4. Bei dieser Aufhellung, deren Verschwinden das Kriterium für richtige Einstellung ist, gelangt durch den $O-W$ schwingenden Analysator im wesentlichen $O-W$ schwingendes Licht des Kristalls zur Beobachtung. Diesem kommt der Index nahe ε zu. Es wurden also auf der $O-W$ orientierten Äquatorachse der Projektion für alle Winkelwerte die Korrekturen für die Indexabweichung zwischen Segment (= ω = 1,6585) und ε (= 1,4869) eingetragen und bei Messungen in Äquatorstellung benutzt.

Im allgemeinen wird es wichtiger sein, irgendwelche Gitterebenen des Kristalls einzumessen, als optische Daten. Die Gitterebenen interessieren für alle absehbaren Fragen, welche der U-Tisch bezüglich aktiver und passiver Regelungen sowie bezüglich des Einzelkorns zu lösen hat, viel direkter als seine optischen Daten. Namentlich zum Festigkeitsverhalten des Kristalls stehen letztere in loser Beziehung und ganz besonders gilt dies von Zweiachsigen. Da überdies die optische Orientierung der Zweiachsigen zeitraubender ist als die Einmessung von Kristallflächen (z. B. der Prismen bei Hornblenden oder der Glimmerendfläche usw.), ist es ein sehr glücklicher Umstand, daß letztere so gute Einblicke gibt und bei geschickter fallweiser Anpassung eine Orientierung des Kristalles in bezug auf alles, was uns für den jeweiligen Fall am Kristall eben interessiert. Als einfaches und häufiges Beispiel für den Verlauf einfacherer bei Übung in

½ bis 1 Minute durchführbaren Einmessungen wird die Einmessung Einachsiger und Einmessung von Lamellen angeführt.

Schlüssel für die Einmessung der Achse einachsiger Körner von beliebiger Lage der optischen Achse c zur Schliffoberfläche *(Sch)*.

Ausgangsstellung des Schliffes herstellen. Oleate mit Index versehen. Oleatenindex mit Schliffindex gleichsinnig und gleich weit mitdrehen, wenn der Schliff um A_1 (oder A_5) gedreht wird.

Das Korn erscheint dunkel . . . . A

Das Korn erscheint nicht dunkel . . . . B

A { Das Korn bleibt dunkel bei Betätigung von A_1 (oder A_5): . . . . . . a
a) $c \perp Sch$. Eintragung von c im Zentrum des Zeichenkreises.
Das Korn wird hell bei Betätigung von A_1 (oder A_5) . . . . b

b { Die Dunkelstellung bleibt erhalten bei Betätigung von A_4: Eine optische Symmetrieebene (entweder $\parallel c$ oder $\perp c$) ist $\perp A_4$ eingestellt . . . . α
Die Dunkelstellung geht verloren bei Betätigung von A_4 . . . . . β

α) Man stellt mit $A_5\,A_4$ in Diagonalstellung und pendelt um A_4:

Symmetrisches Steigen der Farben beim Pendeln (das Steigen erfolgt lediglich durch Zunahme der Schliffdicke bei der pendelnden Schiefstellung des Schliffes): Die „Ebene $\perp c$" ist $\perp A_4$ eingestellt. c ist also $\parallel A_4$. Der c-Pol liegt in O und W und wird in O oder W (einmal!) eingetragen.

Beim Pendeln sinken die Farben beiderseits eines Höhepunktes oder wenigstens nach einer Seite: Eine „Ebene $\parallel c$" ist $\perp A_4$ eingestellt. c ist also $\perp A_4$. Der c-Pol liegt auf der Geraden $N\!-\!S$ im Netz.

Sinken die Farben beim Pendeln bis dunkel, und bleibt diese Dunkelstellung auch beim Pendeln um A_5 erhalten, so ist $c \parallel$ Tubusachse und wird mit α_4 an der Geraden $N\!-\!S$ des Netzes eingetragen.

Sinken die Farben beim Pendeln um A_4 nicht bis Schwarz, so ist die Achse auf diesem Wege nicht erreichbar. Man geht in die Ausgangsstellung zurück, dreht den Schliff um A_1 um 90⁰ und geht nun abermals vor wie es unter α beschrieben ist . . . . α

β) c liegt in diesem Falle in der Ebene, welche durch A_4 und die Tubusachse bestimmt ist. Das ist die Äquatorialebene der Lagenkugel, in deren Projektion wir einzeichnen (daher „Äquatorstellung von c" nach Schmidt). Der c-Pol wird wie folgt bestimmt:

Die bei Betätigungen von A_4 entstandene Aufhellung wird ausgelöscht durch Betätigung von A_2 . . . . γ

Die bei Betätigung von A_4 entstandene Aufhellung ist durch Betätigung von A_2 entweder überhaupt nicht auslöschbar oder ergibt keine im Sinne von γ richtige Auslöschung. Man stellt die Ausgangsstellung her, dreht um A_1 um 90⁰ und geht vor wie in . . . . α

γ) Ergibt sich sowohl bei Linksdrehung als bei Rechtsdrehung von A_2 diese Auslöschung, so ist von beiden Drehungen jene zu wählen, welche nicht c, sondern die Ebene $\perp c$ parallel zum Tubus gestellt hat. Nur diese letztere Drehung um A_2 ist brauchbar, und man erkennt sie an sicheren Kennzeichen: Die Auslöschung erfolgt bei richtiger Drehung plötzlich von relativ hohen Farben aus. Bei unrichtiger Drehung erfolgt die Auslöschung durch allmähliges Sinken der Farben, je mehr man c der Tubusachse nähert. Die Einstellung $c \parallel$ Tubus bei unrichtiger Drehung um A_2 ist auch durch Dunkelbleiben beim Pendeln um A_5 leicht erkennbar und in diesem Falle eben der andere richtige Drehungssinn von A_2 zu wählen, dessen Auslöschung beim Pendeln um A_5 sofort verloren geht und beim Pendeln um A_4 in Diagonalstellung beiderseitiges Farbensteigen zeigt.

Den bei dieser im Hinblick auf unsere Netzskala vorgeschriebenen Drehung erhaltenen Auslöschungswinkel α_2 trägt man auf der $O—W$-Geraden (Äquator) des Netzes auf derselben Seite ein, auf welcher man am U-Tische abgelesen hat. Man hat damit das Lot auf die Ebene $\perp c$ des Kristalles und mithin c selbst eingezeichnet.

B. Man dreht um A_1 bis in eine Dunkelstellung und geht so dann weiter ganz wie in Fall b.

Dies ist der Gang einer Einmessung aus beliebiger Ausgangsstellung. Praktisch wird man anstreben, bei Körnern mit relativ niedrigen Farben eine Ebene $\| c$ normal zu A_4 zu stellen und c unmittelbar einzumessen; bei Körnern mit relativ hohen Farben die Ebene $\perp c$ normal zu A_4 zu stellen und c mittelbar als Lot dieser Ebenen einzumessen. Man stellt also bei Körnern mit relativ niedrigen Farben sogleich eine Ebene $\| c$ sagittal ein, welche man bei solchen Körnern als (dunkelbleibende) optische Symmetrieebene bei Betätigung von A_4 leicht vor der anderen (bei Betätigung von A_4 aufhellenden) Auslöschungsrichtung unterscheidet und geht vor nach α.

Bei Körnern mit relativ hohen Interferenzfarben in der Ausgangsstellung meidet man die Sagittalstellung der „Ebene $\| c$“ und stellt die andere Auslöschungsrichtung in Ausgangsstellung sagittal ein. Diese Sagittalebene mit der anderen Auslöschungsrichtung ist meist eine Ebene schief zu c und wird dann nach β behandelt, oder sie ist eine Ebene $\perp c$, zeigt alsdann keine Aufhellung bei Betätigung von A_4 und der c-Pol wird im O- oder W-Punkt des Netzes eingetragen (siehe Fall α).

Nahezu $\perp c$ geschnittene Minerale geringer Doppelbrechung (z. B. Quarz) kann man durch A_1 nicht in deutliche Auslöschestellung bringen. Man betätigt A_1 erst nachdem man mit A_4 schiefgestellt hat, findet so leicht den Hauptschnitt und durch A_5 und A_4 die Achse.

Die Unterscheidung, ob eine Achse eines zweiachsigen $\mathfrak{A}_2$ oder eines einachsigen $\mathfrak{A}_1$ in die Tubusachse eingestellt vorliegt, ist u. a. wie folgt möglich. Man muß in Fällen, wo diese Unterscheidung (z. B. bei der Einmessung von Quarzkörnern zwischen unverzwillingten Plagioklasen) nötig ist wie folgt vorgehen: Jene optische Symmetrieebene, welche die fragliche Achse enthält, wird $O—W$ eingestellt und die Achse durch A_2 in die Tubusrichtung gebracht. Drehen wir dann um A_3, so bleibt Dunkelheit. Drehen wir um A_3 um zwei weniger als 90° (etwa 45°) voneinander verschiedene Beträge, und schwingen jedesmal in der Sagittalebene um A_4, so erhalten wir entweder wenigstens einmal Aufhellung: die fragliche Achse ist $\mathfrak{A}_2$, das Mineral zweiachsig, oder beide Male Dunkelheit: die fragliche Achse ist $\mathfrak{A}_1$, das Mineral einachsig. Auf diese Weise sind Einachsige von solchen Zweiachsigen zu unterscheiden, deren Achsenebene zufällig $\perp$ zum Schliffe steht.

Durch die Einmessung der Indikatrix sind einachsige Körner nur mit Rotationsfreiheit um die Hauptachse und ohne Ausdruck für deren eventuelle Ungleichendigkeit festgelegt; es bleiben also genauere Festlegungen röntgenoptischen Methoden überlassen oder der Miteinmessung kristallographischer Daten, z. B. der Gleichrhomboeder-Flächen bei Kalzit.

Die Festlegung der Indikatrix bei Zweiachsigen ergibt keine Rotationsfreiheit der Korns, aber bisweilen mehrere Lagemöglichkeiten, welche womöglich durch Miteinmessung kristallographischer Daten zu beseitigen sind. Denn es gibt derzeit keine gefügeanalytische Fragestellung, welcher eine mehrdeutige Festlegung des Kornes genügt.

Es ergibt sich über diese Verhältnisse für die höchstsymmetrische Klasse der Systeme die folgende Übersicht, aus welcher sich das Verhalten niedriger symmetrischer Klassen durch ganz analoge Überlegungen wie das niedriger symmetrischer Systeme ergibt.

Die Orientierung der Indikatrix ist durch die Richtung ihrer Achsen $\alpha\beta\gamma$ gegeben. abc sind hier die kristallographischen Achsen.

I. Wirtelkristalle. Nur c ist festgelegt; Rotationsfreiheit um c; 2 Lagemöglichkeiten, wenn c polar.

II. Rhombische. abc und damit der Kristall ist festgelegt; jede Gerade ist durch ihre Winkel mit zweien von den Richtungen $\alpha\beta\gamma$ bestimmt.

III. Monokline. (010) fällt in eine optische Symmetrieebene E. Betrachten wir E, so ist zwar (010) eindeutig bestimmt, aber es gibt noch 2 Lagen für den Kristall und für jede nicht mit $\alpha\beta$ oder γ zusammenfallende Richtung in E, deren Winkel mit einer Elastizitätsachse in E ohne Vorzeichen — wie ihn U-Tischmessungen ergeben — bekannt ist. Ist eine Gerade $[hkl]$ ohne Vorzeichen durch ihre Winkel mit einem Paare aus $\alpha\beta\gamma$ bestimmt, so hat sie 4 Lagemöglichkeiten; nämlich in den Oktanten von $\alpha\beta\gamma$. Von diesen 4 Lagen sind für höchstsymmetrische Kristalle und Kristalle ohne D^2 je 2 identisch — das ergibt eben die 2 Kristallagen —, für Kristalle mit polarem b aber alle 4 Lagen und damit 4 Kristallagen unterscheidbar.

Ist außer $\alpha\beta\gamma$ noch eine beliebige kristallographisch bekannte Gerade g des Kristalles unabhängig von $\alpha\beta\gamma$ — also z. B. als Lot auf Spaltrissen oder Translationsfugen — eingemessen, so liegt g entweder in (010) — dann ist die Lage des Kristalls und damit jeder seiner Richtungen bestimmt — oder g liegt nicht in (010) — dann hat der Kristall und jede seiner Richtungen zwei Lagemöglichkeiten.

Ähnliches gilt von triklinen Kristallen:

IV. Trikline. Weiß man von einer kristallographisch bekannten und einmeßbaren Geraden nur ihre Winkel mit einem Paare aus den Achsen $\alpha\beta\gamma$ ohne Vorzeichen, so gibt es vier mögliche Lagen für g: $g_1\,g_2\,g_3\,g_4$ — nämlich eine Lage in jedem Oktanten von $\alpha\beta\gamma$ und in der Klasse mit Symmetriezentrum je zwei davon ununterscheidbar, da g keinen Richtungssinn hat. Da g im triklinen Kristall nur einmal vorkommt, so sind bei fixem $\alpha\beta\gamma$ vier, zu $g_1\,g_2\,g_3\,g_4$ gehörige, Kristalllagen möglich; auch stereographische Projektion zeigt das leicht. Nur diese 4 Lagen sind möglich, weil jede Rotation um g_1 usw. sofort dem dem Kristalle gegenüber fixen $\alpha\beta\gamma$-Kreuz widerspricht und zu keiner Decklage vor 360^0 führt.

Es ergibt sich also (L 76):

I. Sind nur die optischen Elastizitätsachsen durch Beobachtung ermittelbar, dann gibt es für eine

a) kristallographische Richtung — Flächenpol, Achse, Schnittkante —, die nicht in einer der optischen Symmetrieebenen liegt, vier Lagemöglichkeiten,

b) kristallographische Richtung, die in einer der optischen Symmetrieebenen liegt, nur noch zwei Lagemöglichkeiten.

II. Ist außer den drei optischen Elastizitätsachsen noch eine kristallographische Richtung durch Beobachtung ermittelbar, die in einer optischen Symmetrieebene liegt, so hat

a) eine zweite zu konstruierende kristallographische Richtung, die nicht in der gleichen Symmetrieebene liegt, noch zwei Lagemöglichkeiten,

b) eine zweite zu konstruierende kristallographische Richtung, die in der gleichen Symmetrieebene liegt, nur eine Lagemöglichkeit.

III. Ist außer den drei optischen Elastizitätsachsen noch eine kristallographische Richtung beobachtbar, die nicht in einer optischen Symmetrieebene liegt, dann ist jede zweite zu konstruierende kristallographische Richtung eindeutig in ihrer Lage, gleichgültig, ob sie in einer optischen Symmetrieebene liegt oder nicht.

Die Einmessung der Indikatrix an sich ist für die Gefügeanalyse nur mittelbar von Interesse, insofern sie kristallographische Richtungen festlegt oder festlegen mithilft. Bisweilen kann man die interessierenden kristallographischen Richtungen unmittelbar einmessen. In anderen Fällen lassen sich die interessierenden kristallographischen Daten aus meßbaren optischen und kristallographischen konstruieren.

Die meisten kristallographischen Einmessungen betreffen Ebenen ohne direkt unterscheidbare Richtung in der Ebene, so daß zu deren Darstellung die Lote genügen.

Einmessung der Pole von Ebenen (E). Nach Herstellung der Ausgangsstellung stellt man die geradlinige Spur von E auf der Schliffoberfläche durch Betätigung von A_1 genauestens parallel mit dem rechts-links laufenden Faden des Fadenkreuzes. Sodann betätigt man A_4, bis E parallel zur Tubusachse steht. Man erkennt dies daran, daß das Bild von E seine größte Schärfe und Dünne erreicht. Spaltrisse und in Ebenen angeordnete Einschlüsse sind im allgemeinen besser ohne Analysator einzustellen. Man versucht in jedem Falle die Scharfstellung mit und ohne Analysator.

Bilde E die Grenze verschiedener Indikatrixlagen, z. B. bei Kalzitlamellen, so erreicht man bisweilen schärfere Einstellung von E mit A_4, wenn man, während der Betätigung von A_4 auch um A_5 pendelnd, das Optimum für die Deutlichkeit des Bildes von E aufsucht. Dieses Optimum hängt u. a. auch von der Schwingungsrichtung des Polarisators ab, was zu beachten ist.

Die Einstellung von Kornebenen (Lamellen) und Gefügeebenen gelingt meist sehr rasch und genau, kann aber auch Schwierigkeiten machen.

Manche Quarzlamellen z. B. werden überhaupt erst bei Neigung um eine Horizontalachse sichtbar. Um also keine Lamellen zu übersehen und eine dadurch erfolgende Auslese zu vermeiden, kippt man nicht nur um eine oder zwei solcher Horizontachsen, sondern man dreht den Schliff um Intervalle $\alpha_1 = 30^0$ und kippt jedesmal lamellensuchend um A_4.

Man betätigt A_4 bis die eingestellten Lamellen gleiche Ränder auch bei Heben und Senken des Tubus zeigen. Das gilt für klare einfache Lamellen bzw. Fugen. Opazitische Belage werden mit A_4 auf minimale Mächtigkeit eingestellt.

Durch Verwendung des Kompensators kann man bisweilen in nicht allzu dünnen Schliffen am allerbesten die Lamellen sichtbar machen und dann wie oben verfahren.

Für Lamelleneinmessungen sind dickere Schliffe vorzuziehen. Ebenso ist die wirkliche Ebene s (einer Feinschichtung z. B.), nicht nur ihre Spur auf dem Schliff sehr sorgfältig festzulegen und Spuren von der Ebene selbst in der Darstellung zu trennen.

Um Feinschichtung einzumessen, wo Glimmer fehlen, läßt sich manchmal, z. B. in Sandsteinen, die Beckesche Linie benützen. Man dreht so lange bis die Intergranulare von maximal gleichwertigen Beckeschen Linien gezeichnet erscheint, nicht von ungleichwertigen.

Die Einmessung der Pole von Ebenen des Kornes oder des Gefüges ist besonders in allen jenen zahlreichen Fällen von Bedeutung, in welchen zwischen beiden Ebenen bestimmte Lagebeziehungen bestehen, z. B. im häufigsten Falle eine Kornart mit ihrer Translationsebene in die Translationsebene des Gefüges eingestellt wird.

Ferner liegt der Wert der Einmessung von Ebenen des Korns, z. B. bei Untersuchung bestimmter Schnittlagen, in der direkten Aufdeckung der Tatsache, daß die e-Flächen des Kalzits wie Glimmer-(001) in Scherflächen eingeregelt wird; oder in der Darstellung der Abbildung von Beanspruchung ohne

Fließen. Endlich in der Feststellung von Festigkeitsanisotropien für technische Zwecke.

Dagegen vermag, wie z. B. Marmore zeigen (D 157 bis 159), auch ein Lamellen-Sammeldiagramm, welches die Häufung aller überhaupt beobachtbaren Lamellen enthält, insofern keinen vollständigen Einblick in die Teilbewegung zu geben, als auf einzelne Achsenmaxima keine Häufungen sichtbarer Lamellen entfallen müssen (Rekristallisation oder unsichtbare Translation).

Auszählung. — Nicht für alle Fragen genügt die Betrachtung ausgezählter Diagramme. So ergeben sich feinere Minima meist besser aus den unausgezählten Punktdiagrammen als aus der Auszählung. Notwendig ist ferner die Betrachtung der unausgezählten Diagramme sehr oft für die Entscheidung, ob ein auftretendes Maximum in einer mechanisch passiven Gefügeregel ein primäres, auf einen bestimmten Translationsmechanismus direkt zurückzuführendes, oder ein sekundäres, aus primären Maxima entweder durch gegenseitige Überlagerung derselben oder durch Symmetraleneinstellung abzuleitendes ist. Der sekundäre Charakter ist auszuschließen, wenn die Ausgangs-Maxima oder eines derselben für die Ableitung von Polen überhaupt unbesetzt sind, was man am besten im unausgezählten Diagramme sieht. Dennoch ermöglicht erst die Schmidtsche statistische Auszählung der flächentreuen Netze eine genügend übersichtliche und objektive Darstellung der Besetzung der Lagenkugel.

Der Vorgang bei einer für die meisten Fragen genügenden schematischen Auszählung ist folgender.

Auf der mit Polpunkten bedeckten Kreisfläche des Diagrammes mit $r = 10$ cm wird ein Auszählkreis ($r' = 1$ cm, Glas oder Loch; am besten nach dem Vorgang im Institut Heidelberg ein im Abstande 20 cm kreisförmig gelochtes, in der Mitte mit Längsschlitz von einigen Zentimetern versehenes Zelloidinlineal) mit dem Zentrum auf alle Zentimetereckpunkte („Zählpunkte") eines quadratischen Netzes (Millimeterpapier unter der auszuzählenden Oleate) gelegt. Jedesmal wird die vom Auszählkreis umfaßte Polzahl n zum Zählpunkt geschrieben. Dann schreibt man 1%, 2%, 3% usw. der Gesamtzahl aller Polpunkte des Diagrammes auf und stellt in Übersicht, welche Anzahlen von Polen demnach angenähert zwischen 1% bis 2%, 2% bis 3% usw. der Gesamtzahl aller Pole des untersuchten Diagrammes zu liegen kommen. Man kann dann an Stelle der Polzahlen n zu jedem Zählpunkt das zugehörige Prozentintervall notieren und Felder mit gleichen Prozentintervallen eingrenzen. Dann zeigen diese Felder eine Besetzungsdichte des betreffenden Intervalles also von $o\%$ bis $p\%$. Das ist die Auszählung mit Auszählkreis von 1% der Gesamtfläche und ergibt direkt Prozente.

Zählt man nicht mit 1% der Gesamtfläche aus, sondern mit Auszählkreisen von $m\%$ der Gesamtfläche und Radius r' aus, wobei:

$$\begin{aligned}
m &= 0{,}5\% \text{ der Gesamtfläche } (10^2\,\pi); \quad r' = 0{,}707 \text{ cm,} \\
m &= 1\ \% \quad\quad\quad\quad\ " \quad\quad (10^2\,\pi); \quad r' = 1 \text{ cm,} \\
m &= 2\ \% \quad\quad\quad\quad\ " \quad\quad (10^2\,\pi); \quad r' = 1{,}414 \text{ cm,} \\
m &= 3\ \% \quad\quad\quad\quad\ " \quad\quad (10^2\,\pi); \quad r' = 1{,}732 \text{ cm,} \\
m &= 4\ \% \quad\quad\quad\quad\ " \quad\quad (10^2\,\pi); \quad r' = 2 \text{ cm,}
\end{aligned}$$

so ist das Ergebnis mit $\dfrac{1}{m}$ zu multiplizieren.

Die Auszählung mit 2% und höher empfiehlt sich an dünn besetzten Stellen, an welchen die Einzelpole ja sehr zufällig fallen, wie der Besetzungsvorgang lehrt.

Der Vorgang bei der Auszählung läßt sich verschiedenen Fragestellungen anpassen. Als Ziel der Auszählung ist aber festzuhalten, daß sie übersichtlicher sein soll als die bloßen Polpunkte — das erreicht man durch die sich ergebende Verbindung gleich dicht besetzter Flächen in eine Fläche; und daß sie entsprechend der Erfahrung über die Unzufälligkeit auch kleiner Häufungen und Undichten von den Details des Punktdiagramms so viel enthält, als mit der gewünschten Übersichtlichkeit vereinbar und für besondere Fragestellungen erwünscht ist —, das erreicht man durch den Radius des Auszählkreises. Ist Detail erwünscht, so zählt man mit kleinerem Auszählkreise (etwa ½% der Gesamtfläche) aus und von Zählpunkten aus, welche nicht schematisch gelegt sind, sondern z. B. an Stellen zweifelhafter Verbindungen enger aneinander stehen als an anderen: ja man kann mit dem Zentrum des Auszählkreises beliebige Kurven beschreibend und beliebig oft auszählend die Häufungen mit der gewünschten Feinheit abtasten. In dünn besetzten Gebieten mit größeren Auszählkreisen als in dicht besetzten, deren Details mit zunehmender Größe des Auszählkreises verschwinden.

Als Beispiel einer genau gegliederten Auszählung kann D 101b, 102b dienen. Hiebei wurde jedem Zählpunkt die dort in den Zählkreis fallende Polzahl n (eine ganze Zahl) zugeordnet und es wurde hingeschrieben, welche Prozentzahl aller Pole n' (im allgemeinen eine gebrochene Zahl) diesem n entspricht. Die Felder mit gleichem n' werden als Felder mit n'% mittlerer Besetzungsdichte umgrenzt. Man sieht durch den Vergleich mit den ganz schematisch ausgezählten D 101a, 102a, daß sich kein beachtlicher Unterschied ergibt, wenn es, wie zunächst bei den Fragestellungen dieses Buches, auf die Lage von Schwerpunkten der Häufungen ankommt.

Die Analyse des Gefüges ist für jedes Mineral womöglich durch U-Tischanalysen der Deformation und Rekristallisation am Einkristall bzw. Gitteraggregat zu ergänzen. Denn:

1. Diese Analyse der Füllung nichtrekristallisierter und rekristallisierter Rupturen des Einkristalls stellt sehr oft selbst eine Gefügeanalyse des betreffenden Minerals unter besonderen gut definierten Bedingungen dar: mechanische Deformation und Kristallisation erfolgt in dem scharf definierten anisotropen Felde, welches der Ausgangskristall selbst darstellt.

2. Es tritt dabei der Deformationsmechanismus des Einkristalles am besten zutage, und die Kenntnis dieses ist der Schlüssel für die Ableitung mechanisch passiver Gefügeregelungen nach dem Kornbau.

3. Für die Frage der Abbildungskristallisation ist es vor allem wichtig, fallweise festzustellen, ob ein bestimmtes Mineral in bekannter Orientierung einen richtenden Einfluß auf rekristallisierende Individuen seinesgleichen, welche auf ihm wachsen, ausübt und welcher Art derselbe ist.

Teildiagramme. Dieses Buch enthält zahlreiche Beispiele dafür, daß eine möglichst weitgehend getrennte Aufnahme unterscheidbarer Kornarten (auch desselben Minerales) und Diagramme mit methodischer Auslese der Körner besser in den Werdegang des Gefüges leuchtet als eine ungetrennte Vermessung aller Körner derselben Mineralart (L 62). Da ferner auch die so wichtige Beobachtung des Besetzungsvorganges am besten durch Wechsel der Oleaten oder Signale geschieht, ergibt sich als praktischer Ratschlag, nicht mit Oleaten und Signalen zu sparen: Leicht ist es, Getrenntes zusammenzulegen, unmöglich Ungetrenntes angesichts neu auftauchender Fragestellungen nachträglich zu trennen. — Es lassen sich unter Umständen die Kornarten desselben Minerals trennen nach folgenden Gesichtspunkten: Größe, Gestalt, Einschlüsse, nachkristalline Deformation; berührende Nachbarkörner: „K in K_1"-Gefüge und „K in K"-Gefüge; umschließende Einkristalle: „K in K_1-Korn" Gefüge und „K in K-Korn"-Gefüge.

Die Trennung der Kornarten dient der Trennung voneinander unter Umständen im Sammeldiagramm bis zur Unkenntlichkeit jeder Regelung überlagernden Regelungsprinzipien; ferner der Verfolgung zeitlicher Abläufe in der Gefügebildung; ferner macht sie die Regelung relativ weniger z. B. gestaltlich ausgezeichneter Körner unter vielen ungeregelten Körnern desselben Minerals erkennbar.

Außerdem dienen Teildiagramme derselben Stelle der Kontrolle des Besetzungsvorganges, Teildiagramme von verschiedenen Stellen kontrollieren die Homogenität der Regelung in dem diese Stellen umfassenden Bereiche.

Unzufälligkeit der Untermaxima und Minima. Schon die Beachtung der Konstanz der Untermaxima während der Besetzung lehrt die Unzufälligkeit der Untermaxima. Ferner hat die Gefügeanalyse mit Trennung der Kornarten eines und desselben Minerals zahlreiche Belege für diese Unzufälligkeit der Untermaxima ergeben, und zwar in allen Fällen, in welchen die verglichenen Diagramme (Gangwand und Gangmitte; K_1 in K_2 und K_1 in K_1; rupturelle Körner und rekristallisierte usw.) auch in den Untermaxima gut übereinstimmen. Endlich bezieht sich diese Übereinstimmung sogar auf die Untermaxima verschiedener Minerale desselben Gesamtgefüges, insofern als die Untermaxima z. B. von Glimmer und Kalzit usw. namentlich in B-Tektoniten einander zuordenbar sind. Es ist durchaus zu empfehlen, alle Häufungen von einiger Konstanz in den Diagrammen sichtbar zu machen und bei allen Überlegungen zu beachten. Das gilt nicht nur von ringsumgrenzten insularen Maxima, sondern auch von halbinselförmigen. Es hängt bisweilen nur von dem Auszählungsmodus „nach 2%" oder „nach 1%" und von der Stufung ab, ob eine Häufung als Insel oder Halbinsel erscheint, wie D 2—4 zeigen, in welchen dieselbe Stelle nach 1% (rechts) und nach 2% (links) ausgezählt ist und die beiden Diagramme spiegelbildlich nach der N—S-Ebene im gleichen Zeichenkreis einander zum Vergleich gegenübergestellt sind. Das Diagramm lehrt auch, daß die Schwerpunkte halbinselförmiger Maxima gegen den Steilabfall nach außen (zur Küste sozusagen) und nicht irgendwo weiter innen anzunehmen sind, wenn es sich z. B. um Distanzmessungen zwischen Untermaxima oder um Vergleiche von Diagrammen handelt.

Wenn es sich also darum handelt, in einem gedehnten Maximum 2 Maxima A und A' zu unterscheiden, so wird man diese Maxima dort ansetzen, wo der Steilabfall gegen außen beginnt, denn gegen innen kann die Verflachung durch Einfluß A erfolgen, während dieser Einfluß von A' auswärts nicht vorhanden ist.

Einfluß der Polzahl. Je höher die Zahl der zur Auszählung verwendeten Körner bzw. ihrer Pole, desto geringer wird der Einfluß zufälliger Kornlagen und kleinerer Häufungen auf das Diagramm. Es sind also, wo solche Umstände noch nicht näher bekannt sind, wie in allen in ihren Gesetzmäßigkeiten noch unbekannten, erstmalig zu untersuchenden Gefügearten, hohe Körnerzahlen von einigen 100 anzustreben. Im Falle bereits bekannter Gefügearten unterrichtet man sich im Hinblick auf bestimmte Fragen, z. B. nach der Gleitgeraden des Gefüges, schon in einigen Stunden durch 50 bis 100 Pole.

Die Betrachtung einer in einem besonders heiklen Falle bei den Körnerzahlen 112, 201, 313, 781 durchgeführten Auszählung (D 17—20) ergibt zunächst Einblick in die Konstanz der unzufälligen Maxima während des Messungsvorganges, welche an und für sich neben der Stärke der Besetzung das wichtigste, bei bloßer Betrachtung des Endergebnisses entgehende Kriterium für jene Unzufälligkeit der Maxima ist.

Man sieht zufällige Häufungen auftauchen und verschwinden: Die Ausbuchtung in W von „112" verschwindet in „201"; die wichtigen unzufälligen Untermaxima im Gürtel zwischen O und S bleiben mit ihrem für die Deutung wichtigen Abstand vom Zeichenkreis erhalten, und damit die fast genau peripheren Schwachbesetzungen, in welche die Lamellenpole fallen (D 21). Die Ausstülpung von S gegen N entsteht und vergeht zweimal. In den wesentlichen Zügen hat man bei „112" schon dasselbe Bild wie bei „781", aber eben daß dies die wesentlichen Züge sind, ergibt sich ja erst bei den höheren Körnerzahlen. Außerhalb hoher Körnerzahlen läßt sich für die Beurteilung des Wesentlichen am Diagramm nur auf die eigene Erfahrung des Gefügeanalytikers verweisen.

Betrachtung der Diagramme (Rotation). Das Diagramm eines geregelten Gefüges stellt die eine Hälfte einer besetzten Lagenkugel dar. Jeder Diametralschnitt zerlegt diese in zwei Hälften, deren eine sich gemäß dem Symmetriezentrum der Gesamtkugel aus der anderen ergibt. Zufolge der Abbildung der Symmetrie erzeugenden Vektoren im Gefüge sind vor allem die Symmetrieelemente der Lagenkugel von Interesse. Sie treten ohne weiteres zutage, soweit sie 0 oder 90° mit der durch die Lage des Schliffes gegebenen Zeichenebene (Halbierungsebene der Kugel) bilden. Mithin sind die Ebenen der drei aufeinander senkrechten Schliffe, welche man zur Untersuchung der Intergranulare und sehr oft zur Einmessung von Rissen, Lamellen usw. braucht, gegenüber den unvergrößert sichtbaren Gefügedaten des Gesteins (s, B usw.) unter 0 und 90° oder als Symmetrieebene zu legen. Die Schliffebenen sind dann z. B. in Tektoniten schon die Hauptebenen des Bewegungsbildes abc und das Diagramm selbst zeigt schon die wichtigsten Symmetrieelemente. Auch der Einmessungsvorgang am Einzelkorn ist bei solcher Wahl der Schliffe im allgemeinen eben zufolge der Regelungen der bequemste und kürzeste, was bei statistischen Arbeiten beachtet werden muß. Die Schlifflage ist also nicht nach geographischen oder tektonisch direkt interessierenden Richtungen, sondern nach den am Gestein irgend noch ersichtlichen Symmetriedaten zu wählen.

Diese Diagramme genügen aber in vielen Fällen (s. heteroachse Regelungen, Schiefgürtel usw.) noch nicht für den nötigen Einblick. Ebenso machen tektonische Fragen oft noch andere Lagen des Diagramms erwünscht. Nach einem sehr einfachen Verfahren kann man nun aus jedem Diagramm F', welches an jedem Gefügekorn eindeutig dasselbe Datum oder alle gleichwertigen Daten verzeichnet, das Diagramm F'' für jede andere Schlifflage ableiten. Seien die rechtwinkligen Koordinaten des Ausgangsdiagrammes $F'a'$, b', c', so daß F' in einer Hauptebene liegt, so kann F' durch Rotation um $a'b'c'$ punktweise so verschoben werden, daß die Gesamtheit aller verschobenen Punkte F'' darstellt. Man versetzt sich mit Hilfe eines Globus oder nach kurzer Übung schon ohne solchen in die klare Anschauung dessen mas man will, legt diejenige Achse von $a'b'c'$, um welche man rotieren will, um sich der Lage F'' zu nähern oder sie zu erreichen, auf die N—S-Linie eines Netzes und verschiebt die Pole von F' auf den Kleinkreisen, auf welchen sie schon liegen, alle gleichsinnig um denselben, den gewünschten Winkel. Stößt man dabei an den Zeichenkreis, so setzt man, wie die Betrachtung der Lagenkugel veranschaulicht, seinen Weg weiter abzählend in der anderen Rechtslinkshälfte des Zeichenkreises fort, und zwar auf demselben Breitegrad (Kleinkreis oder Äquator) und in derselben Richtung vorn — hinten oder hinten — vorn; alles im Sinne des Zeichners.

Es ist von Wichtigkeit, mit diesen konstruktiven Rotationen der vollständigen Diagramme oder einzelner Häufungen in denselben nicht zu sparen. Man verwendet sie zur Prüfung, ob der Bereich, aus dem die verschiedenen Schliffe eines Gesteins stammen, homogen geregelt ist, zur klareren Darstellung für genetische Fragen und zur Verdeutlichung der Symmetrieelemente. Es ist aber in letzterer Hinsicht wichtig und nach Übung sehr gut möglich, auch in Schliffen schief zu den Symmetrieelementen die Lage derselben ohne weiteres zu erfassen und schon die Beigabe schief geschnittener Schliffe in diesem Buche ermöglicht die nötige Übung hierin. Diese Übung ist unbedingt nötig, da bisweilen am Gestein nichts von der Symmetrie zu sehen ist und daher die Schlifflage beliebig schief. Bei den meisten Tektoniten ist dies für das gefügeanalytisch erfahrene Auge ein seltener Fall; häufiger schon bei Schmelztektoniten.

Einzelkorn und Nachbarn; Überindividuen. Mittlere Lagendivergenz. In manchen Fällen kann man durch Bezifferung die Reihenfolge gemessener Körner angeben (so z. B. bei der Einmessung eines undulösen Quarzes mit Teilindividuen) und so Paare von Individuen, welche sich berühren, von anderen Paaren unterscheiden, was wieder in vielen Fällen, z. B. für Fragen der Rekristallisation, interessiert. Wenn man sich fragt, ob der Lagenunterschied (als Divergenz der Bezugsrichtungen) zwischen benachbarten und nichtbenachbarten Körnern eines geregelten Gefüges im Mittel abweiche, ob sich durch Messung feinere, genetisch wichtige Inhomogenitäten feststellen oder deutliche Überindividuen herausheben lassen, so muß man die Übersicht behalten, welche Pole im Diagramm zu Nachbarkörnern gehören. Man darf also nicht das Gefüge zeilenweise, sozusagen blindlings durchmessen, wie zur Aufstellung des statistischen Diagramms mit Vernachlässigung derartiger feinerer Inhomogenitäten oder „Gefügeelemente höherer Ordnung" als das Korn.

Das erste Mittel zur Hervorhebung solcher aus vielen sich berührenden Körnern mit einer undurchschnittlichen Lagendivergenz bestehenden Überindividuen ist folgendes. Man wählt beispielsweise bei Quarz die Lichtquelle so, daß ein mit der Achse $\parallel$ Tubus gestelltes Korn aus dieser Lage um einen anzumerkenden Winkel, z. B. 7⁰, herauspendeln kann, ohne schon den Charakter eines bei Rotation dunkel bleibenden isotropen Schnittes zu verlieren. Man wird bei Benutzung des Drehtisches in manchen Gefügen (vgl. D 60) alsbald solche Überindividuen hervortreten sehen, welche oft viele Dutzende von solchen Nachbarkörnern enthalten und sich in einer beliebigen Lage des Gefügeschnitts durch nichts verraten, so daß auch für die Feststellung solcher Überindividuen der U-Tisch und nicht das gewöhnliche Mikroskop das richtige Instrument ist, da man eben mit dem U-Tisch aus einem Gefügeschnitt genügend viele macht und derartige Gefügemerkmale oft nur in einem derselben hervortreten.

Um sich zu vergewissern, daß man reelle Überindividuen optisch herausgehoben hat, nicht etwa nur durch die maximale Achsendivergenz (14⁰ in unserem Beispiele) zufällig umgrenzte Flächen, ist es dann nötig, alle das Überindividuum berührenden Nachbarkörner der gleichen Mineralart einzumessen und deren Achsendivergenz zum Überindividuum mit der innerhalb desselben herrschenden (maximal 14⁰) zu vergleichen (vgl. D 189, 190). Ist die mittlere Achsendivergenz zwischen Überindividuum und Nachbarn größer als zwischen den Körnern des Überindividuums, so ist dieses als reelles Gefügeelement nachgewiesen und durch die Differenz gekennzeichnet.

Nicht alle Überindividuen sind auf diese Weise zunächst im U-Tisch sichtbar zu machen, dann einzumessen. So wurden in einem Kalzitgefüge einzelne größere Körner herausgegriffen und mit ihren Nachbarn eingemessen. Ich bildete sodann alle überhaupt in der willkürlich herausgegriffenen Körnergruppe möglichen Körnerpaare, bemerkte hierzu, ob sie sich berührten oder nicht und ihre Achsendivergenz. Die mittlere Achsendivergenz der Nachbarkörner wurde so mit der mittleren Achsendivergenz der Nichtnachbarkörner vergleichbar und es ergab sich als recht kennzeichnendes Merkmal des Gefüges der geringere Wert der ersteren: Nachbarkörner zeigten geringere Achsendivergenz.

Bei derartigen Untersuchungen ergibt sich das Bedürfnis, an beliebiger Stelle eines Gefüges mit bekannter Regelung feststellen zu können, ob charakteristische Abweichungen von dem durch diese Regelung bedingten Mittelwerte der Lagendivergenz vorliegen. Diese Mittelwerte der Lagendivergenz zwischen den Körnern gehören geradezu zur Kennzeichnung der Regelung. Ihre Feststellung durch die betreffende Integration ergibt z. B. (Schmidegg in L 62) für die Regel „e des Kalzits ll s" als mittlere Divergenz der Hauptachsen 33⁰, als mittlere Divergenz der Lote auf e 44⁰ 34'.

Schließlich kann man weit einwandfreier mit dem U-Tisch als mit dem gewöhnlichen Mikroskop beurteilen, was ein einziges (eventuell hinter der Schlifffläche zusammenhängendes) Korn im Gefüge ist, da man wenigstens die optische Gleichrichtung benachbarter, aber durch Risse getrennter, oder auch nichtbenachbarter Körner eindeutig feststellt, während man ohne U-Tisch oft auf die schon hinsichtlich der optischen Orientierung mehrdeutige gleichzeitige Auslöschung und Farbenreaktion angewiesen ist. Auch bei genau gleichzeitiger Auslöschung von Nachbarkörnern, welche dann wohl jedermann als ein Individuum zu nehmen pflegte, ergibt der U-Tisch unselten, daß zwei Individuen unter Umständen mit beträchtlicher Lagendivergenz vorliegen. So daß man wohl sagen kann, daß ohne U-Tisch das Gefügebild nicht nur weit vieldeutiger, sondern bisweilen sogar etwas gefälscht erscheint, wofür ja auch durch den Hinweis auf die Lagefreiheit bei gemeinsamem Steigen und Fallen der Farben (s. S. 120) ein anderes Beispiel gegeben wurde.

Summation der Diagramme. Ist bei jeder Kornlage das gewünschte Datum L z. B. eine Kornebene etwa eine Kalzit- oder Quarzlamelle, einmeßbar so liefert jeder Gefügeschliff alle L und deren statistische Verteilung. Sind im beliebigen Schliffe nicht alle L einmeßbar, so ist das sehr oft in einem gerade für die Einmessung von L günstigst orientierter Schliffe (z. B. $\perp$ B in einem linear geregelten Amphibolit oder Muskowitschiefer) der Fall; das Diagramm kann man dann ja beliebig rotieren. Läßt sich aber überhaupt erst durch 2 oder 3 Diagramme das Datum L für jede Kornlage erreichen, so gilt es, die Ergebnisse dieser unvollständigen Diagramme D_1 und D_2 auf die Lagenkugel bzw. in ein vollständiges Diagramm D zu bringen. Man bezeichnet (L 93) zunächst das Areal, welches D_1 und D_2 darstellt und das D_1 und D_2 gemeinsame Areal A. Dieses erreicht bei der Messung von D_1 eine bestimmte absolute Polzahl. Ist dieselbe Polzahl auf A durch Messung von D_2 erreicht, so kann man jene für D_1 unerreichbaren Pole, welche nur in D_2 liegen, konstruktiv nach D_1 rotieren; dann ist das ausgezählte D_1 das vollständige Diagramm des Gefüges in bezug auf L.

In manchen Fällen genügt es, wenn man D_1 und D_2 direkt vergleicht, nachdem man sich bereits überzeugt hat, daß die stärkeren Maxima D_1 und D_2 gemeinsam sind, wodurch der mögliche Fehler kleiner wird.

Synoptische Diagramme. Man hat für manche Überlegung wieder die Häufungsstellen für die einander möglicherweise entsprechenden Maxima der Diagramme verschiedener Gesteine zu ermitteln; solche Betrachtungen wurden z. B. im Falle der Quarzgefügeregel über Dutzende von Diagrammen erstreckt. Diese Ermittelung kann bei genau gleichorientierten Diagrammen so erfolgen, daß man die betreffenden Pole aller Diagramme auf ein Blatt zeichnet und neu auszählt. Erfahrungsgemäß ist es aber besser, die zu summierenden Diagramme zuerst durch die nötigen konstruktiven Rotationen in genau vergleichbare Lagen zu bringen und nur zu summieren, wenn dies überhaupt möglich ist. Es ist z. B. unmöglich, bei solchen B-Tektoniten, unter deren $(h0l)$ Flächen keine besonders ausgezeichnet ist, und es ist um so besser möglich, je eindeutiger eine Haupt-s-Fläche und die Gerade in derselben in allen zu summierenden Diagrammen vertreten ist.

Röntgenaufnahmen. Röntgenoptische Methoden sind, wie ich einer Publikation gemeinsam mit G. Sachs vorwegnehme, erfolgreich, wo es sich um Feststellung der eingeregelten kristallographischen Korndaten im Falle der Mehrdeutigkeit (vgl. S. 126) des optischen Diagrammes handelt; oder um die Festlegung von Symmetrieelementen des Gefüges parallel zu dem auf einem Planfilm senkrechten Primärstrahl der Debye-Scherrer-Aufnahme. Das Präparat kann hiebei von geringer Dicke sein und der Erfolg durch Bewegung des Präparates parallel zu sich selbst in der Ebene normal auf dem Primärstrahl erzielt werden („Flachaufnahme" statt „Tiefenaufnahme"). Es kommen also auch Dünnschliffe, Querschliffe und dünne Gefüge (wie Harnischmylonite) in Betracht, letztere beiden für reflektierten Strahl.

C. Allgemeine Begriffe für die Analyse der Korngefüge.

I. Der Kristall als Gefügekorn.

Überindividuen und geregelte Gitteraggregate; Korndeformation und Gesteinsdeformation; translatives Fließen des Korns; Möglichkeit mech.-chem. Deformation im engeren Sinne; Art des Wachstums der Gefügekörner.

Das Verhalten der Kristalle als Gefügekörner ist bestimmt durch die in der Kristallographie behandelten Gesetze, welche hier vorausgesetzt werden müssen, insbesondere was Deformation, Wachstum und physikalische Anisotropien anlangt. Außerdem aber ist zu betonen, daß das Gefügekorn sehr oft kein Einkristall ist, sondern an Stelle von Einkristallen noch viel öfter als bei freien Kristallen Fastkristalle stehen, welche wieder alle Übergänge zu unterscheidbaren Überindividuen noch höherer Ordnung aufweisen. Für das Wachstum der Kristalle als Gefügekörner ist entscheidend, daß sie sehr oft im anisotropen Medium des bereits vorhandenen Gefüges und in Berührung mit anderen Kristallen wachsen, welche entweder nicht mit ihnen reagieren und dann das Wachtsum mechanisch begrenzen, oder reagieren und dann eine von den Gitterlagen und dem Zwischenfilm diktierte Grenzfläche bilden, welche entsprechend weniger einfach zu behandeln und erforscht ist als die Grenzfläche der freiwachsenden Kristalle gegen isotrope Lösung oder Schmelze. Für die mechanische Umformung der Kristalle als Gefügekörner sind besonders kennzeichnend hoch ansteigende Umschließungsdrucke und scherende Beanspruchungen in jeder Orientierung zum Kristall, sowie die Inhomogenität der Einbettung, was das Festigkeitsverhalten der einbettenden Nachbarn anlangt; das sind weniger einfach als die üblichen absichtlich vereinfachten Experimente zu behandelnde Umstände, bei welchen vor allem Translation, Zwillingsschiebung und Biegegleitung zu Worte kommen.

Sowohl Kristalle als andere anisotrope Gefüge, z. B. geregelte Gesteine und Metalle, sind Fälle anisotrop gebauter Stoffe und haben das allen diesen Gemeinsame an sich. Es ist also auch vom Standpunkte der gefügekundlichen Petrographie aus heute die Kristallographie als Lehre von einer besonders gut bekannten Gruppe anisotrop gebauter Stoffe von unmittelbarem und nicht nur etwa als Hilfswissenschaft der Mineralogie von mittelbarem Interesse. So ergibt auch die Lehre von der mechanischen Umformung der Kristalle als anisotroper Gefüge viel Gültiges für die mechanische Umformung anisotroper geordneter Aggregate aus irgendwelchen form- oder festigkeitsanisotropen Elementen. Ja es entstehen bei der mechanischen Umformung von Einkristallen im allgemeinen Gebilde aus untereinander statistisch geregelten, gegeneinander relativ bewegten Teilen mit Gittercharakter und von diesen Gebilden — mechanisch „geregelten Gitteraggregaten" — gilt unbeschadet des Umstandes, daß sie von geregelten (monomikten) Gefügen wenigstens unscharf abtrennbar sind, durchaus der für die mechanische Umformung aller Gebilde aus anisotropen Teilen, insbesondere der Gesteine und Metalle auszusprechende Hauptsatz: Die Bahnen der Relativbewegung sind der vor Beginn derselben vorhandenen Festigkeitsanisotropie des Gebildes zugeordnet und die neuentstandene Anisotropie des Gebildes wieder jenen Relativbewegungen. Hiernach ist das Studium mechanisch geregelter Gitteraggregate aus Einkristallen von hohem, allgemein gefügekundlichem Interesse. Man begegnet sie allenthalben in den Einkristalldeformationsversuchen der Metallographen, begleitet von einer genauen Analyse insbesondere etwa bei Mügge (L 97). Translation führt das Gitter in sich selbst über, erzeugt also kein Gebilde mit neuem Gefüge wie die einfache Schiebung mit Zwillingsbildung und die Biegegleitung. Wenn man will, ist ein zweiteiliger Druckzwilling schon ein mechanisch geregeltes Gitteraggregat; ein polysynthetisches System solcher Zwillingslamellen fällt durchaus unter diesen Begriff. Legen wir im Falle des Kalzits z. B. Gleitrhomboederfläche e eines Zwillings durch den Mittelpunkt der Lagenkugel, so besetzen die c-Achsen der Teilkristalle dieselben Stellen der Lagenkugel, welche, allerdings mit Streuung, von der c-Achse der Körner mancher geregelten Marmore besetzt werden, wenn wir s des Marmors an Stelle des e in unsere Lagenkugel legen. Die Ähnlichkeit und Verschiedenheit beider Gebilde tritt lehrreich hervor. Die Ähnlichkeit liegt in der abgesehen von der Streuung gleichen Besetzung der Lagenkugel, also im Symmetriecharakter der Anisotropie, die Verschiedenheit darin, daß die Maxima im Falle eines angenommenermaßen sehr lamellenreichen Gitteraggregats als scharfe Punkte geliefert werden und von rhythmisch wechselnden Teilindividuen, im Falle des Marmors mit Streuung und von statistisch homogen unrhythmisch verteilten Teilindividuen (D 181).

Über den angedeuteten Analogien bei der Umformung anisotroper Kristalle und anisotroper Gesteine darf nicht vergessen werden, daß ein Kornbereich und der Gesteinsbereich desselben Objektes ganz verschiedene Effekte sogar im selben Umformungsakte zeigen können und jedenfalls in folgenden Hinsichten zu unterscheiden sind: Flächen des Kornes $\neq$ Flächen des Gesteines, wie z. B. die Abb. 68, 89 zeigt. Die Symmetrie der Korndeformation und Symmetrie der Gesteinsdeformation sind verschieden bei genügend festigkeitsanisotropen Körnern allgemeiner Lage. Die Anisotropie des Korns $\neq$ Anisotropie des Gesteines, z. B. nahezu festigkeitsisotroper Granat, liegt in S-Tektonit mit gleichschariger Zerscherung des isotrop-homogenen Mediums Granat.

Solange die Körner überhaupt keine reelle Inhomogenität darstellen, erfahren sie die bei Besprechung affiner Umformung für Bereiche jeder Größe abgeleitete Umformung.

Wird jedoch ein statistisch homogener Großbereich aus reellen Körnern affin deformiert, so erfährt zwar der kleinste noch statistisch homogene Bereich dieselbe affine Deformation, nicht aber ein noch kleinerer Bereich und nicht das Einzelkorn und dieses um so weniger, je mehr es heterogen und anisotrop ist. Es können z. B. Scherflächen des Großbereichs durch beide Eigenschaften des Kornbereichs abgelenkt werden. Während sich also Gefüge aus wenig heterogenen und wenig anisotropen (mehrere gleichwertige Gleitflächen) Körnern bis in den Kornbereich annähernd affin umformen lassen (viele Metalle!), ist das bei jenen Gesteinen nicht der Fall, welche heterogene und stark anisotrope Körner führen. Man muß also bis ins Korn homogen deformierbare und nicht bis ins Korn homogen deformierbare Gefüge unterscheiden. In letzteren sind die Körner als einzelne anisotrope Bereiche, wie im allgemeinen Teile durchgeführt, zu betrachten und es ist mit Rotationen der Körner zu rechnen. Es bedeutet dann die Erreichung geringster Deformationsarbeit und eines Zustandes stationärer Strömung, wenn die Symmetrie der Kornanisotropie (Ka) und der Gesteinsanisotropie (Ga) der Symmetrie des umformenden Feldes nicht widersprechen; mithin auch die Symmetrie Ka der von Ga nicht widerspricht; mithin das Gefüge des Gesamtgesteins und das der Einzelkörner einander und dem umformenden Felde gegenüber symmetriegemäß eingestellt sind.

Beispiele geregelter Gitteraggregate nach mechanischen Deformationen geben u. v. a. gebogene Glimmer (Abb. 134) undulöse Quarze (Abb. 66, 67); die Wanderung der Hauptachsen innerhalb undulöser Quarzkörner D 5 ist, wie der Vergleich mit Quarzgefügediagramm D 24 zeigt, durchaus von der Größenordnung eines Maximums im letzteren. Überindividuen von Quarz sind in D 60, 189, 190 und Abb. 73 dargestellt.

Ein schönes Beispiel für geregelte Gitteraggregate durch Wachstum (L 51) hat Mügge (L 77) beschrieben. Gegenüber Nachbarn selbständig fortwachsende Kalkspatstengel erweisen sich als zusammengesetzt aus submikroskopischen Kalzitfasern nach c, welche von einer Mittelachse des Stengels aus zweigförmig nach außen gebogen dieselbe wirtelig zusammensetzen und entsprechende optische Erscheinungen ergeben.

Was das mechanische Verhalten des Gefügekorns in Tektoniten anlangt, so darf man nicht nur etwa sichtbar-stufige Translation und nicht nur die Translationsmechanismen des Laboratoriums ins Auge fassen, sondern hat vielmehr mit einer Translatierbarkeit viel kleinerer Periode und größerer Mannigfaltigkeit zu rechnen und zu beachten, daß diese Bildung von geregelten Gitteraggregaten an Stelle von Einkristallen einer wirklichen Phasenänderung des Kornes gegen die Schmelzung hin gradweise entspricht. Nicht nur müssen wir mit diesem Verhalten des Gefügekorns in Tektoniten bei Betrachtung des Regelungsvorganges rechnen, sondern darin auch den tieferen Grund erblicken für die Ähnlichkeit von mechanischen Regelungen nach Kornbau in Schmelztektoniten (L 94) und in anderen Tektoniten. Auch von diesem Gesichtspunkte aus ist zu erwarten, was die Erfahrung bestätigt, daß Durchbewegung unter höherer Temperatur und Durchbewegung unter höherem allseitigen Druck gleichermaßen das Fließen des Einzelkorns und damit die stetige Deformation „teilweise fließenden" Gesteins fördern kann.

Für die Diskussion der Möglichkeit mechanisch chemischer Deformation im engeren Sinne, nämlich der streng trockenen Änderung des chemischen Aufbaus bei translativer plastischer Umformung eines Kristalles ist es wesentlich, ob man (L 51) schon vor entscheidenden Untersuchungen die Auffassung Mügges (L 97) teilen will, wonach der translatierende Kristall einen Übergang vom festen Kristall zur Flüssigkeit darstellt wie er auch von den smektischen (zweidimensionalen, lamellaren) und nematischen (eindimensionalen, fadigen) Kristallen, besser gesagt Gitteraggregaten, dargestellt wird. Die Theorie der Einregelung von Kristalltranslationsflächen in die Gefügegleitflächen des Gesteins zusammen mit den Gefügebefunden fordert durchaus die Annahme untermikroskopisch geringer Mächtigkeit der Translationsschichten. Je dünner aber diese, um so größer nach Mügge die Annäherung an das zweidimensionale, smektische Gitteraggregat, an den flüssigen Kristall bei einfacher Translation, an das eindimensionale nematische Gitteraggregat bei einem tautozonalen Büschel von Translationsebenen, an die gewöhnliche Flüssigkeit bei 3 oder mehr Scharen ungleicher oder gleicher Translationsebenen. Solche durch Translation aufgelockerte Kristalle sind typische Gitteraggregate (im Sinne von L 41, 51). Wenn man aber, allerdings noch verfrüht, mit Mügge (Alexander und Hermann folgend) die translative

Abb. 52.

Umformung der Gefügekörner als einen schrittweise vektoriell verlaufenden Schmelzvorgang ansprechen wollte, so wäre (L 41) mechanisch-chemische Deformation im engeren Sinne (nicht nur andersphasige Rekristallisation) durchaus zu erwarten.

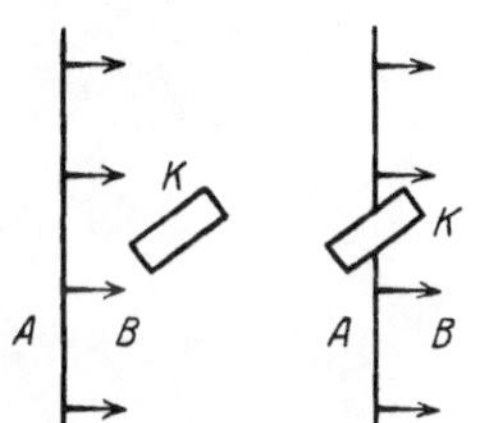

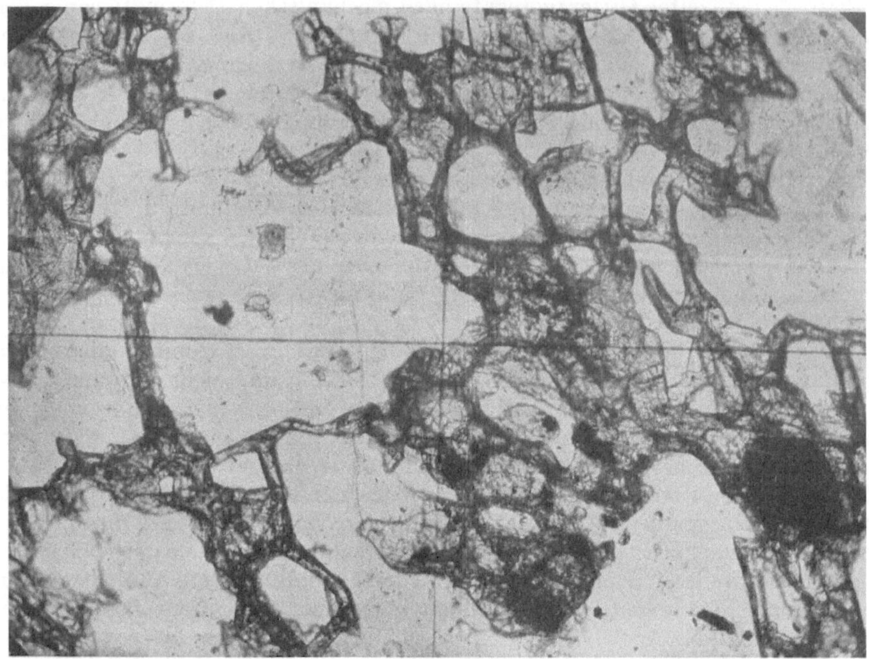

Abb. 53. Glimmerschiefer. Gossensass, Brenner. Vergr. 75. Quarzgefüge (hell) intergranular nach der Weg-samkeit durchwachsen von Granat: Externes „Granat in Quarz". Gefüge als intergranulare Imprägnation ohne Verlagerung beginnt den Prozeß, welcher ohne Verlagerungen in Abb. 54 zum Interngefüge von „Quarz in Granat" führt.

Abb. 54. Glimmerschiefer. Ridnaun, Südtirol. Vergr. nahe 35. Granatholoblast mit verlagertem Interngefüge si aus Quarz. Die Spur von s (und von $s\,i$) verläuft von links nach rechts.

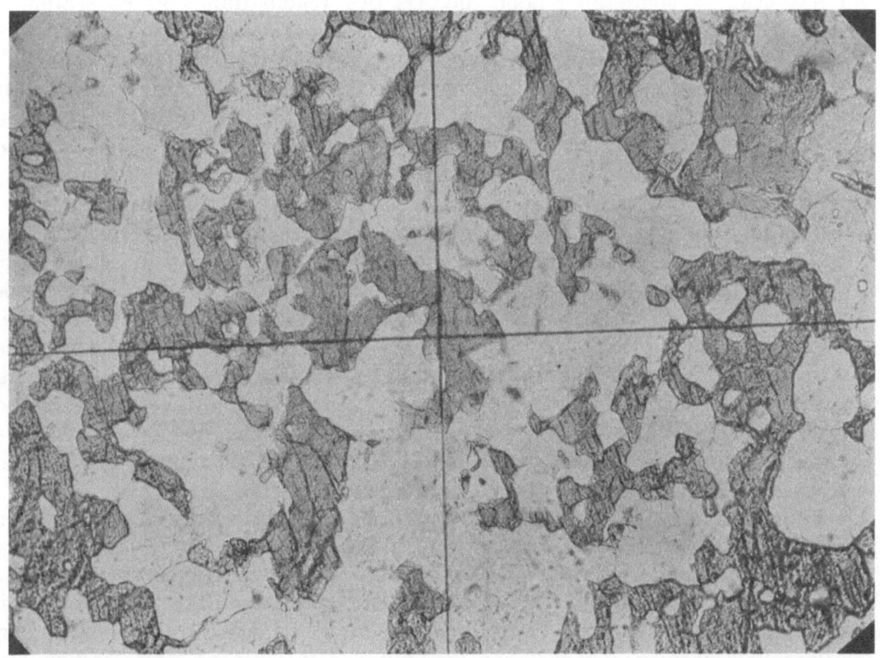

Abb. 55. Hornblendeschiefer der Tauernhülle. Berliner Hütte, Tirol; Vergr. 75. Quarzgefüge (hell) intergranular nach der Wegsamkeit durchwachsen von Hornblende-Einkristall. Aufzufassen wie Abb. 53.

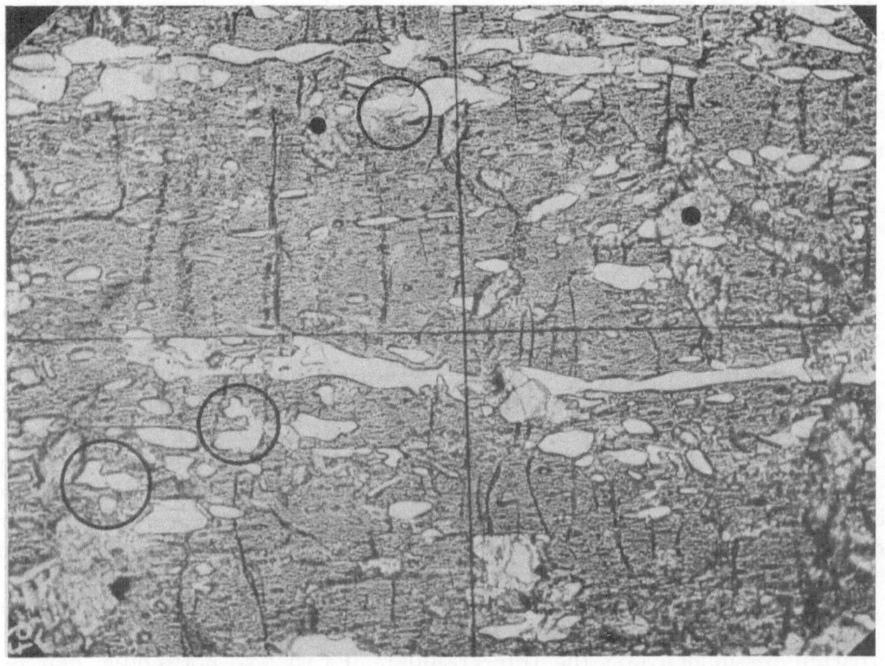

Abb. 56. Wie 55. Greiner, Tirol. Vergr. 75. Teil aus einem Gefügeschnitt $(b\,c)$ durch einen Hornblende-Einkristall mit unverlagertem Interngefüge $s\,i$ aus stark korrodiertem (Kreise!) Quarz hell, (z. T. Kreise) und Karbonat (z. T. Punkte). Steigerung des in Abb. 55 eingeleiteten Prozesses. Dichte Haarrisse nach $(a\,c) \perp B$ in der Hornblende. Hierzu D 201—211.

Zu beachten ist schließlich noch die Art des Wachstums von Kristallen in (relativen) Starrgefügen. Man kann dabei von der gefügeanalytisch gesicherten Tatsache ausgehen, daß sich Kristalle K, Amorphe und Konkretionen, innerhalb von Starrgefügen neugebildet vorfinden, ohne daß die Zuwanderung der Substanz an die Kristallisationsstelle oder die Volumzunahme des Kristalls die geringste mechanische Deformation des Starrgefüges verursachen (L 76). Es ist also sowohl die Wanderung von Atomen bzw. Atomgruppen K als deren Versammlung zu einem kompakten Kristall K ohne mechanische Wirkungen möglich.

Wird eine Substanz A des Starrgerüstes nicht mechanisch verdrängt und tritt wandernd oder sich sammelnd dennoch K an die Stelle von A, so kann das nur durch atomare Wanderung in der Intergranulare geschehen sein. Dabei ist überhaupt kein Anlaß zu mechanischen Einwirkungen, gar keine Gelegenheit für einen Wachstumsdruck sich zu äußern; Anlagerungswachstum von K ist ein statistischer Platztauscheffekt, eine Angelegenheit wahrscheinlich gar nicht zu einem mechanischen Effekt summierbarer atomarer Kräfte. Demgegenüber ist ein eindeutiger Nachweis von Druckeffekten durch das Wachstum von Gefügehörnern — etwa vermittelt durch Kapillarkräfte bei Wachstum ohne Atomtausch zwischen Nachbarn — erst zu erbringen.

Über die Art, wie im festen Gefüge wachsende Kristalle andere umschließen, ergibt sich also folgende Vorstellung mit Abb. 52:

A ist der wachsende Kristall, B ist ein Teil des festen Gefüges, in welchem A wächst. Dies geschieht durch Verschiebung der Intergranulare J in der Pfeilrichtung. Diese „Verschiebung" der Intergranulare erfolgt durch atomare bzw. molekulare Bewegungen, von welchen hier nur das eine betont wird, daß sie sich in der im Vergleich zu dem in B festeingemauerten Kristalle K unendlich dünnen Grenzfläche F abspielen. Während A auf Kosten von B durch solche Vorgänge in der Pfeilrichtung wächst, bleit der gar nicht oder nicht gänzlich zerstörbare Kristall K immer in festem B oder später in festem A und festem B eingemauert, ohne daß irgendein Anlaß zu seiner Parallelverschiebung oder Drehung vorliegt. Endlich liegt K vollkommen unverlagert in A wie früher in B, so wie es in Fällen gefügeanalytisch nachweislicher Gleichorientierung von K vor und nach der Umwachsung nachgewiesen ist.

Das Wachstum vollkommen neugebildeter (holoblastischer) Kristalle im Starrgefüge veranschaulichen Abb. 53 bis 56.

II. Übersicht der Raumdaten des Korngefüges.

Die Intergranulare; Gefüge der Korngestalten, der Korninnenbaue, Gefügetracht; Grenzflächengefüge und Richtungsgefüge.

Das Korngefüge wird dargestellt und typisiert nach allen räumlichen Daten, welche die Einzelkörner oder etwa noch Gruppen derselben ergeben; diese sind:

1. Die Fläche, welche zwischen den Gefügekörnern liegt, die Intergranulare. Es ist dies eine maschige Fläche, sehr oft mit gut typisierbaren Symmetrieeigenschaften. Der Begriff der Intergranulare läßt sich nicht ersetzen durch eine Angabe der Korngestalten; denn nicht nur die nicht eindeutig zur Intergranularfläche summierbaren Gestalten aller Kornarten, sondern auch andere Daten, wie relative örtliche Häufigkeit jeder Kornart, Größe und Gestalt des Bereiches, in welchem das Auftreten einer Kornart als statistisch homogen bezeichnet werden kann, die Orientierung der Kornarten nach ihrer Gestalt, die Größe der Kornarten bestimmen erst die Intergranulare. Es ist also notwendig, den Begriff der Intergranulare als Grenzfläche zwischen allen festen, flüssigen und gasförmigen Homogenitätsbereichen des Gefüges für sich zu fassen.

Die deskriptive Typisierung erfolgt in erster Linie nach folgenden Gesichtspunkten: Gestaltliche Isotropie oder Anisotropie: Symmetrieeigenschaften der
anisotropen Intergranularen; gestaltliche Homogenität und Inhomogenität.

Die dynamische Erörterung kann bei dieser Fassung des Begriffes Intergranulare vor allem einheitlich mit den Gesichtspunkten der Grenzflächenphysik erfolgen. Diese Grenzflächenphysik ist für nichtkristalline Phasen übersichtlich
gemacht als Kolloidchemie, Kapillarchemie[1], aber für geologische Materialien
nur lückenhaft (am besten für Böden) ausgewertet, für kristalline Gefüge noch
nicht ausgebaut. Für dynamische Erörterungen der Intergranulare sind weitere
Merkmale zu beachten, zu deren deskriptiver Übersicht wir gleich nachher besser
von anderer Seite her gelangen. Aufeinander bezogene Lage der Vektoren in
Nachbarkörnern, Gruppierung der Kornarten (z. B. hinsichtlich bevorzugter
Nachbarschaften): beides ergibt die in vielen Fällen regelmäßig verteilte dynamische Heterogenität oder Homogenität der Intergranulare. Dieser entspricht
Homogenität und Heterogenität in bezug auf genetische Faktoren, welche neben
dem die gesamte Intergranulare betreffenden genetischen Diktat sehr oft wahrnehmbar ist; so z. B. wenn in einem Korngefüge Quarz—Kalzit—Zoisit die Grenzflächen Qu—Qu; Qu—K; Q—Z; K—K usw. alle verschieden gestaltet sind, aber
eine Intergranulare bilden, deren Symmetrie deutlich von einer bestimmten
Beanspruchung diktiert ist; oder wenn in einem reinen Kalzitgefüge die Intergranulare bei gleichem Diktat zwischen rekristallisierten und nachkristallin deformierten Körnern verschieden ist.

Die Betrachtung der Intergranulare als Grenzfläche wurde als besonders
wichtig für ihre Gestaltung zwischen aktionsfähigen Nachbarn, aber nur zwischen
solchen, vorangestellt. Es gibt aber Gefüge, in welchen für genetische Betrachtungen diese Funktion der Intergranulare als kürzester Querweg von Nachbar
zu Nachbar teilweise oder ganz zurücktritt gegenüber ihrer Funktion als Weg für
Transporte längs dieses Weges. So, wenn die Aktionsfähigkeit der Körner durch
Gleichgewicht ruht oder durch einen blockierenden Film aufgehoben ist (z. B.
in den mit Bitumen oder Öl getränkten Sanden und Gesteinen); oder in Tektoniten, welche zuerst durch eine symmetriegemäße Intergranulare tektonisch aufgelockert und wegsam gemacht wurden und nach der Rekristallisation diese
Intergranulare als Weg für Stofftransporte und Kristallisationen gut erkennen
lassen (vgl. Abb. 57 und viele andere).

Es ist also ferner für genetische Betrachtung der Intergranulare überhaupt
nicht tunlich, dieselbe nur geometrisch als Grenzfläche oder Weg zu betrachten,
sondern es ist zu beachten, daß sie sehr oft nicht nur als physikalisch heterogener
Film, sondern auch als chemisch selbständiger Film, als ein physikalisch und
chemisch kennzeichenbares, wenn auch noch wenig bekanntes körperliches Gebilde (Intergranularfilm) vorliegt und als solches mit geeigneten Methoden
viel häufiger wahrnehmbar ist als etwa im gebräuchlichen Dünnschliff mit
gewöhnlichem Mikroskop.

Beschränkt man sich auf homogene Intergranularnetze im strengen Sinne,
also auf im betrachteten Bereiche gleichmaschige, so wird die Anisotropie des
Intergranularnetzes für die Ausbreitung irgendeines Vorganges im Gefüge in
ihrer Symmetrie der Symmetrie der Elementarmasche entsprechen, gleichviel,
ob der Vorgang an der Intergranulare nur eine Geschwindigkeitsänderung oder
eine Ablenkung erfährt.

Es werden sich in ihrer Symmetrie viele Maschen angenähert als Elementarparallelepipede und damit ihre Netze als Gitter betrachten lassen; auch die

---

[1] Z. B. Freundlich. Leipzig: Ak. Verlag 1922.

Symmetrie der verschiedenen nadeligen, blättrigen oder nach ein oder mehreren Dimensionen unendlich gestreckten Intergranularmaschen und -netze (z. B. in manchen Schiefern!) wird leicht zu kennzeichnen sein. Hängt z. B. die Ausbreitung des Vorganges lediglich von der Zahl der pro Wegeinheit passierten hemmenden Intergranularen ab, so liegen die Ankunftsorte des Vorganges nach der Zeit t auf einer Fläche von der Symmetrie und Orientierung der Elementarmasche.

Rupturelle Durchbewegung der Intergranulare erzeugt zunächst immer Vergrößerung derselben und damit im allgemeinen zunächst Vergrößerung des Porenvolumens (tektonisches Porenvolumen; über intergranulare Vergrößerung desselben siehe z. B. S. 202).

Alle Gestaltungen der Intergranulare und deren Auswirkungen (Wegsamkeit längs und quer) sind (schon in der Einzelmasche oder statistisch) symmetriegemäß der erzeugenden Vektorensymmetrie.

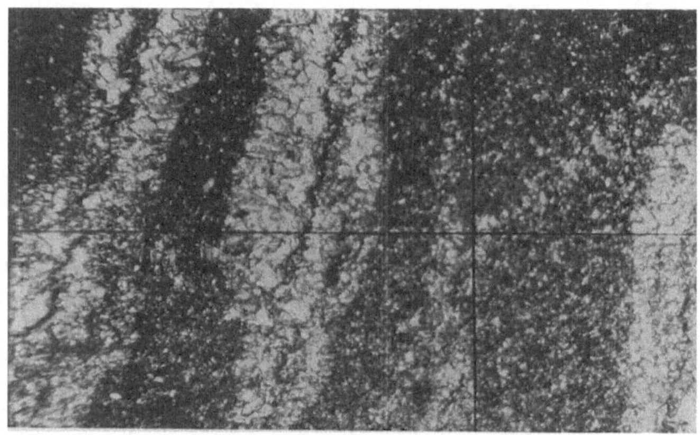

Abb. 57. Kalk. Mieslkopf, Tirol (Koll. Felkel). Vergr. nahe 35. Umkristallisation mit tektonischer Entmischung an dichten Haarrissen.

2. Die räumliche Lage der einzelnen Kornarten nach der Korngestalt. Frage nach der „Regelung nach der Korngestalt".

3. Die räumliche Lage der einzelnen Kornarten nach ihren kristallographischen Daten. Frage nach der „Regelung nach dem Kornbau".

4. Die Angabe, ob die Kornarten in ihrer Gestalt — gleichviel ob kristallographisch umgrenzt oder nicht — eine statistisch wahrnehmbare Beziehung zu kristallographischen Richtungen erkennen lassen. Frage nach der Gefügetracht. In diesem Sinne ergibt sich die Gefügetracht entweder durch Untersuchung einzelner Körner oder aus der Konfrontierung von 2. und 3. Die Punkte 2, 3, 4 finden noch ausführliche Erörterung. Die räumlichen Daten, welche zur Darstellung und Typisierung der Korngefüge nötig sind, lassen sich in zwei dynamisch-genetische Gruppen bringen, welche sehr oft beide das Gefüge bedingen.

I. Grenzflächen als örtlich autonome Funktion aktionsfähiger Körner oder Nachbarkörner.

II. Richtungen als Funktion über den ganzen Gefügebereich erstreckter Vektoren bei Entstehung oder Umbildung des geologischen Materials. (Sedimentation, Deformation, Wachstumsauslese, Neukristallisation in anisotropen Gefügen.)

Das Verhältnis dieser begrifflichen Gliederung zu den nicht gleichsinnig gebrauchten Bezeichnungen Textur und Struktur ergibt sich gegenüber deren Definition in Nigglis Lehrbuch (S. 415):

„Man versteht dann unter Struktur das Gesteinsgefüge, wie es durch die Formenentwicklung und die relative Größe der Gemengteile hervorgebracht wird, und besonders durch die zeitlichen Relationen der Mineralbildungsprozesse bedingt ist, die Textur gilt daneben als das stereometrische Gefüge, erzeugt durch eine bestimmte räumliche Anordnung der Gemengteile."

Wenn wir den Gegensatz zeitlich und räumlich nicht in die Definition nehmen, schon weil zeitlich nicht deskriptiv sondern genetisch denkend, räumlich aber deskriptiv ist und auch an der Textur manches auf zeitliche Beziehungen der Mineralbildung zurückgeht, so bezieht sich alles nicht Richtungsmäßige, was unter 1. und 4. gesagt ist, sowie I. auf die begriffliche Gliederung der „Struktur"; alles Richtungsmäßige, was unter 1. gesagt ist, sowie 2. 3. auf die „Textur". Da aber manche Autoren Struktur und Textur nicht unterscheiden und die Wörter auch international mehrdeutig sind, so ist es praktisch, nach dem alten Naumann für beide „Gefüge" zu sagen und nach Bedarf die schärferen hier eingeführten Begriffe zu verwenden.

III. Regelung. (Allgemeines.)

Definition; allgemeine Verbreitung geregelter Gefüge; symmetriegemäß den wirksamen Anisotropien; Regelung durch unmittelbare Teilbewegung mechanischer Umformung; R. nach Korngestalt und nach Kornfeinbau; Regelung durch Kristallisation (Kristallwachstum); einfache und zusammengesetzte, symmetriegemäße und nicht symmetriegemäße, homogene und nicht homogene R.; Überlagerungsmöglichkeiten; Symmetriebeziehungen zwischen Außengestalt und Regel des Umgeformten; Symmetriebeziehungen zwischen Teilregeln eines zusammengesetzten Gefüges; Gesamtsymmetrie und Teilsymmetrien; Symmetrieklassen geregelter Gesteinsgefüge; Symmetrieklasse und Habitus einer Regel; Regelungsrelikte, Restregeln.

Von geregeltem Gefüge, von der Regel eines Gefüges und vom Vorgang und Zustand der Regelung sprechen wir in allen Fällen, in welchen nach Gestalt oder Innenbau anisotrope Gefügeelemente (z. B. Kristallkörner) mit derselben Bezugsrichtung r (z. B. einer gestaltlichen oder einer kristallographischen Achse) nicht gleichmäßig, sondern mit unzufälligen Häufungen eine fixe Lagenkugel besetzen, in deren Mitte wir ohne jede Rotation Korn für Korn des Gefüges schieben. Ein geregeltes Gefüge ist beim jeweiligen Stande der Einsicht deutbar oder nicht deutbar geregelt. Geregelte Gefüge sind unter den Gesteinen aller von der Gesteinskunde unterschiedenen Entstehungsgelegenheiten allgemein verbreitet, durchaus die Regel und nicht die Ausnahme, und von der älteren Gesteinskunde nur in jener Minderzahl der Fälle erkannt, in welchen die äußere Gestalt der Elemente und ein genügend hoher Genauigkeitsgrad der Regelung die Erscheinung für ältere Beobachtungsarten erkennbar machten und die Regel nach der Korngestalt schon ohne neuere gefügekundliche Gesichtspunkte verständlich war. Unter den geregelten Gefügen im Sinne dieses Buches, wie sie arbeitshypothetisch von jedem gefügebildenden Minerale zu erwarten sind, haben bisher Nachweis und nähere analytische Behandlung gefunden: Quarz, Kalzit, Dolomit, Glimmer, Hornblende, Augit, Feldspate, Korund, Gips.

Die Regeln — Besetzungen der Lagenkugel — sind symmetriegemäß der Symmetrie der im Entstehungsvorgang wirksamen Anisotropien. Diese sind beschreiblich als unrückläufige Bewegungsbilder und deren zugehörige Systeme gerichteter Kräfte sowohl im „geschlossenen" als im „offenen" Korngefüge (eines sedimentierenden Mediums), wie sie kinematische und kinetische Betrachtung kennen lehrt; oder als Kräfte elastischer und teilweise — (nur für ein Teilgefüge) elastischer Umformung; oder als bereits anisotrope Gefüge mit symmetriegemäßen

Vektoren. Ganz besonders in ihrer Regelung — wenn auch keineswegs nur in der Regelung — spiegeln also die Gefüge die Symmetrie vor oder während der betrachteten Gefügebildung wirksamer Vektorensysteme irgendwelcher Art, also gerichteter Größen (Kräfte, Wege, Geschwindigkeiten, Bewegungen u. a. m.), welche im Gefüge wirksam sind, deren Art, Größe und exogene oder endogene Entstehung für Symmetriebetrachtungen zunächst gleichgültig ist; wenn nur die Wirksamkeit im Gefüge besteht und die Begriffe der Symmetrie, der Gleichheit und Ungleichheit jener Größen und der Überlagerung ihrer Effekte angewendet werden.

Die wichtigsten genetischen Fälle der Regelung sind:

I. Die Regelung kristalliner Körner (und Kleinstkörner, „Keime“) durch unmittelbare Teilbewegung bei mechanischer Umformung, und zwar Regelung nach der Korngestalt und Regelung nach Kornbau, deskriptiv bisweilen (so z. B. bei nachfolgender Kristallisation) untrennbar; genetisch aber zu trennen, da die Endlage im ersten Teil durch ein Minimum der Drehmomente in Strömungen (z. B. Glimmerplättchen in Schmelzen) gesetzt ist; im zweiten Fall durch den Beginn des translativen Kornzerfließens in bestimmten Rotationslagen des Kornes gegenüber Gefügescherflächen.

II. Regelung nach der Korngestalt bei Sedimentation aus Strömung (Aufbereitungsregeln).

III. Die Regelung kristalliner Körper durch Kristallwachstum (Wachstumsregelung) abhängig von der Anisotropie des durchwachsenen bzw. bewachsenen Gefüges, indem die Anisotropie bewachsener Wände (z. B. anderer Kristalle) oder Wachstumsauslese wandständiger und in Intergranularen wachsender Kristalle zu Worte kommt. Oder indem Strömung im Medium bei Auskristallisation, oder indem gerichteter Stofftransport (Strömung, elektrischer Strom) im Medium bei Auskristallisation zu Worte kommt.

Die Regelung eines Gefüges ist entweder einfach, z. B. für alle Kornarten nur 1 Ebenenschar s gleichartig zum Ausdruck bringend, oder zusammengesetzt, z. B. für eine Körnerschar nur s, für eine andere s mit B oder ein andersliegendes s ausdrückend. Die Teilregeln (Regeln der Teilgefüge) eines zusammengesetzten Gefüges — welches aus einem oder mehreren Mineralen bestehen kann — sind entweder einander symmetriegemäß, d. h. in solcher Raumlage zueinander, daß gemeinsame Symmetrieelemente im Gesamtgefüge nicht verlorengehen, oder nicht. Die betrachteten Bereiche sind entweder homogen geregelt oder nicht. Zwischen der Symmetrie der erzeugten Neuform und ihres Gefüges kann ebenfalls das Verhältnis bestehen, daß beide einander symmetriegemäß sind oder nicht; sei es, daß älteres Gefüge von dem bei der Neuformung erzeugten nur schief überlagert, nicht restlos umgeprägt wird, oder daß z. B. in einer homogen geregelten Falte die Gleitgerade nicht ⊥ zur Faltenachse steht.

Es sind also Außenform und Gefüge genetisch voneinander unabhängig oder einander zuordenbar. Gleichviel welcher dieser Fälle zutrifft, sind Außenform und Gefüge rein deskriptiv symmetriegemäß (homoachse Regelung) oder nicht (heteroachse Regelung). Die eingeführten Ausdrücke für symmetriegemäße und nicht symmetriegemäße Regelung bei Bezugnahme auf die Außenform sind zweckmäßig, um scheinbare Widersprüche zu vermeiden, gegenüber der bereits betonten Tatsache, daß ja jedes Gefüge symmetriegemäß seinem erzeugenden Vorgang ist. An vielen Formen mit makroskopischer (Falten, Stengel) Achse hat die Gefügeanalyse ergeben, daß die Achsen ihres geregelten Gefüges — Gefügeachsen — mit den Achsen der Großform entweder übereinstimmen oder nicht. Es gibt da zunächst Fälle, in welchen ein jüngerer, anders orientierter Plan über einen älteren geprägt wurde, ohne denselben auszulöschen. Der ältere Plan liegt zum Beispiel als geregeltes Gefüge abgebildet vor und stengelig zerscherende Risse wurden unabhängig davon darüber geprägt: wir erhalten Stengel, deren Kornregelung nicht demselben Akte wie die Stengelung zuordenbar, z. B. symmetriewidrig ist. In solchen Fällen sind zwei zeitlich verschiedene Deformationsakte übereinander geprägt (mehrphasige Deformation; mehrphasige Tektonik). Aber auch einphasige, auf denselben Deformationsakt beziehbare Fälle von heteroachser Regelung kommen vor. Stellen wir beispielsweise eine Gleitbrettfalte mit a, b, c auf, so daß deren Gleitbretter (ab) sind, so kann bei ihrer Entstehung a die Gleitgerade gewesen sein und die Falte erweist sich als homoachs geregelt, aber auch eine Gerade in (ab) schief zu a oder ein zweiter Strain E' (s. S. 58) kann mit zu Worte kommen, und eine Gefügeanalyse erweist die Falte als heteroachs geregelt und das trikline Gefüge als minder symmetrisch gegenüber der monoklinen Falten- oder Stengelform; das ist ein typischer Fall bei tektonischem Strömen eines Bereiches zwischen ungleichen Ufern und später näher behandelt.

Es sind also rein deskriptiv homoachs und heteroachs geregelte Formen unbedingt zu unterscheiden; und genetisch, soweit man kommt, einphasige und mehrphasige heteroachse Formen. Sichtbare Symmetrie der Form und Regelsymmetrie des Gefüges fallen also in homoachs geregelten Formen zusammen. Man hat auszusagen, in bezug auf welche Kornarten eine Form homoachs bzw. heteroachs geregelt ist.

Widersprechen in einem komplexen Gefüge die Teildiagramme unterscheidbarer Kornarten in ihren Symmetrieeigenschaften einander nicht, so heißen sie homotaktisch, andernfalls heterotaktisch geregelt. Es sind also bei homotaktischer Regelung sehr große Verschiedenheiten in der Besetzung möglich, aber keine symmetriewidrigen.

Homotaktische Teilgefüge stehen einem angenommenen anisotropen regelnden Einflusse (z. B. mechanisches Kräftefeld) mit gleicher Symmetrie gegenüber, können mithin auf denselben Einfluß genetisch einphasig bezogen werden, aber sie müssen es nicht, da gleiche Pläne nach langen Zeiten symmetriekonstant wieder erwachen können.

Es sind z. B. alle Minerale (miteinander verglichen) homotaktisch geregelt, d. h. in der Symmetrie ihrer Regeln beziehbar auf ein Kräftefeld faltender und scherender Kräfte $\perp B$, dessen Symmetrie jederzeit durch B und die Symmetrieebene $\perp B$ bestimmt war. Es hat alsdann keine unsymmetriegemäße Relativbewegung des Gefüges gegenüber dem regelnden Einflusse stattgefunden, wie etwa bei schief überprägten B-Tektoniten mit verschieden empfindlichen Kornarten, sondern nur Rotation um B: Der Plan ist „Plan 1" geblieben, allenfalls mit Externrotation um B.

Wir sprechen also von unsymmetriegemäßer Verlagerung des Gefüges, wenn dasselbe der Symmetrie des direkt oder indirekt prägenden Kräftefeldes widersprechend verlagert wurde, und erwarten unter Umständen älteres Gefüge heterotaktisch neben jüngerem. Andere, symmetriegemäße Bewegungen aber können vor sich gegangen sein, ohne das Bild homotaktisch geregelten Gefüges aufzuheben, z. B. die Externrotation eines B-Tektonites um die B-Achse während seiner Faltung, Stengelung und Zerscherung tautozonal zu B und während der diesem Akte direkt oder indirekt zuordenbaren Kristallisationen. Die Frage, ob homotaktisches oder heterotaktisches Gefüge vorliegt, ist die erste an die Teildiagramme eines komplexen Gefüges zu stellende.

Die Gefügesymmetrie eines Gesteines ergibt sich aus der Überlagerung der verschiedenen symmetrischen Anisotropien, wobei diese Gefügesymmetrie (Gesamtsymmetrie aus Teilsymmetrien des Gefüges) durch hinzutretende Teilsymmetrien erniedrigt werden kann. Teilsymmetrien, welche dieselbe Vektorensymmetrie abbilden, können keine dieser ungemäßen Symmetrieelemente und keine dieser ungemäße Raumlage der Symmetrieelemente ins Gefüge bringen. Sie können einander bzw. die Gefügesymmetrie nicht unter die niedrigste Teilsymmetrie erniedrigen. In diesem Verhältnis stehen die Teilsymmetrien sehr oft. Eine der wichtigsten Teilsymmetrien ist die Symmetrie der Gefügeregeln.

In bezug auf die Regelung ergeben sich folgende, durch die Diagramme vielfach belegte Symmetrieklassen, wenn man damit die Symmetrieelemente der besetzten Lagenkugel beschreibt, ohne erfahrungsgemäße Zufälligkeiten zu beachten: Gesteine sind ja keine Kristalle, sondern statistisch anisotrop.

A. Statistisch isotrop: ungeregelt; D 1, 4, 66, 223.

B. Statistisch anisotrop: geregelt.

I. Wirtelig, Symmetrie des Rotationsellipsoides; D 24; fast w. 79, 81; 133; fast w. 178, 196; 215—218 u. a.

II. Rhombisch; fast rh. D 39, 43, 46, 92, 122, 126, 127, 172, 173, 181, 195, 213 u. a.

III. Monoklin; D 6—8, 22, 33, 40, 45, 192 und sehr viele andere.

IV. Triklin mit Symmetriezentrum; D 25, 28, 29, 50, 51, 67, 94, 186, 201 u. a.

Wie Symmetrieklasse und Habitus der Regel sich unterscheiden, soll ein Beispiel zeigen.

Zeigt ein Diagramm keine Symmetrieebene und Achse mehr, ist das Gestein also triklin geregelt, so weist das im Falle passiver Regelung durch Teilbewegung auf ein triklines Bewegungs- und Kräftebild des erzeugenden Aktes. Solche Fälle sind unter Tektoniten sehr häufig und gehen ganz allmählich aus den noch gut erkennbaren monoklinen Regeln hervor. Es ist das durchaus zu erwarten, da ja Verschiedenheiten zwischen rechts und links (zwischen den beiden Ufern) eines tektonischen Tangentaltransportes sehr oft vorhanden, wenn auch nicht so groß sind, wie die Verschiedenheit zwischen oben und unten. Gerade durch diese Auffassung des triklinen Charakters solcher Diagramme erscheint derselbe als genügend empfindlich, um nach weiterer einschlägiger Forschung die Verschiedenheit der Ufer bei Erzeugung des Gefüges erschließen und deuten zu lehren.

Bezüglich der Relikte anderer Regelung sind folgende Fälle möglich:

1. Ein Gefüge aus vollkommen regellosen Kristalliten wird bei Durchbewegung desselben symmetriegemäß geregelt und enthält nach derselben keine anderen als dieser Durchbewegung symmetriegemäße Züge.

2. Ein bereits geregeltes Gefüge kann seiner Anisotropie symmetriegemäß neuerlich durchbewegt werden; dann gilt das für den ersten Fall Gesagte.

3. Im dritten Falle aber werde ein bereits geregeltes Gefüge nicht seiner Symmetrie gemäß, sondern schief zur bereits vorhandenen Regel durchbewegt. In diesem Falle trifft die neuerliche Durchbewegung nicht Kristallite in allen Ausgangslagen gleichmäßig vertreten wie im Fall 1. Da nun, wie auch die Restregeln zeigen, nicht alle Ausgangslagen zu gleichen Endlagen führen, z. B. gewisse Ausgangslagen u sich überhaupt nicht ändern und diese u in unserem Falle der Menge nach nicht wie im Ungeregelten vertreten sind, so muß nach der Umregelung keine der letzten Durchbewegung vollkommen symmetriegemäße Regel vorliegen, sondern dieselbe kann niedriger symmetrisch sein. Da wir als Restregel die Gesamtheit ungeänderter Ausgangslagen mit Ausnahme derer, welche zufällig schon der neuen Durchbewegung entsprachen, begreifen, so ist der hier erörterte Fall zwar nicht immer eine Restregel aus einer früheren Anisotropie, aber wohl eine ähnliche, u. U. unerklärbare Störung der Regel nach der letzten Durchbewegung und jedenfalls ein Relikt aus früheren Zuständen. Es liegt die Frage nahe, ob sich nicht gerade die so häufigen triklinen Gefüge von noch

monoklinem Habitus so auffassen lassen. Das ist zu verneinen, da sich die immer wiederkehrende Beeinträchtigung der bilateralen Symmetrie im Falle triklinen Gefüges von monoklinem Typus besser auf die immer wiederkehrende, ganz entsprechende Beeinträchtigung der bilateralen Symmetrie des Durchbewegungsaktes als auf eine viel veränderlichere Schiefstellung desselben gegenüber einer zufällig orientierten Anisotropie beziehen läßt.

IV. Regelung. (Besonderes.)

Mechanische Gefügeregelung nach dem Kornbau; Translationsregelung; Mechanische Gefügeregelung nach der Korngestalt (Stab und Scheibe); Allgemeine Eigenschaften; Einregelung in Kreisschnitte und in Hauptschnitte, schief oder $\perp$ zur Pressung; Ableitung der Regelung in laminarer Strömung; Regelung kleinster Teilchen nach der Gestalt; homäogene Umformung und Regelung der Korngestalt; Einfluß der Gefügegenossen; Abbildungskristallisation mechanisch geregelter Gefüge.

Regelung nach Kornbau. Der Begriff der Regel nach dem Kornbau besagt zunächst rein deskriptiv nichts anderes als daß die geregelten Körner keine Gestalt besitzen, aus welcher die Regelung ableitbar ist als Regel nach der Korngestalt (s. S. 148). Sind die Körner nach der Regelung noch gewachsen — was sehr oft durch Interngefüge nachweislich und in jedem Falle vorkristallin geregelten Gefüges möglich ist —, so ist aus einer bloß deskriptiven „Regel nach dem Kornbau" noch nicht auf einen Regelungsvorgang nach dem Kornmechanismus, auf Translationsregelung (s. u.) zu schließen. Aber es ist Translationsregelung, wie wir sie z. B. an Glimmer direkt beobachten können, auch in solchen Fällen sehr oft anzunehmen. Denn erstens ist Kornrotation mit Translationsregelung in umgeformten Kristallitenaggregaten deduktiv so wahrscheinlich, daß sie sich schon oft voraussagen ließ (L 13, 28 u. a.), ein ohne besondere Umstände geradezu unvermeidlicher und heute in vielen nachkristallin deformierten Gefügen aufgezeigter Vorgang. Zweitens zeigen vorkristallin geregelte Gefüge sehr oft gleiche Regelung wie nachkristallin translativ geregelte und man wird dann nicht für gleiche Regeln der ersteren ein anderes Prinzip einführen.

Für die Translationsregelung ist der Kornbau durch seine Ebenen E und Geraden G geringsten Schubwiderstandes entscheidend: Stellt man das Korn der Beanspruchung z. B. in einer Gefügescherfläche Sg mit der Gefügegleitgeraden Gg so gegenüber, daß E mit Sg und G mit Gg nahe genug zusammenfällt, so zergleitet das Korn im Sinne dieser Beanspruchung.

Allgemeiner erfolgt in jenen Rotationslagen des Kornes (gegenüber einer fixen Beanspruchung, welche die Bruchfestigkeit nicht übersteigt) translatives Zerfließen, welche die Translationsebenen und -geraden des Kornes den Ebenen und Geraden maximaler Schubspannungen bei angenommener Isotropie genügend nahe bringen.

Im durchbewegten Gefüge wird also ein Korn so lange rotiert, bis es selbst translativ zergleitet oder anders gesagt, in der laminaren Strömung des Tektonits wird ein Kristall so lange rotiert, bis er in die Lage kommt, selbst laminar zu fließen, nämlich zu zergleiten, was kinematisch (und in anderen Beziehungen?) nichts anderes als das Zerfließen eines Kristalles darstellt. Die optimale Einstellung des Kristalles für laminares Zerfließen ist bekannt: Er zerfließt nach den Translationsflächen E und in denselben gelegenen Gleitgeraden G. Daß E und G dicht besetzte Gitterebenen und -gerade sind, läßt sich deduktiv erwarten und aus den mineralogischen und metallographischen Erfahrungen entnehmen. Fällt ein E in die laminare Gleitfläche des Gesamtgefüges (die Gefügegleitfläche), G in die Gleitgerade dieser Gefügegleitfläche, so ist, wenn im betreffenden Gefüge überhaupt Kornzergleitung stattfindet, die Endlage des Korns erreicht: es zerfließt ohne weiter zu rotieren nach seiner Translationsmechanik und es fließt mit der laminaren Strömung des Gefüges. Die Körner rotieren also entweder in der Laminarströmung des Tektonites oder sie zerfließen mit derselben, wenn eine unter den gegebenen Bedingungen fließbereite Gitterrichtung in die Gefügegleitfläche fällt: das Korn ist bei dieser Lage in die Gefügegleitfläche nach dem Kornbau eingeregelt. Diese Endlage wird von einer, von mehreren untereinander gleichwertigen oder von mehreren untereinander ungleichwertigen Gitterrichtungen bestimmt, da ja jede unter den betreffenden Umständen überhaupt fließbereite Gitterrichtung eine Endlage des Kristalles darstellt, sobald sie der Gefügegleitfläche genügend genau eingeregelt und damit maximal auf Gleitung beansprucht ist. Man sieht, daß bei dieser Einregelung der ersten besten fließbereiten Gleitfläche die Symmetrie des betr. Gitters für das Aussehen des also geregelten Gefüges sehr mitspricht: E kann nur einmal vorhanden sein oder sich wiederholen. Ferner spricht mit, welche E unter den Bedingungen des regelnden Deformationsaktes gerade fließbereit sind. Endlich spricht mit, daß eine bestimmte E nicht unbegrenzt fließbereit bleiben muß, sondern während ihrer Benützung so große Reibung (Verfestigung) erhalten kann, daß sie unter den betreffenden Bedingungen nicht mehr als fließbereite wirkt, sondern neuerliche Rotation und das Eintreten einer anderen E stattfindet.

Mechanische Gefügeregelung nach der Korngestalt. Diese umfaßt deskriptiv die Fälle der Regelung starrer Gestalten in durchbewegten Medien.

Unter den Korngestalten sind allgemein zu unterscheiden: 1. isometrische; das sind Polyeder, deren Ecken auf derselben Kugel liegen, bis Kugeln. Für das Verhalten im Korngefüge noch etwas enger, aber nicht rein deskriptiv faßbar: alle Körner, deren größter Unterschied in den Durchmessern des Einzelkorns gegenüber den in Frage kommenden angreifenden Außenkräften zu vernachlässigen ist. 2. heterometrische: Stab, Scheibe.

Isometrische Körner sind nach der Korngestalt nicht regelbar. Aber isometrische Körner und Stäbe (quer zur Stablänge) sind die bestrotierbaren Korngestalten. Und da sie sehr oft innere Merkmale (z. B. Einschlüsse) enthalten, welche die Ausgangslage erschließen lassen, sind solche Körner weitverbreitete und wertvolle Hilfsmittel, welche am Einzelkorn sehr oft Achse, Sinn und Betrag ($+ n\,360^0$) der Rotation, an mehreren Körnern die homogene Verbreitung solcher Daten im Gestein oder deren gesetzmäßige Änderungen erkennen lassen. Heterometrische Körner erfahren in durchbewegten Medien Rotationen, welche sich den Relativbewegungen im Medium, dem Bewegungsbilde, nach mehreren Methoden zuordnen lassen, wie es weiterhin versucht wird. Und sie erreichen praktisch aus jeder Ausgangslage eine bestimmte Endlage, deren Gleichgewicht besteht, solange sich weder das Medium, noch dessen Bewegungsbild, noch die Korngestalt ändert. Haben wir also gleichheterometrische Körner in beliebigen Ausgangslagen und konstantes Medium und Bewegungsbild, so erfolgt eine Regelung dieser Körner nach der Korngestalt. Einiges Allgemeine gilt ganz wie bei der Regelung nach dem Kornfeinbau. Machen wir den Prozentsatz der endgültig eingeregelten Körner zum Maß für den statistischen Grad der Regelung, so hängt dieser von der Dauer der Bewegung im Medium ab bzw. davon, ob neue Körner mit beliebiger Ausgangslage während der Bewegung auftreten. Der Genauigkeitsgrad der Regelung hängt ab von der Korngestalt, vom Festigkeitsverhalten des Mediums, am einfachsten von dessen innerer Reibung als spezifischem Schubwiderstand, von der Haftkraft zwischen Korn und Medium und, falls die Relativbewegung im Medium im betreffenden Bereich nicht ideal homogen ist, auch von der Korngröße. Die Regelung nach der Korngestalt erfolgt symmetriegemäß zum Bewegungsbilde des durchbewegten Mediums, in welchem die starren Einschlüsse geregelt werden. Wie jede andere

Regelung gestattet mithin auch diese, die Symmetrie jenes Bewegungsbildes — insbesonders Symmetrieebene (ac) und Achse $b = B$ — abzulesen und geographisch zu orientieren und damit den tektonisch interessierenden Strömungsvorgang. An derselben Kristallart wird Regelung nach der Korngestalt und Kornbau zusammenfallen (z. B. Glimmer) oder auseinanderfallen (z. B. Quarz) können, beide aber werden sich in der Symmetrie bei gleichem erzeugendem Vorgang nicht widersprechen.

Die Einregelung nach der Korngestalt erfolgt vor allem in Ebenen, welche durch die Regel allein oder durch noch andere Ausgestaltung hernach als ausgezeichnete Ebenenscharen, sehr oft zugleich als mechanische s-Flächen erkennbar sind.

Derartige Ebenen mit nach der Korngestalt eingeregelten Scheiben und Stäben können sein:

1. Die Ebenen maximaler Relativbewegung (nahe den Kreisschnitten) im Strainellipsoid starrer Körper mit Elastizitätsgrenze, also unter schiefen Winkeln zu Pressungen, wie im ersten Teile erörtert. Solche Einregelung nach der Korngestalt in Scherflächen, schief zum Hauptdruck, findet sich in lamellaren Tektoniten.

2. Bereits vorgezeichnete Gefügegleitflächen, bei deren Betätigung im lamellaren tektonischen Strömen, neuentstandene Kristalle (z. B. Erzplättchen) nach dem Kornbau oder nach der Gestalt eingeregelt werden.

3. Der gegenüber dem Schnitt der Einheitskugel am meisten vergrößerte Diametralschnitt Di und am meisten vergrößerte Durchmesser des Strainellipsoids von Teigen und viskosen Flüssigkeiten. Dieser Fall ist von älteren Schieferungstheorien lange polemisch gegen 1. betont worden, auch von G. Becker, was das Verhalten starrer Einschlüsse anlangt, aufgezeigt, aber nicht als brauchbare Schieferungshypothese anerkannt worden: In L 98 wurde kürzlich nachdrücklich auf ihn hingewiesen. Der Hinblick auf die Verlagerung der Kugelradien beim Übergang in ein Ellipsoid zeigt, daß undeformierbare Einschlüsse, Verlagerungen und Rotationen erfahren, welche bald zu einer statistisch merklichen Einregelung in den größten Ellipsoidhauptschnitt führen. Das ist experimentell leicht darstellbar. In Abb. 58 und 59 ist eine wesentlich ebene Deformation an Teig vollzogen, deren Trajektorien (hier = Ebenen durch die Hauptschnitte der Strainellipsoide) in der Zeichenebene (zugleich Ebene der Deformation und Symmetrieebene der Bewegung und ihrer Abbildungen) übersichtlich sind. Als deformierte Bereiche wurden eine Biegung (inhomogen, rhombisch deformiert, Flügel homogen deformiert), und eine mögliche Kombination von Shear und Scherbewegung (homogen, monoklin deformiert; Randpartien inhomogen mit Rotation deformiert) gewählt. Vor der Deformation wurde die Ebene der Deformation vollkommen regellos mit Stäben (Borsten) bestreut und diese in das Plastilin gepreßt. Nach der Deformation ergibt sich in beiden Fällen wahrnehmbare Einregelung der Stäbe in die Trajektorien (beachte in Abb. 58 die Außenseite und die Trajektorienübersicht in Abb. 9; in Abb. 59 die homogene Mittelpartie). Ebenso gelingt Einregelung der Stäbe in die größte Länge der Hauptellipsen (usw.) ebener Umformung bei Bestreuung der Kartonpakete vor Vollzug der reinen Scherbewegungen in den affinen und nichtaffinen Deformationsversuchen ab S. 40.

Es ist also mit Fall 1 und Fall 2 zu rechnen. Und da Fall 2 unter anderem auch derart zustande kommen kann, daß gerade Pressung senkrecht auf der späteren Einregelungsebene steht, hat man unter den durch Regelung nach der Korngestalt zustande kommenden Flächengefügen (auch „Schieferungen" z. T.), sowohl die Fälle 1, 2 und 3 zu unterscheiden als eigens noch, ob die Einregelungsebene in Fall 2 und 3 schief oder normal zur Pressung steht.

Auch zur Erklärung der Regelung von Stäben und Scheiben in einer laminaren Strömung kann man zuerst mit Schmidegg in L 62 die affine Deformation von Geraden und Ebenen betrachten, welche rein visuell vorgezeichnet sind;

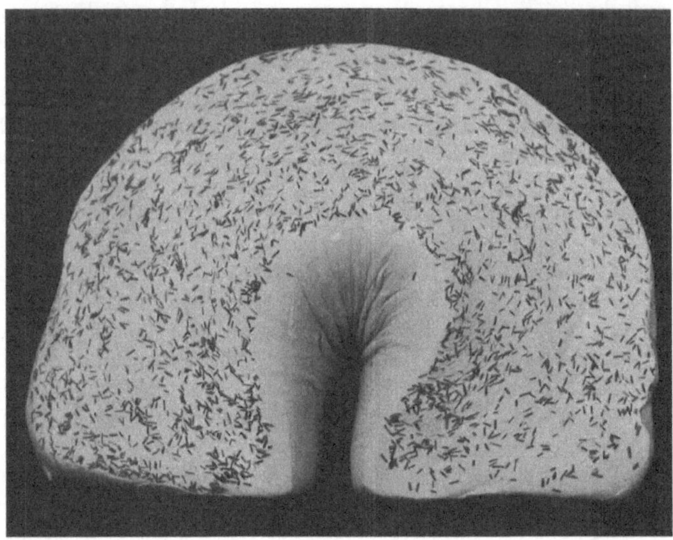

Abb. 58.

vgl. hierzu auch den Shear Abb. 2. Für Stäbe und Scheiben von geringen Ausmaßen im Verhältnis zur betrachteten Deformation kann man den Bereich, in dem sie geregelt werden, als affin deformiert betrachten. Im affinen Bereich

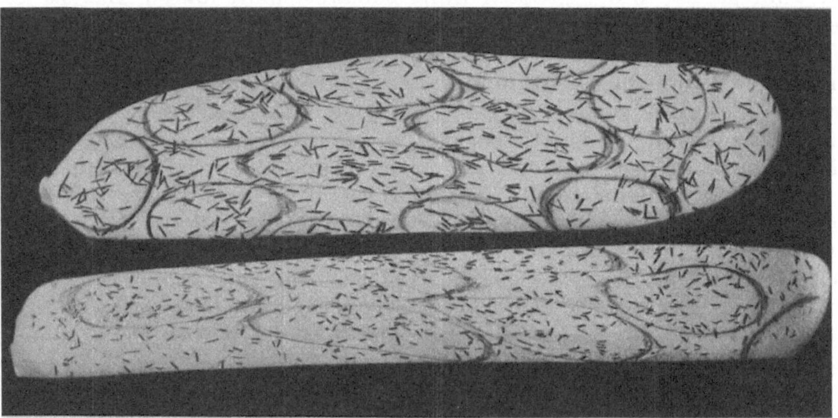

Abb. 59.

erleiden Gerade und Ebenen keine Biegung, mithin Stäbe und Scheiben keine Biegebeanspruchung, und wo an allen Stäben und Scheiben jede Spur einer Biegebeanspruchung fehlt, da hat man in manchen im Festigkeitsverhalten genügend definierten Fällen auch einen direkten Hinweis darauf, daß die Strömung affin war. Dagegen erleiden Gerade und Ebenen im Bereiche der affinen Scherbewegung, Dehnungen, Kontraktionen und Rotationen, mithin Stäbe und Scheiben, Beanspruchungen im Sinne von Dehnungen und Kontraktionen; diese sind bei den vorausgesetzten starren Einschlüssen wirkungslos. Sie erleiden ferner Rotationen und diese sind gleichsinnig, führen zu einer Endlage und wirken mithin regelnd nach der Korngestalt. Die Größenzusammenhänge sind folgende (L 62): r bezeichne die Relativverschiebung zweier um die Einheit voneinander entfernten Schichten; ferner $x = a$, $y = b$, $z = c$ wie gewöhnlich. n ist ein Maß für die Neigung der Geraden gegen die Ebene (xy), m für die Neigung der Geraden gegen die Ebene (xz); δ ist der Neigungswinkel der Geraden mit (xy) vor, δ' nach der affinen Translation. Dann ergibt die Rechnung

$$\operatorname{tg} \delta' = \frac{n}{\sqrt{(1 + n\,r)^2 + m^2}}; \qquad \operatorname{tg} \delta = \frac{n}{\sqrt{1 + m^2}}.$$

Steigt eine Gerade in (xz) in der Gleitrichtung an, so ist $\delta' < \delta$, fällt sie in der Gleitrichtung ein, so wächst δ' und die Gerade wird überkippt. Das gilt auch, wenn die Gerade nicht in (xz) liegt, sondern schief dazu, so daß die Projektion der Geraden auf (xy) mit (xz) den $\sphericalangle \varrho$ einschließt; nur ist dann in die Formeln statt r einzusetzen $r' = r \cos \varrho = \dfrac{r}{\sqrt{1 + m^2}}$. Eine Ebene durch den 0-Punkt, welche α, β und γ mit (yz) (zx) und (xy) bildet, erhält durch Translation die Gleichung

$$x_1 \cos \alpha + y_1 \cos \beta + z_1 (\cos \gamma - r \cos \alpha).$$

Die Ebene wird bei Translation, ihre Spur in (xy) beibehaltend, gedreht. Ist γ ihr Winkel mit (xy) vor, γ' nach der Translation, so ist

$$\cos \gamma' = \frac{\cos \gamma - r \cos \alpha}{\sqrt{1 - 2r \cos \alpha \cos \gamma + r^2 \cos^2 \alpha}}.$$

Eine Ebene $\perp$ auf (xz) verhält sich wie die Gerade in (xz). Eine beliebig liegende Ebene hat mit (xy) denselben Winkel wie jene Gerade, welche in der Ebene liegt und senkrecht auf der Spur der Ebene in (xy) steht. Mithin werden **Stäbe und Scheiben im affin strömenden Bereich mit den gegebenen Größenbeziehungen in die Gleitebene eingeregelt.**

Das Fluidalgefüge mit Einregelung nach der Korngestalt ist in laminar strömenden Tektoniten und Schmelzflüssen im wesentlichen dasselbe. Hat das Geschwindigkeitsgefälle (gemessen im Lot auf die Schichten) genügende Größe und genügende Dauer, so werden starre Gebilde, welche in der Strömung schwimmen, so lange rotiert, als die Relativbewegungen ein nichtminimales Drehmoment erzeugen oder als sie von Stromlinien genügenden Geschwindigkeitsunterschiedes getroffen werden; entgegen einer Endlage ohne wirksames Drehmoment.

Es werden sich bei ebenschichtigem Strömen Stäbe so lange bewegen, bis sie in der Schichte liegen; bei röhrenförmiger Strömung in der Röhrenachse. Liegen die Stäbe bei ebenschichtiger Strömung in der Schichte und werden sie rotiert um ihre Achse, so erreichen sie ihre stabile Endlage quer zur Strömungsrichtung. Scheiben finden eine Endlage bei ebenschichtiger Strömung in der Schichte. Nennen wir innerhalb der Schichte (ab) die Strömungsrichtung a, das Lot darauf b, das Lot auf $(ab)c$, und findet eine Krümmung der Schichten derart statt, daß die Deformation eine „ebene Deformation" mit Deformationsebene (ac) bleibt, so werden die Schichten zylindrische Gebilde mit b als erzeugender Gerader und senkrecht zur Spiegelebene (ac) des Vorgangs. Durch die laminare Strömung eingeregelte Stäbe und Scheiben können hierbei nur Rotationen um b erfahren, die Pole der Lote auf die Scheiben und Stäbe besetzen hierbei ganz oder teilweise einen Gürtel mit der Medianebene (ac), symmetriegemäß dem Vorgange: so in den Wirbeln, Falten, Wickelfalten, kurz allen Vorgängen mit Rotationen um $b = B$ bei laminar strömenden viskosen Flüssigkeiten; und so in den gleichartigen Bewegungsbildern laminar strömender „B-Tektonite", in deren (heterogenen) Wirbeln, Falten bis Wickelfalten durch Biegegleitung mit Achse $b = B$. Es führen also in beiden Fällen sowohl die verschiedenen Einregelungsstadien der Körner in die Schichte als die Krümmungen der Schichten zu einem Gürtel und damit zur Abbildung der Achse $b = B$ im Diagramm, sofern überhaupt laminare Strömung einschließlich beliebiger Krümmung der Schichten im Sinne einer „ebenen" oder wenigstens bilateralsymmetrischen Umformung mit Ebene (ac) und Achse $b = B$ vorliegt. Diese Vorschriften für Regelung nach der Korngestalt treffen ganz allgemein zu für tektonisches und magmatisches Strömen entlang einer Wand mit Geschwindigkeitsgefälle quer zu derselben und den in beiden Fällen so vielfach analogen Reaktionen des laminaren Strömens auf Unebenheiten des Untergrundes und Inhomogenitäten in der Strömung.

In manchen Fällen ist es sichergestellt, daß die Regelung, sei es als Translationsregelung oder als Regelung nach der Gestalt an kleinen Keimen stattfand, welche erst später wachsen; vermutlich ist das nicht die Ausnahme, sondern die Regel. Schon deshalb ist es von Interesse, die Regelung kleinster Teilchen zu beachten (L 108); außerdem aber treffen die Untersuchungen der Kolloidphysik über die Anisotropie von Mischkörpern durchaus das Allgemeine vieler Gesteinsanisotropien und gehören in dasselbe Kapitel einer künftigen allgemeinen Gefügekunde: Es sind z. B. stetig durchbewegte Tektonite mit mechanischer Regelung von Komponenten in der Sprache dieser Gefügekunde ebenso strömungsanisotrop wie ein sich strömend regelndes Kolloid. Der folgende Rundblick ergibt, daß auch die Regelung kleinster Teilchen nach denselben allgemeinen Prinzipien wie die größerer erfolgt, ohne daß die zu erwartenden Verschiedenheiten im besonderen bisher bekannt sind.

Der Orientierungseffekt der Spannungsdoppelbrechung wird im allgemeinen auf zwei Komponenten bezogen, Formdoppelbrechung und Eigendoppelbrechung, welche sich oft experimentell isolieren lassen und der Regelung nach der Korngestalt und Regelung nach Kornfeinbau entsprechen.

Vor allem läßt sich am Regelungseffekt deformierter Gele der Begriff des „statistischen Grades" der Regelung gut veranschaulichen, wenn auch nicht so unmittelbar wie durch Gefügediagramme: Die Kurven mit den Koordinaten „Doppelbrechung durch Regelung" und „unrückläufige Deformation" zeigen Aufstieg und Einbiegen in eine Gerade konstanter Doppelbrechung, ganz wie dies der steigenden und schließlich vollzogenen, vollkommenen „Durchregelung" entspricht.

Ferner sind uns bereits geläufige Beziehungen zwischen Regelung nach der Korngestalt und Regelung nach Korninnenbau auf das Studium deformierter Gele übertragbar, z. B. können sie genetisch und im Effekt ununterscheidbar zusammenfallen, oder sich verschiedenartig überlagern. Ferner ist das Ergebnis der Kolloidphysiker, überhaupt eine Anisotropie auf Grund reiner Regelung nach der Korngestalt anzunehmen, ganz im Sinne des anisotropierenden Einflusses, welchen wir der Regelung nach der Korngestalt, der Intergranulare usw. zuschreiben.

Ferner gelten unsere Symmetrieüberlegungen über Regelungserscheinungen in Kristallitengefügen auch für die Betrachtung von Kolloiden. Und wie wir für geregelte Gesteine die kinematische Gleichheit von Deformations- und Strömungsvorgängen vielfach auch an den kinematisch bedingten Regelungseffekten aufzeigen konnten, so gilt dies von deformierten und strömenden Kolloiden.

Während aber auch elektrische und magnetische Felder in Kolloiden Regelungen erzeugen können, ist derzeit noch nichts Derartiges in starren und halbstarren Gefügen nachgewiesen, und es bedarf noch eigener Untersuchungen, welche Rolle elektrische Felder für die Wachstumsregelung der Kristallite in natürlichen Gefügen spielen. Die allgemeine Theorie von Wiener (nach L 108) betrifft einen Mischkörper mit isotroper oder anisotroper Anordnung der Bestandteile, mithin ein ungeregeltes oder geregeltes, in genügend kleinen Bereichen nichthomogenes Gefüge, betont die Theorie des „Mischkörpers" als eine physikalisch grundlegende, und formuliert ihre Frage folgendermaßen: „In ein Feld, das der Differentialgleichung der stationären Strömung unterliegt, sei ein beliebiger Mischkörper mit isotroper oder anisotroper Anordnung der Bestandteile eingebettet; welches sind dann die Konstanten eines einheitlichen Körpers, der den Mischkörper derartig ersetzt, daß das äußere Feld unverändert bleibt?" Diese Allgemeinheit der Fassung des Problems entspricht durchaus unserem Standpunkte, wenn das Gleichartige an der Regelung von Kristallitengefügen und Kolloiden hiermit hervorgehoben wurde. Im Sinne dieser Theorie findet man (in L 108) einfache Fälle mit isotropen und anisotropen Gefügeelementen behandelt. Kompliziertere derartige Fälle stellen geregelte Gitteraggregate dar und geregelte Kristallitengefüge. Von diesen ist untersucht (vgl. S. 120), welche Lagenfreiheit der Einzelkristalliten, anders gesagt, welche Regelung vereinbar ist mit bestimmten Überlagerungsphänomenen mit Hilfspräparaten; während die Regelung solcher komplizierter Gebilde zwar durch so viele Diagramme bestimmt, ihre physikalische und technische Auswirkung aber erst in ganz wenigen Fällen wirklich untersucht ist (z. B. L 92). Als Beispiele für einfachste Mischkörper können Gefüge aus isotropen, untereinander parallelen Zylindern oder Platten in einem Zwischenmittel mit anderem Brechungsindex dienen. Sind die Gefügeelemente und ihre Zwischenräume klein gegen die Lichtwellenlänge, so ersetzt ein solches Gefüge einen positiven („Stäbchendoppelbrechung; $c \parallel$ Stäbchen) oder negativen (Schichtendoppelbrechung; $c \perp$ Plättchen) Kristall (Wiener nach L 108). Solche Gefüge formanisotroper Elemente können aber ohne Rotationen von Strainellipsoiden oder Gefügeelementen und ohne Regelung vorher vorhandener anisotroper Gefügeelemente auch mechanisch erzeugt werden. Es liegt, wenn man will, eine Regel nach der Korngestalt, aber kein Regelungsvorgang nach bereits vorhandener Korngestalt vor. Der Fall ist in Gesteinsgefügen vertreten, wenn isotrope Gefügeelemente (Körner; Gerölle) in einem Zwischenmittel geplättet werden. Darüber hinaus hat der Fall grundsätzliche Bedeutung: Alle Fälle, in welchen Kleinbereiche gleichsymmetrisch und gleichsinnig, wenn auch in Anbetracht der Inhomogenität nicht strengst geometrisch-ähnlich mit Großbereichen, mechanisch oder durch andere Felder umgeformt werden, sollen, da man sie wegen der Ausgangsinhomogenität des Gesamtgebildes nicht als homogene Deformation bezeichnen kann, sie aber homogener Deformation nach Symmetrie und Sinn der Teildeformation ganz nahe stehen, als homöogene bezeichnet werden. Die durch homöogene Deformation der Gefügeelemente hervorgerufene Anisotropie soll eine homöogene mechanische Gefügeregelung heißen. Solche ist an Werkstoffen in L 54, 55 beschrieben, an deformierten Kolloiden und geologischen Körpern bekannt.

Einfluß der Gefügegenossen. Der Einfluß der Gefügegenossen bei mechanischer Regelung (nach Kornbau oder Korngestalt) besteht darin, daß sie Einbettungsmaterial sind. Man wird ihn also untersuchen in Gefügen, in welchen A in A, A in A' und A' in A' denselben Deformationsbedingungen unterzogen waren. Auf diese Weise ergibt sich z. B. aus D 174, 176, 184, 185 eindeutig:

Unter Bedingungen, welche aus „Quarz in Quarz"-Gefüge den scharfen Gürtel eines B-Tektonits erzeugen, entsteht aus „Quarz in Kalzit"-Gefüge ein im ersten Falle gänzlich fehlendes Maximum um B. Die Achsen sammeln sich also in der Kalotte um B, ganz wie wir dies bei Regelung nach der Korngestalt des Quarzes kennen (s. dens. und D 66—68); und wir schließen, daß auch das „Quarz in Kalzit"-Gefüge aus nach der Korngestalt geregelten, im strömenden Kalzitteig schwimmenden Quarzkörnern besteht. Beide Regeln, der Tektonitgürtel $\perp B$ und der Doppelkegel um Achse B sind dem Durchbewegungsbilde symmetriegemäß.

Eine geringere noch nicht zu „Quarz in Kalzit"-Gefüge führende Beimengung von Kalzit als Gefügegenosse ist nach D 56, 57 wirkungslos. Wo die mechanische Regelung vom Mechanismus der Korndeformation abhängt (L 62), ist ein mannigfaltiger Einfluß der Gefügegenossen auf die Regelung, und zwar auf deren Art, statistischen Grad und Genauigkeitsgrad vor allem zu erwarten; bei Regelung nach der Korngestalt besteht dieser Einfluß lediglich in der Ermöglichung solcher Regelung durch das leichtere Fließen des Gefügegenossen.

Gibt es einen Gefügegenossen K_2, welcher K_1 gänzlich umhüllt, so ist keine die maximale Festigkeit in K_2 übersteigende Kraft auf K_1 übertragbar. Ist die kleinste Schubfestigkeit in K_1 größer als die größte in K_2, so schwimmt K_1 in jeder Lage unversehrbar starr und nur nach der Korngestalt regelbar in K_2, z. B. „Quarz in Kalzit"-Gefüge D 174, 176, 184, 185 und Abb. 80.

Bei Kristallisation spielen Gefügegenossen K_1 ihre Rolle als anisotrope Aufwachswand und als Gefüge (z. B. Glimmerlagen) mit anisotroper Wegsamkeit; ferner als Umschließer gebildeten Gefüges, welches damit im allgemeinen sowohl mechanischer Regelung als weiterem Wachstum entzogen wird (vgl. später).

Der Einfluß der Gefügegenossen läßt sich noch genauer und allgemeiner fassen (L 62) und ergibt dann Ausblicke auf das Festigkeitsverhalten der Gefüge.

Wir betrachten den Fall, daß elastisch deformierte E-Körner neben translativ deformierten P-Körnern, neben rupturell deformierten R-Körnern liegen. Alles im ungeregelten Gefüge mit den Mineralen E, P und R.

Man findet in diesem Falle gelegentlich den Schluß, daß sich unter den Bedingungen der Beanspruchung bei gleich starker Beanspruchung E nur elastisch, P bei gleich starker Beanspruchung „plastisch", R bei gleich starker Beanspruchung rupturell deformierte. Dieser Schluß ist nicht berechtigt. Vielmehr hängt bei einem polymikten Gefüge die Beanspruchung der Körner nicht nur von deren Orientierung zur Beanspruchung ab, sondern auch von ihrer Einbettung, von ihren Nachbarn und damit vom Gefügetypus. Was bei der Deformation im Gefüge vor sich geht, ist eine Anzahl unter Umständen von Korn zu Korn schon verschiedener, kleiner Festigkeitsversuche. Was sich bei diesen Festigkeitsversuchen ändert, ist nicht nur die Orientierung zur gerichteten Beanspruchung, sondern von einer gerichteten Beanspruchung des ganzen Gesteins kann z. B. auf ein Feldspatkorn viel mehr entfallen, wenn es zwischen Quarzkörnern liegt, als wenn es vom plastischen Glimmer umflossen ist. Es ist das erste Feldspatkorn z. B. einer Drucklast bis zur Druckfestigkeit des Quarzes ausgesetzt; aber schon das zweite Feldspatkorn nur einer Drucklast, bis zur Drucklast des leicht fließenden Glimmers. Jedes Gefügekorn ist höchstens bis zur Festigkeit seines Nachbars belastet, z. B. gerichtetem Druck ausgesetzt. Aller übrigen Belastung des Gesteins entspricht der von den P-Körnern vermittelte Druck. Dieser wird auf ein von P-Körnern umgebenes Korn als hydrostatischer Druck übertragen und kann nicht deformierend wirken, wohl aber die Stabilität der betreffenden Verbindung aufheben und so z. B. bewirken, daß das deformierte Korn nicht in gleicher Phase rekristallisiert. Es ist also die Festigkeitsbeanspruchung eines Kornes nicht nur von der Orientierung zur Beanspruchung des Gesteins, sondern zu allermeist, wie gesagt, von seiner Einbettung abhängig. Man erhält im polymikten Gestein für ein bestimmtes Material eine weit größere Mannigfaltigkeit der Beanspruchung und also auch der Reaktion darauf als im monomikten Gestein. Wir haben nicht nur mit verschiedener Einspannung, sondern mit einem Absinken des gerichteten Druckes unter Umständen bis O zu rechnen. Wenn eine Körnersorte fließt, so erfahren unter Umständen dieser benachbarte Körner hydrostatischen Druck neben übertragenen, gerichteten Drucken bis höchstens zur Maximalfestigkeit ihrer Nachbarn.

Passive Regelung, einer Kornart nach ihrem Feinbau, bezeugt also einen Mindestwert der inneren Reibung im Gefüge während der betreffenden Deformation. An diesem Mindestwert können intragranulare Reibungen der Kornarten $K_2 K_3$ usw., aber auch K_1, ferner intergranulare Reibungen zwischen allen Kornarten beteiligt sein; was wir zunächst nicht analysieren. Finden wir K_1 nach dem Kornbau mechanisch geregelt, so war jedenfalls die innere Reibung des Gefüges, z. B. des Gesteins bei der Deformation, nicht kleiner als die Translationsreibung von K_1 bei dem anzunehmenden Kornmechanismus unter den betreffenden Bedingungen des Druckes der Temperatur und Deformationsgeschwindigkeit.

Mechanische Regelung von K_1 nach Kornbau ist also im allgemeinen nur dann möglich, wenn die geringste innere Reibung, in dem das Korn einbettenden Gefüge, gleich groß oder größer ist als die geringste innere Reibung im Korne K_1.

Besteht ein solches Gestein nur aus der Kornart K_1, so besteht die innere Reibung des Gesteins nur aus der intragranularen Reibung in K_1 und der intergranularen Reibung zwischen den Körnern K_1. Diese letztere kann nicht kleiner sein als die intragranulare Reibung in K_1; und dasselbe gilt von der inneren Reibung des Gesteins. Die innere Reibung passiv geregelter, aus nur einer Mineralart bestehender Gesteine, zur Zeit der translativ nach dem Kornbau regelnden Gesteinsdeformation, war also nicht geringer als die Translationsreibung von K_1, welche immerhin viel leichter diskutierbar und experimentell erschließbar ist als die innere Reibung des Gesteins.

Wir haben nun folgende Fälle, zunächst für polymikte Gesteine mit etwa gleich reichlicher Vertretung der Kornarten, zu diskutieren:

1. Eine Kornart, 2. mehrere Kornarten, 3. alle Kornarten des Gefüges sind nach dem Kornbau mechanisch geregelt. Über diese Fälle läßt sich einiges Allgemeine von vornherein aussagen und sodann durch Beispiele belegen.

Im ersten Fall ist die einzige geregelte Kornart zugleich diejenige mit der geringsten inneren Translationsreibung. Im zweiten Fall haben die geregelten Kornarten geringere Translationsreibung als die ungeregelten. In beiden Fällen werden die nicht nach dem Kornbau geregelten Kornarten nach der Korngestalt geregelt sein oder nicht: Je nachdem sie heterometrische oder isometrische Gestalt haben.

Was den dritten Fall betrifft, so läßt es sich ausschließen, daß in einem Gestein, in dem jedes Korn ein Korn jeder anderen Art berührt, alle Kornarten nach dem Kornbau restlos mechanisch geregelt sein können; es sei denn — was nicht zu erwarten ist —, daß sie alle gleiche Translationsreibung haben. Andernfalls werden nämlich immer einzelne schwieriger translatierbare Körner in leichter translatierbare Nachbarn eingebettet erscheinen und demnach höchstens nach der Korngestalt geregelt werden.

Ferner ist ganz allgemein zu erwarten, daß dieselbe Kornart teilweise nach dem Kornbau, teilweise nach der Korngestalt geregelt im Gefüge liegen kann, je nachdem sie bei der Gesteinsdeformation zwischen leichter oder schwieriger translatierbaren Nachbarkörnern eingespannt war. Man wird also in polymikten Gesteinen als häufigsten Fall beide Regelungen nebeneinander erwarten, ja

Spuren von Regelung nach der Korngestalt selbst in monomikten Gesteinen begegnen können.

Durch derartige Überlegungen kann man also Gesteine unterscheiden, bei welchen während der Deformation die innere Reibung größer oder kleiner war als die kleinste des geregelten Minerals K usw., und definiert damit das Festigkeitsverhalten besser als durch die Verwendung der Ausdrücke fest und fließend.

Abbildungskristallisation mechanisch geregelten Gefüges. Für die Annahme, daß sich eine mechanische, passive Gefügeregel, lebhafte Kristallisation der betreffenden Kornart überdauernd, erhalten kann, gibt es mehrere Beweise:

1. Wir finden ein Mineral in kleinen Kristallen K_{si} ohne Korrosion, also als Keime innerhalb unversehrter Kristalle einer zweiten Kornart K_2 und als bis zum vielfachen weitergewachsene Körner K_{se}, außerhalb K_2. Unsere Kornart ist in si und se vollkommen gleich geregelt, stellt also in se ein ohne jede Störung der Regel weiterkristallisiertes Gefüge geregelter Keime dar; eine durch genaueste Abbildungskristallisation erhalten gebliebene Keimregelung (Keime = kleinere bis kleinste Körner).

2. Wir finden typische Tektonitgürtel der c-Achsen in Quarzgefüge, verbunden mit Kornkonturen, welche nur auf nachträgliche Kristallisation zurückgehen können; so am Itakolumit (Messung Kordes), dessen bekannte kugelgelenkig-lappig ineinander greifende Kornkonturen erst nach der Regelung entstanden sein können, also ebenfalls abbildende Kristallisation nach Durchbewegung erweisen.

Ein gutes Beispiel der Abbildungskristallisation von Kristallorientierungen gibt der Vergleich von D 9 und D 10. In einem teilweise rekristallisierten Quarzmylonite wurden alle zweifellos rupturellen Körner (104 Körner), die direkten Zerpressungsprodukte größerer Individuen, eingemessen, getrennt davon die kleinen, ganz anders aussehenden, mechanisch unversehrten Körner (550 Körner) der rekristallisierten Zwischenmasse. Die Übereinstimmung der Diagramme in allen Häufungen ist eine, angesichts der sehr großen Verschiedenheit beider Kornarten, sehr überraschende; sie ist durch Abbldungskristallisation der rupturellen Splitter und Körner, welche den Gürtel eines Quarztektonits besetzten, zustande gekommen.

V. Wachstumsgefüge und deren Regelung.

Wachstumsgefüge — Grenzflächengefüge; Wachstumsregelung: des Kornbaus nach Gefügegenossen, der Korngestalt nach der Blastetrix; Regelung nach dem Kornbau im wachsenden Anlagerungsgefüge (geometrische Auslese); Korngestalt im wachsenden Anlagerungsgefüge.

Unter reinen Wachstumsgefügen oder gewachsenen Gefügen versteht man passend solche, welche dadurch zustande kamen, daß die Gefügeelemente, vor allem Kristalle, an denselben Orten und in gleicher Lage entstanden und wuchsen, wie wir sie im Gefüge vorfinden. Die fügenden Teilbewegungen sind mithin in erster Linie und (bis auf seltene örtliche Auswirkungen von mechanischen Drucken im bereits starren Gefüge weiter wachsender Kristalle) restlos von atomaren Kräften diktiert. Reine Wachstumsgefüge sind also atomdynamische Gefüge, Grenzflächengefüge im Sinne von S. 116, 142. Eben durch diese Begriffsfassung kann man, was an einem Gefüge Wachstumsgefüge ist, bei allen Überlagerungen mit Tektonitgefüge trennen, wenn man die Züge heraus hebt, welche nicht die Kontinuumsmechanik, sondern die Grenzflächenphysik ableiten kann.

Für die Gestaltung des Gefüges ist es von Bedeutung, ob die Kristalle aus flüssigen und gasigen Zuständen, aus nichtkristallinen oder aus kristallinen Zuständen abgeschieden werden. Im letzteren Falle immer, in den anderen Fällen bisweisen enthält der der Abscheidung vorangehende Zustand eine Anisotropie (Spannungen; Bewegungszustände; geordnete Inhomogenitäten), welche namentlich in ihrer Symmetrie das wachsende Gefüge beeinflussen kann.

Man pflegt anzunehmen, daß das wachsende Gefüge auch vom Festigkeitszustande des bereits Vorhandenen beeinflußt sei, indem z. B. Kristalle K_1 in Flüssigkeit oder Gas „unbehinderter" wachsen als im starren Gefüge. Das gilt aber nur unter der Voraussetzung durch atomaren Platztausch unangreifbarer vom wachsenden K_1 begegneter Teile im starren Gefüge. Die mechanische Starrheit des jeweils vorhandenen Gefüges, in dem die Kristalle wachsen, ist also hierin nicht entscheidend, wie die vielen in starren Gefügen vollkommen ausgebildeten, für metamorphe Gesteine so typischen Kristalle zeigen. Nicht wegen des geringeren kontinuums-mechanischen Widerstandes gegen vorrückende Flächen, sondern wegen des geringeren Widerstandes gegen atomare Bewegungen sind Flüssigkeiten und Gase Medien, in welchen Kristalle ihre Flächenbegrenzung vollkommen entwickeln. In starren Gefügen aber können sich bei gegebenen atomaren Platztauschmöglichkeiten Kristalle ebenso vollkommen entwickeln. Man ersieht daraus, daß der vielfach verwendete Schluß aus vollkommen entwickelter Gestalt der Kristalle K_1, auf deren frühe Bildung in einer noch nichtstarren Umgebung nicht allgemein, sondern nur in Sonderfällen verwendbar ist.

Solche Sonderfälle sind viele porphyrische Gefüge aus erstarrenden Schmelzen. In diesen sind die Einsprenglinge frühe Bildungen in schmelzflüssiger Umgebung, während die holoblastischen Einsprenglinge metamorpher Gesteine späteste Bildungen sind. Neben solchem ausgesprochen porphyrischem Erstarrungsgefüge mit gut unterscheidbaren Mineralgenerationen haben wir sehr viele andere Gefüge erstarrter Schmelzflüsse. In diesen Gefügen liegen ebenfalls besser ausgebildete Kristalle des Minerals K_1 neben schlechter ausgebildeten des Minerals K_2, der Schluß aus der Gestalt auf ungleichzeitige Bildung ist aber (z. B. in manchen eutektischen Gefügen) ebenso unanwendbar, wie etwa in den umkristallisierten Starrgefügen der kristallinen Schiefer, in welchen die vollkommenere Eigengestalt auf Reihen nach abnehmender „Kristallisationskraft" zurückgeführt wurde.

Es handelt sich in solchen Fällen gleichzeitiger Kristallisation aus dem Schmelzfluß ebenfalls um Grenzflächen, welche als kristallographische Fläche entweder (wohl meistens) K_1 und K_2 oder nur K_1 zuordenbar und dann von diesem Mineral größerer Kristallisationskraft diktiert sind.

Was die sehr häufigen orientierten Verwachsungen von K_1 und K_2 anlangt, so kommt ihnen sogleich ein Einfluß auf größere Gefügebereiche zu, wenn eine Regelung von K_1 irgendwie unmittelbar bedingt ist: Diese bedingt dann mittelbar die Regelung des mit K_1 verwachsenen K_2.

Unter den Wachstumsgefügen der Eutektika gibt es derartige in bezug auf kristallographische Daten regelmäßiger Verwachsungen, welche u. U. größere Bereiche umfassen und nicht nur von Interesse sind als Hinweis, daß gleichzeitige Erstarrung vorliegt, sondern auch für die richtige Deutung der Regelung in Fällen, wo sie sich mit anderen Gefügen überlagern. Als ein Beispiel für Verwachsungen sei Feldspat-Quarz angeführt in seinen myrmekitischen und schriftgranitischen Verwachsungen, worüber einige Beobachtungen bereits vorliegen (L 71, 78, 88).

Das lehrreich Unterscheidende beider Verwachsungen liegt darin, daß sie größere, begrifflich verschiedene Gruppen im Sonderfall repräsentieren. Myrmekitische Verwachsungen erscheinen, gefügekundlich betrachtet, als ein Extremfall warziger Intergranulare an der nur atomar bewegten Grenzfläche zwischen festen Kristallen, mithin als ein Fall interkristalliner Suturenbildung, und wie diese wieder nur als ein Sonderfall der Grenzflächenbildung zwischen wachsenden Kristallen, wie sie z. B. die kristalloblastischen Gefüge bezeichnen.

Einen anderen unterscheidbaren Fall ergibt die Verschiebung der Grenzfläche Fest-Unfest in Gestalt der Korrosionen und Ätzungen.

In allen diesen Fällen kann die Anisotropie des Festen zu Worte kommen entweder in der Gestalt der verschobenen Grenzfläche oder, wie dies Crista für Myrmekit in Betracht zieht, in orientierter Verwachsung eindringender Kristalle mit dem intrudierten Kristall. Letzterer Deutung gegenüber ist allerdings nicht zu vergessen, daß ein bestimmter Grad buchtiger — warziger — myrmekitischer Verwachsung von vornherein daran gebunden sein kann, daß sich die verwachsenden Nachbarn in bestimmter Lage berühren; denn diese mitbestimmt den Ungleichgewichtszustand, in dessen Sinn sich die Grenzfläche verschiebt und damit die Intergranulare gestaltet. Es wäre also auch möglich, daß sich solche Intergranulartypen, wie die Myrmekite, von vornherein nur an bestimmt orientierten Berührungsflächen der Nachbarn bilden und diese deshalb immer orientiert — verwachsen erscheinen. Unterschiedlich von solchen Gefügen repräsentieren manche andere Verwachsungen eutektisches Gefüge und dieses angenommenermaßen den Idealfall „gleichzeitiger" Kristallisation, das heißt nicht nachträglicher Verschiebung der Intergranularen zwischen bereits festen Kristallen. Bei gleichzeitiger Kristallisation von K_1 und K_2 werden sich entweder deren Keime im Verlaufe ihres Wachstums im Liquiden in Zufallslagen berühren, ihre Grenzfläche wird von Wachstumsgeschwindigkeiten abhängen und keine orientierten Verwachsungen werden auftreten. Oder die Keime K_1 und K_2 werden nur in ungefähr bestimmten Lagen zueinander überhaupt verwachsen oder es wird K_1 für K_2, oder jedes für das andere anisotropen Baugrund darstellen und wieder wird sich orientierte Verwachsung zwischen K_1 und K_2 ergeben. Welche der im letzten Satze erwähnten Möglichkeiten eintritt, ist noch in keinem Sonderfalle bekannt, wohl aber die Tatsache orientierter Verwachsungen am Schriftgranit (L 71, 78; unveröffentlichte Diagramme von Drescher).

Die orientierte Verwachsung ist damit gegeben, daß die Quarzachsenmaxima bei Popoff in Übereinstimmung mit Fersmans trapezoedrischem Verwachsungsgesetz auf einem Kleinkreis von 40 bis 50⁰ Öffnung um die c-Achse des durchwachsenen Kalifeldspats liegen, bei Christa etwa 10⁰ von der b-Achse; bei Drescher finde ich beide Maxima sogar im gleichen Feldspat. Es gibt also, wie durchaus zu erwarten, ebenso wie verschiedene Zwillingsgesetze auch verschiedene Gesetze orientierter Verwachsung schon am gleichen Kristalle. Ein Diagramm Dreschers veranschaulicht durch die Streuung der Pole in einer Ellipse von 80⁰ × 60⁰ Öffnung bei betontem Schwerpunkt sehr gut die wichtige Tatsache, daß es sich bei orientierten Verwachsungen nicht um ähnlich genaue Orientierung wie etwa bei Zwillingsbildung zu handeln braucht. Diese Tatsache scheint mir am besten vereinbar mit der Ansicht, daß die Keime im erstarrenden Schriftgranit schon in nur ungefähr bestimmten Lagen besser miteinander verwachsen als in anderen, „besser" vielleicht weniger im Sinne des Aneinanderhaftens als in dem Sinne, daß K_1 durch K_2 nicht der Weg verlegt wird, ehe K_2 die von uns beachtete Mindestgröße erlangt hat.

Wachstumsregelungen. Wachstumsregeln lassen sich genetisch definieren als Ergebnis richtender Einflüsse auf den Kristall ohne Drehung des ganzen Kristalles, welche mithin keine unmittelbaren Teilbewegungen zu mechanischen Umformungen sind. Es sind also Einflüsse, welche der Kristall entweder 1. vom ersten Keime an durch Orientierung des ersten Keimes oder 2. in einem Frühstadium seines Wachstums unter späterer Ausschaltung eventuell vorhandener andersorientierter Keime erleidet.

Zu 1. a) Einflüsse anisotroper Aufwachsflächen; b) Einflüsse gerichteter Bewegung im flüssigen Medium, aus welchem der Kristall kristallisiert; c) Einflüsse von Gefügeanisotropien (z. B. Intergranularen u. a. m.) eines Starrgefüges, in welchem der Kristall kristallisiert.

Zu 2. Selektive Vorgänge wie Wachstumsauslese.

Es kann also z. B. in einem komplexen Gefüge eine bereits geregelte Kornart A die „Sekundärregelung" einer neu entstehenden Kornart B auch nach dem bekannten Prinzipe beeinflussen, daß die Orientierung von B von der Orientierung von A abhängt: Sei es, daß $B = A$ ist, wonach B mit gleichem Gitter oder in Zwillingslage wächst. Sei es, daß $B \neq A$, wonach es doch Richtungen in A und B gibt, welche in der statistischen Mehrzahl der Verwachsungen einander gegenüber gleichorientiert sind. Es sind das alles Sonderfälle des allgemeinen Prinzips, daß eine anisotrope Wand von richtendem Einfluß auf den anwachsenden Kristall ist.

Es kann also Abbildungskristallisation nach Gefügegenossen K_2, besonders in während der Kristallisation durchbewegten Gesteinen, deren K_2 mechanisch geregelt wird, auch in größeren Bereichen zur sekundären Regelung von K_1 führen.

Die stengelige Gestalt im Gefüge wachsender Elemente ist zunächst als solche für den Fall nach dem Kornbau ungeregelten Gefüges isotroper Elemente zu betrachten. Sie ist dann der Ausdruck dafür, daß die Elemente in einem anisotropen Felde gewachsen sind, in dem eine Richtung bester Wegsamkeit W zur Stengelrichtung wurde. Das tritt ein, wenn in einem Gefüge ungeregelter wachstumsbereiter Elemente eine ebene oder krumme Fläche angenommen werden kann, senkrecht zu welcher überall die Behinderung des Wachstums der Elemente geringer ist als in jeder anderen Richtung im Gefüge. W steht dann auf dieser Fläche senkrecht; in ihr liegen während des Gefügewachstums die am raschesten wachsenden Stellen der Gefügeelemente; senkrecht auf ihr mithin die größten Durchmesser, die „Stengel". Wachsen die Elemente aus dichter Keimsaat auf einem Zentrum, so wird die Fläche eine sich vergrößernde Kugel, die Elemente werden radial-stengelig. Wachsen die Elemente aus dichter Saat auf einer ebenen Wand, so wird jene Fläche eine Ebene, die Elemente werden auf ihr und auf der besiedelten Wand senkrechtstehende Stengel. Liegt unsere Fläche geringster Herabsetzung der Wachstumsgeschwindigkeit — nennen wir sie, gleichviel ob an jedem ihrer Punkte die Wachstumsbehinderung gleich groß sei, die Blastetrix — irgendwie in einem Gefüge wachstumsbereiter Elemente als Fläche ohne andere Kennzeichnung, als Grenzfläche auch in anderer Beziehung, oder als freie Oberfläche, so erfolgt das maximale Wachstum der Gefügeelemente radial zur Blastetrix. Es ist hierbei nicht nötig, eine Aufwachsfläche der betrachteten Elemente in Betracht zu ziehen, ja es braucht eine solche durchaus nicht vorhanden zu sein. Haben wir z. B. ein Gefüge aus Glimmerhäuten in s mit wachsendem Quarz, so steht eine Blastetrix an jedem Punkte des Gefüges $\perp s$, ist B ausgesprochen, $\perp B$. Die Blastetrix ist nichts anderes als eine kurze Beschreibung der allgemeinsten Wegsamkeitsanisotropie in einem bereits vorhandenen oder im Aufbau begriffenen Gefüge. Belteropor — nach der besseren (belteros) Wegsamkeit (poros) gebaut — sind alle Gefüge bzw. Züge eines Gefüges, in welchen anisotrope Wegsamkeit für wachsende Gefügeelemente oder Stofftransporte wirksam geworden sind. So z. B. bilden die unter den verschiedensten Winkeln gekreuzten, mit Hornblende besetzten Scherflächen der Abb. 60 belteropores Gefüge; aber auch ein Kristallrasen.

Die bisherige Überlegung über das formanisotrope Wachstum von Gefügeelementen, abhängig von der Wegsamkeit, gilt ohne weiteres für Kristalle, welche freiwachsend nur unbeträchtliche Verschiedenheiten der Wachstumsgeschwindigkeiten zeigen, also rundlich isometrische Gestalten annehmen würden. Wie bei isotropen Elementen kommt in diesem Falle das Prinzip der Wegsamkeit allein zur Geltung und führt zu rein stengeligen Gebilden ohne „Wachstumsauslese", mithin auch ohne Regelung.

Sobald wir Elemente betrachten mit genügend verschiedener Wachstumsgeschwindigkeit, so bleibt die Blastetrix als Fläche geringster Reduktion der freien Wachstumsgeschwindigkeit nur für eine Auslese von Kristallen erhalten, nämlich nicht für jene, welche hinter der als Hüllfläche der rascheren Kristalle wandernden Blastetrix zurückbleiben, wobei diese rascheren Kristalle durch seitliches Wachstum die langsameren Nachbarn von der Blastetrix trennen. Diese Wachstumsauslese führt also einmal zu einer Verwischung der Stengelform zu-

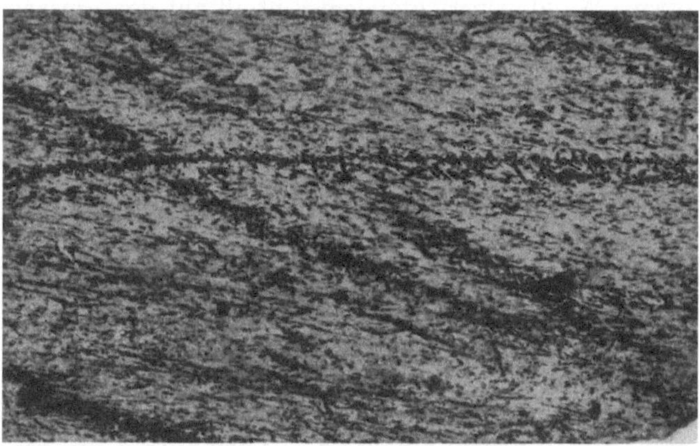

Abb. 60. Hornblendeschiefer. Berliner Hütte, Tirol. Anschliff. Natürl. Größe. Stärker hornblendisierte gekreuzte Scherflächen erscheinen dunkel.

gunsten durch Seitenwachstum keuliger Formen, sodann ferner zur Regelung des fortwachsenden Gefüges, in welchem die mit der kristallographisch definierten Richtung schnellsten Wachstums senkrecht zur Blastetrix stehenden Körner im weiteren zeitlichen Verlaufe mehr und mehr vorherrschen. Auf Wachstumsauslese weist also Keulenform und Regel nach dem Kornbau; Stengelform ist aber keineswegs an und für sich auf Wachstumsauslese zurückzuführen.

Ist die Blastetrix derart gekrümmt, daß die radialen Kristallite zentrifugal divergieren, so ist die Auswirkung der Wachstumsauslese um so geringer, je kleiner der Krümmungsradius der Blastetrix ist: Bei gleich großen Unterschieden gleichliegender Wachstumsrichtungen in Nachbarkörnern wird der langsamere Nachbar später verdrängt als bei weniger konkaver, ebener oder gar konvexer Blastetrix. Da die Unterscheidung von Wachstumsgefügen mit gleichsinnig gelängten Körnern als bloße Wegsamkeits- oder Auslesegefüge nur durch den Nachweis der Regel nach dem Kornbau sicher wird, ist die statistische Gefügeanalyse derartiger Gefüge zu ihrem Verständnis unerläßlich.

Es gibt also gleichsinnig in Wachstumsgefügen gelängte Körner ohne Regel nach dem Kornbau, nicht aber Regelung nach dem Kornbau durch Wachstumsauslese nach einer Blastetrix ohne gleichsinnige Längung der Körner.

Auch in Wachstumsgefügen regulärer Kristalle findet man eine Richtung als Stengelrichtung gegenüber den kristallographisch gleichwertigen betont und begegnet also ein für den ersten Anblick dem regulären Gitterbau scheinbar widersprechendes Gebilde. Dessen Erklärung ist aber weniger schwierig als die eines verzerrten „freigewachsenen" regulären Kristalles. Denn während im Falle des verzerrten freigewachsenen Kristalles die unbedingt anzunehmende verzerrende Anisotropie des Feldes i. w. S. meist unbekannt ist, ist sie für den Kristall im Gefügewachstum durch die Blastetrix definiert, z. B. dadurch, daß für den späteren Stengel nur eine einzige Richtung bester Wegsamkeit Wn normal zur bewachsenen Wand vorhanden war und die Richtung $\perp Wn$, also parallel zur bewachsenen Wand, nur mit Beschränkungen wegsam wurde.

Was nun die Stengelform geregelter regulärer Kristalle oder, besser gefaßt, überhaupt Stengel nach einer kristallographisch mehrmals vorhandenen Richtung anlangt, so ist die Bevorzugung einer dieser Richtungen vor den anderen kristallographisch gleichwertigen ganz so zu betrachten wie in mechanisch geregelten Gefügen: In beiden Fällen ist es unter den gleichwertigen lediglich die Richtung günstigster Ausgangslage dem Felde gegenüber, welche vor den anderen zu Worte kommt.

Die Regelung gleichartiger, von einer ebenen Wand aus wachsender Kristalle nach dem Kornbau kann zurückgehen auf geregeltes Anwachsen der Keime an der Wand, wenn die Keime alle so aufwachsen, daß sie der Lösung den größten Widerstand entgegensetzen (Becke), mit Stellen besonders großer Oberflächenspannung zwischen Lösung und Kristall (Kalb). Das kann sowohl eine Regelung nach der Korngestalt, deren größter Durchmesser $\perp$ zur Wand steht (Johnsen) als eine Regelung nach dem Kornbau erzeugen. Tritt die Regelung nach dem Kornbau aber während des Wachstums zunehmend erst hervor (D 214, 215, 217), so ist geometrische Auslese wirksam gewesen, ähnlich wie sie (Groß) den Flächenbestand von Einkristallen entscheidet. Schmidegg hat (L 75) Groß' Überlegungen und Konstruktionen auf wachsende Kristallrasen angewendet. Flächen und Kristalle zwischen konver-

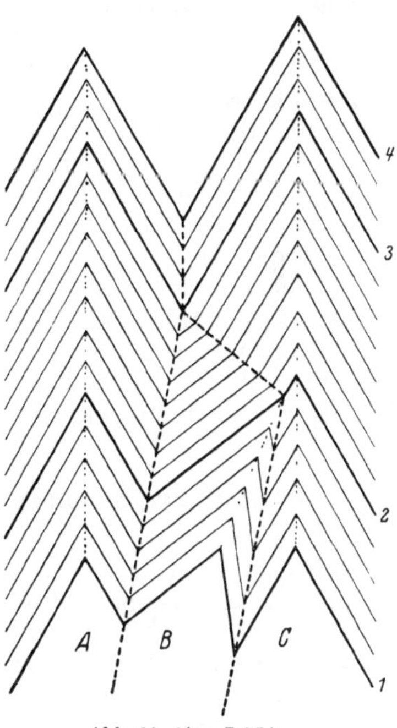

Abb. 61. (Aus L 75.)

gierenden (konstruierbaren) Gratbahnen verschwinden (vgl. Abb. 61) und werden von jenen Nachbarkristallen überwachsen, welche mit der kristallographischen Richtung stärksten Wachstums r weniger schief zur Unterlage orientiert sind: Es ergibt sich damit mehr und mehr eine Gefügeregel „$r \perp$ Wand" und eine Gefügetracht stengeliger Körner „Stengelachse $= r$". Zwischen Flächen gleicher Wachstumsgeschwindigkeit mit Winkel α zwischeneinander bewegen sich die Gratbahnen in den Winkelsymmetralen von α zwischen verschieden schnell wachsenden Flächen so, daß α in zwei Winkel geteilt wird, deren Sinus sich wie die Wachstumsgeschwindigkeiten der anliegenden Flächen verhalten. Für den Fall von Flächen gleicher Wachstumsgeschwindigkeit ist in Abb. 61 das Verschwinden des schiefer zu einer horizontalen Unterlage geneigten Kristalles B zwischen den zwei blockierenden, lotrecht zur Unterlage stehenden A und C gezeigt. Wie dieser Vorgang durch eine parallel zum Untergrund mit Geschwindigkeit V verschobene, das Wachstum begrenzende Fläche F beeinflußt wird, bedarf erst der experimentellen und gefügeanalytischen Klärung.

Wenn F noch Blastetrix, also Fläche geringsten Wachstumswiderstandes und stärkster Stoffzufuhr bleibt, und die Wachstumsgeschwindigkeiten im Einzelkristall kristallographisch gleich orientiert bleiben, ist die Geschwindigkeit, mit der F verschoben wird, ohne Einfluß auf den erörterten Vorgang. Denn zwischen den Kristallen und F muß sich ein gewisser Hohlraum für Stoffzufuhr befinden und in diesem wird sich an der Grenze von AB und C an kleinen Teilen dasselbe abspielen wie in Abb. 61 an größeren, solange der Hohlraum nicht unter die Gitterdimensionen sinkt und in ihm überhaupt Gitter gebaut werden können; ferner „sofern F nicht Anlaß zu Kristallneubildungen gibt" (L 75).

In frei wachsenden Anlagerungsgefügen haben sich als Einflüsse auf die Korngestalt ergeben (L 75, S. 46, 47):

1. Die Verteilungsdichte der Ansatzstellen für das Wachstum. Undichte Verteilung: breite, stark divergente Büschel oder größere Kristalle. Dichte Verteilung: schmale Büschel oder parallele Fasern.

2. Ebene und gebogene Gestalt der bewachsenen Wand in Beziehung zur Korngröße. Eben (glatt): parallelfaseriges Gefüge. Uneben bei senkrechter Bewachsung: radialstrahliges Gefüge.

3. Verhältnis zwischen der Geschwindigkeit der Keimbildung v_k und des Wachstums. Höhere v_k, kleineres Korn.

4. Grad der Anisotropie der Wachstumsgeschwindigkeit im Korne: feine und grobe Faser.

5. Gleichsinnige Schiefstellung der Kristalle gegen die Aufwachswand durch einen Vektor parallel derselben: Strömung in Gängen und Röhren.

Wie erörtert, überlagert sich damit die Beeinflussung der Regelung nach dem Kornbau: Wachstumsauslese auf Grund von 4; Anisotropie der bewachsenen Wand; Fortwachsen von Gefügekörnern der Wand in das Anlagerungsgefüge.

VI. Interngefüge, Keimregelung. Korrelate Untermaxima. Gepreßtes Starrgefüge.

Definition und Arten der Interngefüge; Grundlagen für deren Analyse und Konfrontation miteinander; Beispiele; Korrelate Untermaxima; Rotation geregelten Gefüges; gepreßtes Starrgefüge (letzte Beanspruchungen).

Als Interngefüge bezeichnet man die Gesamtheit der innerhalb der Einkristalle K_2 liegenden Körner K_1, gleichviel ob es sich um einzelne Körner K_1 in mehreren K_2 oder um K_1-Gefüge in einem einzelnen oder mehreren K_2 handelt. Zum Unterschiede von „K_1 in K_2-Gefüge" — welcher Ausdruck lediglich bezeichnet, daß nur von (mehreren) K_2-Körnern umgebene K_1-Körner eingemessen wurden — wird das Interngefüge mit dem Ausdruck „K_1 in K_2-Korn"-Gefüge, also z. B. „Quarz in Kalzitkorn"-Gefüge bezeichnet.

Man kann mit einem rein deskriptiven Begriffe alle Fälle umfassen, in welchen von einem einheitlichen Kristall K_2 rings umschlossene Körner bzw. Kornarten K_1 untereinander eine für unsere bisherigen Untersuchungsmittel wahrnehmbare Regelung zeigen. Diese bezeichnen wir als Internregelung des K_1 in K_2-Korn-Gefüges. Ebenfalls noch ohne auf Entstehungsfragen einzugehen, können wir rein beschreibend schon Arten der Internregelung unterscheiden, welche sich überlagern können:

1. In der Internregelung gelangen Richtungen aus dem Feinbau des umschließenden Kristalles zum Ausdruck.

2. Die Internregelung verbindet die geregelten Einschlüsse (gleicher Art) untereinander mehr oder weniger genau zu einem einheitlichen Kristall, was mit 1. durchaus vereinbar ist.

3. In der Internregelung erscheint irgendeine, vom Feinbau des umschließenden Kristalles unabhängige Gefügeregel, wie wir sie an der betreffenden Kornart kennen, auch wenn sie nicht von einem Kristall umwachsen ist. Die Unabhängigkeit des Verlaufes der Quarzzüge si von der Lage des einschließenden Kristalles ist in dem ganz verschieden orientierte Biotite durchquerenden internen Quarzgefüge der Abb. 62 neben den Einflüssen der Biotitorientierung auf die Gestalt der Einzelkörner in si veranschaulicht.

Beispiele für 1. sind als verschiedene Grade und Arten von „homoachsen Pseudomorphosen", „regelmäßig angeordneten Einschlüssen", „Parallelver-

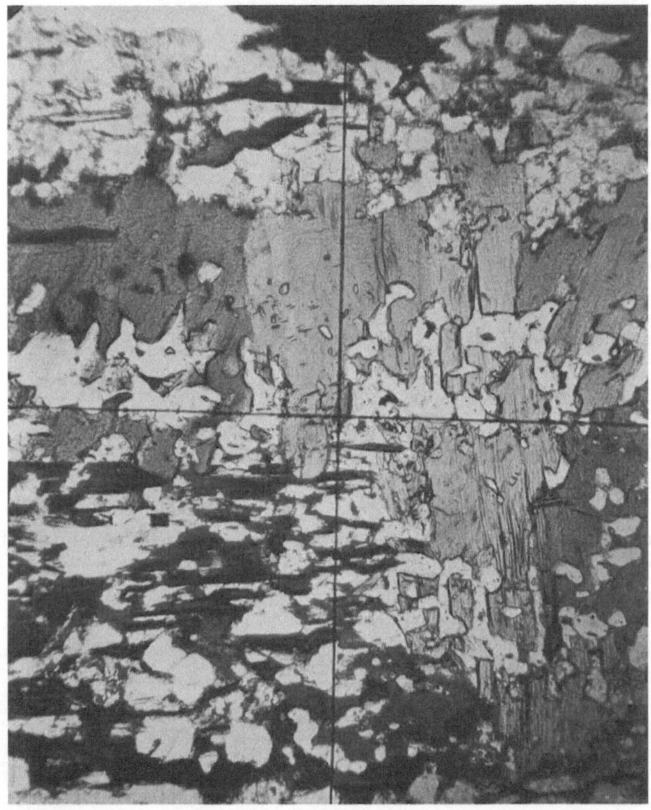

Abb. 62. Biotitholoblasten-Schiefer. Ridnaun, Südtirol. Vergr. nahe 35. Internes Lagengefüge von Quarz in Biotit.

wachsungen" lange bekannt, zum Teil auch schon mit Fedorow vermessen (L 78). Für ihre Erklärung kommen als Grundlage in Betracht die Studien über den regelnden Einfluß eines gegebenen Gitters als Baugrund für darauf oder darin zu erbauende Gitter gleicher oder anderer Art; insbesondere wenn solche Studien genügend allgemein durchführbar sind, um alle Fälle der „Regelung nach dem Baugrund" zu umfassen, gleichviel ob derselbe Kristall weiterwächst oder ein anderer. Andere Grundlagen ergibt die Betrachtung der Wegsamkeit des umschließenden Kristalls für die wachsenden Einschlüsse, sowohl was die Platzfrage als die Richtung der Stoffzufuhr angeht. Eine Theorie dieser Einflüsse gibt es nicht. Auch für Fall 2 sind Fälle bekannt und beschrieben (L 71, 88).

11*

Unter 3 sind zwei Fälle zu unterscheiden:

3a) Der im Gefüge wachsende Kristall K_2 umschließt zusammenhängendes Gefüge von K_1, welches z. B. sehr oft ein s-Gefüge innerhalb K_2 bildet: si von K_1

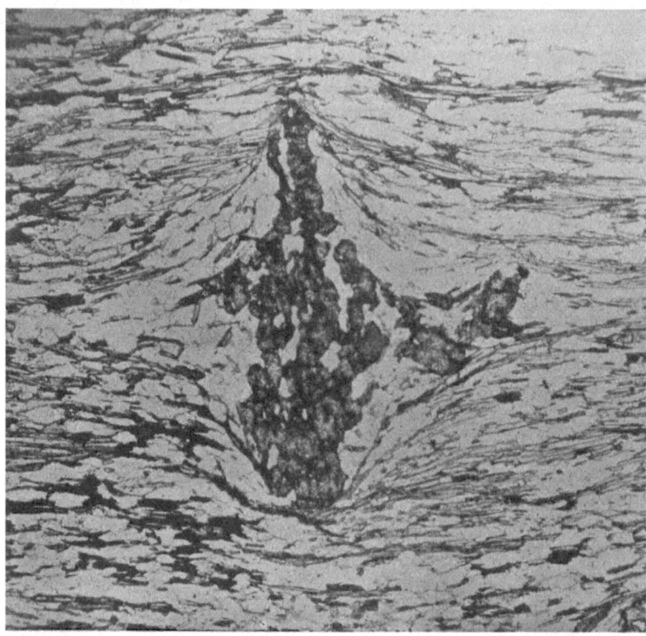

Abb. 63. Granatschiefer. Fattigau, Bayern. Vergr. nahe 35.

in K_2. Die K_1-Körner, welche miteinander dieses umschlossene Gefüge — ein Dauerpräparat aus der Zeit des K_2-Wachstums — bilden, sind im Falle 3a nicht mehr einzeln gegeneinander rotiert. Sondern sie bilden ein Gefüge si, welches

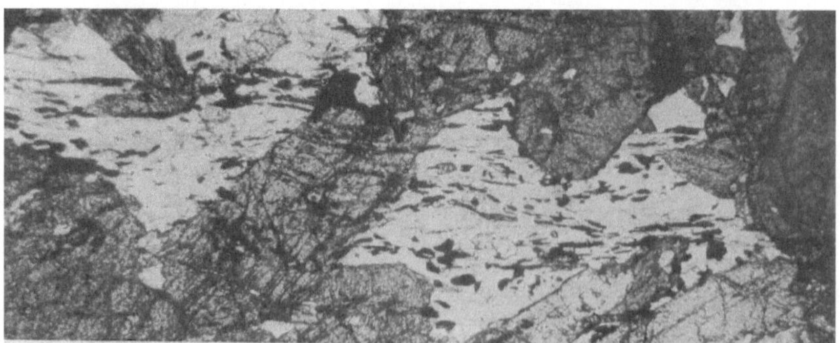

Abb. 64. Hornblendeschiefer. Roßkopf, Brenner, Tirol. Vergr. nahe 35.

entweder in K_2 liegend als Ganzes mit K_2 gegenüber dem entsprechenden s-Gefüge außerhalb K_2 (se) rotiert ist („verlagertes si"), siehe Abb. 63, oder nicht („unverlagertes si"), siehe Abb. 64. Einen noch nicht analysierten Sonderfall stellt es dar, wenn die Einzelkörner von si während der Rotation von K_2 in K_2 eingeschlossen werden: Jedes bis zum Zeitpunkt der Umschließung des

n-ten K_1-Kornes (K_1^n) gebildete si_n ist als Ganzes gegenüber K_1^n rotiert. („Einschlußwirbel", L 31).

Alle diese Fälle sind gefügeanalytisch kontrollierbar, der letztgenannte durch Reduktion des Index α_1 für jedes Korn auf einen gemeinsamen Index vor der Rotation ähnlich dem später angegebenen Abwickelungsverfahren.

3b) Die K_2-Körner enthalten kein geschlossenes K_1-Gefüge, sondern nur vereinzelte K_1-Körner, welche das Diagramm des „K_1 in K_2-Korn-Gefüges" liefern.

In allen Fällen bedeutet der Vergleich des Interngefüges mit dem Externgefüge den besten Weg in die Analyse der Entstehung der Regelungen, in die Analyse der Überlagerung von Kristallisation und mechanischer Teilbewegung in Tektoniten, sowie der Überlagerung verschiedener Prägungen, ferner in die feinere Analyse der Durchbewegungsbilder usw. Die möglichst weitgehend in Teildiagrammen vollzogene Gefügeanalyse (L 76, 79, 69) von Gesteinen — Tektoniten und anderen — mit Interngefügen, ist neben oder zusammen mit der Analyse gekrümmter Gefüge der beste Weg zu vollständigeren Gefügesynthesen zusammengesetzter Gefüge; das Verhältnis der Einzelgefüge zueinander und zum Gesamtgefüge ist auf keine andere Weise ähnlich vollkommen zu erfassen. Deshalb werden die Grundlagen solcher Analysen näher erörtert und an Einzelbeispielen aufgewiesen.

Was den Vergleich verschiedener Teilgefüge in bezug auf ihre Regelung anlangt, sind die Begriffe homotrop (gleichgeregelt) — heterotrop, homotaktisch (gleichsymmetrisch geregelt) — heterotaktisch festzuhalten.

Weit einfacher als für 3b ist die Auswertung der Befunde für 3a. Die Diagramme 201—211 zeigen die Stellung verschiedener homotroper unverlegter Interngefüge in einem triklinen Tektonit mit $B' \perp B$.   Diagramm 127, 128, 129 zeigt rotiertes, abgesehen von der Rotation streng mit se homotropes si in Biotit. Die Erhaltung von streng homotropem si in K_2 schließt translatives Fließen und dadurch erfolgte Regelung für das erwachsene K_2 aus; die Regelung von K_2 selbst kann also nur mit Durchbewegung der Keime von K_2 als Keimregelung oder aber ohne Durchbewegung erfolgt sein. Die Regelung derartiger Gesteine aus streng homotropen (nicht nur homotaktischen) Intern- und Externgefügen ist ein Hinweis darauf, daß Keimregelung irgendwelcher Art die Hauptrolle gespielt hat und bezeugt bei Tektoniten mit typischen mechanischen Regelungen, daß die lebhaften Kristallisationen großkörnigen Gefüges auf die lebhafte regelnde Durchbewegung in kleinkörnigem Gefüge zeitlich folgten — eine Zeit kristalliner Erstarrung nach der Zeit umrührender Durchbewegung, welche ja ganz allgemein die eigentliche Veranlassung kristalliner Mobilisation, gleichphasiger und andersphasiger Rekristallisation und chemischer Reaktion zwischen den Körnern ist, dadurch, daß die Intergranularen vergrößert und latente Ungleichgewichte wirksam werden.

Bedeutend allgemeinerer Vorüberlegungen bedarf die Auswertung der Befunde im Falle 3b, also einzelner K_1 in K_2-Körnern. Im K_1 in K_2-Korn-Gefüge — kurz K_1 in K_2K-Gefüge — sei Ri die Regel von K_1 im K_2K-Gefüge, Re die Regel der nicht umschlossenen K_1-Körner.

Dann sind folgende Fälle unterscheidbar (L 79).

I. $Re = Ri$ (strenge Homotropie). Das bedeutet, je strenger die Homotropie ist, um so sicherer folgendes: a) Seit Beginn des Großwerdens von K_2 hat keine Durchbewegung und keine die Regel von K_1 ändernde Kristallisation mehr stattgefunden. b) Die Regel von K_2 ist jedenfalls Abbildungskristallisation von K_2-Keimen, welche ihre Regel erhalten haben, entweder mit K_1 zugleich, z. B. beim selben Deformationsakt, oder durch Keimauslese nach der Wegsamkeit des Gefüges, wie sie zur Zeit der Regelung von K_1 vorgezeichnet war. c) Es ist wegen b) ausgeschlossen, daß im Falle I. die Regel von K_2 der Symmetrie der Regel von K_1 widerspricht.

  II. Re ist nicht gleich Ri (Heterotropie). Das bedeutet, je ausgesprochener die Heterotropie ist, um so sicherer folgendes: a) Seit Beginn des Großwerdens von K_2 ist der Unterschied zwischen Ri und Re entstanden. b) Deskriptiv lassen sich folgende Fälle trennen: 1. Ri ist ein unverlagertes Interngefüge. 2. Ri ist heterotrop aber homotaktisch mit Re, z. B. ein um B rotiertes Interngefüge; Ri und Re haben verträgliche Symmetrieeigenschaften. 3. Ri und Re sind heterotaktisch und haben unverträgliche Symmetrieeigenschaften. c) Diese drei deskriptiv unterscheidbaren Fälle sind wie folgt genetisch deutbar; wenn wir zunächst drei Möglichkeiten scheiden: A. Re ist aus Ri entstanden. B. Ri ist aus Re entstanden. C. Re und Ri sind beide aus einer älteren Regel abgeändert. Im Falle A lag zur Zeit der Umschließung (Hauptkristallisation von K_2) eben Ri vor, das in K_2-Körnern als Dauerpräparat aufbewahrt ist. Das ist für die Fälle

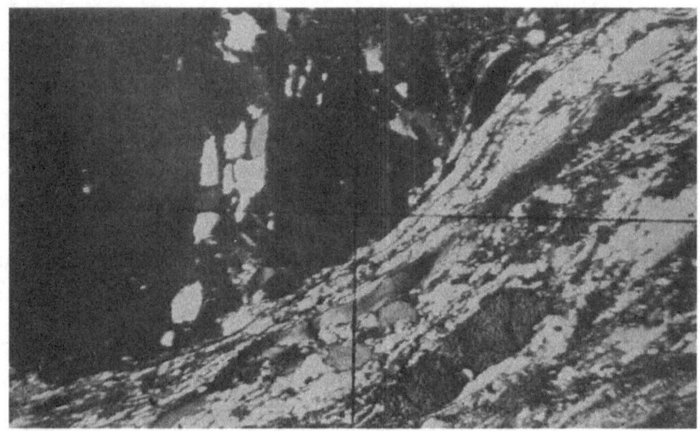

Abb. 65. Phyllonit. Mauls, Südtirol. Vergr. nahe 35. Ungeregeltes Quarzgefüge in Granat rotiert
gegen geregeltes.

II 1, 2, 3 möglich und näherliegend als B, aber im Einzelfall zu erweisen. Ein Beispiel für II 2 ist die Rotation von Granat mit „ungeregeltem" Quarz-si (Ri) innerhalb von (bei eben dieser Rotation) geregeltem Quarzgefüge (Abb. 65). Im Falle B lag zur Zeit der Umschließung des Gefüges Re vor, wurde aber durch Auslese bei der Umwachsung dezimiert und in Ri übergeführt. Eine derartige Auslese ist nicht nachgewiesen, aber wohl denkbar, unter anderem in der Form, daß bei chemischer Korrosion der Körner in si die ungünstigeren Kornlagen und verkümmerte K_1-Körner des von K_2 angegriffenen und umwachsenen K_1-Gefüges der Korrosion ganz zum Opfer fallen, während von den großen Körnern des K_1-Gefüges korrodierte Skelette mit Regel Ri verbleiben. Diese Möglichkeit scheidet für gänzlich unkorrodierte Einschlüsse aus. Eine zweite Möglichkeit für B liegt darin, daß von K_2-Kristallen bereits aufgenommene Re bei Translation und Einregelung der K_2-Kristalle in Ri überführt wurde. Diese Möglichkeit scheidet für mechanisch unversehrte K_1-Einschlüsse ohne Störungshöfe in den umschließenden K_2-Kristallen aus. Es kann also Fall B für mechanisch und chemisch vollkommen unangegriffene Einschlüsse von K_1 in K_2, wie sie in kristalloblastischen Gefügen so häufig sind und auch in D 149, 150 als Muskowit in Kalzit- und Quarzkörnern vorliegen, außer Betracht bleiben. Mit Fall B ist auch Fall C ausgeschlossen, welcher ja ebenfalls Änderung einer Regel von K_1

bei oder nach der Umschließung der K_1-Körner voraussetzt. Wir beschränken uns also auf eine Übersicht der Fälle II b 1, 2, 3, wenn Re aus Ri abgeändert ist. Es ist dies der wichtigste und z. B. für die mechanisch und chemisch unangriffenen Muskowite in D 149 und 150 allein in Betracht kommende Fall. Es gilt dann:

Zu 1. Wenn Ri einem unverlagerten Interngefüge in K_2-Kristallen angehört, so kann sich Re nicht auf Grund nach der Umschließung von Ri erfolgter Durchbewegung des Gesteines von Ri unterscheiden. Wir werden also ein anderes Prinzip für diese Umwandlung von Ri in Re suchen. Solche nur fallweise überprüfbare Prinzipien, welche ein Gefüge ohne Durchbewegung verändern können, sind Beanspruchungen ohne Fließen und Kristallisationsakte. In der Tat wissen wir eben durch das Wachstum von K_2, daß Kristallisation im Gefüge stattfand, und wir haben in manchen Fällen, z. B. durch mit K_1 verheilte Rupturen in K_2, den direkten Beweis, daß auch K_1 noch weiter kristallisierte. Neben dem Prinzip der kristallinen Abbildung eines geregelten Gefüges (Ri des K_1), welches die Regel erhaltend wirkt, haben wir mit allerdings noch wenig erforschten, die Regel ändernden Einflüssen bei weiterem Kristallisieren des K_1-Gefüges zu rechnen. Solche Einflüsse können entweder die Regel lediglich undeutlicher machen, z. B. Vergröberung des Korns, durch „Sammelkristallisation" ohne Auslese bestimmter Kornlagen; oder sie können neue Züge, wenn auch wohl desselben Symmetrietypus in die Ausgangsregel hineintragen, indem bei der Dezimierung von alten oder bei der Entstehung von neuen K_1-Körnern gerichtete Einflüsse entscheiden. Solche sind zum Teil wenigstens in ihrem Wesen geklärt, wie die geometrische Keimauslese beim Wachstum (s. S. 161), in ihrer petrographischen Anwendbarkeit in einigen sicheren reinen Wachstumsgefügen (s. später) bestätigt. Diese Einflüsse spiegeln irgendwie die Wegsamkeit des Gefüges wieder und lassen also keine Änderung des Symmetrietypus der Ausgangsregel erwarten.

Zu 2. Re wird sich von Ri ohne Änderung des Symmetrietypus durch Untermaxima unterscheiden, indem in Re neue dazu kommen und alte Untermaxima in Ri und Re gegeneinander (z. B. auf dem Gürtel $\perp B$ bei Rotation um B gegenüber dem regelnden Kraftfeld) gleichsinnig verschoben erscheinen wie am Beispiel eines Kalkphyllits in D 148—150.

Zu 3. Dies ist z. B. der Fall bei einer schiefen Überprägung eines Gefüges mit (K_1 in K_2K), auf welche das externe K_1 empfindlicher reagierte als K_2. Beispiele noch unbekannt. Unbelegt ist derzeit auch noch der Fall, daß rechtwinklig gekreuzte Strains, $B \perp B'$, nicht auf Ri und Re gleichermaßen abgebildet sind.

Zu diesen Gesichtspunkten für die Betrachtung von D 139—154 und für eine verfeinerte Gefügeanalyse kristallisierter geregelter Gefüge überhaupt kommt noch folgender Gesichtspunkt in Betracht für die zeitliche Trennbarkeit von mechanischer Deformation und Kristallisation der Körner, sowie für die Frage der Regelung im „Keimgefüge", ein Vorgang, welchen die Gesteine bei j e d e r stärkeren mechanischen Durchbewegung wenigstens gradweise durchlaufen, indem Kornzerkleinerung und Keimbildung in der Interngranulare der Rekristallisation in raschem oder langsamem Wechsel beider Akte vorangeht.

Je vollkommener die Homotropie (zwischen den freien und von Einkristallen umschlossenen Körnern desselben Minerals), je geringer also der Einfluß der Gefügegenossen sowohl im Gefüge (K_1 in K_2) als im Gefüge (K_1 in K_2K), desto sicherer und schärfer ist die zeitliche Trennung von mechanischer Deformation und nachfolgender Rekristallisation. Wenn sich ferner in einem passiv geregelten Gesteine mit einander umwachsenden und durchwachsenden Mineralen eine genaue Kongruenz (bzw. Korrelation) auch der Untermaxima für verschiedene Minerale aufeinander ergibt, so spricht dies für eine Regelung der verschiedenen Minerale im Keime und nachträgliche Kristallisation in der Ruhe, ohne daß eben auch nur Untermaxima in ihrer genauen Deckbarkeit gestört wurden. Letzteres wäre nämlich zu erwarten, wenn man sich das schon aus einander umschließenden Körnern bestehende Grobgefüge durchbewegt denkt, was man sich nicht ohne Zerstörung der Kongruenz in den Untermaxima der verschiedenen Minerale vorstellen kann.

Diese allgemeinen Gesichtspunkte für die Betrachtung unter Durchbewegung geregelter anisotroper komplexer Gefüge mit Interngefüge sind namentlich durch D 139—150 (Kalkphyllonit) an einem zusammengesetzten B-Tektonit veranschaulicht. Die Übersicht ergibt:

1. Sichtbare Symmetrie und Diagrammsymmetrie fallen in der B-Achse zusammen; homoachse Regelung des Gesteins in bezug auf alle Minerale.

2. Alle Minerale sind homotaktisch geregelt, d. h. in ihren Regeln bzw. deren Symmetrie beziehbar auf monokline Vektoren der Umformung und scherende Kräfte $\perp B$, deren Symmetrie jederzeit durch B und die Symmetrieebene $\perp B$ bestimmt war. Die Umformung des Tektonits ist symmetriekonstant.

3. Es besteht Homotropie zwischen eingeschlossenen und freien Muskowiten, mit Ausnahme eines scharfen, noch dazutretenden nachkristallinen Maximums im letzteren Gefüge D 148 und der später erörterten Verdrehung beider Diagramme gegeneinander.

4. Keimregelung sämtlicher Minerale mit darauffolgender Kristallisation dominiert gegenüber der nachkristallinen Deformation und Regelung.

5. Die Diagramme erlauben nicht, zu entscheiden, inwieweit B für die einzelnen Minerale Schnittgerade von Scherflächen oder Fältelungsachse (bei den Glimmern ersichtlich!) ist, da ja beide Vorgänge einen Gürtel $\perp B$ mit Untermaxima besetzen. Auch bezüglich der Glimmereinschlüsse ist eben deshalb diese Entscheidung nicht möglich.

Korrelate Untermaxima. Die Gürtel $\perp B$ fallen also für alle Kornarten des Gesteines zusammen. Wir fragen nun, ob und in welcher Weise diese Gürtel der verschiedenen Kornarten korrelate insulare Untermaxima zeigen. Hierzu sind zunächst die Übersichtsdiagramme (D 139, 146, 148) für Kalzit, Glimmer und Quarz zu betrachten. In diesen sind die korrelaten, d. h. bei verschiedener Mineralart auf denselben Vorgang bei der Gefügebildung zurückführbaren Untermaxima mit gleichen Ziffern in ihrer Nähe bezeichnet. Es ergibt sich: Die Muskowitmaxima 1, 2, 3, finden wir als Kalzitmaxima der „e nächstparallel B" wieder. Jedes Kalzitkorn hat also eine e-Fläche, welche nicht nur in denselben Gürtel $\perp B$ eingeregelt wurde wie (001) des Muskowits, sondern außerdem noch eines von drei gleichen Untermaxima dieses Gürtels besetzte, wie Muskowit: Kalzit und Muskowit wurden nach e und (001) geregelt. Was dabei der Glimmer mit seiner besten Gleitfläche (001) macht, das macht der Kalzit mit e, welches auch aus diesem Grunde als eine für die Regelung entscheidende Translationsfläche zu betrachten ist. Das Untermaximum 4 der Muskowite fehlt im Diagramm der Kalzitgleitflächen. Aber im Diagramm der Kalzitachsen finden wir, da der Winkel zwischen e und der Kalzitachse c 26° beträgt, die Maxima von e als Achsenminima, als von den Achsen unbetretene, aber umringte Orte ausgedrückt. Diese liegen genau im Gürtel, von den Achsenmaxima in etwa 26° Distanz begleitet, wobei letztere den in D 139 eingezeichneten großen Kleinkreis besetzen und außerdem eine gewisse Tendenz zeigen, die Achsenminima (Maxima von e) zu umkreisen. Im Übersichtsdiagramm D 140 der betätigten e sind schon wegen der später erwähnten ungemäßen Auslese die Muskowitmaxima nicht restlos vertreten. Aber man findet im Achsendiagramm zu jedem Glimmermaximum ein Achsenminimum als Repräsentanten eines Maximums von e. Wenn man dabei noch berücksichtigt, daß bei Einregelung von Glimmer und Kalzit keine gleiche strenge Einregelung für e und (001) in ein fixes s anzunehmen ist, bzw. ein etwas differierendes s_1 und s_2 (mit Schnittgerade B) für beide Minerale, so wird man die Übereinstimmung der Untermaxima als eine gute empfinden. Am besten bei den betontesten Maxima 1 und 4; am stärksten ist die im übrigen bemerkenswerterweise gleichsinnige Verschiebung der Kalzit- und Glimmermaxima gegeneinander an den Orten 3 und 5. Die Fälle 3 und 5 sind vorläufig unstimmig und nicht ganz eindeutig erklärt. Betrachten wir nun das Übersichtsdiagramm der Quarzachsen D 146 und stellen es ganz wie die Kalzitdiagramme dem Glimmerdiagramm gegenüber. Es fehlt hierbei eine direkte Einmessung der Translationsflächen von Quarz, wie wir sie für Kalzit besaßen, und so ist die folgende Konfrontierung in ihrer Berechtigung unsicherer als bei Kalzit, aber wegen ihres heuristischen Wertes anzuführen. Kein Zufall ist der Quarzgürtel $\perp B$ und dessen betontestes Untermaximum in NNO, wie im Kalzitachsendiagramm. Ebenfalls kein Zufall, sondern an anderen Fällen bestätigt ist es, daß im Quarzdiagramm wie im Kalzitachsendiagramm die zum Teil von Maxima umkreisten Minima schärfer in den Gürtel $\perp B$ (peripher im Zeichenkreis), die Maxima in die Nähe eines Kleinkreises fallen: Man kann ferner die Maxima 1, 2, 4, des Glimmerdiagramms als Minima der Quarzachsen wiederfinden; unstimmig und unerklärt sind, wie im Diagramm der Kalzitachsen, 5 und 3. Diese Übereinstimmung im Verhalten des Kalzites und Quarzes bei Deformation im gleichen Gefüge ist ein Hinweis darauf, daß es in diesem Quarzgefüge eine große Körnerschar gab, welche mit einer ähnlich der Kalzitfläche e gegenüber der Hauptachse gelegenen Translationsfläche eingeregelt wurde (vgl. im übrigen Quarzregelung).

Betrachten wir nun die Untermaxima der Teildiagramme. Die Untermaxima der Muskowite in Kalzitkörnern D 149 und in Quarzkörnern D 150 decken sich, abgesehen von Unterschieden in der Betonung. Mit dem Übersichtsdiagramm der Muskowite D 148 decken sich D 149 und D 150 in den Untermaxima besser nach einer Drehung von 15⁰ um das Lot im Grundkreiszentrum. Im selben Sinn und um denselben Betrag sind die Maxima der muskowiteinschließenden Quarze D 147 gegenüber den Quarzmaxima der Übersicht 146 verdreht; und dasselbe ist an den betreffenden Kalzitdiagrammen (141, 139) wahrnehmbar. Die muskowitumschließenden Quarze und Kalzite sowie die umschlossenen Muskowite liegen mit ihren Untermaxima so im Gürtel, daß das definitive Gefüge (mit seinen Untermaxima im Gürtel) um etwa 15⁰ um B gegen sie gedreht ist, und zwar im Sinne des Uhrzeigers, ein Hinweis darauf, daß ein keimgeregelter B-Tektonit der Außenkraft gegenüber um B rotiert wurde. Dabei erlitt die Mehrzahl der Körner noch Translation und gleichsinnige Verschiebung ihrer Achsen und damit der Untermaxima des Gesamtgesteines im Gürtel. Ein Teil der Körner erlitt das nicht, blieb untranslatiert, beherbergt noch heute mechanisch unverletzte Muskowite ohne jeden Störungshof. Das wären eben die Körner, welche wegen ihrer unversehrten, gut sichtbaren Muskowiteinschlüsse bei der Aufnahme der Teildiagramme ausgelesen wurden. Und diese Auslese zeigt nun relativ verdrehte, an die letzte nachkristalline Prägung des Gesteines bzw. deren Kräftefeld nichtangepaßte Untermaxima im Gürtel.

Ähnliche korrelate Untermaxima sind für Biotit und Quarz in einem finnischen Gneise in D 155 und 156 dargestellt.

Gepreßtes Starrgefüge. Am Beispiele des Kalkphyllonits (D 143—145) sowie des Marmors D 92 läßt sich auch das Gefügekorrelat einer Pressung, welche sich an günstig gelegenen Körnern abbildete, ohne das Gesamtgefüge zum Fließen zu bringen (gepreßtes Starrgefüge), aufzeigen.

Für eine eingehende Analyse des mechanischen Schicksals eines Gebietes ist es von Wert (relativ) „stabile" und (relativ) „mobile" mechanische Deformation zu unterscheiden (L 16), je nachdem die mechanische Deformation der Körner auf Durchbewegung (Strömen) des Gesamtgefüges weist oder nicht. Dieser Unterschied zwischen stabiler und mobiler mechanischer Beeinflussung kann schärfer gefaßt und am Beispiele eines sehr weit verbreiteten Gesteins und Minerals (Kalzit) gezeigt werden, wie man auch die allerletzte mechanische Beanspruchung des Gefüges bestimmen kann, welcher das Gestein noch nicht mit länger betätigten Scherflächen und mit Einregelung der Körner „fließend" folgte, von welcher aber Körner in bestimmter Lage, ohne rotiert und eingeregelt zu werden, deutbare mechanische Kennzeichen erhielten. Diese sind einmeßbar und ihr Diagramm gestattet Hauptdrucke der letzten Beanspruchung des Gesteines zu bestimmen, welche bereits zu Verschiebungen im günstig gelegenen Einzelkorne, nicht aber im Gesamtgefüge führten.

Die Spuren nachkristalliner Korndeformation, einerseits scharfe kristallographisch unorientierte Zugrisse $\perp B$, andererseits Zwillingslamellen und e-Fugen an Kalzit, undulöse Auslöschung subparallel c, Verbiegung mit Translation in (010) an Muskowit sind als Teilbewegungen zur faktischen Gesamtdeformation des Gesteins (intensivste Kleinfältelung und Stengelung in B) ganz unzulänglich. Sie können nur das Allerletzte der Gesamtdeformation zum Ausdruck bringen, allerdings, bei strengster Homotaxis, ein für den ganzen Deformationsvorgang sehr bezeichnendes Differential.

Schon von der Keimregelung ist diktiert, daß jedes Korn wenigstens eine e-Fläche in den Gürtel, also nahezu $\parallel B$ eingestellt hat. In der Verteilung von Lamellen und bloßen Fugen nach e (submiskroskopische Lamellen?) auf die Untermaxima ist kein Unterschied. Hier wie sonst kann man bei der Einmessung der Lamellen nach e sehr oft beobachten, daß es sich um zwei einander stufig blockierende Gleitflächen e handelt. Abgesehen von der früher erörterten Drehung um 15⁰ ist die Keimregelung für alle Minerale sowie die nachkristalline Einregelung und Umfältelung gleichsinnig angelegt. Die keimregelnde Beanspruchung wirkt nachkristallin mit geringer Umstellung fort als nachkristalline Ausarbeitung eines bis dahin schon vorgezeichneten Gefüges. Eine Hauptrichtung dieser Vorzeichnung und Ausarbeitung ist im Übersichtsschema D 145 als $m =$ „ungefähre Hauptrichtung der Mikrofalten der Muskowithaut", eingezeichnet. Dieses Schema nun faßt die auch in den Diagrammen 143 und 144 gegebenen Ergebnisse zusammen, welche man erhält, wenn man von jedem Korn mit 2 e-Flächen im Gürtel $\perp B$ beide e-Flächen einmißt und dann jedesmal sogleich die Symmetrale ihres kleineren Winkels konstruiert. Diese Diagramme an ausgelesenen Körnern zeigen: Die Maxima der e-Flächen selbst liegen so, daß für ihre beiden Hauptmaxima (um etwa 22⁰ und 67⁰ rechts und links von der Vertikalen im Zeichenkreis) eine Pressungsrichtung vertikal oder horizontal im Diagramm angenommen werden kann. Zu dieser bilden dann die Lamellen e in den Einzelkörnern symmetrische Scherflächen. Der Hauptdruck der Pressung hat unter den Körnern, ohne Einregelung derselben, eben nur die hierfür günstig gelegenen, das sind die mit 2 symmetrischen e zum Hauptdruck, auch wirklich mit beiden e-Gleitungen versehen. Diese Körner mit 2 e wurden dann eben für die Messung ausgelesen und zeigen durch ihre Lagensymmetrie den Hauptdruck an. Der so ermittelte Hauptdruck läßt sich mit einem besonders betonten s des Gesteines (s. Schema 145 und NW Maxima der Einzeldiagramme) gut in Beziehung setzen, wenn man dieses eben als Scherfläche schief zum Hauptdruck der Pressung betrachtet. Es ist lehrreich, zu beachten, daß das (schwache) reale Symmetralenmaximum Sy' nur erkennbar wurde durch die Konstruktion der Symmetralen von Korn zu Korn, nicht aus den Lamellenmaxima. Die zu Sy' gehörigen Lamellenmaxima fallen nämlich mit den zu Sy'' und Sy''' gehörigen Lamellenmaxima fast ganz zusammen. Die reale Existenz von Sy' ist aber von Interesse: Wenn auch Sy' ein sehr schwaches (3 bis 4%) Untermaximum ist, so wird damit doch das Bild symmetrischer Einstellung der allerletzten Druckspuren im Gestein gegenüber D bzw. D' des Schemas deutlicher gestört als dies z. B. aus dem Diagramm der doppelten Lamellen 143 zu erkennen wäre. Man wird in dieser kleinen Asymmetrie das nicht mehr statische Korrelat zu der Asymmetrie erblicken, welche das Gestein durch die asymmetrische, einseitige Ausbildung einer bestimmten Einschar von kinetischen Flächen — ich meine das oben erwähnte s — zeigt. In diesem Falle würde eben Sy' von Körnern geliefert, deren Einrotation in s bereits begonnen hat. Eine andere Möglichkeit wäre, daß eine Rotation des Gefüges um B gegenüber dem Hauptdruck stattgefunden hat, von welcher erst das schwache Sy' zum Ausdruck kam. Kalzit erscheint vorläufig als das aussichtsreichste Mineral bei Untersuchung und Feststellung „letzter Beanspruchungen", ebenso wie Glimmer das wichtigste Mineral für die rasche und leichte Untersuchung der fließenden Beanspruchung ist. Wahrscheinlich sind Kalzitlamellen auch die ersten Zeichen technisch unzulässiger Belastung, deren Richtung ablesbar wird. Das Gestein hat auch dem allerletzten Beanspruchungsplan symmetriegemäß gegenüber gestanden, ist also bis zuletzt symmetriekonstant deformiert.

VII. Weitere Gesichtspunkte. Zusammenfassung.

Richtungsgruppe; selektive Deformation; Kristallisation und Deformation; Abbildungskristallisation; Zusammenfassung.

Unterscheidet man in einem Gefüge verschiedene Kornarten K_1, K_2 usw. und außerdem noch innerhalb einer Kornart eine oder mehrere Scharen von solchen Körnern, denen irgendeine für den Zweck der gerade behandelten Frage interessante und definierte Lage in bezug auf fixe Koordinaten zukommt, so mag diese innerhalb der regellosen oder geregelten Kornart unterschiedene Schar gleichgerichteter Körner eine Richtungsgruppe heißen, z. B. die Körner, welche im Diagramm von K_1 irgendein Untermaximum besetzen. Die Körner, welche die Richtungsgruppe bilden, können im Teilgefüge K_1 und im Gesamtgefüge gleichmäßig oder ungleichmäßig verteilt sein, was ein genetisch sehr oft auswertbares Datum darstellt.

Wird nun das Gesamtgefüge, das Gestein, mechanisch beansprucht, so führt diese Beanspruchung erst bei einer bestimmten Größe zu unrückläufiger Deformation des Gesamtgesteins, kann aber schon unter dieser Größe zu unrückläufigen Deformationen an einer Kornart oder an den Körnern einer Richtungsgruppe führen, diese geradezu heraushebend, wie eben gezeigt wurde. Es kann mithin eine Abbildung von Straindaten im Gefüge erfolgen, noch bevor das Gesamtgefüge unrückläufig deformiert ist. In solchen Fällen besteht für neuere Gefügeanalysen die Möglichkeit, ausgezeichnete Gefügerichtungen aufzufinden, welche Abbildungen der von Becker theoretisch geforderten Flächen sind und eben Beckers Deduktionen als richtige Annäherungen erweisen.

Ist dies gelungen, so treten noch andere Fragen heran. Viele Gesteine erleben mechanische Beanspruchung und Kristallisation in verschiedenartigstem Wechsel. Die Kristallisationsfähigkeit (kristalline Mobilisation) einer Kornart K_1 und ein bestimmter Strain St_1 können gleichzeitig oder zeitlich nacheinander auftreten. Auch dadurch ist es möglich, daß sich verschiedene Strains nur an verschiedenen

Kornarten abbilden. Da die wichtigste Verschiedenheit symmetriekonstanter Strains in externen oder internen Rotationen um die Achse B und um die Achse $B' \perp B$ besteht, ist es möglich, daß nach demselben Prinzip entstandene (d. h. z. B. alle durchEinregelung der besten Korntranslationsfläche in die Gesteinsscherfläche entstandenen) s-Flächen für verschiedene Kornarten um ganz verschiedene Beträge um B rotiert liegen.

Wenn ferner verschiedene Richtungsgruppen einer Kornart K_1 vom Strain verschieden behandelt werden, z. B. eine translativ zerfließt oder zerrieben wird, die andere nicht, so besteht im Falle andersphasiger Rekristallisation die Gelegenheit zu selektiver Umwandlung eines Teiles von K_1.

Allgemein gilt vom Verhältnis zwischen Kristallisation und mechanischer Deformation (Einzelheiten später) in vorkristallin bis deutlich parakristallin umgeformten Tektoniten folgendes:

Man hat mit in kleineren Zeitunterteilen oder in größeren Hauptakten aufeinanderfolgenden 1. Deformations- und 2. Kristallisationsakten (für Gefüge und Korn) zu rechnen. So ist z. B. die im Kalkphyllonit D 141, 142, 147, 149, 150 dargestellte Regelung von Kalzit, Quarz und Muskowit wesentlich eine mechanische Regelung der Keime, auf welche ruhige Kristallisation folgt. Diese typische zeitliche Aufeinanderfolge — 1—2 — kann sich in öfteren Doppelakten wiederholen und falls dies in einer einsinnigen symmetriekonstanten Deformationsphase genügend oft geschieht, nicht mehr in Teilakte trennbar sein.

Ob es sich in solchen Akten wesentlich um kristalline Abbildung der in 1. erzielten Regelung durch 2 handelt, wie im vorliegenden Falle oder um andersartige Abbildungskristallisation, wird durch die Erfahrung über die auftretenden Regeln entschieden und es ist für solche Überlegungen jedenfalls ein genügend weiter Begriff der Abbildungskristallisation zu vergegenwärtigen: Unter Abbildungskristallisation wird verstanden die direkte oder indirekte räumliche, namentlich symmetriegemäße Beziehbarkeit eines durch Kristallisation entstandenen oder großkörniger gewordenen Gefüges auf eine vorher vorhandene Anisotropie. Dieser letztere für die Abbildungskristallisation entscheidende anisotrope Einfluß kann durch ein vorhandenes Gefüge (Intergranularen, Wegsamkeit, Regelung oder unmittelbar durch ein vektorielles Feld augenblicklich am besten beschreiblich sein. Für alle diese Fälle sind reale Beispiele gegeben (L 13, 16, 24, 28, 56, 62, 76).

An die Stelle einer ersten Unterscheidung aktiv gebildeter von mechanisch-passiv gebildeten Gefügen (L 28) tritt also für die heutige Analyse der Korngefüge die Kennzeichnung der wechselseitigen Beeinflussung der mechanischen Prägung und der Kristallisationsvorgänge. Jeder der beiden Vorgänge erzeugt eine für den anderen Vorgang wirksame Anisotropie des Ausgangszustandes, wobei sich die Vorgänge teils in unterscheidbaren Akten hintereinander schalten, teils in ununterscheidbaren Akten überlagern.

Aus der Unterscheidung der mechanischen Regelung nach Korngestalt (I) und Korntranslation (II) — in Fällen wo beide deskriptiv unterscheidbar sind — kann man die Unterscheidung der beiden Fälle erwarten, ob eine Mineralart im gleichen Gefüge leichter (II) oder schwieriger (I) deformierbar war als seine Umgebung. Daraus ergibt sich eine schärfere und entwicklungsfähigere Fassung an Stelle der Aussagen über Gesteinsdeformationen in „festem", „fließendem" und „plastischem" Zustande, nach dem im ersten Teil erörterten Satze, daß die Teilbewegungen am besten das Festigkeitsverhalten des Ganzen definieren.

Um das Verhalten einer Mineralart (K) im Tektonit-Gefüge genauer zu untersuchen, sind folgende Gesichtspunkte und Aufgaben geeigneten Präparaten gegenüber festzuhalten:

1. Reines K_1-Gefüge; „K_1 in K_1"-Gefüge (L 62).

2. K_1 mit Gefügegenossen K_2; „K in K_2"-Gefüge (L 62, 72, 79).

3. K_1 als *si* in K_2; und andere „K_1 in K_2-Korn"-Gefüge (L 72, 76, 79).

4. K_1 in komplexen Gefügen, deren Regeln für $K_2 K_3$ usw. für die Diskussion von K_1 verwertet werden (L 72, 79).

5. Teildiagramme für verschiedene Kornarten desselben Minerals (L 72, 79).

6. Überindividuen (L 62).

7. Deformationsmechanismus des Einzelkorns (L 62).

8. Rekristallisationserscheinungen (L 62).

9. Verhalten des Minerals in Bereichen besonders gut bekannter Durchbewegung, namentlich auf Harnischen.

10. Verhalten des Minerals in Fällen verschiedener Temperatur bei der Deformation; ebenso bei nachkristalliner und parakristalliner Deformation.

11. Regelung desselben Minerals (evtl. in verschiedener Phase) mit verschiedenem Kornmechanismus, wobei die verschiedenen Bedingungen zugeordneten verschiedenen Regeln einander überlagern können.

12. Überlagerung von Regeln desselben Minerals, aber verschiedener Regelungsarten (z. B. nach Korngestalt, nach Kornbau) (L 76).

13. Überlagerung von Regeln desselben Minerals, aber verschiedener Einstellung des Gesteins gegenüber regelnder mechanischer Beanspruchung (heterotaktische Gefüge (L 76).

14. Restregeln und selektive Deformation mit andersphasiger Rekristallisation (L 72, 79).

Die Auffindung, Auswahl und Präparation von Gesteinspräparaten, welche womöglich alle genannten Gesichtspunkte ermöglichen und eindeutige Antworten geben, spielt für die Gefügekunde der natürlichen Gesteine eine ganz analoge Rolle wie die Anordnung eines eindeutigen Laboratoriumsversuches für experimentierendes Vorgehen, z. B. der Physik und Chemie. Man muß sich gewöhnen, die Gesteine als ein- bis vieldeutige Experimente zu betrachten und nur auf jeweils eindeutige Fälle die beträchtliche Arbeit der Gefügeanalyse anzuwenden; dadurch werden weitere Fälle genügend eindeutig und lösbar. Jene Arbeit der Präparatwahl vor der Analyse ist also für das Ergebnis gerade so entscheidend wie die Analyse selbst und nicht geringer zu schätzen als diese und hoch über blindes Analysieren zu stellen. Für alle aufgestellten 14 Gesichtspunkte sind ausführliche Beispiele in diesem Buche oder in der zitierten Literatur vorhanden.

D. Einzelne Mineralgefüge.

1. Quarz.

Korndeformation; Überindividuen; Zwillinge; Tektonitgefüge: *S*-Tektonite, Granulite, *B*-Tektonite, Rekristallisation und Regelung in Scherflächen, Hypothese der Entstehung der Regelung, Regelung nach der Korngestalt; Wachstumsregelung.

Korndeformation. Rupturelle und translative Korndeformation mit den mannigfaltigsten Beziehungen zu Kristallisationen spielen eine Rolle. Gegenüber anderen Mineralen, wie Glimmer, welche zwar ebenfalls Scherungen beliebig zum Kornbau zeigen können (s. Glimmer), ist zu betonen und wird gezeigt werden, daß Rupturen ohne Beziehung zum Kornbau bei Quarz weit häufiger sind als etwa bei Glimmer oder Kalzit und daß sehr viele durch überdauernde Kristallisation maskierte Fälle hierher gehören. Sowohl die Gefügerupturen (ac) (D 55) als $(0kl)$ und $(h0l)$ (D 44) findet man, wie statistisch behandelte Fälle zeigen, unabhängig vom Kornbau durchsetzend. Dies zeigt, daß die Klüfte in Quarzgefügen nicht nur abhängig, sondern auch unabhängig von der Kornlage auftreten und mithin regelnd wirken können.

Die Linien in D 5 verbinden Achsenlagen der innerhalb je eines undulösen Großquarzes als Nachbarn aufeinanderfolgenden Bereiche. Jede durch Gerade in sich verbundene Vielheit von Achsenspolen (schwarze Punkte) stellt einen undulösen Quarz dar. Zwei von diesen Achsenkurven sind vom Rande, wo sie aufgenommen wurden, außerdem noch ins Zentrum rotiert, um sie übersichtlicher zu machen.

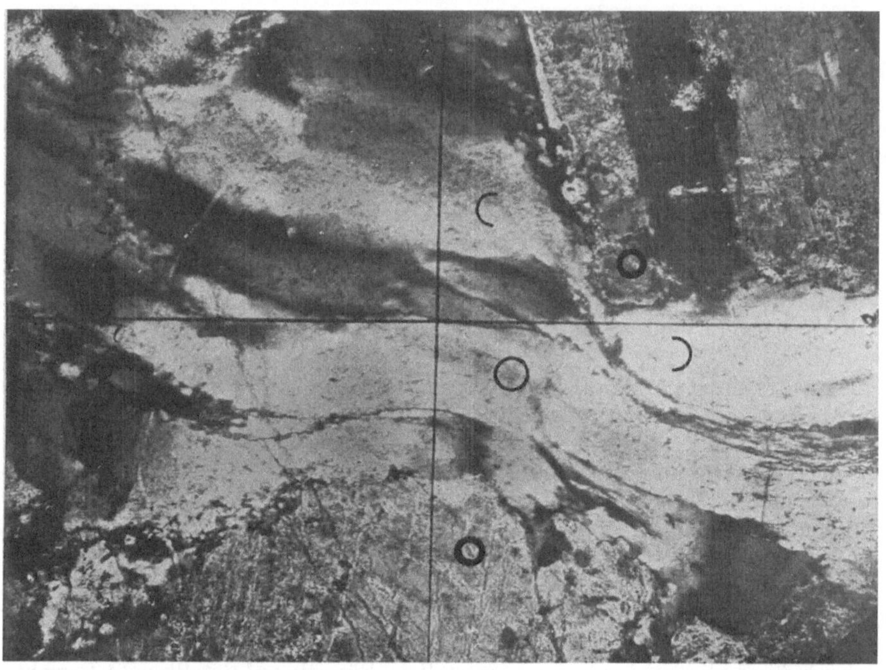

Abb. 66.	Gneis-Phyllonit. Mauls, Südtirol. Vergr. 75. Durch zwei starre Feldspatkörner (starke Kreise) als Schneiden einer auch durch Rupturen in Feldspat und Quarz erkennbaren ($0kl$)-Schere wird Quarzgefüge (dünne Kreise) zerschert. Das Quarzgefüge antwortet dieser Beanspruchung teils durch Trennung eines Kornes (korrespondierende Halbkreise) in zwei Hälften, teils (voller Kreis und andere Körner) durch plastische Biegegleitung in den Quarzlamellen subnormal zur c-Achse des Quarzes.

Das optische Verhalten der als „undulös auslöschende" Körner bekannten Gitteraggregate wird übersichtlich, wenn man in Diagr. 5 einen Durchmesser d des Zeichenkreises, als Repräsentanten der Nikolschwingung bei Drehung des Präparats, rotiert, d schneidet dabei die Achsenkurve eines undulösen Quarzes in 1 bis 4 meistens in 2 Punkten. Die diesen geschnittenen Punkten entsprechenden Stellen des undulösen Quarzes löschen im Momente des Schneidens gleichzeitig aus. Sie haben ganz verschiedene Achsendivergenz voneinander.

Die Diagramme enthalten nur die verschieden stetige (Punktabstand!) Achsenverlagerung, aber nichts über die sonstige Verlagerung der Nachbarteile gegeneinander (Rotation um die Hauptachse des Quarzes?). Besonders zu beachten ist die Größe des Bereiches, den die Achsen undulöser Einkörner durchwandern können; es ist, wie man beim Vergleich mit Tektonitdiagrammen sieht, durchaus der Bereich, in dem sich die Achsen in den Untermaxima der Tektonite bewegen.

Die Beharrlichkeit, mit welcher sich Quarz bei Pressung unter gemäßen Bedingungen unabhängig vom Verlaufe der im Einquarz erzeugten Rupturen in Stengel parallel zur c-Achse des Einquarzes zerlegt, ist wie folgt gefügeanalytisch überprüft.

Die Analyse des Inhalts der einen Quarzeinkristall in verschiedener Richtung durchziehenden rein nachkristallinen Rupturen ohne Rekristallisation ergab:

Im Einkristall, der sich ebenfalls schon als Gitteraggregat erwies, wanderten die c-Achsen gröberer nach c stengeliger Teile in einer Kalotte von 10^0 bis 6^0 Öffnung, wobei sich die Lagen wiederholten. Fast genau dieselbe Verlagerung (12^0 bis 8^0) zeigten die feinen Deformationsstengel, welche eine Ruptur füllten.

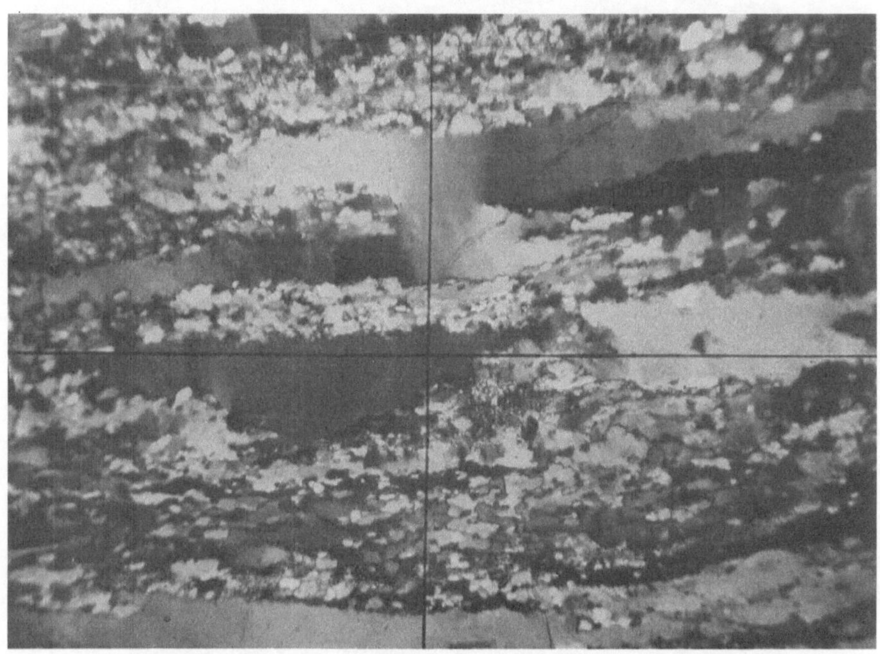

Abb. 67. Wie Abb. 66; Vergr. nahe 35. Größere Quarze werden undulös-rupturell subparallel zur Quarzachse c zerlegt, subnormal zu dieser Achse rupturell in ($a\,b$) des Gefüges zerschert und bilden mit den rekristallisierenden Kleinkörnern ein geregeltes Gefüge.

Alle ganz verschieden gerichteten Rupturen, welche den Quarz durchsetzen, sind ausschließlich durch Stengel subparallel zur Quarzachse des Einkristalles erfüllt, deren Länge und Breite mit der Ruptur wechselt. Mithin bilden diese Stengel je nach dem Rupturenverlauf mit ihrem konstant orientierten c die verschiedensten Winkel (90^0, 45^0) zwischen Rupturenverlauf und Stengelrichtung. Die Zerlegung in Stengel nach c (wie sie die rupturelle und wahrscheinlich jede undulöse Auslöschung des Quarzes kennzeichnet) und minimale Verlagerung dieser Stengel bzw. ihres c gegeneinander ist die einzige Antwort des Quarzes auf ganz verschieden gerichtete Durchtrennungen.

Eine zweite gefügekundlich wichtige Korndeformation des Quarzes ist Translation nach den Lamellen der Böhmschen Streifung (L 13).

Abb. 66 veranschaulicht die plastische Deformation von einer Feldspatschere zerschnittenen Quarzes (1 Korn zerschnitten, 1 Korn gebogen) gegenüber der rupturellen Deformation mit Rekristallisation auf Abb. 67. Homotrope Ver-

heilung eines zweischarig zerscherten pigmentierten Quarzes zeigt Abb. 68
Die Bedeutung der Quarzlamellen in der Korndeformation begründet sich folgendermaßen:

1. Sie kommen nur in gepreßten Gesteinen vor.

2. Sie zeigen gelegentlich Biegegleitung wie (001) des Glimmers, sind wellig
gebogen, also Translationsflächen.

3. Die Maxima direkt eingemessener Lamellen fallen in Tektoniten (vgl.
D 16 und 21) mit Glimmermaxima zusammen. Sie fallen ferner in Achsenminima

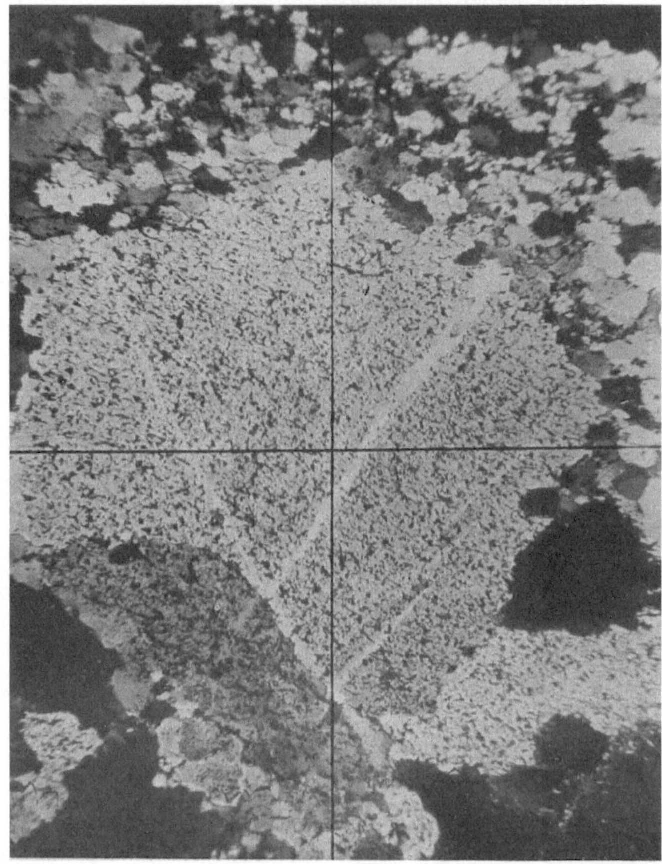

Abb. 68. Graphitquarzit bei Darmstadt. Vergr. nahe 35. Vollkommen einheitliches zweischarig, gleichscharig
zerschertes Quarzkorn. Intergranulare Verheilung homogen bis auf das Fehlen des Pigmentes, welches allein
die Rupturen noch erkennen läßt.

(D 20 und 21); und man kann mithin ganz wie beim Kalzit die von Achsen umgebenen Minima als Maxima der Lamellenlote auffassen.

Diese Minima findet man wieder in Übereinstimmung mit Glimmermaxima
und Kalzitlamellenmaxima (D 146 und 148; 139, 140 und 146; 156 und 157)
und kann sie um so sicherer als Lamellenmaxima verstehen. Die Achsenminima
=Lamellenmaxima erscheinen (D 62 und 63) bisweilen eingeregelt, nicht die Achsenmaxima. Wenn auch diese Regelungsart nicht so eindeutig sichergestellt ist
als etwa die Einregelung der Hauptachse des Quarzes in a des Gefüges, so ist

doch die Einregelung der Quarzlamellen und damit ihre gefügekundliche Bedeutung so wahrscheinlich, daß näher darauf eingegangen wird. In Abb. 69 ist dasselbe Quarzgefüge wie in Abb. 70 wiedergegeben: Die Regelung der Lamellen von links oben nach rechts unten läßt sich erkennen und von den steileren Präparationsritzen über den ganzen Schliff hinweg unterscheiden; Muskowitschuppen ‖ zum Nikol in und zwischen den Körnern (*B*-Tektonit ‖ *B* geschliffen).

Die direkte Einmessung der Quarzlamellen und damit auch des $\sphericalangle \alpha$ zwischen Quarzachse und Lamellenlot wurde an verschiedenen Gesteinen durchgeführt.

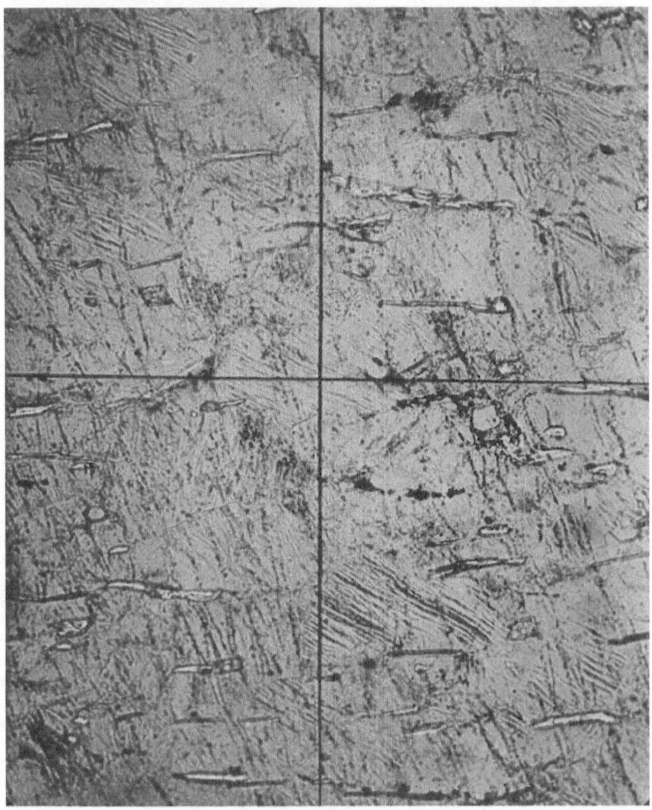

Abb. 69. Quarzit. Vergr. 75.

Ein Quarzit (Steinalm am Brenner) ergab unter 36 Werten ein deutliches Maximum bei $\alpha = 16^0$, $\alpha = 21^0$, kleinere Maxima bei 6^0 bis 7^0, 13^0 und 29^0 bis 30^0; den Mittelwert, der aber weiter nichts besagt, bei $\alpha = 18^0$.

Ein Quarzit des Glimmerschiefers von Patscherkofel ergab deutlich andere Maxima, nämlich $\alpha = 9^0$, $\alpha = 13^0$. Wenn auch diesen schwierigen Messungen einige Unsicherheit anhaftet, so decken sich doch die best meßbaren Einzelfälle mit den häufigsten Werten. Hiernach ergibt sich für die Translationsebene (Quarzamellen) der Quarzkörner

	Starke Maxima $\sphericalangle \alpha =$			Schwache Maxima $\sphericalangle \alpha =$		
Steinalm . . .		16^0	21^0	6^0—7^0	13^0	29^0—30^0
Patscherkofel .	9^0				13^0	

Das ergibt eine Reihe häufiger α:

6—7,   9,   13,   16,   21,   29—30.

Außer der direkten Messung des Winkels zwischen Quarzlamelle und c-Achse
wurde in verschiedenen Gesteinen auch die Winkeldistanz gemessen zwischen
den Achsenmaxima und den Minima, welche man als Vertreter der Lamellenlote deuten kann, so wie direkt eingemessene Lamellenlote.

Dieser Winkel ergab folgende Werte:

Winkel zwischen Achsenminima und -maxima:

Kalkphyllit (D 146) Mittel 23° (Minima gemessen)
Gneis   (D 156) Mittel 21° (Minima gemessen)

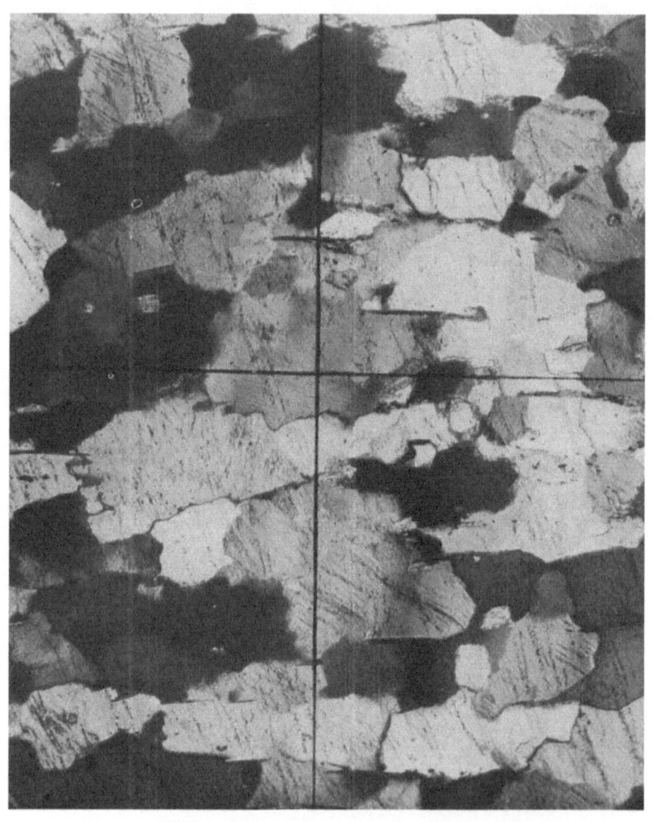

Abb. 70. Derselbe Schliff wie Abb. 69 zwischen + Nikols.

Dattelquarzit von Krummendorf (reiner Quarzit) nach Vermessung Drescher-
scher Diagramme: Die Datteln selbst 22°; die Grundmasse 20°. Dieser Dattelquarzit ist als ein besonders übersichtliches Beispiel achsenumringter Minima
(Translationsfläche) im schematischen $D\,63a$ wiedergegeben.

Winkel zwischen direkt gemessenen Quarzlamellen und Achsen:

Glimmerschiefer (D 20, 21) $\alpha = 22°$.

Diese Fläche mit 20° bis 23° findet sich in dem Diagramm glimmer- und
kalzitführender Gesteine gleich eingestellt wie die Translationsflächen dieser
beiden Minerale, wonach ihr wahrscheinlich dieselbe Rolle im Kornmechanismus
eingeregelter Quarze zukommt.

Überindividuen. Überindividuen spielen nicht nur in Gestalt undulös zerlegter, nachkristallin deformierter Körner (D 5, 13) eine Rolle, sondern auch in nach der Deformation kristallisierten Tektoniten (D 54, 60, 189, 190) und Kornscherflächen (D 11—15). Namentlich in Pegmatittektoniten finden sich Überindividuen in Lagen nach s (Abb. 71), in ausgesprochen stengeligen B-Tektoniten nach B (Abb. 73, 105, 107); derartige Überindividuen erscheinen im Schliff $\perp s$ und $\|B$ als Zeilen (D 60), $\perp B$ als Inseln (D 54). Außerdem aber gibt es Überindividuen anderer Lage im Gefüge, und es ist als Gesichtspunkt für deren

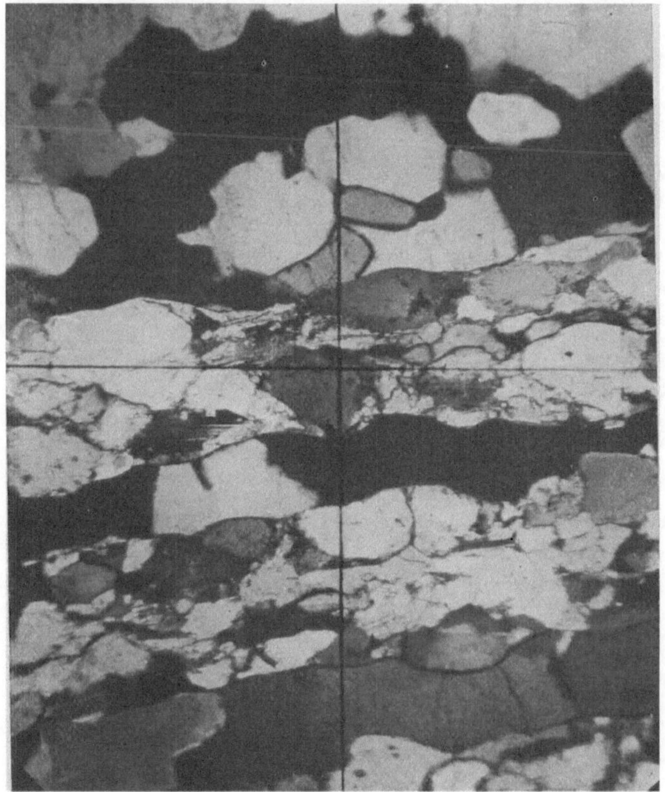

Abb. 71. Pegmatit. Koralpe. Vergr. nahe 35. Schliff nach ($b\,c$).

Feststellung und Deutung festzuhalten, daß jeder verschieden stark betätigten Scherfläche gleicher Schar und jeder Scherfläche anderer Schar im a-b-c-Bewegungsbilde der Tektonite Überindividuen zugeordnet sein können; man darf sich also bei der Analyse solcher Gefügeelemente höherer Ordnung nur von der Regelung nicht etwa z. B. von Körnergestalten leiten lassen, welche oft eine ganz andere Gliederung des Gefüges ergeben wie Abb. 72 zeigt (s durch Korngestalt $\|$ zum Fadenkreuz, Überindividuen schief zum Fadenkreuz. Abb. 73 zeigt die Überindividuen der Stengelfalte D 59, 60. In beiden Fällen umfaßt das Überindividuum die ganze hellgestellte bzw. dunkelgestellte Körnerschar. Wenn es also, wie des öfteren, zutrifft, daß begrenzte Maxima (etwa von der Achsenstreuung eines undulösen Quarzes, den man ja sogar als ein „Korn" anzusprechen pflegt) von Nachbarkörnern gebildet werden, so ist ein solches

Maximum ein durch die regelnde Durchbewegung gebildetes Überindividuum.
In Fällen wie D 24 und 26 ist das ganze, scharf geregelte Gefüge zum Überindividuum geworden; und dieser Fall ist z. B. in Abb. 102 veranschaulicht. Bezüglich der Überindividuen in rekristallisierten Scherflächen siehe Seite 197 und 198.

    Zwillinge. Ebenso wie in Kalzittektoniten legen in Quarztektoniten die rhom-
bisch höchstsymmetrischen Gefüge mit symmetrisch zu (*ab*) liegenden Maxima
den Gedanken an die Beteiligung von Zwillingen nahe. Derart symmetrisch
können in D 61 die Maxima *II III* und *IV* auftreten, und namentlich Gesteine

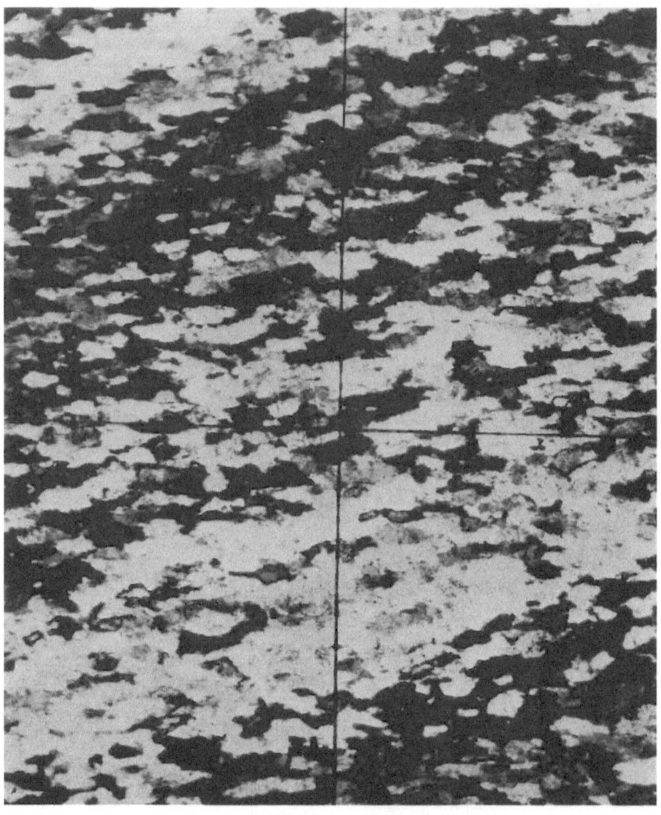

Abb. 72. Quarzit, Rensenspitze bei Mauls, Südtirol. Vergr. 75. Schliff nach (*b c*).

mit symmetrischen *II* entsprechen Kalzitgefügen wie D 181. Direkt auf die
Bedeutung von Zwillingen für das Gefüge weisen aber Fälle, in welchen gerade
von zwei sich berührenden Individuen das eine in das eine, das andere in das andere
der Achsenmaxima beiderseits (*ab*) fällt. Das kommt in rekristallisierten Ge-
fügen vor, und es ist denkbar, daß Keime mit Zwillingsschiebung analog wie bei
Kalzitgefügen weiterwuchsen. Doch ist die Zwillingsbildung des Quarzes als
Gefügekorn noch zu wenig bekannt für eine Einschätzung ihrer gefügekundlichen
Bedeutung.

    Tektonitgefüge. G. B. Tren er hat im Einzelfalle der Tonalegesteine Stellung
der Quarzachsen $\perp$ *s* noch ohne Erklärungsversuch beschrieben. Ich habe
(L 13, 16, 23, 24, 28) die allgemeine Verbreitung der Erscheinung in Tektoniten
nachgewiesen, sie als Sonderfall zum Ausgangspunkt des Studiums der passiven

mechanischen Gefügeregelung nach dem Kornbau gemacht und noch mit der Gipsmethode folgende Fälle unterschieden:

1. „α-Regel" (in s liegt α', also die Achse vorwiegend subnormal zu s).

2. „γ-Regel" (in s liegt γ', also die Achse vorwiegend subparallel s).

3. Die Quarzachsen liegen subnormal zum Lineargefüge des Gesteins, wonach also Schnitte quer zu dieser Achse keine oder abnorm wenig Kornschnitte quer zur Kornachse enthalten („unterisotrope Gefügeschnitte" „gestreckter" Quarztektonite). W. Schmidt hat diese Regeln und ihre Deutung als passive Gefüge-

Abb. 73. Quarzit. Brenner. Vergr. nahe 35. Schliff || B.

regelungen in Tektoniten bestätigt und eine statistische Auswertung der Kornlagen im Schliff, soweit sie mit dem Gips bestimmbar sind, vollzogen (L 29, 31).

Von mir mit Pernt wurde (L 41) nachgewiesen, welche räumlichen Achsenlagen einachsiger und zweiachsiger Kristalle auf einer Lagenkugel möglich sind, wenn nur die additive (oder subtraktive) Reaktion des Korns mit dem Hilfspräparat, also nur α' und γ', festgelegt sind.

Hieraus ergaben sich (vgl. S. 121) Möglichkeiten für die Achsenlagen auf der Kugel, welche übrigens nach den späteren Fedorowuntersuchungen vom Korne auch wirklich ausgenützt werden, und ergab sich die Notwendigkeit dreidimensionaler Bestimmung der Kornlagen auf der Lagenkugel für statistische Auswertungen und weitere Vertiefung der Einsicht in den angenommenen Mechanismus der Einregelung: Kornrotation bis zu einer durch den Kornbau bestimmten Endlage gegenüber der Durchbewegung des Gesteins. W. Schmidt hat (L 53) die dreidimensionalen Einmessungen der Körner nach Federow-Bereck vorgenommen und ein Verfahren zur statistischen Auswertung eingeführt, womit die neuere Methode der Untersuchung von Quarzgefüge beginnt. Als Material für die folgenden Feststellungen und Deutungen, betreffend mechanisch geregelte Quarzgefüge, wurden 50 Diagramme mit einer, zwei und mehreren Komponenten verwendet; und zwar von Tektoniten mit dem Bewegungsbilde ebener oder gekrümmter laminarer Strömung mit der folgenden, im ersten Teil begründeten Bezeichnungsweise: a = Stromfaden; $b\,(\perp a)$ = Richtung allgemein zylindrischer Elemente der ebenen oder bilateralsymmetrischen Umformung = B-Achse der B-Tektonite; (ab) laminare „s-Flächen"; $c \perp (ab)$; (ac) = Ebene der Umformung im Sinne der Kinematik und typische Symmetrieebene des am häufigsten monoklinen oder pseudomonoklinen Bewegungsbildes der Teilbewegungen von Bereichen, welche längs einer Wand transportiert werden, so daß „rechts und links" für alle auftretenden Vektoren und Teilbewegungen gleich, „oben und unten" ungleich ist. Darüber, daß die vom Beschreibenden leicht abtrennbare Erklärung noch Hypothese ist, möge man das Gesicherte nicht übersehen: Die Anisotropie der Gefüge ist, was die Regelung anlangt, den annehmbaren und angenommen Bewegungsbildern und Vektorenfeldern symmetriegemäß, d. h. fügt sich, was Lage, Zahl und Art der Symmetrieelemente anlangt, der Symmetrie der erzeugenden Vektoren und Bewegungen, ohne Verminderung derselben. Eben darin liegt der Hauptgrund, die Regeln in ihrer Entstehung letzten Endes jedenfalls — gleichviel ob mittelbar oder unmittelbar — jenen Bewegungsbildern zuzuordnen.

Bei Überlegungen über den Kornmechanismus der Einregelung darf man vielleicht nicht unbedingt Translationsflächen mit rationalen Indizes fordern. Insbesondere braucht sich ein Quarzgitter als fließendes Gitteraggregat in allen Übergängen zur Schmelze durchaus nicht so einfach zu verhalten wie ein Kalzitgitter.

Wenn man einige Maxima annimmt, so kann man aus diesen sehr viele tatsächlich begegnete ableiten, wenn letztere auf den Großkreisen zwischen den Ausgangsmaxima liegen. Man wäre also in der Kritik der Ausgangsmaxima ziemlich wehrlos, da eben mit ihnen sehr vieles vereinbar ist, namentlich wenn man noch an die Rotationsmöglichkeit von $(h0l)$ denkt. Um hier klarer zu sehen, wurde von folgendem Grundsatz Gebrauch gemacht: Liegt ein Maximum M_x auf dem Großkreis zwischen einem vertretenen Urmaximum M_1 und dem Orte M_2' für das Urmaximum M_2, so ist M_x nicht aus M_1 und M_2 ableitbar und mithin selbst ein primäres Maximum, das anderer Ableitung bedarf, wenn überhaupt keine Pole in den Ort M_2' fallen.

Der Genauigkeitsgrad der Tektonitregelungen zeigt die größten Verschiedenheiten von ziemlich scharfer Einstellung aller Körner (z. B. D 24, 26) bis zur Unwahrnehmbarkeit unzufälliger Besetzung.

Es können z. B. linsenförmige Quarzpartien von der Quarzregel des übrigen Gefüges in dieser Hinsicht abweichen. Ein Beispiel eines in der Quarzlinse bis auf einige Andeutungen der Untermaxima verwaschenen „Quarzgürtels" gibt der Vergleich der beiden Diagramme D 128, 130.

Zunächst geben die synoptischen Diagramme D 61—65 folgendes Bild der Tektonitregelung des Quarzes.

S-Tektonite (D 61). Die Maxima I, II, III und IV sind deutlich lagenkonstant. Sie treten alle sowohl einzeln als in jeder Kombination miteinander auf, mit oder ohne die (ab) und (ac) als Symmetrieebenen entsprechenden Wiederholungen.

Beispiele. *I* (D 24); *I, II* (D 26); *I, II, III* (D 29, 36); *I, II, III, IV* (D 40, D 42); *I, III* (D 46, 41); *I, IV* (D 38); (*I*), *III, IV* (D 35); *I, II, IV* (D 28); *II* (*IV*) (D 39); *II, III* (D 10, 25); *II, III, IV* (*I*) (D 34); *II* (*III*) *IV* (D 45); *III* (*IV*) (D 48); *III, IV* (D 43).

Ferner sind Maxima auf den diese Maxima verbindenden Großkreisbögen möglich (*m*), aber auch nicht nur auf den Verbindungsstücken zweier dieser Maxima, sondern darüber hinaus (*n*) und auch ohne daß in den Ort eines jener Maxima überhaupt ein Pol fällt, „zwischen" welchen das reelle Maximum auftritt (*o*). Von diesen 3 Fällen *m, n, o* kann *m* als Überlagerung zustande kommen, nicht aber *n* und *o*. Sind alle Maxima *I — IV* vertreten und annähernd symmetrisch nach (*ab*) und (*ac*) wiederholt, so entsteht das aus D 61 ableitbare Bild, dessen Abweichung von zwei sich in *a* kreuzenden Großkreisen deutlich und bedeutsam ist; solche Großkreise lassen sich in den Fällen *I + III* und *I + IV*, ferner nur sehr angenähert im Falle *I + III + IV* ziehen. Gürtel im Sinne von Großkreisen oder beliebig verbreiterten Großkreisen treten erst bei *B*-Tektoniten hervor. Die *S*-Tektonite werden derzeit am besten typisiert durch die direkte Angabe, welche dieser Maxima, welche Zwischenmaxima und welche symmetrische Wiederholung und Spaltung der Maxima auftritt. Die Angabe ist dann beschreibend genau, ohne sich auf eine Erklärung festzulegen, kann sämtliche wirklich vorkommende Typen bezeichnen, und drückt die für Fragen der Genesis und der gefügeerzeugenden Vektorensymmetrie sehr wichtigen Symmetrieeigenschaften des Diagrammes aus. So z. B. kommt im Fehlen der Symmetrie nach (*ab*) der monokline Charakter schiefer Pressung mit rotierten ungleichscharigen *s*-Flächen (*h0l*) zu Worte, im Fehlen der Symmetrie nach (*ac*) die Ungleichheiten der erzeugenden Bedingungen beiderseits von (*ac*) wie bei Betrachtung der sehr häufigen triklinen Gefüge (s. S. 239) erörtert ist.

Man kann mit Schmidt (L 67, 68) eine Rückführung dieser Maxima auf die Einregelung dichtestbesetzter Gittergeraden des Quarzes in *a* des Gefüges nach Analogie der Metalle annehmen. Es ist dann zugeordnet: zu *I* [0001]; zu *II* [$2\bar{1}\bar{1}3$] in ($2\bar{1}\bar{1}2$); zu *III* [$2\bar{1}\bar{1}0$] in ($10\bar{1}\bar{1}$). Dabei ist vorausgesetzt, daß nur 1 scharfes *s* mit Einregelung besteht. Die Schwierigkeiten für diese Ableitung der Maxima sind:

1. Auch in *S*-Tektoniten mit den genannten Maxima sind bisweilen mehrere (*h0l*) an Stelle eines *s* zu beobachten (z. B. D 43 u. a.).

2. *IV* kann nicht als Symmetrale zwischen [$2\bar{1}\bar{1}3$] und [$2\bar{1}\bar{1}0$] betrachtet werden, wenn *III* gänzlich unbesetzt ist.

3. Die Bewegung der Maxima aus ihren Lagen erfolgt in allen Beträgen und ist nicht ableitbar, ohne daß man Rotationen um *abc* im Gesamtgefüge oder für zerscherte Einzelkörner (vgl. S. 243) annimmt.

4. Auch die triklinen Gefüge weisen auf solche Rotationen. und zwar auch in Tektoniten mit Vertretung der fraglichen Maxima.

5. Angesichts der früher angeführten Kombinationen der Maxima müßte man einen höchst wechselvollen, im Falle der Bestätigung allerdings um so ausdrucksvolleren Translationsmechanismus des Quarzes annehmen.

Es ist also nicht entschieden, ob die Maxima mit Schmidt aus verschiedenen Korntranslationen bei fixen *a, b, c* des Gefüges und einschariger Scherung ohne Rotation abzuleiten sind oder bei rotierten *a, b c* aus etwa zwei Kornmechanismen: Einregelung der Quarzhauptachse in die Gleitgerade *a*; Einregelung eines Flachrhomboeders (der Böhmschen Streifung) in die Scherflächen. Ersteres ergibt die Achsenmaxima wie in D 24 bei einem einzigen, scharfen *s* und die scharfen ungespaltenen (*ac*)-Gürtel bei Externrotation, z. B. D 192, letzteres eingeregelte

Achsenminima und die durch Ebene $\perp B$ gespaltenen Gürtel in B-Tektoniten bei Externrotation.

Es ist dann möglich, die allmähliche Entstehung der externrotierten Typen und der Typen mit (bc)-Gürtel, also $B' \perp B$, anschließend an wenig rotierte zu verstehen.

D 62—65 zeigt die Eigenschaften der B-Tektonite: die häufige Einregelung der Achsenminima in (ac) (D 62, 63) neben dem Auftreten von Achsenmaxima in (ac) (D 64, 65) und das Fehlen von *III*. Die synoptische Überlagerung ist derart vorgenommen, daß die B-Achse und die deutlichste $(h0l)$-Fläche zur Dekkung gebracht wurden.

Harnische. Eine nähere Betrachtung der Diagramme ergibt nun folgendes, zunächst im einfachsten Falle scharfer Scherung auf Harnischflächen.

Das Maximum um a ist in D 24 vollkommen isoliert und liegt fast kreisförmig konzentrisch um a mit einem mittleren Öffnungswinkel von 34^0 (Maß für die reine Streuung); ohne zentrale Verdünnung, also mit vollkommener Genauigkeit der Einregelung „Quarzachse II a". Das Achsengefüge ist also angenähert wirtelsymmetrisch mit der singulären Achse a; wie der ihm entsprechende Stromfaden a im Bewegungsbilde der laminaren Strömung sein kann.

Das Maximum *I* dehnt sich mit Übergängen in (ac) bis zur Teilung in 2 Untermaxima mit der Distanz 15^0 vom Zentrum. Die Gefügesymmetrie ist dabei nahezu rhombisch höchstsymmetrisch D 25, meist aber monoklin (D 26—27), indem (ab) als Symmetrieebene entfällt.

Es ist nicht möglich, die Dehnung der Maxima *I* in (ac) aus dem Einflusse von *II* abzuleiten, da auf die Stelle von *II* überhaupt keine Pole fallen. Die Dehnung und Teilung von *I* in (ac) erfolgt also dadurch, daß nur im Falle D 24 eine einzige Scherfläche ($=$ der Harnischfläche) mit Einregelung der Quarzachsen in a vorhanden ist, in den anderen Fällen mehrere solche $(h0l)$-s-Flächen, für deren jede diese Einregelung gilt. Solche $(h0l)$-Flächen sind in anderen Fällen direkt zu beachten und sogar einzumessen (D 43). Mithin ist das Flattern tautozonaler Scherflächen um eine Achse für die Erklärung der Dehnung und Teilung von Maxima in Betracht zu ziehen. Die Diagramme der Harnischmylonite zeigen also rein beschreibend: *I* kommt isoliert mit konzentrischem Bau und ohne zentrale Verdünnung vor, und kann sich auch ohne Beteiligung von *II* in (ac) dehnen und teilen. Mithin wird angenommen, daß $(h0l)$-Flächen des Gesamtgefüges oder örtlich zerscherte Körner die Dehnung und Teilung erzeugen können.

Pegmatite. Den Diagrammen der betrachteten, durchwegs von der Kristallisation überdauerten Harnischmylonite stehen sehr nahe die Regelungen ebenfalls vorkristallin scharf geplätteter Pegmatite (D 28—36). Sie zeigen im allgemeinen auch nach entsprechenden Rotationen der Diagramme nicht die scharfen Maxima *II, III*, sondern Zwischenlagen, fast durchwegs (vgl. namentlich D 29, 34, 35) Wiederholung der Maxima oder wenigstens gleich starker Maxima nur in gegenüberliegenden Quadranten („Schiefgürtel"), in einem Falle ein sehr seltenes Maximum scharf in c (D 36).

In dem vierkleeartigen D 28 fallen auf *II* und *III* keine Pole. Mithin existiert reell weder *II* noch *III*.

Um *IV* aus *II* und *III* abzuleiten, müßte man aus einem rein virtuellen *II* und *III* ein virtuelles *IV'* und aus letzterem und *I* die wirkliche Besetzung *IV* ableiten. Also ist das Maximum *IV* des Schiefgürtels besser als primäres zu betrachten. D 29 ist ein Beispiel für 2 $(h0l)$-Flächen und 2 *I* und 2 zugehörige unableitbare *IV*. Wenn man die *I* ins Zentrum rotiert, von dem sie 25^0 abstehen, da man sie wegen Unbesetztheit von *II* keinesfalls als Zwischenmaxima zu *I* und *II* deuten kann, so ergibt sich dasselbe, als Zwischenmaximum unableitbare, schiefgürtlige IV wie in D 28. Jede der $(h0l)$-Flächen hat also I und außerdem IV entwickelt. Das zentrale Maximum erscheint also streng in (ac) auf etwa 50^0 gedehnt und geteilt. Bei Annahme zweier $(h0l)$ und konstruktiver Einrotation jeder derselben bzw. ihrer „I" ins Zentrum des Zeichenkreises, ergibt sich für D 29 ganz genau dasselbe IV wie für D 28 ohne solche Rotation. D 28 und D 29 zusammen ergeben also Musterbeispiele für 2 $(h0l)$ und IV.

Die beiden $(h0l)$-Flächen haben IV nach verschiedenen Quadranten, also in gegenüberliegenden Quadranten schiefgürtelig entwickelt. In denselben Quadranten (siehe D 29) liegt die Schieferung s_2 durch Kornlängen deutlich, also eine $(0kl)$-Fläche des Gefüges. Dieser in bezug auf (ac) nicht symmetrisch wiederholten $(0kl)$-Fläche entspricht der trikline Charakter des Gefüges schon durch die Kornlängung in s_2; und man führt auch die Anlage von IV in beiden $(h0l)$-Flächen am besten auf eine Überlagerung mit $(0kl)$ zurück. Der trikline Charakter des Tektonits ist dann zwei senkrecht aufeinander gestellten monoklinen Strains (E' und E'' auf S. 238) mit ihren Ebenen maximaler Schiebung — $(h0l)$ und $(0kl)$ im abc-Kreuz zuordenbar und eine Rotation um Achse b ersichtlich. Das trikline Quarzgefüge spiegelt also dieselbe trikline Durchbewegung (mit einer typischen oft wiederkehrenden Regelung) wieder, wie etwa ein Glimmer oder ein Kalzitgefüge, welche durch 2 Gürtel $B' \perp B$ erkennen lassen (siehe auch trikline Gefüge S. 239).

Wir begegnen also Rotationen geringen Betrages und Überlagerungen von einscharigem Strain $(0kl)$ mit ein oder zweischarigem Strain „$(h0l)$" schon in S-Tektoniten. Und es ist der „$(0kl)$-Strain", welcher die Besetzung des Großkreises (bc) liefert, auch in Quarztektoniten bisweilen bis zur Bildung eines (bc)-Gürtels (vgl. D 172, 174).

Die Art der Überlagerung beider Strains ist im vorliegenden Falle durch $(h0l)$ und $(0kl)$ als Gefügescherfläche ausgedrückt; in anderen Fällen ist das nicht so übersichtlich, und nur im zerscherten Einzelkorne kann man noch die Resultanten beider gekreuzten Strains zu analysieren suchen, wie das ab Seite 193 versucht ist.

Der Vergleich der Pegmatite mit reinem Quarz in Quarzgefügen zeigt, daß k e i n E i n f l u ß der Feldspate als Gefügegenossen wirksam ist.

Als Beispiele bunter zusammengesetzter vorkristalliner S-Tektonite lassen sich die G r a n u l i t e hier anschließen; es gelingen alle bisher erwähnten deskriptiven Typisierungen und hypothetischen Deutungen wieder und einige neue. So zeigt D 38 eine auf II rückführbare Dehnung von I in (ac) und einen Schiefgürtel durch IV in NW und SO ganz wie für Pegmatite erörtert. In D 39 fehlt I vollkommen, II ist durch (ac) geteilt und diese Teilung entspricht in ihrer Asymmetrie [in bezug auf (ac)] der Asymmetrie des nur in NW und SO vorhandenen III-Schiefgürtels.

D 48 zeigt vollkommen triklines Gefüge, welches nicht eindeutig in abc einstellbar ist. Denn es ist zwar B deutlich und (bc) als Zeichenebene wahrscheinlich (Schiefgürtel durch 2 III), aber die zwei sichtbaren $(h0l)$-Flächen (siehe eingetragene Pole derselben) liegen unter 0^0 und 30^0 zur Zeichenebene; Beispiel der seltenen heute noch nicht aus dem Quarzgefüge allein sicher deutbaren Fälle.

Versucht man in D 40 zunächst das Zentrum in 2 Lagen von I mit III zu zerlegen, so gelingt das nicht, ohne daß man Lagen der Maxima ganz außerhalb der konstanten Maxima annimmt. Auch die Zerlegung des Zentrums in 2 II gelingt nicht. Wählt man dagegen als I eine Stelle gleich unter dem zentralen Maximum, so erhält man ein Bild, welches sich deuten läßt als I gedehnt in (ac), evtl. durch ein vorhandenes aber undeutliches II, ferner III.

In D 41—43 lassen sich die konstanten Maxima der S-Tektonite finden und die Verbreiterung beiderseits (ac) bis zur Spaltung durch (ac) an II beobachten;

IV erscheint in D 43 als das derart aufgespaltene *II*. D 43 hat einmeßbare $(h0l)$-
und $(0kl)$-Flächen. Letzteren ist *III* (vgl. D 44), ersteren vielleicht die Spaltung
von *II* zuzuordnen. In D 43 wie in D 45 tritt besonders deutlich die Unmöglichkeit hervor, in *a* sich schneidende, stärker besetzte Großkreise hinein zu schematisieren. Sowohl *III* als *II* ist in D 43 verdoppelt. Das ist ein mehrfach, z. B. in
D 46 als Verdreifachung von *I* und *III*, wiederkehrender Zug, welcher vielleicht
auf eine mehrfache Überlagerung ganz gleicher Prägungen nach Rotationen um *c*,
also Pendeln bzw. Mäandern der *a*-Achse hinweist, doch weiterer Aufklärung
bedarf. Die ganz ungleichweite Aufspaltung von *II* oben und unten in D 45 ergibt den wichtigen Einblick, daß die beiden Maxima oben und unten nicht durch
eine Einregelung eines bestimmten Gitterdatums in eine Ebene $s = (ab)$ erzeugt sind. Sie müßten diesfalls gleich aussehen. Ihre tatsächliche Verschiedenheit wird am besten der Einregelung in zwei verschiedenen $(h0l)$-Flächen zugeordnet.

Die gegebene Übersicht reicht aus für die Erkennung der Hauptrichtungen
abc auch in schiefen Anschnitten von *S*-Tektoniten mit geregeltem Quarzgefüge,
lediglich aus dem Quarzgefüge. D 46 und 47 zeigt wie in schwierigen Fällen
— denn D 46 für sich ist zweideutig — die Glimmereinmessung entscheiden kann,
durch Festlegung von $b = B$, wobei wie im vorliegendem Falle $s = (ab)$ für
Glimmer und für Quarz beträchtlich differieren kann. Den 2 Glimmergürteln
(ac) und (bc) in D 47 entsprechen 2 *B*-Achsen $(B = b) \perp (B' = a)$ und der Rotation dieser Achsen ist die Vervielfältigung (Verdreifachung) von *I* und *III* am
besten zuzuordnen.

Folgende gelegentlich auftretende Züge der Diagramme sind für die petrotektonische Orientierung der Stücke und die genetische Deutung der Regelung
zu beachten:

1. Fehlen von *I* (z. B. D 36, 39, 43, 45, 48). Man kann nach der hier vertretenen Auffassung, daß mehrere $(h0l)$-Flächen an Stelle eines einzigen $s = (ab)$
treten, so daß $(ab) = s$ einen zusammengesetzten Effekt darstellt, aus dem Fehlen
von *I* nicht mit Sicherheit schließen, daß keine Einregelung von [0001] in die
Gleitgeraden (des Gefüges oder zerscherter Körner) erfolgt sei.

2. Dehnung bis Teilung der Maxima in Richtung (ab) (z. B. D 172); rein
bildlich gesprochen.

Für die Spaltung mit Auseinanderrücken streng in Richtung (ab) kommt
der Überlagerungseinfluß eines anderen konstanten Maximums auf (ab) nicht
in Frage; denn es gibt kein solches. $(hk0)$-Flächen kommen so selten vor, daß
es ebenfalls nicht naheliegt, einen Einfluß derselben anzunehmen. Der die
Maxima *I* in (ab) dehnende und zerreißende Einfluß scheint zuzunehmen, je
größer der Winkel der betreffenden $(h0l)$-Fläche mit (ab) des Gesamtgefüges
ist. Ferner kann die Weite der Spaltung von 0^0 an in verschiedenen $(h0l)$ verschieden sein. Die Spaltung braucht nicht nach (ac) symmetrisch zu sein. Es kann
sich *I* zuerst streng in (ac) ohne Spaltung dehnen, dann erst spalten in den steileren $(h0l)$ (D 29, 34).

3. Dehnung bis Spaltung in (ac) ist der häufigste Fall und wurde mit $(h0l)$-
Flächen erklärt. Noch unentschieden ist, ob alle *II* nur *I* in $(h0l)$ sind und in der
Konstanz von *II* lediglich gleiches Festigkeitsverhalten vieler Quarzgefüge
bei Pressung zu Worte kommt.

4. Dehnung bis Spaltung in (ab) und in (ac) zugleich (D 28).

5. Ungleiches oben und unten; erklärt durch ungleichscharige $(h0l)$.

6. Ungleiches links und rechts in einem in (ab) zerrissenen Maximum ist
nicht ungleichscharigen $(h0l)$ zuordenbar, sondern zunächst einem in $(h0l)$
oder (ab) unsymmetrischen Pendeln der Gleitgeraden *a* des Gefüges oder kleinerer

Bereiche (zerscherte Einzelkörner). Diese Unsymmetrie des Pendelns von a aber entspricht ungleichufriger Deformation im Bewegungsbilde abc oder einer Unsymmetrie des Ausgangsmaterials in bezug auf (ac).

Ein Maximum kann also durch (ac) symmetrisch (monokliner Fall) oder unsymmetrisch (trikliner Fall) geteilt werden. Im triklinen Fall kann diese Unsymmetrie zwei ganz verschiedene Fälle umfassen: Sie kann verbunden sein mit Symmetrie nach (ab) (Fall α), z. B. *III* in D 43 oder mit Unsymmetrie auch nach (ab) (Fall β), z. B. *II* bzw. *IV* in D 43. Beide Fälle gehen auf eine Un-

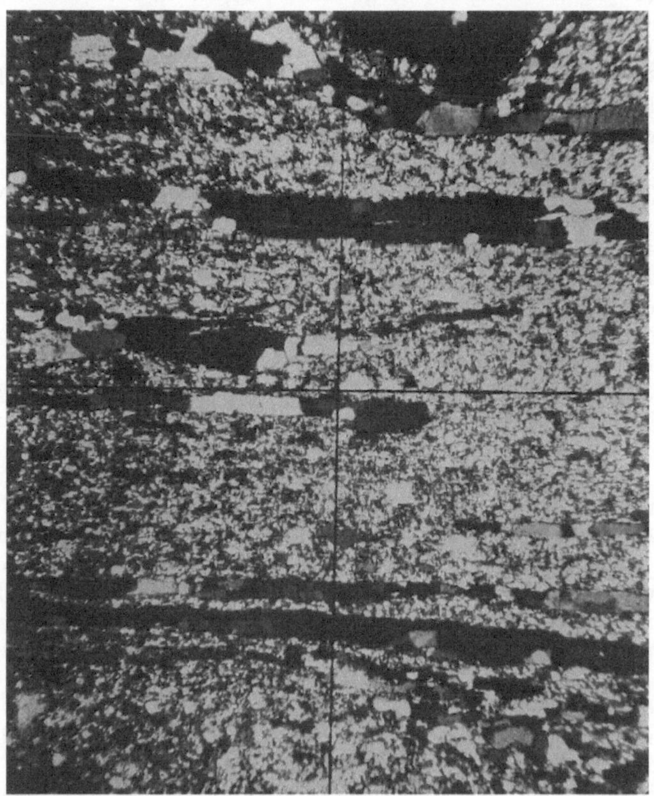

Abb. 74. Granulitschliff zu D 38. Vergr. nahe 35. Viele Granulitquarze sind normal zur Achse getroffen, da der Schliff in $(b\,c)$ liegt. Vgl. Abb. 77.

gleichufrigkeit im abc-Plan zurück; diese äußert sich in Fall α als unsymmetrisches Pendeln der Gleitgeraden a in $(h0l)$, im Fall β als ungleichscharige Scherung $(0kl)$ durch einen mit E gekreuzten Strain E'.

Granulite. An diese allgemeinen, die vorkristallinen *S*-Tektonite betreffenden Feststellungen werden genauere Daten über die Granulite als vorbildliche vorkristalline *S*-Tektonite wechselnder Zusammensetzung angeschlossen. Ihr Gefüge erlaubt durch die prägnanten Korngestalten der typischen Granulitquarze (s. Abb. 74) einen besonderen Einblick in die Beziehung von Kornform und von der Korngestalt unabhängige Regelung nach dem Kornbau.

D 38. Abb. 74. Die typischen Granulitquarze wurden eingemessen. Haarscharfes s ist durch Glimmerschüppchen bezeichnet, welche sowohl 2 Langquarze trennend als auch einen Langquarz durchziehend im Gefüge liegen. Angedeutet ist schon in D 38 das Pendeln der Quarzachsen in (ac) und in einer $(0hl)$. Der Vergleich mit den Diagrammen gleicher „Granulitquarze" im Harnischmylonit ergibt Übereinstimmung in allen Zügen. Dadurch, daß die Pendelung der Quarzachsen in (ac) erfolgt, nicht in (ab), sind Anschauungen, wie daß die Quarze sich regelnd in Höfe nach (ab) hineingewachsen seien (L 77), auf dergleichen Gesteine nicht anwendbar.

D 39. Im Schliffe (bc) wurden die typischen gelängten Granulitquarze und die kleinen Quarze der Grundmasse getrennt eingemessen. Beiderlei Diagramme stimmen ohne jeden Unterschied überein. Beiderlei Teilgefüge sind streng homotrop, die Regelung also in keiner Beziehung der Korngestalt zuordenbar. Dasselbe wurde vom Gefüge der Harnischmylonite D 4 festgestellt. D 39 stellt ziemlich gut isoliert den Fall dar, daß die Quarzachsen in (ac) pendelnd 2 in bezug auf (ab) symmetrische Maxima besetzen. D 39 läßt sich mit D 38 auf dieselbe Wurzel unter der Annahme zurückführen, daß in D 38 die Einregelung der Quarze in Scherfläche (ab) mit Gleitgerade a erfolgte, in D 39 in zwei zu (ab) symmetrisch gelegene $(h0l)$-Flächen mit Gleitgeraden $\perp b$, welche in den Maxima des Diagramms ausstechen.

D 48. Das Gefüge veranschaulicht sehr gut, daß größte Kornlänge und eingeregelte Quarzachse nicht etwa zusammenfallen müssen. Die Kornlänge wird von dem annahmegemäß in die Scherfläche $(0kl)$ eingeregelten c unter 45^0 geschnitten, ein oft wiederkehrendes Verhältnis zwischen Scherfläche und Kornlänge. Ein Korn kann eben theoretisch durch ein System schief zur Kornlänge durchsetzender differentieller Scherflächen in bestimmter Richtung gelängt werden, was seine Gestalt angeht, während zugleich seine Regelung gemäß der Scherfläche, nicht gemäß der Längung erfolgt.

D 40. Die stark gelängten Granulitquarze ergeben nun ein Bild, welches zwar das Maximum in a, welches wir in D 7 rein isoliert fanden, ebenfalls stärkstens betont zeigt, daneben aber bereits die Züge mit uneinheitlicher und, wie sich zeigen wird, heterogener Besetzung zweier zu (ac) symmetrisch gelegener $(0kl)$-Flächen. Deskriptiv wichtig und petrotektonisch ohne weiteres brauchbar ist, daß hier wie in anderen Granuliten das Maximum in a so deutlich hervor tritt, daß es wie in den von Schmidt beschriebenen Fällen (L 53, 58) zur Bestimmung von a verwendbar ist.

D 41 dient als Beleg dafür, daß dieselbe Regel, welche in D 40 an stark gelängten Körnern gefunden wurde, auch bei durchweg ungelängten, isometrisch umrissenen Körnern auftritt; also wieder als Beleg für die Unabhängigkeit von Korngestalt und Regelung in Granuliten. D 42 zeigt im Anschluß an D 40 und 41 eine zu beachtende Bereicherung der Besetzung: Neben dem meistbetonten Maximum in a haben wir noch ein Maximum in (ac); ferner die zwei $(0kl)$-Gürtel — schon begegnete Maxima. Dazu tritt nun ein Maximum um den Pol von b. Bleibt man bei der hypothetischen Rückführung der Maxima auf Scherflächen, so ist dieses Maximum auf eine $(0kl)$-Scherfläche zu beziehen. Diese kann eine ältere im Verlauf der Querdehnung des Gesteins verstellte (gegenüber c des Gefüges flacher gelegte) unsymmetrische Scherfläche sein. Auf denselben Vorgang weisen dann die Verdoppelungen der periphereren Maxima des Bildes hin. Durch die Maxima an den Enden von b nähert sich D 42 einem (bc)-Gürtel („Kreuzgürtelbild" Schmidts). Nach der vertretenen Hypothese wäre der (bc)-Gürtel in seinen verschiedenen Untermaxima durch $(0kl)$-Scherflächenbüschel bedingt. Eine eingehendere Erörterung erfolgt bei Besprechung der typischen Korngefüge ab S. 217.

D 43. Starkgelängte Granulitquarze gemessen in Horizontalzeilen. Ferner

Lote der $(0\,k\,l)$- und $(a\,c)$-Rupturen, welche das Gestein überaus dicht durchsetzen, so dicht, daß oft 5 bis 10 haarscharfe $(0\,k\,l)$-Rupturen ein einziges Quarzkorn sichtbar durchsetzen. Die früher hypothetisch angenommenen $(0\,k\,l)$-Scherflächen durchsetzen dicht und gleichmäßig, über den ganzen Schliff verteilt, sämtliche Minerale, als ein von der Rekristallisation in diesem Falle noch unverwischtes Abbild der allerletzten mechanischen Gesteinsbeanspruchung. Es handelt sich wie in D 143—145 um eine vorwiegend, was das Gesamtgestein anlangt, noch stabile Beanspruchung symmetriegemäß den vorangegangenen regelnden Deformationen; wobei aber wie in L 7 eine sinngemäße geringe Rotation noch sichtbarer $(0\,k\,l)$-Flächen um a bereits stattgefunden hat und nachher noch Kristallisation. Denn die $(0\,k\,l)$-Klüfte durchsetzen auch Granaten mit einheitlichem Quarz im Kern in der durch Abb. 75 wiedergegebenen Weise, aus welcher mit voller Sicherheit ersichtlich ist, daß der quarzbeherbergende Granat nach der Zerscherung des Quarzes wuchs, noch weiter wuchs oder schwand, so daß er die Scherung zwar im Zentrum, nicht aber im Kornumriß abbildet. Durch solche Fälle und die Belegung von quarzdurchsetzenden $(0\,k\,l)$-Klüften mit neugebildeten Glimmerschüppchen, welche (wenn sie einmeßbar wären) einen der überhaupt nicht seltenen $(b\,c)$-Gürtel des Glimmers insular besetzen müßten, wird die Entstehung eines Teiles der $(0\,k\,l)$-Klüfte während der Kristallisation des Gesteines erwiesen. Für letztere Annahme spricht auch, daß ein Teil der $(0\,k\,l)$-Klüfte Glimmer führt, andere, vermutlich jüngere, nicht. Im übrigen sind es aber ganz dieselben Klüfte, welche weitaus meistens als flachere $(0\,k\,l)$-Klüfte, mit größerem Winkel zwischeneinander auftreten, viel seltener aber als steilere manchmal schon $(a\,c)$ angenäherte. Konstruiert man sich zu den $(0\,k\,l)$-Polen die Flächen (D 44), so er-

Abb. 75.

gibt sich, daß die peripheren Maxima des Achsendiagramms in den $(0\,k\,l)$-Flächen liegen. Wir erhalten also in unserem Falle unmittelbar den Eindruck, daß die Längung der Körner der Plättung des Gesteins (im Sinne der beobachteten Längung), die Achsenregelung der Körner einer im Plättungsakt prominenten Teilbewegung (Scherung in den $(0\,k\,l)$-Flächen) zuzuordnen ist. Man muß sich dem geplätteten Korn gegenüber geradeso wie dem tektonisch geplätteten Gestein gegenüber daran gewöhnen, daß die Plättung ohne Scherflächen bzw. Teilbewegungen parallel der Plättungsebene erreicht werden kann. Die Beträge dieser Teilbewegung sind, bevor ihre unmittelbaren Spuren durch Rekristallisation verwischt werden, ungemein geringe. Das ist trotz der bedeutenden Längung der Quarzkörner nicht befremdlich aus zwei Gründen:

1. Es wurde die Scherung nach $(0\,k\,l)$ schon oben als parakristalline Deformation nachgewiesen und es ist demgemäß zu erwarten, daß bei einer gewissen Dauer der Scherung deren Scherklüfte Aussichten haben in einer Pause der verwischenden Rekristallisation zu verfallen. Man bekommt also nur junge Scherflächen, eine kleine augenblicklich sichtbare Auslese aus allen $(0\,k\,l)$-Scherflächen, welche im ganzen Deformationsakt eine Rolle spielten, zu Gesicht.

2. Ist ferner schon die Anzahl in dieser Auslese so groß, daß bis zu 10 und mehr Scherflächen in einem Korne sitzen, wie dicht war erst das Gestein und jedes Korn im Laufe der ganzen Umformung nach und nach von solchen $(0\,k\,l)$-Flächen durchsetzt. Die Elemente der Teilbewegung sind klein, ebenso die Verschiebungs-

beträge (Wege) der Elemente aneinander, welche für die Deformation des ganzen Kornes und Gesteines ausreichen. Ebenso wird sehr klein die Geschwindigkeit (Weg in Zeit) auf den Elementarwegen, welche der Deformation des Gesteins in der Zeit t zugeordnet ist (Geschwindigkeitsregel der Teilbewegung s. S. 274).

Im Sinne dieser Gesichtspunkte sind also die minimalen beobachtbaren Verschiebungsbeträge geradezu zu erwarten.

Daß aber geringen Umformungen des Ganzen und kleinen Scherbeträgen eine Umregelung entsprechen kann, ist vielfach nachgewiesen, D 174—176, und anzunehmen, daß besonders für parakristalline Deformationen die Regelung sehr empfindlich ist. Eine optimale Bedingung für gründliche Durchregelung in einem konstanten Sinne liegt geradezu in der raschwechselnden Interferenz zwischen mechanischen Deformations- und Kristallisationsakten, wie solche für die parakristalline Deformation bezeichnend sind. Und die ausgezeichnete Regelung parakristallin deformierter Granulite ist in diesem Sinne zu verstehen.

Für die Annahme, daß die $(0kl)$-Scherflächen das Gefüge wie ein isotropes durchsetzen und die Anisotropisierung des Gefüges als eine Anpassung an die diktatorischen Scherflächen erfolgt, ist es von Wichtigkeit, eigens zu untersuchen, ob die $(0kl)$-Klüfte unabhängig von der Lage der Einzelkörner dieselben durchsetzen also nicht von deren Lage bedingt, oder etwa nur dort aufscheinen,

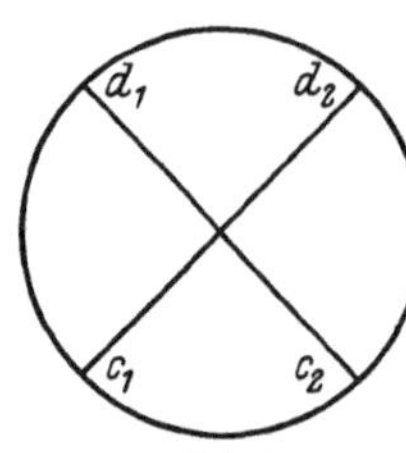

Abb. 76.

wo ein Korn günstig liegt. Es ist dies die an alle, Regelungen zuordenbaren Klüfte jedesmal noch zu stellende Frage, ob sie autonom sind und die Regel im Gefolge haben, wie wir das in unserem Falle annahmen oder ob die Regelung ihnen gegenüber autonom ist und die zuordenbaren Klüfte nur ein gelegentlich ausgelöster Ausdruck der Regel sind.

Der vorliegende Fall kann als Beispiel einer näheren derartigen Untersuchung dienen. Der Überblick macht den Eindruck als ob die $(0kl)$-Klüfte ganz unabhängig von den Kornlagen durch das ganze Gefüge und die Einzelkörner setzten. Es besteht aber auch die Möglichkeit, daß die derzeit sichtbaren $(0kl)$-Klüfte ihre Bahnen dadurch vorgezeichnet erhielten, daß die Achse und damit die bekannte leichteste Trennbarkeit des Quarzes der (Achse) eben schon in den Großkreisen $(0kl)$ lag. In Abb. 76 bedeuten d_1 und d_2 die in d_1 und d_2 der Figur liegenden sichtbaren $(0kl)$-Flächen (nicht die Lote!) in den Körnern deren Achsen im Großkreis c_1 und c_2 der Figur liegen. Es wird also untersucht ob d_2 in einer Mehrzahl von Fällen in c_2-Körnern (Körner mit Achse im Großkreis c_2) sichtbar ist usw., also die Fälle d_1 in c_1; d_2 in c_2; d_1 in c_2; d_2 in c_1 registriert durch Messung der Winkel zwischen Quarzachsen und Ruptur.

Es ergab sich: Das Kohäsionsminimum subparallel c des Quarzes ist ohne jeden Einfluß auf das Auftreten sichtbarer $(0kl)$-Scherflächen in den Körnern. Übrigens pflegt bekanntlich jenes Kohäsionsminimum als rupturelle Undulation sichtbar zu werden, während die vorliegenden $(0kl)$-Flächen als scharfgezeichnete Ebenenscharen die Quarzkörner, wie gesagt, unabhängig von deren Lage durchsetzen. Es ist damit für Quarz (wie für Muskowit S. 214) Parallelzerscherung unabhängig vom Gitter aufgezeigt. Demgemäß setzen $(0kl)$-Klüfte im allgemeinen unabgelenkt durch verschieden orientierte Quarze, (Granaten und Feldspate). Bisweilen ist eine Ablenkung zu bemerken, wahrscheinlich durch spätere Verstellung der Körner welche $(0kl)$ bereits durchsetzt hatte. Oft zeigt dasselbe Quarzkorn Risse nach $(0kl)$ $(0\bar{k}l)$ und (ac). Alle drei Risse treten gleichzeitig mit demselben Glimmerbelage auf, so daß nicht etwa (ac) als genetischer Sonderfall $(0kl)$ vertritt.

Schließlich wurden an diesem Schliffe die $(h\,0\,l)$-Ebenen der Schieferung mit Hilfe der Glimmer direkt eingemessen und die Flächen (nicht Lote) in D 43 eingezeichnet. Sie pendeln mit etwa 30^0 um eine Mittellage, indem sie beiderseits derselben in etwa 5^0 Entfernung (also 10^0 voneinander entfernt) ein Maximum besetzen. Das kann zweischarigen Scherungen $(h\,0\,l)$ entsprechen, deren $(h\,0\,l)$ im Plättungsakte gegen $(a\,b)$ rotiert und flachgelegt wurden, während steilere $(h\,0\,l)$ neu angelegt wurden, ein straintektonisch durchaus zu erwartender Vorgang (andere Deutung siehe S. 192).

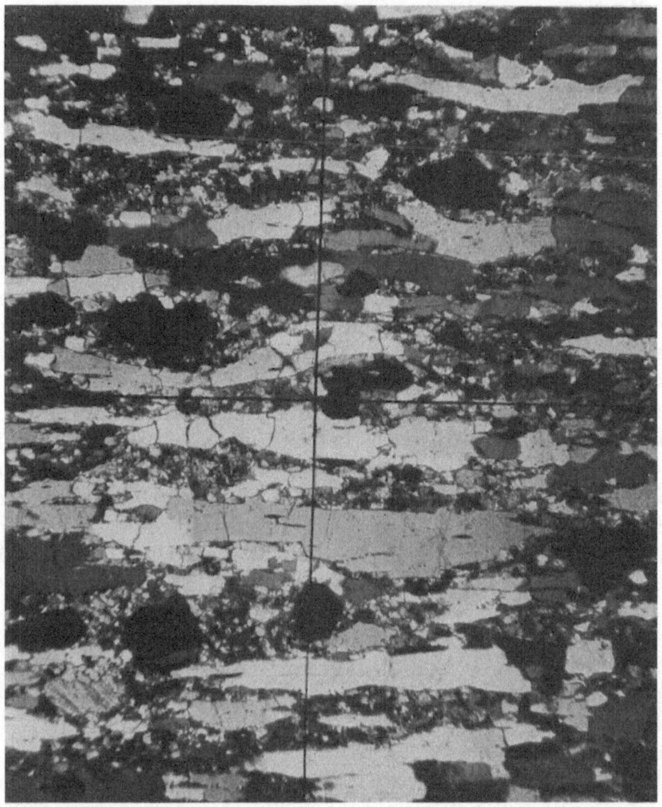

Abb. 77. Granulit. Rochsburg bei Penig, Sachsen. Schliff nach $(a\,c)$. Vergr. nahe 35. Wenige der Granulitquarze sind normal zur Achse getroffen; vgl. Abb. 74.

D 45. Eingemessen wurden die Granulitlangquarze in Teildiagrammen, je nachdem sie die in diesem Gesteine über seltene $(0\,k\,l)$-Klüfte weit vorherrschenden $(a\,c)$-Klüfte oder keine Klüfte zeigten; wobei sich genau dieselbe Besetzung bei beiden Kornarten ergab. Den Schliff nach $(a\,c)$ zeigt Abb. 77.

Das Gestein ist ein ausgezeichnetes Beispiel für dicht und gleichmäßig verteilte $(a\,c)$-Klüfte wobei darunter an $(a\,c)$ sehr angenäherte Klüfte verstanden sind. Die stetig um Granaten herumgeschlungenen Einzelquarze zeigen keine Biegegleitung wie in nachkristallinen Myloniten, sondern sind opt. einheitlich; sie sind rekristallisiert nicht nur translatiert, jedenfalls vorkristallin deformierte strenge Einkristalle (e der Abb. 78) nicht Gitteraggregate (g der Abb. 78). Die Betrachtung von D 39, 43 und 45 ergibt eine wichtige Tatsache, welche eine von der Annahme einer $(h0l)$- und $(h0\bar{l})$-Fläche abweichende Hypothese zur Erklärung dieser von (ab) aufgespaltenen Maxima erlaubt und deshalb petrotektonisch wichtig ist. Für alle 3 Spaltmaxima gilt nämlich die Winkelbeziehung: Der Winkel zwischen den Maxima oben und unten beträgt 70 bis 75⁰.

Diese Sachlage kann auch bei strenger Einregelung in $(ab) = s$ entstehen, wenn eine die Achse mit 37⁰ schneidende Zwillingsebene des Quarzes in die Ebene (ab) und ihre Winkel mit der Hauptachse in (ac) eingestellt wird und bald das eine bald das andere Zwillingsindividuum zu einer mit dem U-Tisch einmeßbaren Größe heranwächst oder beide zusammen. Nun läßt sich in D 45 beobachten, daß auf die beiden in diesem Sinne korrespondierenden Maxima verteilt sehr oft 2 Körner fallen, welche miteinander in breiter Fläche (ab) des Gefüges

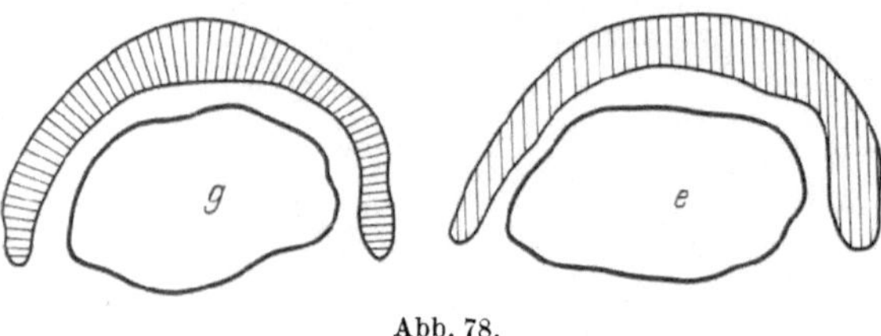

Abb. 78.

oder strauchartig einander durchdringend verwachsen sind. Ferner weichen in D 43 die Maxima der direkt eingemessenen $(h0l)$ - Flächen (s-Flächen) des Gesamtgefüges von (ab) nur um 5⁰ ab nicht um 37⁰ wie die gespaltenen Achsenmaxima des Quarzes. Es kann aber dieselbe Sachlage hier wie im Kalzitgefüge D 181 auch noch anders entstehen. Wirkliche Zwillingsindividuen können vorhanden sein, aber sie müssen nicht vorhanden sein, um D 181 zu erzeugen.

Wenn man nun auf Grund der weitgehenden Übereinstimmung im Baue von D 181 und der Spaltmaxima, z. B. D 43, welche beide sogar die Teilung in 4 Untermaxima gemeinhaben, einen analogen Kornmechanismus für Quarz annehmen will wie für Kalzit, so ergibt sich für Quarz ein steileres Gleitrhomboeder als für Kalzit; nämlich eines, dessen Lot mit der Hauptachse nicht 26⁰ wie bei Kalzit, sondern zunächst anscheinend etwa 50⁰ bilden würde. Dieser Wert dürfte allerdings bedeutend zu hoch gegriffen sein. Auch in D 181 würde man 40⁰ ablesen statt 26⁰, da das Feld der eingeregelten Rhomboederflächen um c des Gefüges selbst schon ein Kreis ist, dessen Radius der Streuung der Einregelung entspricht. Beim Quarz gleiche Verhältnisse angenommen ergibt sich als Winkel zwischen eingeregelter Rhomboederfläche und Achse 32⁰. Das ist ein Wert, in dessen Nähe auch die Analyse korrelater Maxima verschiedener Minerale in B-Tektoniten führt.

Die Ableitung der durch (ab) gespaltenen Maxima aus verschiedenen $(h0l)$-Scherflächen ist für die Fälle mit nach (ac) allmählich zerdehntem Maximum I derzeit unabweisbar. Aber für Fälle wie D 39, 43, 45 ohne Besetzung des Zentrums und mit konstantem Abstand der Spaltmaxima liegt die Annahme der Einregung einer flachen Quarzrhomboederfläche (Zwillingsschiebung oder mit unpolarer Gleitgerader der Rhomboederfläche) in $(ab) = s$ näher, und zwar wegen der vollkommenen Analogie mit den betreffenden Kalzitgefügen und wegen der noch zu erörternden Einregelung einer solchen Rhomboederfläche in B-Tektoniten. Eine weitere Hypothese der Entstehung von Achsenhäufungen außerhalb (ab) durch Scherung im Einzelkorn in (ab), aber mit Pendeln von a ist S. 199 begründet.

B-Tektonite. D 62—65 gibt eine synoptische Übersicht. Die Diagramme sind nicht einfach durch Rotation von S-Tektonit-Diagrammen erhältlich, denn III fehlt. Abgesehen davon wiederholen sich im Gürtel $\perp B$ aus S-Tektoniten bekannte Maxima. Eine Konstanz in bezug auf abc läßt sich nicht feststellen, auch nicht, wenn man für die Überlagerung das bestausgeprägte $s = (ab)$

setzt. Jede Art von Rotation gleichschariger und ungleichschariger Flächen maximaler Schiebung (angenähert Kreisschnitte des Strainellipsoids) um B kann zu diesen Bildern führen, bisweilen ist die Symmetrie gerader Pressung noch erkennbar, meist Externrotation bei schiefer Pressung („zwischen bewegten Backen") wahrscheinlich. Synoptisch ergibt sich (D 64) ein ziemlich scharfer Gürtel $\perp B$. Dieser ist (D 62) sehr oft $\perp B$ gespalten und es zeigt sich, daß die genaue Ebene $\perp B$ von Achsenminima eingenommen wird (D 63, 63a), deren Charakter als eingeregelte Maxima des Lotes auf eine Rhomboederfläche auf S. 178 erörtert und durch Glimmer und Kalzit als Gefügegenossen erwiesen ist (D 139, 140, 146, 148—150, 155, 156).

Auch B-Tektonite mit ungespaltenem Gürtel sind unselten (D 65). Sie sind, wie D 63a zeigt, gleich ableitbar wie die mit gespaltenem Gürtel. In Einzelheiten des Verhaltens von Quarz in B-Tektoniten geben stengelige Gesteine (D 49—60), zusammengesetzte B-Tektonite (D 139—156) und um B gekrümmte Gefüge (D 162—174, 176, 184—192) Einblick mit allen Übergängen zum Bau der S-Tektonite. Für die Quarzregelung ist außer der Legende zu betonen: Trikliner Charakter mit Besetzung gegenüberliegender Sektoren ist häufig (D 169, 172). Die Ableitung dieses Charakters aus 2 rechtwinklig gekreuzten Strains mit $B' \perp B$ wird besonders gestützt durch Ausbildung geschlossener B'-Gürtel $\parallel$ der B-Achse (D 172) und Zeichen der Dehnung in Richtung B an Gefügegenossen (rotierte Albite mit si). Sie geben wie alle Gefüge „$B' \perp B$" ausgezeichnete Bilder der Überlagerung zweier rechtwinklig gekreuzter rotationaler Strains.

Extrem stengelige Gestalt der Quarzstengel nach B (D 51) ist möglich ohne jede Rotation derselben gegeneinander.

Zusammenhang zwischen Kornzerscherung, Rekristallisation und Gefügeregelung. Tiefere Einblicke in die Entstehung geregelter Tektonitgefüge des Quarzes erhält man durch direkte Betrachtung des Verhaltens von Einzelkörnern und Summation dieses Verhaltens zum Verhalten des Gesamtgefüges. Die Großquarze im „Quarz in Quarz"-Gefüge zeigen bisweilen haarscharfe Rupturen in Einkristallen (Qu), perlenschnurartig besetzt mit vereinzelten, einander nicht berührenden unversehrten Kleinkörnern (Qu') als typisches Bild der Rekristallisation an mechanischen Rupturen. Wenn man Qu' nie als Fortsatz von Qu mit Qu verbunden findet — die Möglichkeit, daß dünngeschnittene Suturen vorliegen, macht sorgfältige hierauf gerichtete Beobachtung nötig — ist die Deutung als suturale Rekristallisation an Rissen auszuschließen. In D 6—8 findet man den Einkristall undulierend in wenig verlagerte Stengel nach der Achse „q" zerlegt, welche im Schliff wie Bücher auf Regalen senkrecht auf einer zu q normalen Rupturenschar s gereiht stehen. Unter 45^0 zu q und s verlaufen gekreuzte $(h0l)$-Scherflächen s' und s''. Die Schnittgerade b dieser Flächen, liegt in s. Die Diagramme 6—8 stehen auf b, s und $(h0l)$ senkrecht. $(h0l)$ ist als Kluft mit mechanisch vollkommen unversehrtem Quarzmosaik erfüllt, dessen Rekristallisation inmitten des mechanisch in undulöse Stengel nach q zerlegten Einquarzes klar ist. An diesem natürlichen Falle von der Eindeutigkeit eines Experiments ergibt sich:

1. Die als Scherkluft gedeutete $(h0l)$ ist von einem vollkommen rekristallisierten Quarzgefüge erfüllt, welches für sich einen Gürteltektonit mit der Achse $B = b$ (in oben gewählter Bezeichnung) darstellt. Dies entspricht vollkommen der nach dem Anblick des Stückes nächstliegenden Auffassung, wonach in $(h0l)$ $= s''$ Gleitung in der Zeichenebene stattfand. Das Maximum I liegt dann bis auf 15^0 genau in dem a, welches in Scherfläche s'' und zugleich in der Zeichenebene liegt.

2. Vergleicht man das D 8 der randlichen Körner der Kluftfüllung, welche den Einquarz berühren, mit dem D 7 der keinen solchen Kontakt besitzenden inneren Körner, so ergibt sich kein Unterschied, aus welchem ein Einfluß des Einquarzes als anisotroper Baugrund erschließbar wäre. Das Maximum I ist bei den randlichen Körnern in der Gürtelebene entzwei geteilt, aber darin ist kein Einfluß des Einquarzes zu erblicken, da wir solche Teilungen örtlich im Gestein am Maximum I oft begegnen, das Maximum I der randlichen Körner genau in den Schwerpunkt des zweigeteilten fällt und die Untermaxima des Gürtels außerhalb I genau übereinstimmen.

Mithin ist diese Kluftfüllung ein rekristallisierter typisch gefügter Tektonit ohne jeden anderen richtenden Einfluß während der Kristallisation, obwohl es sich um Quarzgefüge im Quarzeinkristall handelt. Das zweite Maximum dieser rekristallisierten Scherfläche (D 6) läßt sich auffassen als eines, welches einer Gleitgeraden a' in der Scherfläche s' ebenso nahe liegt wie das erste Maximum der Gleitgeraden a in s''. Es liegt dann der Fall ganz ebenso wie im Kalzitgefüge der rekristallisierten Scherfläche von D 97—99 auf S. 206. In beiden Fällen ungleichschariger Zerscherung wird sowohl die sichtbare (s'' in D 6), als die kaum sichtbare (s' in D 6) oder unsichtbare (D 97) Scherfläche im Gefüge der Füllung der sichtbaren Scherfläche regelnd wirksam, was die Zugehörigkeit beider Scherflächen zur gleichen Umformung im Sinne von Beckers ungleichschariger Zerscherung beweist.

Nun sind alle an Gefügekörnern beobachtbaren Rupturen durch Pressung als Scherflächen aufzufassen, in welchen Gleitung, wenn auch unter Umständen geringen Betrages, stattgefunden hat. Nicht nur ist bei der allgemeinen Verbreitung der rupturellen Zerlegung des Quarzes in nach der Achse gelängte Teile die Entstehung derartiger feinster Keime anzunehmen, sondern die Entstehung, wenn auch größerer derartiger Fragmente an Scherflächen, ist in Einquarzen direkt zu beobachten (siehe früher S. 175). Je kleiner die Fragmente, desto geringere Absolutbeträge der Relativbewegung an der Gleitfläche reichen aus für deren Regelung. Aus der rupturellen Zerlegung von Einquarzen in Achsenstengel und aus der Rekristallisation in der Scherfläche mit dem Maximum I in s der Tektonite ergibt sich: Die Entstehung des Maximum I der Tektonite am deformierten und rekristallisierten Einquarz, also am Einzelkorn, läßt sich in den wesentlichsten Zügen als ein von der Orientierung des Einquarzes unabhängiger Vorgang beobachten. Man hat lediglich die Scherung von Quarzen beliebiger Ausgangslage in bestimmter Richtung — in der Gleitfläche des Gefüges — und ferner Rekristallisation anzunehmen, um das Maximum I der Tektonite zu erhalten, nach einigem Wechselspiel dieser beiden Vorgänge und ohne Rotation erwachsener Körner wie bei der Einregelung von Glimmer oder bei der Entstehung diesen analoger Quarzmaxima. Es ist von hier aus verständlich, wenn die Analyse der Interngefüge so oft auf Keimregelungen weist (s. S. 167 ff.) und nicht auf Rotation fertiger Kristalle. Und wir können nach dieser Auffassung aus Quarzmaximum I schließen, daß die Regelung eines solchen Tektonits mit I nicht bei translatorischer Deformation aller Quarzkörner stattgefunden hat, sondern bei rupureller wenigstens eines Teiles. Maximum I ist also das Maximum der rupturellen Korndeformation mit Rekristallisation ohne Großkornrotation, während wir im Lamellenmaximum das Maximum der translativ stetigen Korndeformation mit und ohne Kornrotation begegnet haben. Das Wechselspiel mechanischer Deformation und Rekristallisation ist nun an Beispielen in Gefügen direkt zu verfolgen. Die Rekristallisation im grobmechanisch parallelzerscherten und dabei mylonitisierten Quarzgefüge am Beispiel D 14, 15 zeigt folgendes:

Von 1 bis 2 Systemen parallelzerscherte Einzelquarze liegen in einem Gefüge mit *s*-Flächen, welche von kleinkörnigem, sogenanntem „Quarzmörtel" besetzt sind. Genauere Betrachtung und der Vergleich mit den Rekristallisationen zerscherter Einkristalle zeigt, daß es sich sowohl im zerscherten Einkorn als zwischen Nachbarkörnern, mithin in der ganzen, von der Zerscherung diktierten Intergranulare um lebhafte rekristallisierende Grenzflächen zwischen den undulösen und zerbrochenen Körnern eines Mylonites handelt. Die Rekristallisation besteht im Auftreten von unversehrten Kleinkörnern und Rekristallisationssuturen mit Warzen von der Größe der Kleinkörner. Dieses sind die beiden im Dünnschliffe nicht ohne Bemühung trennbaren Komponenten des Bildes, welches man als „kataklastischen Mörtel" und als körnigen „Zerfall" mißdeutet findet.

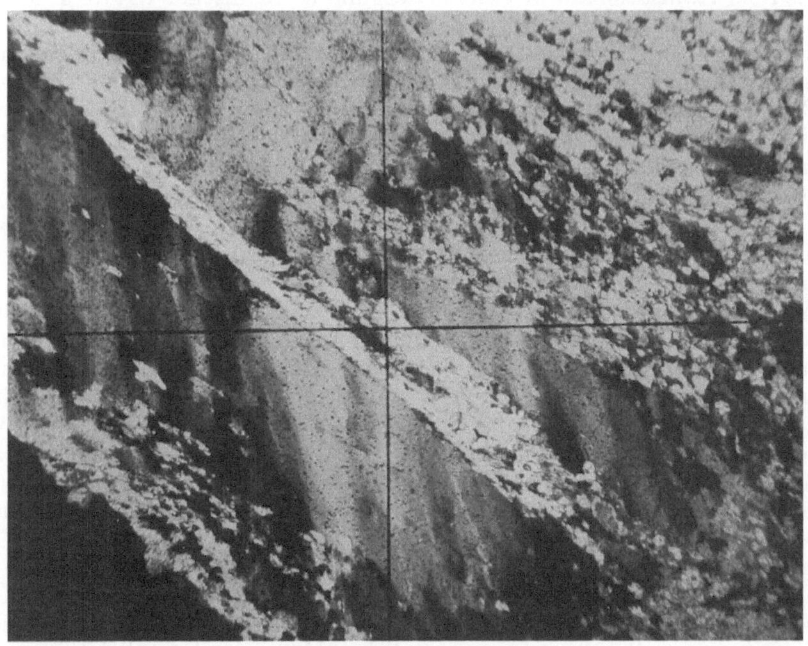

Abb. 79. Gneisphyllonit bei Mauls, Südtirol. Vergr. nahe 35. Zerscherter und rekristallisierter Quarz mit Undulation nach seiner Hauptachse (vertikal).

Die Gefügeanalyse dieser Erscheinung ist nur an ausgewähltem Material und sehr dünnen Schliffen kombiniert mit dickeren möglich; vgl. z. B. Abb. 79.

An manchen Stellen derartiger Gefüge könnte der Zweifel auftauchen, ob nicht die im kleinkörnigen Rekristallisationsgefüge schwimmenden größeren Körner aus den kleinen durch „Sammelkristallisation" entstanden und erst nachträglich wieder undulös gepreßt seien. Dieser Zweifel weicht der Beobachtung aller Stadien von in Parallelscharen und gekreuzten Parallelscharen scharf und eben zerscherten Großkörnern, in welchen diese Scharen zunehmend von dem typischen Kleinkörnergefüge erfüllt sind, so daß man nicht annehmen kann, daß ein größerer Bereich von Quarzmehl mit Abbildung derartiger Scherflächensysteme kristallisiere. Dafür, daß die kleinen Rekristallisationskörner nicht etwa mechanische Fragmente sind, entscheidet nicht nur ihre Unversehrtheit — kleine Körner könnten ja mechanisch widerstandsfähiger sein —, sondern Fälle wie im

13*

vorliegenden Gestein, in welchen diese Kleinkörnerlagen von unversehrten Glaukophanrasen durchwachsen sind.

Die warzigen Intergranularen der Rekristallisationssuturen sind eine für die Rekristallisation ebenso typische Erscheinung wie die rekristallisierten Kleinkörner: Es bilden sich in der Grenzfläche entweder nur Körner oder nur reine Sutur oder beide. Als eine (übrigens viel allgemeiner als irgendeine andere Suturenbildung) verbreitete Erscheinung der Grenzflächenverschiebung durch Kristallisation an Grenzflächen im Ungleichgewicht steht die Bildung der Rekristallisationssuturen neben den anderen Gestaltungen des Grenzflächengefüges, z. B. der Grenzbildung wachsender Kristalle im festen Gefüge überhaupt. Wie alle durch Wachstum (nicht mechanisch) entstandenen Grenzflächen, z. B. die *si* umschließende Grenzfläche eines Kristalloblasten (s. S. 137), verschiebt sich auch die Rekristallisationssutur ohne Betätigung mechanischer Kräfte gegenüber Fremdkörpern. Sie überschneidet im vorliegenden Falle Büschel feinster unversehrter Glaukophannadeln und bekundet schon damit, daß sie keine mechanisch entstandene Grenzfläche ist, sondern eine anläßlich der Kristallisation von Quarz (und Glaukophan) verschobene. Der typische warzige Bau der Suturen zwischen Einkristallen kann nicht kristallographischen Daten zugeordnet werden, sondern nur örtlichen Verschiedenheiten der Intergranulare: ihrer Mächtigkeit und ihrem Chemismus. Mächtigkeit und Chemismus des Intergranularfilmes bedingen örtlich die physikalischen und chemischen Vorgänge, die Oberflächenspannung und das Tempo des Austausches durch die Intergranularen, durch welchen diese sich in Gestalt warziger Suturen verschiebt.

D 9—13 gibt einen weiteren Einblick in die Deformations- und Kristallisationsvorgänge, welche zum geregelten Quarzgefüge der Tektonite führen, durch die Analyse einer mylonitisierten und teilweise rekristallisierten Quarzknauer. In einer rekristallisierten Grundmasse unversehrter Kleinkörner schwimmen grobmechanisch undulierte und in Teilkörner zerpreßte Großkörner, nicht vollkommen zerriebene und nicht neukristallisierte Reste intensiver Mylonitisierung. Diese besetzen (D 10) einen typischen Tektonitgürtel mit Maxima in (ac) und (bc), welche beide demnach unter mechanischer Korndeformation zustande kommen. Das Diagramm der rekristallisierten Kleinkörner (D 9) stimmt auch in den Teilmaxima des Gürtels mit dem der rupturellen Körner überein: Eine getreue Abbildungskristallisation eines mylonitisch geregelten Quarztektonits ist nachgewiesen und es wäre damit diese Quarzgefügeregel als Ergebnis mechanischer Korndeformation mit oder ohne zusätzliche Abbildungskristallisation aufzufassen. Auch liegt es nahe, im Falle der erörterten Quarzachsenmaxima rekristallisierter Quarze in den Scherflächen von Einkristallen ebenfalls die mechanische Regelung von Keimen als einen der Rekristallisation vorangehenden Akt anzunehmen.

Es läßt sich oft beobachten, daß (vgl. D 13) rekristallisierte Körner gegenüber zerpreßten Einquarzen, deren rekristallisierten randlichen Detritus sie darstellen, keineswegs mehr verlagert sind, als es die mechanische Zerlegung des undulösen „Einquarzes" in ein Gitteraggregat schon mit sich bringt.

In D 13 ist das Gitteraggregat des mechanisch zerlegten „Einkristalls" durch den Lauf seiner fortlaufend bezeichneten Teile (schwarze Punkte) auf der Lagenkugel dargestellt. In den Scherflächen ist das rekristallisierte Überindividuum angesiedelt und körnerweise aufgenommen, wobei diese Kleinkörner mit den Zahlen jener Teile des Einkristalls versehen sind, welche sie berühren. Es ergibt sich, daß in der Scherfläche 2 Überindividuen liegen, deren eines sich mit dem Einkristall teilweise deckt, aber nicht nur mit berührten Teilen desselben. Dies entspricht dem für die mechanische Zerlegung von Einquarzen typischen Vorgange, daß auch der von Einquarz abtriftende Detritus in seiner Verlagerung ziemlich lange nicht den Achsenbereich des liefernden Einquarzes überschreitet.

Als allgemeinstes Ergebnis der Analyse der kleinkörnig rekristallisierten Intergranularen in Quarzmyloniten (im gespaltenen Einkorn oder zwischen verschiedenen Nachbarn) ergibt sich, daß diese Intergranularen durchweg von deutlichen Überindividuen U besetzt werden, welche aus den kleinen rekristallisierten Körnern (bis 50 und 100) bestehen und eine Streuung aufweisen, welche größer oder kleiner sein kann als die Streuung der einzelnen Teilkörner eines stark undulösen Quarz-„Einkristalles", immer aber von der Größenordnung dieser letzteren ist (D 12, 14).

Da diese Überindividuen einen deutlichen Schwerpunkt haben, lassen sich ihre Winkelabstände von der besetzten Grenzfläche und von den durch diese getrennten Großkörnern bzw. deren Teilindividuen in Übersicht bringen und auch mit den Besetzungen der Quarztektonite vergleichen. Von Bedeutung ist hierbei, daß sowohl die mechanische Zerpressung eines undulös stengelig zerlegten Einquarzes in das Überindividuum („E"), wie sie S. 174 beschrieben ist, als die Rekristallisation („U") zu Gebilden führen, welche in ihrer Achsenregelung nach Schärfe und Umfang der Häufungen vollkommen den Achsenmaxima gleichen, aus welchen sich die Tektonitdiagramme zusammensetzen. Auch dies gilt ganz allgemein und tritt besonders schön in dem Beispiele D 9—13 hervor, in welchen E-Individuen und deren Abbildungskristallisationen U in der Tat einen Tektonitgürtel besetzen. Die mechanische Zerpressung von Einquarzen liefert die für die Maxima in Quarztektoniten typische Streuung.

Ist ein Quarz von einer Schar paralleler rekristallisierter Scherflächen durchzogen (D 12, 14) so zeigen fast stets die U in allen diesen Flächen ganz genau oder fast zusammenfallende Maxima, entsprechend dem Umstande, daß in jeder der parallelen Scherflächen unter ganz gleichen Bedingungen deformiert und rekristallisiert wurde wie in jeder anderen.

Es ist also einerseits die Entstehung der Parallelscharen rekristallisierter Scherflächen durch Quarzeinkristalle sehr deutlich. Dagegen erwies sich in den Fällen zweier gekreuzter Scherflächenscharen im Korne deren Schnittgerade nicht als B-Achse einer einheitlichen Beanspruchung: die den Scherflächen zugehörigen Maxima liegen im allgemeinen nicht auf einem Gürtel $\perp B$, und man muß bei tektonitischer Ableitung dieser Maxima in die gekreuzten Scherflächenscharen Gleitgerade verlegen, welche nicht $\perp$ zur Schnittgeraden der Flächen stehen, also verschiedenen Beanspruchungen des Kornes angehören. Daß die Zerscherung der festigkeitsanisotropen Quarzkristalle häufig einscharig erfolgt, ist übrigens eher zu erwarten als Zweischarigkeit. Es wurden nun die rekristallisierten Zerscherungen in Einquarzen einzeln auf Teildiagrammen aufgenommen. Daß sowohl die Einquarze bzw. E als auch diese U in die Maxima des Sammeldiagramms fallen, ist zu erwarten. Tatsächlich fallen alle durch Zerscherung der Einkristalle unabhängig von deren Lage und Anisotropie entstandenen U-Individuen genau in die Maxima des Sammeldiagramms und veranschaulichen so, daß diese Maxima schon durch die scharfe Zerscherung (mit Rekristallisation) der Einkristalle entstehen und durch Vorgänge in der kompakten Zwischenmasse aus rekristallisierten Körnchen nicht mehr geändert oder auch nur stärker betont werden. Die dünne Durchscherung der Einkristalle unabhängig von ihrer Lage liefert bereits die Maxima des Gesamttektonits in aller Schärfe. Mißt man nun die Kornscherflächen jedes einzelnen Kornes ein, so gilt rein geometrisch für jedes Einzelkorn, daß sein U in einer der Ebenen durch das Lot der Kornscherfläche liegt. Diese Ebene läßt sich als (ac) der Kornzerscherung betrachten. Wir stehen dann einer einfachen, schon bekannten Regelung im zerscherten Korn gegenüber: Die Quarzachsen bilden Maxima in (ac); und es läßt sich das Diagramm des Tektonits zusammensetzen aus den Einzeldiagrammen zerscherter und an der Scherfläche rekristallisierter Körner, denen ein einfacher „Regelungsvorgang im Korn" zukommt. Jeder Scherflächenschar im zerscherten Einzelkorn kommt ein bestimmtes Maximum aus dem Diagramm des Gesamtgesteins zu. Dieses Maximum erscheint ganz gleich wie im Gesamtdiagramm als Überindividuum in den Scherflächen von Einkristallen. Die Scherflächen eines rekristallisierten Tektonits sind im Einkristall und außerhalb desselben besetzt von im Schnitte $\perp s$ lang hinkriechenden, also in s flächenhaft sehr ausgedehnten Überindividuen, wie solche auch in D 60 dargestellt sind. In Schliffen nach einer Scherfläche findet man diese bei aller großen (unregelmäßig) fleckengestaltigen Ausdehnung der Überindividuen doch von verschiedenen derselben belegt; d. h. in einer bestimmten rekristallisierten Scherfläche bleibt man nicht ganz in einem und demselben Überindividuum. Die Überindividuenmaxima des Diagramms sind also nicht einzelnen dünnen Scherflächen zuordenbar, was sich auch im Schnitt $\perp s$ noch eindeutiger ergibt. Der Tatsache, daß in einer bestimmten Scherfläche doch schon mehrere Maxima als flache Überindividuen vertreten sind, kann zugrunde liegen:

1. eine Verschiedenheit der Ausgangslage der zu Überindividuen zerwalzten Körner;

2. ein Wechsel der Gleitgeraden in derselben Scherfläche;

3. Eine undefinierte Auswirkung des Rekristallisationsvorganges.

Was wir bisher kennen, wie insbesondere auch die hier vertretene Auffassung des „Regelungsvorganges im Korn" spricht für die zweite Hypothese.

Bei wiederholter Paralleldurchscherung besteht schließlich der ganze Quarztektonit aus solchen, wie löcherige Fetzen übereinander geschichteten Überindividuen. Ein solches Gefüge ist nicht durch die Beschreibung des Korns und das Gesamtdiagramm beschrieben, sondern erst indem auch die Überindividuen als reelle Gefügeelemente höherer Ordnung erkannt und dargestellt werden. Liegt die rekristallisierte Gleitfläche zwischen zwei ganz verschieden orientierten Körnern (z. B. D 12) so verhält sich bisweilen U in seiner Regelung so, als ob es ganz in dem einen dieser beiden Nachbarn gebildet wäre; U liegt mit diesem Kristalle auf derselben „(ac)"-Ebene durch das Lot auf die Grenzfläche. Trennt man in Teildiagrammen die rekristallisierten Körnchen, welche den einen und den anderen Großkristall berühren, so findet man bei beiden Kornkategorien keinen Unterschied und nur zu dem einen Großkristall Beziehungen, welche die Körner als ursprüngliche Friktionsderivate desselben auffassen lassen, da Übergänge und Suturen vorhanden sind, während die Grenze gegen den anderen Kristall glatt verläuft. Es entspricht das dem Umstande, daß bisweilen von zwei einander reibenden Kristallen der eine seiner Lage nach friktionshärter sein wird als der andere, der diesfalls allein den Detritus und dessen Rekristallisationsprodukt liefert. Neben diesem Falle findet man aber auch Beteiligung beider großer Grenzkristalle an der rekristallisierten Zwischenschicht. Endlich findet man auch Wechselfolgen von Einkristallen und rekristallisierten Überindividuen, in welchen ohne jede Regelmäßigkeit Einkristall E und Überindividuum U in dieselbe in der folgenden Reihung durch gleiche Indizes bezeichneten Maxima des Tektonits fallen: $E_1 U_2 E_3 U_2 E_1 U_3 E_2 U_2$ usw.

Es liegt dann der Gedanke nahe, daß bei anhaltender Durchscherung des Gesteins regelnde Mylonitisierung und Rekristallisation bis zu Großkörnern und neuerliche Durchscherung der Großkristalle erfolgte: mechanische Regelung und deren Abbildungskristallisation in einem größeren parakristallinen Durchbewegungsakte.

Hypothese der Entstehung der Tektonitregelung. Die D 11 und 12 zeigen nun für den parakristallinen, teilweise rekristallisierten Quarztektonit die Konfrontation der Regelung in einzelnen Kornscherflächen und im Gesamtgefüge unter der naheliegenden hypothetischen Annahme, daß sich in den rekristallisierten Kornscherflächen das Achsenmaximum nur in der Ebene der Deformation $(ac)_{k_1}$ usw. jedes Kornes bewegt, wie sich dies in allen Fällen in Einzelscherflächen mylonitisierter und rekristallisierter Quarzgefüge ergab, deren Bewegungsbild mit Hilfe einer B-Achse direkt bestimmbar war (D 6, 22—27).

Nach dieser Annahme ist für jedes Überindividuum rekristallisierter Körner ($U = $ größere Kreise in D 11) auf der zugehörigen direkt eingemessenen Scherfläche $(ab)_k$ jene Ebene $(ac)_k$ durch das Lot auf $(ab)_k$ konstruiert, welche die Achsenmaxima des oder der U in $(ab)_k$ enthält. Die Schnittgerade von $(ab)_k$ mit $(ac)_k$ ist a_k; das ist der schwarze Punkt inmitten der Kreuze aus den im Interesse der Übersichtlichkeit nur ein kurzes Stück weit eingetragenen Großkreisen $(ab)_k$ und $(ac)_k$. Die Pole dieser Großkreise ergeben b_k und c_k ebenfalls mit schwarzen Punkten bezeichnet. Die Art und Weise, wie das Sammeldiagramm 11 zustande kommt, ist durch D 12 veranschaulicht, welches 2 Fälle der Einzelaufnahme rekristallisierter Kornscherflächen enthält und später erläutert ist. a, b, c für das Gesamtgefüge ist entsprechend der sehr großen Erfahrung an solchen Quarztektoniten eingetragen (starke Linien und große Punkte für a zentral; b in O und W; c in S und N). Daß die Schwerpunkte von U (große Kreise) und die Pole der Einkristalle (kleine Kreise), in und zwischen welchen die eingemessenen U liegen, dieselben Gebiete besetzen, ist schon durch D 9 und 10 (rupturelle Körner und rekristallisierte Körner) erwiesen. Obwohl nur 12 U-Individuen analysiert wurden, ergibt sich die Lage von a, b und c gut als Schwerpunkt der verschiedenen ringsherum gestreuten a_k, b_k, c_k. Das Verhältnis zwischen den Bewegungsbildern $a_k\,b_k\,c_k$ der Einzelkörner und dem Bewegungsbild abc des Gesamtgefüges ist damit für unseren Fall hypothetisch veranschaulicht. Die Streuungen kommen dadurch zustande, daß der abc-Plan bei der Zerscherung einzelner Körner um a, b oder c der Lage im Gesamtgefüge rotiert erscheint, wie dies schon bei der Typisierung der Quarztektonite-Diagramme angenommen wurde. Im vorliegenden Falle ist die Rotation um c (O nach W) im Ausmaß die stärkste, und es ist von hohem Interesse, in welcher Weise sie die monokline Symmetrie des Gesamtdiagramms aufhebt und einen deutlichen Schiefgürtel erzeugt: Das für den Schiefgürtel entscheidende Teilmaximum rechts unten kommt durch Überindividuen zustande, deren Scherfläche nicht merklich um a rotiert ist, also keine $(0\,kl)$-Fläche geworden ist, wie das für die Entstehung von Schiefgürteln ebenfalls in Betracht kommt. Sondern die Rotation des abc-Planes für diese Schiefgürtel erzeugenden Überindividuen ist eine Rotation um c; oder, anders gesagt, für diese Kornzerscherungen, welche den Schiefgürtel erzeugen, ist die Gleitgerade aus der Hauptrichtung a in s um einen Betrag gedreht, der darüber entscheidet, wie weit die für Quarztektonite so typische, bei Schiefgürteln einseitige, bei monoklinen Gürteln zweiseitige Verbreiterung des Gürtels oben und unten im Bilde (bc) gedeiht. Nach dieser Arbeitshypothese kommen die gegen c hin einseitig (Schiefgürtel) oder zweiseitig verbreiterten Gürtel dadurch zustande, daß eine einseitig (Schiefgürtel!) oder beiderseitig der Ebene (ac) des Gesamtgefüges aus a des Gefüges in s heraus pendelnde Gleitgerade a_k in der Scherfläche der und jener Körner betätigt ist. Dieses Pendeln erzeugt eine entweder schon in a mit der Spaltung des Maximums I, oder erst weiter gegen c hinaus gebildete einseitige (ungleiche Ufer des strömenden Bereiches) oder zweiseitige (torkelndes Strömen zwischen gleichen Ufern) Teilung des Gürtels. Die feinere Mechanik des Vorganges kennt man nicht.

Gespaltene Gürtel und Kreuzgürtel wären hiernach aus dem Pendeln der Gleitgeraden, welches sich ja nicht auf alle, sondern nur auf manche eben zerscherte Körner auswirkt, abzuleiten. Daß diese Hypothese die Annahme von Rotation um a nicht etwa allgemein erübrigt, ist schon durch die geschlossenen Gürtel in (bc) gegeben. Sowohl einseitiges Pendeln von a in s, als einseitige Rotation um c, als Rotation um a sind Antworten des strömenden Bereiches auf ungleiches Links und Rechts; Rotation um b dagegen Antworten auf Inhomogenitäten des überströmten Bodens. Alle ordnen sich, gleichviel wie man sie genetisch ableitet, in das viel allgemeinere Symmetriegesetz (S. 108 u. a.).

Der verschiedene Deformations- und Rekristallisationszustand der einzelnen s-Lagen im Gestein kann als Abbild ihrer ungleichzeitigen Entstehung, innerhalb des ganzen Prägungsaktes, verstanden werden. Wenn wir dann, ebenfalls innerhalb dieses ganzen Prägungsaktes, rhythmische oder unrhythmische einseitige (trikline) oder symmetrische (monokline) Änderungen des Durchbewegungsbildes annehmen, so genügt in dieser Hinsicht schon das Pendeln der Gleitgeraden in s um manche, die Annahme von Rotationen um ab und c in Ausgangslage um alle Diagramme abzuleiten.

Hingegen gelingt es überhaupt nicht, alle Diagramme der Quarztektonite unter Annahme einer einfachen Scherung ohne Rotation und bestimmter Translationsgrößen im Einkristall abzuleiten, namentlich gegenüber den B-Tektoniten gelingt das nicht. Wenden wir dieselbe Betrachtung und Darstellung auch auf die Glaukophan führenden mylonitisierten und rekristallisierten Quarzlagen der Glaukophanschiefer an, so zeigen die Einzelaufnahmen zerscherter Körner (D 14) wieder eine als Maximum in $(ac)_k$ deutbare Häufung. Aber im Sammeldiagramm D 15 liegen die Schwerpunkte der rekristallisierten Überindividuen ohne wahrnehmbare Regel, die Pole $a_k b_k c_k$ lassen gerade noch eine gewisse zentrale westöstliche und nordsüdliche Häufung bei sehr starker Streuung erkennen. Es ist nicht möglich, ein abc in das Sammeldiagramm derart zu legen, daß die Rotationen um a, b und c in den Scherflächen einzelner Einzelkörner nicht 90⁰ erreichen; die Kornscherflächen verschiedener Körner bilden bis 80⁰ miteinander, das weist auf Rotation bereits zerscherter und geregelt rekristallisierter Einzelkörner. Die Körner, deren Scherflächen untersucht werden und ihre U-Individuen bilden miteinander ein kaum geregeltes Gefüge, in dem nur die U-Individuen selbst zu studieren sind.

Die drei gedanklichen Möglichkeiten einer Regelung in rekristallisierenden Intergranularen sind:

1. Die Wegsamkeit der Intergranulare ausgewirkt auf Kristallwachstum und Keimauslese. Kriterium: Die Intergranularfläche selbst kommt in ihrer Raumlage zu Worte.

2. Einfluß der die Intergranulare begrenzenden Großkörner als anisotroper, daher möglicherweise richtender Baugrund für die keimenden Kristalle. Kriterium: Die Achse der Großkörner kommt zu Worte.

3. Die Regelung erfolgt mechanisch bei Gleitung in der Intergranulare (bei deren Entstehung oder später) und wird durch die Rekristallisation abgebildet, wie dies an Beispielen direkt nachweisbar ist (D 9, 10). Kriterium: Die Regelung läßt sich als tektonitische erfassen.

Bezüglich dieser drei Möglichkeiten hat sich ergeben: Von dem erstgenannten Einflusse ist keine Spur vorhanden, was gegenüber manchen Schieferungstheorien besonders betont wird. Ihr Kriterium ist nicht erfüllt, wie die zwischen der Scherfläche und den dem Achsenmaximum der U-Individuen gemessenen Winkel zeigen: 0, 0,5, 10, 13, 15, 15, 15, 20, 25, 30, 32, 32, 33, 34, 35, 35, 35; 50, 50, 52, 55, 57, 57; 75, 80; also 0 bis 80⁰ im Mittel von 26 Messungen 33⁰ mit

Häufigkeiten zwischen 0 bis 15, 30 bis 40, und 50 bis 60, deren erste zwei den Maxima *I* und *II* in Tektoniten entsprechen.

Der zweite Einfluß läßt sich nie erkennen und hat sich im Einzelfalle D 6—8 ausschließen lassen. Ihn allgemein auszuschließen, ist grundsätzlich unmöglich, da oft die Großkörner gleichgeregelt sind wie die rekristallisierten Kleinkörner, was denselben Effekt gibt wie ein richtender Einfluß der Großkörner. In den untersuchten Fällen gingen die Winkel zwischen *U* und Einkristall von 5^0 bis 88^0 im Mittel, aus 33 Messungen 39^0, ohne daß irgendwelche Winkelgrößen als häufiger hervortreten.

Dagegen hat sich die dritte Annahme als durchaus verträglich mit den Winkeln erwiesen und ist direkt bewiesen dadurch, daß die *U*-Individuen Maxima des betreffenden Tektonitdiagrammes sind und die Regelung in Kornscherflächen der Regelung eines Tektonites in der Besetzung vollkommen entspricht.

Regelung nach der Korngestalt. Ein Beispiel für eine Regelung von Quarzfragmenten nach der Korngestalt im Bewegungsbilde eines monoklinen Transportes — worin dieser stattfand, ist im wesentlichen gleichgültig — gibt eine tektonische Verknetung von Sipotkalk mit Kalksandstein aus rumänischem Tertiär (coll. Krejci). Die ohne Auslese gemessenen Quarze ergeben D 66 ohne deutliche Regelung. Mißt man nur die mit dem langen Durchmesser in *b* (des Achsenkreuzes der Durchbewegung) liegenden Körner, so ergibt sich D 67. Diese Körner liegen mit den Achsen c_q um den Austritt von *b*; mithin liegen die c_q auch näherungsweise in der Längsachse der Körner dieser Gruppe. Innerhalb der besetzten Kalotten um *b* lassen sich die Maxima unterscheiden und so deuten, daß der längste Korndurchmesser bei der einen Kornart mit c_q bei der anderen mit einer Richtung *r* unter etwa 50^0 zu c_q zusammenfällt, wobei eine Scheibenform des Kornes in der Ebene ($r\,c_q$) die Betonung eines Untermaximums von c_q auf dem Kalottenkreise mit etwa 50^0 Öffnung bei letzterer Kornart bedingt. Beide Kornarten sind Fragmentformen des Quarzes. Die subparallel c_q ist jedem Mikroskopiker (undulöse rupturelle Auslöschung!) bekannt. Eine Fragmentform, in welcher $\{10\bar11\}$ und $\{01\bar11\}$, die beiden Kohäsionsminima des Quarzes, einigermaßen zu Worte kommen könnte Stengel nach der Kante beider Flächen liefern, deren Einregelung in *b* das wirklich vorhandene Maximum der Quarzachse unter 50 bis 60^0 zu *b* auf dem Kleinkreis um *b* ergeben könnte.

Das strömende Medium, in welchem die Körner geregelt werden, war die kalkige Zwischenmasse, welche im allgemeinen die Körner vollständig voneinander trennt, so daß sie frei flottieren; wo sie einander berühren, treten sofort mechanische Verletzungen auf.

D 68 entspricht der Symmetrie des regelnden (und rippelnden) Vorganges. In der Kalotte um *b* kommen die Maxima 40^0 vom Zentrum schon bei Messung aller Körner ohne Auslese zu Worte; die oblongen Körner fallen alle in die Kalotte um *b* mit 50^0 Öffnung. Das entspricht rollender Einregelung gleicher Fragmente wie in D 67. Die Sammlung der Achsen um *b* bzw. *B* findet man auch in reinem „Quarz in Kalzit" und „Quarz in Glimmer"-Gefüge von Tektoniten (D 120, 176, 185) bisweilen (D 184, 185) bei gleichzeitiger ganz anderer Regelung des „Quarz in Quarz"-Gefüges desselben Schliffes. Es ist also anzunehmen, daß hier wie in D 66, 67 der Einfluß des Gefügegenossen (Kalzit, Glimmer) darin besteht, daß in ihm als leichtflüssigem Medium die starren Quarzkörner nach der Korngestalt geregelt werden. D 56 und 57 zeigt, daß dieser Einfluß von Kalzit als Gefügegenosse nur in reinem Quarz in Kalzit-Gefüge hervortritt, bei kleinem Kalzitzusatz aber unmerklich werden kann.

Wachstumsregelung der Quarzachsen normal und parallel zur Gangwand ist in D 225 und 226 analysiert.

II. Kalzit.

Korndeformation; *S*-Tektonite; *B*-Tektonite; tektonische Deutbarkeit; kein Einfluß von Gefügegenossen; Fugenmaxima und erschlossene Maxima der Translationsflächen der Körner; Ungleichscharigkeit von Scherflächen in Kalzitgefügen; unsichtbare Scherflächen erschließbar; allgemeine Bedeutung.

Korndeformation. Die wichtigste Korndeformation des Kalzits als Gefüge-korn ist Translation nach $(01\bar{1}2) = $ „e", ferner Zwillingsschiebung in e, dagegen tritt $(10\bar{1}1)$ als Fuge in den Körnern ganz zurück (1—2% bis höchstens 11% der Fälle). Als Gleitrichtung in e ergibt sich die kürzere Diagonale (L 62, 93). Es wird also e in (ab) eingeregelt und die kürzere Diagonale in a. Letzteres meistens der-

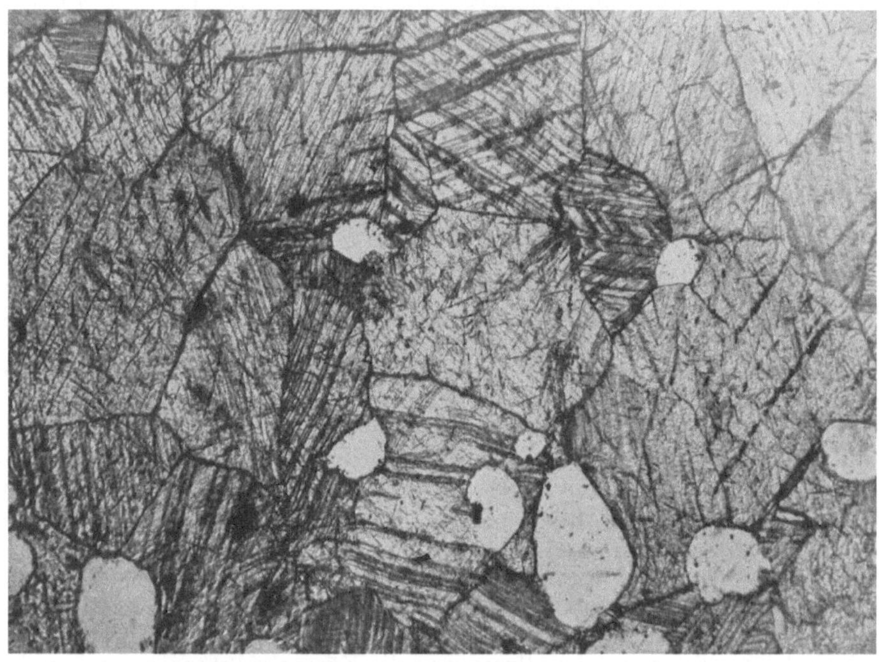

Abb. 80. Kristallisationsgefüge von Kalzit (dunkler) und Quarz (heller) im Kern der Falte D 174—176; Schnitt + *B*. Vergr. 75. Rundliche bis tropfenförmige Korngestalt des Quarzes typisch für kristallisiertes Quarz in Kalzit-Gefüge; keine Spur mechanischer Beanspruchung; Regelung in D 176. Der gezwungenen Defor-mation der Kalzite bei Umfassung rings um *B* im Faltenkern entsprechen gekreuzte Translationen und Zwillingsschiebungen mit und ohne korrelate Stufung der Intergranulare, ferner lebhafte Fadenporen durch Gleitflächenblockierung und durch sowohl affine als nichtaffine (gekrümmte) weitere Zergleitung solcher Vorzeichnungen.

art, daß der spitze Winkel zwischen der Kalzitachse und der kürzeren Diagonale in e bei allen oder den meisten Körnern in dieselbe Richtung weist — wahrschein-lich in die Gleitrichtung von a. Das kann geschehen, wenn ebenso wie für die Zwillingsschiebung auch für die Translation sich die kürzere Diagonale als Gleit-gerade nur für Gleitungen in einem Sinne — z. B. eben gegen die Hauptachse — betätigen läßt. Oder wenn sich Zwillingsschiebung mitbetätigt (s. S. 204). Die Translation wird bisweilen als stufige Intergranulare sichtbar.

Die Gleichwertigkeit der e-Flächen eines Kornes führt zur Betätigung mehrerer e-Flächen im gleichen Korn; die gegenseitige Blockierung von betätigten e-Flächen führt zum Auftreten gerader Porenkanäle; die stetige Zerscherung dieser Vorzeichnungen zu wirrgekrümmten „Fadenporen", deren Krümmung die Existenz nichtaffiner Zergleitung innerhalb des Kornes beweist, deren nichtaffiner Charakter von der hemmenden Intergranulare bzw. den Nachbarkörnern diktiert ist.

Nachkristalline Durchbewegung hat im allgemeinen und bei allen Mineralen zur Folge, daß sich das Porenvolumen sowohl intergranular als intragranular vergrößert („tektonisches Porenvolumen"), letzteres durch Rupturen und durch einander blockierende Schiebungen und Translationen. Letzteres ist durch Farb-

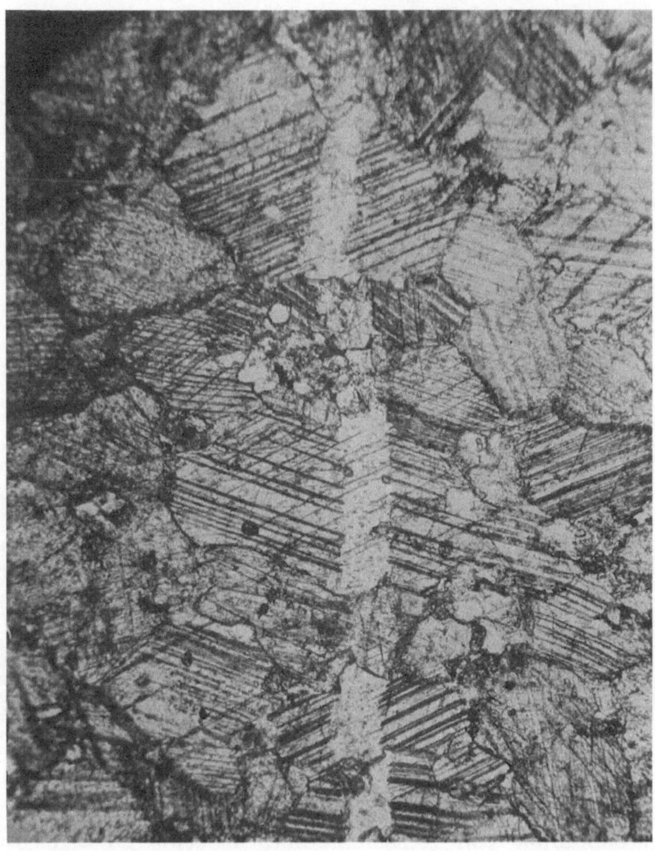

Abb. 81. Marmor. Schorgasttal bei Wiesberg, Bayern. Schliff (*a b*). Vergr. nahe 35. Nach (*a c*) ⊥ *B* zerrissenes Kalzitgefüge. Homogene Verheilung am Mangel des Pigments und der älteren [vor den (*a c*)-Rissen gebildeten] Lamellen erkennbar. Neben der homogenen Kornverheilung in der weiteren Fortsetzung der sehr dicht gesetzten Risse auch heterogene.

lösung usw. in derart deformierten Kalziten leicht darzustellen, aber auch in der Natur (Abb. 80) an jenen knäuelförmig-verbogenen Fadenporen scheinbar unversehrter Kalzite zu beobachten.

Rupturelle Deformation ist nur als Zugriß (Abb. 81, 97) beobachtet; sie spielt jedenfalls eine noch weit geringere Rolle als bei Glimmer, weshalb auch analoge Betrachtungsweisen über Kornzerscherung wie bei Quarz entfallen.

Überindividuen durch rupturelle Zerlegung fehlen. Rekristallisierte können sich dadurch zu erkennen geben (L 62), daß benachbarte Körner häufiger eine Achsendivergenz unter dem Mittelwert zeigen als nichtbenachbarte. Es scheint aber bisher, daß Überindividuen bei Kalzit keine ähnlich große Rolle spielen wie bei Quarz.

Tektonitgefüge. Über die Regelung der Tektonite geben die synoptischen D 111—115 eine Übersicht. Das Gleitrhomboeder e wird in S-Tektoniten (vgl. auch D 69—83, 175, 177—179) in $(ab) = s$ eingeregelt, in B-Tektoniten in die Zone der B-Achse (D 84—93, 139—150, 153 u. a.) bzw. in zwei in B sich schneidende Gefügescherflächen einer Pressung (D 91—93). D 139—150 zeigt, daß e wie (001) des Glimmers eingeregelt wird, D 203 zeigt Kalzit als Interngefüge in Hornblende, Abb. 82 und 83 geregelten Marmor. Den Häufungen von e ent-

Abb. 82. Marmor. Wattenspitze, Tirol. Schliff nach $(b c)$. Vergr. nahe 35. Scharf geregeltes Kalzitgefüge zu D 178, 179 mit dementsprechend fast einheitlicher Auslöschung bei Dunkelstellung. $s = (a b)$ ist aus der Kornlängung ersichtlich; e ist in s eingeregelt.

sprechen Achsenminima von Achsenmaxima in etwa 26^0 Abstand umringt (D 78, 79).

In diesem Ringe tritt in S-Tektoniten entweder 1 ausgesprochenes, aber anscheinend immer wenigstens zweigeteiltes Untermaximum auf (D 69, 70, 72, 73), dann liegt dieses in (ac), wonach (ac) und damit a bestimmt ist. Oder es treten mehrere Untermaxime (über 2) der Achsen im Ringe auf (D 69, 70, 72, 73, 78, 79, 81) was auf $(a' c)$ $(a'' c)$ $(a''' c)$, das ist auf Pendeln der Gleitgeraden des Gefüges oder nur der Einzelkörner — das ist noch unbekannt — hinweist. Gehört im Ringe zu einem bestimmten (ac) nur ein Achsenmaximum, so ist die kurze Diagonale von e als Korngleitgerade bei der Einregelung in die Gefügegleitgerade a nur in 1 Richtungssinne (im Korn) betätigt worden. Gehören aber wie in D 181 (oben und unten, nicht links und rechts) zu einem bestimmten (ac) 2 Achsenmaxima in den Ringen, an den Enden von c, so ist entweder die Korngleitgerade nicht nur in jenem einen Richtungssinne betätigt oder, wahrscheinlicher, es sind Zwillingsschiebungen in e im Einregelungsakte mit beteiligt. Es ergibt sich dann rhombisch höchstsymmetrisches Gefüge und ein Fall, der auch für andere Minerale als typisch im Auge zu behalten ist. Konstruiert man die kürzeren Diagonalen, also die Korngleitgeraden der in s eingeregelten e, so bilden diese 2 Häufungen in (ab) symmetrisch zur Gleitgeraden a des Gefüges; a ist also die Symmetrale zwischen den Maxima der Korngleitrichtungen. Mißt man bei Zwillingen beide Achsen ein, so liegt deren gemeinsame Ebene in (ac) des Gefüges (D 182). Diese Besetzung der S-Tektonite erscheint in B-Tektoniten entsprechend den in B sich schneidenden $(h0l)$-Gefügeflächen mit Einregelung rotiert und demnach einen Gürtel $\perp B$ besetzend. Die synoptischen Diagramme zeigen aber, daß genau in der Ebene $\perp B$ der B-Tektonite die Achsenminima (D 113) vorwalten, beiderseits dieser Ebene die Achsenmaxima (D 112). Es kommt also bei der rotatorischen Umformung der B-Tektonite im allgemeinen nicht zu dem für S-Tektonite oben angegebenen Achsenmaximum in (ac) im Ringe um das e-Maximum von s.

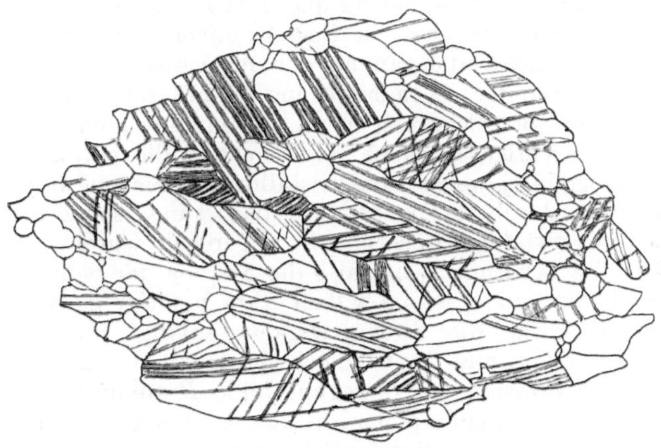

Abb. 83. Marmor. Patsch, Tirol. Vergr. nahe 35. Schliff nach $(b\,c)$. Zu D 101—108. Aus L 93.

Es läßt also Kalzit eine B-Achse und damit die Ebene der Umformung leicht erkennen; in S-Tektoniten auch die Gleitgerade a des Gefüges. Letzteres nicht so bei Dolomit, da die e-Diagramme fehlen.

Die Analyse der ganz ähnlich Quarzgefügen gebauten triklinen Kalzitgefüge erlaubt Rotationen von a, b, c (D 94 bis 100, 157—161) zu analysieren, wie auf S. 240 erörtert; ferner $B \perp B'$ zu erkennen, wie in D 101—108 dargestellt und durch Glimmer als Gefügegenossen kontrolliert ist.

Der Einfluß von Gefügegenossen auf Kalzitregeln ist in den Fällen höherer Translatierbarkeit des Kalzits gegenüber anderen Mineralen weder zu erwarten noch nachgewiesen. Nach diesen allgemeinen Grundlagen ist einiges Besondere zu erörtern.

Für die Deutung von Kalzitgefügen wie von anderen Gefügen, welche auf Korntranslation rückführbar sind, ist zu beachten, daß bei direkter Einmessung der Translationsflächen (also z. B. e des Kalzits) nur die als Fugen sichtbaren, bei späten Prägungsakten betätigten Flächen sichtbar sind und also eingemessen werden. Gerade an Kalzitgefügen läßt sich aus der Lage von Achsenhäufungen um Achsenminima unselten ein Maximum nicht als Fugen einmeßbarer Translationsflächen erschließen, dessen Bedeutung für die Einregelung dieselbe ist wie bei sichtbaren Fugen. So sind z. B. in D 94—96, 157—159 offensichtlich analoge Achsenhäufungen nicht immer von meßbaren e-Maxima begleitet, trotzdem die e so gemessen und gesammelt wurden, daß keine e-Fuge der Beobachtung entgehen konnte.

Die bisherigen Beobachtungen reichen aus zur Aussage, daß die Korngleitgeraden der Körner mit in s eingeregeltem e in der Gefügegleitgeraden a und symmetrisch beiderseits von a Maxima bilden (D 71, 74). Die Frage aber, wo die Achsen- und e-Maxima jener Einzelkörner liegen, deren Korngleitgerade in ein

bestimmtes Untermaximum der Korngleitgeraden fallen, ist noch ungelöst und
wäre durch Teildiagramme solcher Korngruppen lösbar.

Rekristallisierte, mechanisch unversehrte Kleinkörner zeigen entweder gute
typische Tektonitregelung (D 94, 95, 115) oder eine wahrscheinlich nur scheinbare Abweichung von Tektonitregelung (D 114). Betrachtet man zunächst die
von solchen Körnern besetzten rekristallisierten Gefügescherflächen s_2 in D 97—99,
so ergibt sich ein gutes Beispiel einer fast bis zur Einscharigkeit gehenden Ungleichscharigkeit eines in B sich schneidenden Scherflächensystems. Daß beide
Scharen vorhanden sind, bezeugen die Stengelumgrenzung, derselben korrelate
färbbare Rupturenscharen im Stengelquerschnitt, besonders aber D 98 mit zwei,
den Scherflächenscharen s_1 und s_2 zugeordneten Lamellenmaxima, auf welche
Klüftung und Querschnitt der homoachs geregelten Stengel zurückgeht. Aber
nur die im Großkorngefüge durch das stärkere Lamellenmaximum vertretene
Scherflächenschar s_2 hat da und dort zu Scherflächen geführt, welche mit rekri-
stallisiertem Zerreibsel in Gestalt unversehrter Kleinkörner besetzt sind. Sowohl im Achsendiagramme der mechanisch veränderten Großkörner (D 97)
als in dem der mechanisch unversehrt rekristallisierten Kleinkörner (D 99)
treten die der Scherung s_1 und s_2 entsprechenden Achsenmaxima auf. Damit
ist die wichtige Tatsache erwiesen, daß die parakristallin deformierten Klein-
kornzüge in s_2, welche eine kristalline Schieferung mit einem s ($= s_2$) darstellen,
nicht nur durch die Scherung in s, das ist in s_2, sondern auch durch die zu s ($= s_2$)
fast rechtwinklige Scherung in s_1 geregelt wurden. Auch die stetig im Gefüge
verteilte Scherung s_1 hat also die Füllung der Scherflächen s_2 parakristallin geregelt; s_1 und s_2 ist im selben Akte betätigt ganz gemäß der technologischen
Theorie, was die Zweischarigkeit anlangt, und gemäß den Anschauungen
G. Beckers, was die Ungleichscharigkeit durch den internrotationalen Strain
schiefer Pressung im Bewegungsbilde B anlangt.

Wir haben ganz allgemein damit zu rechnen, daß in geregelten Gefügen G
mit einem $s = ab$ außer der Scherung in diesem s, also in (ab) noch eine Scherung
in einer zweiten wie in unserem Beispiele sonst unsichtbaren $(h0l)$-Fläche regelnd
mitbetätigt gewesen sein kann, auch ohne Externrotation. Die Mächtigkeit
von G ist hierbei nebensächlich. Ferner ist in den genannten Beispielen (D 97—99)
gezeigt, daß ganz wie beim Quarz die Rekristallisation parakristallin durchbewegten Gefüges nicht oder nur unbeträchtlich entregelnd wirkt.

In D 100 ist die wohlerhaltene Gürtelbesetzung der rekristallisierten Körner
mit 2 etwa 90^0 voneinander abstehenden Hauptmaxima — 2 $(h0l)$-Flächen aus
1 Deformationsakt — deutlich.

Ein anderes Beispiel guter Erhaltung der Regel auch im rekristallisierten
Kleinkorn gibt der Schiefgürtel in D 95, verglichen mit D 94. Nach solchen Beispielen liegt es nahe, die in D 114 synoptisch zusammengefaßten Fälle anderer
Regelung der rekristallisierten Kleinkörner und der deformierten Großkörner
darauf zurückzuführen, daß die Kleinkörner nicht Wachstumsregelungen, sondern ältere kristallin abgebildete Maxima mechanischer Regelung darstellen.
So liegen die Maxima von D 80 ziemlich gut auf den Großkreisen $(a' c)$ $(a'' c)$ $(a''' c)$,
welche in D 79 aus den Achsenmaxima im Ringe erschlossen wurden, und können
demnach Gürteln um $b' b'' b'''$ entsprechen; auch D 82, 83 ließe sich noch derart
deuten.

Wachstumsregelung. An Kalzit wurde in wandständigem Gefüge gefunden
(L 75) Hauptachse entweder $\parallel$ Faser oder $\perp$ Faser,
    1. Hauptachse $\perp$ Wand (D 218, 220—222, 224);
    2. Hauptachse $\parallel$ Wand (D 214, 215, 219, 224, 227).

III. Glimmer.

Tektonitgefüge; Empfindlichkeit; leichte Lesbarkeit; Übereinstimmung mit Regelung anderer Minerale; genetische Verschiedenheit gleicher Regelung; Analysenbeispiele hierzu; Wachstumsregelung.

Die Erfahrungen über Regelung der Glimmer beziehen sich auf helle und dunkle Glimmer ohne chemische Analyse. Sie sind in den wesentlichen Zügen ablesbar aus 36 Diagrammen von S-Tektoniten, B-Tektoniten, Schmelztektoniten, Gesteinen ohne mechanische Regelung der Glimmer und Interngefügen.

Einerseits sind die Glimmer höchst ausdrucksfähige Kornarten in bezug auf mechanische Regelung nach Kornbau und Korngestalt, Wachstumsregelung nach der Anisotropie des Gefüges, in dem sie wachsen (also Abbildungskristallisation) und Aufbereitungsregelung in Anlagerungsgefügen. Andererseits ist diese Ausdrucksfähigkeit nur dann vollkommen zu verwerten, wenn man sich mit den bei Glimmern besonders großen Schwierigkeiten der Trennung genetisch verschiedener Regelungen — gestaltlich und als Translationsfläche spielt (001) die Hauptrolle — in gut gewählten Fällen auseinandersetzt, deren einige deshalb genauer erörtert werden. So z. B. können sich Glimmer nach drei ganz verschiedenen Prinzipien mit (001) in Gefügeflächen legen.

Das eine dieser Prinzipien ist die Rotation des Glimmers in s als Scherfläche, [oder in (AB) eines Strainellipsoids], wobei im ersten Fall der Glimmer rotiert wird bis (001) der Scherflächenlage nahe genug kommt, das Korn translativ in eine Haut zerfließt oder wenigstens nicht mehr rotierbar ist. Das ist die sichergestellte Mechanik sehr vieler Fälle, z. B. der Phyllonite. Das andere Prinzip ist Einwachsen des Glimmers mit (001) in s als Fuge und in die anderen Fugen des abc-Kreuzes. Auch dieses Prinzip ist in Einzelfällen sichergestellt und gegenüber allen den mannigfaltigen möglichen Lagen von Fugen im Bewegungsbilde abc fallweise als möglich in Betracht zu ziehen.

Das dritte Prinzip ist die bekannte Einlagerung der Glimmerplättchen mit (001) in sedimentäres s. Unter allen Kornarten sind die Glimmer jene, durch deren Regelung (001) in s diese Fläche für Festigkeitsverhalten und freie Beobachtung am häufigsten und stärksten betont wird. Der Translationsmechanismus ist bei Glimmer am übersichtlichsten, da eine singuläre Fläche (001) die entscheidende Rolle spielt. Von der größten Bedeutung für die Deutung von Tektoniten und Schmelztektoniten aber ist es, daß kein Mineral so rasch und sicher wie die Glimmer b im Bewegungsplan abc entweder als Schnittgerade eines Nichtglimmer-s und des Glimmer-s oder als B-Achse $\perp$ auf einem Gürtel der (001) Lote erkennen läßt, und damit die Ebene der Umformung. Sehr oft zeigen die Gürtel gut die einzelnen s-Flächen extern rotierter Pressung gerollter Bereiche und werfen durch die Übereinstimmung ihrer Untermaxima mit denen anderer Kornarten das entscheidende Licht auf das Gleichverhalten von Kornarten wie Kalzit und Quarz, welche in der Abbildung rotierter Pressung gleich empfindlich sein können, aber weniger leicht lesbares Gefüge bilden.

Auch S-Tektonite ohne unvergrößert sichtbare Spur von B lassen gefügeanalytisch wenigstens einen angedeuteten Gürtel erkennen und damit B, mitunter auch $B' \perp B$ (D 103, 108, 131, 201). Man findet in Glimmerdiagrammen scharfes s ohne Andeutung von Gürtel sehr selten (D 47, 119, 121—127, 129, 131—134, 136, 155).

Das Verhalten des Glimmers auf gestriemten Harnischen, also Einzelscherflächen mit schärfster Einregelung des Quarzes in s zeigt D 22, 23, die Gliederung der Gürtel in typischen B-Tektoniten D 16, 116—118, 148, 151 das Verhalten in Gesteinen ohne mechanische Regelung D 126, 138, in Schmelztektoniten

D 193—195, in Interngefügen D 149, 150, das Verhalten von Muskowit in bezug auf die Gleitgerade in s D 37 und 137.

Viel mehr Interesse als die Lage von (001) $\|$ s nach ihrer verschiedenen Bedeutung hat die Lage der Glimmer mit (001) $\perp$ s bzw. zu einer im Handstück auffallenden Spur eines s gefunden; solche ,,Querglimmer'' betreffen D 116—119, 121—124, 126, 134, 136 und Abb. 84. Als Beispiel für die translative Einregelung fertiger Glimmer in Gefügegleitflächen neben anderen regelnden Prinzipien (Wachstumsregelung, Restregel) sind die häufigen Tektonite mit neugebildeten Einzelbiotiten geeignet.

Näheres ergeben nun die Beispiele.

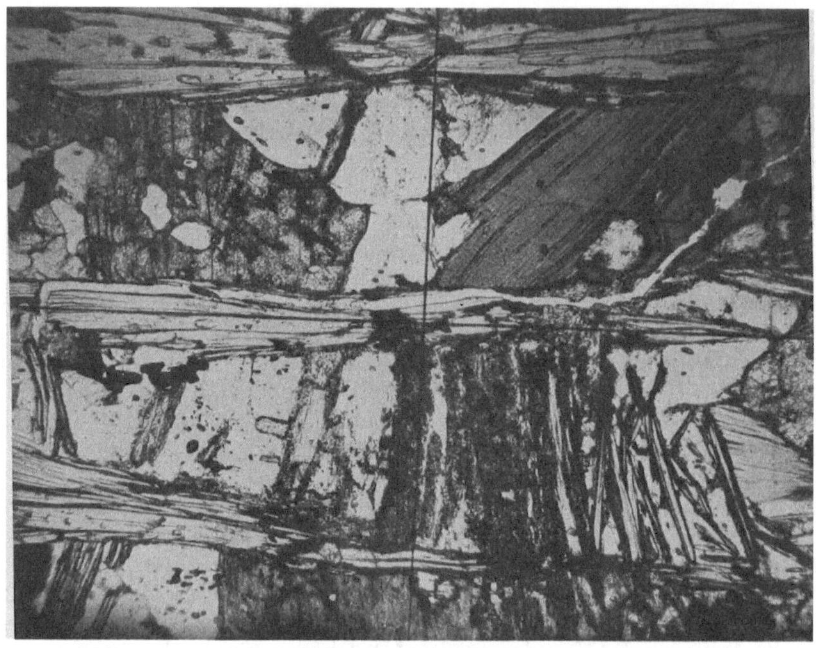

Abb. 84. Glimmerschiefer. Ridnaun, Südtirol. Vergr. nahe 35. Querglimmer.

Kontaktmetamorpher Quarzphyllit (D 116—118). Durch granitischen Kontakt zu Andalusitbiotitphyllit gewordener Quarzphyllit. Seine sehr deutliche B-Achse ist fast reine Umfältelungsachse des feingewebten muskowitischen Grundgewebes. Eine Schenkelschar der Muskowitfältchen ist betont und hat beginnender Scherung die Bahn vorgezeichnet. Es ist dies die einzige unvollkommene Spur von Scherung des Gesteins. Nahe dieser Spur im Diagramm $\perp$ B liegt das Maximum E für die Lote von etwa 50 leistenförmigen Erz (Titaneisen)-Querschnitten. Dieses Erz ist alt, kommt als Einschluß im Biotit vor und ist in allen anderen Fällen die Basis für bisweilen zahlreiche aufwachsende Biotite geworden. Das sonst so spröde Erz ist oft auch als Einschluß in unversehrtem Biotit ganz weich gebogen. Es liegt rotiert um Achse B. Die Biotite sind große, mechanisch unversehrte Imprägnations-Holoblasten mit ,,Siebstruktur'' und Interngefüge si. Dieses ist weniger gefältelt als das Grundgewebe und demselben gegenüber durch Rotation der Biotite verlegt. Es hat also Durchbewegung des bereits vererzten Schiefers stattgefunden, dann Biotitneubildung streng holoblastisch (besiedelte Erze), sowie schwache Rekristallisation der Muskowitfältchen. Spuren von Translation der großen Biotite bei ihrer Rotation läßt die stufige Zerscherung der internen Reliktstruktur feststellen. Biotite und Erze liegen tautozonal rotiert um Achse B, die Erze mit einem einzigen ausgesprochenen Untermaximum. Die Biotite besetzen einen breiten Gürtel um B als Umfältelungs- (nicht Scherungs)-Achse in D 116 mit vier Untermaxima. Das genügt bei großen Biotiten durchaus, um mit Bezugnahme etwa auf die im Längsbruch $\|$ B überall erscheinende Faserstruktur oder auf die Muskowitmikrocleavage das Gestein als einen „Querbiotitschiefer" erscheinen zu lassen, als einen jener, bei welchen die Querbiotite um B rotieren. Es gibt also, wie zu erwarten, Glimmergürtel $\perp$ B, ganz gleichviel ob dieses Umfältelungsachse, Scherungsachse oder wie gewöhnlich beides ist. Die Teildiagramme der freien Biotite D 117 und der Biotite auf Erz D 118 zeigen nicht nur denselben Gürtel, sondern eine Übereinstimmung in allen Untermaxima bis auf eines. Es kann also für die Anordnung der Biotite kein Scherungsvorgang in Frage kommen, da die an Erzen aufsitzenden Biotite vom Keim an jeder scherenden Einregelung ins Gefüge entzogen waren und dennoch dasselbe Diagramm haben wie die freien Querbiotite. Die Biotite können nur im Muskowitfilz ursprünglich mitgefältelte und so um B rotierte Keime gewesen sein oder durch die Wegsamkeit des gefältelten Muskowitfilzes ausgelesene Keime. Ein Einfluß der Erze als Aufwachswand für Biotite ist im Diagramm (117, 118) deutlich. Die Biotite, welche, wie das bei wandständigen Biotiten vorkommt, mit (001) subnormal auf die Erzwände aufwachsen, erzeugen in ihrem Diagramm ein deutliches Untermaximum e, welches im Diagramm der Biotite ohne Erzwand zum Aufwachsen fehlt. Dieses Lot von (001) aufgewachsener Biotite ist vom Lot E auf die Erzwände selbst um 90⁰ entfernt, also sehr gut im bemerkten Sinne deutbar.

Kristalline alpine Trias (D 119—124). B-Tektonite mit einem vollkommen dominierenden s, „gutgeschieferte Gesteine" also, mit trotzdem bestimmbarer B-Achse. Das erste Gestein ist ein sehr feinkörniger Tonschiefer mit ausgezeichneter Teilbarkeit durch feinste mechanisch noch ausgearbeitete Schichtung; mit viel Quarz, viel Muskowit (Blättchen und Häute), Biotit (Blättchen und Häute), sehr wenig Plagioklas. Die Kristallisation bezeugen für das freie Auge nur die Querbiotite. Das Diagramm des Korn für Korn von Glimmer umschmiegten Quarzgefüges D 120 zeigt keinen Gürtel $\perp$ B und sagt tektonisch nichts Sicheres, dagegen läßt sich der Gürtel und damit B bei beiden Glimmern leicht bestimmen. Für Biotit geschah dies an dem orientiert der Natur entnommenen Flächenschliffe genau $\|$ s (s. D 119) und ergab einen noch geschlossenen Gürtel. Muskowit wurde im Schliffe $\perp$ B, also im Schnitt $\|$ dem Biotitgürtel eingemessen und ergab einen offenen Gürtel (D 121). Beide Messungen zeigen, daß die Glimmer nicht genau in dem sehr deutlichen s der Feinschichtung liegen. Sondern ihr Maximum zeigt in beiden Diagrammen, daß die Glimmer etwas, ganz flach aber deutlich, nach SW einfallen, wenn man von ihnen wie von einer Schichte spricht. Daß die Glimmer ein s besetzen, welches mit dem Durchschnitts-s, das der Feldgeologe mißt, mit Feinschichtung, mit dem s anderer Minerale usw. einen kleinen oder größeren Winkel bildet, ist eine ungemein weitverbreitete Erscheinung. Ihre fallweise Bearbeitung ergibt, in welchen Fällen es sich um Einregelung der Glimmer in eine zum s, auf das wir uns beziehen, etwas geneigte Scherflächenschar s_1 handelt, in welchen Fällen um rotierte Scherflächen, und in welchen Fällen die Glimmer in die Scherflächenschar s (nicht s_1) eingeregelt wurden, aber nicht genau $\|$ s, sondern mit einem Grenzwinkel der Genauigkeit. Es fallen in diesem Falle die Glimmer mit (001) derart ein, als hätte die regelnde Scherung in s im Sinne der Relativverschiebung übereinander folgender s, also im Sinne des

Gesteinsfließens wie Wind über Halme hingestrichen, ohne sie ganz auf den Boden (*s*) umzulegen. Die Wiedergabe von Biotit auf Einzelscherflächen im Granit (Odenwald) in Abb. 85 läßt dies schon ohne Analyse erkennen. Gleichviel ob es sich um gleichsinnig unvollkommene Einregelung handelt, oder um vollkommene Einregelung in während des Plättungsaktes rotierte Scherflächen schiefer Pressung, in allen Fällen weist das Einfallen der Glimmer nach dem Orte, von welchem her sich tektonisch Höheres über Tieferes vorbewegte, so daß wir den Glimmer wieder als ein petrotektonisch wertvolles Mineral begegnen, dessen

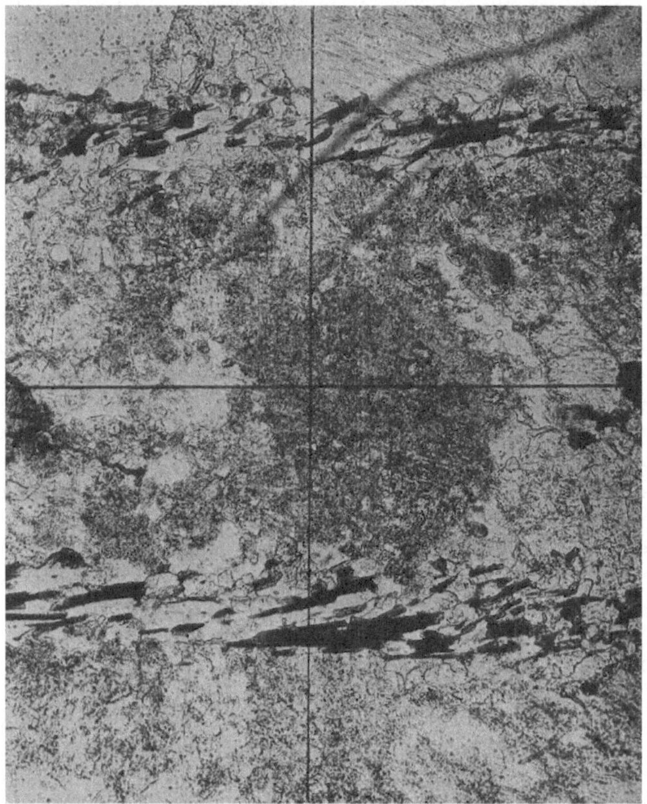

Abb. 85. Melibokusgranit. Odenwald. Vergr. 75. Zwei glimmerbesetzte Einzelscherflächen.

man sich schon im Felde durch Einspiegeln der Glimmer, oft schon mit freiem Auge bedienen kann, was durch ganz einfache Taschenapparaturen verschärfbar wäre. Der vorliegende Fall ist am besten zu betrachten als ein Beispiel für die gleichsinnig unvollkommene Einregelung der Glimmer in *s*, aus welcher man nicht nur wie schon aus dem Glimmergürtel die Einspannung des Gesteins zwischen Kräfte in der *NO—SW*-Vertikalebene der Natur ablesen kann, vielmehr sogar ablesen kann, daß an der betrachteten Stelle letztmalig Höheres über Tieferes gegen *NO* vorgeglitten ist. Die Querbiotite dieses Gesteins sind in vielen Fällen um *B* rotierte Holoblasten in gleicher Drehungsphase. Wie örtlich im Gestein nachgewiesen werden kann, erfolgte diese Rotation parakristallin, während der Kristallisation der Biotitholoblasten mit verlegtem *si* und während der Kristallisation der Quarze, welche die Biotite hofartig umgeben. Sehr oft sind mit (001) im Gürtel, aber nicht in s liegende Biotite selbst gefaltet. Diese Faltung bzw. Biegung der Einzelbiotite wurde eigens eingemessen. Das Maximum der Faltenachsen liegt genau in B, geht also auf die Beanspruchung bei der Gürtelbildung zurück. Das Fältelungsachsenmaximum der Einzelbiotite lehrt, daß die SW—NO-Beanspruchung nachkristallin gleichsinnig anhielt. Von den Biotitholoblasten wurde eine ungünstig gelegene Auslese geknickt und zerbrochen, eine günstigliegende eingeregelt in s oder nur in den Gürtel und gefältelt. Die ihrer Ausgangsstellung nach besteinregelbaren Biotite, das sind die in der Zone der späteren B-Achse, werden zu phyllonitischen Häuten und scheiden als Idioblasten aus (selektive Korndeformation). Kommt es nicht zur Rekristallisation dieser Häute in alsdann ausgezeichnet geregelte Glimmerschüppchen, was die ausgezeichnete Schieferung manchen Glimmerschiefers bedingt, so verbleiben im Gestein als eine eigene Kornart jene Biotitholoblasten, welchen eine ungünstige Ausgangsstellung gegenüber der mit Korntranslation einregelnden Beanspruchung zukam, also insbesondere auch mit (001) $\perp$ B gelegene „Querbiotite", womit eine weitere Art von Querbiotiten („$Qu.$ $\perp$ B") begegnet und erklärt ist. Gesondert zu beachten ist ferner der Fall, daß bei parakristalliner Deformation später $\perp$ s gewachsene Querbiotite nicht mehr eingeregelt wurden, da die Deformation abbrach, oder nachher erst entstanden.

Die Körner „$Qu.$ $\perp$ B" nun sind als überlebende Kornart bei selektiver Deformation wegen ihrer gemeinsamen Ausgangsstellung geregelt, ohne daß sie passiv geregelt wurden. Eine solche Körnerschar heißt ein „Ausleserest" (mit der Regel (001) $\perp$ B im vorliegenden Falle). Die durch keine (passive) Einregelungshypothese für Einzelkörner ableitbare Regel solcher Scharen heißt eine „Restregel"; genetisch kann sie eine durch passive Regelung dezimierte Wachstumsregel sein. Das Auftreten solcher Auslesereste wird bei andersphasiger Rekristallisation der passiv eingeregelten Körner besonders bedeutsam, aber nicht nur in solchen Fällen (reine Restregel einer ganzen Mineralart) zu beachten sein, sondern wegen der Unmöglichkeit einer Rückführung der gesamten Besetzung auf einen korneinregelnden Vorgang, gerade auch in Fällen, wo Regel und Restregel noch ungeschieden die Lagenkugel besetzen. Schließlich wurde γ' der Muskowite mit dem gewöhnlichen Mikroskop und dem Berekkompensator im Flächenschliff eingemessen (D 119). Das gestattete mit vollkommen derselben Genauigkeit wie der Biotitgürtel und allerbester Übereinstimmung beider Resultate die B-Achse des Gesteines zu bestimmen.

Zum strengen Beleg und zur weiteren Ausführung des Gesagten dienen D 122—124. Es wurden in Teildiagrammen eigens aufgenommen: 1. die großen noch gut erhaltenen Biotitholoblasten (D 124), 2. die mechanisch stark angegriffenen Biotitfetzen (D 123), 3. die ganz dünn ausgeschmierten Biotithäute (D 123). Die Biotitfetzen und Häute bezeichnen schärfstens das Scherung-s. Das Maximum der einrotierten, wohlerhaltenen Biotite ist wie im früheren Beispiele um etwa 15^0 gegen s um B verdreht. Das Gestein ist nur insofern noch kein typischer Phyllonit, als sich die Glimmerhäute nicht lückenlos schließen wie in den typischen Phylloniten, in welchen man Durchscherung von s erst findet nach dessen gänzlicher Umfaltung in den Scharnieren.

In Anbetracht des Umstandes, daß man nicht scharf zwischen guterhaltenen Biotiten und Biotitfetzen trennen kann, sondern Übergänge begegnet, wovon man sich eben nicht abhalten lassen darf, Teildiagramme aufzunehmen, ist der Gegensatz in der Anordnung beider Kornarten ein sehr deutlicher (D 123, 124). Die Biotitfetzen besetzen einen Gürtel $\perp$ B als Beispiel für die Wirkung einer passiven Einregelung mit Korntranslation in eine Gefügescherfläche, welche über

die anderen (Untermaxima im Gürtel) in B tautozonalen ganz vorherrscht und
das scharfe Maximum der Korntranslationsflächen enthält. Die Biotithäute,
deren sehr viele eingemessen wurden, besetzen ein so scharfes Maximum in s,
daß keine Auszählung, sondern nur eine summarische Bezeichnung des (weiß
gelassenen) Fleckes möglich war, in welchen alle Pole fallen. Die guterhaltenen
Biotite besetzen das schon erörterte Maximum etwas schief zu s, keinen Gürtel
$\perp B$, aber einen Bezirk, in welchem neben dem erwähnten Maximum die Restregel der mit (001) subnormal auf B stehenden Körner besonders auffällt. Gerade
die Areale der Restregel der nicht eingeregelten Biotite finden wir im Gesamtdiagramm D 122 unterbesetzt. Gehen wir gedanklich von einem vollkommen
ungeregelten Gefüge der Biotitholoblasten aus, dessen Entstehung im anisotropen
Gefüge freilich schon gedanklich nicht wahrscheinlich ist (s. später über die
Wachstumsregel „(001) $\perp s$" der Glimmer), so würde man im Gesamtdiagramm
erwarten, die Pole der Restregel dort zu finden, von wo eben wegen ihrer unan-
greifbaren Stellung keine Körner durch die Einregelung entnommen worden
sind, also an weder unter- noch über-, sondern normalbesetzten Stellen. Da aber
aus einem Biotit bei der Einregelung mehrere Fetzen (einzeln eingemessene
Körner) entstehen können, ist eine Unterbesetzung der Restregelgebiete im
Gesamtdiagramm zu erwarten, wie wir sie auch sehen. Es wird nun auch verständlich, daß Querbiotite oft ganz besondere mechanische Beanspruchungen, Zerreißungen mit Ausheilung usw. zeigen, aber keine Translationen. Es sind eben für
die Einregelung mit Korntranslation extrem ungünstige Ausgangslagen, welche
andere Deformationen erleiden. An dieser Stelle im Gestein ergibt sich also:
Ein Querbiotitschiefer ohne nachweisliche Einstellung der Biotitholoblasten
wurde mit schärfster passiver Einregelung der Biotite phyllonitisiert. Ein vollkommen typischer Phyllonit entstand dabei nicht, weil die allzu dünn gesäten
Biotitholoblasten nicht zur lückenlosen Deckung von s mit Glimmerhaut aus-
reichten. Ein scharfgeschieferter Glimmerschiefer wäre nur bei Rekristallisation
der Phyllonithäute entstanden. Da die Biotitholoblasten im Gürtel und im scharfen
Maximum fehlen, können sie nicht etwa als Rekristallisationsprodukte während
oder nach jener Deformationsphase aufgefaßt werden, während welcher das
überaus scharfe Maximum s und der Gürtel besetzt wurde. Diese ist an dieser
Stelle nicht parakristallin, sondern vollkommen nachkristallin.

Biotitporphyroblastenschiefer, Isergebirge (D 125—132) (s. Schmidegg in
L 72). Ebenfalls ein S-Tektonit mit Biotitholoblasten: Tonschiefer, mit feinster
ebenflächiger Teilbarkeit ohne sichtbare B-Achse in s. Helle und dunkle Glimmer
in „Quarz in Glimmer" Gefüge. Quarz außerdem in linsenförmigen Einschaltungen angesammelt, die meist subnormal s stehende Biotite enthalten. Drei
Kornarten von Biotit:

1. Die Querbiotite in den Quarzlinsen. Diese gut ausgebildeten, unversehrten
Biotite stehen dicht geschart ungefähr senkrecht auf s in den sonst nur aus un-
scharf geregelten Quarzkörnern bestehenden linsenförmigen Einschaltungen.
Büschelstruktur weist auf wandständiges Wachstum nach der Deformation.
Daher könnte man erwarten, daß diese Biotite unabhängig von B, lediglich $\perp s$
geregelt wären. Wie das D 126 jedoch zeigt, weisen sie außerdem noch eine scharfe
Einregelung $\parallel B$ auf, welches ja auch durch den Quarzgürtel bezeugt ist. Die
Regelung erfolgte also zwar durch wandständiges Wachstum, der Baugrund s
jedoch erfuhr während der vorangegangenen Deformationsphase eine Vorzeichnung nach B etwa durch Einregelung schon vorhandener Biotitkeime. Ferner
fällt das Maximum der Biotitpole nicht in s hinein, die Querbiotite sind also aus
der Stellung „(001) $\perp s$" gleichsinnig, wie vom Wind überstrichene Halme geneigt worden. Das Maximum wurde dadurch um etwa 10^0 verschoben. Es erfolgte

also während oder nach Ausbildung dieser Biotite noch die erwähnte Umorientierung derselben, als welche man wohl nur geringe Gleitung in s mit der Gleitgeraden $\perp B$ annehmen kann; vgl. Abb. 86.

2. Die Biotitporphyroblasten mit einheitlicher Auslöschung und rotiertem Interngefüge si aus Quarzkörnchen. Diese Biotite liegen in der Regel mit (001) in s; 10%, und zwar gewöhnlich die größten, fallen heraus und stehen mit (001) $\perp s$ und $\perp B$.

3. Die nicht den Gruppen 1 und 2 angehörigen Glimmerblättchen. Sie sind nachkristallin deformiert und scharf in s eingeregelt: D 125 ohne Gürtel.

Das Gestein besitzt also ein bereits vor dem Wachstum der si umschließenden Biotitporphyroblasten geregeltes Gürtelgefüge, wie der Quarzgürtel von si und se bezeugt. Der Biotit, welcher die Gürtelgefüge vorfand und umschloß, steht derzeit mit (001) $||$ s oder als Biotit der Restregel noch mit (001) $\perp s$ und $\perp B$. Die in s liegenden si beherbergenden Biotite zeigen verlegtes si, haben also Rotation erfahren, und zwar im Sinne einer Rotation um die B-Achse. Sie haben diese Rotation gleichsinnig erfahren bis zu einer beinahe oder ganz vollständigen

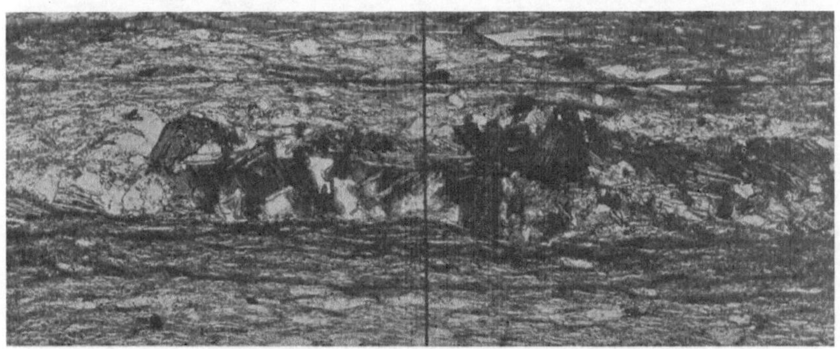

Abb. 86. Biotitschiefer. Isergebirge. Vergr. 75. Schliff nach $(a\,c)$.

Einregelung von (001) $||$ s, also eine Rotation um 80° bis 90°, nach welcher $si \perp s$ steht. Es wirkte also nach der Biotitbildung noch die B-Achsenbeanspruchung fort und ergriff die dafür günstig gelegenen Biotite, die anderen in Restregelstellung belassend. Was das scharfe Maximum der in s liegenden Fetzenbiotite betrifft, so ist es auf keinen Vorgang mit Sicherheit eindeutig beziehbar. Seine Regel (001) $||$ s kann auf Feinschichtung zurückgehen, ihre Ausarbeitung ist mit einer gewissen Wahrscheinlichkeit dem einzigen Bewegungsvorgang, den wir im Gestein näher bestimmen können, zuordenbar, nämlich ebenfalls der Scherung in s mit der Gleitgeraden senkrecht B. Der Gürtel des D 127 besteht also aus zwei scharf getrennten Untermaxima. Das eine (am Rande) aus mit (001) $\perp s$ und $||$ einem bereits vorgezeichneten B gewachsenen Biotiten, das andere (in der Mitte) aus nachweislich einrotierten Biotitholoblasten mit si und aus möglicherweise ebenfalls passiv eingeregelten Biotitschüppchen.

Granatglimmerschiefer von Lindenfels, Odenwald (D 133—137). Dunkelbrauner Glimmerschiefer mit größeren silberhellen Glimmerschuppen im Bruche $||$ s und $\perp s$. Vollkommen teilbares, etwas körnelig-höckeriges s ohne sichtbare B-Achse. Im Schliff Grundgewebe aus dunklem und hellem Glimmer etwa 1:2. Ersterer ist nahezu einachsiger Biotit mit etwas Erz. Letzterer ist Muskowit ($2\,V = 37°$) mit dem Vorbehalt, daß keine chemische Analyse vorgenommen wurde. Das Glimmergefüge ist sehr gleichmäßig dicht durchsät von Granaten verschiedenster, aber nie makroskopischer Größe. Der sehr spärliche, nicht undulöse Quarz ist hauptsächlich in einzelnen reinen Quarzlagen in *s* (sedimentäre Feinschichtung) gesammelt.

Am Biotit sind nachkristalline Deformationen ohne Rekristallisation unselten neben rekristallisierten, unversehrten und in jeder Lage mit Muskowit parallel und quer verwachsenen Biotiten. Muskowit zeigt an nachkristallinen Deformationen unabgelenkte Scherungen in *s* von jeder Orientierung gegenüber (001), mit Bildung nicht einmeßbaren Reibungsgemengsels, Translationen und gelegentlich Zugrisse. Die dichtgesäten kleinen Granaten stecken wie Schrotschüsse in den Glimmern ohne mechanische Störungshöfe, was insbesondere das im ganzen unversehrt vollkristalline Gepräge des Gesteins ausmacht (Abb. 87).

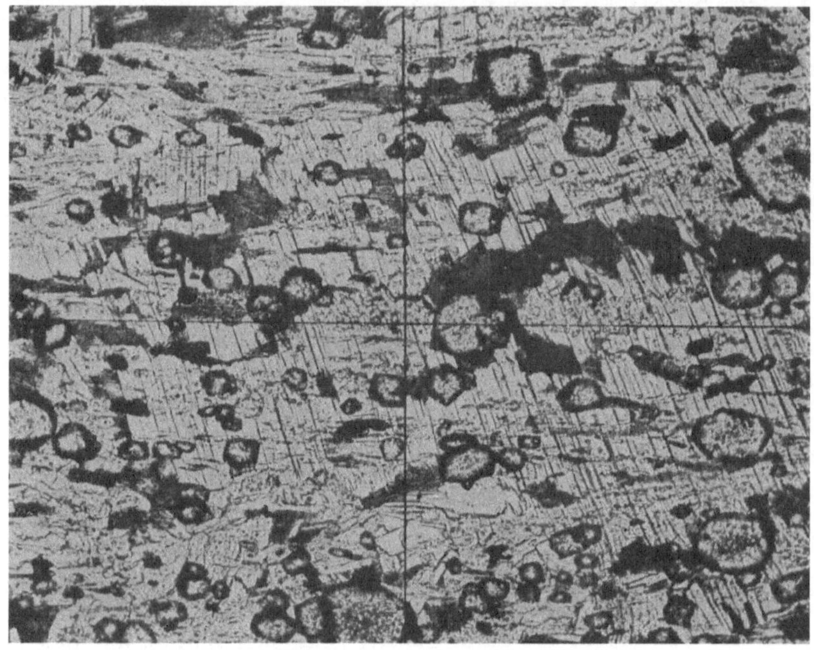

Abb. 87. Granatglimmerschiefer. Lindenfels, Odenwald. Vergr. 75. Schieferung (*a b*) von links nach rechts; Spaltbarkeit des hellen Querglimmers; kleine Granaten ohne Störungshöfe.

Man unterscheidet 1. Muskowite in *s*, meist klein, selten ganz groß, oft parallelverwachsen mit Biotit; 2. Quermuskowite, meist groß. Das Größenverhältnis beider Muskowite bringt es mit sich, daß bei Messung von Einzelkorn zu Einzelkorn die großen Quermuskowite an Zahl im Diagramm viel schlechter zu Worte kommen als die kleinen Schuppen in *s*. Das ist einer der Nachteile, die der gegenwärtige Parallelführer an Stelle eines Schlittens auf dem *U*-Tisch mit sich bringt. Bei Messung nicht von Korn zu Korn, sondern von Längeneinheit zu Längeneinheit würde D 134 besser mit dem Anblick des Gesteins u. d. M. harmonieren, wo die großen Quermuskowite ganz vorherrschen (vgl. Abb. 87). Die Gefügetracht der Glimmer ist die gewöhnliche, in (001) isometrischer, etwas gedrungener Schuppen ohne prismatische Konturen mit Ausnahme seltener Fälle bei Biotit.

Unter den Diagrammen zeigen die Querschnitte des Gesteins D 133—135 vor allem eine ausgezeichnete Lage des Biotits in *s*, fast ohne Spur eines

Gürtels (D 133) bei einem Quarzgefüge, das keinerlei Einregelung bekannten Typs, vor allem keinen Gürtel erkennen läßt (D 135). Während die seltenen Querbiotite im Diagramme nicht erscheinen (D 133), treten die Quermuskowite trotz des obenerwähnten Umstandes im Diagramm (D 134) sehr hervor. Wir haben keinen Querbiotit-, sondern einen Quermuskowitschiefer vor uns, wie auch der Schnitt $\parallel$ s (D 136) darstellt. Die Quermuskowite aber stehen nicht ohne jede weitere Regelung $\perp$ s, sondern sie besetzen den Äquator von D 134 (Peripherie in D 136) ungleichmäßig, derart, daß ihre Untermaxima sich mit dem Maximum der „Muskowite in s" zu Gürteln verbinden, deren B-Achsen in s liegen. Für diese Auffassung sprechen zwei Gründe. Einmal fordern ähnlich wie im vorangehenden Beispiele die Untermaxima der Querglimmer für ihre Entstehung, außer Wachstumsauslese mit Begünstigung der Lagen (001) $\perp$ s noch Richtungssinne im Baugrund s. Als solche kennen wir an vielen, namentlich an glimmerreichen Gesteinen sich kreuzende B-Achsen in s. Ferner sind in D 137 die Lote auf den Achsenebenen, also die kristallographischen a-Achsen der in s liegenden Muskowite eingemessen. Wenn man nun 136 und 137 vergleicht, so sieht man ein auffälliges, aus keinem systematischen Fehler ableitbares Zusammenfallen der a-Achsenmaxima mit den zu unseren anzunehmenden Muskowitgürteln gehörigen Gleitgeraden der Gesteinszerscherung in s. Obwohl nun der endgültige Nachweis, daß a im Muskowit bevorzugte Translationsrichtung sei, noch weiterer Untersuchungen bedarf, ist das durch den vorliegenden Fall und ähnliche wahrscheinlich.

Versucht man eine Gefügesynthese, so kann man beginnen mit einem Gestein, in welchem ein feiner stofflicher Lagenbau (reine dünne Quarzlagen konstanter Mächtigkeit) $\parallel$ dem heutigen s vorhanden war. Dieses Gestein hatte entweder schon oder erhielt durch eine erste Kristallisationsphase basische und saure Inhomogenitäten, welche heute als undeutbare kleine Biotit- und Muskowitquarzputzen vorliegen. Mit den vollkommen ungeregelten Quarzlagen fällt ein ausgezeichnet scharfes Biotit-s zusammen, ohne Gürtel, wenn wir ein Rudiment zunächst unbetont lassen.

Alles dies wurde von lebhaftester Kristallisation hellen Glimmers ereilt und von dessen großen Holoblasten (namentlich Querglimmer) als si umschlossen, wie es heute noch unverlegt und im wesentlichen gleichgeregelt wie se vorliegt.

Der Muskowit wuchs also in einem Gestein, dessen Gefüge heute kaum Andeutungen älterer Scherung in s zeigt; man vergleiche als anderen Fall etwa den vorkristallin deformierten Tektonit D 201—211.

Wir gelangen damit zu dem Vorgange, der das Gestein für unsere Darstellung interessant machte. Es fand ein üppiges Wachstum von Quermuskowiten sehr im Gegensatz zu den ganz spärlichen im Diagramm nicht mehr zum Ausdruck kommenden Querbiotiten statt.

Diese Quermuskowite lassen erkennen:

1. Sie besetzen mit ihren Loten auf ihrem (001) eine eigene Breitenzone in s mit Untermaxima. Es tritt also Wandständigkeit mit (001) $\perp$ s deutlich hervor. Wir begegnen damit auch bei hellem Glimmer die Regel (001) $\perp$ s als eine Wachstumsregelung. Quer zu s gewachsene Glimmer in gürtellosen Gesteinen weisen auf Nichttektonite oder wenigstens nachkristallin unzerscherte Bereiche. In der relativen Seltenheit der Querglimmergesteine kommt zum Ausdruck, daß eben Gesteine mit Feinschichtung — (001) $\parallel$ s — oder Scherung — (001) $\parallel$ s — weit häufiger sind als solche Fälle, in welchen auch ohne Abbildungskristallisation von (001) $\parallel$ s die hiermit betonte Wachstumsregel der Glimmer (001) $\perp$ Wand ($= s$) so rein zu Worte kommt, wie in vielen freiwachsenden dichten Glimmerrasen: und wie es im letzteren Falle der Einstellung der größten

Wachstumsgeschwindigkeit || (001) senkrecht zur Unterlage und dadurch bedingter geometrischer Keimauslese entspricht. Für vereinzelte wandständige Glimmer kommt dieses Prinzip allerdings nicht in Frage.

2. Rudimentäre Gürtel $\perp$ s mit B-Achsen in s sind vielleicht eben noch erkennbar, wie schon erörtert wurde. Eines dieser bedeutend deutlicheren Gürtelrudimente als bei Biotit fällt in einer wohl unzufälligen Weise mit dem Gürtelrudiment des Biotits zusammen.

Als letzten Prägungsakt des Gesteines begegnen wir eine deutliche nachkristalline Zerscherung der großen Muskowitholoblasten. Diese Scherung liegt in s, aber mit sehr deutlichem Abstand der Scherflächen voneinander, mit undichter Flächenschar. Die Relativverschiebung ist an den großen Muskowiten mit Hilfe der Spaltrisse kontrollierbar: sie ist immer sehr gering, auch mikroskopisch kaum wahrnehmbar. Die Einspannung der Glimmer in ein sich allseitig blockierendes Fachwerk sperriger Glimmer erschwert die Kornrotation und macht die sonst nicht zu beobachtenden Durchscherungen der Glimmer auch unter kleinen Winkeln zu (001) der Glimmer begreiflich. Da die kleinen Reibungsschüppchen dieser Scherung nicht einmeßbar sind, so bleibt ihre Gefügeanalyse und damit ihr Verhältnis zu den Gürtelrudimenten einstweilen unbekannt.

Kugeldiorit (Smaland), (D 138). Die in konzentrischen Schalen sich immer neuerdings an vorhandene Wände anlegenden Gefüge dürften den Bedingungen bei zunehmender Erstarrung eines Magmas an einer zunehmend verfestigten Unterlage, Dach oder Wand, ausgesetzt gewesen sein und wurden deshalb ausgewählt. Bewegungen im Viskosen sind hierbei freilich nicht ausgeschlossen. Eine Kugelschale wurde (nicht ganz exakt) quergeschliffen, wo sie lediglich Andesinkörner und zwischen diese einzeln gleichmäßig verteilte Biotitkörner ohne jede Bevorzugung von (001) in der Korngestalt zeigte und keinerlei Bewegungsspuren. Die Pole von (010) der Andesine (D 3, 4) zeigen im Gegensatz z. B. zu kristallisationsschiefrigem Albitgefüge D 209—211 keine Regelung. Dagegen zeigen die Biotite, denen man dies mangels einer kennzeichnenden Korngestalt keineswegs ohne Analyse gleich ansieht, ein ausgezeichnet scharfes Polmaximum von (001) im Radius der Kugel. Das Beispiel genügt, um auf ein geregeltes Anlagerungsgefüge von Biotit ohne Gefügetracht im erstarrenden Magma hinzuweisen, ohne daß hierbei die Regelung nach der Gestalt oder nach der Translationsfläche der erwachsenen Biotite erfolgt sein kann. Und man sieht hiermit, daß nicht etwa jede Biotitregelung im Kristallin so wie in den früher beschriebenen B-Tektoniten erfolgt ist.

IV. Feldspate.

An Albiten sind folgende Regelungen bekannt (L 66 Schmidt); a, b, c = Gefügerichtungen; Indizes = kristallographische Kornindizes.

a	b	c	$(ab) = s$	Gestein
[001]	[100]	[010]	*(010)*	nachkristallin deformiert
[001]	[100]	[010]	*(010)*	}parakristallin deformiert
[100]	[010]	[001]	(001)	
[001]	[100]	[010]	*(010)*	
[100]	[001]	[010]	*(010)*	keine Durchbewegung nach Entstehung der Albite
[001]	[010]	[100]	(100)	
[100]	[001]	[010]	*(010)*	
[100]	[001]	[010]	*(010)*	
[010]	[001]	[100]	(100)	}Albite mit *si* rotiert um *b*
[001]	[100]	[010]	*(010)*	

Diese Daten Schmidts sind durch Einmessung von α, β, γ gewonnen und für α, β, γ die nächstliegenden (maximal 20^0 abweichenden) kristallographischen Daten eingesetzt. Gleichzeitig wurde von D. Korn an einem Beispiele (L 76) von unverlegten Albitholoblasten mit homotropem *si* die Einregelung von (010) in (*ab*) und von [001] des Albits in *b* des Gefüges nachgewiesen (D 209—211). Es ist also die Einregelung von (010) in die Schieferung (*ab*) bei nachkristallin und bei vorkristallin deformierten Gesteinen bezeichnend; ebenso bei Gesteinen ohne Bewegung der erwachsenen Albitkörner. Die Einstellung von [001] in *a* des Gesteins ist häufig. Eine abschließende Deutung der Regelung bedarf weiterer Analysen. Für Symmetriebetrachtungen, auch für tektonische, sind die Diagramme unabhängig von der Deutung der Regel verwendbar, z. B. tritt der trikline Charakter des Gefüges in D 209—211 für die Albite ebenso wie für die anderen Minerale in voller Übereinstimmung mit der großtektonisch deutlichen Ungleichufrigkeit des Bewegungsbildes hervor.

Da sich also die Feldspate neben bis zur Regellosigkeit gesteigerter Unempfindlichkeit in manchem nachkristallin deformierten Gefüge (vgl. L 66) doch auch sehr empfindlich symmetriegemäß zum Durchbewegungsakte regeln können, muß eine Deutung der Regelung von einfachsten monoklinen Gefügedeformationen ausgehen.

Die Regelung von Feldspaten nach der Korngestalt bezeichnet die Fluidalgefüge der Schmelztektonite (D 198, 199).

V. Hornblende.

Über die Regelung von Hornblendenkörnern ohne heterometrische Gestalt — also mit sicherem Ausschluß der Regelung nach der Korngestalt — ist nichts bekannt.

Aus D 213 (Messung Christa) läßt sich die aus Feldbefunden langbekannte typische Einstellung der Hauptachse $\parallel$ *b* des Gefüges, also $\perp$ auf die Symmetrieebene der Durchbewegung entnehmen; außerdem liegt (100) und (110) des Kornes in (*ab*) des Gefüges; kleinere Untermaxima sind unzufällig aber noch undeutbar. Außer der Einregelung von [001] in *b* und von [100] in (*ab*) hat Schmidt (L 66) Einregelung von [001] in *a* festgestellt.

Weit verbreitet ist eine Wachstumsregelung: mit [001] in *s* nach der Wegsamkeit, gekrümmt, als Eisblumen oder Garben wachsende Hornblende; im letzteren Falle mit oder ohne Andeutung einer in *s* betonten Geraden. Hierbei kann die Hornblende ihre (010) $\perp$ *s* stellen und so wachsen, daß ihre Erstreckung $\perp$ *s* gleich nach der Erstreckung $\parallel$ *s* die bedeutendste ist.

E. Typische Korngefüge.

Nach der im vorhergehenden Abschnitt durchgeführten Betrachtung einer hinlänglichen Anzahl geregelter Gefüge von Einzelmineralen ist es nun möglich, allgemeines über typische Korngefüge, wie sie einzeln auftreten oder einander als Teilgefüge einzelner Kornarten in Gesteinen durchdringen und überlagern, in Übersicht zu bringen. Auch hier kann zwar eine Anzahl der wichtigsten Beispiele für gefügekundliche Betrachtungsweise geboten werden, nicht aber eine systematische, vollständige Aufführung aller veröffentlichten oder noch unveröffentlichten Gesichtspunkte. Die hier zu erörternden typischen Züge der Korngefüge sind: Ebenen des Gefüges; rotierte Gefüge; trikline Gefüge; gekrümmte Gefüge; Gefüge der Schmelztektonite; Anlagerungsgefüge; Gefüge mit Deformations- und Wachstumsregelung; Rekristallisationsgefüge; Heterokinetische Bereiche (Höfe u. a.).

I. Ebenen des Gefüges.

Nach den Deduktionen des ersten Teiles ist zu erwarten, daß s-Flächen ohne ausgezeichnete Gerade in s unvergleichlich seltener sind als s-Flächen mit wenigstens zwei ausgezeichneten Geraden ($\perp$ aufeinander in s), da die monokline Symmetrie von Tangentaltransporten sowohl in Tektoniten als in Sedimenten häufig ist. Diese Erwartung ist durch die Diagramme durchaus erfüllt. Es ist einer der großen von Geologen ausnützbaren Vorteile der Gefügeanalyse, daß sie in den weitaus meisten Fällen noch Gerade in s und damit das gefügeerzeugende abc-Bewegungsbild erkennen läßt. Beispiele für s ohne ausgezeichnete Gerade geben Anlagerungsgefüge ohne merklichen Vektor in der Wand (D 215—218, 221) und deren Abbildungskristallisation (D 219); eine Gerade in s ist wahrnehmbar, aber nicht deutbar in D 138, 220, 224, 225, 227, deutlich in 222.

Abb. 88.

In zusammengesetzten Gefügen brauchen die s auch für das eingeregelte Datum zweier Minerale nicht zusammenzufallen (D 46, 47 u. a.) und es ist nicht nötig, daß die durch den Hammerschlag bloßlegbare Kompromißfläche des Gesamtgefüges mit dem s eines Teilgefüges scharf zusammenfällt. Bedeutende Abweichungen zwischen dieser Festigkeitskompromißfläche, oberste und unterste im Bilde und den im Querschliff optisch sichtbaren s-Flächen (Pfeile) zeigt die Abb. 88. Die besonders in B-Tektoniten häufigen tautozonalen s-Flächen der Zone b sind im Beispiele D 43 direkt eingezeichnet.

Die schon oft begegneten Flächen des monoklinen Bewegungsbildes abc, nämlich (ab), (ac), $(h0l)$, $(0kl)$, selten $(hk0)$ werden nun betrachtet.

Die „Schieferungsflächen" (ab) und $(h0l)$. Die Theorien der „Schieferung" sind von zwei verschiedenen Ansätzen ausgegangen, deren Vereinbarkeit man heute erkennt. Man versuchte die Schieferung deskriptiv als Gesamtheit von Kornlagen zu definieren, deren Zustandekommen das Problem war. Wir würden heute sagen: Man definierte die Schieferung als Regelung nach der Korngestalt und suchte nach einer Erklärung dafür (Sorby, Daubrée). Das war, wie dieses Buch übersichtlich macht, eine Fassung, die nur einen Teil der geschieferten Gesteine betraf; eine allgemeine Theorie der Schieferung konnte sich daraus gegenüber berechtigter Polemik nicht ergeben. In diese Polemik ging Becker ein, namentlich von der Tatsache aus, daß Schieferung überhaupt nicht auf heterogenes Gefüge im Sinne jener Hypothese beschränkt ist, sondern von Daubrée sogar an Glas erzeugt wurde. Eine genügend allgemeine Theorie der Schieferung mußte mithin auf einen Vorgang zurückgehen, welcher nicht nur die Regelung nach der Korngestalt erklärte. G. Becker behandelte weit umfassender und ausführlicher als je irgendwer nach ihm die Scherung als Hauptbegriff der Gesteinsdeformation in seinen straintektonischen Studien und führte die Schieferung auf Scherung zurück (vgl. ersten Teil dieses Buches).

Nach dem Standpunkte dieses Buches ist keine dieser beiden Schieferungstheorien eine Erklärung alles dessen, was nun einmal seit jeher Schieferung heißt, und keine der beiden Theorien enthält alle wesentlichen Prinzipe, welche schieferige Gefüge bzw. s-Flächen erzeugen und steigern. Sie enthalten nichts von Abbildungskristallisation, von der Regelung nach dem Kornfeinbau usw. und nicht den allgemeinen Gedanken, daß die meisten Gesteine aus Feldern mit Richtungssinn im weitesten Sinne ableitbar, diesen Vektoren symmetriegemäß gefügt und selbst solche Felder sind, in welchen die Anisotropie werdender oder vorhandener Kristalle in Beziehung zur Anisotropie des Feldes tritt, mag dasselbe konstant oder veränderlich, z. B. ein durchbewegtes Gestein sein. Dieser Gedanke ist heute ein Ausgangspunkt für die Erforschung der Gefüge; diese sind ineinander gestellte Felder, von deren Eigenschaften heute schon die Symmetrieeigenschaften gut aufeinander beziehbar sind. Man hält sich besser bei solchen Gesichtspunkten auf, als etwa bei der Streitfrage, ob alle Schieferung Abbildung von Scherflächen sei, was bei allen Verdiensten von Becker und Schmidt um die Betonung der Scherflächen nun einmal nicht der Fall ist. Jener oben erwähnten Polemik gegenüber, wenn sie noch lebte und nicht viel beschränkteren „Theorien der Schieferung" Platz gemacht hätte, würde man heute sagen: Die Regelung nach der Korngestalt ist nur eines der (im Sinne Sorbys) Schieferung bedingenden Phänomene, und zwar eines, welches sehr oft genetisch auf den Beckerschen Scherflächenmechanismus der Schieferung rückführbar ist.

Dieser Mechanismus einerseits, die Kornregelungsprobleme andererseits, sind noch heute zwei der wichtigsten Fäden, welche durch die Lehre von der mechanischen Umformung der Gesteine ziehen und einander immer wieder begegnen. Was den Mechanismus anlangt, so sind die s-Flächen der Korngefüge meist als Scherflächen erweislich und im früheren Abschnitt als solche erwiesen durch die sicheren Fälle der rotierenden Korneinregelung bis zum translativen Kornfließen, z. B. Glimmer und der Korrelation mit den Untermaxima anderer Kornarten (Kalzit, Quarz u. a.) desselben Gefüges (s. S. 168). Aber man findet s-Flächen, auch in Gestalt von Umformungs-,,Schieferungen", welche nicht wie die Scherflächen und deren Ausgestaltung als Schieferung schief zur pressenden Außenkraft stehen, sondern parallel oder senkrecht. Die Neuanlage von s-Flächen kann also nicht nur als „Scherungs-s schief zur Pressung" erfolgen, sondern auch in den Hauptschnitten des Strainellipsoids:

a) entweder parallel zur Richtung der Außenkraft durch Zugrisse $\perp B$ und deren Ausgestaltung; wobei die Zugrisse undicht bis sehr dicht gesetzt sein und letzterenfalls ein sehr homogenes Parallelgefüge erzeugen können.

b) oder senkrecht zur Richtung der Außenkraft „Plättungs-s" bei homöogener Plättung (also Änderung) der Korngestalt oder bei Regelung nach der Korngestalt.

Bei aller Bedeutung des Scherungs-s ist nicht zu übersehen, daß theoretisch und faktisch in inhomogenen Bereichen eine Plättung von Gefügeelementen (Gerölle, Körner, Fossile) $\perp$ zum Hauptdruck (H) auch dann erfolgt, wenn sich ein Scherungs-*s* als korrelate Teilbewegung innerhalb des betreffenden Gefügeelementes deutlich nachweisen läßt.

Die Abb. 89 zeigt Scherungs-*s* (*sch*) innerhalb eines Gefügeelementes G, welches $\perp$ zum Hauptdruck H geplättet wird: Die „Schieferung" *sp* kommt durch diese Plättung, also $\perp$ zum Druck zustande und nicht durch die Scherung schief zum Druck. Nicht nur das Experiment, sondern auch zahlreiche petrographische Beobachtungen zeigen diesen Zusammenhang: Scherung als Differentialbewegung

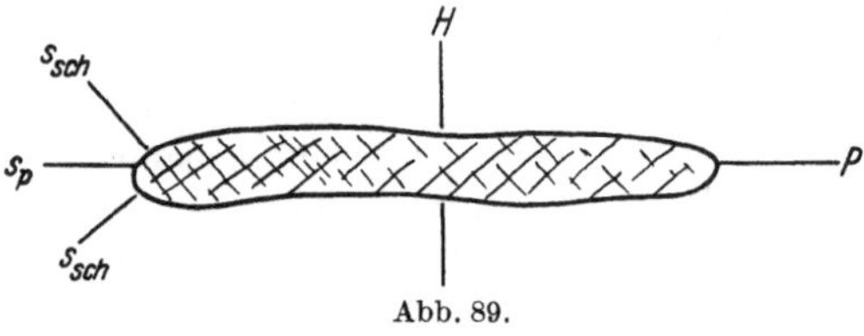

Abb. 89.

einer Plättung, welche letztere gerade jene *s*-Flächen bedingt, die der Geologe im Felde nun einmal Schieferung nannte und nennen wird. Die Annahme, daß jedes *s* schief zu einem Hauptdruck stehe, könnte gelegentlich zu unrichtigen Folgerungen und Synthesen führen. Die Unterscheidung von Plättungs-*s* und Scherungs-*s*, welche dem modernen Petrographen möglich ist, ist also wichtig für den Geologen. Die Ablenkung von Scherflächen an inhomogenen Einschlüssen (vgl. S. 90) ist hierbei mit Becker zu beachten.

Plättungs-*s* ist als Plättung der Korngestalt ohne Regelung nach dem Kornfeinbau bisweilen rhombisch symmetrisch angelegt, Scherungs-*s* zeigt Einregelungserscheinungen nach Kornfeinbau und Korngestalt und sehr oft wahrnehmbar monokline Symmetrie des Gefüges.

Ist mit der Plättung von Gefügekörnern keine Gefügetracht verbunden, d. h. keine Beziehung der Korngestalt zum Kornbau vorhanden (Beispiel manche Granulite), so ist damit schon ein Hinweis auf ein Plättungs-*s* durch die Korngestalten gegeben, wofern die Korngestalt nicht aus der Wegsamkeit des Gefüges abzuleiten ist.

Die Gleitgerade *a* kann ihre Lage im Scherungs-*s* ändern, nicht nur im Einzelkorn, wie das für D 9—13 angenommen wurde, sondern auch für das Gesamtgefüge. In den $B' \perp B$-Tektoniten mit Quergürtel wird gewissermaßen Achse *b* (in abc) zu a' (in $a'b'c'$); unselten wiederholt sich auch sonst die auf *a* bezogene Einregelung von Kalzit (D 73, 78, 79), Quarz (Spaltung von I durch (ac) z. B. D 46, Muskowit (D 137) in *s*, was wie im Falle des gekreuzten Strains der $B \perp B'$-Tektonite in einem Umformungsakte korrespondieren kann und dann als Mäandern aufzufassen wäre oder zufällige Überlagerungen darstellt, wie die zwei sich unter etwa 50⁰ kreuzenden Fältelungsachsen auf der Glimmerhaut des Phyllits von Abb. 90.

Ebenso bleibt fallweise zu entscheiden, ob verschieden ausgestaltete Scherflächen, (z. B. Abb. 91) welche sich in einer Geraden G schneiden, ($h0l$)-Flächen sind, deren jede ihre Gleitgerade $\perp$ auf G hat oder nicht; ersterenfalles ist G eine B-Achse und die beiden ($h0l$) können im gleichen Akte ungleichscharig etwa durch Internrotation im Sinne Beckers geprägt sein.

S-Tektonite, B-Tektonite, R-Tektonite. Wenn es auch nach den Erörterungen über die Symmetrie der erzeugenden Bewegungsbilder begreiflicherweise kaum oder höchst selten Tektonite mit singulärem *s* ohne singuläre Gerade in *s* gibt, so ist doch ungeachtet aller Übergänge die Typisierung nach B-Tektonit und S-Tektonit, je nachdem die Achse oder die Fläche im Gepräge des Gesteins entscheidend hervortritt, von Wert. Einmal für die geologische Beschreibung, welche schon lange „gestreckte" Gesteine hervorhob, noch weit mehr aber für den Gefügeanalytiker. Gefügeanalytisch läßt sich gerade an den auffallendsten B-Tektoniten nicht nur Internrotation erkennen, sondern bezeichnenderweise Externrotation der Scherflächen und der ihnen zugeordneten noch wahrnehmbaren Maxima um die B-Achse. Hierbei ist das Diagramm des B-Tektonites entweder nur durch Rotation der im S-Tektonit bis auf die Internrotation

Abb. 90. Quarzphyllit. Innsbruck. Zwei Fältelungen auf s (links-rechts und linksoben-rechtsunten) überlagern sich.

fixen Maxima ableitbar (Glimmer) oder auch der Bestand der konstanten Maxima erscheint im B-Tektonit geändert (Quarz).

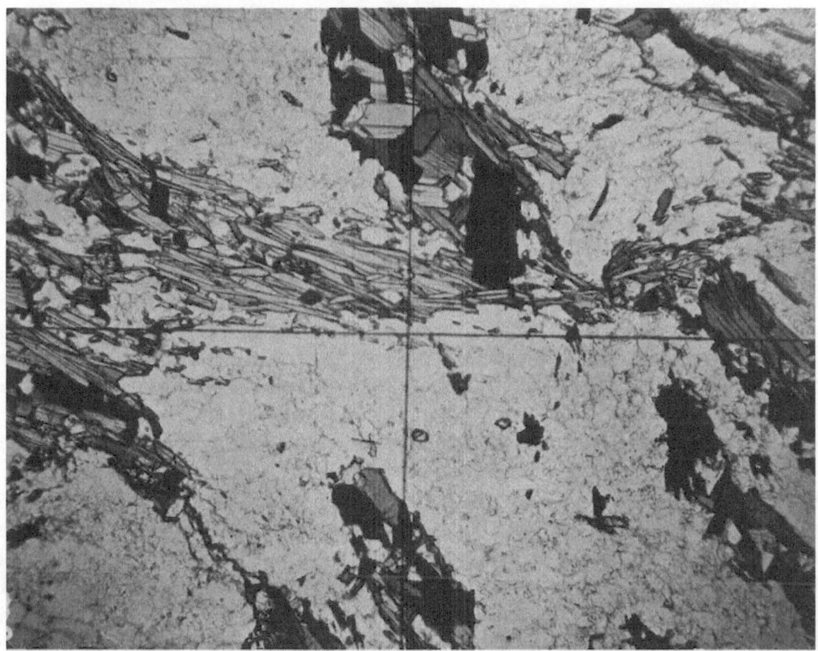

Abb. 91. Granulit. Auerswalde, Sachsen. Vergr. nahe 35. Zwei verschieden ausgestaltete s-Flächen (horizontal und linksoben-rechtsunten) schneiden sich in einer Geraden (B-Achse?) senkrecht zur Zeichenebene.

Da unter deutlichen B-Tektoniten auch solche sind mit B als Schnittgerader von $(h0l)$-Scherflächen, aber ohne Rotationsdiagramm, so kann man die (häufigeren)

B-Tektonite mit Rotationsdiagramm als *R*-Tektonite bezeichnen. Dabei muß es derzeit noch öfters dahingestellt bleiben, ob im Diagramm Rotation der Einzelkörner (und ihrer Kornscherflächen) oder Rotation des Gesamtgefüges zum Ausdruck gelangt.

Andere reale „*abc*-Flächen" = Ebenen der Zonen *abc*. 1. Reißklüfte (*ac*); „Gürtelklüfte". Diese Klüfte sind der Achse *b* (*B*) einer im gleichen Akte erfolgten Gefügeregelung immer rein beschreibend zuordenbar. Hiervon zu trennen sind die Fragen, ob die Klüfte ein von der Regelung unabhängiger anderer Effekt im gleichen Prägungsakte wie die Regel entstanden oder ein gelegentlich auslösbares mittelbares oder unmittelbares Ergebnis einer Regelung sind, und wieweit sie selbst durch ihre kristalline Verheilung Gefügeregeln hervorrufen. Auch letztere Frage ist berechtigt, da diese Rupturen in mittelbarer Teilbewegung immer wieder homotrop oder heterotrop mit den Wänden (Einkristalle oder Gefüge) verheilend und neu entstehend in so allgemeiner Verbreitung und in solcher Dichte namentlich *B*-Tektonite durchsetzen, daß hiervon weder die

Abb. 92. Garbenschiefer. Berliner Hütte, Tirol. ¹/₃ nat. Größe. Quarzitlage mit (*a c*)-Rissen.

feldgeologische Beobachtung noch die Beobachtung nichtorientierter Schnitte eine Vorstellung geben; und gesagt werden kann, daß in zahlreichen Gesteinen jedes Gefügekorn schon von Rissen $\perp$ *b* (*B*) des Gefüges an jeder Stelle durchsetzt war. Das Vorkommen dieser Klüfte in *B*-Tektoniten kann Abb. 92 (Garbenschiefer) und Abb. 93 (Kalkphyllit), ihre Dichte Abb. 94 (Stück eines Granaten) veranschaulichen. Die Bedeutung ihrer Ausheilung als mittelbare, unter Umständen auch die Korngestalt ändernde Teilbewegung ist sehr hoch einzuschätzen (vgl. Abb. 81).

Die Unabhängigkeit der Gürtelklüfte von der Kornlage, wo sie durch Körner setzen zeigt das Beispiel D 55: Die Kohäsionsminima subparallel der Quarzachse könnten bei den dargestellten Körnern — einer Auslese welche eben (*ac*)-Risse zeigt — nur (*0kl*)-Risse ergeben. Abgesehen von Fällen nachträglicher Verschiebung zeigen (*ac*)-Risse korrespondierende Grenzen zerrissener Körner in allen Schliffen aus Zone *b* und bisweilen Korrespondenz gezackter Rißflächen, also Zugrißcharakter; ferner (S. 190) können sie durch (*0kl*) nicht ersetzt werden, sondern kommen im selben Korn gleichausgestaltet mit (*0kl*) vor, sind also kein Sonderfall der (*0kl*)-Flächen.

Von den in diesem Buche analysierten *B*-Tektoniten ist keiner ohne Reißklüfte (*ac*) und alle diese Reißklüfte sind Gürtelklüfte, d. h. wie die Gürtel der geregelten Minerale $\perp B$ gelegen. Nach den S. 94ff. in I. Teil erörterten Anschauungen ist zum Zustandekommen der (ac)-Risse symmetriegemäß geregeltes Gefüge nicht eine notwendige Bedingung, aber eine selbstverständliche Begleitung der (ac)-Risse, wenn der (ac)-Risse erzeugende Vorgang auch die Regelung erzeugte.

Das vollkommen typische Zusammenfallen der Regelungsgürtel und der (ac)-Risse ist nur durch einen jedesmal sowohl der Regelung als der Rißbildung

Abb. 93. Kalkphyllit. Brenner, Tirol. $^1/_3$ nat. Größe. Dunklere Kalklagen (Stengel) zeigen periodische hell verheilte $(a\,c)$-Risse.

symmetriegemäßen Akt erzeugbar, mithin im selben Akte erzeugt. Das Sichtbarwerden der (ac)-Risse ist ein gelegentlich auch durch andere Bedingungen als die erzeugenden hervorgerufenes und als solches angesichts der Häufigkeit und Dichtigkeit unsichtbarer nur mikroskopisch wahrnehmbarer Haarrisse nach (ac) verständlich. Diese können eine Spaltbarkeit des Gesteines nach (ac) be-

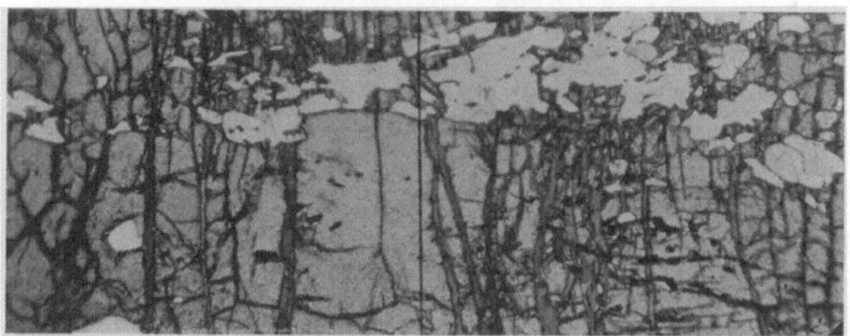

Abb. 94. Granatschiefer. Kaserer, Tirol. Vergr. nahe 35. Dichte $(a\,c)$-Risse, vertikal, in Granatkorn mit $s\,i$, horizontal, durch Glimmer verheilt.

dingen, auch ohne daß diese Spaltbarkeit durch die geregelten Minerale diktiert ist, was z. B. bei Kalzit- und Glimmer-B-Tektoniten gar nicht der Fall sein kann.

Nach dieser Auffassung sind die (ac)-Risse ebenso wie die anderen Ebenen des Planes abc syngenetisch mit so ganz andersartigen Gefügedaten wie Schieferung und Stengelung. Alle Gefügeflächen in abc verdanken ihr Dasein demselben Vorgang, dessen Symmetrie in Korngefügen außerdem meistens durch

mechanische Gefügeregelung Ausdruck findet. Ist diese letztere selbst derart,
daß sie Spaltbarkeit des Gesteines in Richtung jener Gefügeflächen mit sich
bringt, wie z. B. bei Einregelung der Quarzachsen in (ac), so können Klüfte der
Zonen von abc auch als Funktionen bereits erfolgter Regelung auftreten. Hiermit wäre es durchaus vereinbar, daß auch Einzelkörner in ungünstiger Lage zum
Kohäsionsminimum gespalten werden. Jedoch ist die Spaltbarkeit als alleinige
Funktion der Regelungs-Anisotropie bisher nicht mit Sicherheit nachgewiesen.

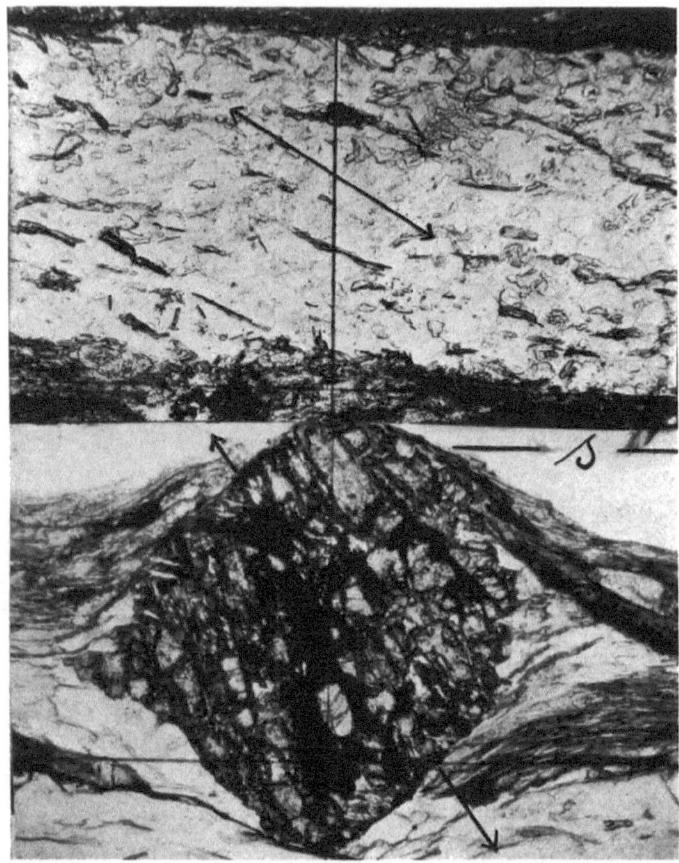

Abb. 95. Quarzphyllit. Brixen, Südtirol. Oben nach ($b\,c$) längsgeschnittener Quarzstengel mit glimmer-
belegtem einscharigem ($0\,k\,l$). Vergr. nahe 35. Unten korrelat zur Bewegung in b um a rotierter Granat mit
verlagertem $s\,i$. Vergr. 75.

2. ($0\,k\,l$)-Flächen bzw. Flächen symmetrisch schief zu B. In bezug auf allgemeinste Verbreitung, dichte Folge, homotrope und heterotrope Verheilung
(mit beträchtlicher mittelbarer Teilbewegung) und Unabhängigkeit von der
durchsetzten Kornlage (z. B. D 44 und S. 190) durchaus neben die (ac)-Flächen
zu stellen, aber noch weit weniger erkannt und im unorientierten Schliffe erkennbar als diese. Die ($0\,k\,l$) sind sowohl als leere Haarrisse, als homogen verheilt
(Abb. 68), als belegt mit Glimmer und weiter geradezu zu Schieferung ausgestaltet zu finden (Abb. 95). Wie ($h\,0\,l$) sind sie selten gleichscharig (an manchen
Stellen in D 44) fast immer ungleichscharig (merkbar auch in D 44) bis einscharig (Abb. 95) tautozonal (um a) rotiert, gelegentlich (so in D 172, 173) mit

Rotation von Holoblasten (mit si) und anderen Zeichen von Bewegung in b verbunden (Abb. 95). Sie entsprechen eben in jeder Weise dem mit Strain $E\,[a, b\,(B), c]$ rechtwinkelig gekreuzten Strain $E'\,[a',\,b,\,(B' \perp B),\,c]$ unserer allgemeinen Erörterungen des Planes 2 (S. 57) und entsprechen darin vollkommen den ebenfalls auf E' beziehbaren Regelungen wie die (bc)-Gürtel der $B \perp B'$-Tektonite (D 172, 173, 201—211 u. a.). Eben die weite Verbreitung von $(0kl)$-Rissen und ihren Ausgestaltungen bis zur „Schieferung" ist neben den B'-Gürteln und den direkten Anzeichen von Bewegung längs B in a, $b\,(B)$, c ein wichtiger Grund für die Zuordnung der betreffenden Züge der Regeln zu E'.

Abb. 96 zeigt $(0kl)$ verglimmert in Granat im Schliffe (bc), s durch Quarz und Biotit bezeichnet; außerhalb des Granats ist $(0kl)$ durch Tuschmarken fortgesetzt. Abb. 97 zeigt (ac)-Klüfte (weit offen) und feinere abzweigende $(0kl)$-Klüfte im (bc)-Schliff eines Marmortektonits. Abb. 98 ist das Schema für die Beziehungen der $(h0l)$- und $(0kl)$-Flächen bei Annahme zweier gekreuzter Strainellipsoide (E und E'), von deren jedem nur 1 Oktant und nur 1 Kreisschnitt eingezeichnet ist;

Abb. 96. Wie Abb. 94. Stelle mit vorwaltenden $(0kl)$-Klüften.

die Annahme entspricht einer nach bisheriger Erfahrung besonders häufigen Kreuzungsart rechtwinklig gekreuzter Strains.

Abb. 97. Marmor. Jaufen, Südtirol. Vergr. nahe 35. Schliff nach $(b\,c)$. Mylonitisierung; Risse nach $(a\,c)$ und $(0\,k\,l)$.

Im gemeinsamen Mittelpunkte liegt E in den Beckerschen Koordinaten xyz und mit Kreisschnitt $(h0l)$. Dieser wird zu $(ab) = s$ im Achsenkreuz abc zu E. Dieses abc wird $x'y'z'$ für den Strain E', wonach b' mit a, a' mit b und c'

mit c zusammenfällt. Die Kreisschnitte von E' ergeben mithin $(0\,kl)$-Flächen im Achsenkreuz abc.

Weitest verbreitete $(0\,kl)$-Fugen ausgestaltet bis zu „Schieferungen“, begleitet von anderen Zeichen von Querdehnung und schiefer Pressung in (bc) des Achsenkreuzes abc, und begleitet von Regelungsmaxima, welche sich zu $(0\,kl)$ ganz so verhalten, wie andere zu $(h\,0\,l)$ lassen sich mithin zusammen mit diesen Begleiterscheinungen als Gefügekorrelat rechtwinklig gekreuzter Strains E; $a, b\,(B), c$ und E'; $a', b'\,(B'), c'$, und diese folglich nicht nur als kinematische Möglichkeiten, sondern G. Beckers Auffassungen in wesentlichem bestätigend als wirkliche Fälle erkennen. Die bisher als durchaus typisch hervortretende Rechtwinkeligkeit der Kreuzung ist vorläufig besser auf einen symmetriekonstanten Prägungsakt (aus wechselnden Teilakten E und E'?) als etwa auf das Diktat der von einem zweiten, im übrigen unabhängigen Akte E' vorgefundenen Symmetrie nach E zurückzuführen. Um aber letzteren Einfluß klarer zu sehen, ist das auch experimentell durchführbare Studium überprägter anisotroper Gefüge viel umfänglicher als bisher durchzuführen und die Theorie der gekreuzten Strains, solche Befunde ableitend überhaupt nachzubringen, was nicht Gegenstand dieses Buches ist.

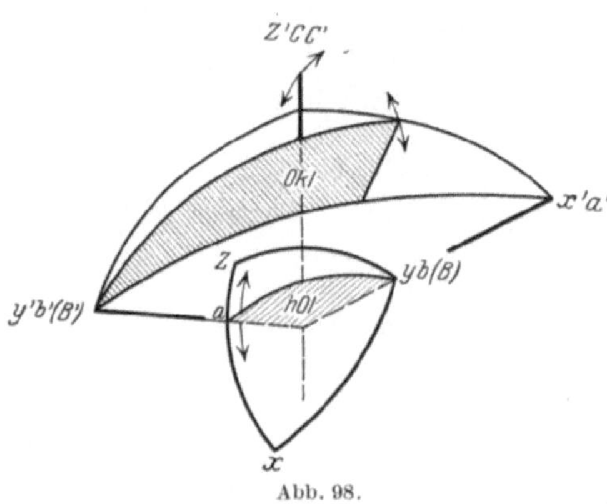

Abb. 98.

Diese Auffassung des Korngefüges von Tektoniten, was Bewegung quer zum tektonischen Strömen a anlangt, fügt sich gut in das tektonisch zu Erwartende und Bekannte. Weder bei freiem Abfließen eines geologischen Großbereiches, noch bei dessen Umformung „zwischen bewegten Backen“ ist eine Plättung mit dem einzigen Richtungssinne a im geringsten wahrscheinlich.

Wahrscheinlich, aber weniger beachtet, ist vielmehr, daß namentlich senkrecht zur tektonischen Strömungsrichtung oder zur Distanzlinie der kauenden Backen Querdehnung und Stauung auftritt; wie solche als Streckung und Querfaltung lange aus den Alpen beschrieben wurde.

Einzelscherflächen, Harnische, Scheinharnische, Harnischmylonite. Auf Einzelscherflächen mit Riefung R kann die Gleitgerade $\perp R\,(R_1 = $ Striemung$)$ und $\|\, R\,(R_2 = $ Rillung$)$ liegen. In dem sehr oft im Gefüge (für das freie Auge, das Tastgefühl, die Gefügeanalyse) abgebildeten monoklinen Bewegungsbild entspricht also R entweder den allgemein zylindrischen Elementen quer zur Strömung $(\|\, B)$, mit der Ebene der Durchbewegung und Symmetrie $\perp B$ und $\perp R$ bzw. normal zu den der Quere nach bilateral-symmetrischen Elementen und Gefügedaten der „Striemung“ $= R_1$. Oder R entspricht den Stromfäden $(\perp B)$ in der Ebene der Durchbewegung und Symmetrie $\perp B$ und $\|\, R$; bzw. parallel zu den bisweilen nur in kleinen Bereichen der Länge nach bilateralsymmetrischen Elementen der „Rillung“ R_2.

Es ist noch ungeklärt, aber nach Analogien wahrscheinlich, daß das R der Einzelscherflächen bei langsamerer Relativbewegung als Striemung $(R_1 = b)$, bei rascherer als Rillung $R_2 = a$ auftritt.

Es ist durchaus möglich, daß sich in einer Scherfläche am selben oder namentlich an verschiedenen Mineralen R_1 und R_2 wahrnehmen läßt, schon ohne daß eine andere Überlagerung zweier rechtwinkelig gekreuzter Gleitgeraden vorliegt.

Im selben Bewegungsbild kann die eine Kornart bereits im Sinne der Stromfäden z. B. Stäbchen $\parallel$ den Stromfäden eingeregelt sein, wonach der seidige Glanz der Harnischflächen mit seiner Faser dem R_2 entspricht; es hängt dies außer von einer Grenzgeschwindigkeit auch von der Gestalt, Reibung, Rotierbarkeit usw. der Kornart ab, und gleichzeitig kann eine andere Kornart in ihrer Regelung nur R_1 zum Ausdruck bringen. Ob solche Fälle oder andere Überlagerung zweier Bewegungen vorliegt, ist im allgemeinen nur gefügeanalytisch zu entscheiden.

Harnische sind Einzelscherflächen ohne allgemeine Aussage über Anzahl und Abstände voneinander, mit oder ohne Rekristallisation, mit $a \parallel$ zur Riefung. Nur durch letzteres unterscheiden sie sich begrifflich von anderen Scherflächen (u. a. Scheinharnischen) mit $a \perp$ zur Riefung. Riefungen sind also auf echten Harnischen Stromfäden, Rillen, R_2; auf Scheinharnischen zylindrische Elemente $\parallel b$, Striemungen, R_1.

Wenn sich auf Harnischen zwei rechtwinkelig gekreuzte lineare Systeme sehen lassen, so ist zunächst immer an einen inneren Zusammenhang als Kreuzung von B-Achsen oder $B \perp$ Stromfäden korrelat zum gleichen Strömungsakte zu denken, aber auch eine genau rechtwinkelige Änderung von a ohne inneren Zusammenhang kann vorkommen, dann aber begleitet von schiefen Kreuzungen.

Die Kriterien für Zugrisse oder Scherungsrisse sind sehr genau zu nehmen. Ist r die fragliche Ruptur, bedeckt mit einer Riefung R, so muß in beiden Schliffen $\perp r$, nämlich $\perp R$ und $\parallel R$ die Korrespondenz der Korngrenzen getrennter Fragmente in allen Fällen erhalten sein, wenn r eine unverschobene reine Zugrißfläche sein soll. Glättung der Trennungsfugen ist kein Kriterium. Friktionsmörtel aber weist mit Sicherheit auf Scherungsrisse.

Die sich verschneidenden Teilscherflächen von Scheinharnischen sind sehr oft im polierten Schliff senkrecht zur Striemung mit der Nigrosinfärbung nach Hirschwald sichtbar zu machen. In manchen Fällen ist die Regelung des Korngefüges so, daß die Teilscherflächen mit Gleitung $\perp R$ sich in den kornregelnden Durchbewegungsmechanismus symmetriegemäß einordnen. Zu jeder Untersuchung, in welcher „Harnische" gedeutet werden sollen, gehört also die Färbung und Gefügeuntersuchung der Harnische in Hauptschnitten. Solche Untersuchungen haben außer der tektonischen eine besondere rein gefügekundliche Bedeutung. Einzelscherflächen können Verschiebungsbeträge, den Zustand des benachbarten Unzerscherten, das Auftreten zunehmenden Friktionsdetritus', dessen Regelung und Rekristallisation und schließlich auch große bis ganz geringe und unter Korngröße sinkende Distanz der Scherflächen (undichte und dichte Scherflächen) beobachten lassen; z. B. Granit des Melibokus (D 22—27). Das Gestein ist von Scherungsfugen mit dickem Mylonitbelag bis zur Sichtbarkeitsgrenze, in Parallelscharen, welche kleine Winkel bilden, durchzogen. Insbesondere sind die Scherflächen mit Quarz belegt (Abb. 99), welcher also mit technologisch sehr wohldefinierter Einspannung deformiert wurde: zwischen zwei übereinander gleitenden, harten, „bewegten Backen" einen idealen Sonderfall eines mikroskopischen Bewegungshorizontes darstellend. Der geradezu experimentell wohldefinierten Einspannung und schärfster Lokalisierung der ganzen Scherung in Quarzlagen von der Mächtigkeit von einem bis zu beliebig vielen Korndurchmessern entspricht die klare Regelung der D 22—27 und Abb. 99 im Schnitt ($b\,c$).

Zwischen Scherflächen in Gesteinen liegt im allgemeinen und mit Sicherheit in den Fällen größeren Verschiebungsbetrages und auftretender Polituren, welche der Geologe als Harnisch anspricht, eine bisweilen makroskopisch nicht mehr sichtbare Lage von Harnischmylonit. Wenn man von Harnischmyloniten auf andere gesteinsmächtige Tektonite übergehen will, so ist zu betonen, daß die

Gesichtspunkte für das Studium der Tektonite überhaupt auch für Harnischmylonite gelten. Man kann unter Harnischmyloniten Gesteine mit nachkristalliner, parakristalliner oder vorkristalliner Deformation der einzelnen Komponenten, Gesteine mit teils vorkristalliner, teils nachkristalliner Deformation der Gefügekörner (Blastomylonite), Gesteine mit und ohne Stofftransporte, mit und ohne tektonische Entmischung begegnen. In den Beispielen vom Melibokus

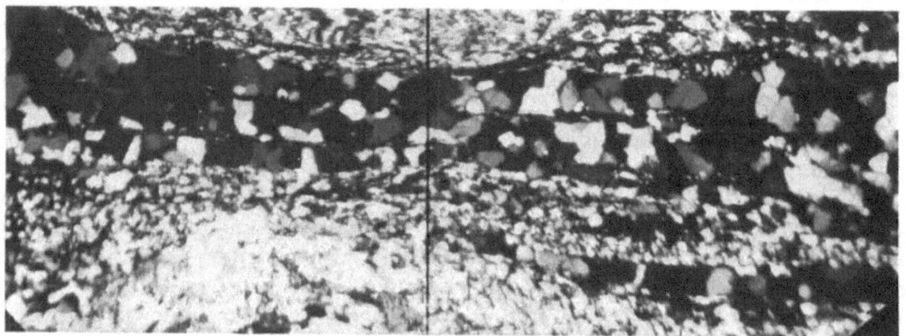

Abb. 99. Melibokusgranit. Odenwald. Vergr. nahe 35. Querschnitt durch quarzbesetzte Einzelscherflächen parallel zur Riefung. Überisotropes Quarzgefüge (Harnischmylonit) im Schnitt (*b c*).

handelt es sich um vollkommen mechanisch unversehrte, restlos vorkristallin deformierte Quarz-Harnischmylonite, deren Gefüge nun näher beschrieben wird; hierzu Abb. 99—101.

Einzelscherflächen mit Kristallisation im Granit (Melibokus). Schon mikroskopisch dünne Harnischmylonite zeigen bisweilen Beteiligung von unserizitisierter Friktionsbreccie aus basischem Feldspat (Oligoklas) in albitischer Rekristallisation,

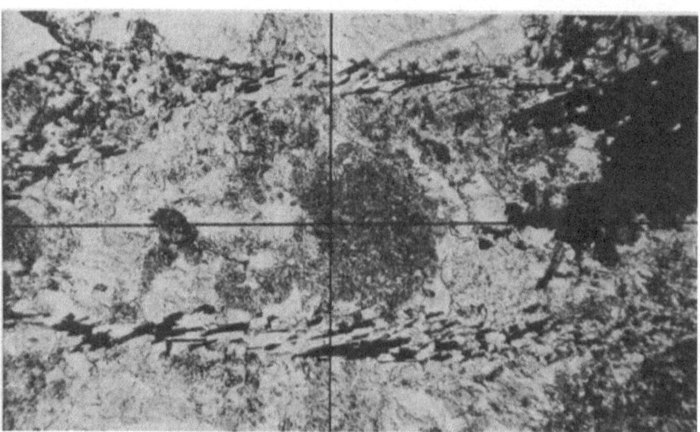

Abb. 100. Wie Abb. 99. Querschnitt durch glimmerbesetzte Einzelscherflächen.

ferner die von den deformierten Granitbiotiten zu unterscheidenden neukristallisierten Biotite. Diese Biotite und kleine Hornblenden, ferner kleine Nädelchen, welche nicht mehr zwischen Hornblende und Epidot entscheiden lassen, sind für die gefügeanalytische Definition der auch makroskopisch als seidige Faser gekennzeichneten Riefung *R* der Harnische von Wert. Die Nädelchen liegen parallel *R*. Die Biotite haben sich kristallisierend sowohl den im Querschnitte wellenlinigen Harnischriefen als den im Mylonit schwimmenden rundlich und scharfeckig umrandeten Mineralfragmenten mit (001) angelagert. Das Diagramm $\perp R$ D 22 zeigt beträchtliche Besetzung der Peripherie, von einem Gürtel $\perp R$ zunächst ununterscheidbar, aber von dem Gürtel eines bis zum Korn homogenen Bereiches durch das Diagramm $\parallel R$ zu unterscheiden. In derartigen Fällen — einen derselben gibt D 23 — haben wir eine ziemlich scharfe Besetzung der Peripherie oder irgendeines einzelnen Untermaximums im Scheingürtel $\perp R$ (D 22). Eben daß dieser Scheingürtel $\perp R$ im Diagramm eines einzelnen Schliffes $\parallel R$ unvollständig und ungleichmäßig besetzt wird, bezeugt, daß die Glimmer den wellenlinigen Riefen angelagert sind, gleich wie bei kristallin abgebildeter Fältelung; daß mit anderen Worten das Glimmergefüge in bezug auf kleine Bereiche (vom Ausmaße der Riefungswellen) nicht homogen geregelt ist; in bezug auf diese Bereiche nur ein „Scheingürtel" besteht. Ob die Biotite passiv keimgeregelt und weitergewachsen sind, ist nicht zu entscheiden; vielleicht bilden sie nur Intergranularen im Harnisch ab (angelagerte Biotite!). Die winzigen Biotit-

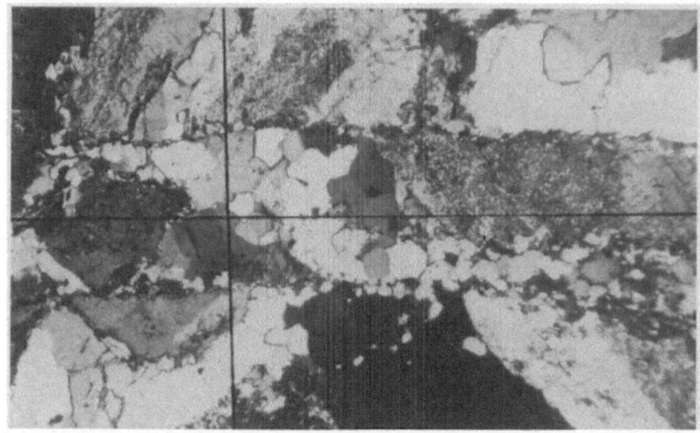

Abb. 101. Wie Abb. 99. Querschnitt durch zwei fast unbesetzte Einzelscherflächen.

schüppchen gleichen vollkommen, auch was ihre Anlagerung an andere Körner anlangt, den rekristallisierten Biotitschüppchen der Granulite. Außer durch Biotit ist R noch definiert durch das S. 182 ff. nach D 24—27 schon beschriebene reine Quarzgefüge mit Maximum I in a, wobei $a \perp R$ im Harnisch liegt. Der Flächenschliff (Abb. 102) legt folgende Züge fest.

Genau senkrecht auf R stehen:

1. Sehr deutliche Längung der Quarze.

2. Die Quarzachsen.

3. Die Spuren auf s von sehr dicht gesetzten, haarscharfen, geradlinigen (ac)-Rissen (Tuschmarke der Abbildung).

Parallel mit R verlaufen weniger dicht gesetzte zickzackige Rupturen. Die Teildiagramme der Zeilen decken sich: vollkommen homogener Aufbau. Dasselbe gilt von jenen Stellen der Quarzlage, welche in Gestalt kropfiger, zwischen Feldspatbrocken eingepreßter Schlingen vorliegen, wie D 24 zeigt. Wir erhalten so ohne jede Abweichung an derartigen Stellen das isolierte, nur auf ein einziges Kornverhalten rückführbare Maximum I, wenn wir $R \parallel b$ setzen. D 25 gibt eine reine Quarzlage, welche nur die Mächtigkeit eines Quarzkornes besitzt, also im Schliffe eine Reihe bandwurmartig aneinander schließender Körner sehen läßt. Der Quarz erscheint zu einem langen Faden von 1 Korn Mächtigkeit ausgezogen und rekristallisierte mit nur 1 Korn Mächtigkeit. Diese Lage berührt

die eben beschriebene von D 24 im gleichen Schliff an einer Scherfläche und
bildet mit derselben einen Winkel von 30⁰. Ebenso schließen auch die Ebenen
(*ac*) der beiden Gefüge 30⁰ ein, vgl. auch Abb. 103. Es ist also für die Regelung
der Verlauf der einzelnen gewalzten Quarzlage entscheidend, entsprechend der
Auffassung, daß die Regelung der mechanisch unversehrten Quarzlagen dem Akte
der Ausplättung der einzelnen Quarzlage zuzuordnen ist, nicht etwa einer für das
Gesamtgestein gleichen, lastenden Kräfteanordnung im Sinne älterer Schiefe-

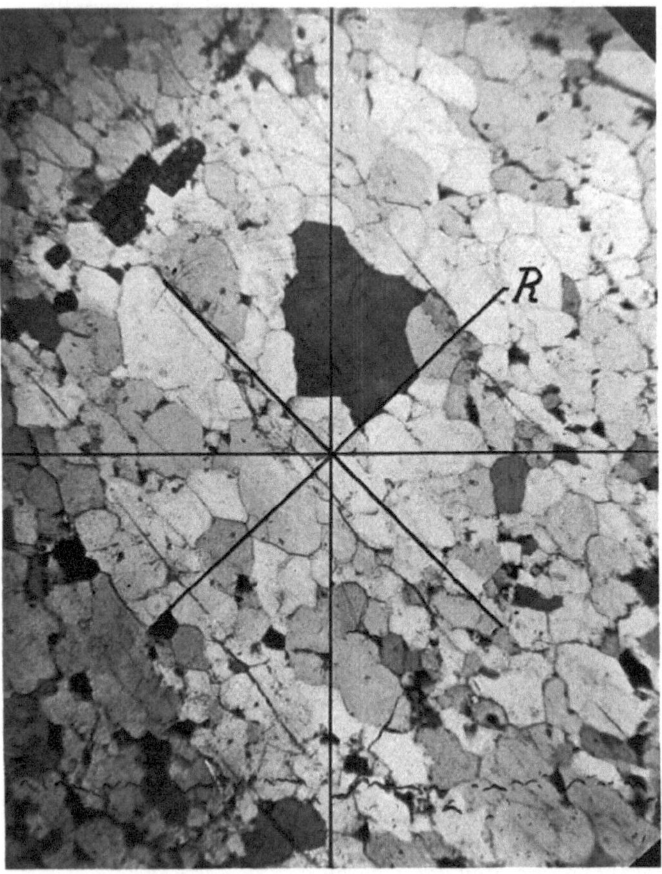

Abb. 102. Melibokusgranit. Odenwald. Vergr. nahe 35. Scharfgeregeltes Quarzgefüge = vorkristalliner
Harnischmylonit (D 22—27) im Gefügeschnitt (*a b*), *R* = Harnischriefung, ⊥ *R* Richtung der unter 45⁰ zu den
+ Nikols gestellten Quarzachsen und scharfen Risse.

rungslehre. Die einzeilige Quarzlage (D 25) enthält in *s* bis zum vielfachen
ihrer Höhe gelängte Quarzkörner. Diese getrennt von jenen, welche nichts von
einer solchen Kornform zeigen, ergeben genauestens dieselbe Besetzung.

Typische Korngestalt der Quarze im Harnischmylonit: in *s* dünnplattig,
stärkste Längung ⊥ *R*, geringere Längung || *R* im Vergleich zu diesen beiden
sehr geringe Höhe ⊥ *s*. Typische Gefügetracht: ein Korn von der beschriebenen
Gestalt mit der Hauptachse || dem längsten Durchmesser. Die Korngestalt der
Quarze ist die der so typischen Granulitquarze. Auch in seiner Regelung entspricht das Quarzgefüge den vorkristallin durchbewegten scharfen Einzel-

scherflächen im Melibokusgranit, scharfgeplätteten Granuliten und Pegmatiten. Manche Harnischmylonite des Melibokus sind eben Granulit, und es wäre schade,

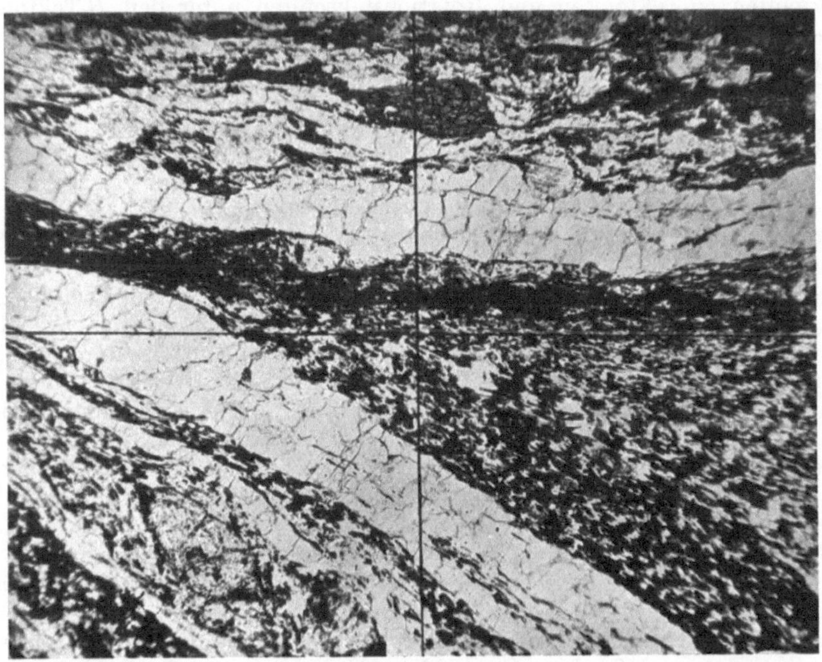

Abb. 103. Melibokusgranit. Odenwald. Vergr. nahe 35. Divergente Lagen von Quarzgefüge (1 bis 5 Korn mächtig) in Harnischmylonit.

diese heuristisch für beide Teile wertvolle Bezeichnung zu unterdrücken. An rekristallisierten Scherflächen, für deren Kristallisation vielleicht schon die zusätzliche Reibungswärme genügte, wird aus Granit Granulit.

II. Rotierte Gefüge.

Rein beschreibend definiert sind rotierte Gefüge solche, in denen gleichbedeutende Daten, also z. B. ein Untermaximum korrelat zu derselben Korntranslationsrichtung, eine $(h0l)$-Fläche u. a. m. sich derart wiederholen, daß sie um eine Rotationsachse ineinander überführbar sind oder einen Gürtel um diese Achse mehr-minder gleichmäßig besetzen. Das gilt ohne die Forderung einer Wiederholung mit gleicher Intensität. Das wiederholte Datum besetzt dann auf der Lagenkugel bzw. im Diagramm einen (Großkreis- oder Kleinkreis-) Gürtel $\perp$ zur Rotationsachse. Nicht jeder solchen Rotierbarkeit muß genetisch eine reelle Rotation des Bereiches gegenüber dem gefügeprägenden Felde entsprechen; so z. B. nicht im Falle zweier $(h0l)$, welche auf zweischarige Scherung in einer Pressung zurückgehen. In den meisten Fällen ist aber diese reelle Rotation entweder durch Wachsen des Winkels zwischen bereits angelegten Scherflächen bei fortgesetzter Pressung oder in Gestalt interner oder externer Rotation vorhanden. Schon bei Erörterung der Regelung der S-Tektonite einzelner Mineralgefüge wurden Rotationen um a oder b oder c oder mehrere dieser Achsen vielfach deskriptiv aufgezeigt und hypothetisch gedeutet.

Auch hat sich bei Darstellung der Glimmergefüge in Tektoniten gezeigt, daß rotierte Gefüge bzw. Gürtelbesetzungen sowohl durch Rotation und Wiederholung der Gefügescherflächen als einzelner Körner in einer Gefügefläche zustande kommen können. Ferner hat sich (S. 220) bereits eine Unterscheidung von S-Tektoniten, B-Tektoniten und Rotationstektoniten unter den B-Tektoniten ergeben. Als wichtigste Fälle rotierter Gefüge werden nun B-Tektonite und trikline Tektonite (als $B \perp B'$ Gefüge) schärfer gekennzeichnet.

B-Gefüge. Als zylindrische Elemente $\parallel B$ treten Falten bis Stengelfalten und (mehrkörnige oder einkörnige) Stäbe hervor, und zwar sowohl in homogenem (s. später Scherfalten!) als in nichthomogenem (s. später Biegegleitfalten) B-Gefüge. Gefügeanalytisch ist Gürtelgefüge entstanden entweder durch mehrere $(h0l)$ als Gefüge- oder Kornscherflächen, oder durch Rotationslagen der Körner, oder durch Faltung und Riefung mit $R = B$. Ein deutliches Beispiel für die Entstehung eines Gürtels durch Faltung gibt die auf S. 257 beschriebene Falte aus geregeltem und noch nachträglich symmetriekonstant gebogenem Quarzit. Man sieht, daß für kleine Bereiche in der Falte oder bei Einmessung mit Abwicklung (s. S. 258), was einer Aufrollung der Falte entspricht, ein Gürteltektonit mit sehr betontem Untermaximum resultiert. Greift man aber den Bereich über die ganze Falte — legt also die 3 vorhandenen Diagramme D 162—164 mit gedeckten Indizes (mithin nichtgedeckten s) übereinander, so erhält man schon aus den 3 Diagrammen einen viel ausgesprocheneren Gürtel. Einer Biegefalte entspricht eben im Diagramm dieselbe Rotation örtlicher Diagramme, welche durch die Verbiegung der Falte reell vollzogen wird.

B-Tektonite oder Gürteltektonite wurden früher im Korngefüge rein beschreibend dadurch definiert, daß Bezugsrichtungen einer, mehrerer oder aller Kornarten einen Gürtel in (ac), also normal auf $b = B$ besetzen. Diese Besetzung erfolgt fast immer mit insularen Untermaxima. Die Breite des Gürtels wächst in manchen Fällen so, daß nur noch eine kleine Unterbesetzung der Lagenkugel mit den betreffenden Polen rings um B den Gürtel anzeigt. Die Untermaxima weisen entweder auf 1 s-Fläche mit verschiedenen Stadien der Einregelung der betreffenden Kornart, oder auf 2 und mehr s-Flächen, oder auf Umfältelung im Gefüge mit Achse B.

Genetisch gehören monokline B-Tektonite in den Plan 1. Es kann sich hierbei sehr wohl um zeitlich (z. B. durch Kristallisationen) unterscheidbare Deformationen nach Plan 1 handeln und in dieser Hinsicht ist der B-Tektonit einphasig oder mehrphasig. Was die Rotation um B anlangt, so ist diese entweder nur eine interne oder eine externe. Hiernach ist zu beachten, ob ein B-Tektonit 1. ohne Externrotation, 2. mit Externrotation und ob er a) einphasig oder b) mehrphasig geformt ist. Um die Schnittgerade zweier beliebiger, voneinander genetisch unabhängiger Scherflächen von einer B-Achse begrifflich brauchbar zu trennen, setzen wir als notwendige und hinlängliche Bedingung für eine B-Achse, daß die Gleitgeraden a in den beiden Scherflächen beide auf der Schnittgeraden senkrecht stehen. Diesfalls gehören dann beide Scherflächen einer symmetriekonstanten Umformung an, deren zeitliche Kontinuität oder Unterbrechung festzustellen wir meistens kein Mittel besitzen, so daß wir diese zeitliche Kontinuität nicht als Forderung in eine praktisch brauchbare Definition von B-Achse nehmen können.

Aus dem Gesagten geht hervor, daß B eine Schnittgerade von Scherflächen oder eine Faltungsachse oder beides ist.

Für die Bildung stengeliger Gefügeelemente gibt es zwei grundsätzlich zu unterscheidende Arten:

1. Formung der Stengel als Teile nach B (als Scherungsachse) aus größeren Elementen. Sicher nachgewiesen.

2. Füllung von Hohlräumen nach B, gefüllte Blockierungsporen; noch nicht nachgewiesen.

3. Falten werden zu Stengeln.

Mit Sicherheit ergibt sich bei Messung im Streichen der Stengel weit größere Konstanz der Besetzung als quer zum Stengelstreichen. Die Abb. 104—108 zeigen mehrkörnige Stengel im Schnitt $\parallel B$ und $\perp B$. Die B-Tektonite D 49—60, 84—93, 116—118, 139—153, 162—173 und andere geben gefügeanalytische Beispiele.

Um B-Achsen nicht mit zylindrischen Gebilden in a zu verwechseln, sind ebenfalls genauere Unterscheidungen nötig. Je nachdem in einem Gefüge die zu a oder die zu b parallelen Elemente mikroskopisch (als Riefen, B-Achsen usw.)

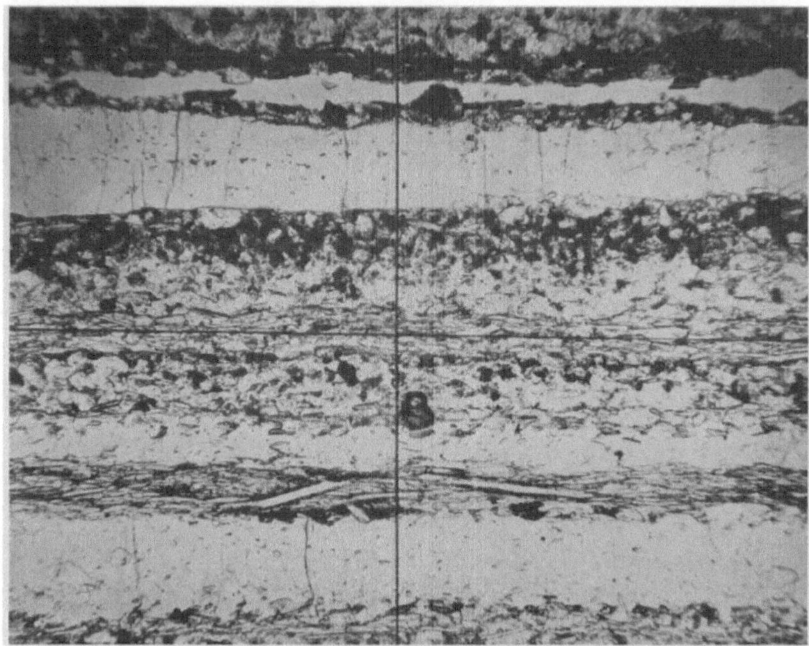

Abb. 104. Stengelgneis. Böhmen. Vergr. nahe 35. Schliff $\parallel B$ zu D 53—55. Helle Quarzlagen mit $(a\,c)$-Rissen. Ohne Nikol.

und im Kleingefüge hervortreten, können a-Gefüge, b-Gefüge und im Falle der Deutlichkeit von beiderlei Zügen $a + b$-Gefüge unterschieden werden. Es läßt sich dann z. B. kurz sagen, daß rasche Schmelzergüsse, schnelle Scherungen (echte Harnische) u. a. m. a-Gefüge, manche Harnische $a + b$-Gefüge aufweisen.

Für eine Gegenüberstellung der beiden kinematisch ganz verschiedenwertigen zylindrischen Gefügeelemente $\parallel a$ „Längsfäden" und $\parallel b$ „Querfäden" betrachten wir zuerst die Gestalt solcher Elemente, dann ihre Regelung auf deren Wert für die Entscheidung, ob ein Längsfaden oder ein Querfaden vorliegt.

Beiderlei Elemente sind zylindrisch und haben demgemäß eine Symmetrieebene senkrecht zur Zylinderachse. Sie sind also an Symmetrieeigenschaften ihrer Gestalt nicht unterscheidbar, solange wir Fälle betrachten, bei welchen die Bewegung eine eben laminare—parallele Schichten gegeneinander verschiebende— ist. Treten wickelnde Bewegungen dazu, so unterscheiden sich L und B. Bei bilateraler Umformung mit der Hauptebene der Umformung $\perp B$ und mit der

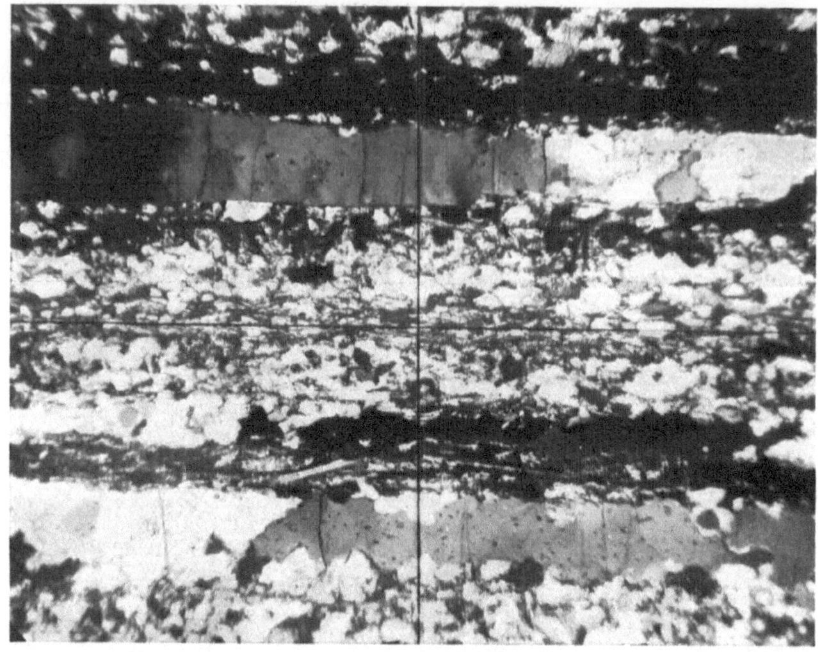

Abb. 105. Wie Abb. 104; mit + Nikols. Quarzüberindividuen gelängt ‖ *B*.

Abb. 106. Stengeliger Kalkphyllit. Brenner, Tirol. Vergr. nahe 35. Schliff ⊥ *B* zu D 139.

Transportrichtung $\perp B$ haben auch auftretende wickelnde Bewegungen und ihre Korrelate im Gefüge eine Symmetrieebene $\perp B$ also normal zum Faden, so daß diese — in B-Tektoniten mit Externrotation so häufigen — Bewegungen in ihrer Symmetrie ganz so wie die laminaren, derselben symmetriegemäß geregelt, verlaufen.

Treten dagegen in einem Längsfaden (Stromfaden) durch örtliche Inhomogenitäten wickelnde Bewegungen auf, so liegt deren Achse quer zum Faden,

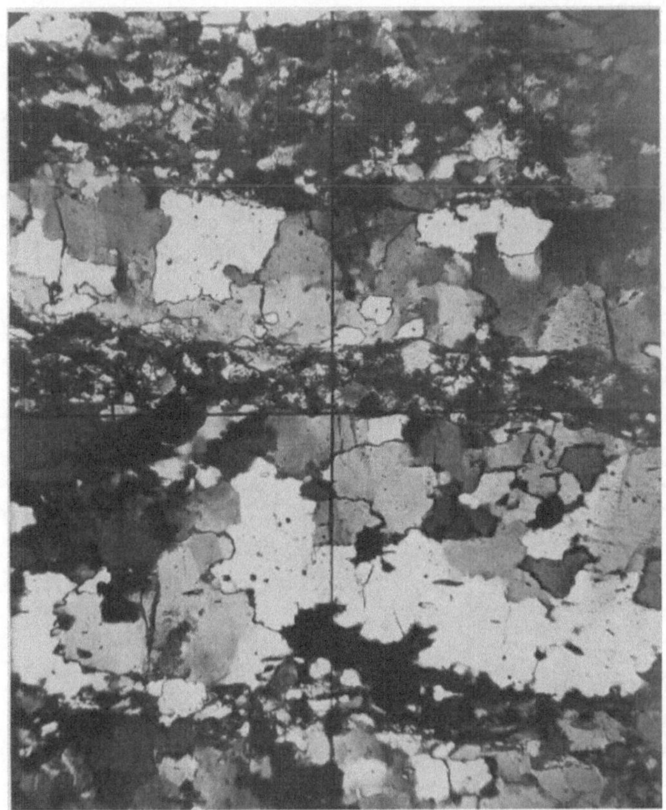

Abb. 107. Stengelgneis. Niederlauterstein, Sachsen. Vergr. nahe 35. Schliff $||\ B$ zu D 49—52.
Zwei Quarzstengel, längsgeschnitten.

deren Symmetrieebene parallel zum Faden L und die Symmetrieebene $\perp$ zum Faden ist für den Bereich mit merklicher Wickelungskrümmung aufgehoben.

Beide Erscheinungen sind durch Strömung in unebenen Gerinnen alltäglich veranschaulicht.

Es lassen sich also Längsfäden und Querfäden an ihrer äußeren Gestalt nur im Falle des Auftretens wickelnder Bewegung durch Symmetriebetrachtung unterscheiden.

Hiervon ist praktisch Gebrauch gemacht, wenn der Finger die Riefen eines Harnisches längs übergleitet und man einen Unterschied der Richtung festzustellen versucht. Ist ein solcher festzustellen, so liegt ein Längsfaden mit Störungsstellen und aufgehobener Symmetrieebene $\perp$ zum Faden vor, und man ist dessen erst gewiß, daß ein echter Harnisch mit der Transportrichtung parallel der Riefung, also mit Rillung, überhaupt vorliegt. Läßt sich aber kein solcher Unterschied durch den mit verschiedenem Richtungssinne längs des Fadens streichenden Finger feststellen, so kann es sich um genügend eben laminare Bewegung handeln und es entscheidet mithin dieser Versuch nicht, ob ein Längsfaden oder ein Querfaden (*B*) vorliegt.

Wir gehen nun zur Unterscheidbarkeit von Längsfäden und Querfäden an ihrer korrelaten Regelung über. Dabei ist eine Systematik der Fälle nötig, je nachdem die Regelung durch Einstellung von Geraden oder von Ebenen zur Transportrichtung erfolgt.

Wenn bekannt ist, welche kristallographische Gerade in die Gleitgerade der laminaren Bewegung (also in die Transportrichtung) bei mechanischer Gefüge-

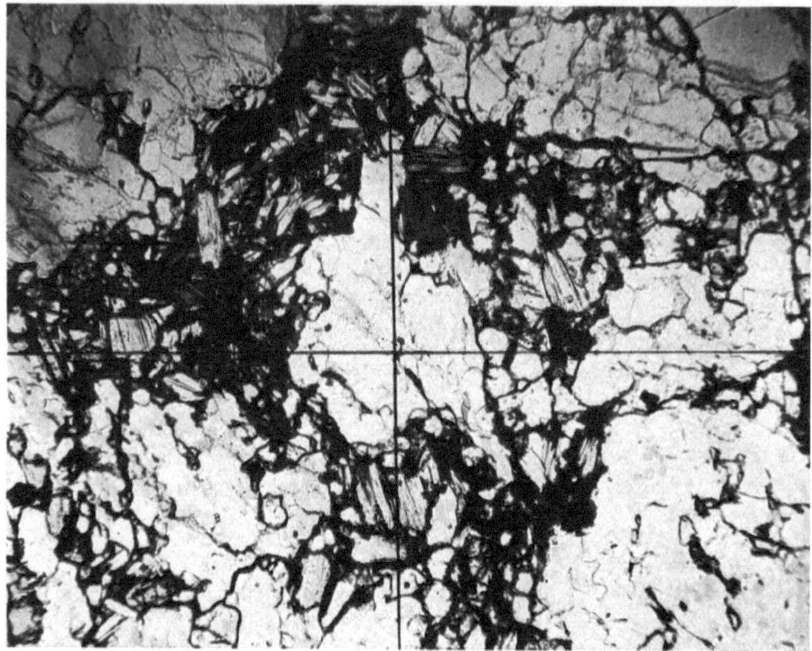

Abb. 108. Querschnitt $\perp$ *B* zu Abb. 107; ohne Nikol. Von Glimmer umringte (helle) Quarzstengel.

regelung eingestellt wird, so ist durch das Gefügediagramm ohne weiteres entschieden, ob ein Längs- oder Querfaden vorliegt. Es ist das für Quarz (unter bestimmten Bedingungen), für Kalzit und einigermaßen auch schon für hellen Glimmer bekannt, woraus sich schon der Wert einer Gefügeanalyse zweifelhaften Transportrichtungen gegenüber ergibt.

Wenn nur die Fläche (aber innerhalb derselben keine Gerade) bekannt ist, welche in die Schichten laminarer Bewegung, also zur Transportrichtung eingeregelt wird, so liegen diese Flächen entweder genau (selten!) in den Schichten und die beiden Fälle sind nicht unterscheidbar, oder die Flächen liegen tautozonal um den Faden als Zonenachse, ihre Pole also auf einem Gürtel normal zum Faden und der Faden ist ein Querfaden oder ein mehr und mehr unbestimmter Faden eines mehr und mehr hervortretenden $B \perp B'$-Gefüges.

Nehmen wir nun noch an, daß nichts bekannt sei als die Symmetrie der Diagramme und aus dieser soll zwischen Längs- und Querfaden entschieden werden. Wir kennen kaum einen Einregelungsmechanismus durch Rotation zwischen einander übergleitenden Schichten, welcher zu einer vollkommen exakten Einregelung führt; vielmehr ist die Rotation eine unvollständige und läßt so den Richtungssinn der Relativverschiebungen vielfach ablesen, wie für Glimmer S. 209 gezeigt wurde. Das bringt nun gar keine Beeinträchtigung der Symmetrieebene $\perp B$, also $\perp$ zu einem Querfaden mit sich, wohl aber ist eine merkliche Beeinträchtigung der Symmetrieebene $\perp$ zu einem Längsfaden zu erwarten. Wir werden also vielfach im Diagramm die Symmetrieebene normal zum fraglichen Faden scharf finden, wenn der Faden ein Querfaden ist, undeutlich, vereinseitigt, wenn der Faden ein Längsfaden ist. Auch auf diesem Wege kann die Gefügeanalyse über die Schlüsse, welche sich lediglich aus der gestaltlichen Symmetrie der Fäden ergeben, hinausführen, wobei aber wieder $B \perp B'$-Gefüge die Entscheidung unmöglich machen können, ganz folgerichtigerweise, da ja der Unterschied beider Fäden auch begrifflich verschwindet.

Rotiertes Gefüge und Deutung der Regelung. Die Ableitung der Regelung, z. B. der Quarzregelung in Tektoniten (vgl. S. 183 ff.), kann bei den gegebenen möglichen Lagen der Maxima auf zwei Wegen versucht werden. Entweder man geht von einer s-Fläche mit einer Gleitrichtung aus, in welche als Gefügegleitfläche die Korngleitflächen f und -richtungen r eingeregelt werden. Der Bewegungsakt ist dann kinematisch der einfachste; die Maxima sind verschiedenen f und r der Körner zugeordnet. Oder man rechnet mit komplizierteren Bewegungsakten des Gesamtgefüges, wobei dann die Anzahl der anzunehmenden f und r geringer wird. Der zweite Weg wurde z. B. für Quarz begangen, wenn sich die erste Erklärung nicht als ausreichend erwies oder wenn sich direkte Anhaltspunkte für Rotationen um b und a und für die Annahme zweier rechtwinklig gekreuzt übereinander geprägter Strainellipsoide, E und E', ergeben hatten.

So besagt z. B. Schmidts (L 68) Ableitung der Quarzmaxima im Tektonit mit 1 s: Bei Gleitung in der s-Fläche (ab) mit Gleitgerader a und mit $c \perp (ab)$ entsteht das Maximum I in a durch Einregelung von [0001], ein Maximum (II) von a um 41^0 gegen c entfernt durch Einregelung von $[21\bar{1}3]$ in $(2\bar{1}\bar{1}2)$, ein Maximum (III), von b um 38^0 gegen c entfernt durch $[21\bar{1}0]$ in $(10\bar{1}1)$; Interferenz beider letzteren Maxima führt zur Besetzung der zwischen beiden liegenden Großkreise (durch a), wobei ein zu (ac) mit 30^0 geneigter Großkreis bevorzugt sein kann. Diese Annahme für sich allein konnte die vorhandenen starken Maxima genau auf den Bögen 1. $II - c$, 2. $III - c$, $III - b$, 3. $I - b$ nicht erklären; sie wurden aber ableitbar, wenn man Rotationen annahm im Falle 1 um b; im Falle 2 um a; im Falle 3 um c; wobei Fall 3 am seltensten, Fall 1 am häufigsten ist. Eine analoge — bei tieferer Einsicht werden wir sagen dieselbe — Stufung in der Häufigkeit des Vorkommens kommt den Gebilden tektonischer Tangentaltransporte zu, was die Rotationen des Strainellipsoids anlangt und wird vom Tektoniker begegnet als 1. häufige Inkonstanz des Fallens, 2. vertikale und 3. horizontale Verbiegung der Streichlinie. Die Annahme solcher Rotationen ist nun im folgenden für Quarzgefüge genauer durchgeführt.

Ein Quarzmaximum wandert auf $a - c$, dabei ist neben allen möglichen Zwischenlagen deutlich bevorzugt: a und eine Stelle, welche von a um $\sphericalangle \varphi'$ entfernt ist. $\sphericalangle \varphi$ ist nach W. Schmidt 41^0, nach meinem Mittelwert 38^0. Ein Maximum wandert auf $b - c$; dabei ist neben allen möglichen Zwischenlagen deutlich bevorzugt eine Stelle, welche von b um $\sphericalangle \varphi''$ entfernt ist. $\sphericalangle \varphi''$ ist nach W. Schmidt 38^0, nach meinem Mittelwert 43^0. Nehmen wir für $\sphericalangle \varphi'$ und $\sphericalangle \varphi''$ das Mittel aus W. Schmidts und meinen Werten, so ergibt sich $\sphericalangle \varphi' = 39{,}5$; $\sphericalangle \varphi'' = 40{,}5$. Das heißt angesichts der möglichen Genauigkeit $\varphi' = \varphi'' = $ rund 40^0.

Die (ac)-Maxima und die (bc)-Maxima liegen also mit Bevorzugung von $\sphericalangle \varphi = 40^0$. Das gilt statistisch; im Einzelgestein kann φ' von φ'' beliebig verschieden sein: Die Besetzungen von (ac) und (bc) sind im Einzelfalle in einem bestimmten Gestein voneinander unabhängig. Die Ebene (ab) ist für die Besetzungen auf (ac) und (bc) bisweilen Symmetrieebene, sehr oft aber nicht. Im letzteren Falle ist sowohl im Schliffe (bc) als im Schliffe (ac) die mediane Symmetrieebene (ac) bzw. (bc) aufgehoben. Das Gefüge zeigt mithin nicht mehr einfach die Symmetrie ungestört gleichufriger monokliner Durchbewegung und kann also von keiner solchen erzeugt sein. Beispiel: im Schliff (bc) treten die Maxima in (bc) nur links oder nur rechts auf („Schiefgürtel" der triklinen Gefüge). Die Ableitung solcher trikliner Bilder ist unmöglich aus dem einfachen monoklinen Bewegungsbild, zusammen mit bestimmten Translationsflächen und Richtungen des Kornes, da beides zusammen nur monokline Symmetrie ergeben kann; nach dem allgemeinen Gesetz, daß das erzeugte Gefüge der erzeugenden Vektorensymmetrie gemäß ist. Die Ableitung solcher trikliner Gefügebilder ist mithin möglich: Entweder durch zeitlich getrennte monokline Beanspruchung und Überprägung im eigenen Akte, ergangen über ein schon geregeltes Gefüge. Diese Möglichkeit zufälliger Orientierung beider Anisotropien gegeneinander entfällt gegenüber der gesetzmäßigen Orientierung der Maximagürtel (ac) und (bc) rechtwinklig gegeneinander. Oder durch $E \perp E'$ in derselben Umformung.

Sowohl der (ac)-Gürtel als der (bc)-Gürtel — beide mit oder ohne Symmetrieebene (ab) gedacht — entsprechen einzeln für sich betrachtet zwei rhombisch symmetrischen oder, durch verschiedene Betonung ihrer Kreisschnitte bei der Beckerschen Rotation, monoklin symmetrischen Strainellipsoiden E und E'.

Wie schon mehrfach (s. S. 225) ausgeführt wurde, stehen E und E' sehr oft so zueinander, daß das eine E' in b seine Kreisschnitte miteinander schneidet und rotiert, das andere E'' in a. E erteilt bei solcher Besetzung als das intensivere dem Gestein das mechanische Gepräge die frei sichtbare „Grobsymmetrie", die deutliche B-Achse und $(h0l)$-s-Flächen; und damit hat eben E die Aufstellung des Achsenkreuzes abc bestimmt. E' übernimmt die „Querdehnung, schiefe Pressung und Stauung $\parallel b$ zum Akte E' und erteilt die ungemein verbreiteten $(0kl)$-Klüfte.

E und E' wechseln zeitlich unbestimmt rasch im selben größeren Durchbewegungsakte tektonischen Strömens zwischen gleichen oder ungleichen (Schiefgürtel!) Uferbereichen.

Aus der jeweiligen Eigensymmetrie von E und E', deren Stellung gegeneinander und deren Rotation lassen sich alle Diagramme in bezug auf die Maxima in (ac) und (bc) deuten, wenn man denselben Einregelungsmechanismus für (ac) und (bc), für E und E' annimmt:

1. „Eingürtelbild" Gürtel $\perp B$; E (rh oder mkl) dominiert; geschlossener Eingürtel: sichere Externrotation in E.

2. Zwei in a sich schneidende Gürtel: „Zweigürtelbild": E und E' interferieren; reines Zweigürtelbild: keine Externrotation.

3. Nur einer derselben: „Schiefgürtel": E und mkl. E' interferieren; reines Schiefgürtelbild: keine Externrotation.

4. (bc)-Gürtel „Kreuzgürtel"bild: E und E' interferieren; deutliches Kreuzgürtelbild: sichere Externrotation in E'.

5. Reiner (bc)-Gürtel: E' dominiert; sichere Externrotation in E'.

6. Maximum in B: zu E'' gehörig oder Regelung nach der Korngestalt.

Daß das Maximum I in (ac) gegenüber II stärker betont ist, in (bc) aber Maximum III stärker betont gegenüber einem Maximum um den b-Achsenaustritt — das scheint auf die größere kinematische Intensität von E zurückzuführen. Denn bei maximaler Intensität des Strains, so in den Harnischmyloniten, findet man I am reinsten isoliert ausgebildet. Ganz besonders zu betonen sind noch einmal in diesem Zusammenhange die Schiefgürtel. Sie weisen unmittelbar auf einen monoklinen Strain E'. Vergleicht man die synoptische Übersicht der Quarzgefüge aus Gesteinen mit deutlich ausgesprochenem B (D 62—65) mit der Übersicht über die Gesteine mit deutlichem s und schwachem B (D 61), so sieht man, daß bei der ersteren Gruppe von den Maxima I bis IV höchstens Maximum I noch eine wahrnehmbare Konstanz hat.

Bogen (bc) ist über und unter Maximum III besetzt, was aus den Maxima I bis IV nicht ableitbar ist; dasselbe gilt von der gleichmäßigen Besetzung des Bogens (ac).

Es lassen sich zwei Kleinkreise einzeichnen, deren Zwischenraum in unserem Sammeldiagramm wie im Einzeldiagramm von den Häufungen derart besetzt ist, daß sich keine in a gekreuzten Großkreise hervorheben. Das ist das genau definierte Eingürtelbild. Halten wir daran fest, daß diese Regeln auf den Kornmechanismus zurückgehen, dann müssen wir annehmen, daß solche Gesteine Rotationen um b ausgeführt haben.

III. Trikline Tektonite (Schiefgürtel; $B \perp B'$).

Bei aller Bedeutung und weiten Verbreitung monokliner Tektonite sind trikline Gefüge unselten auch bei voller Wahrung der monoklinen Symmetrie in der äußeren Gestalt (Falten, Stengel u. dgl.) Beispiele unzufälliger, leicht trikliner Züge bei noch deutlich monoklinem Habitus des Gefüges geben sehr viele S- und B-Tektonite, z. B. D 10, 25, 28, 29, 34, 43, 45, 51, 53 56 und andere. Die Beispiele zeigen auch schon, daß sich die trikline Symmetrie zunächst gesetzmäßig durch stärkere unsymmetrische Betonung auch bei streng monoklinem Gefüge bereits vertretener Untermaxima entwickelt, mithin nicht durch unabhängige Überprägung erzeugt ist. Dasselbe bezeugen die stark triklinen Fälle. Die Züge, welche den monoklinen Charakter aufheben und den triklinen mit sich bringen, lassen sich entweder auf geringere unsymmetrische Rotationen um c oder — ganz ebenso wie die monoklinen Züge auf E mit ab (B) c beziehbar sind — auf E' mit a' b' (B') c' beziehen bis zur gleich starken, ja stärkeren Betonung von E'' gegenüber E' (vgl. D 94—108, 172, 173, 201—211), wie eben erörtert wurde.

Hierbei erscheint nach bisheriger Erfahrung a' b' (B') c' gegenüber ab (B) c unzufällig orientiert, besonders deutlich in dem häufigen Falle b (B) $\perp$ b' (B') und meist im Sinne der Abb. 98, also im Sinne rechtwinklig gekreuzter Strains bei Becker, deren erster E (der innere der Abbildung) ein reiner Scherbewegung in s angenäherter mit Rotation um B, deren zweiter entweder ein unrotationaler, also rhombischsymmetrischer Shear mit Hauptebene B' C'' in s ist —dann bleibt das monokline Gefüge erhalten — oder selbst ein monokliner Strain wie der erste: dann wird das Gefüge triklin.

Es bezeugt also erstens die allmähliche Entwicklung triklinen Gefüges aus monoklinem durch Überbetonung bereits vorhandener Maxima, daß lediglich ein schon bei monokliner Regelung vorhandener regelnder Einfluß asymmetrisch verstärkt auftritt. Als ein solcher Einfluß ergab sich z. B. in D 11 und 12 Pendeln der Korngleitgeraden in den Kornscherflächen asymmetrisch zu a des Gefüges. Und es bezeugt zweitens die Häufigkeit rechtwinklig gekreuzter Strains die Unzufälligkeit dieser Lagebeziehung und eine häufige Entstehungsart triklinen Gefüges. In beiden Entstehungsarten gleichermaßen aber kommt die Ungleichufrigkeit des Bewegungsbildes abc zum Ausdruck; bei asymmetrischem Pendeln von a in (ab) etwa einseitig erleichtertes Abströmen, bei monoklinem E' einseitig stärker beengendes Ufer. Daß unzufällig rechtwinklig gekreuzte Strains in Korngefügen als Regelungen tatsächlich wahrnehmbar sind, ist ein Hinweis darauf, daß sich die beiden Strains zeitlich unterscheidbar ablösen, was im Gefolge eines tektonischen Transportes, z. B. entlang der Horizontalen in einer schiefen Ebene denkbar ist. Ja es ist beim gleichen Transporte unter anderem denkbar, daß bei kurzaktigem Wechsel der dem Abgleiten und der der Horizontalverschiebung entsprechenden Durchbewegung beiderlei Scherflächen $(h0l)$ und $(0kl)$ die Körner günstigster Ausgangslage für die Einregelung in $(h0l)$ und $(0kl)$ einregeln und damit sowohl $(h0l)$ als $(0kl)$ einen Ausdruck in der Regelung finden. Die „gleichzeitige" — wahrscheinlich in kleinen Zeitakten abwechselnde — Betätigung verschiedener Scherflächen wird in der Natur und im Experiment deutlich für den Fall, daß die Gleitgerade jeder der beiden Scherflächen auf deren Schnittgerader senkrecht steht und sich die Scherflächen schneiden ohne sich zu verwerfen.

Es ist möglich, daß ein Korn, dessen Ausgangslage zu keiner genügend raschen Einregelung in eine der beiden Scherflächen führt, eine Zwischenlage einnimmt. Solche Zwischenlagen sind ohne weitgehende bestimmte Annahme nicht genau festlegbar, jedoch steht fest, daß sie keine gleichmäßige Besetzung der Lagenkugel, sondern eine Regel liefern. Voraussichtlich sogar deutbare Maxima. Doch ist derzeit die Anwendung dieses Prinzipes weder theoretisch durchgeführt noch an Gesteinsgefügen versucht.

So wie in der Ableitung der Tektonitregelungen überhaupt, so spielen Rotationen im Sinne des vorhergehenden Abschnittes, und zwar einsinnige Rotationen um $a = B'$ (D 201—211, 172, 173) und um c (D 11 und 12) eine deutliche Rolle für das Zustandekommen trikliner Gefüge.

Die beiden Gedanken, daß verschiedene Prägungen an verschiedenen Körnern desselben, u. U. auch monomikten, Gefüges ablesbar erhalten sein können, und daß dies namentlich hinsichtlich der immer am besten wahrnehmbaren Gürtelachsen — verschiedener Entstehung vgl. S. 232 — gilt, werden besonders durch (D 94, 157—161, 40, 42) als Beispiel solcher überlagerter Rotationen in triklinen Gefügen veranschaulicht. Die Diagramme geben den Fall eines manchen Quarzdiagrammen vollkommen ähnlichen, aber sicherer als diese deutbaren Kalzittektonits.

Die Achsen liegen auf Großkreisen K_a usw. bzw. auf Gürteln, die sich in a schneiden. Das kann nach der für einfache Scherung erwiesenen Mechanik nur entstehen, wenn auch die Lamellenpole (von e) auf solchen Großkreisen liegen. Prüfen wir das, so liegen die Lamellenpole betätigter bzw. beobachteter Lamellen auf einem den Achsengroßkreisen unverkennbar zugeordneten Großkreissystem K_e usw. mit der Schnittgeraden a.

Es ist praktisch wichtig, daß die Achsengroßkreise K_a mit dem Lamellenpolgroßkreisen so nahe zusammenfallen, daß die Analyse solcher Fälle auch ohne direkte Lamelleneinmessung durchführbar ist. Auf den Lamellenpolgroßkreisen K_e stehen Lote senkrecht L_e, welche, wegen der gemeinsamen Schnittgeraden a für alle K_e, alle in Ebene (bc) liegen. Diese Lote sind die Zonenachsen der ein K_e, einen der Teilgürtel, besetzenden Lamellen. Als solche sind sie die B-Achsen dieser Teilgürtel. Das bedeutet im Bewegungsbild abc, daß die b-Achse in Ebene (bc) gependelt hat oder, andersgesagt, daß in Teilakten Rotationen um a erfolgt sind. Dieses Pendeln geschah entweder symmetrisch in bezug auf (ac) als Spiegelebene: das Diagramm nach (bc) ist ein strengsymmetrischer Zweigürtel (selten); oder es geschah unsymmetrisch in bezug auf (ac): Es entsteht der Schiefgürtel (häufig) im Diagramm nach (bc). Aus genügend vielen der betrachteten $(0kl)$-

Gürtel kann sich ein Gürtel in (bc) zusammensetzen (selten). Symmetrisches und unsymmetrisches Pendeln von b in (bc) (= Rotation um a) ist die Antwort auf gleiches oder ungleiches Links und Rechts im Bewegungsbild abc, entsprechend rhombischen oder monoklinem E' der Ableitung und entsprechend der seltenen symmetrischen und viel häufigeren unsymmetrischen Querdehnung in b des am raschesten in a strömenden Tektonites mit dem Bewegungsbild abc. Solange wir allerdings bevorzugte Stellen auf den Teilgürteln $(0kl)$ nicht abzuleiten vermögen ist die Hypothese unvollständig.

Das Vorkommen des stärksten Kalzitachsenmaximums im Pole a (einmal unter allen Fällen) ließe sich vielleicht damit erklären, daß alle Teilgürtel $(0kl)$ sich in a treffen und dieses stärken. Gegenüber dem singulär auftretenden und typischen Quarzmaximum im Pole a ist diese Auffassung nicht anwendbar und ist vorläufig an der Einregelung der Hauptachse und flachen Rhomboeder in Gefügegleitflächen festzuhalten.

Keine Hypothese aber darf sich die Konfrontation der öfters bis in Details ähnlichen Quarz- und Kalzitdiagramme ersparen, als zweier Minerale mit stark verschiedenem Kornmechanismus, deren ähnliche Diagramme mithin nicht auf einfachste Scherbewegung im Gefüge mit Korneinregelung nach Kornmechanismus, sondern auf komplizierte, aber beiderseits gleiche Bewegungsbilder des bildsamen Zustandes zurückgehen.

Zusammenfassung. Ein Hauptproblem. Bei der Analyse der Quarztektonite sind wir dazu gelangt, Rotationen um a, b (und c) anzunehmen, weil die Besetzungen aus anderen Annahmen nicht ableitbar waren. Bei der Analyse der Kalzittektonite gelangten wir zur direkten Feststellung des Pendelns der b-Achse im Bewegungsbild abc, mit Hilfe der Lamellenpol- (und Achsen)-Gürtel $(0kl)$ deren Lote die pendelnde b-Achse bedeuten. Das Pendeln der B-Achse ist gleichbedeutend mit Rotationen um a. Diese Rotationen um a sind sogleich da, wenn im Gesamtakt das Ellipsoid E neben dem Ellipsoid E' auftritt oder wenn der Bereich bei fortlaufender Überprägung gegenüber der zu a, b, c gehörigen Pressung um a externrotiert wird.

Die symmetrische Internrotation von E' erzeugt symmetrisches, einsinnige Intern- oder Externrotation von E' erzeugt unsymmetrisches Rotieren um a bzw. Pendeln von b in (bc). Die nach meiner Annahme in kleinsten Akten oszillierende Überlagerung von E und E' ist keineswegs nur eine in der theoretischen Strainanalyse des an Thomson anschließenden G. Becker schon behandelte Annahme. Sondern sie wird für uns erzwungen durch die in orientierten Schliffen fast immer zu beobachtenden, meist einscharigen oder ungleichscharigen $(0kl)$-Flächen, welche ebenso nur auf die Kreisschnitte von E' beziehbar sind, wie $(h0l)$ auf die Kreisschnitte von E. Ferner haben uns nicht nur extern rotierte B-Tektonite, sondern auch manche gleichscharig-zweischarige Scherungen mit Korndeformation bei nicht zerfließendem Gesamtgefüge (s. S. 169) mit den Rotationen (bzw. der Möglichkeit von Überprägungen derselben und damit mit deren Ablesbarkeit) als mit einer Tatsache vertraut gemacht, welche die Betrachtungsweise von G. Becker nach Thomson im wesentlichen bestätigt; und namentlich den als schwerverständlich viel beklagten rotational strain auch ohne jede kinematische Theorie aus Tatsachen ergibt.

Die (bc)-Gürtel, welche an Glimmer, Kalzit und Quarz neben (ac)-Gürteln auftreten, weisen also auf Rotation um die a- und die b-Achse des Ausgangsbildes; auf zwei rechtwinkelig in (ab) gekreuzte B-Achsen, wenn man will; auf die beiden rechtwinkelig gekreuzten Ellipsoide E und E' der strainkinematischen Analyse.

Unabhängig von der Annahme oder Ablehnung dieser Hypothese gibt die Symmetrie der Diagramme die Symmetrie der erzeugenden Vektoren bzw.

Bewegungsbilder und läßt die Symmetrie des tektonischen Aktes (z. B. gleiches oder ungleiches Rechts und Links des Transportes) erschließen.

Die Anwendung unserer Hypothese für die praktische petrographisch-tektonische Analyse ist folgende:

Das deutlichste s und dessen B bestimmen die Lage des Bewegungsbildes abc in der Definition von S. 56. Die Schliffe der Hauptebenen von abc und deren U-Tischanalyse ergeben die Rotationen um a, b (oder auch c) während des tektonischen Formungsaktes. Daraus z. B. aus ungleichscharigen oder einscharigen $(0kl)$, den Häufungen in (bc) usw. lassen sich schon ziemlich genaue Schlüsse auf die Bewegungen des betrachteten Bereiches und damit auf den Ablauf vergangener tektonischer Transporte ziehen. Es ergibt sich z. B. heute schon die Häufigkeit tektonischer Transporte mit ungleichem Rechts und Links, Ungleichufrigkeit der tektonischen Strömung und eine Kennzeichnung derselben im Sinne seitlicher Ausweichemöglichkeit, seitlicher Beengung oder der Schiefstellung von b an ansteigenden Ufern, wie es (L 33, 35) vom Tauernwestende mit voller Übereinstimmung der Großtektonik und des Kleingefüges beschrieben ist.

Mit dem Fortschritt der analytischen Erfahrung und der Durcharbeitung der Theorie wird es gelingen, für jedes Mineral die Lage auch der in erster Annäherung noch nicht zu behandelnden Untermaxima auf der Lagenkugel als unzufällig zu erfassen und aus ihnen die Einzelheiten der Deformationsbedingungen auch quantitativ zu erschließen.

Eine häufig auftretende Gruppe heteroachs, d. h., mit nicht fixem abc geregelter. Gefüge — die Schiefgürtel — läßt sich also als ein Gebilde eines einzigen großen Durchbewegungsaktes mit oszillierenden Überprägungen und Achsenverlagerung erfassen; damit verschwindet auch die Schwierigkeit der Hilfsannahme, daß sich Regelungen reliktisch bei in großen Akten getrennten Überprägungen erhalten.

Nach der entwickelten Hypothese lassen sich also die Teilbewegungen und die Regelungen anisotroper Gefügeelemente in einem durchbewegten Gefüge analysieren mit Hilfe eines nicht mehr nur gedanklich angenommenen, sondern durch die auftretenden Regelungen bezeugten Systemes um die Ausgangsachsen abc rotierter Strainellipsoide mit gleichwertigen oder ungleichwertigen Kreisschnitten bzw. Ebenen maximaler Schubbeanspruchung.

Wahrscheinlich ist damit überhaupt der allgemeinste Fall stetiger Umformung als Ganzes bildsamer und anisotropisierbarer Gefüge gegeben, unter welchen sich alle Fälle als Sonderfälle unterordnen, welche zwischen bildsamen „Teigen" und reibenden „Flüssigkeiten" liegen. Dieses Auftreten wahrnehmbarer rotierter Strainellipsoide bildet die Kennzeichnung der stetigen Umformung der kristallinen Teige (die meisten Tektonite, Schmelztektonite; durchbewegte Böden; Metalle u. a. m.) wohl auch schnell genug deformierter Flüssigkeiten, bei welchen die Trägheit an Stelle des Deformationswiderstandes der Teige tritt, gegenüber langsam genug deformierten also wirklich „flüssigen" Flüssigkeiten.

Im vorangegangenen hat sich die deskriptive Feststellung von Rotationen des Gesamtgefüges um die Gefügeachsen a, b und c im Sinne der Seite 231 definierten rotierten Gefüge als sicher ergeben; und es wurde für viele Fälle die Annahme reeller Rotationen des Gesamtgefüges gegenüber den umformenden Außenkräften gemacht. Im Hinblick auf die Einregelung der Glimmer (*1 s* oder mehrere *s* S. 209), auf die Untersuchung zerscherter Einzelkörner des Gefüges (s. S. 193ff. D 9—15) und auf die Bedeutung der Ausgangslage (z. B. D 122—124) der Körner und auf das Fehlen von Theorie und Untersuchung für das Verhalten des einem in 2 Scherflächen wechselnden Strains ausgesetzten

Einzelkornes wurde aber betont, daß viele der Erscheinungen, welche sich als Rotationen des Gesamtgefüges darstellen lassen — im Diagramme ununterscheidbar — auch auf Rotationen von $a\,b$ und c in zerscherten Einzelkörnern auf Ausgangslagen dieser Einzelkörner rückführbar werden können. In der Trennung dieser beiden Vorgänge in der Ausarbeitung von Kriterien und Analysenbeispielen für beide ist derzeit ein Hauptproblem der Tektonitregelung zu erblicken.

IV. Gekrümmte Gefüge.

Faltenarten: Biegefalten und Scherfalten; Regel der Stauchfaltengröße; Scharniermächtigkeit; Stofftransporte; ein- und mehrscharige Scherfalten; Rotation; Ein- und Mehrzonigkeit; Falten in Schmelzen; gefaltete Falten; inhomogene Wirbel.

Analysenbeispiele: Abwickelbare inhomogen geregelte Biegefalte; Umfaltung und tektonisches Strömen der Phyllonite; Abwickelungsverfahren; B-Tektonit durch Biegerotation geregelten Gefüges; unabwickelbare nachträglich gescherte Biegefalten; Rhythmik des Feinbaues; Rotationen; homogen geregelte Biegefalte mit $(b\,c)$-Gürtel; homogen geregelte Scherfalten; schergefaltete Biegefalte; gesetzlos inhomogene Falte.

Beziehungen zwischen mechanischer Deformation und Kristallisation am Beispiel der Falten:

Definitionen und Beispiele; Analyse durch Interngefüge; Teilbewegung in vorkristallinen Falten; teilweise fließende Umformung durch Kristallisationsbewegungen; kristalline Erstarrung; petrographische Kennzeichnung der Umformung; Geschwindigkeitsregel der Teilbewegung; gefalteter Sand.

Faltenarten. Die Betrachtung des Gefüges und namentlich des Korngefüges von verkrümmten Vorzeichnungen an geologischen Körpern — wie solche hier insgesamt als Falten bezeichnet werden — kann die verschiedene Entstehungsart dieser Gebilde und das Verhältnis zwischen Kristallisationen und Umformung feststellen. Diese Betrachtung ist also für geologische Fragen nützlich, darüber hinaus aber ergeben sich allgemeine Einblicke in die Umformung namentlich kristalliner Gefüge.

In der Symmetrie des monoklinen Bewegungsbildes abc sind diese Krümmungen (bei den zu besprechenden Entstehungsarten) allgemein-zylindrische Gebilde mit Achse $B = b$ („Faltenachse") quer zur Hauptströmungsrichtung a des Transportes.

Da affine Umformung keine Geraden krümmt, ist jede Krümmung gerader und ebener Vorzeichnungen eine nichtaffine Umformung; aber auch affine Umformung kann unebene Vorzeichnungen weiter krümmen (z. B. Kreis — extreme Ellipse); man kann also aus Verengerung von Faltenbögen nicht auf nichtaffine tektonische Translationsakte schließen.

Es wird sich zeigen, daß zweifellos durch nichtaffine also „inhomogene" Deformation entstandene Falten homogen geregelt sein können. Regelung und Verkrümmung sind gesondert zu betrachten; letztere ist als Zeichnung an sich inhomogen; beide haben die Symmetrieebene (ac) gemeinsam, solange und soweit das erzeugende Bewegungsbild wirklich bilateral-symmetrisch war und nur in solchen Bereichen. Legen wir a, b, c wie auf D 178 und 186 in die Falte, so gilt:

Die Ebene (ac) ist fast immer eine Symmetrieebene der Faltenform, aber nicht immer. Sie fehlt z. B. bei einem im tektonischen Profil und in Kleinformen unseltenen Falle mit nichtparallelen b-Achsen aufeinander reitender „achsendivergenter" Falten. Diese Achsendivergenz kann in der Gesamtfalte stetig zunehmend verteilt sein; sie geht auf Ungleichheiten der Beanspruchung oder des Materials beiderseits (ac) zurück. Ebene (ab) ist weit seltener, (bc) nie eine Symmetrieebene der Faltenform.

Es wurde schon im ersten Teile allgemein erörtert, daß Krümmungen von Vorzeichnungen auf zwei Arten entstehen können: durch ebene Zerscherung mechanisch belangloser Vorzeichnungen (Scherfalten) und durch Biege-

gleitung in, sich selbst dabei weiter krümmenden („faltenden") Flächen kleinster
Schubfestigkeit (Biegefalten). Mechanisch belanglose Vorzeichnungen im homogenen und isotropen Kontinuum können anfänglich nur durch Scherung verkrümmt werden. Ist aber einmal eine mechanisch belangvolle Vorzeichnung
da in Gestalt einer Flächenschar *s* geringerer Schubfestigkeit, also ein in diesem
Sinne anisotropes Kontinuum, so erfolgt die Krümmung dieses *s* gradweise mehr
und mehr unter Gleitung in *s* bis zum Extremfall reiner Biegegleitung. Diesen
veranschaulichen Versuche mit Papierpacketten (s. Allg. Teil), Beobachtungen
an translatierenden Kristallen (Abb. 109) und an genügend anisotropen Gesteinen, Phylloniten etwa; alle diese „Blätterteige" beantworten bei genügender Anisotropie und Ungezwungenheit bis auf seltene Sonderfälle beliebige

Abb. 109. Glimmerschiefer. Pens, Südtirol. Vergr. nahe 35. Gefalteter Biotit, Biegegleitung.

Umformung mit Teilbewegungen in dem sich krümmenden *s*, mit „Biegegleitung".

Gleitungen sind wie für jede Formänderung mit stetiger Verzerrung von Vorzeichnungen, so auch für Gesteinsfalten die entscheidenden Teilbewegungen.
In Gesteinen mit nicht nur vorgezeichnetem, sondern mechanisch reellem *s* verlaufen diese Gleitungen mehr oder weniger in *s*, bei sehr betontem *s* wie bei der
Umfaltung der Phyllonite mit ihren Glimmerhäuten bei beliebiger Einspannung
des Gesteins. Letztere Faltung der Vorzeichnung *s* weicht dann im Bewegungsbild am stärksten von der Faltung einer mechanisch indifferenten, bloß visuellen
Vorzeichnung *s* durch stetige Zerscherung nicht in *s* ab, auch wenn Gleitung in *s*
(Biegegleitung) und Gleitung nicht in *s* (stetige Umscherung einer Vorzeichnung)
zur gleichen Krümmung bzw. Falte von *s* führen. Zwischen beiden Extremfällen
lassen sich alle möglichen Mischtypen erkennen, abhängig von der Scherfestigkeit
in dem vom betrachteten Deformationsakte bereits vorgefundenem *s*, z. B. geht

ein selbst erstmalig durch Parallelzerscherung neu angelegtes *s* weiterhin in Biegegleitung in diesem *s* über, welches damit gefaltet wird. Gleitung in *s* und Gleitung nicht in *s* walten nebeneinander, Vorzeichnungen verkrümmend, in vielen Gesteinen. Ohne Biegegleitung erfolgt die Faltung bei Deformation unter Bedingungen, welche keine Flächenschar kleinster Scherfestigkeit, also keine genügende Anisotropie zustande kommen lassen; das ist vielleicht für genügend langsame Deformation von Flüssigkeiten der Fall, nach meiner Literaturkenntnis theoretisch nicht geklärt, für die Unterscheidung der Tektonite aber brauchbar, wie später erörtert wird.

Abb. 110. Quarzphyllit. Vahrn, Südtirol. Vergr. nahe 35. Biegegleitfalte in Glimmergefüge. In der Mitte (schwarz) ein zwischen Glimmern gebogenes Erzplättchen. An dessen Konvexseite nachkristallin gebogene Glimmer, an dessen Konkavseite mechanisch unversehrte Glimmer, deren Kristallisation die Biegung der Falte überdauerte. Also Faltung parakristallin zur Glimmerkristallisation.

Die Eigenschaften der Faltung durch Biegegleitung sind folgende: Die aneinander gleitenden Lagen *L* usw. stellen einzeln betrachtet Biegungen (durch Stauchung) vor. Begrenzung und Innenbau von *L* werden also, soweit beide nicht den Teilbewegungen des Aktes erliegen, mit definierter Symmetrie (s. o.) gebogen und damit der Bereich der Falte in bezug auf Begrenzung und Innenbau von *L* inhomogen, wie dies im Beispiel S. 257 dargestellt ist.

Besaß die gebogene Lamelle *L* einen homogenen Innenbau mit singulärer Richtung ⊥ *L* und ohne bevorzugte Richtung ‖ *L*, wie dies z. B. bei Biegung von Kristallrasen der Fall ist, so besitzt die Falte auch im Innenbau die Symmetrieebene (*ac*) des Außenbaus. Dasselbe gilt, wenn die gebogene Lamelle bereits einen Innenbau mit Symmetrieebene (*ac*) besaß und die Biegung mit derselben Symmetrieebene erfolgte, wie dies in *B*-Tektoniten häufig und ebenfalls im Beispiel S. 257 dargestellt ist.

Alle diese lediglich verbogenen Innengefüge können durch Einmessungen mit

Abwickelung (s. S. 257) in ihrem Zustand vor der Biegung wiederhergestellt und eben durch den positiven Ausfall dieser Prüfung festgestellt werden.

Von allen diesen vorher vorhandenen und lediglich verbogenen Gefügedaten sind jene scharf zu unterscheiden, welche, wenn auch mit gleicher Symmetrie — da ja Biegung und Regelung demselben Vektorensystem im monoklinen Bewegungsbilde entsprechen — erst durch die zum Biegungsakte gehörige Teilbewegung im Gefüge entstehen. Sie sind nicht abwickelbar und dadurch von den erstbehandelten Gefügedaten unterscheidbar. Beispiele für solche Gefügedaten ergeben alle auf Biegetrajektorien (s. Abb. 9) beziehbaren; vor

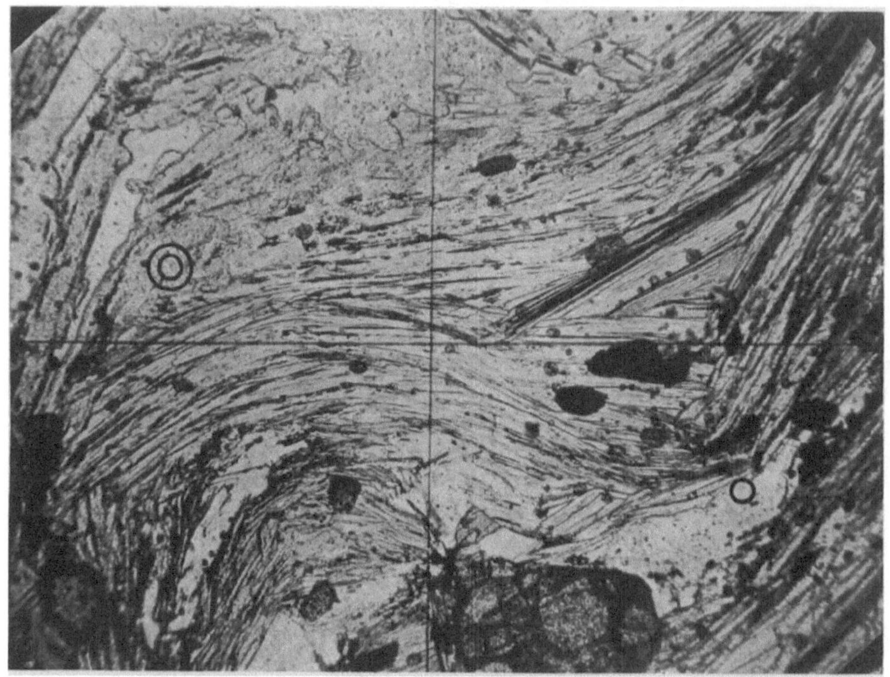

Abb. 111. Granatglimmerschiefer. Jaufen, Südtirol. Vergr. nahe 35. Parakristalline Faltung von Glimmergefüge. Eine Falte (Scheitel gegen Doppelkreis) mit nachkristallinem Charakter, eine andere (Scheitel gegen Kreis) mit vorkristallinem Charakter unversehrter Glimmergebälke. (Aus L 24.)

allem alle Unterschiede des Gefüges an der Innen- und Außenseite des Scharniers; denn diese Verschiedenheit von innen und außen kennzeichnet vor allem den Biegungsakt (z. B. Kleinkörnigkeit im Innenbaue der S. 258 beschriebenen Falte).

Während sich in der gebogenen Lamelle oder beliebig mächtigen Lage die Biegung in der erörterten Weise kennzeichnet, erfolgt zwischen den Lagen die Gleitung, und zwar im bilateral symmetrischen Bewegungsbilde (also nicht immer) derart, daß die Gleitgeraden in (ac) liegen, also auf der Faltenachse normal stehen. Diese Gleitgeraden setzen als Differentiale (Tangenten) die Schnittkurven der Falte mit (ac) zusammen, treten sehr oft als Harnischrillen ($\|\,a$) hervor und haben entweder durch die Falte gleichbleibende oder im Faltenfirst wechselnde Gleitrichtung, wie das schon die Papierversuche in Abb. 10 und Abb. 11 veranschaulichen. Eine Biegegleitung, bei welcher zwischen gleitendem Glimmer auch ein Ilmenitblatt gebogen wurde und der Unterschied zwischen Außenseite und Innenseite wie sehr oft durch sperrige Kristallisation an letzterer hervortritt, zeigt Abb. 110, ähnliches auch Abb. 111. Maximale Quetschung der Glimmer im Innenscharnier einer Falte zeigt Abb. 109 und 134.

Besondere Verhältnisse bei Falten durch Biegegleitung — künftig kurz „*Bg*"-Falten im Gegensatz zu den Falten durch Umscherung „*Sch*"-Falten — sind folgende:

Sehr oft zeigen *Bg*-Falten-Systeme eine Regel in der Größe der Falten: Mächtigere (also knickfestere) Lagen bilden größere Falten (s. Abb. 112). Diese Regel der Stauchfaltengröße (L 13) ist in großtektonischen und mikroskopischen Ausmaßen gleich bezeichnend dafür, daß im betrachteten Bereiche eine ausgesprochene Festigkeitsanisotropie durch Flächen geringer Schubfestigkeit zwischen mit Widerstand biegbaren Lagen zu Worte kam. War dies nicht der Fall, so fehlt höchst bezeichnenderweise diese Regel völlig, so in vielen Schmelztektoniten, Mygmatiten (ptygmatische Falten), kurz in allen isotropen Teigen. Im *Bg*-Faltensystem bleibt die Mächtigkeit der gebogenen Lagen sehr oft insbesonders vor ziemlich weitgehender Schließung der Falte, im Scharniere konstant; ein wich

Abb. 112. Quarzphyllit. Schöberspitze, Tirol. Vergr. nahe 2. Schwächere (dünnere) Lagen bilden kleinere Falten. (Aus L 13.)

tiges Kriterium, welches *Sch*-Faltung sogleich ausschließt, auch wenn im selben Faltenstoß verbreiterte Scharniere vorkommen (Abb. 113—117, 120). Ein weiteres derartiges Kriterium für *Bg*-Faltung sind die gegeneinander gekehrten Knie oder Kniekehlen von Falten im selben System (ungemein häufig in umgefalteten Phylloniten (Abb. 114, 115).

Ebenfalls für *Bg* - Faltensysteme bezeichnend ist die heterogene Füllung des Raumes zwischen den Schenkeln aufeinanderrei

Abb. 113. Aplit (hell) gefaltet in Graphit (dunkel). Niedersatzbach bei Passau. Verkl. auf ²/₃. Sammler Arndt. Biegefalte.

tender Falten, deren eine der Sattel der anderen ist. Die Stoffzufuhr an diese für *Sch*-Falten nicht ableitbare Stelle erfolgt durch Zuströmung von Material, welches zwischen den gefalteten Lagen herausgepreßt in jene Stelle hineingeschürft wird.

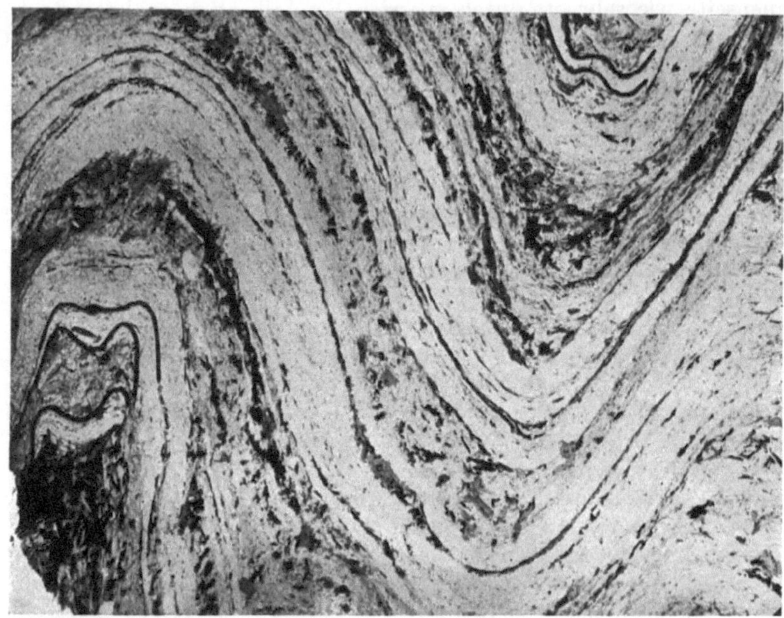

Abb. 114. Quarzphyllit. Innsbruck, Tirol. Vergr. nahe 2. Nester unversehrter ungeregelter Glimmer im Faltenkern durch Stofftransport. Vorkristalline Falte mit Merkmalen gegen Scherfaltung.

Das Bewegungsbild hierzu läßt sich bisweilen erkennen, so z. B. wenn man vom Drehungssinne rotierter Holoblasten mit si auf den Sinn der Relativverschiebungen in den s-Flächen übergehen will.

In einem Stoße konkordanter Bg-Falten können einzelne Scharniere unverdickt bleiben, andere zwischen diesen bedeutende Zunahme der Mächtigkeit zeigen. Es gibt mithin eine Scharnierverdickung auch bei Falten, welche keine Sch-Falten sind: Es ist dieselbe Stoffzufuhr von den ausgequetschten Schenkeln her, welche diese Scharniere verdickt und die Räume zwischen den Schenkeln füllt. Solche Falten weisen nicht auf ein Scherflächensystem und hierzu schiefen Hauptpressungsdruck, sondern letzterer kann sogar in c der Falte fallen.

Allgemein verbreitet sind in Bg-Faltensystemen überhaupt Stofftransporte an die Konvexseite und aus der Konkavseite; im Bg-Faltensysteme kann der Transport an die Konvexseite der Falte I einen Transport an die Konkavseite der Falte II vortäuschen, wenn II auf I rei-

Abb. 115. Falten mit Merkmalen gegen Scherfaltung. Alle stark verkleinert. Oben: Valangien. Axenstraße, Schweiz (Sammlg. Eidg. Polytechnikum Zürich). Unten links: Culm - Kieselschiefer, Harz (nach Behme). Unten rechts: Amphibolit des Schneebergerzuges. Gurgl, Tirol.

tet. Für das Ausmaß dieser Stofftransporte in Systemen von *Bg*-Falten sind
Unterschiede in der inneren Reibung der verschiedenen stofflichen Lagen entscheidend. Die Stofftransporte der Biegefaltung vollziehen
sich mit unmittelbaren oder auch
mit mittelbaren Teilbewegungen und
sind auch lagerstättenkundlich von Bedeutung. Abb. 116
veranschaulicht den
Stofftransport an
die Konvexseite in
seiner Abhängigkeit
von der inneren Reibung: Marmor fließt
mit geringerer innerer Reibung und das

Abb. 116. Marmor mit Kiesellage. Etwas verkleinert. (Geologisches Institut
Heidelberg.) Biegung und Stofftransport zum Scheitel.

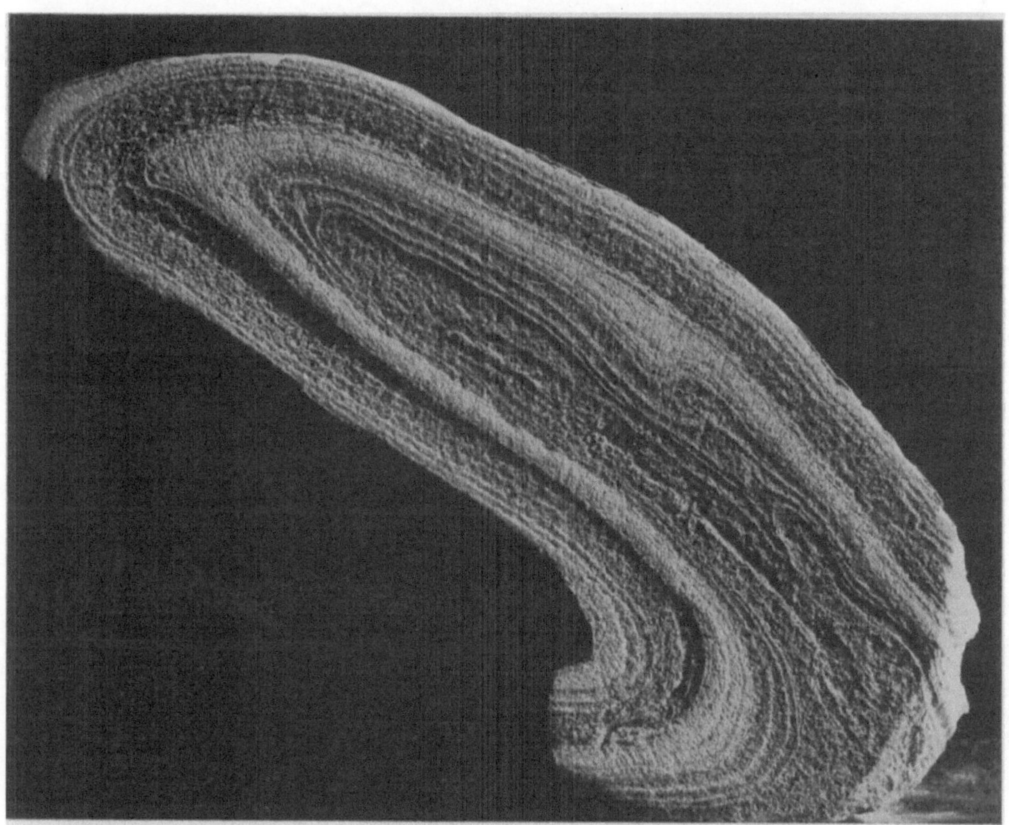

Abb. 117. Fluvioglazialer Sand. Hötting, Tirol. Natürl. Größe. Einzelne Lagen zeigen konstante Mächtigkeit
(s. auch Abb. 118), andere, bildsamere zeigen Scharnierverdickung durch mechanischen „Stofftransport zum
Scheitel" in unmittelbarer Teilbewegung.

Marmorscharnier über jede Möglichkeit einer *Sch*-Falte verdickend an die Konvex-
seite einer völlig unverdickten Kiesellage. Abb. 114 zeigt an einem kristallinen
Schiefer diese Stoffzufuhr durch Biotitanhäufungen, Abb. 117 an einem nur durch
Feuchtigkeit gebundenen und durch feste Umschließung faltbaren Glazialsande:
Scharnierverdickung an einer hellen Lage mit geringerer, keine Scharnierver-

Abb. 118. Wie Abb. 117. Auf $^1/_3$ verkleinert.

dickung an einer dunkleren Lage mit höherer innerer Reibung. Der Vergleich
dieser Sandfalte, welche wegen teilweise ganz fehlender Scharnierverdickung und
der Eigenschaften ihres Faltensystems (Abb. 118) keine *Sch*-Falte ist, mit der
Gneisfalte (Abb. 119) und den ebenfalls nicht mit 1 ebenen Scherflächenschar als
Sch-Falte ableitbaren Gipsfalten (Abb. 120, 121) veranschaulicht, daß derartige
Betrachtungen nicht etwa für jede Gesteinsart neu gepflogen werden müssen.

Abb. 119. Ötztaler Gneis. Natürl. Größe. Gefaltete Falte im Beginn der zweiten Faltung. Weder durch eine
einscharige Scherung noch durch eine Stauchung ableitbar. *B*-Achse der Faltung konstant; also zweiaktige,
homotaktische Faltung.

Der Stofftransport aus der sich schließenden Kniekehle der Lagen in *Bg*-Falten-
systemen ist der einen Teig kräftig umfassenden Hand des Alltagslebens bekannt
und durch die Biegung einer Plastilinplatte (Abb. 29, 58) veranschaulicht. Solche
umfassende Hände, welche das Umfaßte mit schiefer Pressung zerscheren und
hinauspressen, sind die Falten (Abb. 122, 123), welche die Relativbewegungen
des Bewegungsbildes an der Konkavseite ablesen lassen und (Abb. 122) zugleich
zeigen, daß die Auspressung erst mit zunehmender Schließung des Scharnieres
eintrat. Läßt sich in der Ebenenschar || (*ab*) der Falte eine Umkehrung des

Relativsinnes der Gleitungen aufweisen, so ist der *Sch*-Faltencharakter der betreffenden Falte auszuschließen.

Demgegenüber zeigt das Gefüge der *Sch*-Falte durch Zerscherung einer Vorzeichnung nach einer Ebenenschar nichts von den angeführten Kriterien für *Bg*-Faltung, sondern folgendes: Auch alle reinen *Sch*-Falten sind nicht-affine Deformationen. Aber die Ebenen der erzeugenden Schar unterscheiden sich nur durch die Gleitbeträge, und hierfür ist bisher kein meßbares Gefügekorrelat nachgewiesen. Wenn es auch durchaus hierfür genügend empfindliche Regelungsvorgänge und Untersuchungsmethoden geben könnte, kennt man bisher nur homogene Regelung für *Sch*-Falten. Der Vorgang der Scherfaltung wurde bereits allgemein erörtert (s. S. 33ff.). Zu erwarten ist sie bei Zerscherung isotroper Körper mit mechanisch belanglosen Vorzeichnungen, nachgewiesen aber auch für anisotrope Körper. Ein weiteres positives Kennzeichen derartiger Scherfalten ist, daß es eine Richtung gibt — sie liegt in den er-

Abb. 120. Gefalteter Gips. Miozäne Salzformation. Pacurei, Rumänien. Sammler K r e j c i. Natürl. Größe. Gegenüber der umformenden Außenkraft um *b* (= Lot zur Zeichnung) rotierte Falte. Mehraktige, einzonige, symmetriekonstante Faltung. Nach der Faltung Umkristallisation (dunkle Radialstreifen). Längsschnitt hierzu s. Abb. 126 unten.

Abb. 121. Gipsfalte wie Abb. 120.

zeugenden Gleitebenen, etwa einfach in *a* —, in welcher gemessen die Mächtigkeit einer ursprünglich planparallel begrenzten Lage (also z. B. einer Schichte von konstanter Mächtigkeit) gleichbleibt (Abb. 124). Ein anderes Kennzeichen

besteht in der Möglichkeit, eine Ebenenschar so zu legen, daß die Relativverschiebungsbeträge in den Gleitgeraden verschiedener Ebenen, nicht aber in einer
Gleitgeraden wechseln.

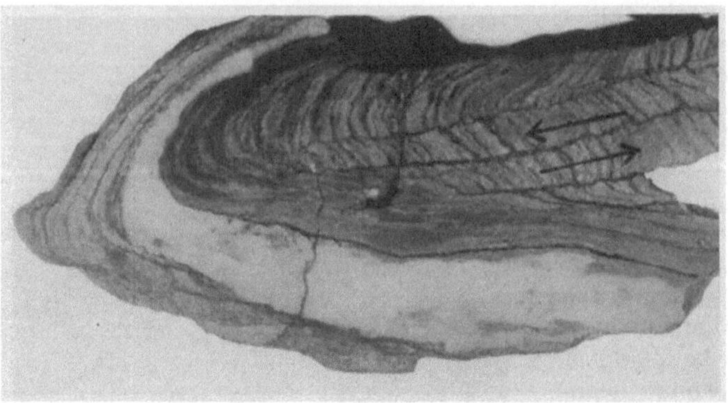

Abb. 122. Gefaltete Quarzlage (hell) in Kalkphyllit. Mieslkopf, Tirol. Natürl. Größe. Sammler Felkel.
Biegefalte; Bewegung im Faltenknie.

Alle diese Hinweise können den *Sch*-Faltencharakter wahrscheinlich machen,
aber nicht geradezu beweisen. Denn auch eine *Bg*-Falte kann, wie dies viele Beispiele lehren, nachträglich parallel zer-
schert werden, und dies kann die angeführten Kennzeichen der *Sch*-Falte ergeben.

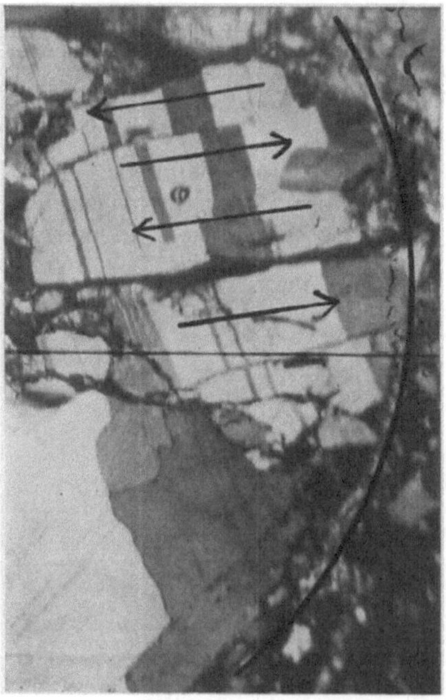

Für die Verkrümmungen durch Umscherung kommt durchaus nicht nur
der Elementarvorgang der Umscherung
nach einer einzigen Ebenenschar in
Frage, sondern nach mehreren Scharen,
bei *B*-Tektoniten mit einer gemeinsamen
Schnittgeraden = *B*. Solche mehraktig,
bei *B*-Tektoniten durch mehrere symmetriekonstante Akte (mit konstanter
B-Achse) entstandene *Sch*-Falten ent-
ziehen sich den obengenannten Kriterien
für *Sch*-Falten: namentlich treten an
Stelle der einfachen Ebenenschar mehrere, bei *B*-Tektoniten in bezug auf *B*
tautozonale und in Diagrammen hervortretende. Im häufigen Falle externer
Rotation um *B* gegenüber der Außenkraft ist eine so große Mannigfaltigkeit
der Gestalt für *Sch*-Falten gegeben, daß
sich nur in Einzelfällen beweisen oder
widerlegen läßt, ob die auftretenden homotaktisch gefalteten Falten *Sch*-Falten
(wie in D 180 bis 185, S. 261) oder *Bg*-
Falten oder beides sind. In einem homogenen und isotropen Teige erzeugt
bäckermäßige Knetung mit Externrotation aus mechanisch belanglosen gefärbten Vorzeichnungen beliebiger (z. B. in Abb. 125 punktueller) Gestalt ge-

Abb. 123. Biegefalte in Gneis. Vergr. nahe 35.
Bewegung im Faltenknie.

färbte Flächen und Falten aus diesen. Die Einzelbeanspruchungen während des Knetaktes sind schiefe Pressungen, die jeder einzelnen Pressung zugeordnete Deformation ist etwa der Abb. 38, 59 abgebildete rotationale Strain. Die erzeugten Falten sind vielaktige, in der Mehrzahl homotaktische Falten durch

Abb. 124. Scherfalte in Tuxermarmor, Tirol. Natürl. Größe; zu D 177.

Scherung oder Strömung (s. u.). Solche Falten, welche sich weder auf Bg-Falten noch auf ein einfaches Schema der Sch-Falte zurückführen lassen, sind häufig und nach der angeführten Erfahrung vorläufig am besten als mehraktige Scherfalten oder als Strömungsfalten zu betrachten. Beispiele geben steinindustriell geschätzte Knetmarmore und Schmelztektonite.

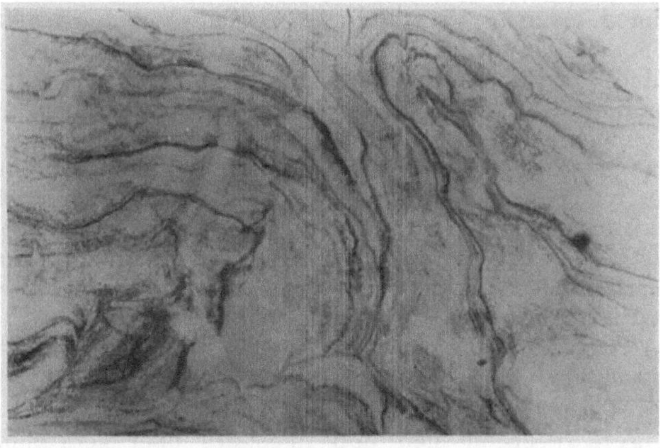

Abb. 125. Faltung ursprünglich punktförmiger Farbenschlieren in Plastilin nach regelloser Knetung.

Unter den geologischen Körpern kommen Schmelztektonite dem Festigkeitsverhalten reibender Flüssigkeiten besonders nahe. Deren Falten waren in deutschen Quarzporphyren (L 94) unabhängig von der Mächtigkeit der gekrümmten Einzellagen. Es fehlt also die Regel der Stauchfaltengröße, welche Bg-Faltensysteme aus Lagen verschiedenen Deformationswiderstandes kennzeichnet. Die Krümmung hat also im genügend festigkeitshomogenen und -isotropen Zustande des Systems stattgefunden. Die Schlieren waren dabei mechanisch belanglose Vorzeichnungen, welche durch gerade- und krummbahnige Strömung gekrümmt wurden. Die Krümmung auch der Falten selbst ergibt dort, wo rotierbare starre Inhomogenitäten vorlagen, Wickelungen (Wickelfalten) um dieselben, bis zum rein kinematischen Bewegungsbilde geschlossener Wirbel. Als bilateralsymmetrische und im größeren Bewegungsbilde summierbare Gebilde weichen die Verkrümmungen nicht vom häufigsten Bewegungsbilde tektonischer Falten ab. Die innerhalb dieses so allgemein definierten Bewegungsbildes möglichen Fälle wären dann nach früheren Erörterungen:

1. Biegegleitung im s des laminaren Strömens,

2. Die Einzeldeformationen des Gesamtaktes sind laminar-strömende Bewegungen mit ebenen Blättern s, die sich in B schneiden; $B \perp$ auf der Ebene der Deformation ist Rotationsachse des Gebildes gegenüber schiefer Pressung.

3. Es ist davon nur eine einzige Schar s vorhanden (von Becker und Schmidt betonter Sonderfall einschariger Zerscherung).

1 und 3 tritt im Akte der Schlierenfaltung (zu trennen vom Akte der s-Bildung) zurück. Die Faltung kommt in den Formen und Bedingungen, also wahrscheinlich auch im Bewegungsbilde sehr nahe der eben beschriebenen mehraktigen Knetung mit konstantem B, rotationalen Strains und Externrotationen. Wonach zwar der Charakter eines B-Tektonites am Gesamtbilde gut hervortritt, aber eine Aussicht, einzelne Strains im Gefüge nachzuweisen, wohl nur für ausgezeichnete Sonderfälle überhaupt besteht. Diese Grundzüge der Schlierenfaltung in Schmelztektoniten lassen sich also wie folgt zusammenfassen:

Einerseits sind verkrümmte faltenförmige Schlieren und „tektonische" Falten kinematisch beide als ebene bzw. bilateralsymmetrische („monokline") Umformungen zu betrachten und also hierin nicht verschieden; ein bezeichnender, magmatischem und „tektonischem" Strömen gemeinsamer kinematischer Grundzug. Andererseits besteht ein wichtiger, oft begegneter Unterschied magmatischen und tektonischen Strömens — einer der wenigen, welche fallweise die so oft irreführende Trennung magmatischer und „tektonischer" Bewegungsbilder rechtfertigen — darin, daß Biegegleitung nur in Material mit der Fähigkeit, s-Flächen geringster Schubfestigkeit auszubilden, vorkommen kann, mithin nur in manchen Tektoniten. Für diese ist Biegegleitung gegenüber den fluidalen faltenförmigen Schlierenverbiegungen (ohne Biegegleitung) bezeichnend. Letztere kommen aber nicht nur in Magmen vor, sondern kinematisch und dynamisch ununterscheidbar auch in Tektoniten genügender Rindentiefe, welche gar nie schmelzflüssig waren. Und so wäre es verfehlt, gleichartige Bewegungsbilder viskoser Schmelzen und nichtmagmatischer Tektonite großer Tiefen verschieden zu benennen: beide zeigen unter Umständen B-Achsen, aber Faltenformen ohne Biegegleitung — welche das häufigste Zeichen der Anisotropie des Systems bei der Umformung ist — und die Amplitude der Falten unabhängig von Knickfestigkeit, also keine „Regel der Stauchfaltengröße", welche ein häufiges Zeichen für lagenweise Inhomogenität und Starrheit der Lagen während der Umformung ist.

Zusammengefaßt ergibt sich nun folgendes über gekrümmte Flächen („Falten") aus Ebenen, welche mechanisch oder nur visuell vorgezeichnet sind. Alle solchen Falten sind nichtaffine Umformungen und haben eine oder beide der Teilbewegungen:

1. Biegegleitung („krumme" Gleitung) in mechanisch vorgezeichnetem s, dessen Krümmung die „Falte" ist. Möglich nur im mechanisch-anisotropen geschichteten Zustande, welcher die mechanische Vorzeichnung s zu Worte kommen läßt. Mithin nicht denkbar in mechanisch streng isotropen und homogenen Flüssigkeiten und Teigen; denkbar während lamellarer Strömung; nachweisbar in Gefügen aus festen biegbaren Lamellen zwischen Flächen geringsten Schub-

widerstandes; für solche Gefüge bezeichnend. Die Gleitung erfolgt nicht in Ebenen, sondern in Flächen vorheriger und gleichzeitiger stetiger Verkrümmung (Faltung) in der Ebene der Deformation, also mit krummen Bahnen der Teile als krummbahnige Gleitung. Ergebnis: Biegefalten.

2. Geradbahnige („Gerade") Gleitung in Ebenen oder Flächen, deren Schnitte mit (ac) Gerade sind. Nicht die Gleitfläche, sondern eine zu dieser in weiten

Abb. 126. Gipsfalten wie Abb. 120. Verkleinert auf $^2/_3$. Verschwinden und seitliches Ende der Falten im Streichen veranschaulicht durch zwei voneinander nur 8 cm entfernte (ac)-Schnitte (im Bilde oben und in der Mitte) und durch einen (bc)-Schnitt an anderer Stelle. Der schwächer ausgezogene größere Kreis bezeichnet die verschwindende Falte.

Grenzen beliebig gelegene Vorzeichnung wird zur Falte. Man unterscheidet einscharige und mehrscharige Gleitung, letztere als einzonig mit unbewegter Deformationsebene (ac) und unbewegtem b, und mehrzonig, d. h. auf mehreren (ac) stehen mehrere Lote b usw.

Beliebig wechselnde Umformung einer mechanisch isotropen, stetig deformierbaren Masse mit beliebigen Vorzeichnungen, erzeugt aus dieser laminare

Vorzeichnungen und aus letzteren Falten, ununterscheidbar von den Falten mehrfach gekneteter Gesteinsteige (Magmen; alle Gesteinsteige genügender Erweichung.)
Solche Falten sind meist nicht durch einscharige Scherung ableitbar.

Mit äußeren Kennzeichen und Gefügeanalysen lassen sich erkennen: Reine
Biegefalten; einscharige Scherfalten; einzonige mehrscharige Falten (mit
Externrotation); einzonige Biegefalten mit Externrotation; mehrzonige Falten
mit gefalteter b-Achse oder mehreren $b'b''$. . . Alle mehrzonigen Falten sind
zeitlich mehraktig. Mehraktige Falten können auch einzonig sein.

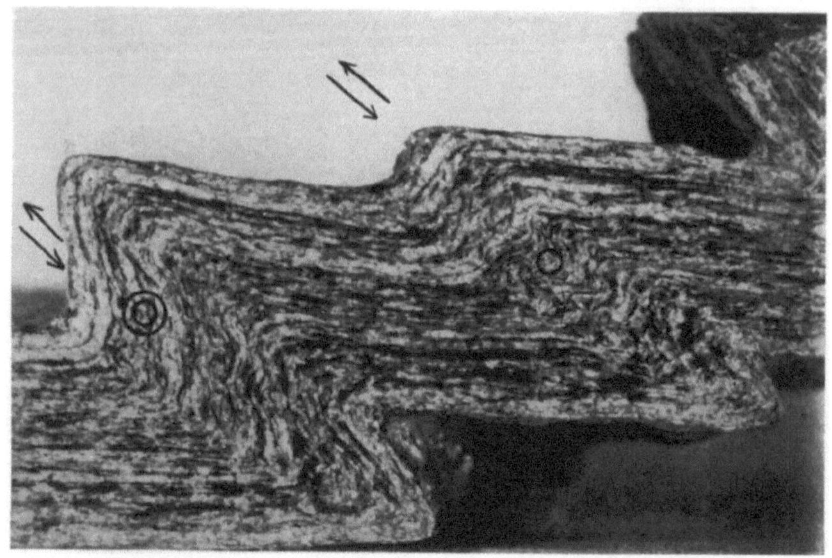

Abb. 127. Gneis. Breslauer Hütte, Ötztal, Tirol. Schwach vergr. Inhomogene Falten mit in der Durchbewegung
ungleichwertigen Schenkeln bei äußerer Symmetrie. Die nicht horizontal liegenden Schenkel sind bei der
Faltung teils affin (Doppelkreis), teils nichtaffin (Kreis) durchbewegt. In diesen Schenkeln liegen in Richtung
der schiefen Pfeile die (affinen und nichtaffinen) Bewegungshorizonte, deren Modell die Falte gibt. Die
horizontalen Schenkel sind entweder affin oder bei der Faltung überhaupt nicht durchbewegt, was durch
Gefügeanalyse entschieden wird (,,Schoppfalte" Ohnesorges; Sammler Schmidegg).

Eine Falte kann selbst wieder gefaltet werden, entweder indem sie eine bloß
visuelle Vorzeichnung darstellt und zur Scherfalte schergefaltet wird, oder indem
sie, je enger sich ihre Schenkel schließen, desto mehr ein laminares System darstellt und zur Biegefalte werden kann. Beispiele solcher gefalteter Falten an ganz
verschiedenem Material zeigen Abb. 118—121 und namentlich 120 eine gegenüber
der umformenden Außenkraft um ein
fixes b externrotierte, also einzonige Falte,
mit abwickelbarem Feinbau (wie Abb. 26
und 129) in bezug auf die erste und zweite
Faltung, also biegegefaltete Biegefalte.

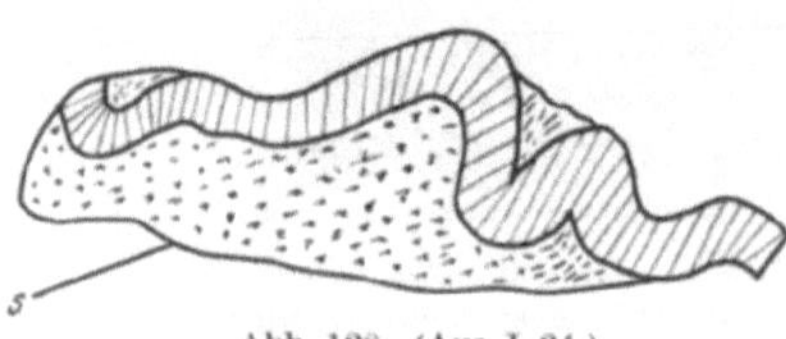

Abb. 128. (Aus L 24.)

Das im Schnitt (bc) selbst faltenförmige
seitliche Ende einer Falte zeigt Abb. 126
in 2 (ac)-Schnitten an den Enden des Stückes (oben) und einem (bc)-Schnitt
(unten). Ein Beispiel für ungleichwertige Schenkel zeigt Abb. 127.

Analysen können alle diese Typisierungen vom Korngefüge aus stützen.

Analysenbeispiele. 1. Die Abwickelbarkeit inhomogen geregelter Biegefalten mit verschiedenem Innen- und Außenscharnier kann schon mit dem Kompensator erkennbar sein. So in Abb. 128, welche einen gefalteten Quarzgang in

umgefälteltem Albitphyllit (Brixen, Südtirol) zeigt. γ', durch Schraffen auf dem Quarzgang bezeichnet, zeigt unverkennbar die radiale Anordnung eines nachträglich mit der Gangwand verbogenen Rasens von $\gamma' \perp$ auf der Gangwand. Wenngleich mit γ' die Lage der Quarzachsen nicht bestimmt ist, tritt sowohl die Abwickelbarkeit als die Unmöglichkeit, diese γ'-Lagen als eine Einregelung in das s des Schiefergefüges abzuleiten, hervor. Zerpressung zu feinkörnigem Gefüge im Innenscharnier bezeugt den Biegungsakt. Während das feinschichtige Phyllitgewebe umgefältelt und teilweise in den winzigen Scharnieren wieder zerschert wurde, erfuhren durch dieselbe Durchbewegung des Ganzen die mechanisch ganz andersartigen Quarzgänge rhythmische Schlängelung in viel größeren, ebenfalls von der Regel der Stauchfaltengröße diktierten Falten.

2. Viel genauer läßt sich die Abwickelbarkeit einer Biegefalte (Quarzlage in umgefälteltem Zillertaler Quarzphyllit) und der Vorgang bei solchen Analysen mit Hilfe von Diagrammen darstellen. Die Falte erweist sich als inhomogen und nur mit Symmetrieebene (ac) geregelte, abwickelbare Falte mit stärkerer Korndeformation im Innenscharnier; aus all diesen Gründen als Biegefalte.

Die Analyse (Aufnahme Roithofer) wurde zuerst in 3 verschiedenen Radien bzw. Sektoren vom Faltenzentrum aus mit 3 Teildiagrammen durchgeführt.

Die mittlere Tangentenlage in diesen 3 aufeinanderfolgenden Sektoren ist die mittlere Lage der gefalteten Feinschichtung und in Abb. 129 als $s_1\, s_2\, s_3$ bezeichnet.

In die zu $s_1\, s_2\, s_3$ gehörigen D 162, 163, 164 in natürlicher Orientierung zueinander, also mit gleicher Stellung des Schliffindex, ist das zugehörige $s_1 s_2$ und s_3 eingezeichnet. Es zeigt sich, daß zugleich mit s ein 20^0 bis 30^0 mit s bildendes Achsenmaximum des Quarzes mitgebogen

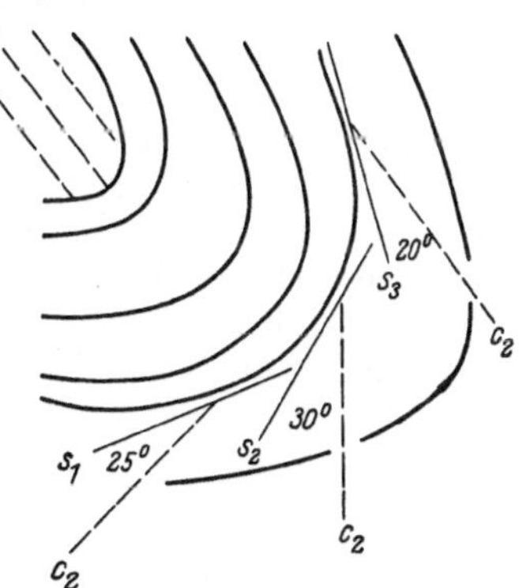

Abb. 129. Lage der Quarzachsen c_2 in der Quarzfalte zu D 162—166. Natürl. Größe.

wurde. Dieses ist als gebrochene Gerade c_2 in Abb. 129 eingetragen. Diese Geraden bedeuten also die wirkliche Wanderung der Quarzachse im Gefüge und man sieht auch, daß diese schon im ungefältelten Gefüge nicht $\perp$ oder $||\, s$ stand, sondern mit s schon den Winkel ca. 20^0 einschloß, wie in (ac) der Falte. Es war also vor der Faltung ein Gefüge da, in welchem die Quarzachsen (statistisch) so lagen wie die Haare in einem Seehundsfell, alle in derselben Ebene (ac) mit der Fellfläche 20^0 bis 30^0 bildend, also ein für Quarztektonite typisches Maximum. Ein noch ungefalteter Quarztektonit abc lag vor. Im Sinne dieses abc erfolgte mit Lagenkonstanz von b und Symmetrieebene (ac) als ein ganz typischer Vorgang in Tektoniten die Biegung ohne zu ihren Trajektorien korrelate Regelung, aber mit Externrotation um b des bereits geregelten Gefüges. So werden dort die S-Tektonite im selben bilateralsymmetrischen Bewegungsbilde zu B-Tektoniten mit $B = b$ und fixer Symmetrieebene seit Beginn des ganzen analysierbaren Aktes. Auch Rillen, gleich dem gebogenen a, lassen sich als Ausdruck der Biegegleitung finden. Das Ganze ist ein für die tektonische Walzfaltung phyllonitischer Gebiete überall typischer Vorgang, zu welchem weiterhin auch die Zerscherung der Scharniere und Linsengefüge hinzutritt, worauf das ganze System neuerdings faltbar vorliegt und in wiederholten gleichen Akten sich als bilateralsymmetrischer tektonischer Transport mit phyllonitischer Umfaltung und Walzung fortbewegt.

Wird der oben mit einem Seehundsfell verglichene Tektonit gebogen, so behalten die Quarzachsen vergleichbar den Haaren überall ihren Winkel zur Tangente des Bogens; wie dies Abb. 130 zeigt.

Auch eine zweite, genauere, aber mühsamere Methode, die Einmessung der Quarzkörner auf dem Wege entlang dem gebogenen s — also entlang einem Bogen, nicht wie früher entlang den Radien der Falte —, ergab dieses Achsenmaximum — ca. 35^0 zu s —, wenn man abwickelte, d. h. $\sphericalangle \alpha_1$ der Einmessungen nicht vom gleichen Index der Oleate aus abzählte, sondern von einem auf dem gebogenen s örtlich normal stehenden Index aus, D 165. Im innersten Faltenscharnier herrscht

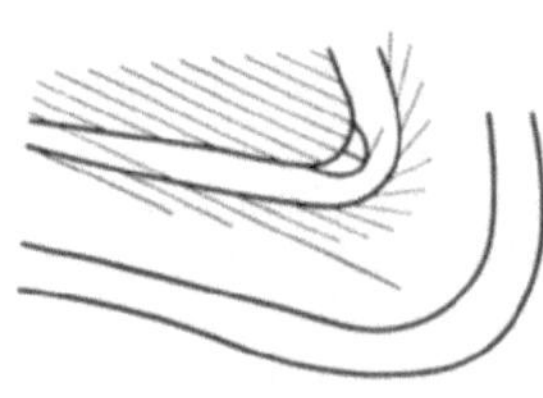

(D 166) die unverbogene Ausgangsregelung, wonach dort (s. Abb. 130) engbenachbarte Stellen 90^0 Abweichung in der Lage der c-Achsen zeigen. Dieser Umstand konnte (L 13) für die einfache Gipsmethode der Untersuchung noch zur unzutreffenden Annahme der Abbildung von Biegetrajektorien in dieser Regelung führen.

Dem analysierten Vorgange der Biegefaltung im Bewegungsbilde abc entspricht, wie die Diagramme zeigten, eine Externrotation (um b) des Materials mitsamt seiner Gefügeregel. Wollen wir die Regelung des ganzen gefalteten Bereiches überblicken, so legen wir D 162—164 mit dem Index übereinander: Der Gürtel in (ac) besetzt sich mit den verschiedenen Lagen des Quarzhauptmaximums und wird der typische Gürtel eines B-Tektonits mit Externrotation; b wird eine B-Achse. Eine Schar gleichartiger, miteinander paralleler solcher Falten, wie wir das bei Umfaltungen sehr oft treffen und gleich im Beispiel begegnen werden, besetzt ein ganz gleiches Sammeldiagramm; treten gleichgebaute Falten gegeneinander um $b = B$ rotiert im betrachteten Bereiche auf — ein in tektonisch gewalzten Gebieten ebenfalls vertretener Fall — so besetzt sich der Gürtel des B-Tektonites um so gleichmäßiger. Wir begegnen in genauer Analyse den Weg, wie eine Gruppe von B-Tektoniten die „B-Tektonite durch Biegerotation" entsteht und gebaut ist.

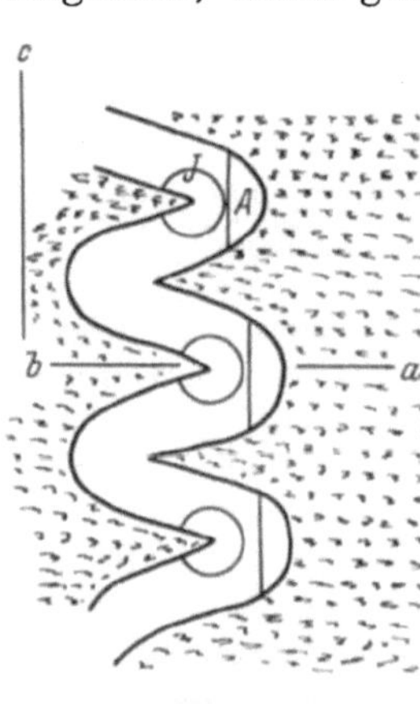

Abb. 131.

3. Ein Beispiel für die genaue rhythmische Wiederholung auch des Feinbaues rhythmischer inhomogen geregelter Biegefalten ist wieder den Quarzgängen des Brixner Quarzphyllits entnommen. Abb. 131 zeigt den Schnitt (ac). In 6 Teildiagrammen (Messung Reithofer) wurden die in der Zeichnung hervorgehobenen Innen- und Außenteile der Scharniere mit je 90 Quarzachsen aufgenommen; dann wieder alle inneren Diagramme untereinander, alle äußeren untereinander und jedes äußere mit dem inneren derselben Falte genau verglichen, nachdem schon der Besetzungsvorgang die Unzufälligkeit der Untermaxima und die Berechtigung dieses Vergleiches ergeben hatte, der seinerseits durch viele genaue Übereinstimmungen der Teildiagramme die Berechtigung des Verfahrens endgültig bestätigte. Hierbei ergab sich:

Von den 3 Falten sind die Außenteile A untereinander und die Innenteile J untereinander im Diagramm bis auf zufällige Verschiebungen gleich, können also zur Deckung gebracht werden, und ergeben die Sammeldiagramme D 167 aller äußeren und D 168 aller inneren Körner. Äußere und innere Teildiagramme und mithin auch J und A unterscheiden sich voneinander deutlich, namentlich hat D 167 ein starkes Untermaximum, welches in D 168 und in jedem Teildiagramm zu D 168 fehlt. D 167 und 168 haben gemeinsame *B*-Achse; der zugehörige Gürtel ist aber in D 168 gleichmäßiger besetzt.

Wir haben also eine auch im Diagramm sehr genau periodisch wiederholte Faltung.

In so großen Bereichen betrachtet ist das Gestein homogen gefältelt. Im Bereich einer Einzelfalte herrscht aber keine homogene Regelung; es liegen mithin keine Scherfalten vor, sondern Falten mit besonders im Innenknie betontem Gürteltektonitcharakter, was der Durchbewegung in einem sich schließenden Faltenknie sehr gut entspricht und ein Zug von allgemeiner Verbreitung ist. Der Schliff (*bc*) ergibt einen Schiefgürtel mit Maximum in *a* (D 169), aber mit einem weit stärkeren im Schiefgürtel. Nach der in diesem Buche gewählten Arbeitshypothese ist der Schiefgürtel ein Hinweis auf einseitiges Pendeln von *a* in (*ab*) oder auf einseitiges Pendeln der Achse *b* bei Rotation um *a*. Steigerungen dieser Rotation sind Besetzung eines (*bc*)-Gürtels und Wellung bis Faltung der *b*-Achse selbst. Erstere Erscheinung wird das nächste Beispiel aus mittelbarer Nachbarschaft dieser Falten veranschaulichen; die Faltung der *b*-Achse geht ebendort bis zu deren darmschlingenartiger Verknäuelung (Faltengekröse).

Diese Falten zeigen also eine nicht starke, aber deutliche Inhomogenität der Regelung und dadurch in verschiedener Körnung innen und außen noch Anzeichen von Biegung. Im ganzen zeigt aber doch aller Quarz überall Regelung vom selben Typus: einen *B*-Tektonit mit Schiefgürtel. Das geregelte Gefüge ist weder abwickelbar noch zeigt es Abbildung von Biegetrajektorien. Der homogene Zug der Regelung im Sinne des Gesamtgesteins ist herrschend geworden, und zwar wesentlich nach der Biegung, denn er ist unverbogen. Damit nähert sich die Falte den nachträglich von Scherfalten ununterscheidbar geregelten.

4. Aus demselben Materiale ein Beispiel bereits vollkommen homogen geregelter Biegefalten, an welchen nur noch die sehr ungleiche Körnung innen und außen auf Biegung weist;

Abb. 132. Quarzfalte im Quarzphyllit bei Brixen, Südtirol. Vergr. nahe 35. Schliff nach (*b c*) durch das kleinkörnige Innenscharnier und das großkörnige Außenscharnier.

wie das im Schliffe (*bc*) Abb. 132 hervortritt, deren Außenteile große Außenkörner, dessen Innenteil die feinen Innenkörner zeigen. Die starke Inhomogenität der Körnung ist ersichtlich. Die Aufnahmen dieses Schliffes zeigen gute Übereinstimmung des Diagramms der Außenkörner D 170 mit dem Diagramm der Innenkörner D 171. Das Sammeldiagramm beider D 172 läßt erkennen, wie aus dem Schiefgürtel von Beispiel 3 (D 169) in einer benachbarten Falte schon der ausgesprochene (*bc*)-Gürtel geworden ist, als Zeichen auch durch (*0kl*)- und (*ac*)-Klüfte und durch rotiertes Interngefüge der Grundmassenalbite bezeugten Strömens ‖ *b* mit Rotation um *a*. In der konstruktiven Rotation dieses Diagramms 90° um *c* (D 173) tritt der (*bc*)-Gürtel median hervor: Die Querdehnung einer Falte hat in deren Querschnitt (ac) durch das Strainellipsoid E' (S. 226) das Bild geschaffen, das wir gewöhnlich nur in (bc)-Schnitten begegnen.

Es war also E' stärker prägend im Gefüge als E. Und der Fall zeigt, daß eine Faltenachse nicht immer zugleich die betonteste B-Achse des Gefüges sein muß, wenn sie es auch meistens ist. Es liegt eine Falte vor, in welcher die auf der Faltenachse B normalstehende B' die im Gefüge stärker zu Worte kommende ist. Dabei ist das Gestein gleich anderen (bc)-Gürteltektoniten in einem Akte wechselnd wirksamer Strainellipsoide geprägt.

Aus einem solchen Gefüge ist zu schließen, daß ungemäß einer häufigen tektonischen Annahme der Transport längs der Faltenachse, der petrographisch so vielfach bezeugt ist, sogar stärker sein kann, als der $\perp$ zur Faltenachse, den tektonische „Profile" allein darstellen; es entspricht das ja dem Schicksal weichen Kittes, welcher aus der umfassenden pressenden und faltenden Hand entweicht.

5. Es folgen nun Beispiele homogen geregelter Falten verschiedener Gestalt: höchstsymmetrische Falten [Symmetrieebenen (ac) und (ab)]; unregelmäßige Faltenlappen; gefaltete Falten; Stengelfalten. Alle diese Gestalten zeigen vollkommen homogen über dem ganzen Faltenbereich die Regelung eines Tektonits, dessen b mit der Faltenachse zusammenfällt. Wenn sie außerdem keines der Biegefaltenmerkmale zeigen und die für Scherfalten geforderte konstante Mächtigkeit der Lagen (gemessen nicht normal zur Lage, sondern auf dem Wege a) so können sie Scherfalten sein, müssen es aber nur, wenn außerdem noch strengste Homogenität des Materials eine Biegegleitung ausschließen läßt. Andernfalls besteht die Möglichkeit, daß eine im monoklinen Bewegungsbilde abc aus dem zugehörigen Tektonit symmetriegemäß gebogene Biegefalte, wie sie im 2. Beispiele betrachtet ist, im weiteren Verlaufe desselben Tranportes von einer, oder bei Externrotation, von mehreren Scherflächen durch b umgeschert wird und hiernach das homogene Bild eines symmetriegemäßen Tektonites zeigt, also das Gefüge einer Scherfalte, ohne aber als solche entstanden zu sein.

a) So zeigt die gefaltete Quarzit- und Marmorfalte D 174—176 an Quarz und Kalzitgefüge gleichsinnige homogene Regelung, welche dem eingetragenen abc entspricht.

Diese Regelung hat mit der Entstehung der Falte nichts zu tun: Einmal ist das a der Faltenform gegen das a dieser Regelung um 90⁰ um das beiden gemeinsame b gedreht und die Faltenform daher nicht aus (ab) der Regelung als Scherfalte ableitbar. Zweitens ist die Falte keine Scherfalte, denn im quarzitischen Kern sind die Scharniere nicht verdickt, im kalzitischen Anteil aber über jedes durch Scherung erhältliche Maß, so daß die Falte ganz der Biegefalte Abb. 116 entsprach. Mithin entstand die Falte als Biegefalte mit starker Stoffzufuhr (Kalzit) an die Außenseite der Quarzitfalte in einem monoklinen Bewegungsbilde. In einem zweiten Bewegungsbilde bei fixer Lage von b oder besser durch Rotation der Falte um b erfolgte die homogen regelnde Scherung in (ab) der Regelung und der Diagramme, und dieser Scherung ordnet sich die sekundäre Krümmung der Falte im Kalzitanteil zu. Die leicht gefaltete Falte ist also eine schergefaltete Biegefalte bei konstanter Achse b ($= B$) und Symmetrieebene (ac) des Bewegungsbildes, mithin im Verlaufe eines symmetriekonstanten tektonischen Formungs- bzw. Transportaktes entstanden durch Externrotation der ersten Falte: b des Schieferungsaktes fällt mit b des ersten Faltungsaktes zusammen; das Gebilde ist also lediglich um ein $b = B$ rotiert gegenüber der Beanspruchung. Die Falte ist symmetriegemäß geregelt und während aller Vorgänge, die überhaupt an ihr ersichtlich sind, symmetriekonstant eingespannt gewesen. Sie ist ein Beispiel sicherer Rotation, da die Entstehung der Falte bei der Einspannung, welche das jetzt durch seine Regelung sichtbare s erzeugte, nach keinem Prinzipe möglich ist.

b) Dagegen entspricht die in D 177 wiedergegebene Falte aus meist nur durch etwas graphitische bloß visuelle Vorzeichnung trennbaren Lagen, gut einer Scherfalte (s. hierzu Abb. 124) durch eine Scherung, deren (ab) bei gemeinsamem b von dem (ab) der Faltengestalt nur um 13° abweicht. Unter dem Mikroskop zeigt der Faltenbogen nicht nur die der Mächtigkeit der Gleitbretter entsprechende Stufung, sondern auch im größten und kennzeichnenden Gegensatz zu den vollkommen glatt und stetig gebogenen Glimmerhäuten, welche die Scharniere von Biegefalten umschmiegen, einen Chloritgehalt, der dem Faltenbogen folgt, aber in die Gleitbretter schichtweise verteilt und (schwach) eingeregelt. Das Schema in Abb. 133 zeigt diese Anordnung der Glimmer im gestuften Scharnier einer Scherfalte (rechts) und im glatten Scharnier (links) einer Biegefalte.

c) Eine ebenso deutbare homogene Regelung, deren abc mit dem der Falte übereinstimmt, zeigen D 178, 179 eines unregelmäßigen Faltenlappens, dessen Gestalt in Kleinformen wie in Deckenprofilen häufig wiederkehrt. Betrachtet man das den Marmorlappen in feinsten Fältchen umschmiegende Glimmergefüge gegenüber dem scharfen s des Kalzitgefüges, so wird die verschiedene Reaktion beider Gefüge bei gleicher Knetbeanspruchung deutlich: Der Marmor ist geschert, der Glimmer in tausend verschieden orientierten Biegefältchen rotiert, beide Gefüge aber haben symmetriegemäß den Vektoren der gemeinsamen Knetung die Achse b und die Symmetrieebene (ac) gemeinsam.

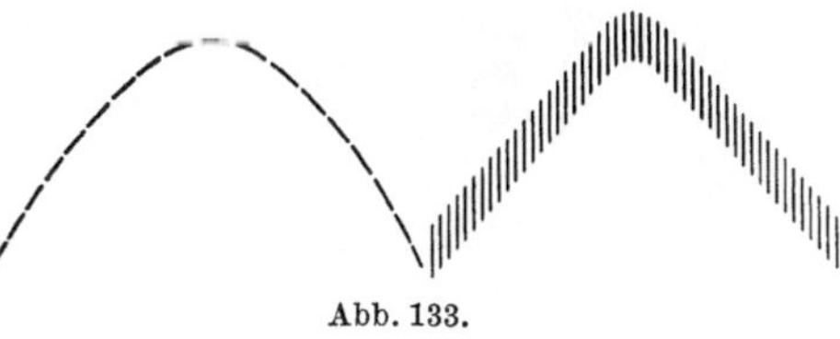

Abb. 133.

d) Einen genaueren Einblick in eine homogen geregelte Quarz-Kalzit-Scherfalte mit den erörterten Kriterien derselben geben die Diagramme D 180—185. abc der Regelung von Quarz und Kalzit fallen genau zusammen mit abc der Faltenform. Im Kalzitgefüge ist nicht nur (ab), sondern die Gleitgerade a bestimmbar, einmal als Schnittgerade von (ab) mit der Ebene, in welcher sowohl Lamellen- als Achsenmaxima liegen (D 180, 181, s. hierzu S. 204), ein zweites Mal als Schnittgerade von (ab) mit der Ebene, in welcher die beide Achsen von Kalzit-Zwillingen enthaltenden Kornebenen liegen (D 182). Trotzdem von den in b tautozonalen Scherflächen nur eine bestimmte, eben das (ab) der Diagramme, der Scherfalte die Gestalt gibt, zeigt Quarz und Kalzit D 181, 183, 184 deutliche Gürtelbildung um die Achse der Falte.

Auch eine homogen geregelte Falte D 192 aus kristallisiertem Hornstein zeigt trotz höchstsymmetrischer Gestalt einen fast geschlossenen Gürtel, vielleicht als Anzeichen mehrschariger Scherung, sicher als Anzeichen von Rotation um b. Dasselbe gilt von dem im Streichen aus einer Falte entstandenen Faltenstengel D 58—60. In den Fällen deutlicher Gürtel, bei nur einem einzigen sichtbaren $s = (ab)$, kann ohne genauere Untersuchung nicht entschieden werden, ob der Gürtel auf (wie in D 98 unsichtbare) $(h0l)$-Scherflächen oder auf verschiedene Ausgangslagen einzuregelnder Körner zurückgeht.

6. Von methodischem Interesse ist es, auch den Fall einer gesetzlos inhomogen geregelten Falte zu belegen, in welcher sich vor der Faltung verschiedene Einkristalle oder rekristallisierte Überindividuen durch ihre Größe im Vergleich zur Falte, trotzdem jetzt kleinkörniges Gefüge vorliegt, derart geltend machen, daß sich daraus eine nicht näher faßbare Inhomogenität der Regelung ergibt. Durch einen abgezwickten Glimmerkern (D 186) erweist sich diese gefaltete Gangquarz-

knauer als Biegefalte. Die Rotation des Diagrammes nach (*ac*) D 186 in die Lage (*bc*) ergibt einen betonten Schiefgürtel. Im Bereiche der Entnahme des Schliffes (*ab*) D 188 und (*ac*) D 186 herrscht die homogene Regelung eines typischen Quarztektonits, wie die Überführbarkeit von D (*ac*) in D (*ab*) (s. D 191) zeigt. Dagegen ist die Stelle der Entnahme von Schliff D 187 anders geregelt, denn D 186 ist durch die erforderliche Rotation von 50° um *c* nicht in D 187 überführbar.

V. Beziehungen zwischen mechanischer Deformation und Kristallisation.

Im Korngefüge der Falten kann für die zeitgerechten Beobachtungsmittel jede Spur einer Teilbewegung zum Umformungsakte fehlen. Oder es sind ausreichende mechanische (rupturelle; translative) Korndeformationen vorhanden:

Abb. 134. Gneis. Langtaufers, Südtirol. Vergr. nahe 35. Biotitkern einer nachkristallinen Biegefalte vgl. Abb. 135.

Falten mit unmittelbarer mechanischer Teilbewegung. Oder die mechanischen Teilbewegungsspuren in und zwischen den Körnern sind unzulänglich, Kristallisationen fanden als mittelbare Teilbewegung (s. S. 115) während oder mit kristalliner Abbildung der Verbiegungen nach der Faltung statt. Diese Unterscheidungen lassen sich für Biegefalten und Scherfalten festhalten. Die Beispiele sind überall zu finden, die Extremfälle leicht zu bezeichnen, Mischtypen z. B. blastomylonitische Faltung häufig. Die betreffende Kennzeichnung der Falte ist oft für die verschiedenen Mineralarten des Korngefüges verschieden und also mit Bezugnahme auf die Mineralart anzuführen.

Ob die Kristallisation während (parakristalline Deformation bzw. Tektonik) oder nach der Deformation erfolgte, ist nur in manchen Fällen (durch Interngefüge) entscheidbar, beide Fälle zusammengefaßt aber deskriptiv durch das

Fehlen mechanischer Gefügedeformation sehr gut gekennzeichnet. Es sind also praktisch beide Fälle, mithin alle, bei welchen die Kristallisation den Deformationsakt jedenfalls überdauerte, als vorkristalline Faltung bzw. Deformation (u. Tektonik) der nachkristallinen gegenüberzustellen. Im analogen Sinne kann man eine vortektonische, paratektonische und nachtektonische Kristallisation (Metamorphose usw.) unterscheiden.

Alle diese Beziehungen zwischen Deformation und Kristallisation überhaupt sind durch die Wahl von Falten mit genügend großem Korn im Vergleich zur Faltengröße am besten festzustellen, namentlich im Schliffe (*ac*) und bei Mineralen mit empfindlicher Reaktion auf mechanische Beanspruchung (Glimmer, Quarz,

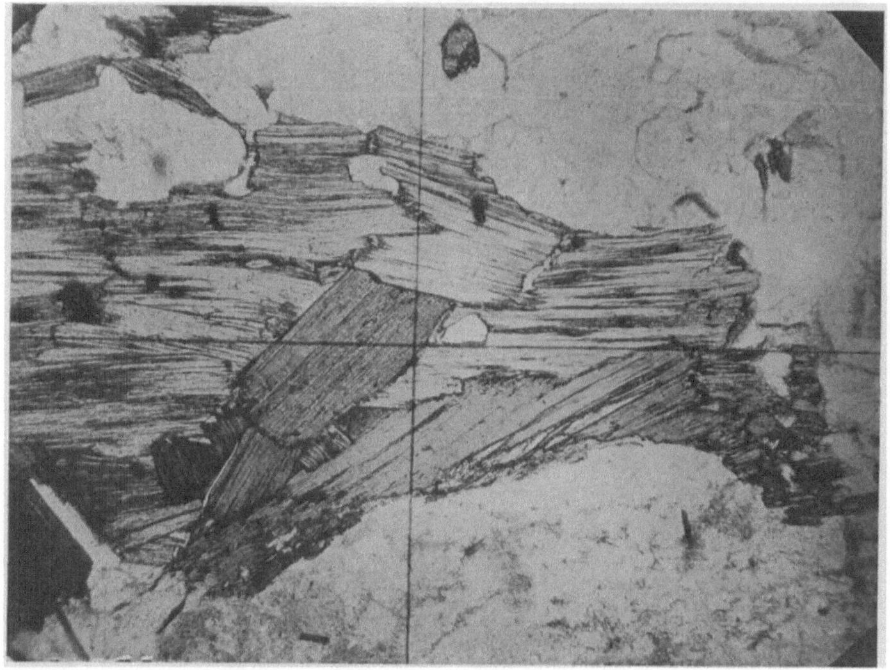

Abb. 135. Eulengneis. Eulengebirge. Vergr. nahe 35. Biotitkern einer vorkristallinen Biegefalte vgl. Abb. 134.

Karbonat u. v. a.), besonders begünstigt auch durch die Gestalten sperriger Nadeln, Blättchen, verzweigter Einkristalle u. dgl., welche nachkristalline mechanische Beanspruchungen des durchwachsenen Gefüges empfindlich aufzeichnen. Wertvoll für diese Feststellung vorkristalliner oder nachkristalliner Faltung ist namentlich die Beobachtung des innersten Faltenknies; sie kann nachkristalline (Abb. 134), vorkristalline (Abb. 135) und parakristalline (Abb. 110, 111), Faltung bezeugen, letztere dadurch, daß manche Falten mechanische Korndeformationen zeigen (Abb. 111 links), andere nicht (ebendort rechts) oder dadurch, daß wie in Abb. 110 im Innenknie der Falte sperrige Kristallisation erfolgt, während die Außenbögen mechanische Korndeformation zeigen.

Diese Kristallisation im Innenknie ist wie die in Höfen und Augenwinkeln eine Kristallisation an heterokinetischer, der übrigen Durchbewegung entzogener Stelle. Da sich diese Stelle aber im Lauf der Faltung weiter verengt, kann man die Spuren auch dieses Aktes öfters wahrnehmen und damit die Auf-

fassung ausschließen, daß es sich lediglich um einmalig stärker beanspruchte
und deshalb stärker rekristallisierte Stellen handelt.

Sehr oft ist der Anblick der unversehrten Gesamtfalte ohne weiteres be-
weisend für die vorkristalline Deformation, so wenn man Abb. 136, 137 vergleicht
mit dem Anblick nachkristallin deformierten Gipsgefüges, Abb. 138; ferner in
Abb. 139 und 140. Ganz besonders aber, wenn ganze Falten oder Teile derselben
als Interngefüge in unversehrten oder unzulänglich deformierten Kristallen K
auftreten, wonach die Faltung mit Sicherheit als vorkristallin in bezug auf die
K-Kristallisation erscheint. So ist die Gipsfalte Abb. 141 vorkristallin in bezug
auf die Kristallisation großer unversehrter Gipskristalle, welche in Abb. 141 wie

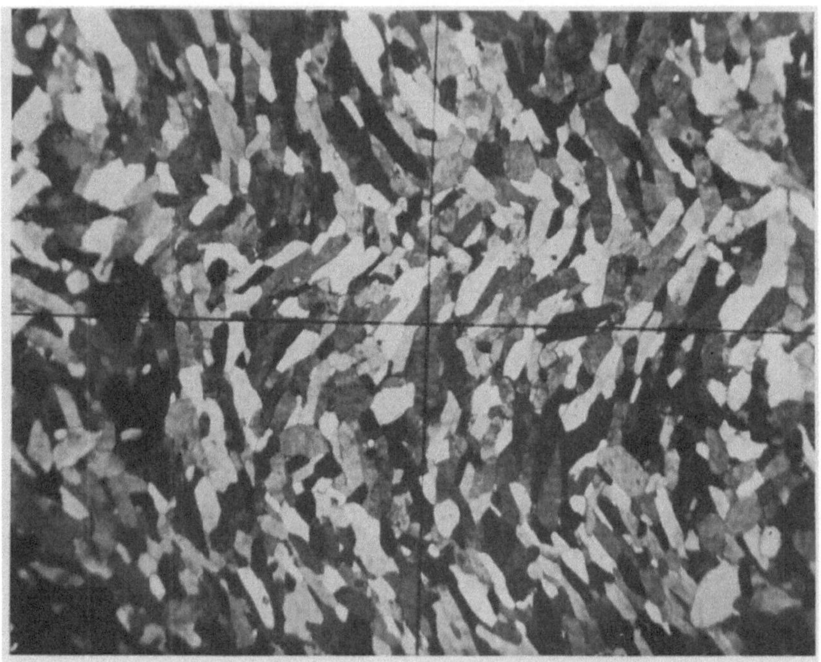

Abb. 136. Gips. Ahrntal, Südtirol. Vergr. nahe 35. Reines Gipsgefüge vorkristallin gefaltet vor der
Regionalmetamorphose.

in Abb. 120, 121 das dunkle Gebiet einnehmen und den Faltenverlauf als Interngefüge umschließen, in Abb. 142 im Schliffe vergrößert, als helle Einkristalle quer
über die ungestörte Faltenzeichnung (sedimentäre Feinschichtung) setzen und an
der gewählten Stelle noch nicht umkristallisiertes Gipsgefüge (dunkel) zwischen
einander haben. So ist die Faltung eines Lagengefüges aus kleineren Biotiten,
Quarz und Erz in Abb. 143 vor der Kristallisation der großen umschließenden
Albite und vor dem Weiterwachstum der Biotite erfolgt, mithin vorkristallin in
bezug auf Biotit. Die Quarzfalte in Abb. 144 ist vorkristallin in bezug auf den umschließenden Hornblende-Einkristall. Dagegen hat die Hornblende (dunkel) in
Abb. 149 noch ungefaltetes Lagengefüge umschlossen, welches nachkristallin in
bezug auf diese großen Hornblenden (und auf Glimmer) gefaltet wurde.

Die Analyse des Verhältnisses zwischen Deformation und Kristallisation
durch Interngefüge gefalteter Gesteine kann in manchen Fällen bis zu einer geschlossenen Gefügesynthese führen und ist immer fruchtbar.

So führt eine Falte aus Glimmerschiefer Staurolit, Granat und sauren

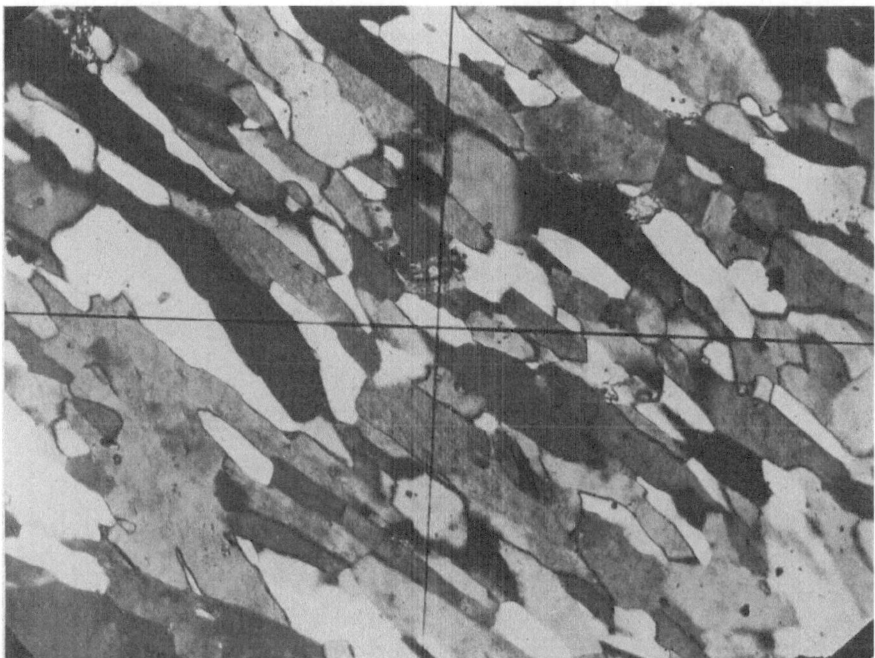

Abb. 137. Gips wie Abb. 136. Vergr. 75. Gipstektonit, vorkristallin durchbewegt und geregelt. Vgl. Abb. 138. Gips als „kristalliner Schiefer".

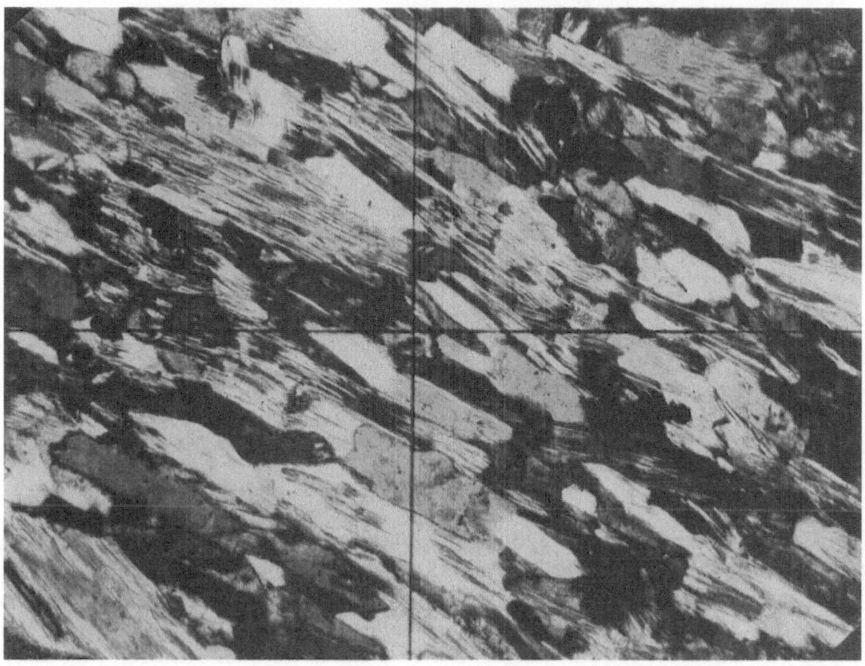

Abb. 138. Gips. Osaccio, Villa Bedretto, Trentino. Vergr. 75. Gipstektonit, nachkristallin durchbewegt und geregelt. Vgl. Abb. 137.

Plagioklas alle drei als Holoblasten mit Interngefüge, zeigt vorkristalline und nachkristalline Deformation und erlaubt folgende Analyse (L 24):

Herrschend ist ein Musterbild vorkristalliner Faltung, deren mechanisch unversehrte Glimmergebälke keine Beziehung zur Faltung besitzen als die An-

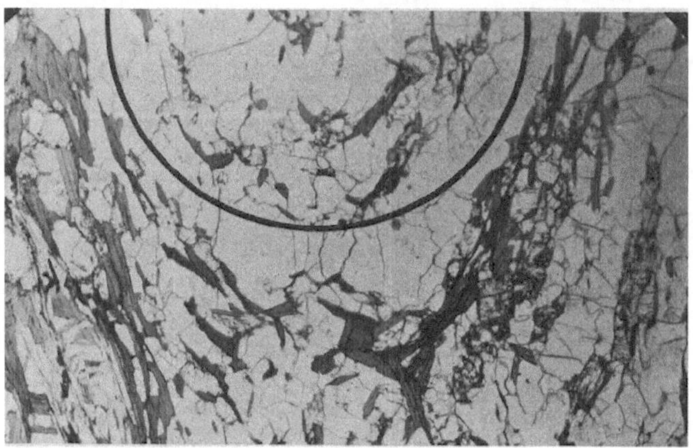

Abb. 139. Glimmerschiefer. Meran, Südtirol. Vergr. nahe 35. Vorkristalline Falte mit Stofftransport zum Scheitel.

ordnung in engen Bögen. Die Kristallisation der spiegelklaren Holoblasten mit verschiedenem *si* neben örtlicher Verglimmung derselben weist auf verschiedene Zeit der Bildung der einzelnen Holoblastenarten, auf zeitliche Generationen, wie sie für viele kristalline Schiefer bezeichnend sind; deren Verhältnis zur mechanischen Formung ist die Frage.

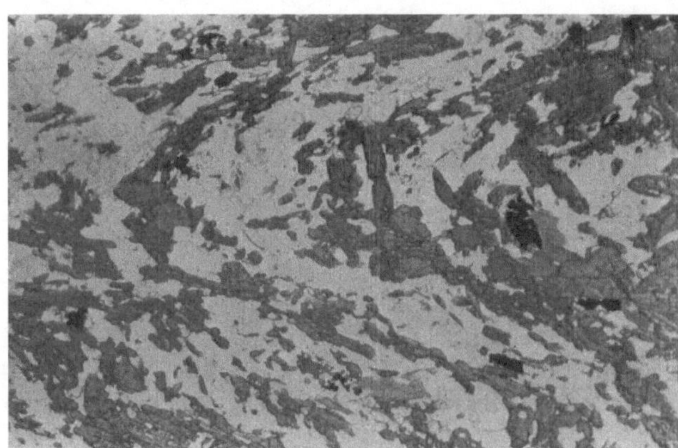

Abb. 140. Amphibolit. Pfossental, Südtirol. Vergr. nahe 3. Vorkristalline Falte.

Man findet die Granaten als frühzeitig gebildete Holoblasten; denn sie haben vollkommen ungefälteltes, feinkörniges Quarzgefüge umschlossen und sind mit demselben zusammen gegeneinander verlagert, auch legen sich großgewachsene Biotite als unversehrter Rahmen an die Dodekaederflächen des Granats. Von Staurolith gilt dasselbe, etwas weniger deutlich, da er seltener Interngefüge zeigt.

Nach Beginn der Kristallisation, nach Bildung der Granaten mit ungefaltetem jetzt verlagertem Interngefüge, erfolgte noch vor dem Hauptwachs-

tum der Glimmer die Faltung, nachkristallin in bezug auf Granat und Staurolith, vorkristallin in bezug auf die Glimmer, welche sich als große unversehrte

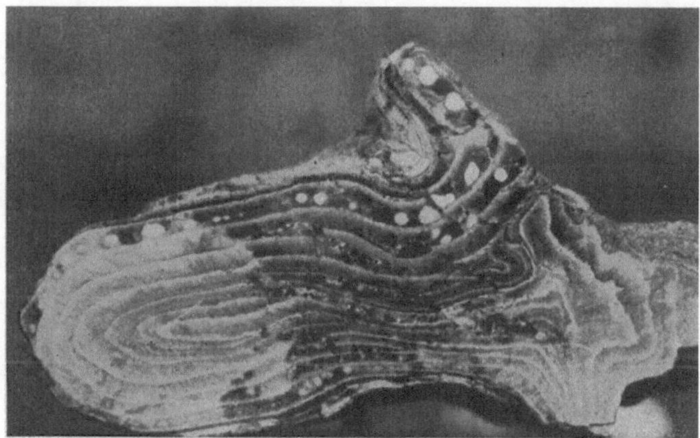

Abb. 141. Gips wie Abb. 120. Natürl. Größe. Vorkristalline Faltung vor der „Diagenese".
Neukristallisierter Gips dunkel.

Plättchen tangental an die Faltenbögen legen („Polygonalbögen" der Glimmer.)
Diese aus hochentwickeltem Glimmer gebildeten Polygonalbögen, also in bezug
auf Granat nachkristallinen, in bezug
auf Biotit und Muskowit vorkristallinen
Falten, werden von den großen Plagioklasen wieder als Interngefüge umschlossen und dann nicht mehr verlagert.

Wir haben also bisher eine in bezug
auf Granat und Staurolithe nachkristalline, in bezug auf Muskowit, Biotit und
Plagioklas vorkristalline Faltung, welche
diese anderwärts vielfach als zusammen-
gehörige Mineralfazies bezeugte Mineral-
gesellschaft als eine deutlich mehraktige
(zweiaktige) Paragenesis erkennen
läßt.

Die wieder spätere Gefügebewegung
ergriff als nachkristalline Gleitung in
dem durch die vorkristalline Umfaltung
bereits umgestellten s gelegentlich alle
Kristalle und erzeugte auch bei heftig-
ster Knetung nicht immer, sondern nur
gelegentlich aus diesen die Minerale der
„Diaphthorese". (Entmischung von Oxyd-
staub und Sagenit und Chloritisierung der
Biotite; Deformationsverglimmerung.)

Ein Beispiel für parakristalline Fältelung und Faltung in bezug auf Albit
gibt Abb. 145 und 146. Abb. 145 ist das
Innenscharnier (Verlauf durch Kreis-

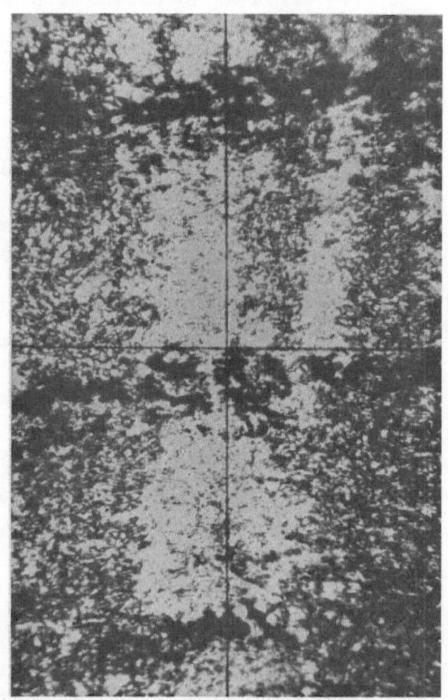

Abb. 142. Wie Abb. 141. Vergr. nahe 35. Neukristallisierte Gips-Einkristalle hell.

bogen bezeichnet) einer Falte in Phyllit mit Albitholoblasten, deren si, als
„Einschlußwirbel" gedeutet, die durch die Pfeile bezeichneten Rotationen und

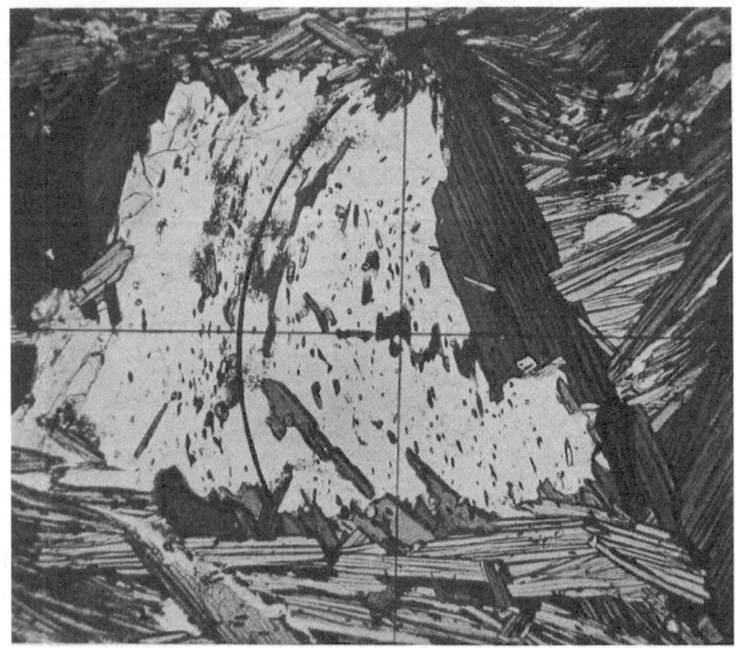

Abb. 143. Albit-Biotitschiefer. Greiner, Tirol. Vergr. nahe 35. Voralbitisch gefaltetes *si* in Albit. Starke nachtektonische Kristallisation. Schliff ⊥ *B*.

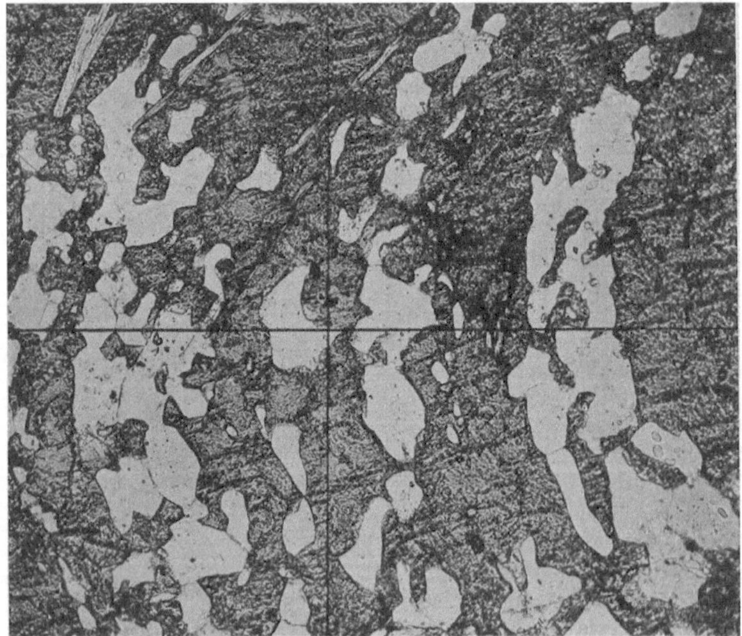

Abb. 144. Hornblendeschiefer. Vallming, Südtirol. Vergr. 75. Faltenbogen von Quarz-*s i* in Hornblende-Einkristall.

Gleitungen ergeben würden, welche weder mit der Deutung als reine Scherfalte noch als reine Biegefalte vereinbar sind. Abb. 146 zeigt das Außenscharnier derselben Falte. Gleichviel ob man *si* der Albite als während deren Rotation aufgenommene und krumm angelegte Schmidtsche Einschlußwirbel (L 31) deutet oder als vom Albit vorgefundene Stadien verschieden starker Fältelung, ergibt sich der parakristalline Charakter der Fältelung und der unverkennbar in dasselbe Bewegungsbild gehörigen Faltung der größeren Falte. Nachträgliche Zerscherung der Scharniere (mit geringem Betrage) im umgestellten *s*.

Deformation und Kristallisation der Korngefüge, Zusammenfassung. Da das Verhältnis zwischen mechanischer Umformung und Kristallisation durch die Ge-

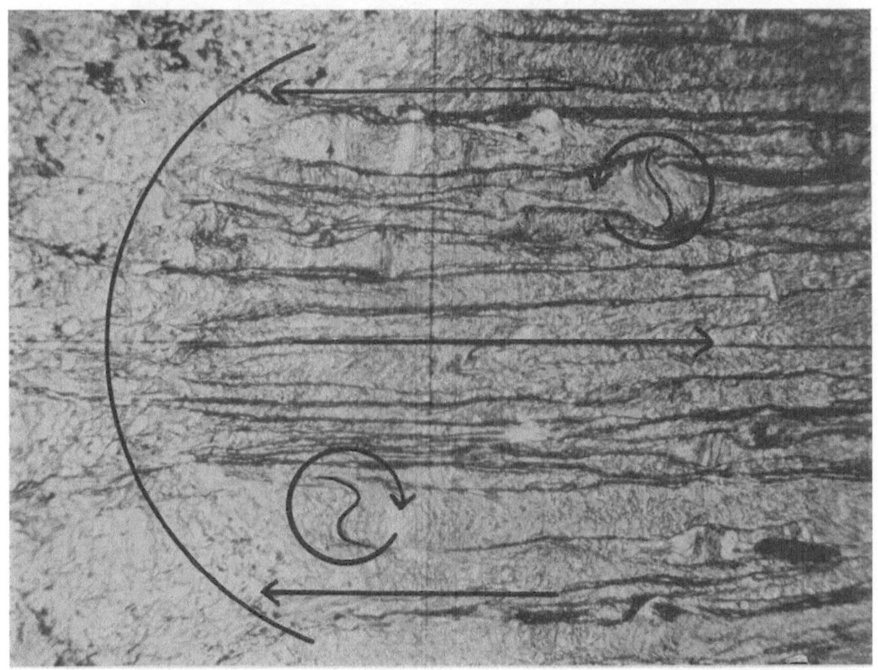

Abb. 145. Albitphyllit. Schmirn, Tirol. Vergr. nahe 35. Innenscharnier der Falte.

steinsfalten am besten aufgedeckt wird, ist eine Zusammenfassung dieser Angelegenheit gerade hier anschließend am Platze.

Man erkennt also vorkristalline Deformationen, bei welchen die Kristallisation eines oder mehrerer Gefügeelemente die Deformation zeitlich überdauert hat, im Gefüge daran, daß die nachkristallinen Korndeformationen (translativ; rupturell) entweder fehlen oder als Teilbewegungen — Relativbewegungen im Kornbereich — der Deformation betrachtet, quantitativ nicht ausreichen; so z. B. wenn sich bei starker Fältelung in einem hochkristallinen Schiefer nur ab und zu unter den unversehrten Glimmern, welche die polygonalen Faltenscharniere bilden, gebogene Individuen vorfinden. Mit dem Fall gänzlichen Fehlens korrelater nachkristalliner Korndeformationen sind auch die Fälle mit unzulänglichen nachkristallinen Korndeformationen erklärt. Solche Deformationen mit unversehrtem kristallinen Gefüge können entweder korrelate Gestaltänderung der unversehrten Einzelkörner zeigen (1) oder nicht (2).

Im ersten Fall hat zweifellos die Molekularbewegung, in welcher die Kristallisation besteht, die Rolle einer zur Deformation korrelaten mittelbaren Teilbewegung gespielt. So z. B. wenn sich zerrissene Kristalle einheitlich regenerieren, wonach die Gestalt des Kornes der Gefügedeformation angepaßt erscheint. Es sind sowohl Scherklüfte als Reißklüfte im Gefügekorn, welche einheitlich ausheilen, deren Ausheilung also eine molekulare mittelbare Teilbewegung zur Umformung darstellt. Im zweiten häufigeren Fall, wenn also im unversehrten kristallinen Gefüge eines deformierten, z. B. gefalteten Gesteins korrelate Gestaltänderungen der Einzelkörner fehlen, sind zwei Möglichkeiten begrifflich

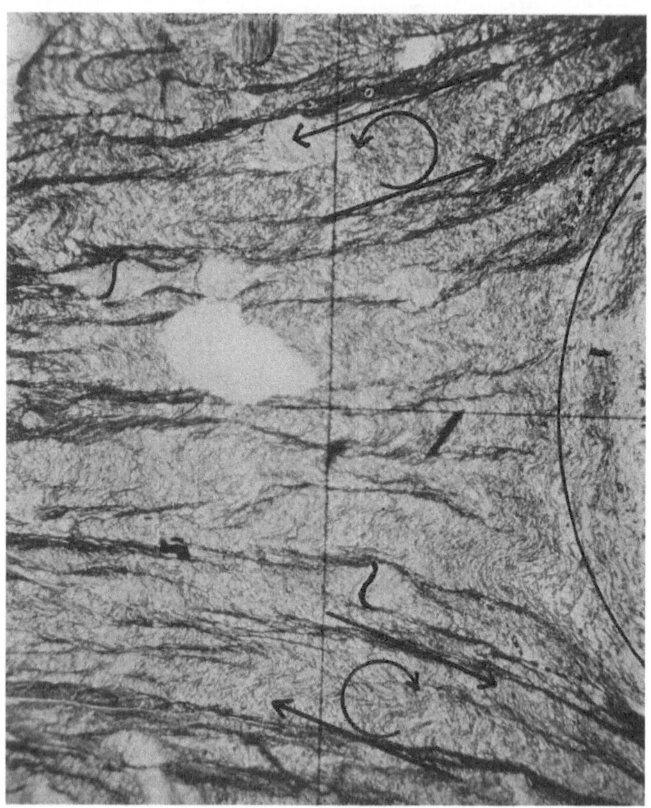

Abb. 146. Wie Abb. 145. Außenscharnier der Falte.

unterscheidbar, welche sich praktisch nicht ausschließen und im selben Gefüge eine Rolle spielen können.

Diese zwei Entstehungsmöglichkeiten sind:

a) kristalline Abbildung der fertigen Deformation, z. B. Falte (wie irgendeines anderen Gefügedatums, z. B. Feinschichtung, Fossil). Hierbei folgt die entscheidende, das letzte Gepräge gebende Kristallisation des Gesteins nach der Deformation; zuweilen zugleich als eine mechanische Erstarrung nach einer Phase größerer Beweglichkeit. Es können hierbei entweder die mechanischen Korndeformationen der Deformationsphase durch Umkristallisation verschwinden. Oder es kann die Deformation an kleinkörnigem Material erfolgt sein, welches erst nach der Deformation die Vergrößerung seiner (sedimentär oder durch Deformationen gerichteten) Keime zu größeren Körnern und die Neubildung von Holoblasten erfuhr. Dieser Fall spielt eine wichtige Rolle, wie die weitverbreitete, durch Interngefüge (S. 156) und rekristallisierte Kornscherflächen (S. 194) erwiesene Keimregelung zeigt.

b) Es ist möglich, daß eine Kristallisation korrelat zur Deformation als eine mittelbare Teilbewegung derselben erfolgt, ohne daß Einzelkörner korrelate Gestaltänderungen erkennen lassen. Diese Kristallisationsbewegung ohne korrelate Korngestaltungen spielt als mittelbare Teilbewegung ebenfalls eine wichtige Rolle.

Hierher gehören die kristallinen Ausheilungen der meisten tektonischen Rupturen im Gestein, bei welchen bestimmte, bei den jeweiligen Bedingungen gelöste und mobile Stoffe sich an die Orte mit Absatzmöglichkeit begeben. Das

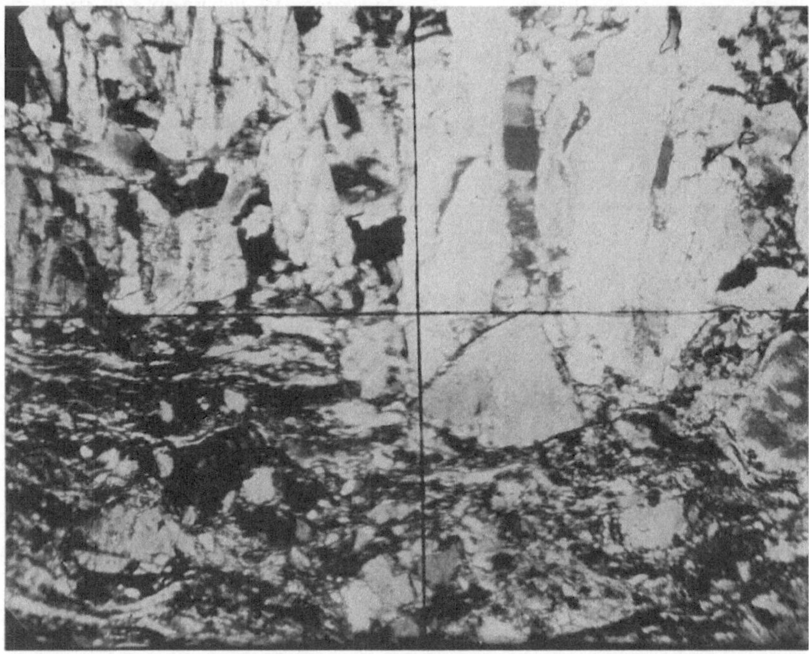

Abb. 147. Gneis. Erzgebirge, Sachsen. Vergr. nahe 35. Schliff nach (*b c*). Oben im Bilde (hell) hauptsächlich nach (*a c*) zerrissenes, durch Quarz verheiltes Feldspatkorn. Blastomylonit „nach Feldspat und vor Quarz“ deformiert.

absolute Ausmaß solcher Rupturen ist hierbei nebensächlich, und wir beobachten begrifflich gleiche Kristallisationsbewegung an Gängen wie an Haarspalten und noch feineren Rupturen. Wir begegnen ferner nichts Neuem, wenn wir nun auch die kristallin regenerierten Blastomylonite hier anschließen und alle Fälle, in welchen Kornrupturen durch die jeweils charakteristische mobile Lösung ausheilen (vgl. Abb. 147). Oft verändern sich die Zusammensetzung der mobilen Lösung und die Ausscheidungsbedingungen, wie uns zeitliche Mineralgenerationen in kristallinen Schiefern und die Erscheinung der gemischten Gänge lehren. welch letztere auch in Haarrissen zuweilen noch sichtbar ist. In allen diesen Fällen wäre nicht nur die Kristallisation als mittelbare Teilbewegung tektonischer Deformationen verschiedensten Ausmaßes zu betrachten, sondern auch zu beachten, daß sich in weitaus den meisten Fällen gleichzeitig hiermit auch eine chemische Entmischung — „tektonische Entmischung“ — des deformierten

Gesteinskörpers vollzieht. Ein Beispiel für tektonische Entmischung gibt Abb. 148, welche kalziterfüllte farblose Kleingänge eines pigmentierten Kalkes in *s* eingeschlichtet und rekristallisiert zeigt.

Man kann nun die Frage, wie die chemische Mobilisierung zustande kommt, zunächst beiseite lassen und nicht nach der Auflösung sondern nach dem Absatz der beweglichen Stoffe fragen. In manchen der oben angeführten Fälle müssen die Orte mit den besten Absatzbedingungen offene Rupturen gewesen sein. Es ist aber in vielen Fällen wahrscheinlich, daß z. B. Zugrisse nie mit der Mächtigkeit ihrer schließlich sichtbaren Füllung klaffende Rupturen waren, sondern lediglich eine Blastetrix darstellen (s. S. 159) und daß an bestimmten heterokinetischen oder vor Druck besser geschützten Stellen im Gestein bestimmte Stoffe, sich anreichend, auskristallisieren.

Auf diese Weise kann sich die Kristallisation chemisch und räumlich an Inhomogenitäten des Druckes im Gestein anpassen und zugleich eine tektonisch entmischende bzw. „ummischende" mittelbare Teilbewegung sein (L 23, 24, 30).

Für diese Art der Kristallisationsbewegung ist es wesentlich, daß sich die Stoffe an Orten mit günstigen Raumbedingungen, z. B. Hohlräumen, absetzen, was schon voraussetzt, daß sie Orte geringerer Stabilität verlassen haben, also wandern und so zur Umformung des Gesteins als mittelbare Teilbewegung in Beziehung stehen, ohne daß Druckrichtungen hierbei zum Ausdruck gelangen oder irgendwelche Rolle zu spielen brauchen. Ein Gestein, in welchem nur gewisse Stoffe solche Kristallisationsbewegungen als mittelbare Teilbewegungen während einer Deformation ausführen, wird „teilweise fließend" umgeformt; ein Begriff, den das Studium der Gesteinsdeformationen so wenig entbehren kann, wie z. B. den der Abbildungskristallisation.

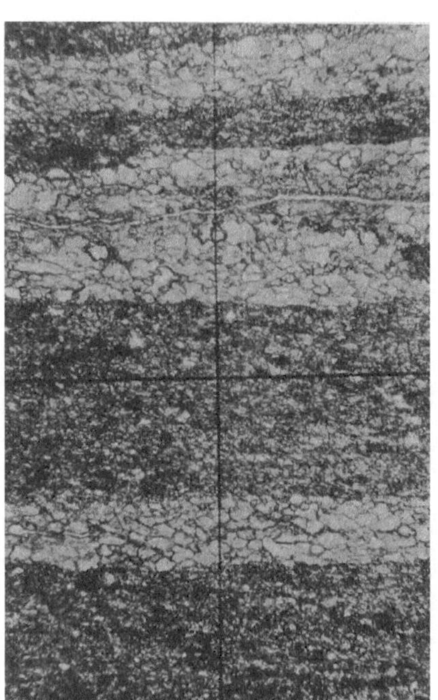

Abb. 148. Devonkalk. Seidewitztal, Sachsen. Vergr. nahe 35. Tektonisch entmischt.

Es ist nun der Fall denkbar, daß sehr viele der für eine Deformation erforderlichen Teilbewegungen in einem Gesteine in Form von Kristallisationsbewegung (mit oder ohne korrelate Korngestaltung) vor sich gehen und daß sich das Gestein als Ganzes hierbei als eine unter den gegebenen Bedingungen (welche mineralogisch-chemische Verhältnisse und geringe Deformationsgeschwindigkeit betreffen) zähe Flüssigkeit stetig deformiert, welche definitionsgemäß unter dem Einfluß einer konstanten Kraft eine fortschreitende Deformation erleidet. Bisher zeigte aber die allerdings für solche Fragen noch zu spärliche Untersuchung von Falten, daß die Abbildungskristallisation einer fertigen Deformation wenigstens ebensooft begegnet als während der Faltung erfolgende Umkristallisations- und Ausheilungsprozesse, welche eine mittelbare Teilbewegung der Faltung darstellen würden. Und man kann leichter Beispiele für eine mechanische Erstarrung mancher heftig durchbewegten kristallinen Gefüge anläßlich ihrer Kristallisation finden, nach welcher das Gefüge viel

weniger leicht beweglich war und tatsächlich keine Teilbewegung mehr statt-
fand. So hat in Abb. 149, wie in vielen anderen Fällen, im kleinen und großen die
Kristallisation der Hornblenden gegen die Faltung versteifend gewirkt; das
Gestein ist örtlich und in größeren Bereichen vollkommener Hornblendeimprä-
gnation ebenso kristallin erstarrt und unfaltbar geworden, wie man das bei
Albitisationen häufig trifft; und wie man das kristallisierenden, erstarrenden
Schmelzen ja allgemein zubilligt. So mag mancher vorkristallin heftig durchbewegte (auch sedimentäre) Teil eines Gebirges in seiner Bewegungsphase die
Störung des inneren Gleichgewichts, welche die Kristallisation einleitete, als
eine Umrührwirkung erlebt haben und hernach den neuen Bedingungen gemäß
kristallin erstarrt sein.

Abb. 149. Hornblendeschiefer. Vallming, Südtirol. Vergr. nahe 35. *s* ist innerhalb der Hornblende (dunkel)
der Faltung entzogen, neben derselben gefaltet. Hornblende wirkt versteifend gegen Faltung.

Ganz besonders für die Betrachtung des Verhältnisses zwischen mechanischer
Formung und Kristallisation ist es nötig, zunächst nicht vom Festigkeitsverhalten — oder gar von Festigkeitseigenschaften — zu sprechen, sondern zu
sagen: Ein Körper hat seine Deformation mit so oder so gearteten Teilbewegungen
erlitten. Diese können rupturelle oder stetige mechanische Deformationen einzelner Gefügeelemente, unmittelbare oder mittelbare Teilbewegungen sein. Fügt
man solchen Angaben noch die Beschreibung der Gefügeelemente bei, so ist alles
gesagt, was man aus dem Gefüge rückschließend über die Deformation eines geologischen Körpers sagen kann, während ein im Sinne der physikalischen Definition
als zähe Flüssigkeit deformiertes Gestein sowohl ein Mylonit als ein erstarrendes
Magma sein könnte oder ein Gestein, dessen Rupturen während der Deformation
sukzessive kristallin verheilen.

Endlich ist noch die Bedeutung der Kleinteile des Raumes, der Zeit und ihrer
Funktionen in der Deformation kristallisierender Gesteine ins Auge zu fassen.
Nach früheren Feststellungen wird die Stetigkeit einer Deformation um so

größer, je kleiner die sich gegeneinander verlegenden Gefügeelemente sind, verglichen mit den Ausmaßen des deformierten Ganzen, hängt also von der Größe des betrachteten Bereiches ab. Für Zusammenhänge zwischen Deformation und Kristallisation kommen nur wenigstens bis ins Korngefüge stetige Deformationen in Betracht. Wenn die betrachtete Deformation in einer gewissen Zeit T vor sich geht, so gehen auch alle unmittelbaren Teilbewegungen in dieser Zeit vor sich. Die Geschwindigkeit (Weg in Zeit) der Teilbewegungen als Relativbewegungen kann aber eine sehr verschiedene sein. Denn diese Geschwindigkeit hängt sowohl von der gegebenen Zeit T ab als von dem in dieser Zeit zurückgelegten Weg, d. h. vom Ausmaß der Relativbewegung. Je kleiner die sich bewegenden Teile, verglichen mit dem zu deformierenden Körper, den sie zusammensetzen, sind, desto geringer wird im allgemeinen absolut gemessen ihre Verschiebung gegeneinander, der Weg ihrer unmittelbaren Teilbewegung und damit auch bei gleichbleibender Deformationszeit die Geschwindigkeit der Teilbewegung.

Wenn sich z. B. ein körniger Gesteinskörper, in welchem bei den gegebenen Bedingungen die Teilbewegung von Korn zu Korn erfolgt, in einigen Tagen oder Stunden in eine Falte legt, so stehen diese Tage und Stunden den Körnern im Gefüge für die Zurücklegung winziger Relativverschiebungen (Wege) zur Verfügung. Die Körner bewegen sich gegeneinander außerordentlich langsam. Die Geschwindigkeit der Teilbewegung ist in solchen Gesteinen selbst bei ziemlich schneller Deformation eine sehr geringe. Wird dieselbe Scherfalte einmal mit dünnen — einmal mit dicken Gleitbrettern (Papier oder Pappe, Abb. 16) in der gleichen Zeit T vollzogen, so sind im ersten Falle die Relativverschiebungen der Gefügeelemente gering, also die Wege klein, also die Teilbewegungen langsam, auch die Deformationsgeschwindigkeiten als Geschwindigkeit der spezifischen Schiebungen gering — übrigens in jeder Lage verschieden —; alles trotzdem der Körper in derselben Zeit in dieselbe Falte umgeschert wird (Geschwindigkeitsregel der Teilbewegung).

Ist nun eines oder sind mehrere Minerale eines Gesteins mobil, so daß sie sich in der Intergranulare lösen und wieder umkristallisieren können, so wird es bedeutungsvoll, daß sich die Teilbewegungen so langsam vollziehen. Denn hierdurch wird es möglich, daß Auflösung und Kristallisation, welche eine gewisse Mindestzeit beanspruchen, im Gefüge der sich beständig, aber sehr langsam aneinander verschiebenden Körner als intergranulare und intragranulare Kristallisationsbewegung eine Rolle spielen und mehr oder weniger sogar an Stelle sichtbarer ruptureller Gefügedeformationen treten.

Freilich muß hier wieder angefügt werden, daß in manchen Fällen die Vorstellung kristalliner Regenerations- oder Erholungspausen während der Durchbewegung des Gesteins mehr zum Verständnis des Gefüges beigetragen hat. Erfolgt die Kristallisation in solchen zwischengeschalteten kleinen Pausen, für deren wirksame Dauer die Kristallisationsgeschwindigkeit der Substanz ein Minimum bestimmt, als Ausheilung von Rupturen, welche bei der Deformation erzeugt wurden, so liegt mittelbare Teilbewegung vor, wie sie oben erläutert ist. Erfolgt eine Deformation in einem Gestein, dessen Bestandteile wenigstens zum Teil mobilisiert sind, ohne Pausen mit gegebener Geschwindigkeit, so kann diese Geschwindigkeit eine gewisse Größe nicht überschreiten, ohne daß an die Stelle der mittelbaren molekularen Teilbewegung mehr und mehr die mechanische tritt, da die Neukristallisation der mobilen Bestandteile eine gewisse Zeit erfordert. Eine entscheidende Rolle für die Ermöglichung der Kristallisation als mittelbare Teilbewegung spielt die oben erläuterte Abhängigkeit der Teilbewegungsgeschwindigkeit von der Größe der Teile.

Schließlich ist noch darauf hinzuweisen, wie eine Faltung vor sich geht, bei welcher weder Kornumgestaltung noch kristalline Mobilisation mit intergranularer Teilbewegung eine Rolle spielt. Hierfür bietet die Falte aus gefalteten glazialen Sanden bei Innsbruck ein Beispiel. An dieser Falte, deren Bau infolge von trockener Behandlung mit dem Gebläse in Abb. 117 sehr gut hervortritt, zeigte sich, daß die besonders durch Glimmer bezeichnete Feinschichtung bei der Faltung keine Verringerung und Störung erlitt, die Scharniere mit tangentaler Lage der Glimmer umläuft und auch die S. 249 erwähnten Stofftransporte ganz ebenso erkennen läßt wie die gleich aussehenden kristallinen Falten, etwa Abb. 119.

VI. Heterokinetische Bereiche. „Höfe" im Gefüge u. a.

In durchbewegten Gesteinen tritt um starrere Einschlüsse E nach Stoff und Bau andersartiges Gefüge H auf. Dieses H schließt sich an E derart an, daß es sich ein Stück weit von E aus ins andere Gefüge verbreitet und dabei einen Raum, der zwischen den E einschließenden s-Flächen liegt, einen von s laminar umströmten Raum füllt.

1. Entweder dehnt sich H linsen- bis spindelförmig nach B in s aus, fast ausnahmslos letzterer Gestalt angenähert. Im Bewegungsbilde sind solche Höfe symmetrisch zur Ebene (ac) der Umformung und entsprechen einem umströmten Raume um E mit der Längsachse der Spindel in b. Ein solcher Raum kann im Bewegungsbilde abc entweder dadurch zustande kommen, daß die laminare Strömung $\parallel a$ an E abgelenkt wird (heterokinetische Stellen, vgl. S. 66), oder dadurch, daß die Querdehnung $\parallel b$ die toten Räume für das Gefüge H schafft. Da beide Fälle vorkommen und nur für den zweiten Fall die Bezeichnung „Streckungshof" zustrifft, ist sie zu meiden, wo genauere Untersuchung fehlt.

2. Oder es dehnt sich der Hof nur einseitig im Schatten von E aus, und zwar im Stromfaden, also in der Richtung a des Bewegungsbildes, wie dies im Gefüge der Mylonite auf echten Harnischen zu finden ist.

Als Beispiel für 1 zeigt D 129, daß die Quarzkörner im Hofe eines Biotitporphyroblasten in B-Tektonit ganz ebenso wie die anderen Quarze D 128 einen Gürtel $\perp B$ bilden und keine Spur einer Einstellung gegenüber dem Biotitholoblasten aufweisen.

In anderen Fällen (L 60) sind die Höfe vor allem als Hohlräume zu Worte gekommen, in welche Kristalle mit wandständiger Wachstumsregelung auf den Flächen des hofumgebenen Kristalles oder des Grundgefüges hinein wachsen.

Hier schließen sich auch andere Anlagerungshöfe um größere Kristalle an. Sie können (D 116—118) wandständig geregelt sein (ohne oder mit Einfluß der Anisotropie der Wand) oder keine Spur von Regelung zeigen.

Die Deutung der Gefügehöfe ist also nur gefügeanalytisch, nicht lediglich nach der Korngestalt und dergleichen möglich. An solchen Arbeiten aber fehlt es bezüglich der Höfe um starrere Einschlüsse noch ebenso wie an Gefügeanalysen der Korngefüge an anderen heterokinetischen Stellen in Gefügen z. B. zwischen den Schenkeln auf anderen reitender Falten usw.

Heterokinetische Bereiche sind sehr oft auch durch Kristallisation und Chemismus verschieden und in vielen Fällen gelangt die mechanische Inhomogenität durchbewegter Gesteine unzweifelhaft auch durch eine derselben unmittelbar zuordenbare Inhomogenität der Mineralneubildung im Einzelkorn und im Gefüge während oder nach der Durchbewegung zur Abbildung. Den bekanntesten, sichersten und verbreitetsten Fall stellt die lokal gesteigerte Mineralneubildung in Einzelscherflächen dar.

In diesen wird u. U. ein außerhalb derselben undeformiertes Mineral A mechanisch deformiert und rekristallisiert als A' gleichphasig aber anders, oder als *B* andersphasig, z. B. im Falle serizitischer oder chloritischer Phyllonite aus Feldspat- oder MgFe-Silikat führenden Gesteinen. Auch an Einzelkörner durchschneidenden Scherflächen ist das zu beobachten. Die Minerale sind also unmittelbar der Inhomogenität der Durchbewegung selbst, nicht einer dadurch geschaffenen inhomogenen Wegsamkeit zuordenbar.

Ähnliches gilt von anderen, mechanisch unterscheidbaren Stellen inhomogener Gefügebereiche: z. B. in den Augenwinkeln augenbildender Körner, zwischen den Schenkeln aufeinander reitender Falten, in Faltenkernen. Es ist jedoch in diesen Fällen ungeklärt, ob die Inhomogenität der Durchbewegung und damit des gebotenen Raumes für Keime entscheidet, wie ich annehme, und welche Rolle die Inhomogenität der Wegsamkeit spielt. Diese bestimmt bei der Kreuzung von Scherflächen die Lokalisierung der Minerale, gleichviel ob es sich um „Gangkreuze" nutzbarer Lagerstätten oder um Poren || *B*-Achsen — Achsen durch Blockierung von Scherflächen — handelt.

In gefältelten Gesteinen ist eine bestimmte Lokalisierung bestimmter Holoblasten unselten und nur fallweise zu entscheiden, ob dieses Bild (wie z. B. im Albitgefüge, Abb. 154) durch weitere Kleinfältelung nach der Holoblastenbildung entsteht oder die Holoblasten zwischen Faltenschenkeln wenigstens im Keime lokalisiert sind.

H. Backlund fand (L 30) die Staurolite an die Scheitel der Mikrofalten gebunden, Granat an ihre verquetschten Schenkel und hat dieses Beispiel „mechanischer Differenzierung" im Gestein beschrieben und dabei auf lokale „Druckverhältnisse" und lokale Störungen der zirkulierenden Lösungen, also auf inhomogene Wegsamkeit hingewiesen. Nach Backlund weisen instabile (im Sinne der mineralogischen Phasenlehre) Mineralkombinationen und Holoblasten überhaupt auf inhomogene Druckverteilung im Gefüge, was sicher zu weit gegangen, aber derzeit als heuristisches Prinzip von Backlund gegeben und als solches brauchbar ist, wenn man vor allem von einer genaueren Fassung des ungleich verteilten „Druckes" ausgeht.

Diese mechanische Differenziation im Starrgefüge (*I*) weicht als Abbildung lokaler mechanischer Inhomogenitäten kleiner Bereiche zunächst ab von der mechanischen Differenziation im Schmelzgefüge (*II*) durch Relativbewegung zwischen fraktionierten Kristallen und Schmelze. Es ist jedoch wahrscheinlich, daß in beiden Fällen die Relativbewegung eines nichtstarren Anteils (*M*) gegen einen starren (*S*) letzten Endes Druckdifferenzen zuordenbar erfolgt, wobei im Gefüge *I* die starre, im Gefüge *II* die nichtstarre Komponente überwiegt und dieser Umstand die weitere Mechanik bestimmt.

VII. Schmelztektonite.

Kennzeichnung der Schmelztektonite; Deutbarkeit nach Fluidalgefügen und Regelungen; andere Ausblicke auf die Gefügeanalyse von Schmelzgesteinen.

Sowohl in Tektoniten ohne Schmelzung als in erstarrten Magmen finden wir gleiche Bewegungsbilder des Strömens in ebenen, gebogenen und wirbelig um eine Achse *B* ($\perp$ zu den Stromfäden) gewickelten Schichten; eingewickelte Faltung (Wickelfalten) solcher laminarer Strömung; Wirbel (mit heterogenem Kern in Tektoniten). Das ist aus zwei Gründen zu erwarten. Erstens durchlaufen während der Erstarrung deformierte Massen dieselben für das Festigkeitsverhalten entscheidenden Größen bei gleicher Deformationsgeschwindigkeit wie manche Tektonite ohne Schmelzung.

Zweitens ist die stetige Deformation solcher Körper, welche nach ihrem Verhalten unter ganz bestimmten Alltagsbedingungen „fest" genannt werden, von dem „flüssiger" Körper nicht immer verschieden, sondern bisweilen bis zur vollkommenen Gleichheit beider Bewegungsbilder von der Deformationsgeschwindigkeit abhängig.

Man begegnet also sowohl die Ebenen laminarer Strömung als die B-Achsen der B-Tektonite als Faltungs-, Scherungs- und Wirbelachsen (Wirbelfäden der Hydraulik) auch in Erstarrungsgesteinen und kann die Ebene der Deformation und in ihr die Strömungsrichtung (bzw. Gleitgerade) $\perp B$ örtlich feststellen, auf geographische Koordinaten beziehen und damit ein übersichtliches Bild der letzten Strömung vor dem vollständigen Erstarren erhalten. Da bei einer gewissen inneren Reibung der mechanisch umzuformenden Gesamtmasse zur Umformung korrelate, vor allem symmetriegemäße Regelung anisotroper Elemente nach Korngestalt oder Korninnenbau auftritt und während der Erstarrung durchbewegte bzw. strömende Schmelzflüsse gleiche Bewegungsbilder und gleiche innere Reibung durchlaufen wie Tektonite, findet man auch in vielen Schmelzen Regelung nach Korngestalt D 193—199 und Korninnenbau D 200 symmetriegemäß dem Bewegungsbilde zugeordnet. Besonders gilt dies nach dem bisher Gesagten vom Korrelat der B-Achsen in geregeltem Gefüge: von den Gürteln, welche die Mineralpole auf der Lagenkugel derart besetzen, daß $B \perp$ auf der Medianebene des Gürtels steht oder, anders gesagt, $\|$ zum schwächstbesetzten Durchmesser der Kugel. Und besonders von Regeln nach der Korngestalt, wie die angeführten Diagramme zeigen.

Bei Deutung solcher Regelungen ist außer der Symmetrie des Strömungsbildes zu beachten, daß es sich meist um laminares Strömen längs Wänden (in affinen und nichtaffinen Bereichen) handelt, mit Einregelung in die Schichten, welche Unebenheiten schmiegsam oder verwickelt umfließen. Es sind also Strömungsbilder (s. S. 53ff.) und die Prinzipien der Regelung nach der Korngestalt (s. S. 148ff.) zu berücksichtigen. Die Ebene der Umformung ist sehr oft als Symmetrieebene des Grob- und Korngefüges ablesbar, die Deutung des ebenen Parallelgefüges als Strömungsschichten durch Regelung nach Korngestalt meist. aber nicht immer eindeutig, die Deutung der gekrümmten Gefüge auch für Schmelztektonite im betreffenden Abschnitt (S. 253) behandelt.

Man findet zunächst schon durch Beachtung des Strömungsgefüges allein:

I. Beispiele mit unvergrößert schon sichtbaren B-Achsen, demnach leicht bestimmbarer und einmeßbarer Symmetrieebene (ac) der Deformation: $(ac) \perp B$. Die Strömungsrichtung a ist senkrecht auf B. Die s-Flächen laminarer Strömung $(s = (ab))$ sind sichtbar. In der Schnittgeraden a zwischen (ac) und (ab) liegen die Bahnen der Teilchen, die Stromfäden, „die Gleitgeraden", wie wir bei laminaren Tektoniten sagen. Der Richtungssinn der Relativbewegung innerhalb a ist unselten aus Wickelfalten um rotierte Einschlüsse u. dgl. abzulesen (vgl. Abb. 150). Die Umformung

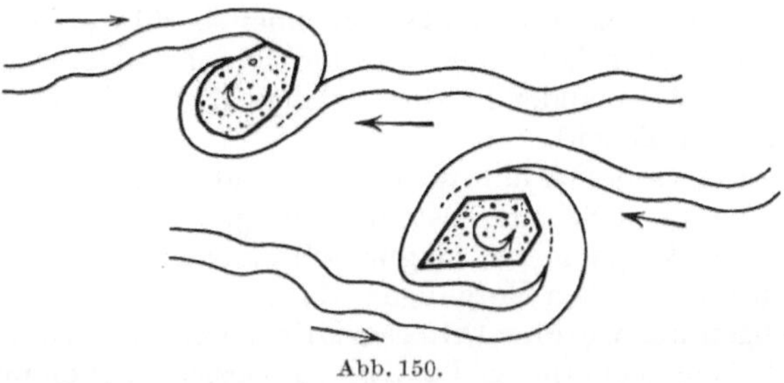

Abb. 150.

ist vorwiegend eine ebene bzw. eine in bezug auf die „Ebene der Deformation" als Spiegelebene bilateralsymmetrische, mit Verkrümmung der Blätter, wobei Biegegleitung keine Rolle spielt, da das Material nicht geeignet war, während der laminaren Strömung s-Flächen als Flächen geringster Schubfestigkeit auszubilden.

In Schliffen $\perp s \parallel B$ solcher Gesteine ist es bisweilen deutlich, daß keine streng zweidimensionale „ebene Deformation" ($\perp B$) vorliegt, sondern auch beträchtliche Querdehnung $\parallel B$, also normal zur Ebene der Deformation. Die Querdehnung $\parallel B$ ist ganz so wie in Tektoniten von Abscherung einzelner Lagen nach $(0kl)$, in unserem Fall unter 45^0 zu s, begleitet. Auch (ac)-Klüftung $\perp B$, tritt auf; ebenfalls wie wir das von B-Tektoniten kennen. Von besonderem Interesse in bezug auf die derzeit erst fallweise zu erörternde Frage nach dem genetischen Verhältnisse der Querklüfte zur B-Durchbewegung sind Fälle (L 94), in welchen die Entglasung mit Abbildungskristallisation zeitlich zwischen die vorkristalline Durchbewegung (Strömung) und die Bildung der (ac)-Klüfte, fällt. Es gibt also Fälle, in welchen nachweislich die Querklüfte, obwohl räumlich dem Lot B zugeordnet, nicht zugleich mit B entstehen, sondern später. Sie treten bei späteren Gelegenheiten, vielleicht bei symmetriekonstanter Beanspruchung, vielleicht abhängig von der früher aufgeprägten B-Anisotropie des Gesteins, zutage. Das ist auch für viele B-Klüfte in Tektoniten zu vermuten, aber im Falle schmelzflüssiger B-Tektonite bisweilen durch die Entglasung zu erweisen. Solche Fälle zeigen eine deskriptive Beziehbarkeit der Querklüfte auf B trotz einer Abbildungskristallisation, welche nicht auf mechanisch geregelte Körner rückführbar ist.

II. Beispiele mit ausgezeichneter laminarer Strömung und 2 rechtwinklig gekreuzten Riefungen auf s, deren eine am besten als Querdehnung zur anderen, wie bei vielen Tektoniten zu deuten ist, ($B \perp B'$), vgl. S. 193 u. a. Der Hinweis darauf, daß diese Dehnung in b und eine ihr entsprechende Gefügeachse $B' \perp b$ in denselben (behinderten) Umformungsakt wie $B = b$ gehört, liegt eben darin, daß B' die Symmetrie des B-Tektonits nicht stört und dem B erzeugenden Akte selbst symmetriegemäß ist.

III. Gutes Laminargefüge ohne ausgezeichnete Richtung in s.

Die Beachtung der B-Achsen, Strömungsschichten und Relativverschiebungen, vgl. Abb. 150, kann an orientierten Schliffen schon ohne Analyse des Korngefüges die vorkristalline Tektonik von Schmelzflüssen aufdecken. In anderen Fällen gelingt dies nur durch die Analyse des Korngefüges, der Regelungen nach der Korngestalt, wofür in D 193—199 Beispiele mit dem Bezugssystem $abc\ B$ wie für andere Tektonite gegeben sind; eine Regelung nach dem Kornbau zeigt D 200. Durch diese Beispiele und die allgemeineren Erörterungen ist die Bezeichnung Schmelztektonite für solche Gesteine und ein Hinweis auf das wesentliche Gemeinsame geschmolzener und ungeschmolzener Tektonite begründet.

Schmelzflüsse und die von ihnen berührten Hüllgesteine können sowohl in allen wesentlichen Zügen gleichartig deformiert sein (wie in genügenden Rindentiefen) als einander in allen solchen Zügen verschieden gegenüberstehen (wie in geringen Tiefen).

Es lassen sich hier noch einige andere Ausblicke für gefügeanalytische Untersuchung von Schmelzgesteinen anfügen.

Der Vorgang der Magmendifferenzierung hängt in vielen Fällen mittelbar von tektonischen Vorgängen ab, unmittelbar aber hängt von tektonischen Vorgängen ab, welche Differenziationsprodukte wir in der und jener geologischen Erscheinungsform schließlich zu Gesicht bekommen, da die Differenziationsprodukte anläßlich tektonischer Bewegung örtlich und mithin schon selektiv abgeschöpft werden (tektonisch fraktionierte Magmen). Man kann aber außerdem die Bedingtheit frühester Differenzierung von Ausgangsmagmen durch Bewegungsvorgänge in Betracht ziehen.

Fraktionierte Kristallisation ist nach Bowen die beste Erklärung für die Beziehung zwischen den verschiedenen Gliedern einer Provinz von Massengesteinen. Wenn aber fraktionierte Kristallisation und Relativbewegung der Kristalle gegen den Rest eine solche Rolle spielt, muß man viele Magmen als durchbewegte Flüssigkeiten mit Kristallen und ebenso wie die Tektonite in mancher Hinsicht als Funktion von Bewegungen in der Erdrinde betrachten und günstige Fälle gefügeanalytisch deuten lernen. Hierher gehören Konvektionsströmungen, welche Kristalle transportieren. Sie lassen dieselben Regeln nach der Korngestalt erwarten wie andere Strömungen starr-flüssiger Systeme mit Relativbewegung starrer Einzelkörner in laminarer Strömung. Eine andere Bewegung stellt das Absinken starrer Einschlüsse durch das Medium dar; auch hier sind voraussichtlich Endlagen der Kristalle statistisch wahrnehmbar. Eine dritte Art kinematisch deutbaren und bereits gedeuteten Gefüges sind tektonische Bewegungen, z. B. Intrusionen des starr-flüssigen Systems. Wesentlich ist vorläufig, daß man ganz allgemein in der Geschichte eines Schmelzflusses von der Gravitationsdifferentiation bis zur Umformungsdifferentiation mit relativer Durchbewegung und korrelaten kinematischen Gefügen im fest-flüssigen Systeme zu rechnen hat. Nachdem ich schon in L 51 auch starr-flüssige geologische Gebilde als Gegenstand der petrotektonischen Analyse bezeichnet hatte, ist es mir von höchstem Wert, bei einem von den Differentiationsproblemen als solchen kommenden Forscher wie Bowen fraktionierter Kristallisation eine wichtige Rolle zugewiesen und die weite Verbreitung von Relativbewegung zwischen Fest und Flüssig in Magmen direkt angenommen zu sehen. Wo hierbei die Vorstellungen Bowens, betr. Absinken und Auspressen liquider Restmagmen, mit Rotation und Dichterpackung der Körner im entleerten Festgefüge zutreffen, das ist heute fallweiser gefügeanalytischer Prüfung auf Grund der hier gegebenen Umrisse durchaus zugänglich, wenn man geeignete geologische Körper aufzufinden weiß, was Sache weiterblickender Feldgeologen ist.

Man sieht ein kaum angebautes Arbeitsgebiet, für welches bei Anwendung der Gefügeanalyse folgende Grundideen leitend werden: Umformungslehre der Tektonite und der Anlagerung aus bewegten Medien, beide besonders als Symmetrielehre. Auf diesem Wege kann die Gefügeanalyse beitragen zur Prüfung und Ausgestaltung der Differentiationslehre, der Assimilationslehre (L 69), der Magmatektonik (L 43, 65, 94) und der so aussichtsreichen Lehre von den syntektonischen magmatischen Einschaltungen, unter welchen die Granulite in diesem Buche bereits einige Berücksichtigung fanden.

Mehr und mehr scheint sich für Gesteine wie für Minerale (vgl. S. 137) der große Gegensatz zu mindern, den man einmal zwischen den durch Wärme und den durch mechanische Durchbewegung ins Fließen gebrachten Gesteinen sehen zu müssen glaubte, um sich gegen eine damals noch unzeitige Hypothese der Verflüssigung durch Reibung zu schützen.

VIII. Anlagerungsgefüge.

In Anlagerungsgefügen kommt im Korngefüge die im ersten Teile (ab S. 103) erörterte Vektorensymmetrie zu Wort durch die ebenfalls schon behandelte Regelung nach der Korngestalt (S. 148) und nach dem Wachstum (S. 156). Es ist also in diesen Abschnitten Hergehöriges zu finden. Auch rein biogene Anwachsgefüge gesteinsbildender Organismen müssen übrigens die monokline Vektorensymmetrie symmetriekonstanter Strömung mehr oder weniger lesbar zum Ausdruck bringen, wie nach der allgemeinen auch für lebende Massen gültigen Auffassung der abbildbaren Vektorensymmetrie zu erwarten ist.

Ein Beispiel für Anlagerungsgefüge in einer natürlichen Schmelze gibt D 3 und 4 (ungeregelter Andesin) und D 138, scharf geregelter, formloser Biotit.

Beispiele für ungestörte Kristallrasen aus Lösungen geben D 214—219, für Anlagerungswachstum in Gängen D 220—227. Beispiele für vollkommen homogenes, also vom Baugrund maximal beeinflußtes Anlagerungsgefüge in Rupturen geben die Abb. 68 und 81. Beispiele für die von Anlagerungsgefügen scharf zu trennenden kristallisierten Reibungsprodukte in Scherungsfugen geben D 6—15, 22—27, 32, 33, 97—100. Daß die Homotropie von Füllung und Nebengestein in diesen Fällen nicht als Einfluß des Baugrundes aufzufassen ist, wie in den Fällen der Ausheilung durch Anlagerungsgefüge, ergibt D 6—8.

Ein Anlagerungsgefüge mit Regelung nach der Korngestalt gibt D 68. Insbesondere aber läßt die zugehörige Abb. 151 die bezeichnenden vektorensymmetrischen Züge eines monoklinen Dünengefüges erkennen.

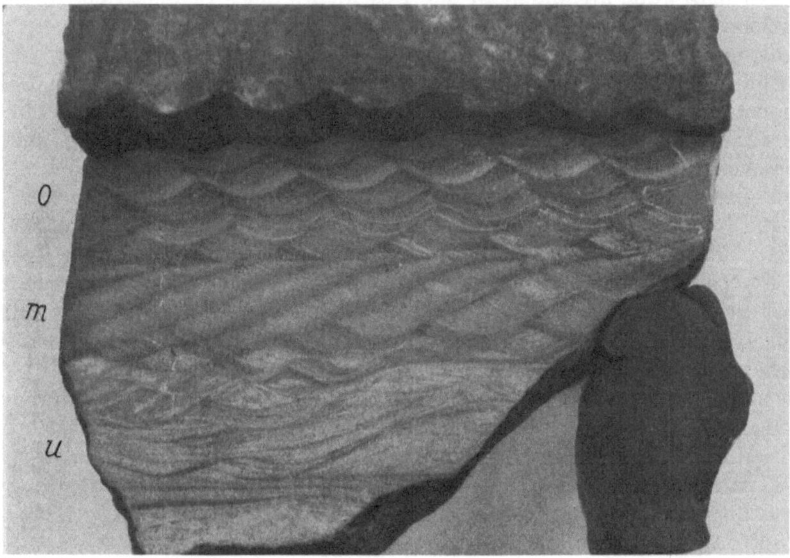

Abb. 151. Grauwacke mit Rippelmarken, nach den Rippeln entzweigebrochen (Rillen des oberen Stückes), quer zu den Rippeln geschliffen (unteres Stück o—u). Natürl. Größe.

Für den ganzen Bereich liegt die Ebene (ac) der (sedimentären) Umformung in der Zeichenebene. Die Längsfäden (Stromfäden) der laminarströmenden und wirbelnden Bewegung des sedimentierenden Mediums liegen in (ac), die Querfäden (zylindrischen Elemente B; „Wirbelfäden) liegen $\parallel b$ und $\perp (ac)$. (ac) ist die einzige Symmetrieebene der Bewegung des sedimentierenden Mediums.

Diese Symmetrie des sedimentierenden bewegten Mediums ist auf das Sediment übertragen. (ac) ist dessen einzige Symmetrieebene. Das Ergebnis der Wirbel, also der zylindrischen Elemente der ebenen Umformung des Wassers, sind die auf ihrer Symmetrieebene (ac) senkrechten Rippeln und Kreuzschichtungen, deren Querschnitte das Bild zeigt. In bezug auf seine Symmetrie entspricht also das Ergebnis ebendeformierter Strömung der sedimentierenden Flüssigkeit vollkommen dem Ergebnis ebendeformierter Strömung eines Tektonits: monoklines Sediment — monokliner Tektonit. Der Grund dafür liegt wieder darin, daß ein monoklines Vektorsystem eines Vorgangs, wie es in beiden Fällen vorliegt, nur ein monoklines Gebilde schaffen kann, sofern seine Vektoren das Gefüge überhaupt beeinflussen. Im einzelnen sieht man in Abb. 151:

$u=$ Unten: Nichtstationäre Sedimentation; ebene Schichtung; Kreuzschichtung; Unterscheidbarkeit von „unten" und „oben". Kreuzschichtung übergehend in Rippeln.

$m=$ Mitte: Rippeln, deren Kämme durch anderes (dunkleres) Korn, also durch sedimentäre Auslese durch bestimmte Strömungsverhältnisse am Kamm der Düne gekennzeichnet sind. Also ist die Verlegung der Kämme übersichtlich zu verfolgen: Wandern der Rippeln von links nach rechts mit stromseitiger Erosion und stromschattseitiger Sedimentation; monokline Symmetrie des Gebildes.

Am Übergang zwischen „u" und „m" links deutliche Diskordanz und Wechsel in den Komponenten (viel dunkel!). Ebenso an der Grenze zwischen „m" und „o".

$o=$ Oben erfolgt eine Umkehr in der Richtung der Dünenwanderung; Rippeln, welche äußerlich fast genau rhombisch symmetrisch sind [noch eine, auf (ac) senkrechte Symmetrieebene besitzen] und also Oszillationsrippeln entsprechen würden, erweisen sich als Wanderrippeln von rechts nach links mit monoklinem Innenbau und stetiger Verschiebung der Kämme. Letztere kann entweder durch einseitige Strömung oder durch Wechselströmung mit ungleich starken Komponenten zustande kommen.

IX. Verschiedenes.

Anhangsweise muß noch auf einige typische Fälle kurz hingewiesen werden.

Unabhängige Überprägung. Im unabhängigen Akte erfolgte Überprägung eines Gefüges ist nachweisbar, wenn sich genetisch verschiedene Gefüge überlagern, z. B. 2 s-Flächen in D 155, 156, oder wenn sich deutlich unsymmetriegemäße Teilgefüge überlagern, ohne daß sie durch die bereits erörterten Rotationen in einen Umformungsakt zusammengezogen werden können. So z. B. wenn die Achse B' (in $a'b'c'$) eine $[hkl]$ in abc ist; wenn sich zwei Scherflächen (ab) und $(a'b')$ schneiden, ohne daß a und a' auf der Schnittgeraden senkrecht stehen; oder wenn in $s = (ab)$ zwei Gefügegleitgerade a' und a'' unterscheidbar sind, ohne daß ihre Symmetrale in der Symmetrieebene des Gefüges liegt. Schon im letzten Falle tritt die Schwierigkeit zutage, in Transporten, deren Bedingungen, z. B. Uferbedingungen des betrachteten Bereiches, sich während des strömenden Transportes ändern, „unabhängige" Überprägungen abzugrenzen. Einerseits wurde den Gesteinsgefügen in hohem Grade die Fähigkeit zu Überprägungen — das ist die Fähigkeit, relikte Prägungen zu bewahren — zugeschrieben (wie das in allen B-Tektoniten und im triklinen Tektonite D 157—160 zutage tritt); andererseits läßt sich schon bisher eine weit größere Häufigkeit in einem Akt zusammenfaßbarer Überprägungen feststellen gegenüber einigermaßen sicher als unabhängig zu betrachtenden.

Darin kommt zum Ausdruck, daß ein Gestein im Verlaufe eines tektonischen Großaktes — welcher sich eben dadurch gefügekundlich kennzeichnen läßt — nicht wie ein Werkstück herausgenommen und anders eingespannt wird, sondern stetig aneinander schließenden Durchbewegungen unterliegt, welche einander (im „Plane") ebenso folgerichtig folgen, wie es etwa ein materieller Bereich in Eis oder Lava bei schlängelndem Abfließen erfährt: positive und negative Änderungen des Bodens und der Ufer setzen ein und überlagern die ihnen korrelate Prägung auf den betrachteten, bereits vorgeprägten Bereich sehr oft nicht bis zu dessen gänzlicher Umprägung (S. 28), sondern bis zu einer wahrnehmbaren Überprägung, welche alsdann nicht unabhängig und unbeziehbar auf die Vorprägung ist, sondern zu dieser in einer ebenso typisierbaren Beziehung steht wie die Reaktion des Gesamtstromes auf Boden und Ufergestalt zur Hauptströmung.

Vor der verfeinerten Gefügeanalyse und wenn man die hypothetische Auffassung dieses Buches von rotierten Gefügen teilt, treten unabhängige zufällige

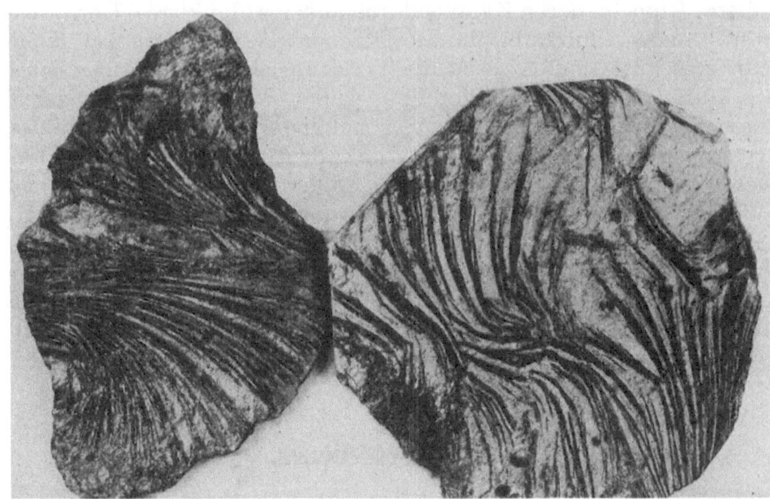

Abb. 152. Garbenschiefer. Berliner Hütte, Tirol. Etwas verkl. Eisblumenhornblende auf der
Schieferungsfläche *s*. Belteropore Regelung: $c_h \parallel s$.

Überprägungen gegenüber solchen an Zahl zurück, welche als Rotationen um
a, b, c und als rechtwinklig gekreuzte Strains aufeinander beziehbar sind.

Abb. 153. Wie Abb. 152 Eisblumenhornblende quer zur Schieferung. Belteropore Regelung: $b_h \perp s$.

Überlagerung heterogenetisch geregelter Gefüge. Daß genetisch verschiedene
Regelung an der gleichen oder an verschiedenen Kristallarten im selben Gefüge
so häufig vertreten ist, ist bezeichnend für die häufige Entstehung der Gesteins-

gefüge in relativ langen, von Kristallisationsvorgängen durchwirkten Umformungsprozessen. Sieht man von der Abbildungskristallisation mechanisch geregelter Keime ab und faßt nur die Überlagerungen sicher heterogenetischer Regelungen ins Auge, so ergeben sich als Beispiele für die Überlagerung von mechanischer Regelung und Regelung durch Wachstum nach der Wegsamkeit des Gefüges viele Garbenschiefer, wie z. B. D 201—211, in welchen sich den rein nach der Wegsamkeit in s und ohne Abbildung einer Geraden in s gewachsenen Garben typisch mechanisch geregelte Minerale (z. B. D 202—204) gegenüberstellen lassen. Für die Überlagerung von mechanischer Regelung durch wandständige Wachstumsregelung desselben Minerales ergeben manche Glimmergefüge Beispiele D 116 bis 118, 125, 126 und die wandständigen Quermuskowite mit Gürteln zu den Muskowiten in s in D 134 bis 137 (s. Abb. 87).

Nach der Wegsamkeit geregelte Gefüge. Gefüge, in deren Korngestalten (also auch Interngranulare) Richtungen besserer Wegsamkeit im Gefüge zum Ausdruck kommen, sind mit oder ohne Überlagerung mit heterogenetischen Regelungen unselten. Der Einstellung des längsten Korndurchmessers in die beste Wegsamkeit, wie bei Wachstumsgefügen erörtert, entspricht bisweilen auch die Einstellung einer kristallographischen Achse, so z. B. der c-Achse bei Garbenschiefern. Die Anordnung

Abb. 154. Albitphyllit. Brenner, Tirol. Vergr. nahe 35. Belteropores Gefüge: Albit (hell) wächst imprägnierend nach der Wegsamkeit des gefältelten Phyllits.

stengeliger Minerale $\parallel s$ erfolgt bei derartigen Gefügen, typischen Garbenschiefern, vielfach ohne jede Auszeichnung einer Geraden in s, im großen Gegensatz zur mechanischen Regelung in $s = (ab)$; bisweilen jedoch kommt eine B-Achse in s auch als Richtung besserer Wegsamkeit zur Geltung. Am deutlichsten tritt das Prinzip der Wegsamkeit hervor bei den in s regellos gekrümmten Eisblumenhornblenden (Abb. 152); bei denselben (Abb. 153) zuweilen deutlich wandständiges Gefüge $c_h \parallel s$; $b_h \perp s$ mit Ausbildung einer Gefügetracht: nach c_h und b_h geplättete Kristalle den Konturen der Eisblumen auf s folgend.

Weitere Beispiele von Korngestalten nach s geben Albit in Abb. 154 dem gefalteten s nachwachsend bis zur Bildung dünnplattiger Individuen; Granat in Abb. 63 nach s gewachsen und dann mit si rotiert; Kalzit, Quarz und viele andere Fälle, in welchen bisher nur die Einstellung der Korngestalt, nicht aber einer kristallographischen Achse des Kornes nach der Wegsamkeit nachgewiesen ist; alles Beispiele für belteropore Gefüge mit bestimmter, namentlich symmetriegemäßer Blastetrix im Sinne der Erörterung über Wachstumsgefüge (S. 159).

F. Morphologische und physikalische Anisotropie der Korngefüge.

Auswirkung in Natur und Technik. Leistung der optischen Analyse. Grenzflächenanisotropie der Gefüge. Technische Bedeutung der Gefügeregel am Beispiel eines Marmors.

Die Anisotropie der Korngefüge wurde als Intergranulare und Regelung rein morphologisch beschreibend gefaßt. Aber schon zur Feststellung dieser Daten ist die physikalische Anisotropie benützt worden. So seit jeher im Spaltversuch, welcher für den Geologen in einer heute allerdings genauer zu nehmenden Art die wichtigste Fläche der Gesamtanisotropie feststellt; so bei Feststellung der Regelung in den optischen Reaktionen des Gesamtgefüges und in der Diskussion der Zusammenhänge zwischen additivem und subtraktivem Verhalten eines Gesamtgefüges und dessen Kornlagemöglichkeiten im Falle von Ellipsoideigenschaften (s. S. 120). Ferner hat sich ein entscheidender Einfluß der Anisotropie des Gesteinsgefüges auf das Bewegungsbild geologischer Körper feststellen lassen, so bei Betrachtung der Biegefaltung, z. B. der Phyllonite.

Das betrifft das Verhalten des Gesteins bei den natürlichen, vielfach gradweise ungezwungenen Umformungen unter anderen Bedingungen als die im Bereiche technischer Verwendungen und auf die Erforschung dieses Bereiches gerichteter Laboratoriumversuche. Auch in diesem Bereiche kommt nun die Anisotropie mehr zur Geltung, als sie bisher zu Worte kam — es gilt dies viel mehr von der Regelung als von der durch Hirschwald untersuchten Intergranularenanisotropie — und damit öffnet sich ein neues Arbeitsgebiet.

Alle technisch interessierenden, richtungsabhängigen, physikalisch einfacheren (Leitungsvermögen) oder zusammengesetzten (Verwitterungsfestigkeit, Schleifhärte u. v. a.) Größen lassen sich einer Kornlage und Intergranularen berücksichtigenden Gefügeanalyse zuordnen; und zwar auf jeden Fall, wenn die Analyse die Lage der Körner als Kristalle feststellt (z. B. durch Indikatrix kombiniert mit kristallographischem Datum), nur bedingungsweise, wenn die Analyse die Lage der Körner nur als optischer Gebilde (Indikatrix) festlegt. Denn es sind bei Triklinen nicht einmal Symmetriedaten technisch interessierender Vektoren mit der Indikatrixlage gegeben, bei Nichttriklinen Daten dieser Symmetrie, und zwar bei zweiachsigen mehrdeutig, bei einachsigen eindeutig. Alle technisch interessierenden Vektoren am Korne aber sind in keinem Falle mit der Indikatrixlage festgelegt; so z. B. ist das Verhalten eines polierten Anschliffes gegenüber chemischen und mechanischen Angriffen weder am Einkristall noch am Gefüge durch die Indikatrix schon bestimmt. Die Gefügeanalyse müßte in solchen Fällen nicht die Lage der Indikatrizen, sondern die Lage der vielfach in ihrer Gliederung dem Kristall viel näher stehenden Bezugskörper des Kristalls für das in den physikalischen Anisotropien zu Worte kommende Verhalten liefern. Dies geschieht aber für alle solche Bezugskörper, soweit sie überhaupt bekannt sind, nur durch die eindeutige räumliche Festlegung des Kristalls selbst.

Außer der Regelung kommt neben derselben oder — z. B. in Fällen bloß formanisotroper Gefügeelemente — allein die Anisotropie der Korngestalten oder besser der Intergranulare als Grenzfläche für die Ableitung der physikalischen und chemischen Anisotropie (Grenzflächenanisotropie) des Gefüges in Betracht.

Es soll nun ein Beispiel einer wesentlich von der Regelung abhängigen Anisotropie vor allem die technische Bedeutung der Gefügeanalyse betonen und so ausführlich behandelt werden, daß derartige Untersuchungen hiernach möglich sind, das Beispiel des Zusammenhanges zwischen Würfeldruckfestigkeit und Gefügeregel eines Kalzitmarmors (L 92).

Sofern das Festigkeitsverhalten beim Abbau des Materials, bei dessen einwandfreier Prüfung und bei dessen einwandfreier, im eigentlichsten Sinne „richtiger" Einfügung in ein Bauwerk interessiert, sind folgende Punkte für den technischen Erfolg entscheidend:

Daß man mit der Gefügeregelung als mit einer allgemeinen Eigenschaft den Gesteinsvorkommen der Natur gegenüber jederzeit rechnet. So auch in Fällen, in welchen nichts von einer Ordnung der Körner mit freiem Auge oder mit dem gewöhnlichen Polarisationsmikroskop zu sehen ist.

Daß man bei der Baumaterialienprüfung der Gesteine nicht nur wie bisher üblich an Gefügeanisotropien durch Kornumrisse, sondern durch die Lage des anisotropen Kornes denkt, an die Regeln des Gefüges nach dem Kornbau. In der Baumaterialienkunde der Gesteine wie in der Metallographie (L 28) wird die Festigkeitsprüfung erst durch Berücksichtigung der Gefügeanisotropie auf Grund einer räumlichen Gefügeanalyse für das untersuchte Gefüge eindeutig.

Da z. B. die meisten scheinbar richtungslosen Marmore festigkeitsanisotrop sind, gibt es keine moderne Begutachtung von Marmorbrüchen ohne U-Tischanalyse und der Abbau und die richtige Einfügung eines Werkstückes in den Bau müssen sich von der U-Tischanalyse leiten lassen. Überhaupt ist für jeden Steinbruch sein orientiertes statistisches Korngefügediagramm mit dem statistischen Kluftdiagramm zu konfrontieren. Ein ganz konkret durchgeführtes Beispiel muß zeigen, daß es sich dabei nicht etwa nur um Gesteine handelt, deren technische Anisotropie man bisher schon kennt, sondern um Gesteine, deren Anisotropie auf keine andere Weise als durch eine statistische Gefügeanalyse mit dem Universaldrehtisch überhaupt im voraus feststellbar und deutbar ist und sich trotzdem im technologischen Verhalten mit praktisch interessierenden Beträgen auswirkt. Das gewählte Gestein galt noch bei Herrichtung der Druckwürfel als durchaus richtungsgleich, entstammte aber alpinen Tektoniten. Die Regelung des Gesteins wurde zunächst durch die Gefügeanalyse eines zufällig orientierten Probeschliffes bestätigt. Damit war auch Festigkeitsanisotropie des Gesteins mit Sicherheit zu erwarten, über den Grad derselben aber nichts vorauszusagen. Als weitest verbreiteten Materialprüfungsversuch zur Bestimmung dieses Grades wählte ich den üblichen Druckversuch an Würfeln, trotzdem für Würfel anisotropen Gefüges zu erwarten war, daß nicht nur die in Zylindern rein zum Ausdruck kommende Abhängigkeit der Festigkeitswerte von der Richtung des Druckes im Gestein zu Worte komme, sondern auch noch der für Zylinder wegfallende Umstand, wie der Würfel bei konstanter Lage des Hauptdruckes bzw. der demselben parallelen Kante aus dem Gefüge geschnitten ist; ein Einfluß, den man im folgenden lehrreich bestätigt und veranschaulicht finden wird.

Die Korngröße, wenigstens einige hundert Körner im Schliff normaler Größe, machte den vollkommen reinen Kalzitmarmor für die U-Tischanalyse geeignet. Es ist zu erwarten, daß man in einem Gestein, dessen Kornflächen geringster Schubfestigkeit (also e bei Kalzit, eine Fläche sub $\|$ zur Hauptachse bei Quarz) nicht regellos liegen, sondern mit einer Mehrzahl in eine Gesteinsfläche s fallen, beim Druckversuch um so geringere Werte erhält, je näher bei der jeweiligen Anordnung des Druckversuches dieses s den beim Druckversuch mit festigkeitsisotropen Würfeln zu erwartenden Scherflächen sch zu liegen kommt. Der Druckversuch hat das durch Unterscheidung extremer Lagen von s gegenüber sch durchaus bestätigt. Nicht mit gleicher Sicherheit aber ließ sich voraussagen, daß die durch Einmessung aller sichtbaren e-Flächen erhaltenen s-Flächen des Gesteins so gut ausreichen, um die Festigkeitswertunterschiede im obigen Sinne zu verstehen. Es wird das eben nur dann der Fall sein, wenn die bei der letzten regelnden Prägung des Marmors in der Natur gebildeten *s*-Flächen von den in den Körnern sichtbaren *e*-Flächen (Zwillingslamellen oder feinste Fugen) besetzt sind. Das tritt erfahrungsgemäß dann ein, wenn die allerletzte prägende und regelnde Beanspruchung des Gesteins bis zuletzt richtungskonstant blieb und weder mit anderer Einstellung des Gesteins überprägt noch durch Rekristallisation stark überholt ist; was bei der schnellen Anpassung von Kalzitgefügen an allerletzte Prägungen unselten zu erwarten ist. Die geographischen Orientierungsdaten des Blockes werden noch vor dessen Loslösung aus dem festen Gesteinsverband auf demselben ausführlich bezeichnet, damit die spätere Beziehbarkeit der Untersuchungsergebnisse auf den Steinbruch und auf die Tektonik in der üblichen Weise gesichert ist. Die vorläufige Gefügeanalyse ermöglicht es, die Marken für die Zerschneidung des Blockes in die Druckwürfel so anzulegen, daß Hauptrichtungen des Gefüges senkrecht auf die Würfelflächen oder in voraus bekannter Weise schief zu denselben (nahe *sch* des Druckversuches s. oben) zu liegen kommen, wonach eben die Richtungsverschiedenheiten extrem und deutbar zu Worte

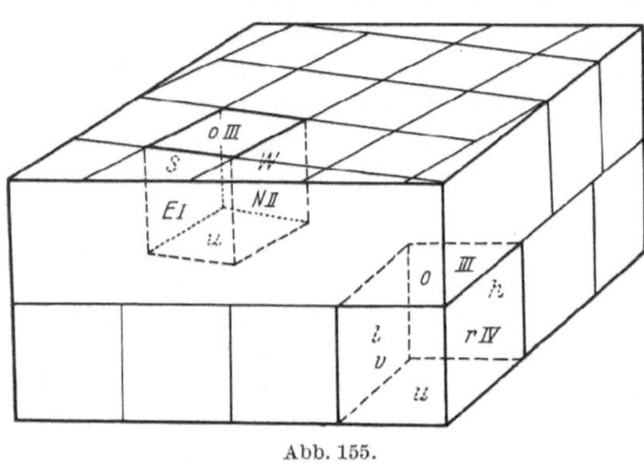

Abb. 155.

kommen. Die Arbeit zerfällt in die Gefügeanalyse und die orientierte technologische Prüfung.

Die folgende Analyse (L 92 Felkel) stellt einen Fall besonders umständlicher Untersuchung dar, da alle makroskopischen und rasch faßbaren mikroskopischen Gefügedaten fehlten. Die Diagramme enthalten teils direkt aufgenommen (D 228, 231, 233, 234), teils konstruktiv rotiert (D 229 und Teile der „Sammeldiagramme") die Lote auf *e* des Kalzits (D 228—236, 238, 240, 242—245) und die Achsen (D 237, 239, 241), sind also verschiedene für den Zweck gewählte Schnitte durch 2 Lagenkugeln, für die Achsen und für die *e*-Flächen (Lamellen).

Die Diagramme entstammen 3 aufeinander senkrechten Schliffen aus dem Blocke Abb. 155, dessen größte Fläche mit *F* bezeichnet ist:

I. $\perp F$, $\parallel$ Streichlinie *N* 35 *W*; II. $\perp F$, $\perp$ Streichlinie; III. $\parallel F$, wobei die eindeutige Orientierung dem Block gegenüber und damit auch zueinander und der Natur gegenüber sorgfältig evident gehalten ist. Auf dem polierten Anschliff werden mit roter durchsichtiger Tusche Bezugslinien mit Richtungssinn eingezeichnet und die Richtung der Anschliff- und Aufklebfläche auf dem Objektträger mit Diamant eingeritzt. Die Tuschmarken sind auch im Schliffe sichtbar, weil der Schleifsplitter mit der markierten Fläche des Blockanschliffes aufgeklebt bleibt.

Mit Hilfe dieser Bezugslinien werden die Lamellendiagramme der 3 Schliffe in dieselbe Ebene *F* rotiert; D 229 zeigt diese konstruktive Rotation von D 228.

Gleichorientiert werden die 3 Diagramme zum Sammeldiagramm D 232 summiert, mit den Gesichtspunkten von S. 134. Die Diagramme von Schliff II D 228 und III D 231 stimmen, soweit sich die Besetzungsfelder theoretisch decken können, gut überein, nicht so I D 230. Der Grund der teilweisen Abweichung ist unmittelbar aus Diagramm II (D 228) und III (D 231) abzulesen: aus diesen letzteren ergibt sich ein Lamellenmaximum subparallel der Schliffffläche I ($= \perp F$, $\parallel N$ 35 *W*), so daß der größere Teil gerade dieser betonten Schar in

I D 230 nicht beobachtbar ist und die übrigbleibende Besetzung überbetont wird. Wegen dieses Mangels in bezug auf die Zusammenziehung gleicher Dichten wird das Sammeldiagramm D 232 nicht als Grundlage für die Diskussion der Festigkeitswerte verwendet, sondern nur als Übersichtsdiagramm. Ist S der Schwerpunkt der Lamellenpole in diesem Diagramm, so sind der durch S gezogene Durchmesser und dessen Normale Hauptrichtungen innerhalb F, nach denen die Probewürfel am besten zu orientieren sind.

Zur Kontrolle wird Schliff IV angefertigt $\perp F$, $\parallel$ der durch S verlaufenden Hauptrichtung (D 233). Man erkennt aus der Symmetrie des Diagrammes gegenüber seiner Projektionsebene, daß die Spur der Ebene des Schliffs tatsächlich eine Hauptrichtung auf F ist.

Die zweite Symmetrieebene in D 233 liegt nahe den Endpunkten der Normalen auf F; das Hauptmaximum der Lamellen liegt also nahezu normal zu F. Das Achsendiagramm D 241 zeigt noch deutlicher als D 233 den Gürtel, innerhalb welches Lamellenmaxima und -minima auftreten, die durch die Auslese der einzumessenden Lamellen (1 pro Korn) nach einer Bezugslinie einzeln hervortreten könnten.

Da für das Festigkeitsverhalten nur im praktisch nicht vertretenen Falle eines vollkommen gleichmäßig mit den Kornflächen e geringster Schubfestigkeit besetzten Gürtels die Stellung des Gürtels selbst bzw. der B-Achse gegenüber der Einspannung entscheidend sein kann, so ist die Einmessung der Einzelmaxima von e nötig und die bloße Kennzeichnung der B-Achse unzulänglich.

Innerhalb der Fläche F sind durch D 233 aber jedenfalls die durch S verlaufende Richtung der Spur von IV und deren Senkrechte als Hauptrichtungen bestätigt, und wurden als Bezugsrichtungen für die Orientierung der Probewürfel festgesetzt (in den D 236—241 als r—l und v—h bezeichnet).

Außer dieser Serie A von Würfeln aus der unteren Blockhälfte wurde zu Vergleichszwecken aus der oberen Blockhälfte eine 2. Serie B nach der natürlichen Streich- und Fallrichtung geschnitten (in den D 242—244 mit E—W und N—S bezeichnet).

Von jeder der beiden Serien wurden Gruppen von je 4 Würfeln in den 3 Kantenrichtungen streng normal zu den Flächen in der Presse geprüft.

Eine Übersicht sämtlicher Würfelflächenlagen und Druckrichtungen mit den Bezeichnungen, wie sie in den Diagrammen und im Protokoll vorkommen, enthält Abb. 155 und die Anblicksskizze (nicht Diagramm!) der Lamellenlagenkugel D 235.

Die folgenden D 236—244 geben direkt die Lamellenverteilung in Ansicht von der gedrückten Fläche, zugleich die Druckrichtung (= Pol der gedrückten Fläche) im Zentrum.

Das Ausgangsdiagramm D 236 und 243 (o—u und O—U) ist ein Sammeldiagramm aus Schliff III von der Fläche F plus dem auf F rotierten Diagramm IV, aus zwei Schliffen also, deren Lage eine möglichst geringe Fehlermöglichkeit bietet.

Durch Rotation (90°) dieses Ausgangsdiagramms um die jeweilige Zonenachse von F mit der gedrückten Fläche entstehen die Bilder D 238—242 und D 244, in welche auch die Stellung der Probewürfel in der Draufsicht eingezeichnet ist.

Die Druckwerte (L 92 Drescher) können also unmittelbar den Diagrammen zugeordnet werden. In Serie A, D 238, 239 und D 10, 11 steht in beiden Fällen die B-Achse des Gürtels normal zur Druckrichtung; in D 238 aber liegt das Lamellenmaximum nahezu zentral, also senkrecht zur Druckrichtung, in D 236 dagegen annähernd peripher, parallel der Druckrichtung. Druckwerte: der Druckrichtung v—h, D 238, 239, entspricht der absolute Maximalwert aller gedrückten Würfel mit 1542 kg pro cm, Mittelwert der Gruppe 1470; der Druckrichtung o—u, D 236, der absolute Minimalwert 946 kg, Mittelwert 1175.

Druckrichtung		Diagramm	Druckfestigkeit in kg/cm²		
			höchste	kleinste	mittlere
Serie A	o—u	236 237	1289	946	1118
	v—h	238 239	1542	1412	1470
	r—l	240 241	1318	1250	1291
Serie B	O—U	243	1335	1201	1282
	E—W	242	1439	1400	1417
	N—S	244	1499	1279	1367

Der Unterschied zwischen den Extremwerten innerhalb der Maximal- und Minimalserie beträgt im Mittel 236 kg, der ihrer Mittelwerte 352 kg pro cm², die Differenz der absoluten Extremwerte fast 600 kg pro cm², d. i. 38 % des Maximal- und 63 % des Minimalwertes.

D 241, in welchem die B-Achse mit der Druckrichtung zusammenfällt — das Lamellenmaximum (D 240) liegt wieder ziemlich peripher —, steht dem zugehörigen Druckwert nach zwischen Gruppe v—h und o—u, näher am Minimum o—u. Auf die Frage, was sich lediglich aus dem Achsendiagramm allein ablesen läßt, ergibt sich also keine günstige Antwort.

Die Druckzahlen der Serie B, D 242, 243 liegen zwischen den Werten der A-Serie, ganz wie es der Zwischenstellung ihrer Diagramme entspricht, und weisen dieselbe Anordnung auf, wie die Hauptrichtungsserie: wieder fällt der höchste Wert den Würfeln zu, in denen die Lamellen der Druckfläche gegenüber am flachsten liegen: D 242, 1417 kg und der Minimalwert der O—U-Gruppe D 243, 1282 kg; N—S, D 244 mit 1367 kg liegt wieder in der Mitte.

Es wurden ferner noch 4 Würfel besonderer Orientierung hergestellt, bei denen die Fläche F nicht benutzt ist; es ist aber eine Würfelfläche ebenfalls nahezu in die Hauptlamellenlage hineingelegt; die Würfel sind in dieser Fläche gedrückt (der Flächenpol G ist in D 242 verzeichnet). Es ergibt sich eine ganz gleichsinnige Reihung der Druckwerte wie in den früher besprochenen Serien: G—g 1520 kg, D—d 1202 kg.

Mithin ist der Zusammenhang bestimmter Druckwerte mit bestimmten ausgezeichneten Lamellenlagen erwiesen. Außerdem folgt die Lage der ersten Sprünge und Klüfte in den Würfeln den Maxima der e-Flächen.

Es kommen zwei Fälle vor: 1. erste Rißbildung parallel einer Kante und 2. an den Ecken der Probewürfel.

Der erste Fall tritt auf, wenn das Lamellenmaximum peripher liegt, und zwar liegen die Risse immer $\parallel$ der Kante, in deren Zone das Lamellenmaximum liegt: Risse auf den Flächen r und l bei Druckrichtung o—u D 236; auf o und u bei Druckrichtung r—l D 240 u. a.

Der zweite Fall, nämlich Rißbildung an den Ecken, tritt folgerichtig auf, wenn die Lamellen subnormal zur Druckrichtung liegen.

Für den Abbau des Gesteins ist im Bereich, für den die Ergebnisse gelten, als Hauptabbruchfläche die dem Lamellenschwerpunkt in den Diagrammen entsprechende Fläche vorzuschlagen, deren geographische Lage unmittelbar aus D 245 abzulesen ist: N 65 bis 68° W-Streichen und ca. 38° W-Fallen.

Zu den Diagrammen.

In allen Diagrammen sind jene stärkst besetzten Gebiete, auf welche die Aufmerksamkeit gelenkt werden soll, schwarz gefärbt, die schwächst besetzten Gebiete durch eine stärkere Kurve umrandet. Die Besetzungsdichte der dazwischen liegenden Felder ist in der Legende beginnend mit dem schwarzen Maximum in Prozenten angegeben, so daß der erste Wert — z. B. „ > 7“, oder „(6—5)“, oder „3 (oben bis 6)“ — die Besetzung des Maximums angibt, die folgenden die Stufung bis zum Minimum, z. B. 3—2—1—0 bedeutet aufeinanderfolgende Felder mit folgender Besetzungsdichte: 3%—2% (Maximum); 2%—1%; 1%—0 (Minimum).

Man liest also die Diagramme ganz einfach wie Karten mit Höhenschichtlinien, wobei sich die Besetzungsdichte mit der für das betreffende Diagramm gegebenen Stufung, also nicht wie bei Karten in einem für alle Diagramme gültigen Maße um so rascher ändert, je geringer die Distanz der Kurven gleicher Besetzungsdichte voneinander ist. Diese Lesart der Diagramme genügt für alle Symmetriebetrachtungen. Weitere Daten könnten durch Planimetrieren der Diagramme leicht gewonnen werden, sind aber im vorliegenden Buche noch nicht erörtert. „Ebenso“ bedeutet: gleicher Schliff in gleicher Lage, wenn nichts anderes dazu bemerkt ist. Die Diagramme sind nicht nach Kornarten, sondern nach Gesteinen und damit nach dem Zusammenvorkommen in komplexen Gefügen (und einigermaßen nach Regelungsarten) geordnet, um die synoptische Betrachtung der Teilgefüge zu erleichtern. Die Autoren für die Einmessung der gelegentlich von mir für den Zweck vereinfachten Diagramme sind:

Sander *1, 2, 5—55*, 58, 60, *61—68*, *111—115*, 116—124, 133—137, 139—156, *157—161*, 174—191, 201—208; Felkel *59*, 69—110, 193—199, 228—245; Schmidegg 125—132, 214—227; Reithofer *56, 57, 162—173, 200*; Korn 3, 4, 138, 209—211; Christa *213*; Rüger *192*; Drescher *63a*.

Die durch den Druck hervorgehobenen 90 Diagramme sind erstmalig veröffentlicht.

a, *b*, *c*, *B*, *h*, *k*, *l* sind Daten des Gefüges, nicht der Kristalle, wo nichts zusätzlich bemerkt ist. Maximum ist als Ma, Minimum als Mi abgekürzt.

Zur Untersuchungsmethode.

1. Pfeilschüsse verschiedener Preisschießen, ohne andere Regel als: keine peripheren Maxima, zentrales Maximum 210 Pole; 3—2—1—0.

2. Dieselbe Punkthäufung zweimal, spiegelbildlich angeordnet, ausgezählt mit einem Auszählkreise von 2% des Zeichenkreises (links: 35—30—25—20—15—10—5—2) und von 1% (rechts: 45—40—35—30—25—20—15—10—5).

3. Andesin, Pole von (101) ohne deutbare Regel, ausgezählt mit 2%-Kreis; 30—20—10—5.

4. Dasselbe mit 1%-Kreis; > 20—20—10—5—0.

Quarz.

Deformation und Rekristallisation der Einkristalle im Gefüge.

5. Achsenverlagerung in undulösgefelderten Quarzkörnern. Jede Kurve = 1 Korn = 1 Gitteraggregat aus mechanisch gebildeten Unterindividuen (Punkte), welche einander so berühren, daß die gebrochene Kurve Nachbarn verbindet.

6. Kristallisiertes reines Quarzgefüge in der Scherfläche (*s″*) eines Quarzkristalles (Berliner Hütte). *s*, *s′*, *s″* Scherflächen; *q* = Hauptachse des Einquarzes „*Qu*“; alle Körner in *s″*; 140 Achsen; > 8—6—5—4—3—2—1—0.

7. Ebenso; nur Körner ohne Berührung mit *Qu*; 79 Achsen; wie 6.

8. Ebenso; nur Körner mit Berührung mit *Qu*; 61 Achsen; > 8—6—5—4—3—2—0.

9. Parakristallin deformierter reiner Quarztektonit (Quarzknauer, Großer See, Südtirol). Rekristallisierte Körner ohne mechanische Deformation; 550 Achsen; > 10—8—6—5 —4—3—2—1—0.

10. Ebenso; große zerpreßte Körner und ihre Fragmente; 106 Achsen; wie 9.

11. Ebenso; in die Übersichtsskizze von 9 sind eingetragen:

1. Kleinere schwarze Punkte; sie bezeichnen die Pole a, b, c des Gefüges rekristallisierter Scherflächen in und zwischen Einzelkörnern (Kornscherflächen), und zwar „a" in der Mitte der kleinen Kreuze, von deren Balken der dickere auf die Pole b (rechts und links), der dünnere auf die Pole c (oben und unten) weist.

2. Große schwarze Punkte bezeichnen die Pole a, b, c für das Gesamtgefüge, den Tektonit, von dessen rekristallisierten Kornscherflächen 9 einzelne durch die Signatur 1. schematisch dargestellt sind.

3. Große Kreise bezeichnen die Achsenschwerpunkte der dominierendsten Überindividuen des Gesteins.

4. Kleine Kreise bezeichnen die Achsen jener Einzelkörner, zwischen welchen die Kornscherflächen mit den unter 1. dargestellten Teilgefügen liegen.

Die abc-Pläne der Kornscherflächen zeigen maximales Pendeln ihrer a in der (ab)-Ebene des Gesamtgefüges. Das Pendeln ist einseitig, stärker gegen rechts. Die Teilgefüge in den rekristallisierten Kornscherflächen mit dem am weitesten nach rechts gependelten a besetzen mit den Achsen ihrer Körner das für viele Quarztektonite so typische Untermaximum „u"- Derartige Untermaxima können also von jenen einzelnen Kornscherflächen in der Gesamtscherfläche geliefert werden, deren a aus dem a der Großgleitrichtung des Tektonits (symmetrisch oder unsymmetrisch) herauspendelt. D 11 ist als geregelter Tektonit mit dem ungeregelten D 15 zu vergleichen.

12. Ebenso; 2 von den in 11. dargestellten Kornscherflächen mit allen ihren eingemessenen Körnern. In den zugehörigen Mikroskopbildern sind die Stellen bezeichnet, denen die mit gleicher Signatur eingemessenen Achsenpole entstammen. Die Ebene (bc) ist aus den Achsenhäufungen erschlossen, die Ebene (ab) eingemessen.

13. Ebenso; Erklärung S. 196.

14. Glaukophanschiefer, Tarntal, Tirol (Quarzlinse). Zerscherung eines Quarzkornes durch zwei Scherflächenscharen m und n, deren Kleinkörner alle in die (einzeln ausgezählten) Maxima m und n hineinfallen.

15. Ebsenso; als fast ungeregelter parakristalliner Mylonit mit 11. zu vergleichen. abc- Pläne der einzelnen Kornscherflächen: $a =$ kleine Punkte im Kreuz, $c =$ kleine Punkte ohne Kreuz, $b =$ große Punkte; $(ab) =$ starke Bögen, $(ac) =$ schwache Bögen. Große Kreise $=$ Achsen der zerscherten Einkristalle, kleine Kreise $=$ Achsen anderer Einkristalle. Streuung aller Daten bis zur Undeutlichkeit eines abc-Planes für das Gesamtgefüge.

Quarzlamellen.

16. Glimmerschiefer Patscherkofel-Gipfelserie. 156 Lote auf (001) des Glimmers; > 6—5—4—3—2—1—0.

17. Ebenso; 112 Quarzachsen ausgezählt mit 2%-Zählkreis; > 5—4—3—2—1—0.

18. Ebenso; 201 Quarzachsen ausgezählt mit 2%; > 3—2—1—0.

19. Ebenso; 313 Quarzachsen ausgezählt mit 1%; > 4—3—2—1—0,5—0.

20. Ebenso; 781 Quarzachsen ausgezählt mit 1%; wie 19.

21. Ebenso; 348 Lote auf Quarzlamellen; wie 19. Auslese: Alle Körner mit Lamellen fast $\perp$ zum Schliff; Maximum > 4.

Vorkristalliner Harnischmylonit in Einzelscherflächen (Granit des Melibokus, Odenwald, Steinbruch Ruth und Reinmuth) D 22—27.

22. $\perp R$; 140 Lote auf (001) von Biotit; (8—4)—2—1—0. $R =$ Austritt der Riefung; $s =$ mittlere Spur der Harnisch-Scherfläche.

23. $\parallel R$; 61 Lote auf (001) von Biotit; Schliff $\parallel R$, $\perp s$. $s = R$ Spur der Riefung und Scherfläche. Gleiche Mylonitlage wie 22; (18—14)—12—10—8—6—5—4—3—2—1—0.

24. $\parallel R$; 180 Quarzachsen; (25—20)—15—10—8—6—5—4—3—2—1—0. Lage von 5 bis 10 Körnern Mächtigkeit; vollkommen gleiche Besetzung in der Einstülpung zwischen die Feldspate bei e, entsprechend der Gefügesymmetrie für die Annahme $a \perp R$.

25. $\parallel R$; 70 Quarzachsen; (12—10)—8—6—4—3—2—1—0. In s und B liegt auch der lange Durchmesser von Langquarzen und Hornblende(?)-Nädelchen. Mylonitlage von 1 Korn Mächtigkeit.

26. $\parallel R$; 138 Quarzachsen; (20—18)—16—14—12—10—8—6—4—2—1—0,5—0; aus zwei Nachbarscherflächen summiert.

27. $\parallel R$; 260 Quarzachsen; (16—14)—12—10—8—6—5—4—3—2—1—0,5—0; aus mehreren Nachbarscherflächen summiert.

Vorkristallin dünngeplättete Pegmatite.

28. Saualpe $\perp a$; 130 Quarzachsen; > 10—8—6—5—4—3—2—1—0; $b = B$.

29. Planspitze $\perp a$; 252 Quarzachsen; (22—20)—18—16—14—12—10—8—6—4—3—2—1—0. $b = B =$ Riefung in der Hauptschieferung $(ab) = s_1$. $s_2' =$ Längsrichtung der Kornumrisse; in s_1 liegen geplättete Feldspataugen.

30. Planspitze $\perp b(B)$; 113 Quarzachsen; (12—10)—8—6—5—4—3—2—1—0. Körner von Gang (s_3) und Hauptgefüge. Das Diagramm zeigt Richtung und Korngestalt: des Ganges (rekristallisierte Scherfläche s_3) links; des Hauptgefüges s_1; s_2 ist die Schieferung des Hauptgefüges mit geplätteten Feldspataugen.

31. Ebenso; 49 Quarzachsen des Hauptgefüges; (12—10)—8—6—4—3—2—0. s_1, s_2, s_3 wie in 30.

32. Ebenso; 64 Quarzachsen der rekristallisierten Scherfläche s_3; > 6—5—4—3—2—0. s_1, s_2, s_3 wie in 30.

33. Planspitze $\perp c$; 111 Quarzachsen des Hauptgefüges; (18—20)—16—14—12—10—8—6—5—4—3—2—1—0; $b =$ Zeilen verschiedener Kornform und Orientierung; $g =$ Gürtelklüfte.

34. Melibokus $\perp a$; 345 Quarzachsen; (10—8)—6—5—4—3—2—1—0,5—0; (ab) fällt zusammen mit dem s der Glimmer.

35. Schauenstein $\perp a$; 317 Quarzachsen; > 8—6—5—4—3—2—1—0,5—0. Das Gestein zeigt scharfe $(0kl)$-Klüfte in Richtung der Geraden links oben—rechts unten; $b = B$.

36. Stubalpe $\perp c$; 233 Quarzachsen; (8—7)—6—5—4—3—2—1—0,5—0.

37. Ebenso; Muskowite: randlich Lote auf die Achsenebenen der mit den sp. Bisektrizen in den Kleinkreis fallenden, also in (ab) liegenden Muskowite. Keine Regelung der Muskowite nach einer Gleitgeraden.

Granulite.

38. Röhrsdorf bei Chemnitz, Sachsen, $\perp a$; 158 Quarzachsen; > 20—18—16—14—12—10—8—6—5—4—3—2—1—0. $(ab) = s$ ist durch Langquarze und haarscharf in s eingeregelte Glimmer (oft intragranulär im Langquarz) bezeichnet.

39. Geiersberg bei Roßwein, Sachsen, $\perp a$; 197 Quarzachsen; (unten bis 6, oben bis 10) > 5—4—3—2—1—0. $(ab) = s$ durch Langquarze und Quarzlagen bezeichnet; kein Unterschied in der Besetzung zwischen Langquarzen und kleineren isometrischen Körnern der Grundmasse.

40. Markersdorf-Köthensdorf, Sachsen, $\perp a$; 175 Quarzachsen; > 12—10—8—6—5—4—3—2—1—0. Durchwegs Langquarze in $(ab) = s$.

41. Unter-Wittgensdorf, Sachsen, $\perp a$; 281 Quarzachsen; (10—8)—6—5—4—3—2—1—0. Durchwegs isometrische Kornumrisse.

42. Schützenwalde-Auerswalde, (Bahneinschnitt), Sachsen, $\perp a$; 115 Quarzachsen; (6—5)—4—3—2—1—0.

43. Hartmannsdorf bei Burgstädt (Ratsbruch), Sachsen, $\perp a$; 284 Quarzachsen; (links oben bis 8 links unten bis 10, sonst bis 6) > 5—4—3—2—1—0,5—0. An Stelle eines einfachen $(ab) = s$ eine Schar $(h0l)$-Gefügeflächen im Zentrum nach direkter Einmessung eingezeichnet (nicht Lote). Alle diese $(h0l)$ sind durch Langquarze bezeichnet, welche Rupturen nach $(0kl)$ und (ac) zeigen; erstere gelegentlich nach der scherenden Verschiebung von Granat umhüllt, siehe Abb. 75.

44. Ebenso; 75 Lote von $(0kl)$-Gefügeflächen des Gesteins innerhalb der Langquarze, diese ohne jeden Einfluß der Lage des Quarzkorns durchsetzend; > 18—16—14—12—10—8—6—4—2—1—0.

45. Rochsburg bei Penig, Sachsen, $\perp a$; 380 Quarzachsen; > 10—8—6—5—4—3—2—1—0,5—0. In (ab) Langquarze mit Klüftung nach (ac); auch bei starker welliger Biegung Einquarze, nicht Gitteraggregate, also rekristallisiert.

46. Reitzenstein, Sachsen; Schiefer Schnitt aus der Zone der b-Achse. 190 Quarzachsen; > 4—3—2—1—0; abc des Quarzgefüges vgl. D 47. Geographische Orientierung: vertikaler Schliff (S, N, oben, unten an der Peripherie des Zeichenkreises; in dessen Zentrum W); Langquarze in (ab) rekristallisiert.

47. Ebenso; 173 Lote auf (001) von Biotit; abc des Glimmergefüges, vgl. D 46, bei gleicher Aufstellung des Schliffes wie 46; (10—8)—6—5—4—3—2—1—0. D 46 und D 47 (Quarzgefüge und Biotitgefüge) haben Symmetrieebene (ac) und Achse b gemeinsam, sind aber um b gegeneinander rotiert: Biotit-s und Quarz-s differieren um etwa 40^0. Biotit zeigt deutlicher als Quarz eine Tendenz zu einem (bc)-Gürtel. Biotite bilden ein rekristallisiertes s und nachtektonische Büschel um die B-Achse.

48. Schlesier Talsperre, Eulengebirge, Schlesien; Schiefer Schnitt aus der Zone der deutlichen B-Achse. 152 Quarzachsen; > 16—14—12—10—8—7—6—5—3—2—1—0. Im Zentrum

liegt Süd und das Lot auf eine Granaten zerscherende Scherflächenschar. Der schwarze Punkt ist das Lot der Hauptschieferung durch stofflichen Wechsel und geplättete Körner.

Quarz in stengeligen B-Tektoniten.

49. Stengelgneis, Niederlauterstein, Sachsen, $\parallel B$. Stengel I (10 Körner Mächtigkeit); 285 Quarzachsen; (12—10)—8—6—5—4—3—2—1—0,5—0; $Mi = 0$; Minima im Großkreis $\perp B$.

50. Ebenso; Stengel II; 233 Quarzachsen; (10—8)—7—6—5—4—3—2—1—0,5—0; $Mi = 0$.

51. Ebenso; Sammeldiagramm mehrerer $\parallel B$ geschnittener, untereinander gleichgeregelter Stengel (darunter auch I und II) in gleicher Orientierung; $Ma > 6$ (oben bis 12, unten bis 8) —5—4—3—2—1—0,5—0; $Mi = 0$. Minima im Großkreis $\perp B$. Assymmetrie in bezug auf Ebene $\perp B$.

52. Ebenso; $\perp B$; Sammeldiagramm aus 9 untereinander gleichgerichteten, gegeneinander nicht rotierten Stengeln bzw. deren Diagramme; 508 Quarzachsen; > 4—3—2—1—0,5—0; periphere Minima! $(s_1 + s_1')$ und $(s_2 + s_2')$ weisen auf 2 Prägungen mit Rotation um B ($\lessdot \alpha$).

53. Böhmischer Stengelgneis, $\parallel B$; 4 Stengel. 221 Quarzachsen; (7—6)—5—4—3—2 —1—0,5—0; Minima im Großkreis $\perp B$.

54. Ebenso; $\perp B$; Überindividuen verschiedener Stengel liegen auf Kleinkreis. Gleiche Signatur für Überindividuen desselben Stengels.

55. Ebenso; $\parallel B$; 70 Quarzachsen (Kreischen) und 70 Lote der diese Körner durchsetzenden (ac)-Risse des Gesteins (größere Punkte). Kleinere Kreischen: die Lote dieser Risse konstruiert für den Fall, daß die Risse im Einzelkorn genau parallel zur Quarzachse und $\perp$ zur Zeichenebene verlaufen würden, was, wie ersichtlich, nicht der Fall ist.

56. Kristalliner Hornsteinstengel in Marmor, Hintertux, Tirol; $\parallel B$; 302 Quarzachsen; $> 4,5$ (bis 7 oben und unten) —3,5—2,5—1,5—0,5—0; $Mi = 0$; großkörnige Lage mit sehr wenig Kalzit.

57. Ebenso; kleinkörnige Lage mit viel Kalzit; 177 Quarzachsen; > 4 (bis 6 rechts oben) —4,5—3,5—2,5—1,5—0,5—0; $Mi = 0$; kein Einfluß des Kalzits als Gefügegenosse.

58. Faltenstengel, Quarzit, Brenner, Tirol, $\perp B$; 453 Quarzachsen; > 4—3—2—1—0,5—0.

59. Ebenso; $\parallel B$; 418 Quarzachsen; > 7—6—5—4—3—2—1—0.

60. Ebenso; $\parallel B$; Anordnung der Überindividuen, dargestellt durch deren Schwerpunkte (große Kreise) und in anderen Fällen durch deren einzelne Kornachsen = kleine Signale der einzelnen Körner aus den im Schliff erscheinenden Zeilen; gleiche Signale = Einzelkörner derselben Zeile $\parallel B$.

Synoptische Diagramme der Quarztektonite.

Da bei den ausgesprochen stengeligen Gesteinen zwar die b-Achse (B) festliegt, aber nicht immer überhaupt eine $(h0l)$-Fläche deutlich ist, mußte für die Bildung des Sammeldiagramms in solchen Fällen eine willkürliche Festsetzung gemacht werden: Als gemeinsames (ab) für die zu deckenden Diagramme wurde die besthervortretende $(h0l)$-Fläche genommen; war keine solche sichtbar, so wurde — entweder — a in das stärkste Untermaximum des Gürtels gelegt (so bei D 40), oder die Symmetrie des Diagramms nach (ab) beachtet.

61. Quarzachsenmaxima $\perp a$ von 19 S-Tektoniten mit den konstanten Maxima I, II, III, IV, welche zusammen oder einzeln, symmetrisch und unsymmetrisch verteilt vorkommen. Die vollpunktierten Maxima in IV stammen von Fällen, in welchen auf III kein Korn entfällt, sind also nicht durch Überlagerung von II und III ableitbar. IV ist von gleicher Konstanz wie III. Die Vertikalkreise deuten die Wege und Begrenzungen dieser Maxima bei Rotation um b an. Bei dem von W. Schmidt (L 68) angenommenen Kornmechanismus entfällt als eingeregelte Korngleitgerade: [0001] auf I; [21$\bar{1}$3] in (2$\bar{1}\bar{1}$2) auf II; [2$\bar{1}\bar{1}$0] in (10$\bar{1}$1) auf III. 4 Harnischmylonite, 5 Pegmatite, 10 Granulite.

62. Quarzachsenmaxima $\parallel B$ von 9 B-Tektoniten mit vom Großkreis $\perp B$ gespaltenem B-Gürtel; Punkte = Maxima aus einem Gestein mit vollkommenem (bc)-Gürtel.

63. Quarzachsenminima $\parallel B$ von 6 der in D 62 dargestellten B-Tektonite; Punkte = Minima, welche zugleich sichtbare Lamellenmaxima sind.

63a. Die Maxima (schwarz) und Minima (Kreise) der Quarzachsen eines Einzelfalles aus D 63; Dattelquarzit Schlesien, Grundmasse; Einmessung Drescher. Die mit mehreren Minima verbundenen Maxima sind wahrscheinlich durch Überlagerung lokalisiert.

64. Quarzachsenmaxima $\parallel B$ von 15 B-Tektoniten mit B-Gürtel.

65. Quarzachsenmaxima $\parallel B$ von 9 B-Tektoniten mit ungespaltenem B-Gürtel.

Quarz geregelt nach Korngestalt.

66. Rumänischer Sipotkalk, $\perp s$, verknetet mit Sandstein (coll. Krejci); 290 Quarzachsen; > 2—1—0; keine Auslese der Körner nach der Korngestalt bei der Auszählung: Keine Regel.

67. Ebenso; 251 Quarzachsen; > 3—2—1—0. Nur die Körner mit oblongem Querschnitt. Dessen längster Durchmesser liegt in s. Die Achsenregel entspricht einer rollenden Einregelung oblonger Körner mit dem längsten Durchmesser schief zur Hauptachse.

68. Grauwackensandstein || zu den Rippelmarken geschnitten; $s=$ Spur der Sedimentationsfläche; 210 Quarzachsen ohne Auslese; (3—2)—1—0. Die Achsen aller oblongen Körner eigens mit Punkten eingetragen: Sie liegen, rollender Einregelung entsprechend, am Ende des Lotes auf die Ebene der Umformung im Bewegungsbilde des sedimentierenden Mediums.

Kalzit (Marmore).

Kalzit-Tektonite.

Lamellenpole, kurz „e" = Lote auf $e = (01\bar{1}2)$, gleichviel, ob als Zwillingslamellen oder nur als scharfe Fugen sichtbar; Kalzitachsen = Hauptachsen des Kalzits. Nicht zur Beobachtung und Darstellung (außer in e-Sammeldiagrammen, siehe S. 134) gelangen jene e-Flächen, deren Lot im Diagramm in einen konzentrischen Kreis mit einem Radius von etwa 30^0 fallen würde. Jede sonstige Auslese unter den eingemessenen Körnern ist eigens vermerkt.

S-Tektonite.

69. Griesscharte, Hochfeiler, Tirol; 206 e, alle sichtbaren; > 8—7—6—5—3—1—0; $(ab) = s$ im Stück sichtbar, B nicht deutlich. abc also aus 69 + 70 konstruiert, angenähert, was die Lage von a und b auf (ab) anlangt.

70. Ebenso; 186 Kalzitachsen; > 7—6—4—2—1—0.

71. Ebenso; 201 Gleitgerade (kürzere Diagonalen) der e in 69; (6—4)—3—2—1—0.

72. Griesscharte, Hochfeiler, Tirol, gegenüber D 69 um 270^0 gedreht; 264 e, alle sichtbaren; (9—6)—5—3—1—0; ss Spur der (umgescherten) sedimentären Feinschichtung (Graphitgehalt). Aus D 69 u. D 72 zusammen ergibt sich, daß der Beobachtung weder in D 69 noch in D 72 e-Flächen entgangen sind.

73. Ebenso; 228 Kalzitachsen; (9—7)—6—4—3—2—1—0.

74. Ebenso; 251 Gleitgerade der e in D 72; (5—4)—3—2—1—0; 53 dieser Gleitgeraden gehören zu zweit in ein und dasselbe Korn.

75. Ebenso; 53 Symmetralen des kleineren Winkels zwischen 2 e desselben Kornes; > 7—5—3—1—0. Auslese: die Körner, welche 2 meßbare e zeigen.

76. Ebenso; 55 Symmetralen des größeren Winkels zwischen 2 Gleitgeraden desselben Kornes; wie D 75. Auslese wie D 75.

77. Ebenso; 55 Symmetralen des größeren Winkels zwischen 2 e (= Symmetralen des kleineren Winkels zwischen 2 Gleitgeraden) desselben Kornes; wie D 75.

78. Venna-Tal, Brenner, Tirol, $\perp s$; 336 e der deformierten Großkörner, alle sichtbaren; $(> 11$—6)—4,5—3—2—1—0; s im Stück sichtbar; kein B sichtbar.

79. Ebenso; 246 Kalzitachsen der deformierten Großkörner; > 8—4,5—3—1—0. Die Achsen liegen auf einem Ring um das Minimum, welches dem e-Maximum von D 78 entspricht. Auf dem Ring liegen 3 Untermaxima der Achsen. Durch diese Untermaxima und den Schwerpunkt des e-Maximums (= Ringzentrum) sind 3 Ebenen der Umformung für die Gleitung in s bestimmt, nämlich 3 Gleitgeradenmaxima der Einzelkörner und damit zugleich die 3 Gleitgeraden des Gefüges für die Gleitung in s. Diese 3 Ebenen der Umformung bzw. (ac)-Ebenen sind die Großkreise durch $a'a''a'''$. Auf diesen Großkreisen steht $b'b''b'''$ senkrecht. D 78 zeigt, daß in der Zone von b'' und in der von b''' je 2 Einregelungsebenen — $(h0l)$-Ebenen — von e liegen, also Rotation von $(h0l)$-Ebenen um b stattgefunden hat. Auch die Maxima der rekristallisierten Körner liegen auf den Großkreisen $a'a''a'''$.

80. Ebenso; 224 Kalzitachsen der unversehrten rekristallisierten Kleinkörner; (5—3)—2—1—0.

81. Vennatal, Brenner, Tirol, || s; 318 Kalzitachsen der deformierten Großkörner; $(> 11$—8)—3—2—1—0.

82. Vennatal, Brenner, Tirol, $\perp s$; 240 Kalzitachsen der deformierten Großkörner; (8—6)—5—3—2—1—0.

83. Ebenso; 172 Kalzitachsen der unversehrten, rekristallisierten Kleinkörner. (7—5)—4—2—1—0.

B-Tektonite.

84. Sunk, Steiermark, $\perp B$; 319 Kalzitachsen; > 3—2—1—0.

85. Sunk, Steiermark, etwas schief zu B, Sammeldiagramm aller e ohne Beobachtungsausfall, summiert aus 2 Diagrammen mit zusammen 538 e; > 3 (oben bis 6)—2—1—0; Gürtel aus e-Flächen; im Stück deutliches B.

86. Ebenso; 176 Kalzitachsen; (8—6)—4—2—1—0.

87. Ebenso; 228 Gleitgerade von Körnern; in 72 Fällen 2 pro Korn; > 3 (rechts bis 5)—2—1—0. Auslese: Körner mit wenigstens 1 sichtbaren e.

88. Ebenso; 72 Symmetralen des kleineren Winkels zwischen 2 Gleitflächen desselben Kornes; > 5—4—3—1—0. Auslese: Körner mit 2 sichtbaren e.

89. Ebenso; 64 Symmetralen des kleineren Winkels zwischen 2 Gleitgeraden am selben Korne; (8—6)—4—1—0. Auslese wie D 88.

90. Ebenso; 70 Symmetralen des größeren Winkels zwischen 2 Gleitgeraden am selben Korne; > 4—3—1—0. Auslese wie D 88.

91. Weißespitze, Brenner, Tirol, $\perp B$; 129 Kalzitachsen der deformierten Großkörner; 8—5 (unten —6)—4—2—1—0; $ss =$ scharfe Schieferung, sichtbares B.

92. Ebenso; 150 e, alle sichtbaren; jedes Korn liefert wenigstens ein e; 6—5 (oben links —8)—3—2—1—0; s_1 und s_2 sind die durch die e-Maxima e_1 und e_2 gegebenen $(h0l)$-Scherflächen gleichschariger Scherung mit deutlichen Rotationen um B; e_3 ist eine dritte Scherfläche.

93. Ebenso; 245 Kalzitachsen der unversehrten, rekristallisierten Kleinkörner; > 4—3—1¼—0.

Trikline Kalzitgefüge.

94. Poverer Jöchl, Wattental, Tirol, $\parallel B$; 607 Kalzitachsen; (4—3)—2,5—2—1,5—1 —0,5—0; Stengelmarmor, trikliner B-Tektonit.

95. Ebenso; 203 Kalzitachsen der unversehrten, rekristallisierten Körner; (5—4)—3—2 —1—0; kein wesentlicher Unterschied von D 94.

96. Poverer Jöchl, dasselbe Stück wie D 94, aber $\perp B$; Sammeldiagramm aller e, ohne Beobachtungsausfall; > 3—3—2—0.

97. Poverer Jöchl, anderes Stück, $\perp B$; 215 Kalzitachsen der deformierten Großkörner; (4—3)—2—1—0; s_1 und s_2 siehe D 98.

98. Ebenso; 307 e der Körner von D 97, alle sichtbaren; (5—3)—2—1—0; s_1 unsichtbare Scherfläche, s_2 sichtbare Scherfläche einer ungleichscharigen Zerscherung. In s_2 rekristallisierte Kleinkörner.

99. Ebenso; 210 Kalzitachsen der unversehrten, rekristallisierten Kleinkörner in s_2; (5—4)—3—2—1—0.

100. Dasselbe Stück, $\parallel B$, 276 Kalzitachsen der unversehrten, rekristallisierten Kleinkörner in s_2, (5—4)—3—2—1—0.

101. Patsch bei Innsbruck, $\parallel B$, $\perp s$, 100 Kalzitachsen, $ss =$ affin umgescherte Feinschichtung, B schwach ausgeprägt, 101 a ausgezählt mit Abrundung nach vorgeschriebenen Prozentstufen, (7—5)—4—3—2—1—0, 101 b genau ausgezählt nach S. 129, wobei bei 100 Polen 1 Korn im 1%-Auszählkreis 1% bedeutet. Die Stufen umfassen dann (5—7)%, 4%, 3%, 2%, 1%, 0%.

102. Ebenso; 258 e, alle sichtbaren, meist 2 pro Korn; 102 a ausgezählt wie 101 a; (6—4)—3—2—1—0, 102 b ausgezählt wie 101 b, wobei sich bei 258 Polen ergibt: (4,6—3,4)%, (3—2,7)%, (2,3—1,5)%, 1,1%, 0%.

103. Ebenso; 366 Lote auf (001) von Muskowit; 7—6 (rechts oben —8)—4—3—2—1—0,5 —0. Es besteht also ein Muskowitgürtel mit Lot $B' \perp B$.

104. Patsch bei Innsbruck, gleiches Stück $\perp B$, Sammeldiagramm aller e; (6—5)—2—1—0; B-Gürtel durch e in den Untermaxima gut übereinstimmend mit B-Gürtel durch Muskowit (D 108). Eine Hauptscherflächenschar s schneidet und schert ss affin. Außerdem andere s.

105. Ebenso; 185 Kalzitachsen; (4—3)—2—1—0.

106. Ebenso; 95 Symmetralen des kleineren Winkels zwischen 2 Gleitgeraden desselben Kornes; (7—6)—4—1—0. Die Gleitgeraden des Gefüges treten hervor (namentlich für s), insofern sie nicht ins Zentrum des Zeichenkreises fallen (Auslese!).

107. Ebenso; 100 Symmetralen des größeren Winkels zwischen 2 Gleitgeraden im gleichen Korn; (8—7)—6—4—1—0.

108. Ebenso; 210 Lote auf (001) von Muskowit; (8—7)—5—3—1—0,5—0. Muskowitgürtel, um Lot B zu vergleichen mit Muskowitgürtel um Lot B' (D 103).

Dolomit.

109. Pfelderstal, Südtirol, $\perp B$, 656 Dolomitachsen; > 5—2,5—2—1,5—1—0,5—0, B-Tektonit.

110. Gleiches Stück, $\parallel s$, 653 Dolomitachsen; > 5—2,5—2—1,5—1—0.

Synoptische Diagramme der Kalzittektonite.

111. Achsenmaxima von 6 einscharigen S-Tektoniten ohne Rotationszeichen, deren e-Maxima $= (ab)$ durch Rotationen zur Deckung gebracht wurden. Trotz aller Schwankungen bleibt eine achsenfreie Kalotte von etwa 30° Öffnung.

112. Achsenmaxima von 7 B-Tektoniten synoptisch dargestellt mit Deckung von B als b und dem am besten merklichen s als (ab). Durchweg mehr als 1 s (mit oder ohne Externrotation). Deutliche Spaltung des Gürtels durch einen Großkreis $\perp B$, welcher von den Minima (D 113) besetzt ist.

113. Achsenminima zu D 112.

114. Achsenmaxima unversehrter, rekristallisierter Kleinkörner in 4 parakristallin deformierten Kalzittektoniten mit starker Abweichung der Maxima von Großkörnern und Kleinkörnern.

115. Achsenmaxima der unversehrten, rekristallisierten Kleinkörner in einem parakristallin deformierten Kalzittektonit mit guter Deckung (Abbildungskristallisation!) der Maxima von Großkörnern und Kleinkörnern, kleine Kreise = Maxima, große Kreise = Minima.

Glimmer.

Alle eingemessenen Glimmerpole sind, wo nichts anderes bemerkt ist, Lote auf (001), gemessen entweder durch Einstellung der Fugen (001) oder der optischen Achse nahezu einachsiger Biotite.

116. Kontaktmetamorpher Quarzphyllit, Karspitze bei Brixen, Südtirol, $\perp B$, 286 Biotite; > 3 (oben links—5, rechts—8)—2—1—0, $m =$ Spur der Fältelungscleavage von Muskowit.

117. Ebenso; 135 Biotite, welche nicht an Erztafeln sitzen; (6—5)—4—3—2—1—0.

118. Ebenso; 151 Biotite, welche an Erztafeln sitzen, deren Lote ihr Maximum bei E haben. Auf E steht das Biotitmaximum e senkrecht und fehlt in D 117: e ist wandständige Regelung der Biotite auf Erztafeln; > 3 (oben rechts 3—4, links 3—5)—2—1—0.

Kristalline alpine Trias mit Biotitholoblasten, Brenner, Tirol.

119. $\| B, \| s$, 134 Biotite, > 12—10—8—6—4—2—1—0. 88 γ' von Muskowiten in s (randlich) $Ma = 4$—5, $Mi = 0$—1. Geographische Orientierung: N, S, O, W, Zentrum = unten.

120. Ebenso; 330 Quarzachsen, reines „Quarz in Muskowit"-Gefüge, (4—3)—2—1—0. Angedeutete Regelung nach der Korngestalt, vgl. D 67, 68, 120, 176, 185.

121. $\perp B$, 96 Muskowite; (10—8)—6—5—4—3—2—1—0. Oben und unten des Diagramms ist oben und unten der Natur.

122. $\| B$ schief zu s; 391 Biotite ohne Auslese; > 6—5—4—3—2—1—0. $H =$ Ort für die Lote aller pyllonitischen Biotithäute und Hautfetzen.

123. Ebenso; 223 translativ zerflossene Biotitfetzen und mechanisch stark angegriffene Biotite; > 7—6—5—4—3—2—1—0.

124. Ebenso; 174 mechanisch wenig oder nicht angegriffene Einzelbiotite; (7—6)—5—4—3—2—1—0. Die Biotite sind gewachsen mit Anordnung in begrenzten Rotationsbereichen der Hauptzonen und mit Ausnahme derer in der Zone b uneingeregelt.

Biotitholoblastenschiefer, Isergebirge Schlesien.

125. Stück I; $\perp B$; 186 Biotite in s; (12—8)—7—6—5—4—3—2—1—0,5—0. Auslese: Biotitschuppen in s.

126. Ebenso; 175 Biotite; (10—8)—7—6—5—4—3—2—1—0. Auslese: zu s wandständige Biotite.

127. Stück I; $\| B, \| s$; 217 Biotite; alle Biotite ohne Auslese; (10—8)—7—6—5—4—3—2—1—0. Die Richtung B ist zugleich Rotationsachse für si in einzelnen Holoblasten und mithin auch die Spur von si im Schliff $\| B$.

128. Schliff wie D 125. 140 Quarzachsen, alle Quarze in se; > 4—3—2—1—0.

129. Schliff wie D 125, aber um B gedreht, wie aus der Lage von s ersichtlich ist; 150 Quarzachsen, nur Quarze im Hof und (20 Achsen) in si eines großen Biotits; wie D 128. Verlauf von si gleichgestellt mit s von D 128 läßt erkennen, daß Quarz in si gleichgeregelt ist wie in se, aber mit dem Biotite rotiert.

130. Schliff wie D 125, 127 Quarzachsen einer Linse; > 3—2—1—0. Das Quarzgefüge von D 128 ist in Grundzügen erkennbar, der Gürtel $\perp B$ aber viel breiter.

131. Stück II; $\perp B$; 184 Biotite; > 12—10—8—7—5—4—3—2—1—0; (ac)-Gürtel und (bc)-Gürtel angedeutet, was 2 Gleitgeraden in s entspricht.

132. Stück II; $\| B, \| s$; 136 Biotite; (8—7)—6—5—4—3—2—1—0. Ebenfalls beide Gürtel angedeutet wie in D 131.

Granatglimmerschiefer Odenwald (Lindenfels); D 133—137.

133. $\perp s$; 100 Biotite; > 9—5—3—1—0; $Mi = 0$; alle Biotite ohne Auslese; keine Vorzugsrichtung in s erkennbar.

134. Ebenso; 178 Muskowite; wie D 133; alle Muskowite ohne Auslese. Außer der Lage in s treten 2 Hauptlagen $\perp s$ stark hervor, welche 2 angedeuteten Gürteln mit Lot ungefähr $= x$ und x' angehören.

135. Ebenso; 101 Quarzachsen; > 3—2—1—0; keine deutbare Regel.

136. $\parallel s$; 175 Muskowite; (7—6)—5—4—3—2—1—0; alle ohne Auslese, Muskowite mit Maxima in Gürteln und $\perp s$ $(= x\,x')$.

137. Ebenso; 41 Lote auf den Achsenebenen der in s liegenden Muskowite, deren Lote auf (001) in den Kreis fallen (Punkte). Die Radien nach den Maxima, also die a-Achsen der Muskowite, fallen zusammen mit den Gürteln von D 136; > 6—4—2—1—0.

138. Kugeldiorit; 435 Biotite ohne Vorzugsrichtung in der Gestalt als Zement zwischen ungeregeltem Andesin (vgl. D 3 u. 4); (23—21)—17—9—5—3—1—0. Schärfste Regelung ohne (001)-Gestalt bei Anlagerung an die Kugelschalen.

Zusammengesetzte B-Tektonite; „Korn in Korn"-Gefüge.

Kalkphyllit, Brenner, Tirol, alle Bilder vom selben Schliffe $\perp B$ bei gleicher Aufstellung.

139. 263 Kalzitachsen ohne Auslese; 4—3 (links oben 6—3)—2—1—0. Die Achsenminima sind mit denselben Ziffern bezeichnet wie die entsprechenden e-Maxima in D 140.

140. 117 e von Kalzit; von jedem Korn 1 e, und zwar das mit B den kleinsten Winkel einschließende („B nächstparallele"); (7—6)—5—4—3—2—1—0; Bezifferung s. D 139.

141. 41 Kalzitachsen der Körner, in welchen die in D 149 dargestellten Muskowite liegen; (5—4)—3—2—1—0. Im wesentlichen $=$ D 139.

142 48 e nächstparallel B der Kalzitkörner, in welchen die in D 149 dargestellten Muskowite liegen; (7—6)—5—4—3—2—1—0. Im wesentlichen $=$ D 140.

143. 150 e nächstparallel B der Körner, welche 2 e zeigen; beide sind eingemessen, also 2 e pro Korn. (7—6)—5—4—3—2—1—0.

144. 75 Symmetralen des kleineren Winkels zwischen den in D 143 genannten und eingemessenen 2 e pro Korn; 5 (rechts bis 8)—4—3—2—1—0.

145. Schema für die letzte Pressung (ohne Fließen) der Kalzite unter der Annahme, daß die mit ihren Symmetralen zur Pressung bzw. mit 2 e symmetrisch zur Pressung liegenden Körner schon bei Pressung ohne Fließen des Gesteins ihre beiden e betätigen und so sichtbar machen. Hiebei ist, wie bisher, die Betrachtung zweidimensional in der Hauptebene ($\perp B$) der Deformation des vorliegenden ausgesprochenen B-Tektonits, ergibt also eine Übersicht über die letzte nichtfließende Deformation des Gesteins. $L'L''L'''$ sind Schemata der Maxima von e-Polen, welche zu den Korn für Korn bestimmten Symmetralenmaxima $S'S''S'''$ gehören. Der stärkeren Betontheit eines Maximums entspricht die Vervielfachung seiner Signatur. DD oder $D'D'$ ist die erzeugende Hauptpressung.

146. 222 Quarzachsen; (4—3)—2—1—0. Zu beachten die Bezifferung der Minima, welche gleich liegen wie die gleichbezifferten Kalzitachsenminima in D 139, e-Maxima in D 140 und Muskowitmaxima in D 148.

147. 45 Quarzachsen der Körner, in welchen die in D 150 dargestellten Muskowite liegen; (4—3)—2—1—0.

148. 222 Muskowite; 8—5 (rechts 9—5)—4—3—2—1—0. Bezifferung siehe D 146.

149. 51 Muskowite in den Kalzitkörnern von D 142; (8—6)—5—4—3—2—1—0; Maxima gegenüber D 148 um 15° im Uhrzeigersinn um B rotiert. Bezifferung siehe D 146.

150. 47 Muskowite in den Quarzkörnern von D 147; (6—5)—4—3—2—1—0; rotiert wie D 149. Bezifferung siehe D 146.

Quarzphyllit, Sidanjoch, Zillertal Tirol.

151. $\perp B$; 260 Muskowite; (11—9)—6—5—4—3—2—1—0; $s_1 =$ betonteste $(h0l)$-Fläche des Gesteins.

152. Ebenso; 664 Quarzachsen; 3—2 (rechts 2—4)—1—0.

153. $\parallel B$; 627 Kalzitachsen; 3—2 (rechts unten bis 4)—1—0.

154. $\parallel B$, $\parallel s_1$; γ' der in s_1 liegenden Muskowite; klares Maximum. Am äußeren Rande zum Vergleich kristalline Trias (Schleierwand am Brenner, Tirol: ganz ebenso, aber ohne so deutliches Maximum).

Gneis mit „Kristallisationsschieferung" schief zum Lagenbau, Someronuoret, Finnland.

155. $\perp$ zur Schnittgeraden zwischen s_1 (primärer, jetzt affin umgescherter Lagenbau) und s_2 (sekundäre, vorkristalline Scherung; Bild der sg. „Kristallisationsschieferung");

300 Biotite; (10—8)—7—6—5—4—3—2—1—0. Übereinstimmung der bezifferten Maxima mit den gleichbezifferten Quarzachsenminima in D 156.

156. Ebenso; 206 Quarzachsen; 3—2 (bei m bis 4)—1—0. Bezifferung siehe D 155.

Überlagerte Rotationen im triklinen Gefüge.

157. Schema des Stengelmarmors vom Poverer Jöchl (D 94—100); $\perp a$; e-Maxima punktiert, Achsenmaxima leer. Auf den $(0kl)$-Großkreisen (Radien) liegen die Maxima. Punktiert = der am stärksten mit e besetzte $(0kl)$-Großkreis; starke Linie = der am stärksten mit Achsen besetzte $(0kl)$-Großkreis. Die Ausgangskoordinaten $a\,b\,c$ entsprechen den Koordinaten in D 94, mithin auch den Koordinaten der Stengelgestalt.

158. Ebenso, aber $\perp b$; dieselben $(0kl)$-Großkreise als Bögen sichtbar. Konstruktive Rotation.

159. Ebenso, aber $\perp c$; $(0kl)$-Großkreise als Bögen; konstruktive Rotation.

160. D 94 (Kalzitachsen; vollgezeichnet) synoptisch betrachtet mit D 40. (Quarzachsen; punktiert) bei gleicher Lage von abc für beide Gefüge. Weitgehende Übereinstimmung zwischen Marmor und Granulit weist auf gleiche Bewegungsbilder.

161. Ebenso, aber mit Quarzachsen von D 42.

Gekrümmte Gefüge.

Inhomogen geregelte Biegefalte aus vorher homogen geregeltem Quarzit.

Schöberspitze, Brenner, Tirol, $\perp B$. Hiezu Abb. 129. Alle Diagramme mit gleichem Schliffindex, also naturrichtig gegeneinander aufgestellt. Erklärung Text S. 257. D 162—166.

162. Sektor mit Tangente s_1; 300 Quarzachsen; > 6—5—4—3—2—1—0.

163. Sektor mit Tangente s_2; 300 Quarzachsen; wie D 162.

164. Sektor mit Tangente s_3; 300 Quarzachsen; wie D 162.

165. Messung längs einer ganzen Bogenlänge überall auf die Tangente T des Bogens reduziert („abgewickelt"); 200 Quarzachsen; (5—4)—3—2—1—0.

166. 190 Quarzachsen im innersten Faltenknie; wie D 162; Lage von s_3 wie s_3 in D 164.

Inhomogen geregelte rhythmische Quarz-Biegefalten.

167. Rhythmische Quarzfalten in Quarzphyllit der Rienzschlucht bei Brixen, Südtirol, $\perp B$. Sammeldiagramm aus den untereinander gleichbesetzten Außenknien dieser Falten. 259 Quarzachsen; (8—7)—6—5—4—3—2—1—0.

168. Ebenso; die Kniekehlen 259 Quarzachsen; 4—3 (rechts —5)—2—1—0. Gleichmäßigere Besetzung des Gürtels gegenüber D 167!

169. Dieselbe Falte $\parallel B$, $\perp a$; 350 Quarzachsen; (7—6)—5—4—3—2—1—0,5—0; ausgesprochen triklines B-Gefüge.

Quergedehnte Quarzfalte im Brixner Quarzphyllit.

$\perp a$; Falte mit vorwaltendem (bc)-Gürtel, also vorwaltender Bewegung $\parallel B$; $B \perp B'$; D 170—173.

170. Die großen Körner des Außenknies; 272 Quarzachsen; (5—4)—3—2—1—0.

171. Die kleinen Körner der Kniekehle; 280 Quarzachsen; wie D 170.

172. Alle Körner; 734 Quarzachsen; (3—2)—1—0. Bei der hohen Körnerzahl tritt der (bc)-Gürtel ausgezeichnet hervor. Spaltung des Maximums in a.

173. Konstruktive Rotation von D 172 90° um c; wie D 172. Der (bc)-Gürtel erscheint median und wird mit den normalen Gürteln $\perp B$ der Quarztektonite direkt vergleichbar: vollkommene Übereinstimmung.

Homogen geregelte Falten; D 174—185.

174. Gefaltetes Quarzgefüge, Quarzkalzitgefüge und Kalzitgefüge im Quarzphyllit der Wattenspitze, Tirol, $\perp B$. Gekrümmte Falte. 390 Quarzachsen reines Quarz im Quarzgefüge der Kniekehle; > 5—4—3—2—1—0.

175. Ebenso; 385 e des Kalzits; wenigstens 1 e pro Korn, $(ab) = s$ tritt so wie es unvergrößert schon sichtbar ist, im Diagramm hervor; (5—4)—3—2—1—0.

176. Ebenso; 470 Quarzachsen des reinen „Quarz in Kalzit"-Gefüge; (4—3)—2—1—0; Maximum wie bei Regelung nach Korngestalt, vgl. D 67, 68, 120, 185.

177. Marmor, Hintertux, Tirol, $\perp B$; 500 e von Kalzit; > 13—11—9—7—5—3—2—1—0.

178. Geplätteter Faltenlappen aus reinem Kalzitgefüge, Wattenspitz, Tirol; $\perp a$, 396 e des Kalzits, von jedem Korn ohne Auslese jenes e, welches mit (ab) den kleinsten Winkel einschließt; > 9—7—5—4—3—2—1—0. Jedes Korn besitzt also ein betätigtes e, welches in das enge Maximum von D 178 fällt. Die Zeichnung der Falte ist um 90^0 um c gegenüber dem Diagramm gedreht.

179. Ebenso; 650 e, alle sichtbaren 2—3 pro Korn; (5—4)—3—2—1—0. Es gibt also überhaupt keine betätigten e, welche in (ac) fallen.

180. Kalzithältiger Phyllitgneis Himmelreich bei Mauls, Südtirol. $\perp a$; 330 e von Kalzit; alle sichtbaren, wenigstens 1 pro Korn; > 5—4—3—2—1—0.

181. Ebenso; 416 Kalzitachsen; (4—3)—2—1—0. D 180 und 181 lassen ein symmetrisches Pendeln a' und a'' der Korngleitgeraden um die eingezeichnete Lage a der Gesteinsgleitgeraden in (ab) annehmen. Denkt man e eingeregelt in (ab) mit Gleitgerade a, so entspricht die Besetzung D 181 dem Umstande, daß beide mit dieser Lage von e vereinbaren Lagen von Kalzitachsen unter den Körnern gleich stark vertreten sind („Zwillingsgefüge", vgl. S. 27). Da die Gleitgerade in e einen Richtungssinn (z. B. gegen die Hauptachse) hat, weist die Symmetrieebene (ab) des Diagramms auf die Mittbeteiligung von Zwillingsschiebungen in e beim Einregelungsakt.

182. Ebenso; enthält die e nahe (ab) von Kalzitzwillingen und (seitlich) die Lote der Ebene durch beide Achsen des Zwillings: Die Kalzitzwillinge haben also ihre Achsen in einem breiten Gürtel (ac), und die kürzere Diagonale von e ist ebenfalls, als Gleitgerade, in (ac) eingestellt.

183. $\perp B$, 216 e; alle sichtbaren, wenigstens 1 pro Korn; $(> 7$—5)—4—3—2—1—0. $c_h =$ Lage der (001) von Chlorit im gemessenen Bereich. Affine Scherung in den Faltenschenkeln. Gürtel um B gegenüber D 180 deutlich.

184. Ebenso; 340 Quarzachsen; Quarz in Quarz; (5—4)—3—2—1—0.

185. Ebenso; 118 Quarzachsen; Quarz in Kalzit; wie D 184; Maximum (wie in D 176), ganz anders als in D 184, so wie bei Regelung nach der Korngestalt.

Gesetzlos inhomogen geregelte Biegefalte; D 186—D 191.

Quarzgang in Quarzphyllit, Mollgrübler, Volderstal, Tirol; D 186—191. abc sind lediglich Koordinaten der Faltengestalt, wie die Zeichnung zeigt.

186. Schnitt (ac) der Faltenform; 455 Quarzachsen; (10—8)—6—4—3—2—1—0.

187. Schnitt $\perp$ Ebene (ab) der Faltenform, unter 50^0 zu b, parallel der Rillung; 410 Quarzachsen; > 9—7—5—4—3—2—1—0.

188. Schnitt (ab) der Faltenform; 416 Quarzachsen; (8—6)—5—4—3—2—1—0.

189. Überindividuen aus Schnitt (ab), D 188. Der Radius des Zeichenkreises entspricht etwa 3 mm Natur. Kein Diagramm sondern Schliffbild der Überindividuen, welche in D 190 mit den betreffenden Signalen eingemessen sind.

190. Lage des Quarzüberindividuums D 189 und seiner Nachbarn. Erklärung siehe D 189.

191. Konstruktive Rotation von D 186 (ac), 90^0 um a, führt zur Deckung mit dem direkt gemessenen D 188 (ab). Die Schliffe zu D 186 und D 188 sind also einem homogen geregelten Bereiche entnommen.

192. Homogen geregelte Hornsteinfalte im Marmor des Quarzphyllites, Wattental, Tirol $\perp b$ (B); abc bezogen auf die Faltenform wie in D 186; 721 Quarzachsen; (10—8)—7—6—5—4—3—2—1—0; ungespaltener, scharfer, zur äußeren Faltenform homoachser Gürtel $\perp B$.

Schmelztektonite, Regelung nach der Korngestalt (z. T.)

193. Augitminette, Birkenauer Tal, Weinheim; 264 Lote auf (001) von Anomit; (7—5)—4—3—2—1—0; dünne, gut begrenzte Täfelchen in viskoser Schmelze (bereits ausgeschiedene Augite, Verbiegung der größeren Glimmertäfelchen). Ausgeprägtes $s = (ab)$ mit deutlichem Gürtel, wonach a angenähert festliegt.

194. Syemitporphyr, Thalhorn, Vogesen; 255 Lote auf (001) von Biotit; (4—3)—2—1—0; unregelmäßig umrandete Blättchen; ein unterbrochener, aber durch das Minimum der Besetzung deutlicher Gürtel mit betontem s.

195. Glimmerporphyrit, Oehrenstock, Thüringen; 254 Lote auf (001) von Biotit; (9—7)—5—3—2—1—0; dünne, wohlumgrenzte Täfelchen, scharf in s eingeregelt, Gürtel bzw. Minimum der Besetzung wahrnehmbar.

196. Augit-Andesit, Hummerich, Honnef, Rheinprovinz. In der Gestalt der Augite — tafelige Stäbe — sind die Kristallachsen $c > b > a$. 82 c-Achsen der Augite zeigen die Einregelung des Hauptdurchmessers der Korngestalt in einen Kleinkreis mit etwa 28^0 Radius um eine Gerade B, wobei 28^0 entweder den Genauigkeitsgrad einer Einregelung in B aus-

drückt oder (vorläufig unkontrollierbar) durch die Endausbildung bedingt ist. (9—10)%; (6—7)%; (4—5)%; (3—4)%; (1—2)%; (0—1)%.

197. Ebenso; zeigt durch 87 b-Achsen der Augite den zweitlängsten Durchmesser b der Augitgestalt auf einem Gürtel $\perp B$ mit merklicher Bevorzugung der Lage der Augittafeln in s; (6—5)—2—1—0. Es erfolgte also die Einregelung der Augite in D 196 und D 197 sowohl als rotierte Stäbe in das B einer laminaren Strömung, als auch als Scheiben in das s dieser Strömung. Vgl. hierzu Hornblende in D 213.

198. Syenit, Plauenscher Grund, Sachsen; 2 Diagramme in einen Kreis vereinigt: Oben und unten 46 γ (das ist bis auf 5^0 das Lot auf 010) von gleichgeregeltem Orthoklas und Oligoklas, als Tafeln nach (010) gut in s geregelt; (10—7)—6—5—4—1. In der Mitte, in s, 48 α mit einem Maximum in dem durch das γ-Maximum angedeuteten Gürtel; (9—8)—7—5—3—1. Die Feldspate sind mithin als Tafeln in s mit angedeuteter B-Achse eingeregelt und außerdem noch mit einer ausgezeichneten Richtung ihre Gestalt, innerhalb (010) nahe α oder β wieder in eine Gefügerichtung in s, $\parallel$ oder $\perp B$.

199. Gabbro, Frankenstein, Odenwald; 109 Lote auf (010) des Bytownit-Anorthites, (An 70—80%) tafelig nach (010), welches das eingeregelte Datum ist. (6—5)—3—1—0. sp als Spur der größten Korndurchmesser und ein schwach angedeuteter Gürtel weisen auf die angenommene Lage von abc des Gefüges.

200. Quarzporphyr von Tobolz bei Meißen, Sachsen, $\perp B$ der laminaren Strömung, 300 Quarzachsen; (4—3)—2—1—0. Regelung gleich wie bei nichtgeschmolzenen Quarztektoniten: gespaltener Gürtel $\perp B$.

Trikliner Tektonit mit $B \perp B'$ und unverlagertem, geregeltem Interngefüge; D 201—211.

Alle Diagramme entsprechen gleicher Aufstellung desselben Schliffes eines typisch „kristallisationsschiefrigen" Hornblendegarbenschiefers vom Greiner, Zillertal, Tirol. Hornblende mit meßbarem si aus Karbonat, Quarz, Epidot; Albit mit si aus Quarz; ferner Quarz, Karbonat, Biotit. Das Bewegungsbild zu B ($\parallel$ Zeichenebene) a, b (B), c tritt hervor am Handstück, ferner durch D 201, 209—211 angedeutet in D 202 und 205; E im Sinne von S. 226. Das Bewegungsbild zu B' ($\perp B$; $\perp$ Zeichenebene) a', b'(B'), c' tritt am Handstück nicht hervor, aber durch D 201—208, angedeutet in D 209—211; E' im Sinne von S. 226. Der trikline Charakter des Gefüges spiegelt die Ungleichufrigkeit des tektonischen Transportes in Richtung a wieder, dem das Stück mit anderen ebenfalls, der Großtektonik entsprechend, triklinen Tektoniten entnommen ist. Das Karbonat ist isomorph mit Kalzit und in bezug auf Festigkeitsverhalten und Regelung von Kalzit ununterscheidbarer Ankerit.

201. 200 Lote auf (001) des Biotits in se und in si des Albites; (14—12)—10—9—8—7—6—5—4—3—2—1—0.

202. 142 Karbonatachsen in se; (7—6)—5—4—3—2—1—0; scharfes Achsenminimum bei c', entsprechend einem nichtmeßbaren e-Maximum zur Schieferung $a'B'$.

203. 217 Karbonatachsen in si der Hornblende; (6—5)—4—3—2—1—0. Wesentlich gleicher Bau wie D 202.

204. 359 Karbonatachsen ohne Auslese ($si + se$); (5—3)—2—1—0.

205. 200 Quarzachsen in se; (5—4)—3—2—1—0. Das Maximum bei a' gehört der durch D 202 erwiesenen Schieferung ($a'B'$) an und bedingt den triklinen Charakter des Gesamtgefüges.

206. 432 Quarzachsen in si der Hornblende; (4—3)—2—1—0. Wesentlich gleicher Bau wie D 205.

207. 65 Quarzachsen in si des Albites; (6—5)—4—3—2—1—0. Wesentlich gleicher Bau wie D 205 und D 206. Starke Betonung des Maximums in ($a'B'$).

208. 700 Quarzachsen ohne Auslese ($si + se$); (3—2)—1—0.

209. 90 Lote auf (010) des Albites; (4—3)—2—1—0; trikliner Charakter neben Betonung von (aB) wahrnehmbar.

210. 90 c-Achsen des Albites; (5—4)—3—2—1—0.

211. 90 Lote der Periklinlamellen des Albites; (6—5)—4—3—2—1—0.

212. 50 Lote auf si in Albit eines anderen Gesteines (Grünschiefer) ohne gleichsinnige Rotation der Albite und mit anscheinend fast unverlegtem si. Die Lote folgen aufeinander ohne jede Beziehung zwischen den Loten von Nachbarnkörnern.

Hornblende.

213. Gabbroamphibolit, Sarntal bei Bozen, Südtirol, $\perp b$ (B); „Amphibol in Amphibol"-Gefüge, 82 c-Achsen der Amphibole im Zentrum, 164 Lote auf $\{110\}$ am Rande; > 6—5 bis 4—3—2—1—0,5—0. Unter den Rotationslagen der Hornblende ist stark bevorzugt (100) in (ab): Maxima 1; und beide Lagen $\{110\}$ in (ab): Maxima 2 und 2′.

Wachstumsgefüge.

Wandständige Rasen ohne Gegenwand.

214 und 215. Diagenetische Sinter im Wettersteinkalk (Trias) des Karwendel, Tirol. *I, II, III* sind drei bei zunehmender Entfernung von der Wand in zunehmendem Grade geregelte, ohne Gegenwand wandständige Rasen von Kalzitfasern, welche senkrecht auf der Aufwachswand stehen, deren Lot F = Faserachse im Diagramm eingezeichnet ist. Zur Übersicht ist in allen 3 Diagrammen die Stufe 3—4% geschwärzt. Im übrigen ergibt die Breite des Gürtels $\perp F$, in dem alle Achsen bei dieser Regelungsart liegen, ein Maß für den Genauigkeitsgrad der Regelung durch Wachstumsauslese. In der Aufwachsebene $\perp F$ ist keine Richtung deutbar bevorzugt. Die Aufwachswand ist mit w bezeichnet. *I* 330 Kalzitachsen; *II* 230 Kalzitachsen; *III* 180 Kalzitachsen; (8—6)—5—4—3—2—1—0,5—0.

216. Aragonitsinter, Karlsbad, $\parallel w$; 154 c-Achsen von Aragonit im Zentrum; Lote der Zwillingslamellen als direkt bestimmte kristallographische Richtungen $\perp c$-Achsen randlich. Die Lote zeigen keine deutbare Vorzugsrichtung in w. Das Zentrum umfaßt sämtliche c-Achsen in zwei verschiedenen Bereichen des Schliffes. Also scharfe Regelung in bezug auf die kristallographische Achse c des Aragonits, keine andere als die durch c diktierte Regelung der Achsen a und b des Aragonits. Lote: ($>$ 100—100)—50—25—10—0.

217. Aragonitsinter, Karlsbad, $\perp w$; 3 Diagramme von c-Achsen von Aragonit sind, um 60⁰ gegeneinander verdreht, in denselben Kreis gezeichnet. $F_1F_2F_3$ sind die Faserrichtungen der Diagramme $F_1F_2F_3$, welche die Körner in der Entfernung $F_1 < F_2 < F_3$ von der Aufwachsebene w enthalten und die mit der Entfernung zunehmende Regelung durch Wachstumsauslese zeigen. Die Besetzungsstufe 25—50% ist in allen drei Fällen geschwärzt. F_1: 1 mm von w; 188 c-Achsen; Faserdurchmesser 0,02—0,05 mm; Streuung rund 60⁰; zehnfache Überbesetzung; (50—25)—10—1. F_2: 4 mm von w; 197 c-Achsen; Faserdurchmesser 0,1—0,2 mm; Streuung rund 20⁰; 75fache Überbesetzung; (100—50)—25—10—1. F_3: 8 mm von w; 120 c-Achsen; Streuung 5—10⁰; 150fache Überbesetzung; ($>$ 100—100)—50—25—10—1

218. Erzbergit, Erzberg, Steiermark, $\perp w$; 328 Kalzitachsen der primären Kalzitrasen; $>$ 10—8—6—4—3—2—1—0.

219. Achsengruppen der sekundären Kalzite nach Aragonit mit der c-Achse in F_a; Diagramm gleichorientiert mit D 218; statt $\parallel F$, wie bei den primären Kalziten (D 218) liegen die Achsen der sekundären Kalzite in einem Gürtel $\perp F$. Gleiche Signaturen für die Achsen je eines Überindividuums von Sekundärkalzit.

Gänge.

220. Gang erfüllt von wandständigem Faserkalzit, $\perp w$; Seefeld, Tirol; 355 Kalzitachsen nahe der Gangwand (Aufwachsfläche) zeigen andere Regelungsart als D 214, 215 und geringeren Regelungsgrad als die Körner der Gangmitte in D 221; (8—6)—5—4—3—2—1—0.

221. Ebenso; 206 Kalzitachsen der Gangmitte; $>$ 10—8—6—4—2—1—0.

222. Konkordante Kalzitrasen der Feinschichtung w, $\perp w$; Seefeld, Tirol; 190 Kalzitachsen; $>$ 50—25—10—5—2—1—0. Ausgezeichnete Richtung in w durch Lage des Maximums der Kalzitachsen = Faserachsen. Monoklines Gefüge.

223. Silurkalk, Paß Thurn, Tirol; 330 Kalzitachsen ohne Regelung; (4—2)—1—0.

224. Kalzitquarzgang in Gestein 223, $\perp w$; 430 Kalzitachsen; (6—4)—3—2—1—0. 2 Regeln. 1. Regel: Kalzitachsen $\perp w$. 2. Regel: Kalzitachsen $\parallel w$.

225. Ebenso; 394 Quarzachsen; (8—4)—3—2—1—0. 2 Regeln. 1. Regel: Quarzachsen $\perp w$. 2. Regel: Quarzachsen $\parallel w$.

226. Quarzkalzitgang in Buntsandstein, Ellmau, Tirol; ungefähr $\perp w$; 172 Quarzachsen; (8—6)—4—3—2—1—0. 1. Regel aus D 225. 2. Regel aus D 225 (?).

227. Ebenso; 313 Kalzitachsen; wie D 226. Nur 2. Regel aus D 224.

Gefügeregel und technische Festigkeit.

Alle Diagramme vom selben Marmorblock (Spertental, Tirol) ohne freisichtig erkennbare Anisotropie. Direkt eingemessen; D 228, 230, 231, 233, 234. Konstruktiv rotiert: D 229 und Teile der Sammeldiagramme von e. Diagramme von e: D 228—236, 238, 240, 242—245. Achsendiagramme: D 237, 239, 241. Am Block erscheint eine Bezugsfläche F, im Gesteinsverbande streichend N 35⁰ W (= Streichlinie St) und fallend 65⁰ O, vgl. D 245. Davon 3 orientierte Schliffe: *I*: $\perp F$, $\parallel St$; *II*: $\perp F$, $\perp St$; *III*: $\parallel F$. In den Diagrammen ist die Spur von F im Schliff mit F' bezeichnet, die Streichlinie mit St; o (oben), u (unten), v (vorn), h hinten, l (links), r (rechts) sind im Sinne der Abb. 155 zu verstehen. Geographische Bezeichnungen haben unterstrichene Buchstaben.

228. *II*; 205 e, alle meßbaren pro Korn 1—2, meist 1; 5—7% der Körner ohne meßbares e; $Ma = 4$—5 (oben links 4—6); (6—4)—3—2—0.

229. D 228 90⁰ um F' in D 228 rotiert in die Ebene F; wie D 228.

230. I; 252 e, alle meßbaren, 25—30% der Körner ohne meßbares e; > 7—5—4—2—0.

231. III; 380 e, alle meßbaren, 8% der Körner ohne meßbares e; Zeichenebene $= F$; (7—6)—4—3—2—0.

232. Sammeldiagramm aller e aus Schliff I (D 230), II (D 228) und III (D 231); Zeichenebene $= F$; weißer Kreis $=$ Schwerpunkt des e-Maximums; (5—4)—3—2—0.

233. Ein Schliff $\perp F$, gelegt durch den Schwerpunkt des e-Maximums in D 232; 244 e, alle meßbaren, 5% der Körner ohne meßbares e; (6—5)—4—3—2—0.

234. Ebenso; 292 e, nur 1 e pro Korn, und zwar das Es nächstliegende. Es ist die Spur einer Ebene $\perp$ zu D 233, aber steiler gegen F, als dem Schwerpunkt des e-Maximums in D 232 entspricht. (7—6)—5—3—2—0.

235. Kein Diagramm, sondern Entwurf einer Ansicht der Lagenkugel mit gesammeltem e-Äquator $= F$. Die unterbrochen gezeichneten Bögen sind die geographischen Koordinaten des Gesteins im natürlichen Gesteinsverband (Nord $\underline{N}$, Ost $\underline{O}$, unten $\underline{u}$). $N E V r O$ sind Bezeichnungen am Blocke für die Druckwürfel (Abb. 155). $B = B$-Achse; (6—5)—4—3—2—0.

Alle folgenden Diagramme mit Ausnahme der Achsendiagramme (D 237, 239, 241) sind Projektionen der e-Lagenkugel D 235, richtig orientiert zu den eingezeichneten mit den Bezeichnungen des Blocks versehenen und $\perp$ zur Zeichenfläche gedrückten Probewürfeln der Serie A und Serie B.

236. A; Druck o—u, erste Risse r—l, Mittel 1175 kg; e; (6—5)—4—3—2—0.

237. Achsen hiezu; wie D 236.

238. A; Druck v—h, erste Risse an den Ecken, Mittel 1470 kg; e; wie D 236.

239. Achsen hiezu; wie D 236.

240. A; Druck r—l, erste Risse o—u, Mittel 1291 kg; e; wie D 236.

241. Achsen hiezu; wie D 236.

242. B; Druck E—W, Mittel 1419 kg; e; wie D 236.

243. B; Druck O—U, Mittel 1282 kg; e; wie D 236.

244. B; Druck N—S, erste Risse o—u; Mittel 1380 kg; e; wie D 236.

245. Diagramm aller e eines Horizontalschnittes durch das natürlich anstehende Gestein: Die geographischen Richtungen $N S O W$ liegen an der Peripherie, das Lot vertikal abwärts im Zentrum. Die Groß-Kreisbögen sind die Bezugsrichtungen am Blocke; wie D 236.

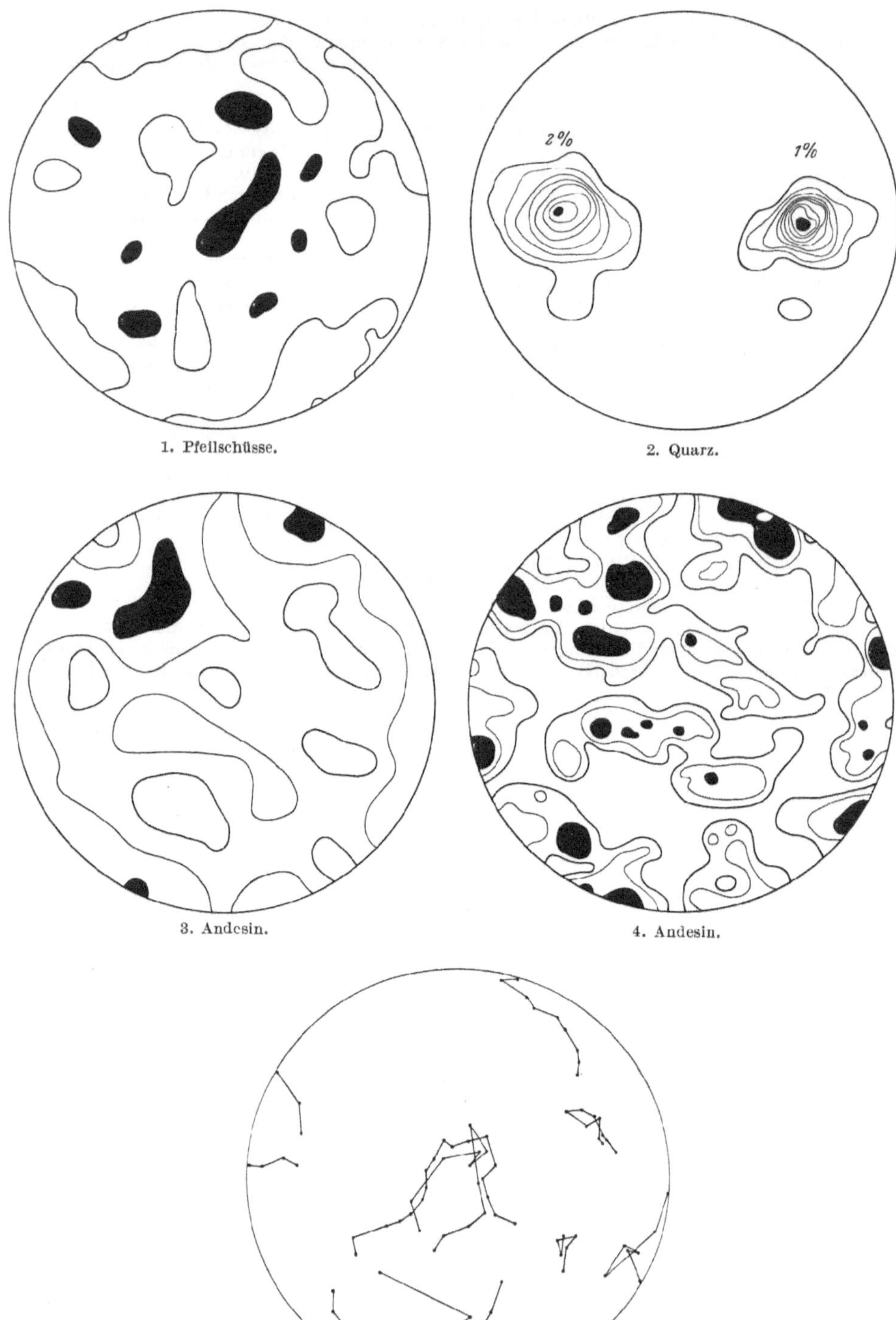

1. Pfeilschüsse.

2. Quarz.

3. Andesin.

4. Andesin.

5. Quarz.

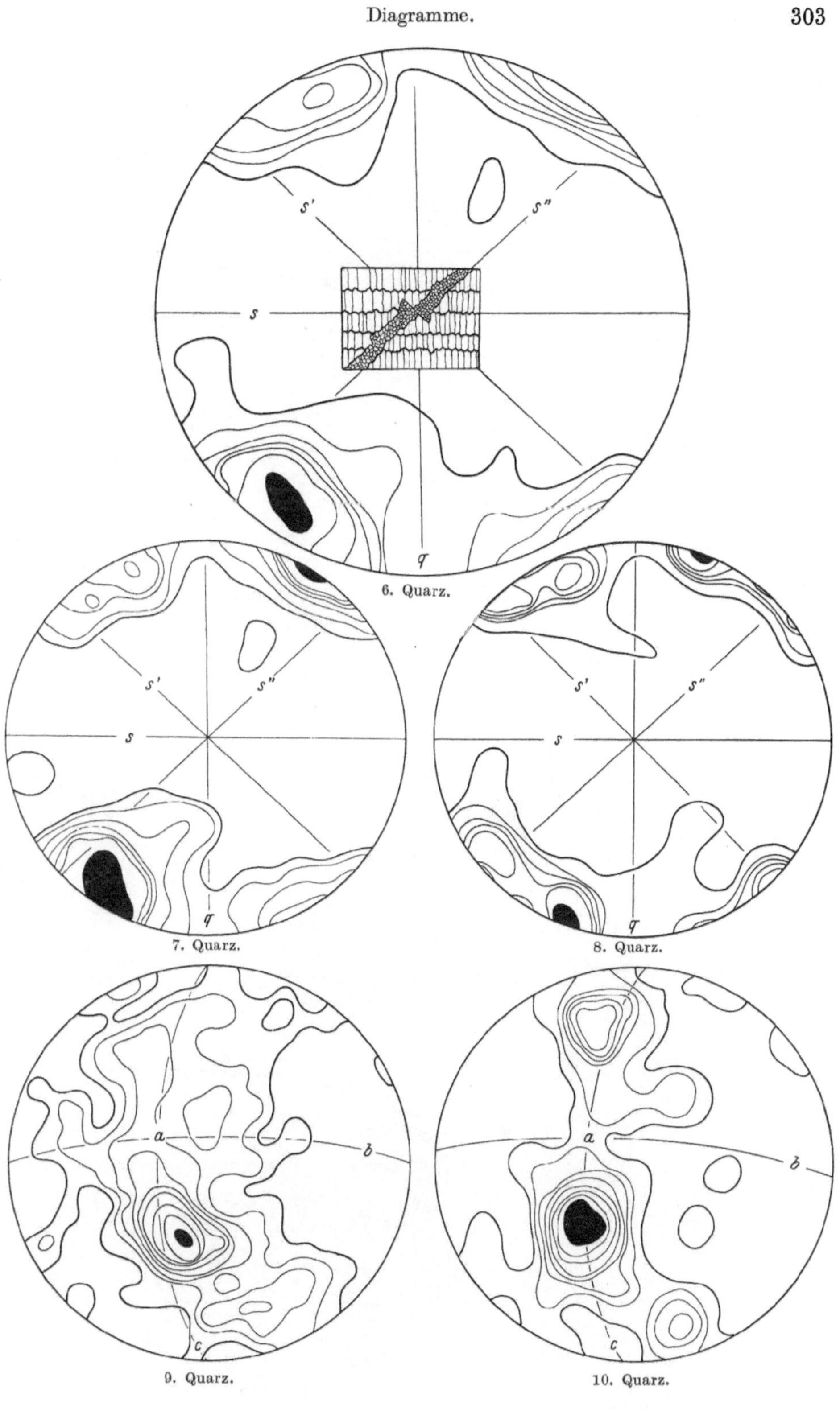

6. Quarz.

7. Quarz.

8. Quarz.

9. Quarz.

10. Quarz.

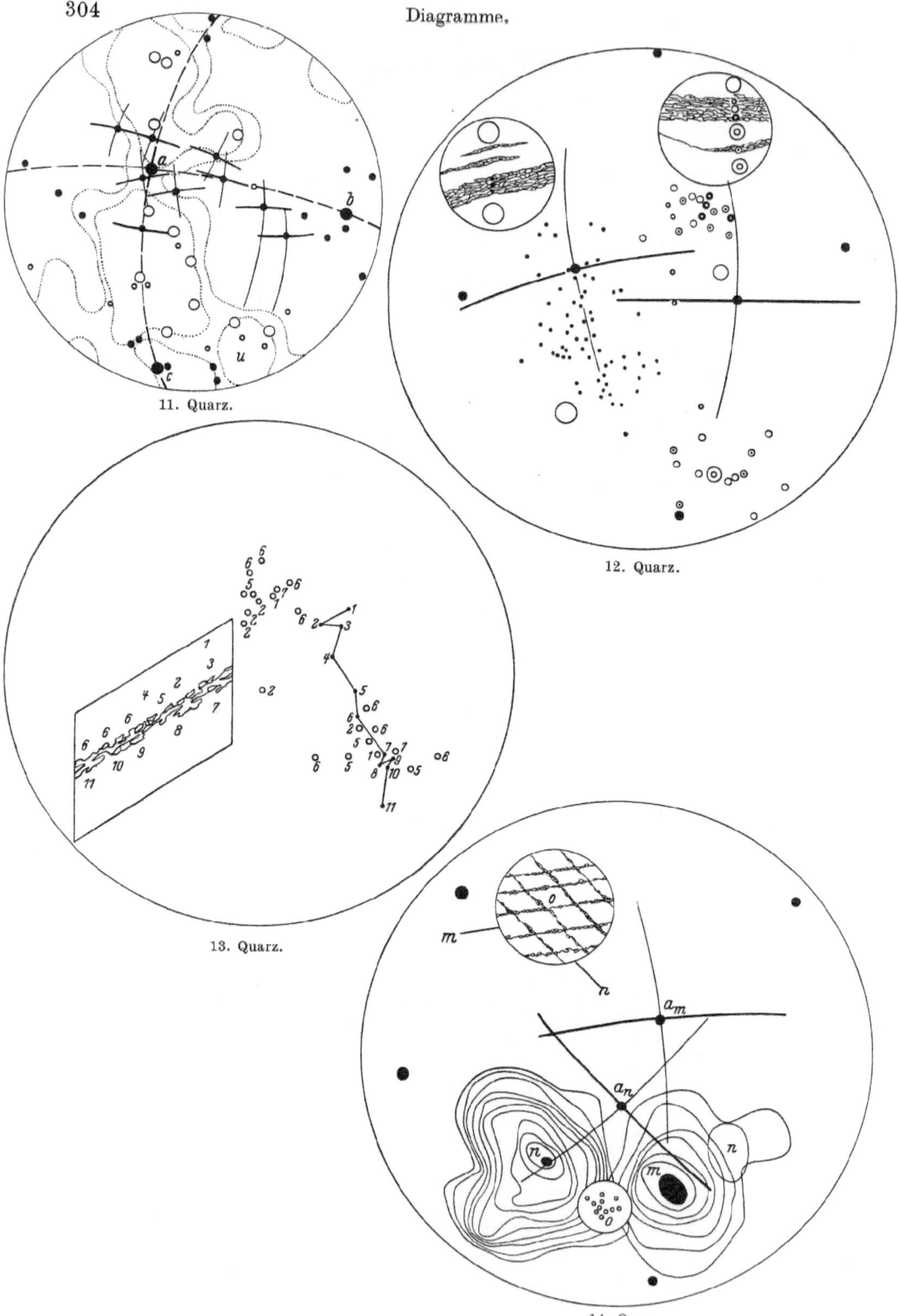

11. Quarz.

12. Quarz.

13. Quarz.

14. Quarz.

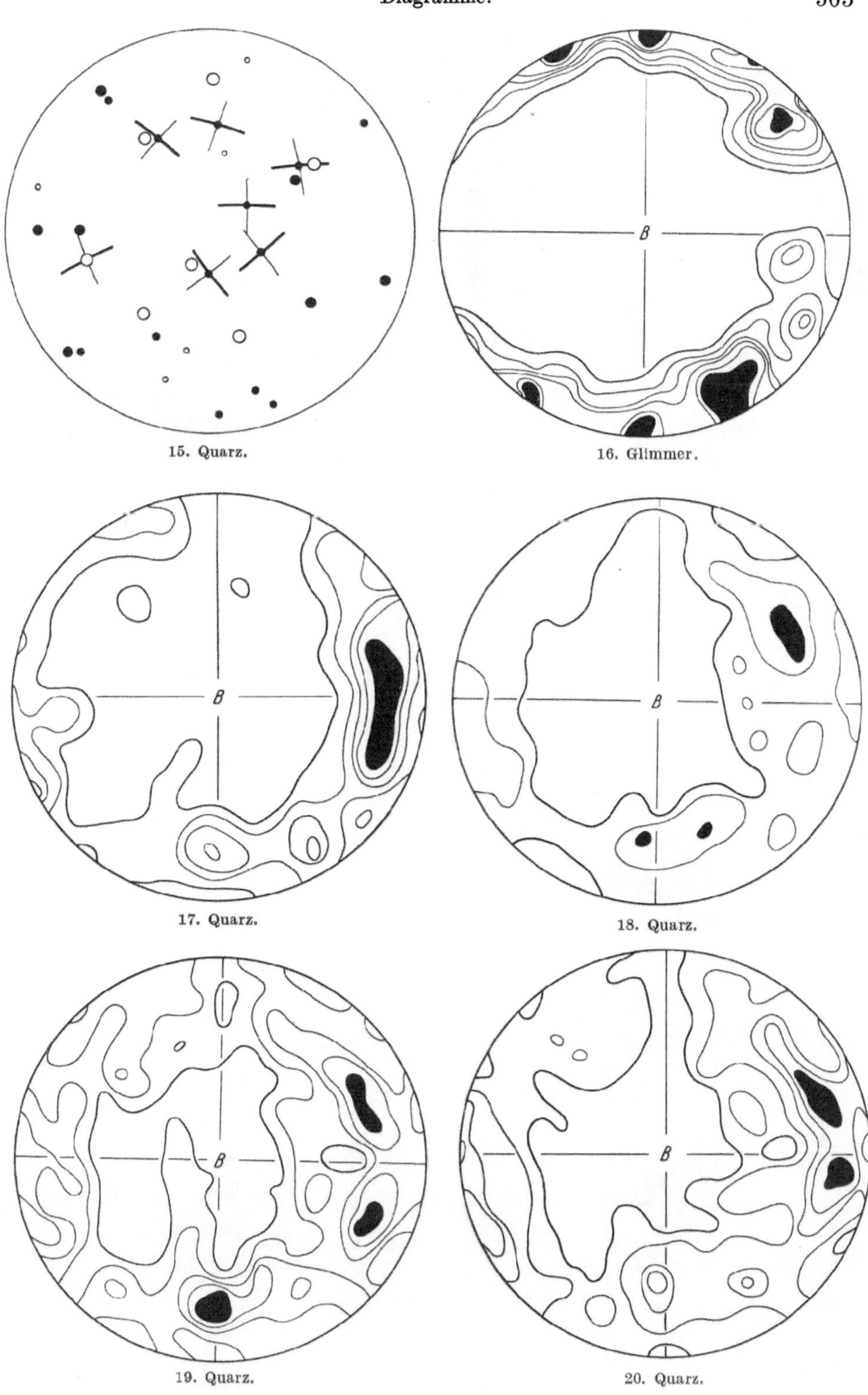

15. Quarz.

16. Glimmer.

17. Quarz.

18. Quarz.

19. Quarz.

20. Quarz.

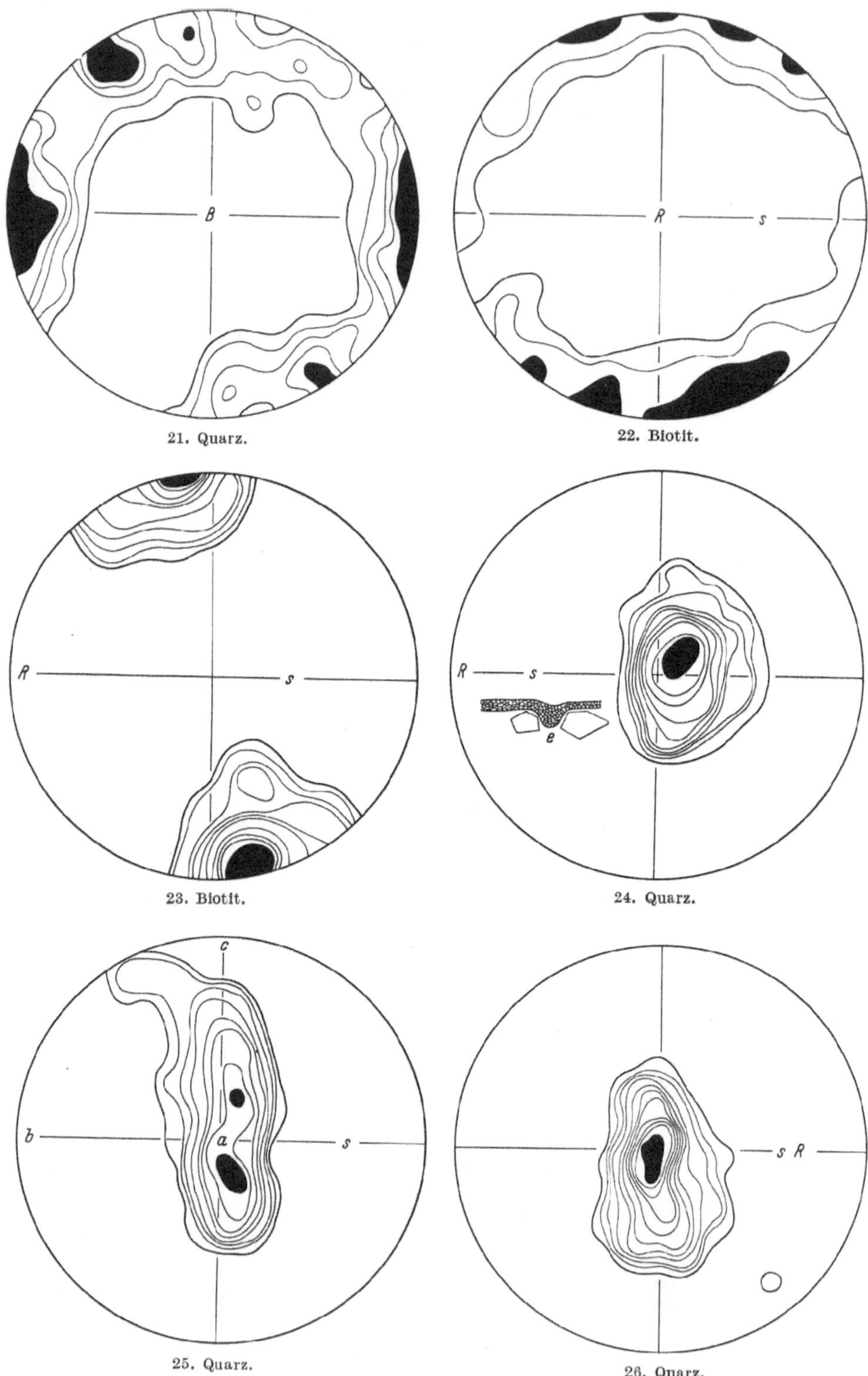

21. Quarz.

22. Biotit.

23. Biotit.

24. Quarz.

25. Quarz.

26. Quarz.

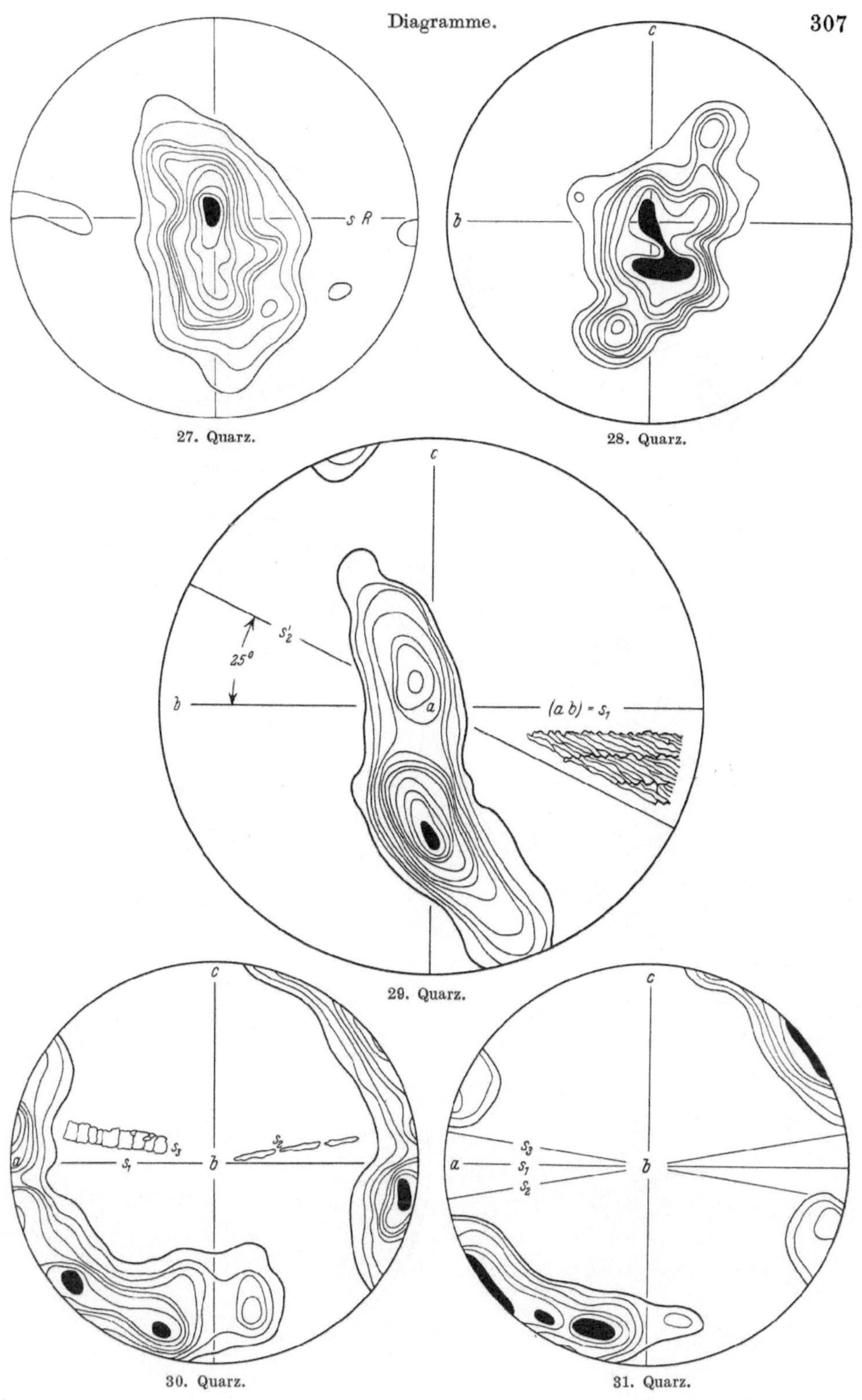

27. Quarz.

28. Quarz.

29. Quarz.

30. Quarz.

31. Quarz.

32. Quarz.

33. Quarz.

34. Quarz.

35. Quarz.

36. Quarz.

37. Muskowit.

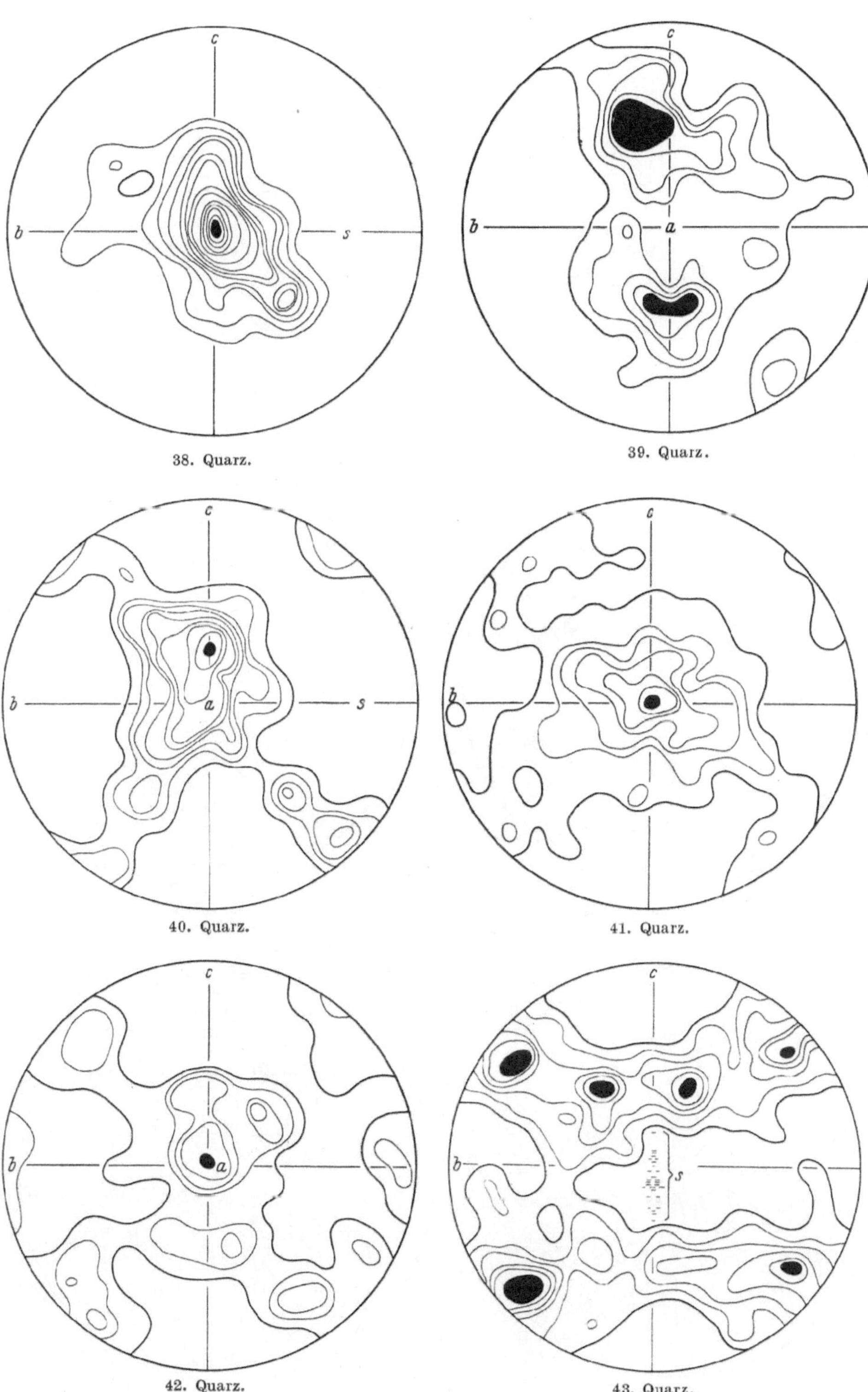

38. Quarz.

39. Quarz.

40. Quarz.

41. Quarz.

42. Quarz.

43. Quarz.

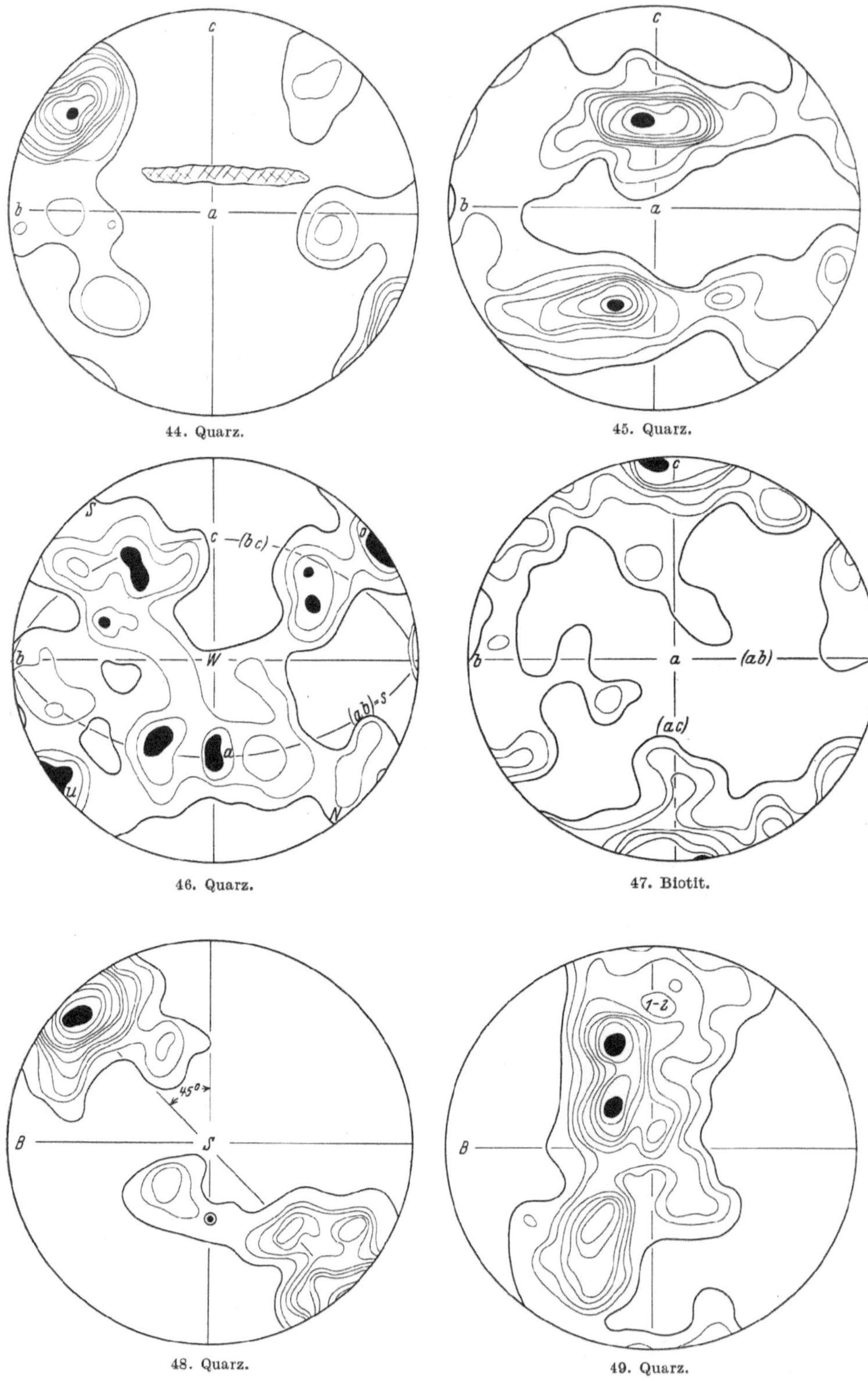

44. Quarz.

45. Quarz.

46. Quarz.

47. Biotit.

48. Quarz.

49. Quarz.

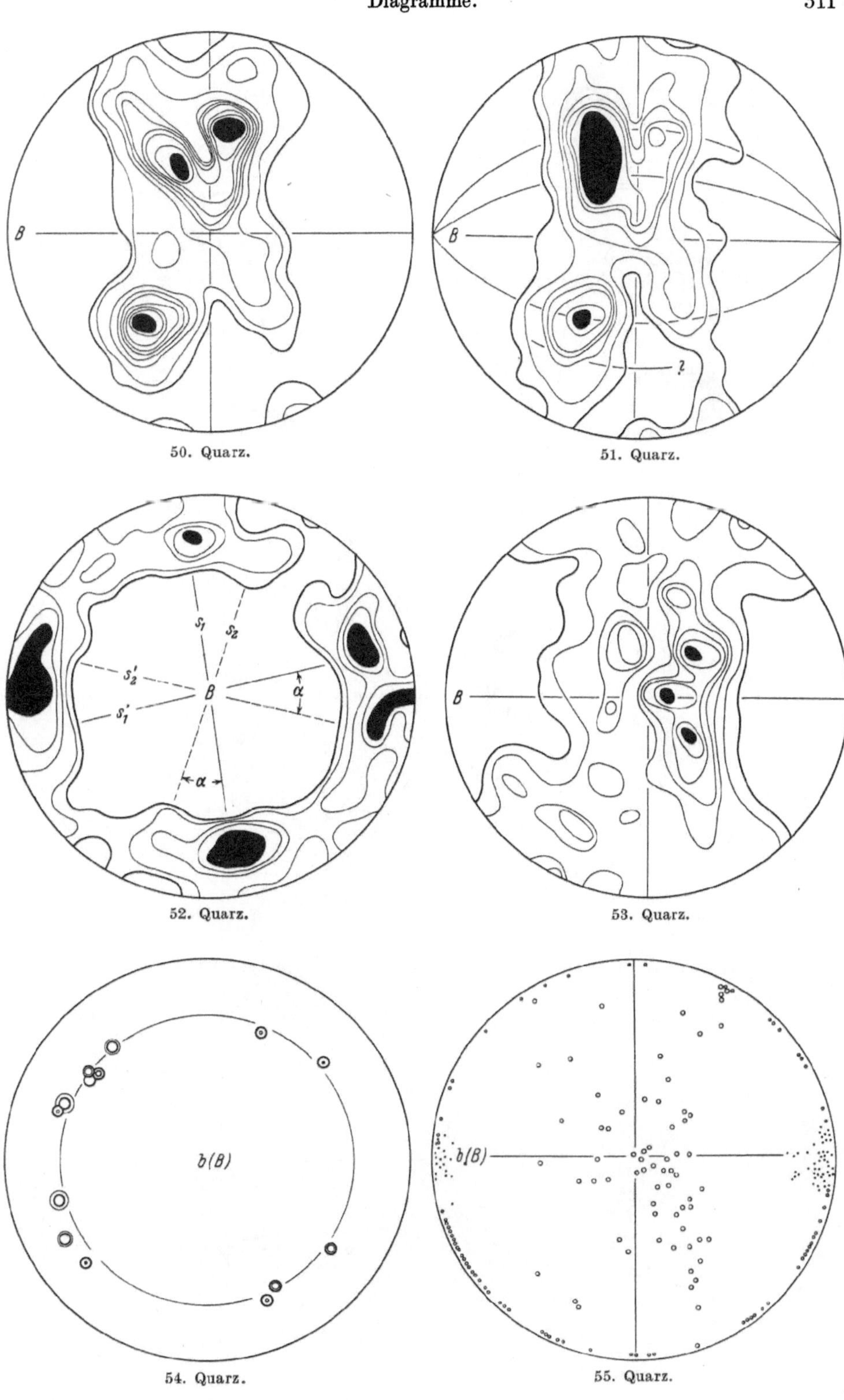

B
50. Quarz.
B
?
51. Quarz.
s_1 s_2
s'_2
B
s'_1
α
α
52. Quarz.
B
53. Quarz.
b(B)
54. Quarz.
b(B)
55. Quarz.

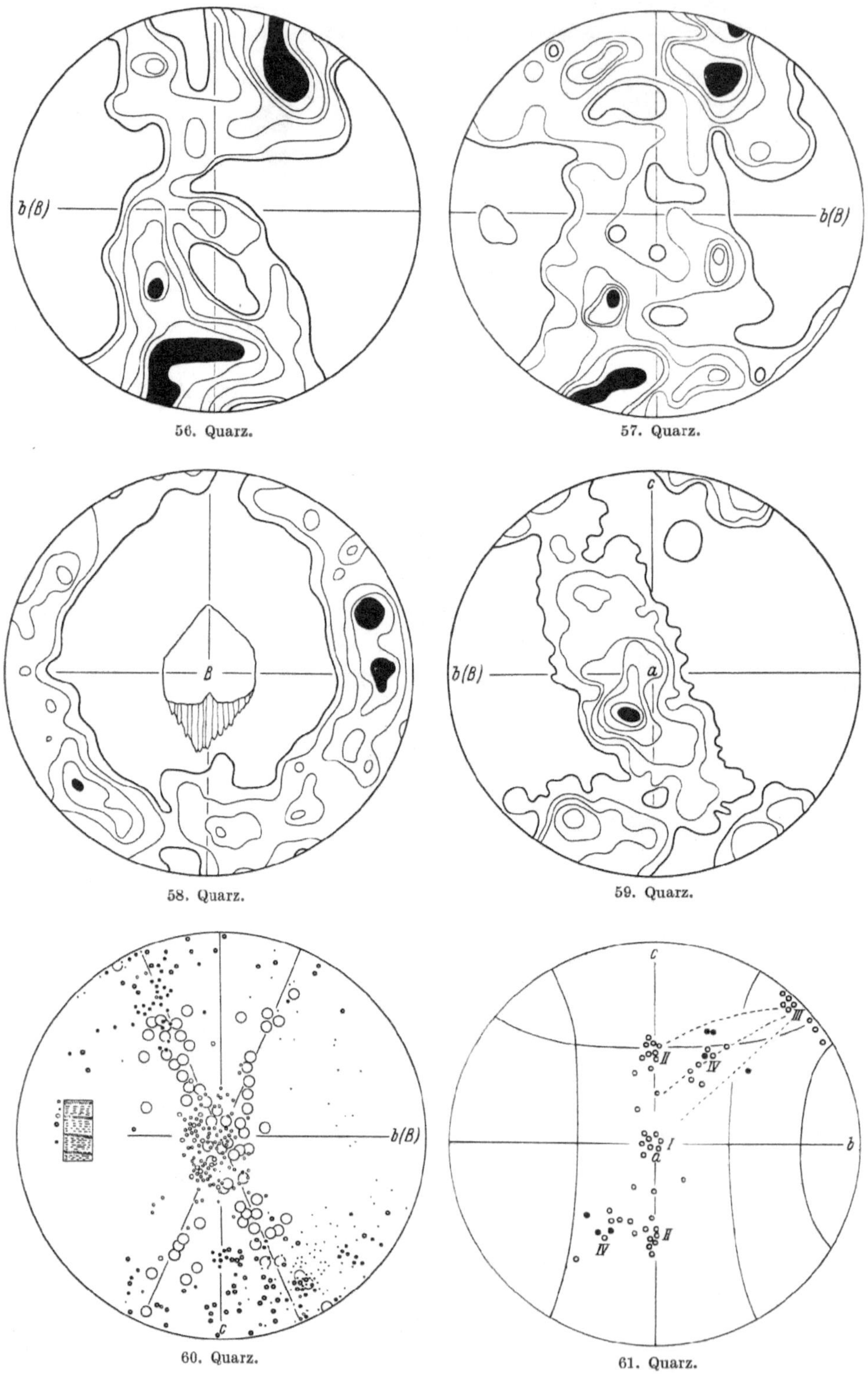

56. Quarz.

57. Quarz.

58. Quarz.

59. Quarz.

60. Quarz.

61. Quarz.

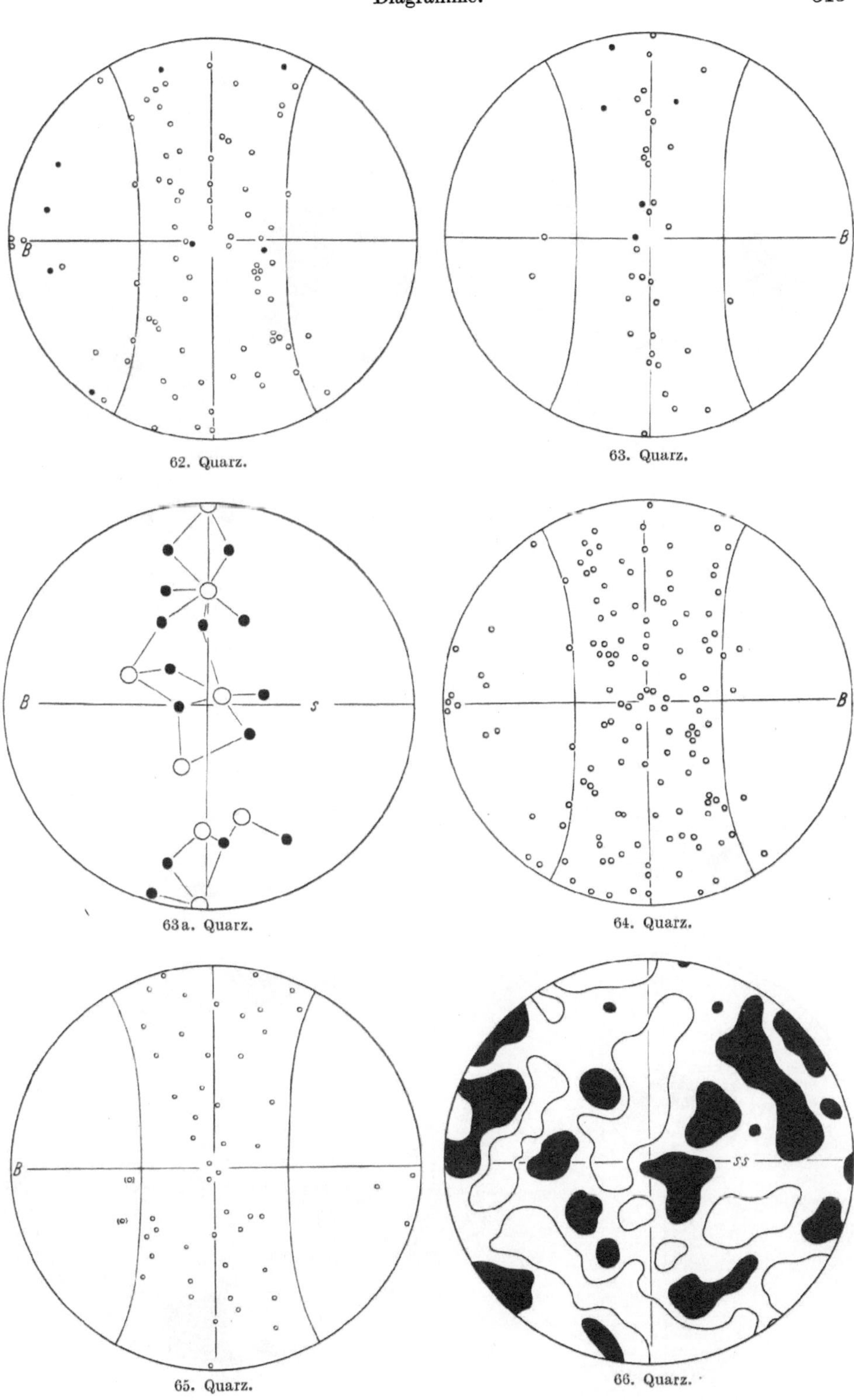

62. Quarz.

63. Quarz.

63a. Quarz.

64. Quarz.

65. Quarz.

66. Quarz.

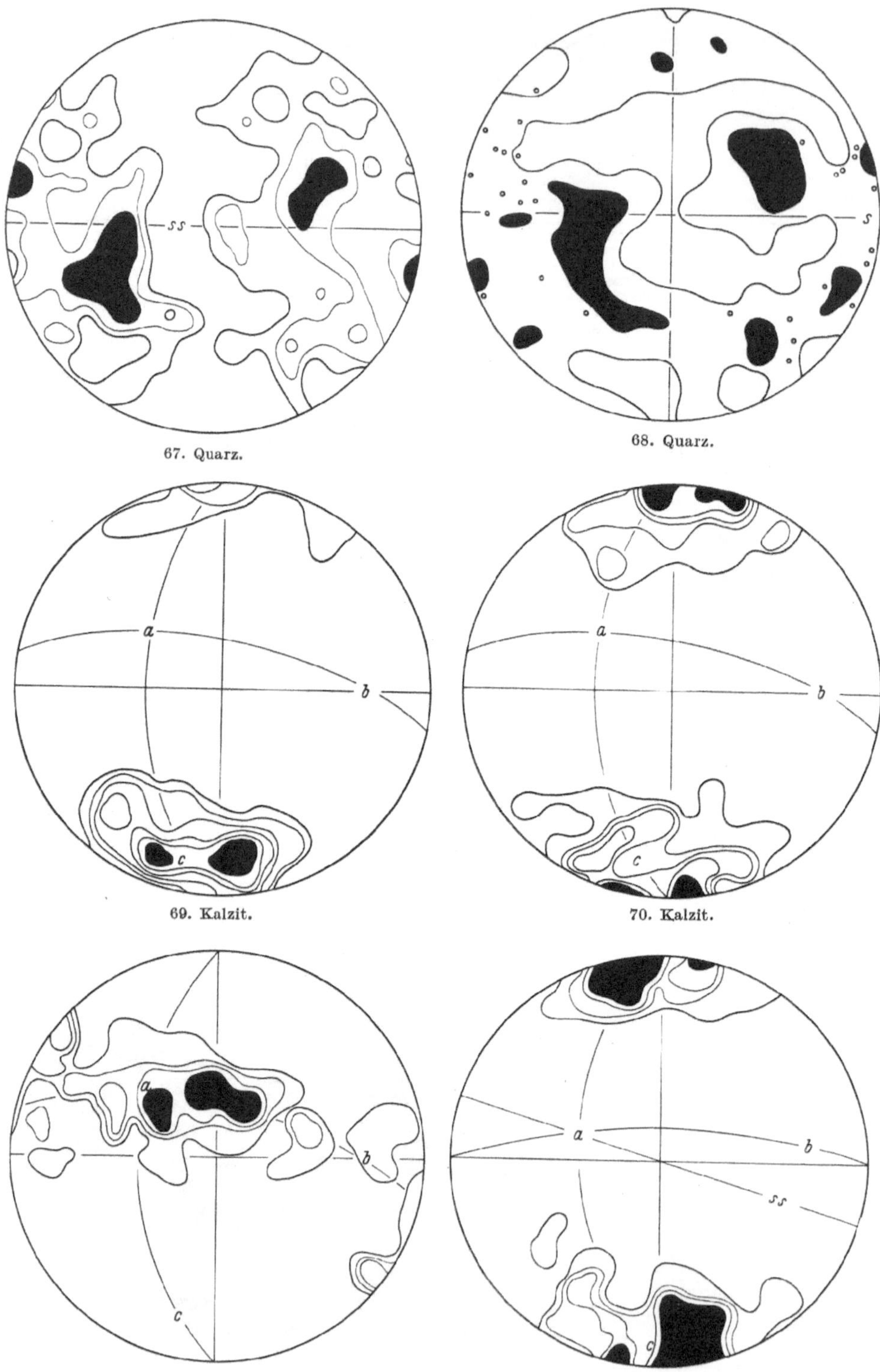

67. Quarz.

68. Quarz.

69. Kalzit.

70. Kalzit.

71. Kalzit.

72. Kalzit.

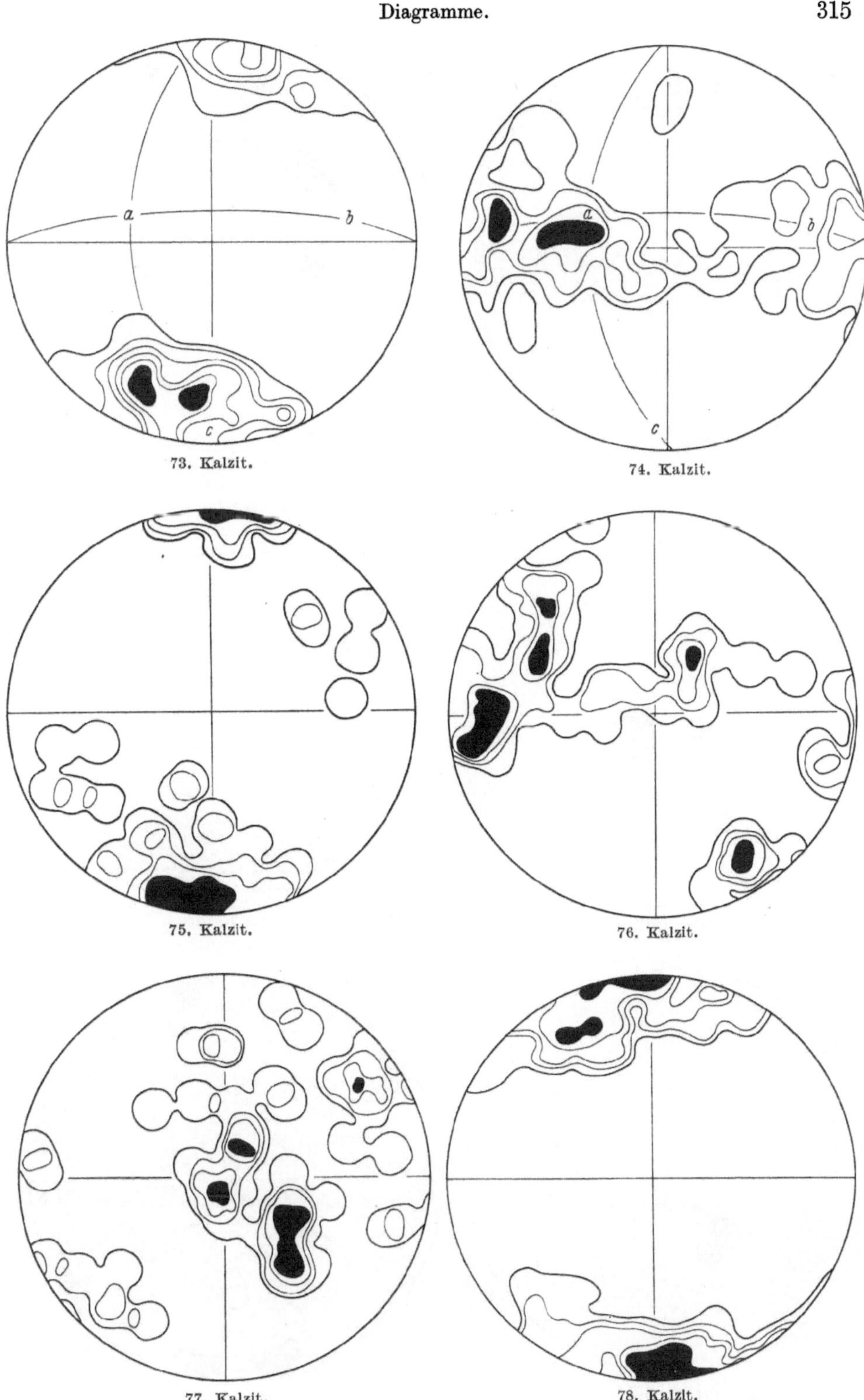

a
b
c
73. Kalzit.
a
b
c
74. Kalzit.
75. Kalzit.
76. Kalzit.
77. Kalzit.
78. Kalzit.

 Diagramme.

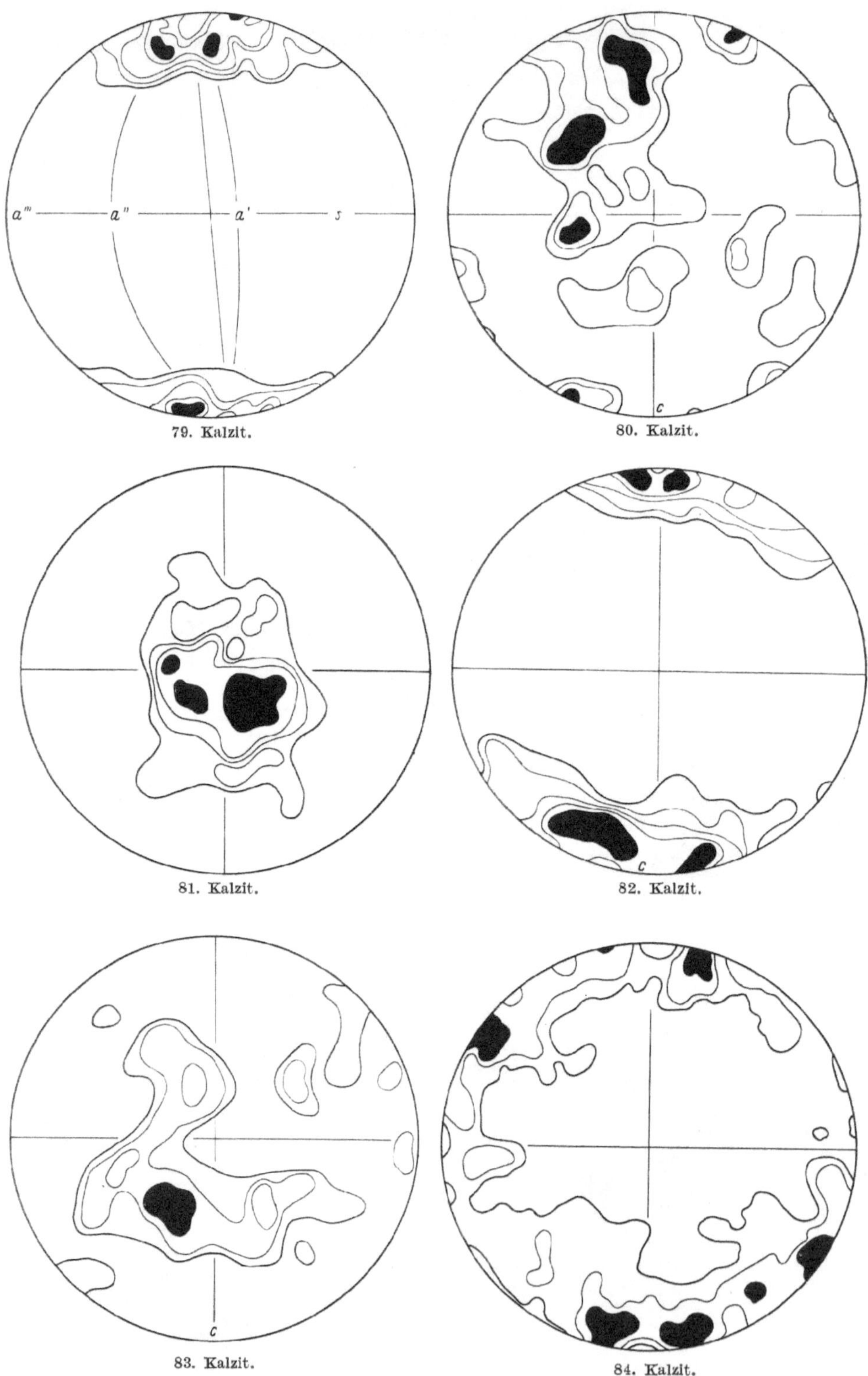

79. Kalzit.   80. Kalzit.

81. Kalzit.   82. Kalzit.

83. Kalzit.   84. Kalzit.

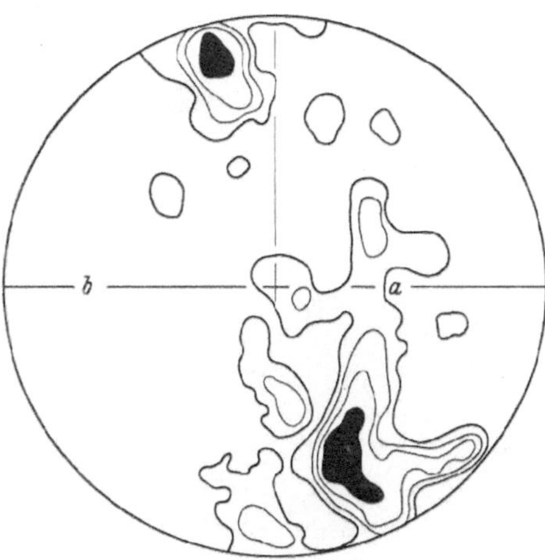

85. Kalzit.

86. Kalzit.

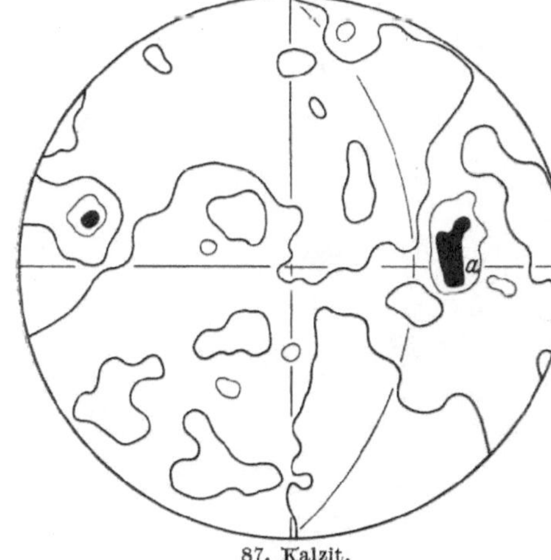
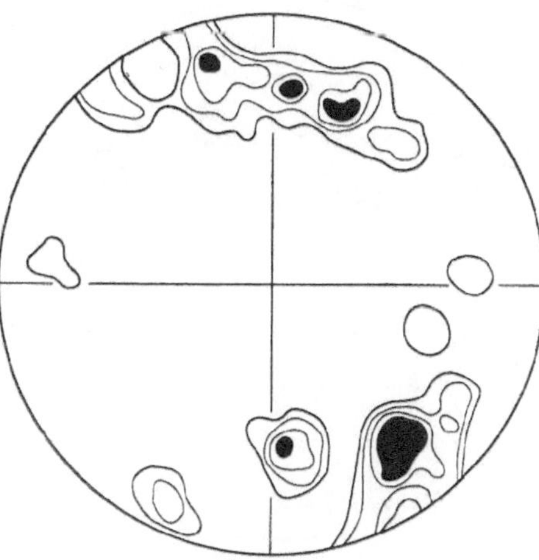

87. Kalzit.

88. Kalzit.

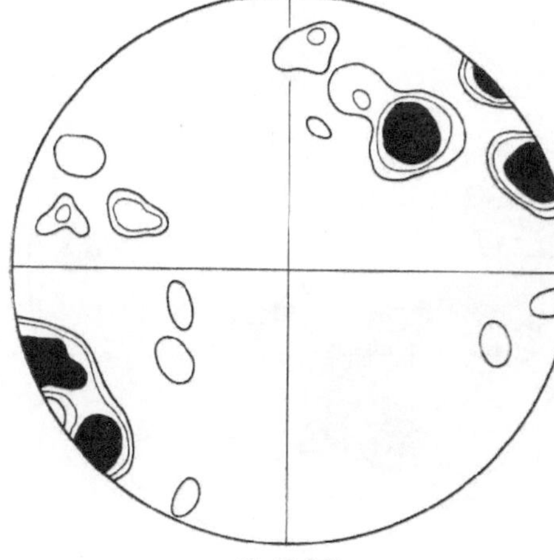
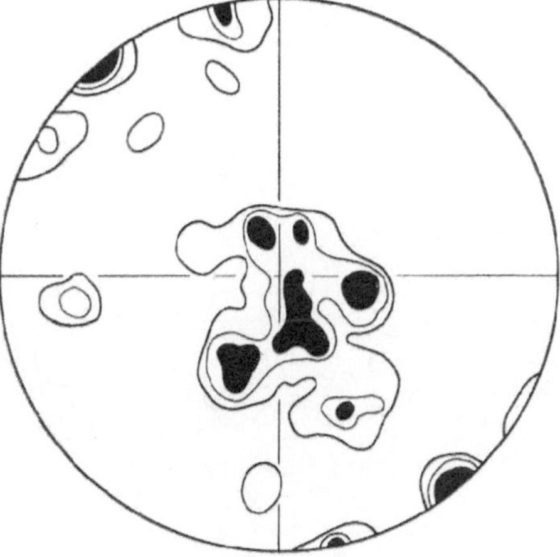

89. Kalzit.

90. Kalzit.

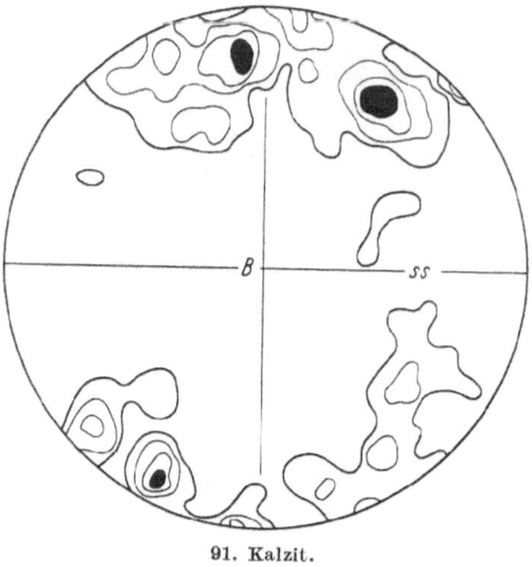

91. Kalzit.

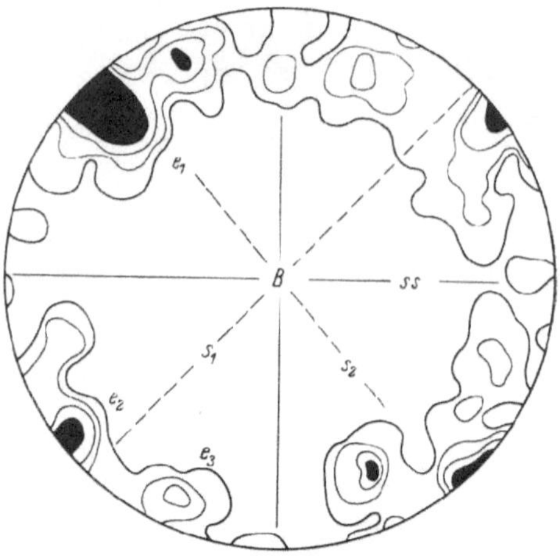

92. Kalzit.

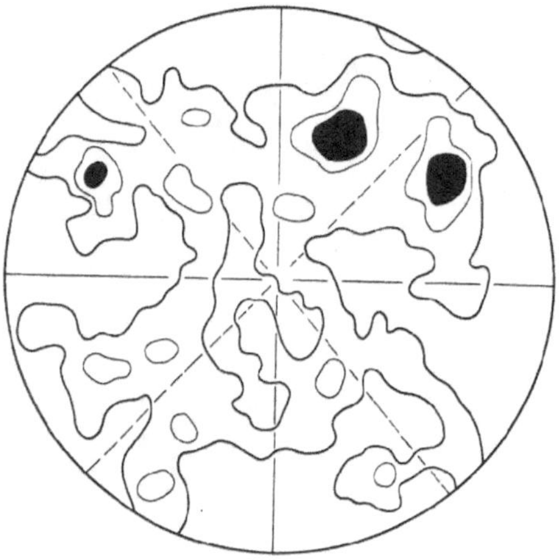

93. Kalzit.

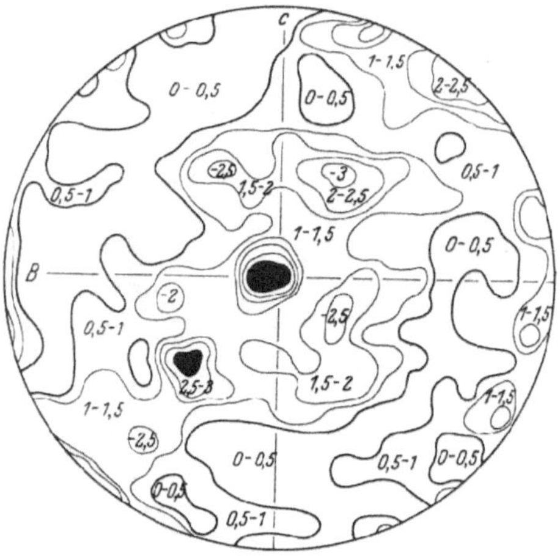

94. Kalzit.

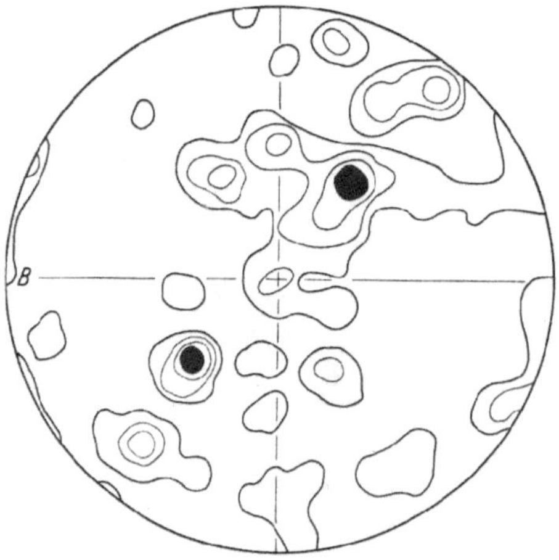

95. Kalzit.

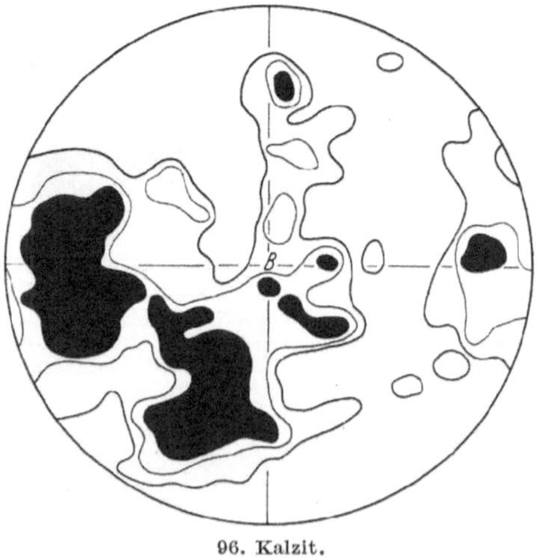

96. Kalzit.

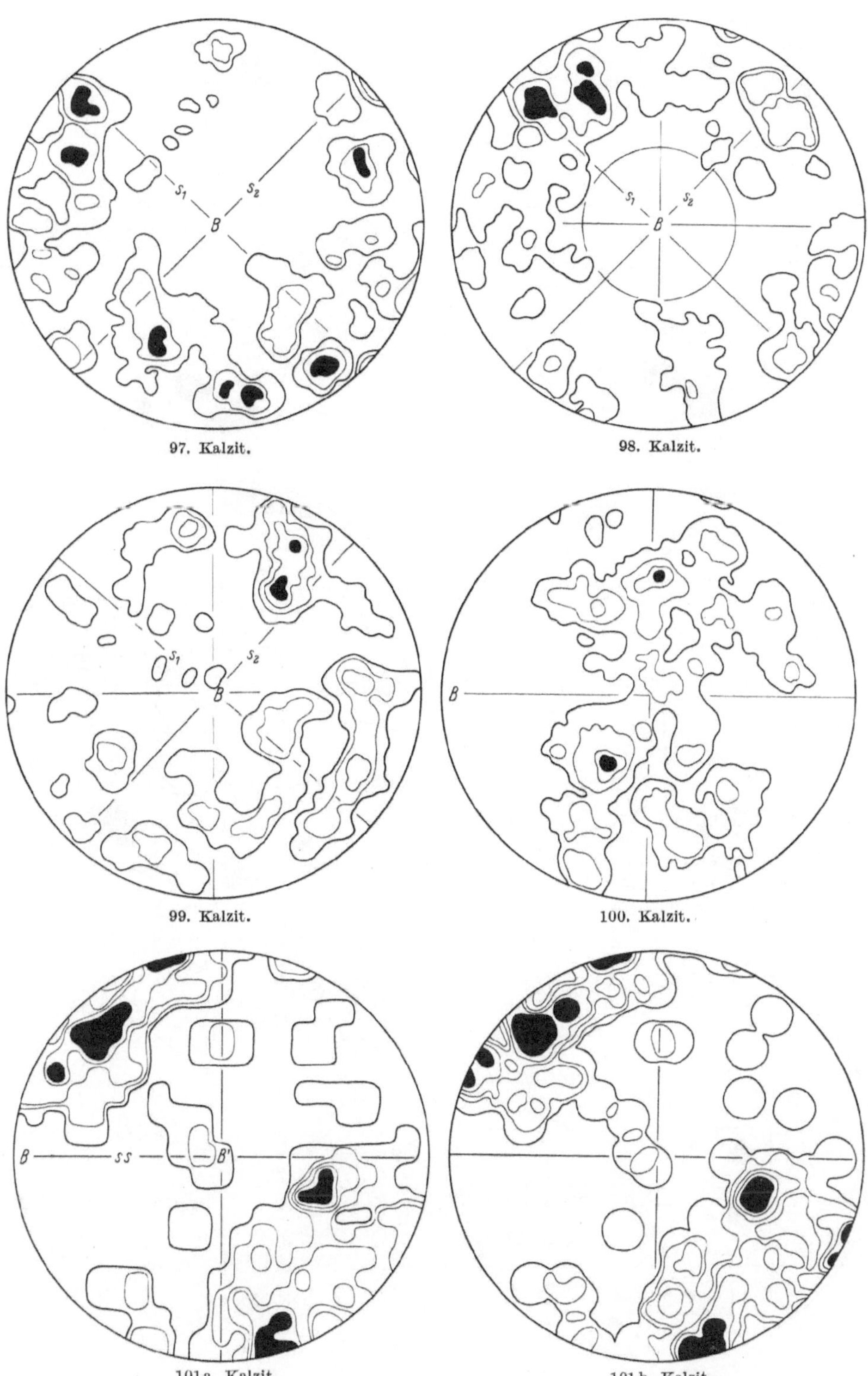

97. Kalzit.

98. Kalzit.

99. Kalzit.

100. Kalzit.

101a. Kalzit.

101b. Kalzit.

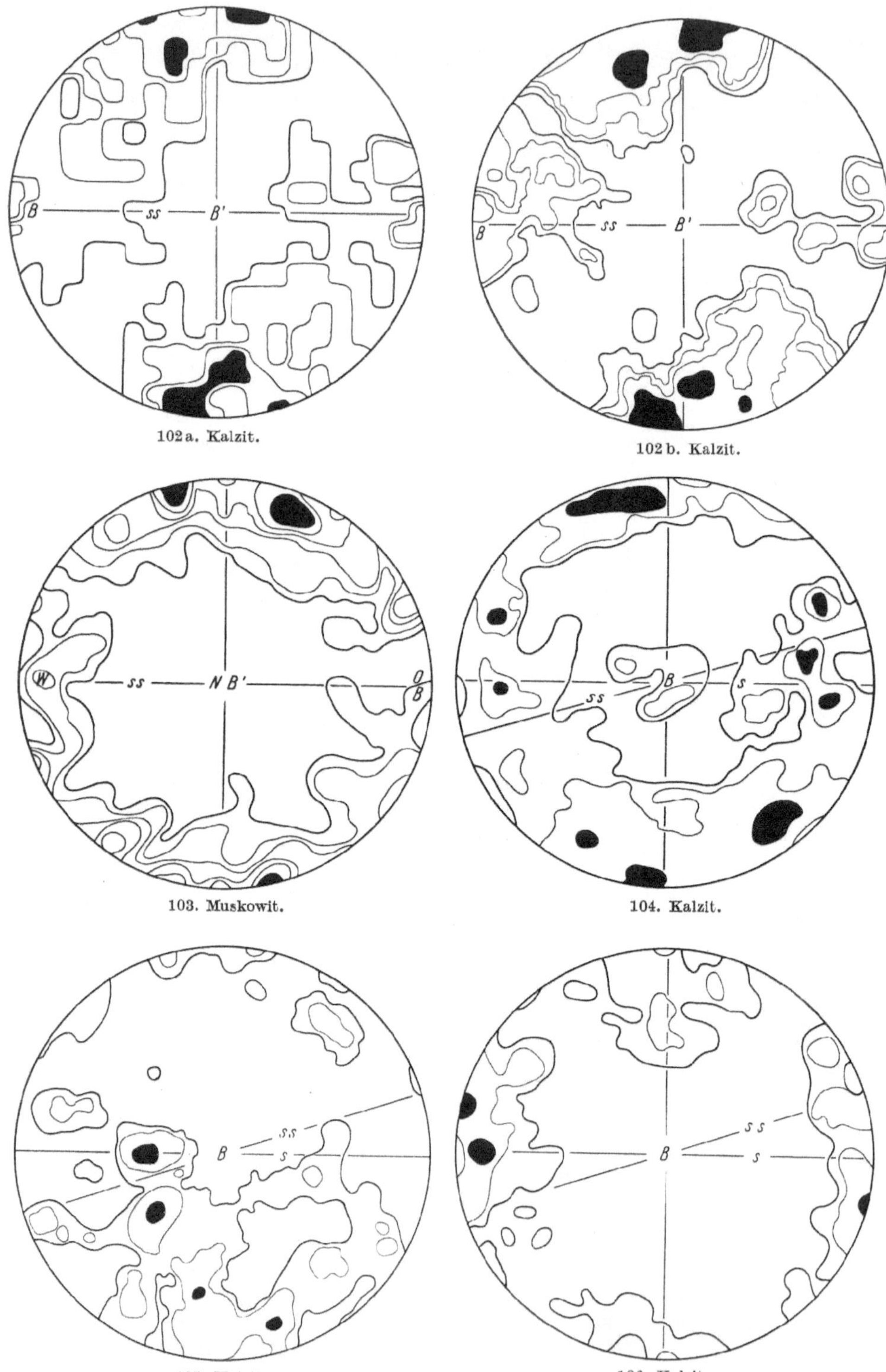

102 a. Kalzit.

102 b. Kalzit.

103. Muskowit.

104. Kalzit.

105. Kalzit.

106. Kalzit.

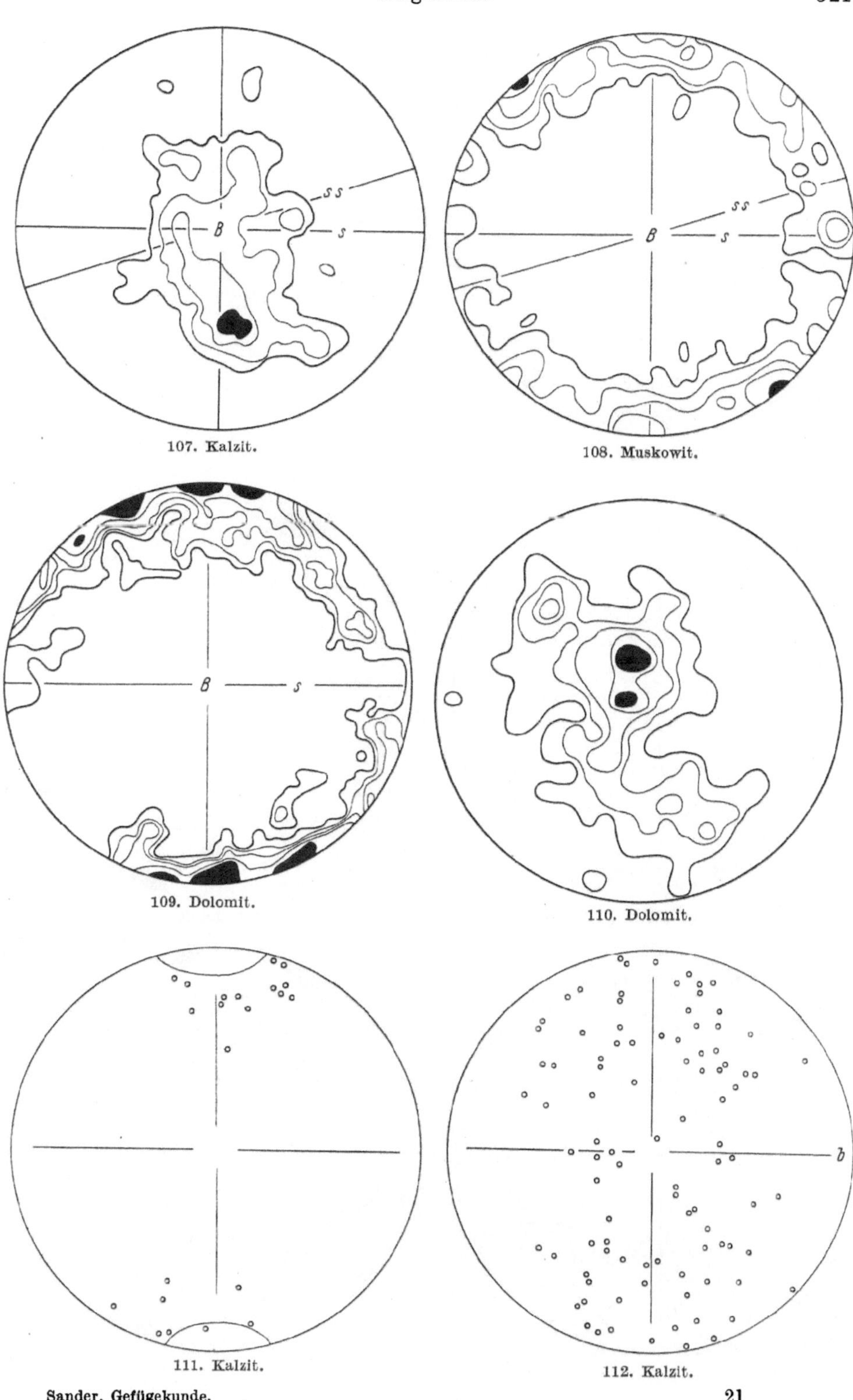

107. Kalzit.

108. Muskowit.

109. Dolomit.

110. Dolomit.

111. Kalzit.

112. Kalzit.

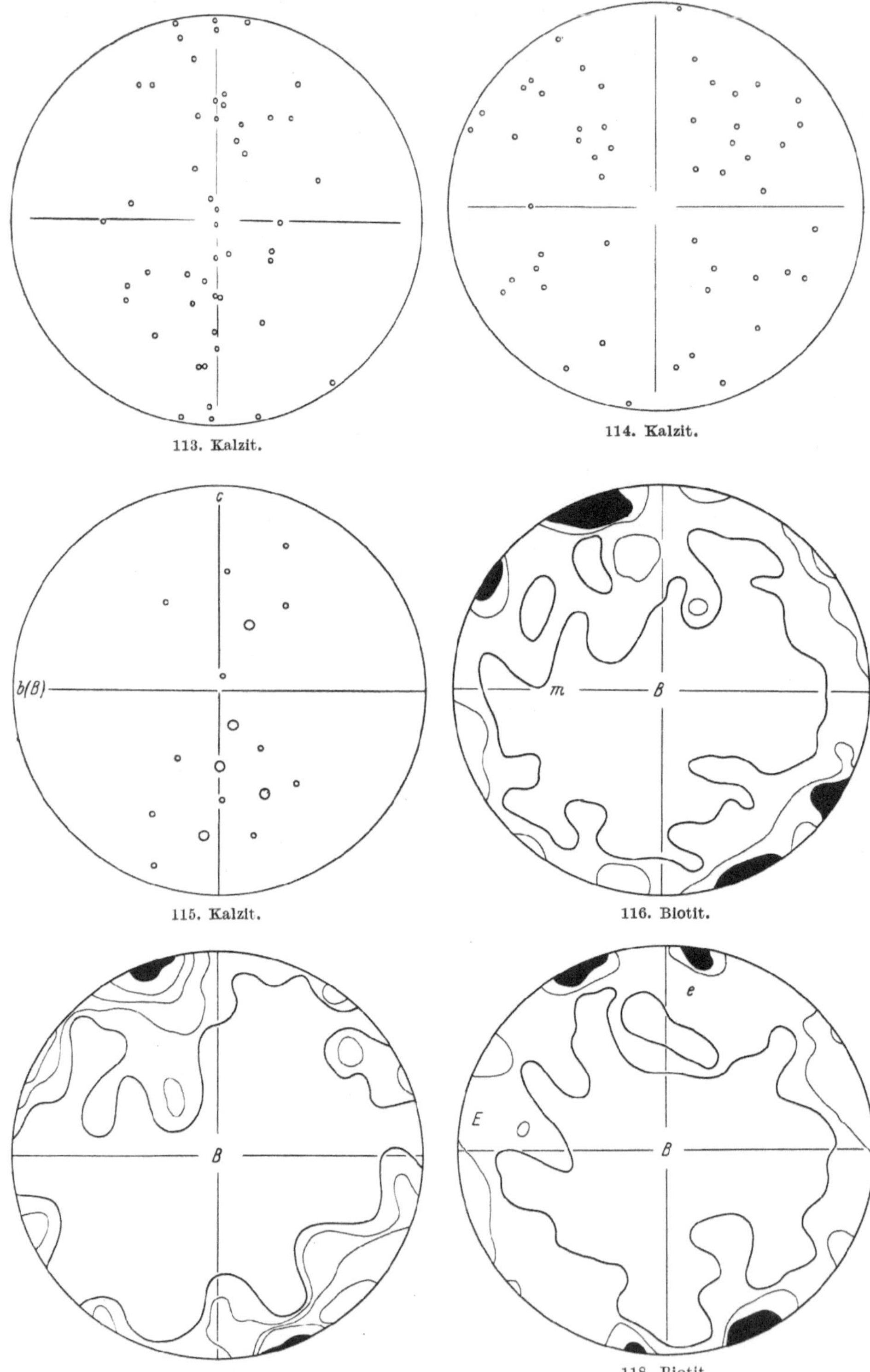

113. Kalzit.

114. Kalzit.

115. Kalzit.

116. Biotit.

117. Biotit.

118. Biotit.

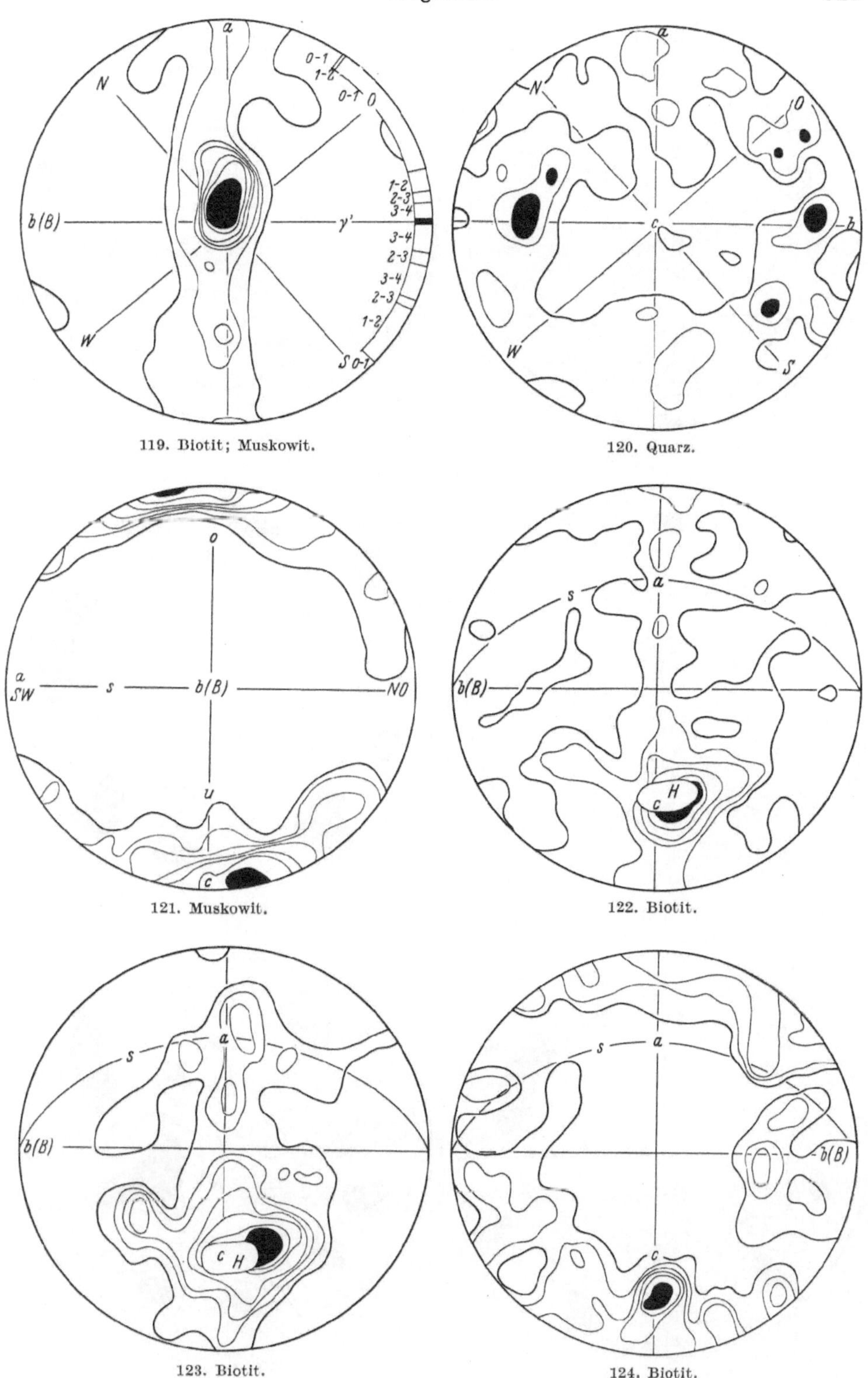

119. Biotit; Muskowit.

120. Quarz.

121. Muskowit.

122. Biotit.

123. Biotit.

124. Biotit.

21*

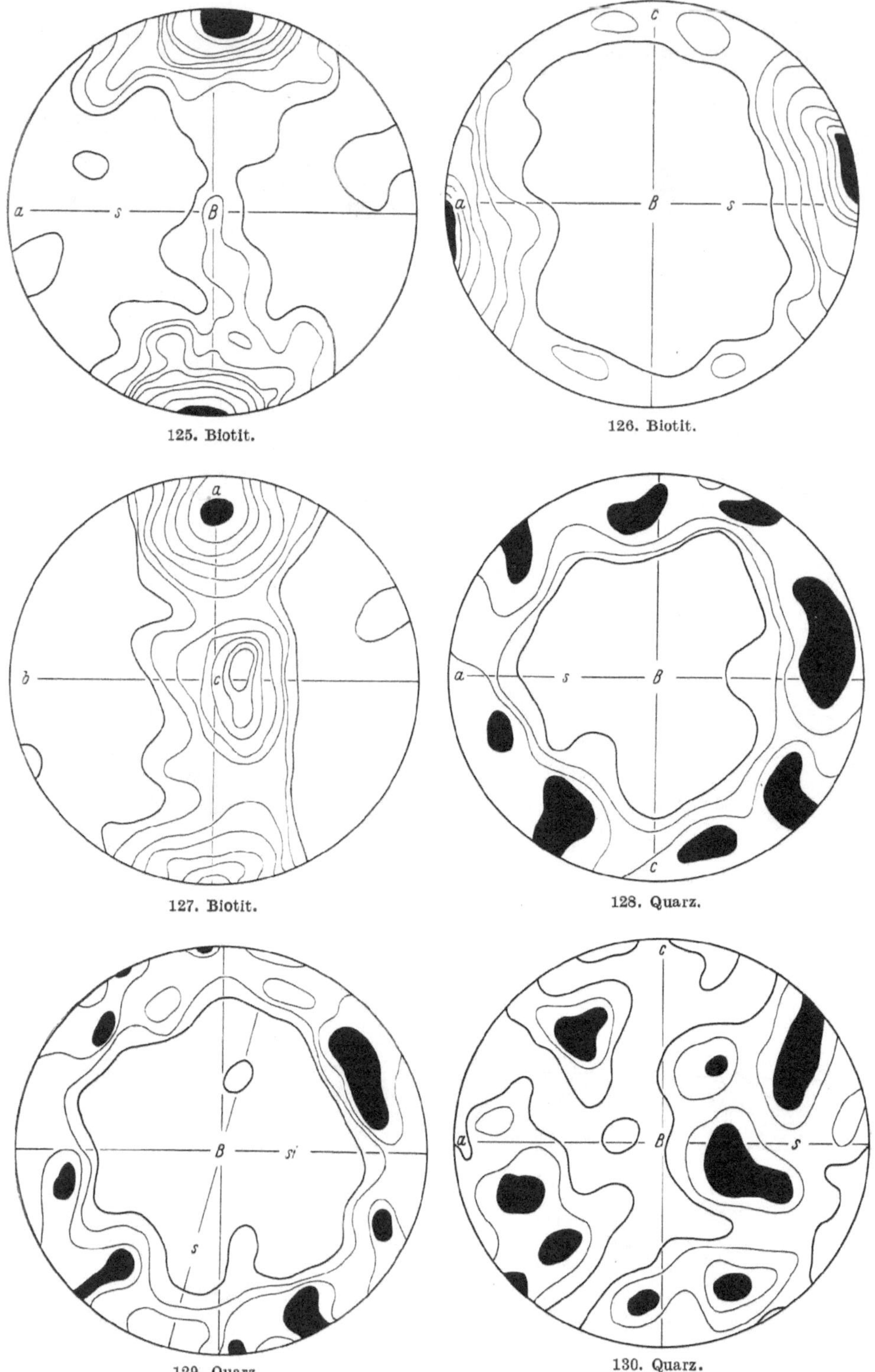

125. Biotit.

126. Biotit.

127. Biotit.

128. Quarz.

129. Quarz.

130. Quarz.

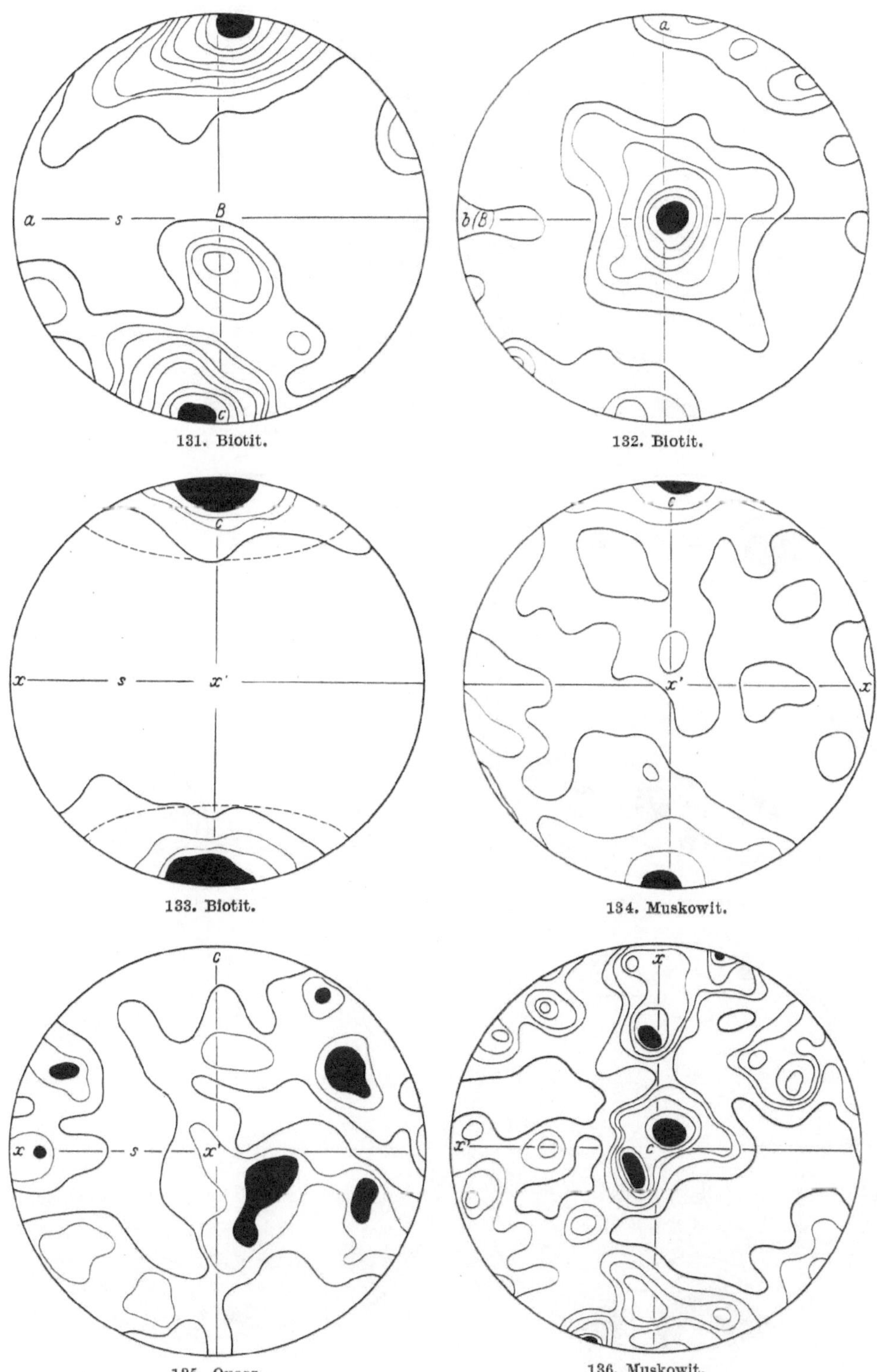

131. Biotit. 132. Biotit. 133. Biotit. 134. Muskowit. 135. Quarz. 136. Muskowit.

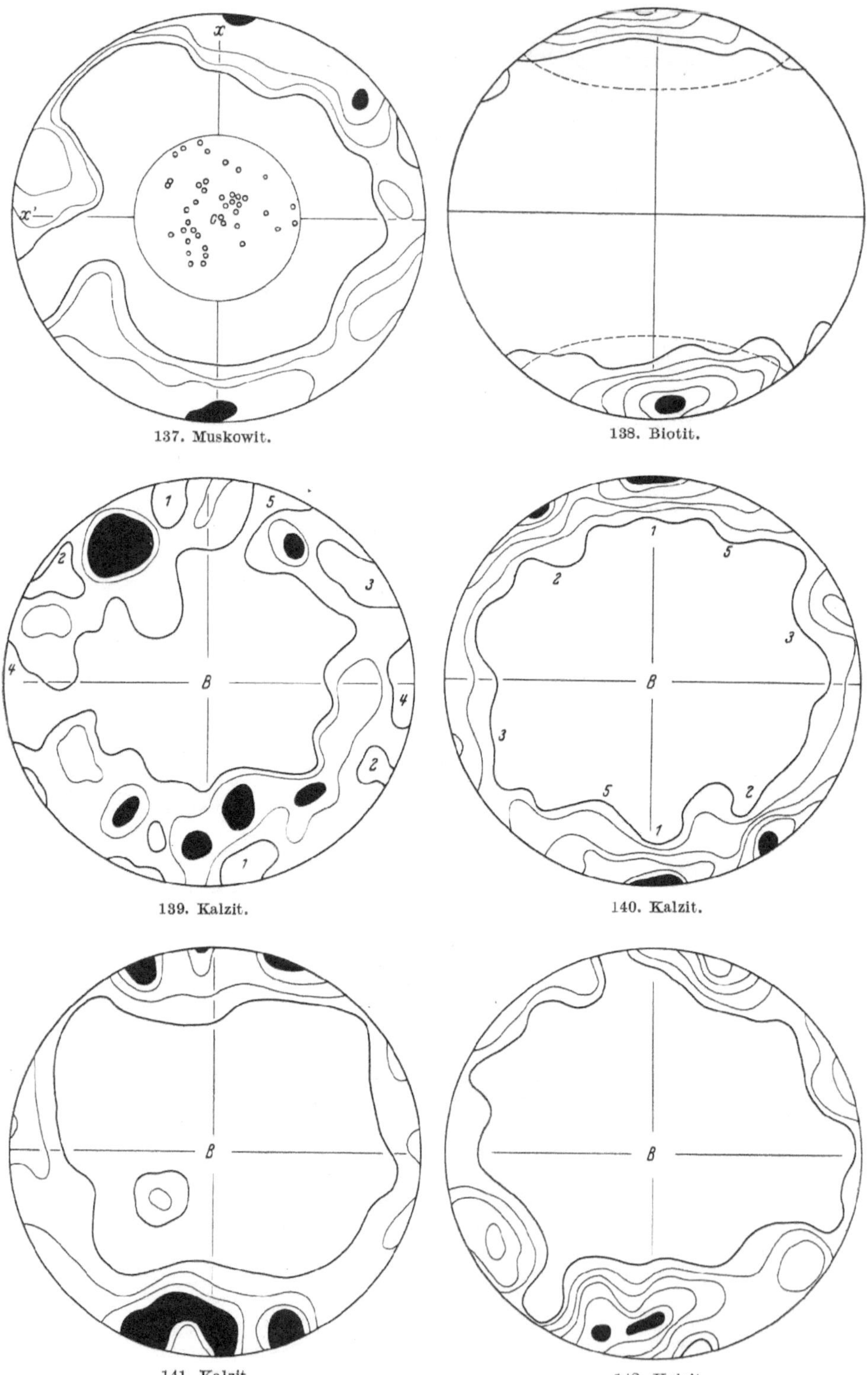

137. Muskowit.

138. Biotit.

139. Kalzit.

140. Kalzit.

141. Kalzit.

142. Kalzit.

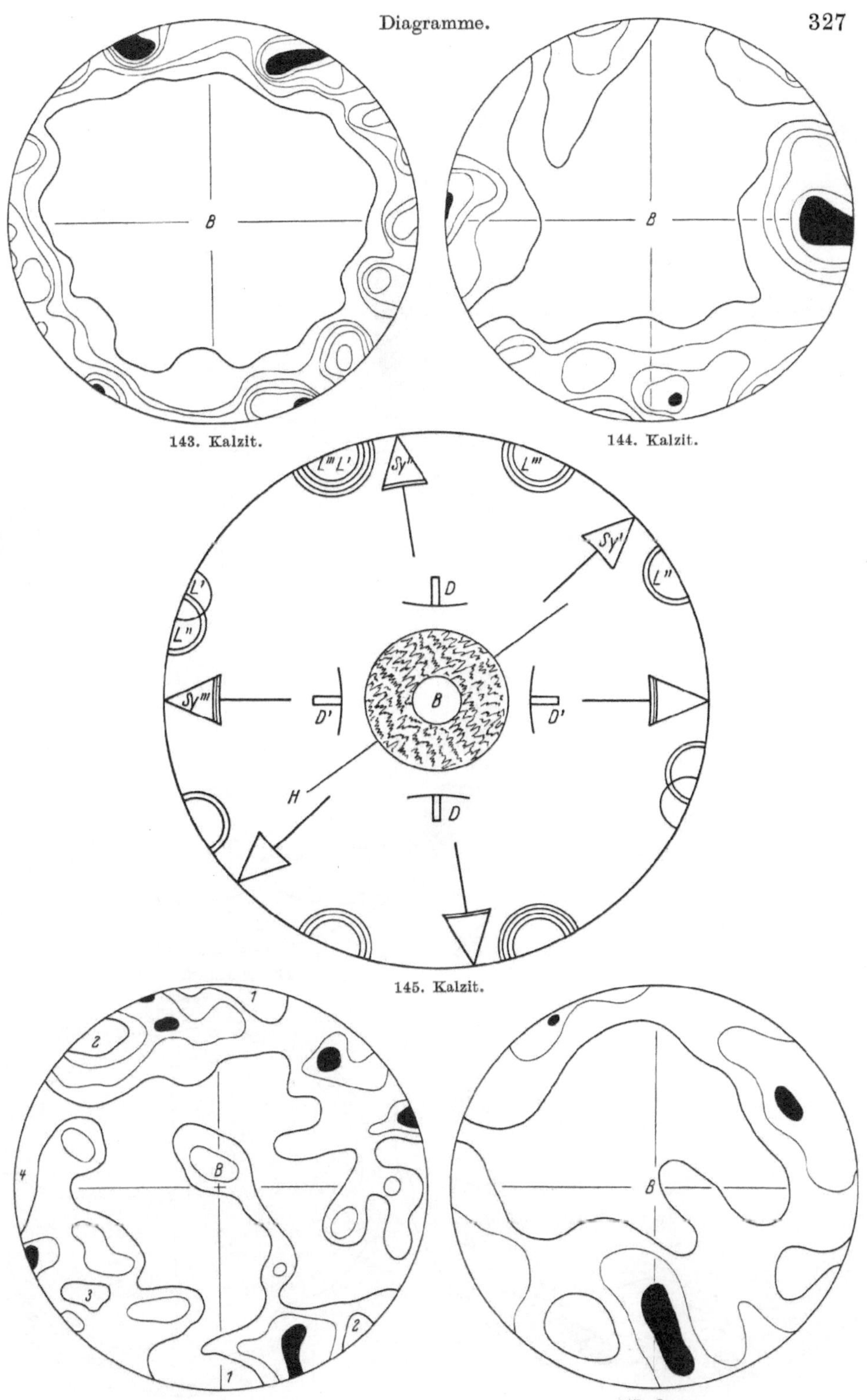

143. Kalzit.

144. Kalzit.

145. Kalzit.

146. Quarz.

147. Quarz.

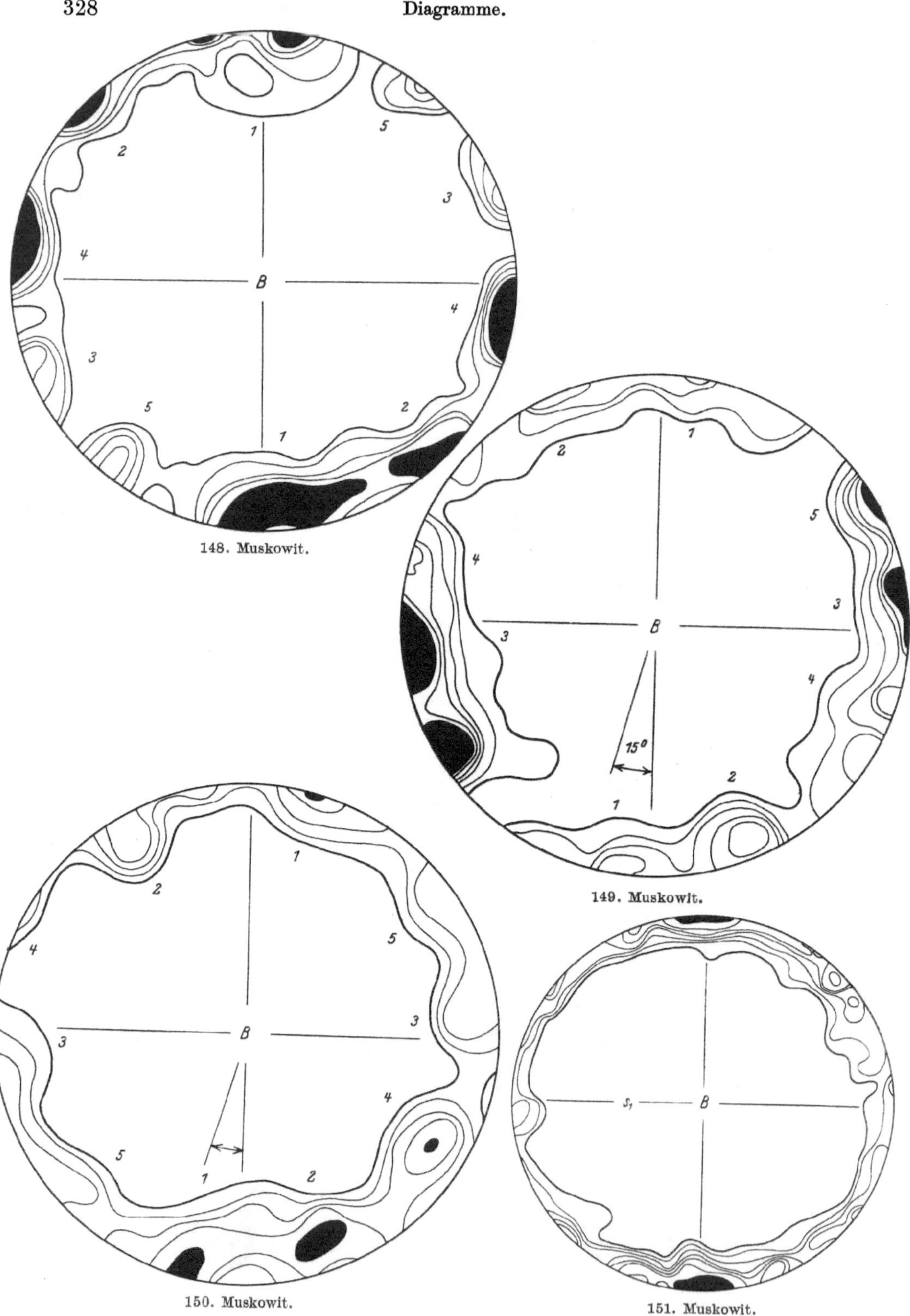

148. Muskowit.

149. Muskowit.

150. Muskowit.

151. Muskowit.

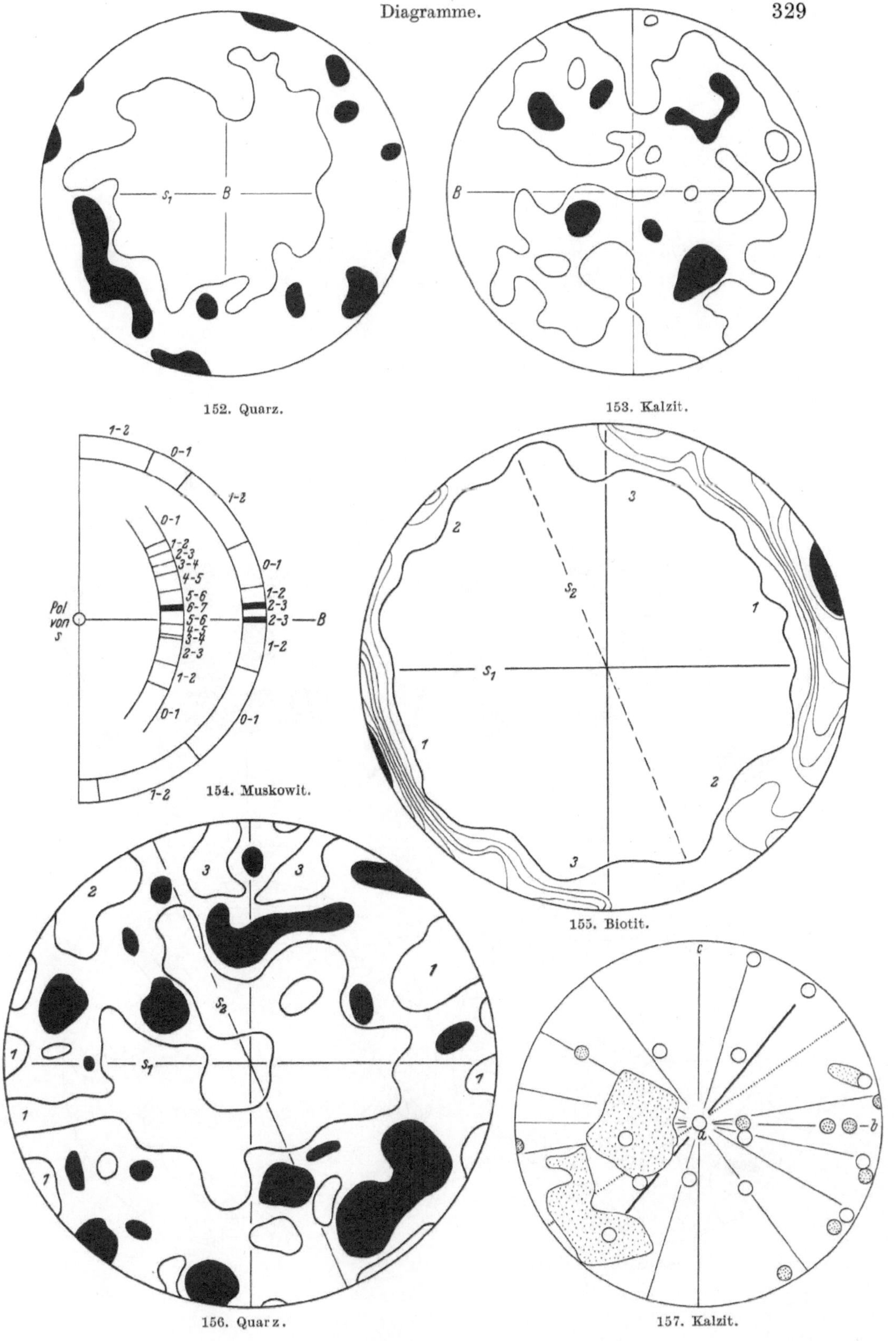

152. Quarz.

153. Kalzit.

154. Muskowit.

155. Biotit.

156. Quarz.

157. Kalzit.

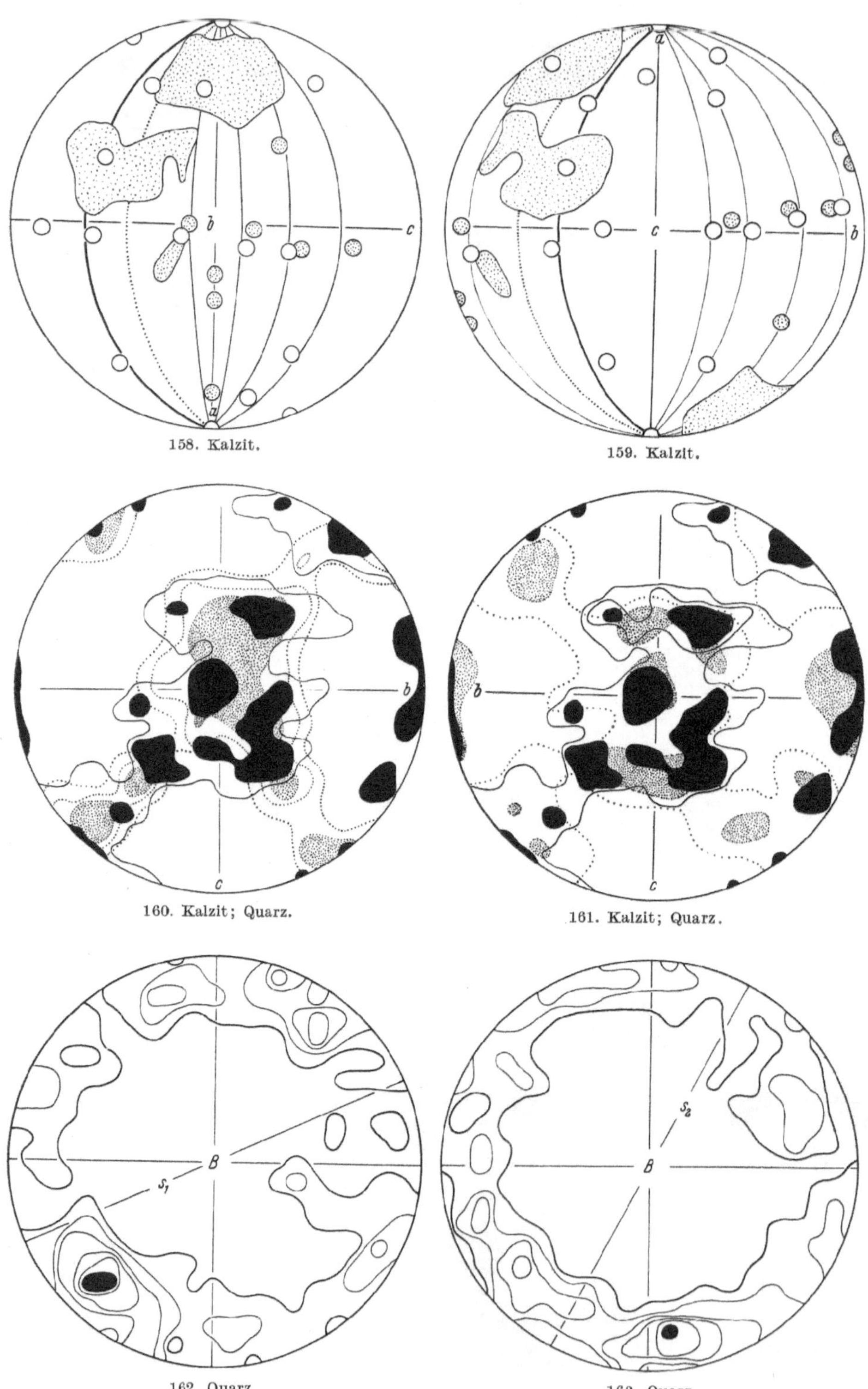

158. Kalzit.

159. Kalzit.

160. Kalzit; Quarz.

161. Kalzit; Quarz.

162. Quarz.

163. Quarz.

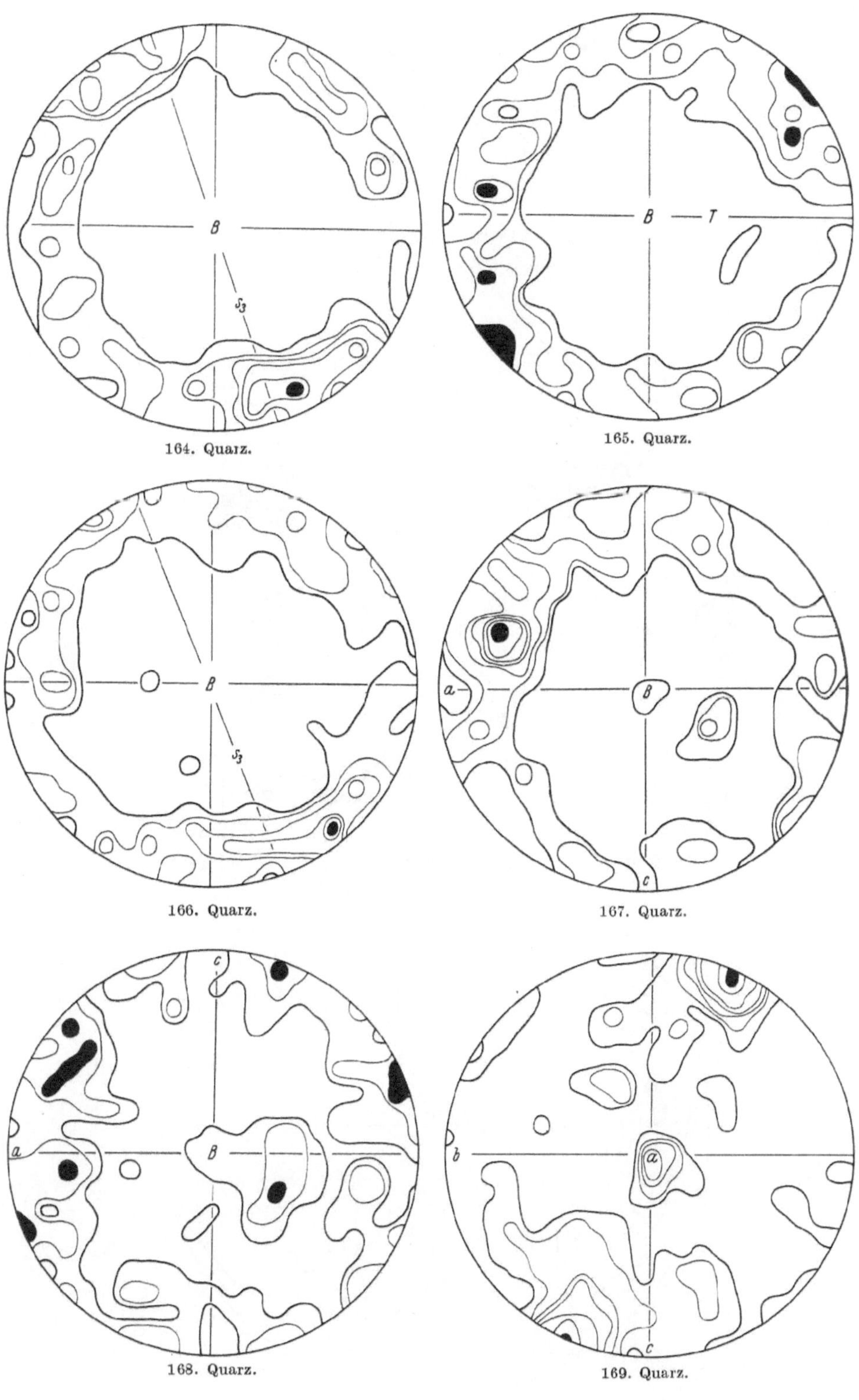

164. Quarz.

165. Quarz.

166. Quarz.

167. Quarz.

168. Quarz.

169. Quarz.

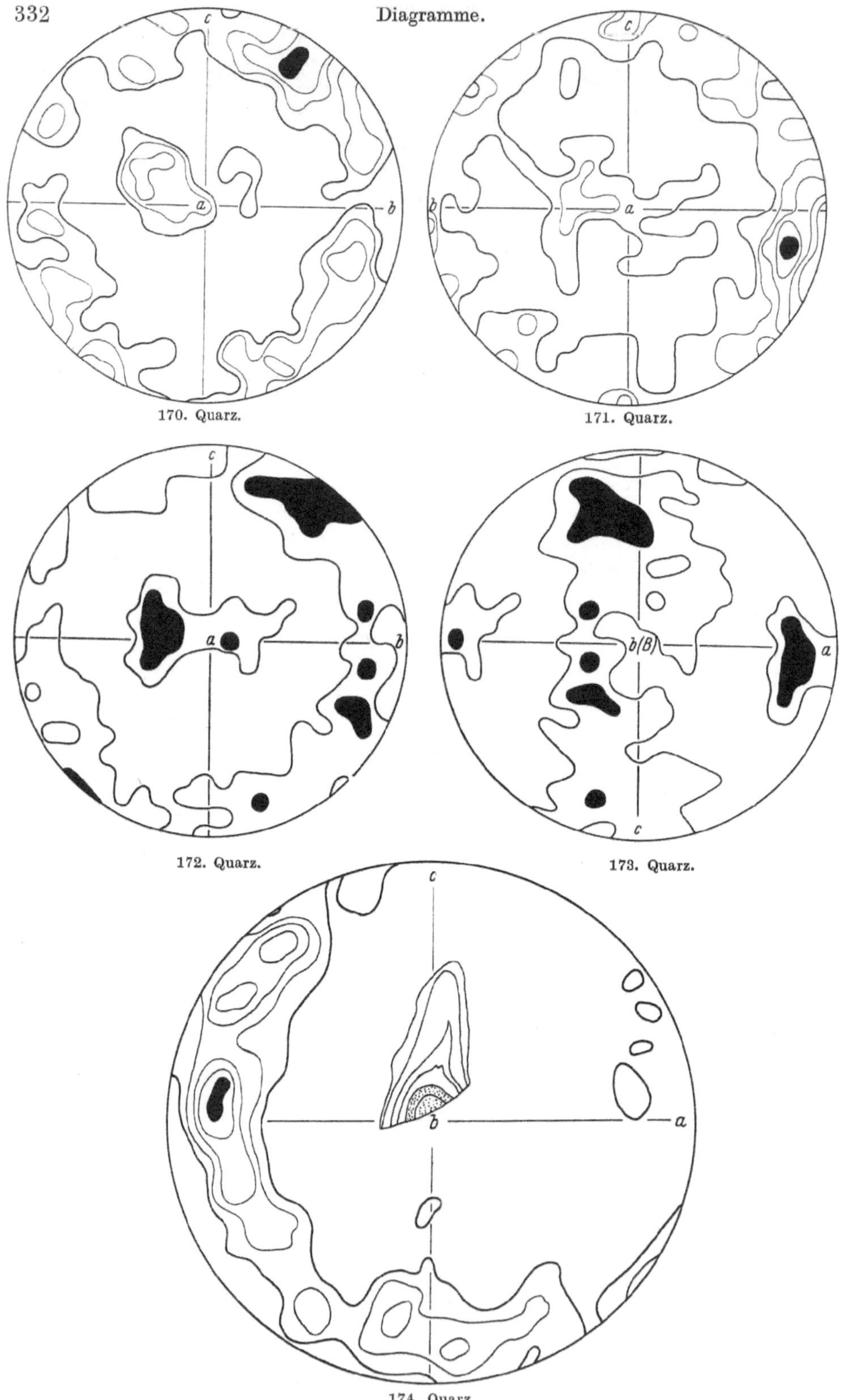

170. Quarz.

171. Quarz.

172. Quarz.

173. Quarz.

174. Quarz.

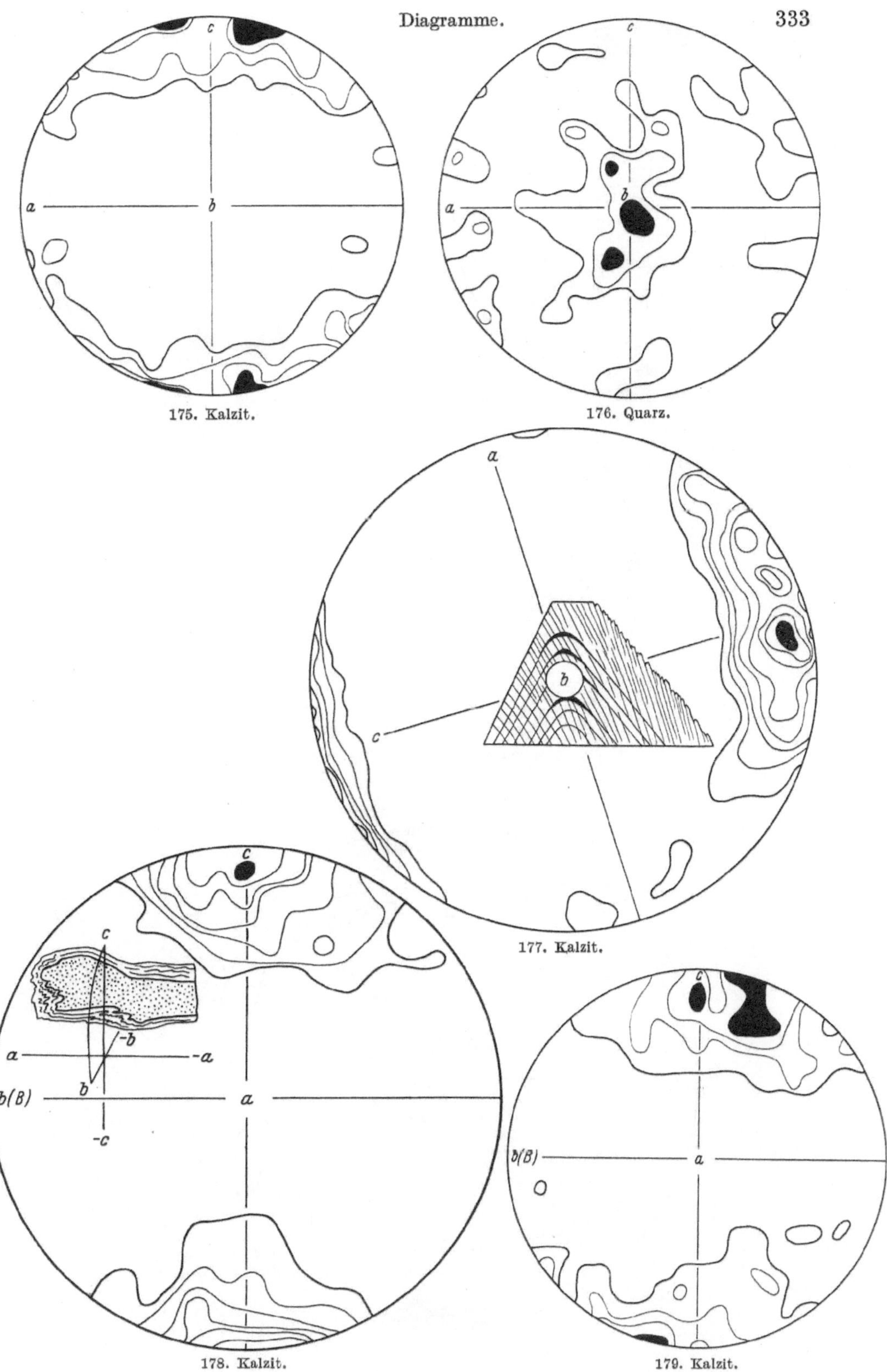

175. Kalzit.

176. Quarz.

177. Kalzit.

178. Kalzit.

179. Kalzit.

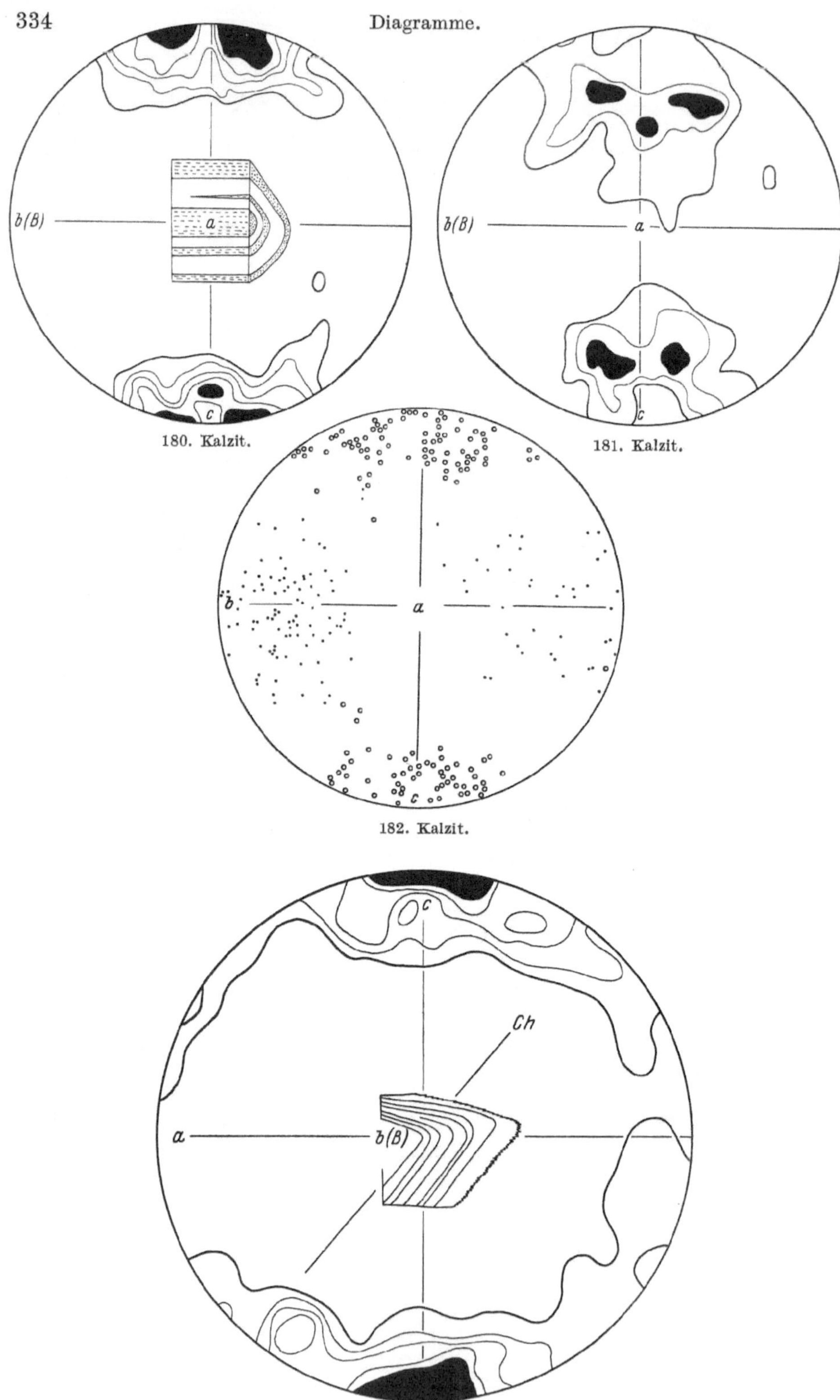

180. Kalzit.

181. Kalzit.

182. Kalzit.

183. Kalzit.

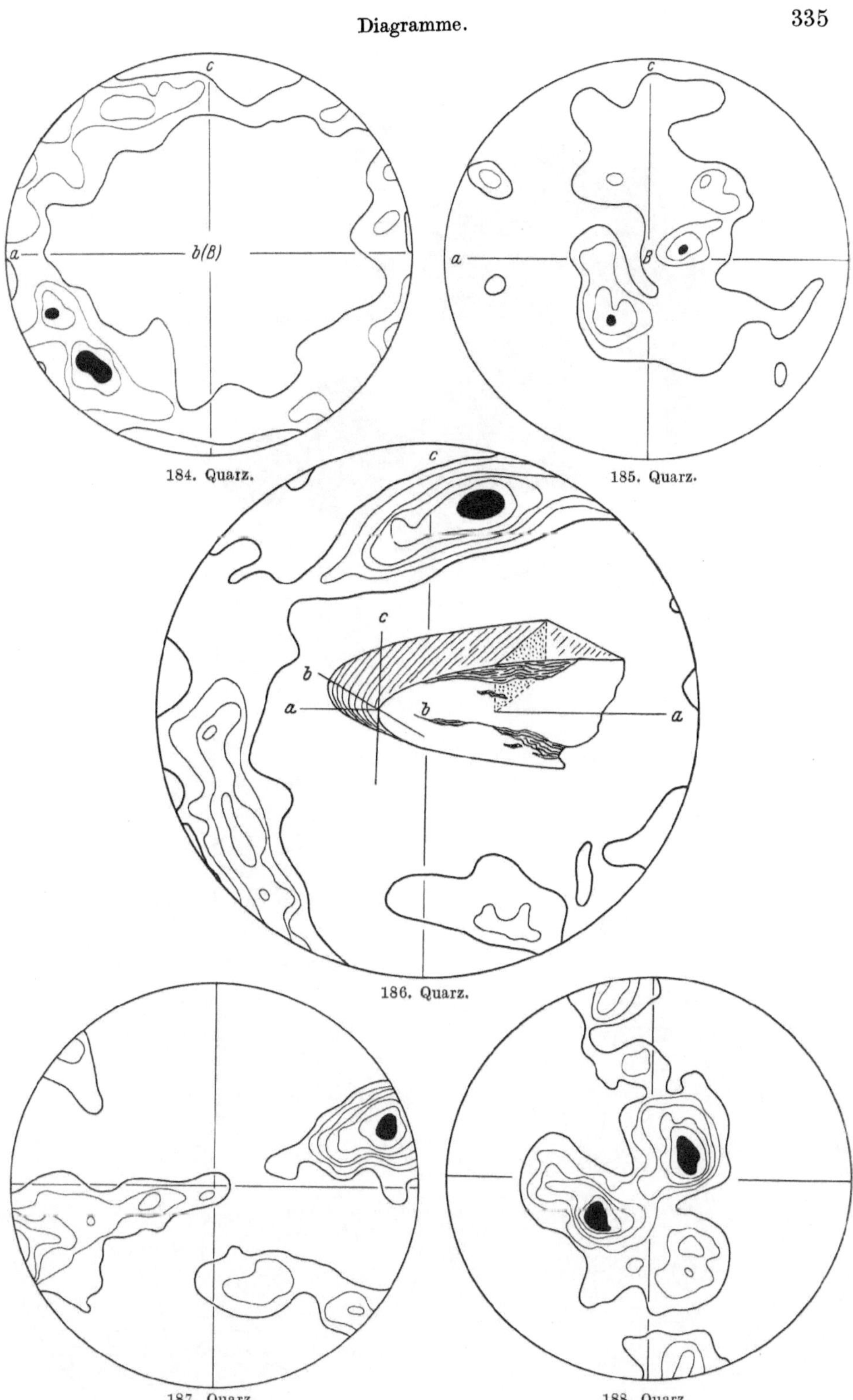

184. Quarz.

185. Quarz.

186. Quarz.

187. Quarz.

188. Quarz.

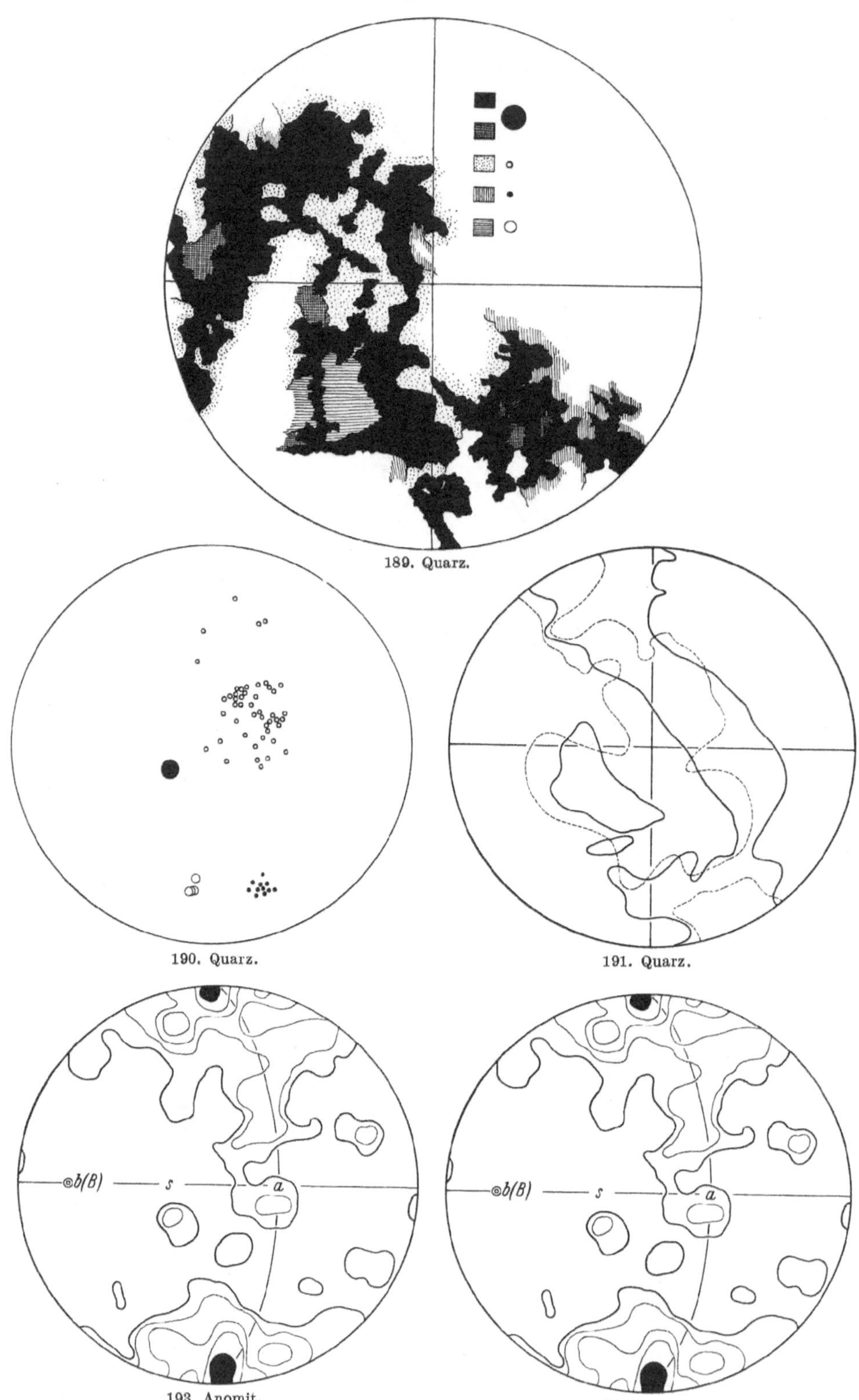

189. Quarz.

190. Quarz.

191. Quarz.

193. Anomit.

193. Anomit.

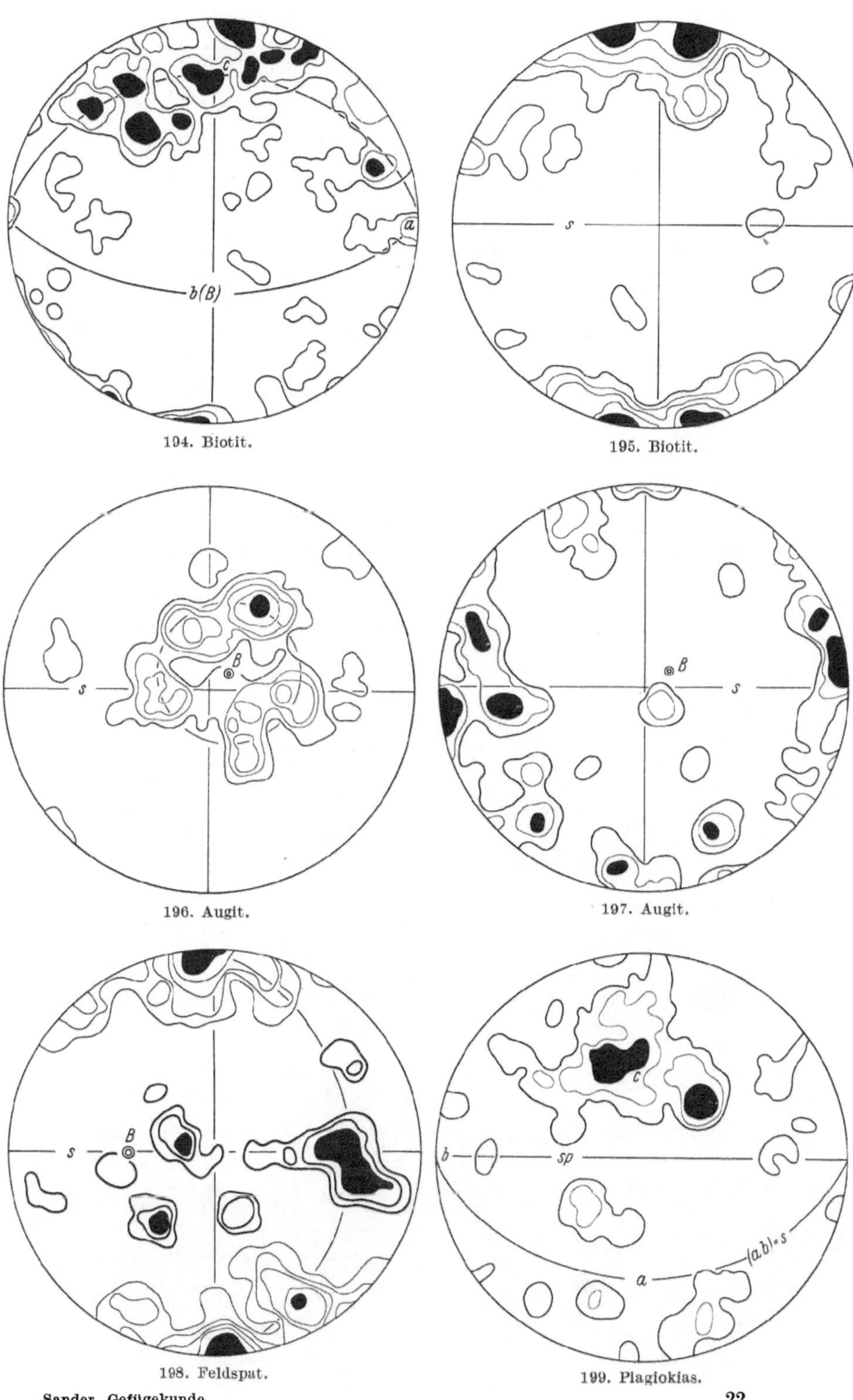

194. Biotit.

195. Biotit.

196. Augit.

197. Augit.

198. Feldspat.

199. Plagioklas.

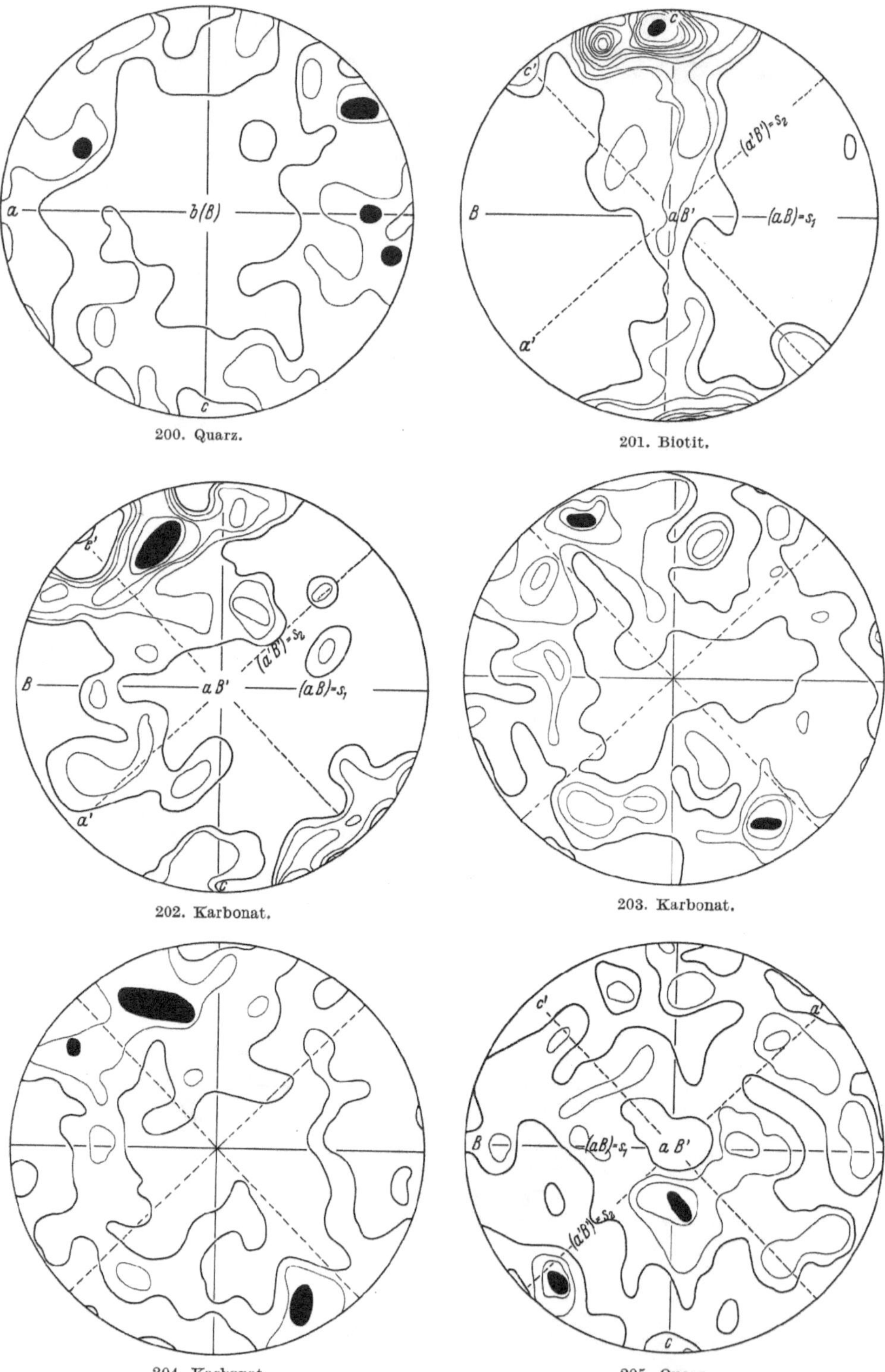

200. Quarz.   201. Biotit.

202. Karbonat.   203. Karbonat.

204. Karbonat.   205. Quarz.

206. Quarz.
207. Quarz.
207. Quarz.
209. Albit.
210. Albit.
c
c'
B
a B'
a'
211. Albit.

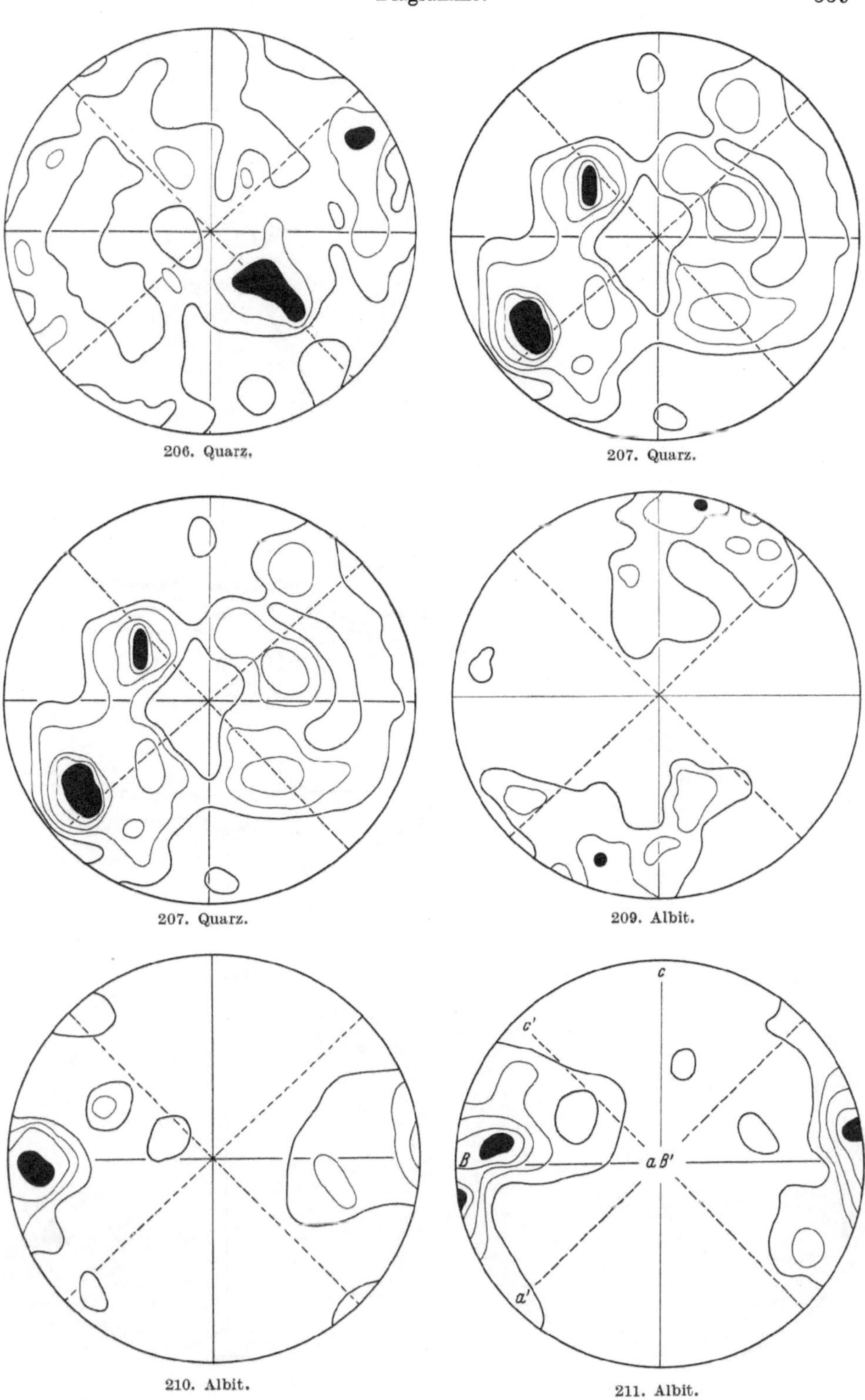

22*

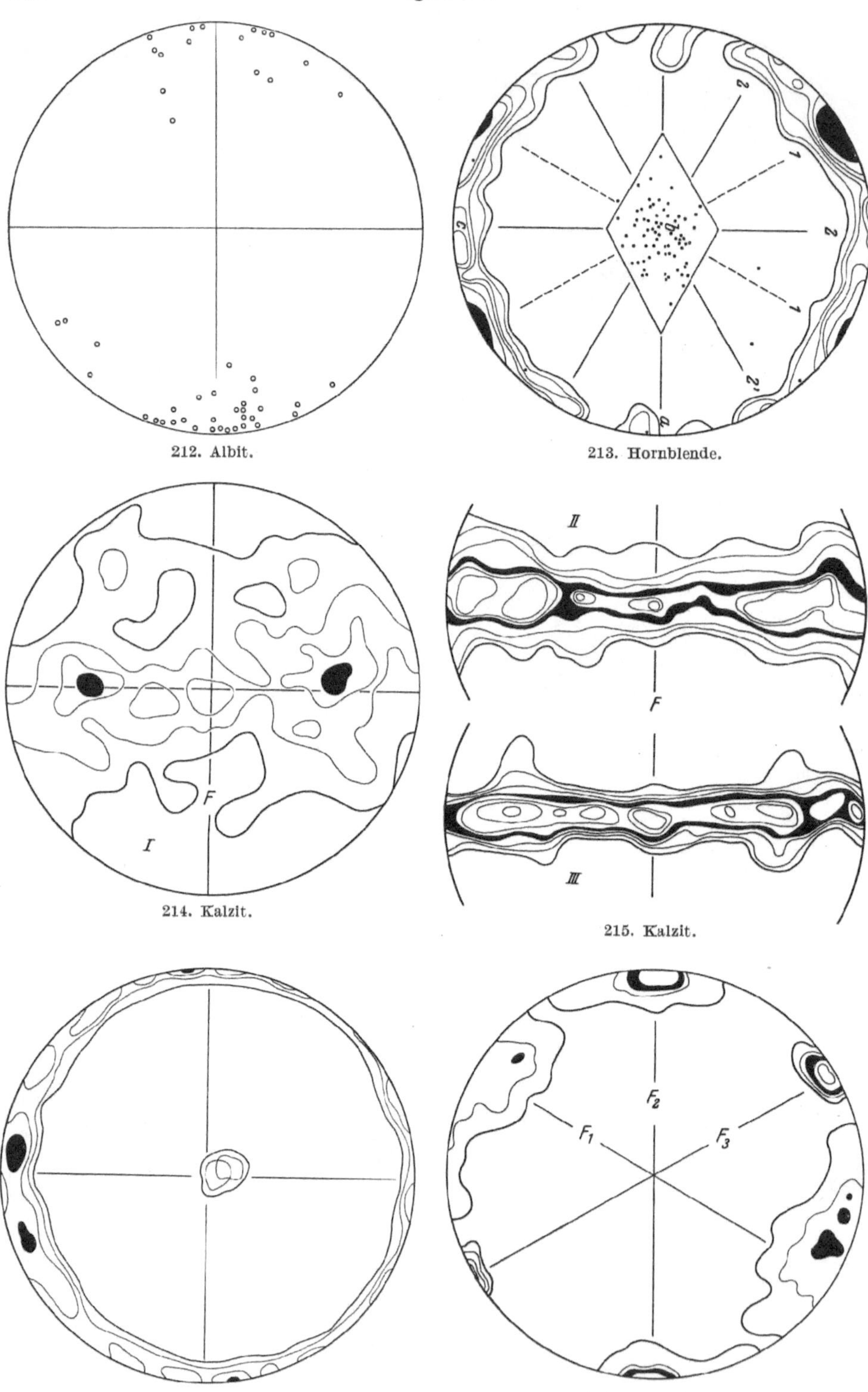

212. Albit.

213. Hornblende.

214. Kalzit.

215. Kalzit.

216. Aragonit.

217. Aragonit.

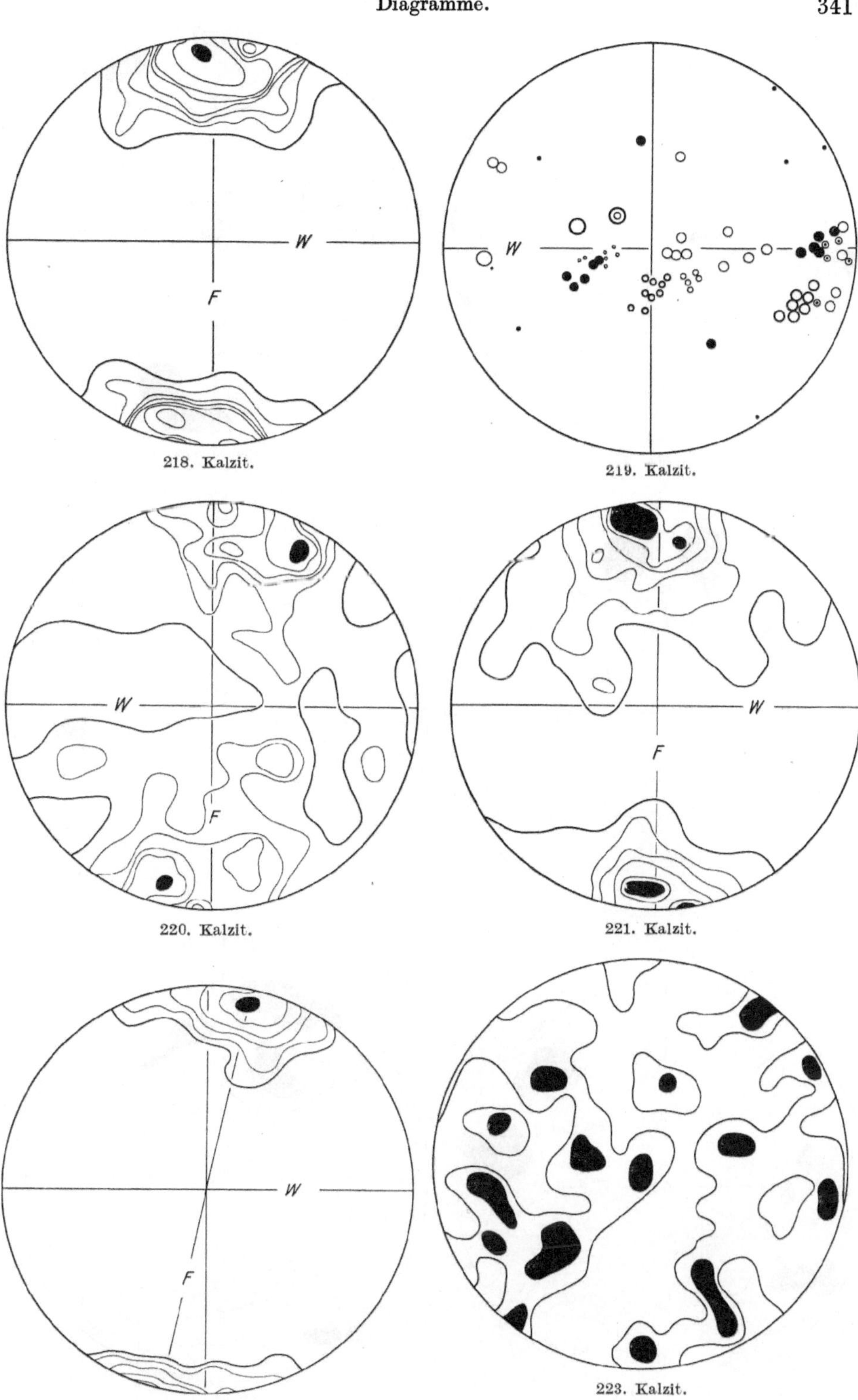

W
F
218. Kalzit.
W
219. Kalzit.
W
F
220. Kalzit.
W
F
221. Kalzit.
W
F
222. Kalzit.
223. Kalzit.

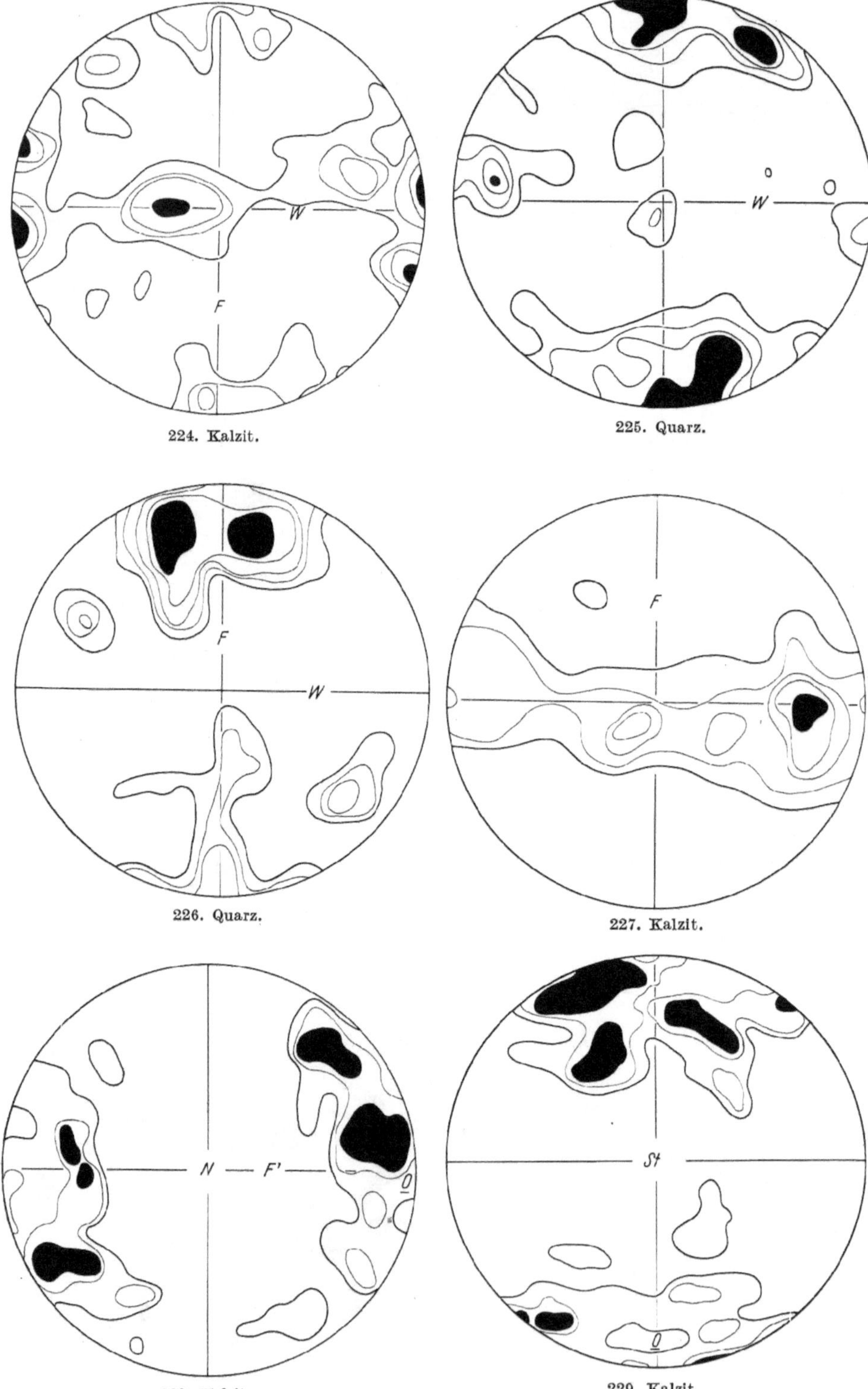

224. Kalzit.

225. Quarz.

226. Quarz.

227. Kalzit.

228. Kalzit.

229. Kalzit.

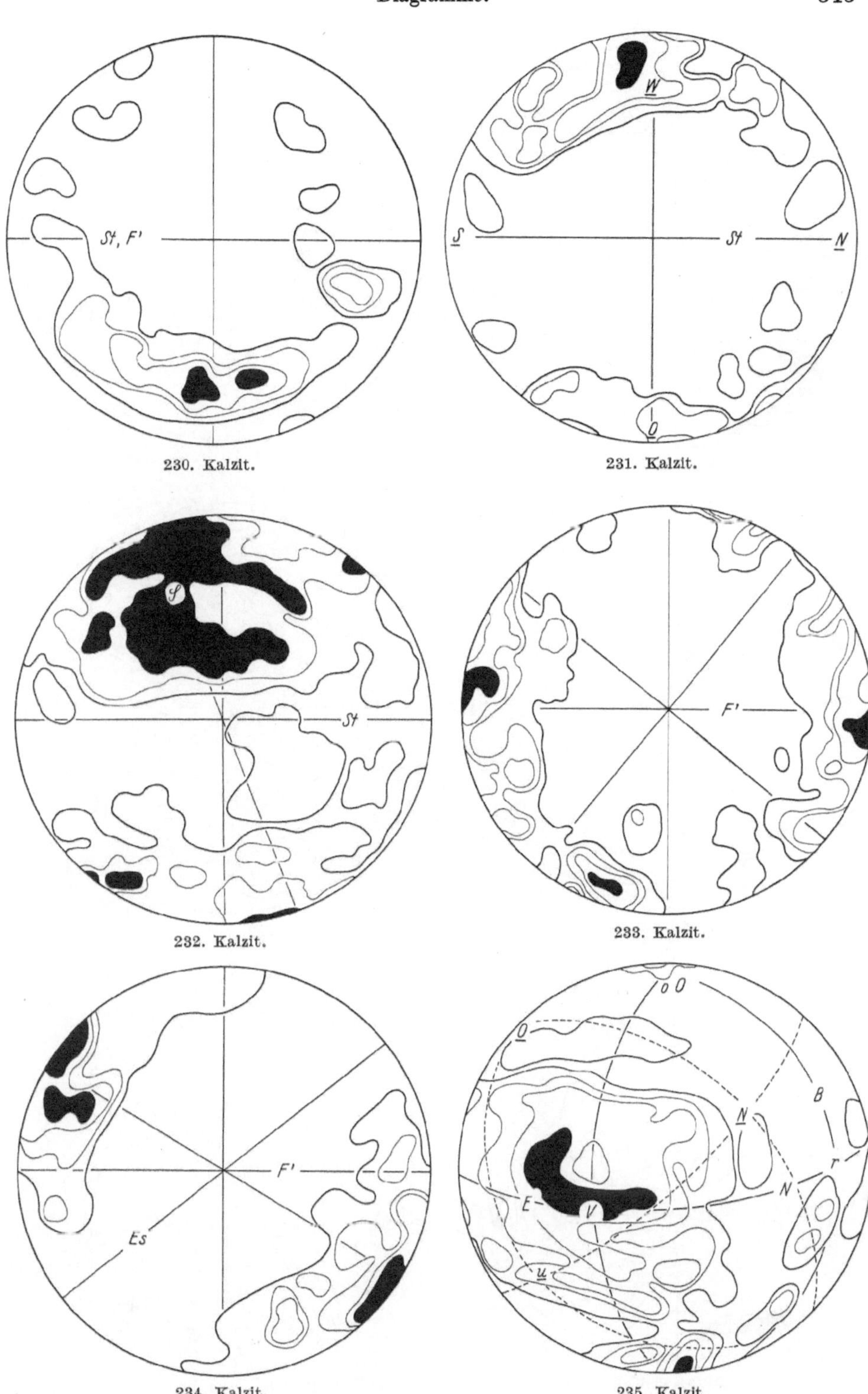

230. Kalzit.

231. Kalzit.

232. Kalzit.

233. Kalzit.

234. Kalzit.

235. Kalzit.

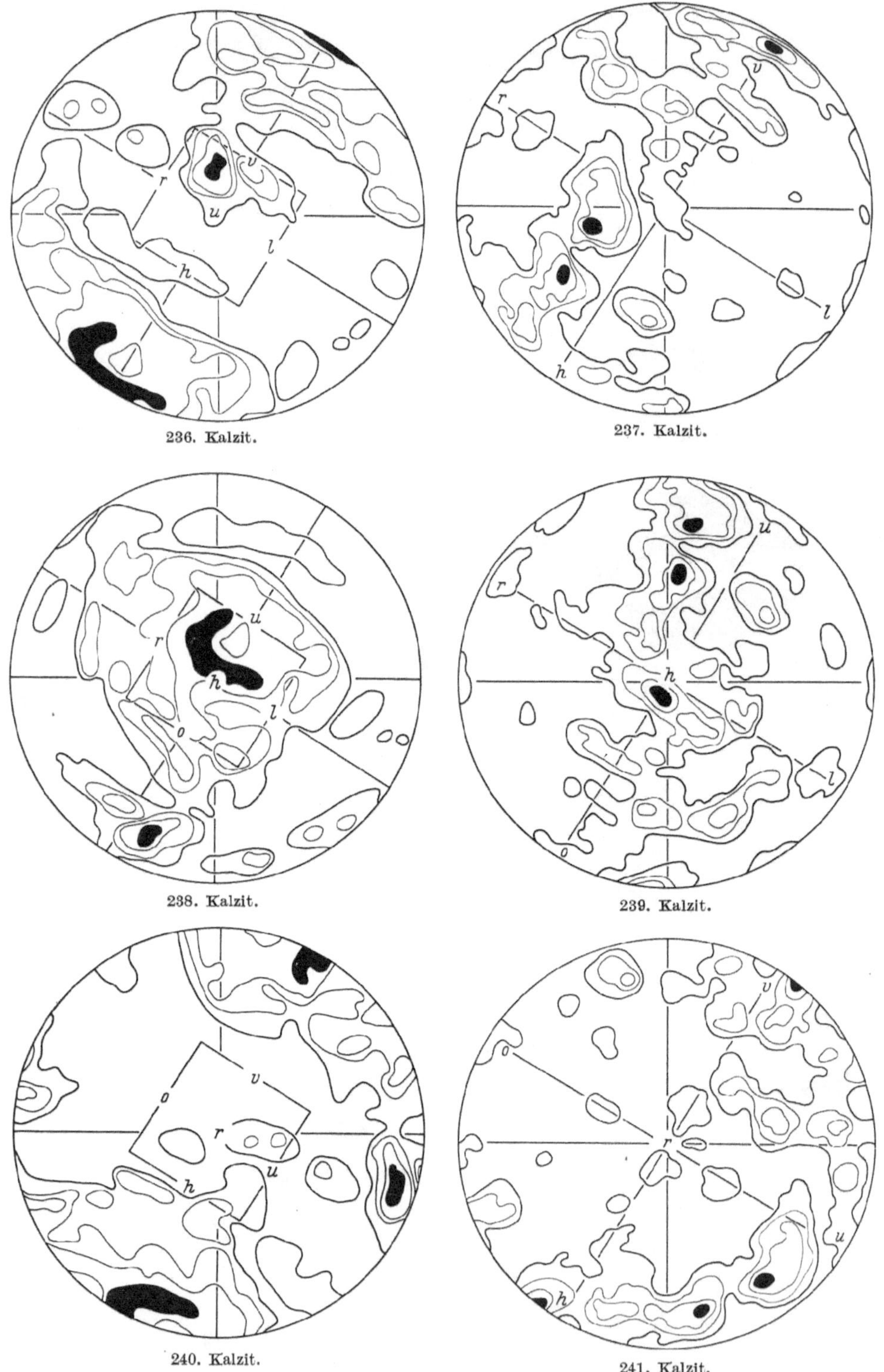

236. Kalzit.

237. Kalzit.

238. Kalzit.

239. Kalzit.

240. Kalzit.

241. Kalzit.

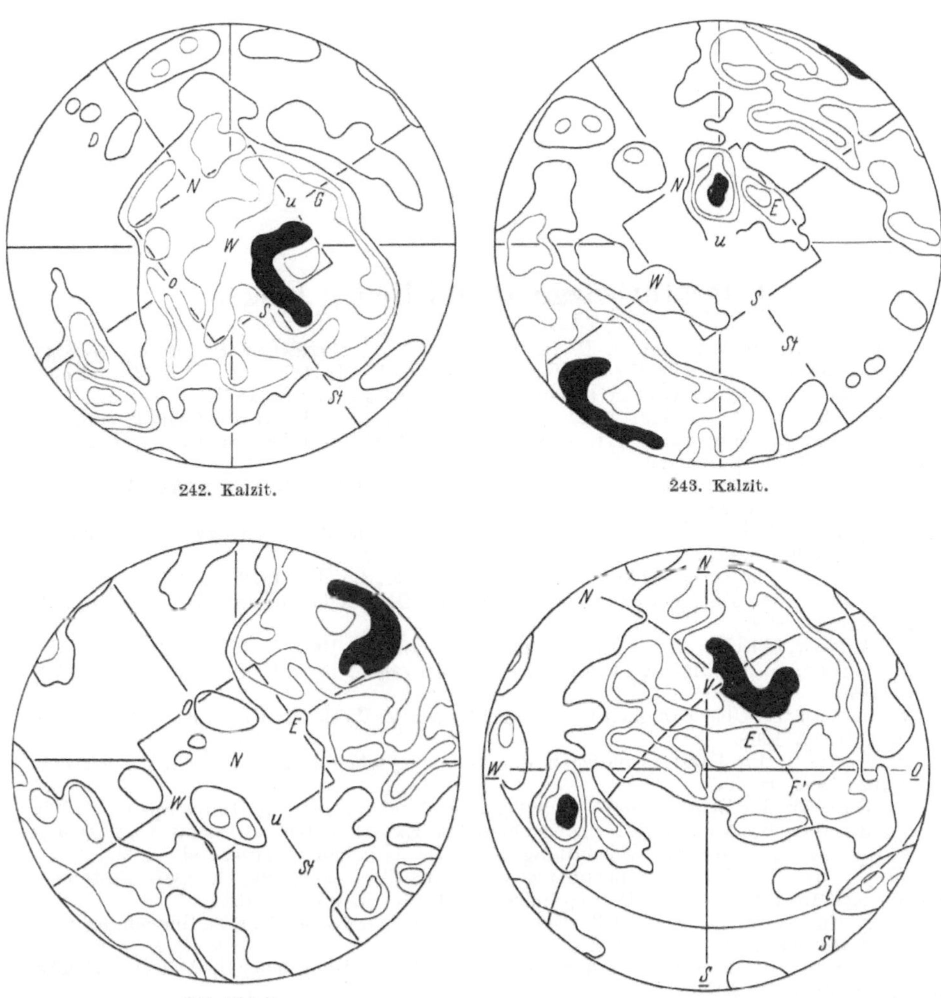

242. Kalzit.

243. Kalzit.

244. Kalzit.

245. Kalzit.

Literaturbelege in zeitlicher Folge.

1. Thomson,Sir William u. P. G. Tait: Elements of Natural Philosophy; second edition Cambridge, University Press 1879; übersetzt von H. Helmholtz und G. Wertheim als „Handbuch der Theoretischen Physik". Braunschweig: Vieweg 1871.

2. Becker, G. F.: Geology of the Comstock Lode and the Washoe District; U. S. Geological Survey Monographs III, Washington 1882, Chapter IV: Structural results of faulting und S. 376 Summary.

3. Becker, G. F.: Finite homogeneous strain, flow and rupture of rocks. Bull. Geol. Soc. America. Vol. 4, 1893.

4. Becker, G. F.: Schistosity and Slaty Cleavage. The J. of Geology Vol. IV, Nr. 4, May—June 1896, S. 429.

5. Cornish: The Geographical J. Vol. XIII, S. 624. London 1899.

6. Baschin, O.: Die Entstehung wellenähnlicher Oberflächenformen. Z. Gesellsch. Erdkunde Bd. 34. 1899.

7. Ludwik, P.: Über Härtebestimmung. Z. öst. Ing.-V. 1907, Nr. 11 u. 12.

8. Becker, G. F.: Current Theories of Slaty Cleavage. Amer. J. of Science Vol. XXIV, July 1907.

9. Ludwik, P.: Über Zähigkeit und Schmeidigkeit. Z. Werkzeugmaschinen u. Werkzeuge Jg. XII, H. 23. 1908.

10. Ludwik, P.: Über Grundlagen der technologischen Mechanik. Öst. Wochenschr. Baudienst 1908, H. 42.

11. Ludwik, P.: Elemente der Technologischen Mechanik. Berlin: Julius Springer 1909.

12. Sander, B.: Abbildung der bei geologischen Experimenten auftretenden Kräfte und Verschiebungen im Material. Verhandlungen der Geologischen Reichsanstalt 1909.

13. Sander, B.: Über Zusammenhänge zwischen Teilbewegung und Gefüge in Gesteinen. Tschermaks Mineralogische und Petrographische Mitteilungen Bd. 30. 1911.

14. Schmidt, Walter: Zum Bewegungsbild liegender Falten. Verhandlungen der Geologischen Reichsanstalt 1912, Nr. 3.

15. Sander, B.: Über tektonische Gesteinfazies. Verhandlungen der Geologischen Reichsanstalt in Wien 1912, Nr. 10.

16. Sander, B.: Über einige Gesteinsgruppen des Tauernwestendes. Jahrb. Geologischen Reichsanstalt Bd. 62. 1912.

17. Niggli, P.: Die Chloritoidschiefer und die sedimentäre Zone usw. Beiträge zur geologischen Karte der Schweiz. Neue Folge XXXVI. 1912.

18. Suess, F. E.: Die moravischen Fenster usw. Denkschriften Kaiserl. Akad. Wissensch. Wien, Math.-Nat. Klasse Bd. 58. 1912.

19. Johnsen, A.: Die Struktureigenschaften der Kristalle. Fortschritte der Mineralogie Bd. 3. 1913.

20. Suess, E.: Über Zerlegung der gebirgsbildenden Kraft. Mitteilungen der Geologischen Gesellschaft Wien 1913.

21. Mises, R. v.: Elemente der technischen Hydrodynamik. Teubnersche Sammlung Math.-Phys. Schriften 17, I. 1914.

22. Sander, B.: Studienreisen im Grundgebirge Finnlands. Verhandlungen der Geologischen Reichsanstalt 1914, Nr. 3.

23. Sander, B.: Feinschichtung, Teilbewegung und Kristallisation im Kleingefüge einiger Tiroler Schiefer. Jahrb. Geologischen Reichsanstalt Bd. 64. 1914.

24. Sander, B.: Über Kristallisation und Faltung einiger Tiroler Schiefer. Jahrb. Geologischen Reichsanstalt Bd. 64. 1914.

25. Sander, B.: Bemerkungen über tektonische Gesteinfazies und Tektonik des Grundgebirges. Verhandlungen der Geologischen Reichsanstalt Wien 1914, Nr. 9.

26. Schmidt, Walter: Zur Anwendung der Smoluchowskyschen Ableitung auf die räumliche Periodizität in der Tektonik. Verhandlungen der Geologischen Reichsanstalt in Wien 1914, Nr. 11.

27. Schmidt, Walter: Mechanische Probleme der Gebirgsbildung. Mitteilungen der Geologischen Gesellschaft in Wien Bd. 8. 1915.

28. Sander, B.: Über einige Gesteinsgefüge. Tschermaks Mineralogische und Petrographische Mitteilungen Bd. 33. 1915.

29. Schmidt, Walter: Statistische Methoden beim.Gefügestudium kristalliner Schiefer. Sitzungsber. Kaiserl. Akad. Wissensch. Wien, Math.-Nat. Klasse, Abt. I, Bd. 126, H. 6 u. 7. 1917.

30. Backlund, H.: Petrogenetische Studien an Taimyrgesteinen. Geol. Fören. Förhandlinger 1918.

31. Schmidt, Walter: Bewegungsspuren in Porphyorblasten kristalliner Schiefer. Sitzungsber. Kaiserl. Akad. Wissensch. Wien, Math.-Nat. Kl., Abt. I, Bd. 127, H. 4 u. 5. 1918.

32. Suess, F. E.: Bemerkungen zur neueren Literatur über die moravischen Fenster. Mitteilungen der Geologischen Gesellschaft in Wien 1918.

33. Sander, B.: Geologische Studien am Westende der Hohen Tauern II. Jahrb. Geologischen Staatsanstalt in Wien 1920, Bd. 70, H. 3 u. 4.

34. Sander, B.: Tektonik des Schneeberger Gesteinszuges. Jahrb. Geologischen Bundesanstalt in Wien 1920.

35. Ampferer, O. u. B. Sander: Tektonische Verknüpfung von Kalk- und Zentralalpen Verhandlungen der Geologischen Bundesanstalt 1920

36. Bucher, W. H.: The mechanical Interpretation of Joints. The J. of Geology Vol. XXVIII, Nr. 8. 1920 u. Vol. XXIX, Nr. 1. 1921.

37. Cornelius, H. P.: Zur Frage der Beziehungen von Kristallisation und Schieferung in metamorphen Gesteinen. Zentralbl. Mineralogie Jg. 1921, Nr. 1.

38. Erdmannsdörfer, O.: Untersuchungen an mazedonischen Gesteinen. Neues Jahrb. Mineralogie Beilageband 1921.

39. Smekal, A.: Festigkeit und Molekularkräfte. Z. öst. Ing.-V. 1922.

40. Schmidt, Walter: Über Kaltreckvorgänge. Jahrb. Montanistischen Hochschule Leoben 1923.

41. Sander, B. (mit Pernt): Zur petrographisch-tektonischen Analyse I. Jahrb. Geologischen Reichsanstalt Bd. 74. 1923.

42. Cornelius, H. P.: Über einige Gesteine der Fedozserie aus dem Disgraziagebiet. Neues Jahrb. Mineralogie Beilageband 52, Abt. A. 1923.

43. Sander, B.: Zur Granittektonik, Mikrotektonik usw. Verhandlungen der Geologischen Bundesanstalt 1923, Nr. 4.

44. Huttenlocher, H.: Zur Kenntnis verschiedener Erzgänge aus dem Penninikum und ihrer Metamorphose. Schweiz. Mineralogische u. Petrographische Mitteilungen Bd. 5, H. 1. 1924.

45. Schmid, E.: Bemerkungen über die plastische Deformation von Kristallen. Z. Phys. Bd. 22, H. 5. 1924.

46. Schwinner, R.: Scherung der Zentralbegriff der Tektonik. Zentralbl. Mineralogie Jg. 1924, Nr. 15.

47. Koenigsberger, J.: Das experimentelle und theoretische Studium des Faltungsvorganges in der Natur. Naturwissensch. Jg. 12, H. 28. Berlin: Julius Springer 1924.

48. Schmidt, Walter: Gesteinsumformung. Denkschriften des Naturhistorischen Museums in Wien Bd. 3. 1925.

49. Sander, B.: Zum tektonischen Festigkeitsverhalten. Neues Jahrb. Mineralogie. Beilageband 1925.

50. Rinne, F.: Über Wellengleitung im großen und im kleinen. Berichte Math.-Phys. Klasse der Sächsischen Akademie der Wissenschaften Leipzig 1925.

51. Sander, B.: Zur petrographisch-tektonischen Analyse II. Jahrb. Geologischen Bundesanstalt in Wien Bd. 75. 1925.

52. Fischer, G.: Mechanisch bedingte Streifungen am Quarz. Zentralbl. Mineralogie Jg. 1925, Abt. A, Nr. 7.

53. Schmidt, Walter: Gefügestatistik. Tschermaks Mineralogische und Petrographische Mitteilungen Bd. 38. 1925.

54. Seidl, E. u. E. Schiebold: Das Verhalten inhomogener Aluminiumgußblöckchen beim Kaltwalzen. Z. Metallkunde Jg. 1925 und erweitert im VDI-Verlag Berlin.

55. Sachs, G. u. E. Seidl: Örtlicher Massenausgleich unter der Wirkung örtlich angreifender Kräfte in Technik und Geologie. Naturwissensch. H. 49/50. 1925.

56. Sander, B.: Über das Gefüge einiger Gesteinsfalten. Zentralbl. Mineralogie Jg. 1926, Abt. B, Nr. 5.

57. Sander, B.: Rückblick auf die Entwicklung einiger Begriffe der neueren Gesteinskunde I und II. Geologisches Arch. München Jg. 4, H. 1 u. 3. 1926.

58. Schmidt, Walter: Gefügesymmetrie und Tektonik. Jahrb. Geologischen Bundesanstalt Wien Bd. 76. 1926.

59. Schmidt, Walter: Zu Sanders „Zur petrographisch-tektonischen Analyse II".
Verhandlungen der Geologischen Bundesanstalt 1926, Nr. 9.

60. Fischer, G.: Gefügeregelung und Granittektonik. Neues Jahrb. Mineralogie Beilageband 54, Abt. B, 1926.

61. Schwinner, R.: Kristallisation und gerichteter Druck. Tschermaks Mineralogische und Petrographische Mitteilungen Bd. 37, H. 3—6. 1926.

62. Sander, B. (mit Schmidegg): Zur petrographisch-tektonischen Analyse III. Jahrb. Geologischen Bundesanstalt Bd. 76. 1926.

63. Hopf, L.: Zähe Flüssigkeiten. Im Handbuch der Physik von Geiger und Scheel Bd. 7. Berlin: Bornträger 1927.

64. Sander, B.: Versuch zur Behebung einiger Einwände. Verhandlungen der Geologischen Reichsanstalt Wien 1927, Nr. 4.

65. Sander, B.: Zu H. Cloos' Gegenkritik betr. Granittektonik. Zentralbl. Mineralogie Jg. 1927, Abt. B, Nr. 3.

66. Schmidt, Walter: Zur Regelung zweiachsiger Mineralien in kristallinen Schiefern. Neues Jahrb. Mineralogie Beilageband 57, Abt. A. 1927.

67. Schmidt, Walter: Untersuchungen über die Regelung des Quarzgefüges kristalliner Schiefer. Fortschritte Mineralogie Bd. 11. 1927.

68. Schmidt, Walter: Zur Quarzgefügeregel. Fortschritte Mineralogie Bd. 11. 1927.

69. Drescher, F. K.: Über Mikroklinholoblasten mit Grundgewebseinschlüssen, Internregelung von Biotit und einige diesbezügliche genetische Erwägungen. Notizblatt der Hessischen Geologischen Landesanstalt zu Darmstadt 1927, 5. Folge, H. 10.

70. Rüger, L.: Über Blastomylonite im Grundgebirge des Odenwaldes. Notizblatt der Hessischen Geologischen Landesanstalt zu Darmstadt 1927, 5. Folge, H. 10.

71. Christa, E.: Über Regelungserscheinungen im Schriftgranit. Verhandlungen der Phys.-Med.-Gesellschaft zu Würzburg, Neue Folge Bd. 53. 1927.

72. Sander, B. (mit Schmidegg u. Korn): Über einige Glimmergefüge. Notizblatt der Hessischen Geologischen Landesanstalt zu Darmstadt 1927, 5. Folge, H. 10.

73. Sander, B. (mit Schmidegg u. Felkel): Vorläufiger Bericht über Ergebnisse im mineralogisch-petrographischen Institut Innsbruck ausgeführter Gefügeanlaysen. Z. Kristallographie Bd. 65. 1927.

74. Schwinner, R.: Der Begriff Scherung in der Tektonik. Zentralbl. Mineralogie Jg. 1928, Abt. B, Nr. 1.

75. Schmidegg, O.: Über geregelte Wachstumsgefüge. Jahrb. der Geologischen Bundesanstalt in Wien Bd. 78. 1928.

76. Sander, B. (mit Korn): Über einen Fall von Kristallisationsschieferung mit Internregelung. Neues Jahrb. Mineralogie Beilageband 57, Abt. A. 1928.

77. Mügge, O.: Über die Entstehung faseriger Minerale und ihrer Aggregationsformen. Neues Jahrb. Mineralogie Beilageband 58, Abt. A. 1928.

78. Popoff, B.: Mikroskopische Studien am Rapakiwi des Wiborger Verbreitungsgebietes. Fennia 50, Nr. 34. Helsinski 1928.

79. Sander, B.: Über Tektonite mit Gürtelgefüge. Fennia 50, Nr. 14. Helsinski 1928.

80. Petrascheck, W. E.: Gefügestudien an der metamorphen Kieslagerstätte von Kallwang. Berg- u. Hüttenmännisches Jahrb. Bd. 76. 1928.

81. Paulcke, W. u. W. Welzenbach: Schnee, Wächten, Lawinen. Z. Gletscherkunde Bd. 16. 1928.

82. Korn, D.: Tektonische und gefügeanalytische Untersuchungen im Grundgebirge des Böllsteiner Odenwaldes. Neues Jahrb. Mineralogie Beilageband 62, Abt. B. 1928.

83. Portmann, W.: Tektonische Untersuchungen im nördlichen Bergsträsser Odenwald. Dissertation Heidelberg 1928.

84. Frebold, G.: Über die kinetische Metamorphose der Erze. Mitteilungen der Abteilung für Gesteins-, Erz-, Kohle- und Salzuntersuchungen der Preußischen Geologischen Landesanstalt H. 5. 1928.

85. Schmid, E.: Über die Bedeutung der mechanischen Zwillingsbildung für Plastizität und Verfestigung. Z. Metallkunde Jg. 20, H. 12. 1928.

86. Smekal, A.: Die molekulartheoretischen Grundlagen der Festigkeitseigenschaften des Werkstoffkornes. Z. V. d. I. Bd. 72. 1928.

87. Rüger, L.: Einige Bemerkungen zur Darstellung tektonischer Elemente, insbesondere von Klüften und Harnischen. Sitzungsber. Heidelberger Akademie der Wissensch., Math.-Nat. Kl. Jg. 1928, 1. Abhandlung.

88. Christa, E.: Über Myrmekit in zentralalpinen Gesteinen. Neues Jahrb. Mineralogie Beilageband 57, Abt. A. 1928.

89. Kaufmann, Henning: Rhythmische Phänomene der Erdoberfläche. Braunschweig: Vieweg 1929.

90. Mügge, O.: Über das Verhalten von Mineralen bei hohen Drucken und Temperaturen. Forschungen u. Fortschritte Nr. 3. Berlin 1929.

91. Koenigsberger, J.: Zur Anisotropie der physikalischen Parameter von Gesteinen speziell der magnetischen Suszeptibilität. Z. Geophysik Jg. 5. H. 2. 1929.

92. Sander, B. (mit Felkel u. Drescher): Festigkeit und Gefügeregel am Beispiele eines Marmors. Neues Jahrb. Mineralogie Beilageband 59, Abt. A. 1929.

93. Felkel, E.: Gefügestudien an Kalktektoniten. Jahrb. Geologischen Bundesanstalt Wien Bd. 79. 1929.

94. Sander, B. (mit Felkel u. Reithofer): Zur tektonischen Analyse von Schmelztektoniten. Sitzungsber. der Heidelberger Akademie der Wissensch., Math.-Nat. Kl., 13. Abhandlung. Berlin: de Gruyter 1929.

95. Boas, W. u. E. Schmid: Bemerkungen zur Kristallplastizität. Z. Phys. Bd. 56, H. 7 u. 8. 1929.

96. Polanyi, M. u. E. Schmid: Zur Frage der Plastizität. Naturwissensch. Jg. 17, H. 18/19. Berlin: Julius Springer 1929.

97. Mügge, O.: Über die Kohäsionsverhältnisse einiger künstlicher Kristalle und über die Bedeutung der Gleitungen für gewisse Zustandsänderungen. Z. Kristallographie Bd. 71. 1929.

98. Riedel, W.: Das Aufquellen geologischer Schmelzmassen als plastischer Formänderungsvorgang. Neues Jahrb. Mineralogie Beilageband 62, Abt. B, S. 151. 1929.

99. Born, Axel: Über Druckschieferung im varistischen Gebirgskörper. Fortschritte Geologie u. Paläontologie Bd. 7, H. 22. 1929.

100. Fischer, G.: Zum Problem der Schieferung. Zentralbl. Mineralogie Jg. 1929, Abt. B, Nr. 10.

101. Fischer, G.: Die Gabbroamphibolitmasse von Neukirchen usw. Neues Jahrb. Mineralogie Beilageband 60, Abt. A. 1929.

102. Fischer, G.: Die Gesteine der metamorphen Zone von Wippra. Abhandlungen der Preußischen Geologischen Landesanstalt. Neue Folge H. 121. 1929.

Von Interesse für den Gegenstand sind ferner einige Zusammenfassungen in den „Fortschritten der Mineralogie" usw.:

103. Rinne, F.: Salzpetrographie und Metallographie im Dienste der Eruptivgesteinskunde. Forstschritte der Mineralogie Bd. 1. 1911.

104. Milch: Die primären Strukturen und Texturen der Eruptivgesteine. Fortschritte der Mineralogie Bd. 2. 1912.

105. Grubenmann, U.: Struktur und Textur der metamorphischen Gesteine. Fortschritte der Mineralogie Bd. 2. 1912.

106. Becke, F.: Fortschritte auf dem Gebiete der Metamorphose. Fortschritte der Mineralogie Bd. 5. 1916.

107. Becke, F.: Struktur und Klüftung. Fortschritte der Mineralogie 1924.

108. Wächtler, M.: Über die Doppelbrechungserscheinungen an Kolloiden. Fortschritte der Mineralogie Bd. 12. Jena: G. Fischer 1927.

Ferner in:

109. Grubenmann-Niggli: Gesteinsmetamorphose I. Berlin: Bornträger 1923.

110. Erdmannsdörffer: Grundlagen der Petrographie. Stuttgart: Enke 1923.

Für die Bezugnahme auf Strömungserscheinungen dienten:

111. Prandtl, L.: „Flüssigkeitsbewegung" im Handwörterbuch der Naturwissenschaften Bd. 4, S. 101—140. Jena: Fischer.

112. Die Wasserbaulaboratorien Europas de Thierry und C. Matschoss. Berlin: VDI-Verlag 1926.

113. Ahlborn: Zyklonen usw. Beiträge zur Physik der freien Atmosphäre Bd. 12, H. 2. 1925.

Für die Bezugnahme auf Böden:

114. Terzaghi, Karl v.: Erdbaumechanik. Wien: Deuticke 1925.

Für die Bezugnahme auf Sedimente:

115. Twenhofel, W. H.: Treatise on Sedimentation. Baltimore: Williams u. Wilkins 1926.

116. Milner, H. B.: Sedimentary Petrography. London: Th. Murby 1929.

Für die Fedorowschen Methoden:

117. Berek, M.: Universaldrehtischmethoden. Berlin: Bornträger 1924.

Für den mathematisch geschulten Leser des Buches wird die Theorie des bildsamen Zustandes übersichtlich und anschaulich geboten durch:

118. Nádai, A.: Der bildsame Zustand der Werkstoffe. Berlin: Julius Springer 1927.

Sachverzeichnis.

Abbildungskristallisation, allgemeinste Definition 172.
— geregelten Gefüges 156.
— von Falten 270.
abc-Achsen der Tektonite 56, 57, 60.
abc-Achsen der Sedimente 108.
abc-Flächen 92, 218ff., 222, 225, 226.
abc-Fugen im Quarzgefüge 190—192.
$a + b$-Gefüge 233.
Ablenkung der Scherflächen 90.
Abwickelbare Faltengefüge 256, 257.
(ac)-Fugen 94—97, 222.
a-Gefüge 233.
Achsendivergente Falten 243.
Achsenlinien 57.
Anisotropisierung 22—24.
Anlagerung 104, 162, 279.
Anschlagklammer (nach Schmidt) 121.
Atomdynamisches Gefüge 116, 118, 156.
Aufrollung 50.
Auszählung der Diagramme 129.

B-Achse 51, 52, 55—57, 108, 209, 220, 232ff., 259.
b-Gefüge 233.
Belteropore Gefüge 159, 283.
Bereiche in Gefügen 6.
Bewegung $\| B$ 259, 260.
Bewegungsbilder, parakinetische und diakinetische 108.
Bezeichnung des Meßnetzes 123.
Biegefalten (Bg-Falten) 47, 244ff., 247, 252.
Biegegleitung 244, 254.
Biegerotation 258.
Blätterteige 244.
Blastetrix 159.
Bodenfalte 275.
„$B \perp B'''$"-Tektonit 193, 225, 226, 239ff., 241, 259ff., 278.
B-Tektonite 58, 152, 192 (Quarz), 204ff. (Kalzit), 207ff. (Glimmer), 211, 220, 232ff.
B-Tektonite durch Biegerotation 258.
Bügeln, tektonisches 58.

Deformation 7.
—, ebene (monokline, bilateralsymmetrische) 7, 55, 151.
—, elastische 22, 61, 73.
—, rotationale und unrotationale („reine") 7, 14, 41, 42.
—, starre und nichtstarre 79.
—, einfache (zusammengesetzte) 13.
— und Kristallisation, zeitliches Verhältnis 167, 171.
— mehrphasige 145.
Dünengefüge 107, 280ff.

Eingürtelbild 238, 239.
Einregelung 148, 149.
Einscharige Scherung 101.

Einschlußwirbel 165, 267 u. 269 (scheinbare).
Einzelscherflächen 228.
Eisblumenhornblende 217.
Ellipsoid, monoklines 24.
Entfestigung 88.
Erstarrung, kristalline 274.
Externrotation 13, 49, 50, 51.

Fadenporen (bei Kalzit) 202.
Faltenachse 243.
Faltenarten 243.
Falten, gefaltete 256, 260.
—, gerillte 246.
—, homogene (inhomogene) 256—261.
—, mehraktige 252, 256.
—, mehrzonige 255, 256.
—, periodische 258.
—, ungleichschenklige 256.
Faltensymmetrie 243.
Faltung der B-Achse 259.
Feldspatregeln 216, 217.
Festigkeitsverhalten, tektonisches 81, 89.
Flachaufnahme 135.
Fließkurve 80, 81, 84, 87.
Formfestigkeit geologischer Körper 86.
Fugen und Rupturen 91.

Gefüge 1, 143ff.
Gefügeanalyse mit U-Tisch (Fedorow) 121ff.
—, optische ohne Fedorow 119ff.
—, röntgenoptische 134.
Gefügeelemente 1, 133.
Gefügegenossen 153, 185, 201, 205.
Gefügetracht 142.
Gerade Gleitung 255.
Gesamtsymmetrie und Teilsymmetrien 145.
Geschwindigkeitskurve 80.
Geschwindigkeitsregel der Teilbewegung 274.
Gezwungene und ungezwungene Deformation (Tektonik) 30.
Gitteraggregate, geregelte 135.
Gleichung (Kurve) der Umscherung 36.
Gleichzeitige Erstarrung 157, 158.
Gleitbrettfalte 38, 41, 47.
Gleitgerade 59, 209.
Glimmer auf Einzelscherflächen 228.
—, Einregelungsprinzipe 207.
—, Fältelung 211.
—, Wachstumsregelung 215.
Granulit 185ff., 187ff., 231.
Grenzflächen 3, 36, 37.
Grenzflächengefüge 156—158, 284.
Gürtelklüfte 222.

Härten, geologische 85.
Harnisch 227.
Harnischmylonit 184, 227.
Harnischrillen in Falten 246.
Heterogenetische Teilgefüge 282.

Heterokinetische Bereiche 66, 263, 275.
(hkl)-Flächen der Gefüge 59, 225, 226.
Holoblasten 140.
Homoachse (heteroachse) Regelung 144.
Homöogene Deformation 153.
Homogen (inhomogen) 6.
Homotaktisch (heterotaktisch) oder gleich-
    symmetrisch geregelt 145, 165ff., 252.
Homotrop (heterotrop) oder gleichgeregelt
    165ff.
Hornblende-Regeln 217.

Innere Reibung 81, 82, 87, 154, 155.
Intergranulare 116, 140.
— und Regelung 200.
Intergranularfilm 141.
Intergranularnetz 141, 284.
Interngefüge 162, 264, 266.
Internregelung 162.
Internrotation 11, 18, 49, 50, 51, 94.
Isotrop (anisotrop) 6.
Inhomogene Durchbewegung und Mineral-
    bildung 276.

Kalzit, Korndeformation 202.
— in R-Tektoniten 204, 205.
— in S-Tektoniten 204.
—, Überindividuen 203.
—, Wachstumsregeln 206.
Kalzitmarmore, Druckfestigkeit 285ff.
Keimregelung 144, 152, 156, 167, 170, 194,
    217.
Kinematische Betrachtungsweise 2.
Kinetische Tektonik 53.
Klüfte, primäre und sekundäre 92.
Kluftabstände 93—96.
Kohäsion geologischer Körper 84.
Kornrotation 147.
Korntranslation 137.
Kornzerscherung, Rekristallisation und Re-
    gelung (Quarz) 193ff., 197ff.
Korrelate Untermaxima 168.
Kreuzgürtel 238.
Kristallwachstum im Starrgefüge 138.
Krumme Gleitung 254.
Kurve (Gleichung) der Umscherung 39.

Längsfäden 233—237.
Lagendivergenz, mittlere 133.
Lamelleneinmessung 128.

Mäandern 112, 199, 200.
Mechanisches Gefüge 116, 118.
Mechanische Umwandlung 113, 114, 116.
Medium der Anlagerung 104.
Mehraktige Mineralparagenesen 267.
Mittelbare Teilbewegung 114, 115, 118, 262,
    270, 271, 272.
Mobilisation, kristalline 165, 171.
Molekularmetamorphose 115, 116.
Muskowit-Einregelung in a des Gefüges 215.

Nachkristalline Deformation 263, 269.
Nichtaffine Umformung, exogene und endo-
    gene 33, 36.

($0kl$)-Flächen 190—192, 224.
Orientierungsverfestigung 87, 88.

P_1 und P_2 57, 58.
Parakristalline Deformation 114, 190, 198,
    206, 262, 269.
Parallelführer (nach Schmidt) 121.
Phyllonit und Glimmerschiefer 212.
Pläne, tektonische 56, 57, 281.
Plättungs-s 219, 220.
Polygonalbögen der Glimmer 261, 267.
Polzahl 131.
Porenkanäle, intragranulare (Kalzit) 202.
Porenvolumen, tektonisches 203.
Präparationsmethoden 119.
Präparatwahl 173.
Pressung 17, 76.
Probenahme für Gefügeanalysen 118, 119,
    286.

Quarz in Einzelscherflächen 184, 228.
— in $B \perp B'$-Tektonit 193, 239ff.
— in B-Tektonit 192.
— in Granulit 185ff., 187ff.
— in Pegmatit-Tektonit 184.
— in S-Tektonit 182ff.
—, Kornzerscherung, Rekristallisation-Re-
    gelung 193ff.
Quarzlamellen 175ff.
Quarzregeln in Tektoniten 180ff., 199ff.
Quarzregel nach Korngestalt 201.
Quarz-Rekristallisation 193, 195, 197, 200.
Quarz-Überindividuen 179, 197—199.
Quarz-Undulation $\parallel$ Hauptachse 174, 175.
Quarz-Wachstumsregeln 201.
Quasihomogene Deformation 9.
Querdehnung 226, 278.
Querfäden 233—237.
Querglimmer 208, 209, 211—216.

Reduzierbare Gefüge 50.
Regelung 142, 143.
— der Tektonite, Entstehung 237ff.
Regel nach der Korngestalt 116, 148, 201.
— nach dem Kornbau 147.
Regelung nach Korngestalt und Kornbau,
    Beziehungen 147—149, 152.
—, passive 116.
Rekristallisationspausen der Durchbewegung
    274.
Rekristallisationssuturen (Quarz) 196.
Restregel 146, 211—213.
„Richtiger" Abbau und Einbau der Gesteine
    285.
Richtungsgefüge 116.
Richtungsgruppe 171.
Riefung 226.
Rillung 226.
Röntgenaufnahme 134.
Rollung 51—53.
Rotationen 7, 9, 11, 16, 48, 59, 60, 94,
    231ff., 237—242.
Rotationswinkel 19.
Rotation, konstruktive der Diagramme 132.
R-Tektonite 222.

Scharnier, heterokinetisches Gefüge am 263.
Scharniermächtigkeit 47, 48, 247ff., 250.
Scheinharnische 227.
Scherbewegung (scission) 15.
Scherfalte (*Sch*-Falte) 36, 38, 40, 41, 47, 243, 251.
Scherungs-*s* 99, 219, 220.
Schieferung 97, 99.
Schiefgürtel 184, 199, 238, 239, 242.
Schlierenfaltung 253, 254.
Schmeidigkeit 88, 89.
Schmelztektonite 276ff.
Schmidtsches Diagramm 121.
— Netz 122, 123.
Schwellen 68ff.
Sedimentation i. w. S. 104.
Sekundärregelung 159.
Sekundärschichtung 106.
Selektive Deformation und Umwandlung 172.
S-Flächen 98, 99.
Shear 13.
Simultane Gefügebildung 107.
Stabile (und mobile) Deformation 170.
Starrgefüge, gepreßtes 169.
Statistischer Grad der Regelung 152.
Stauchfaltengröße 254.
Steilachsige Tektonik 59, 62.
Stengel nach *B* 52, 232.
S-Tektonite 58, 182 (Quarz), 204 (Kalzit), 207 u. 209 (Glimmer), 220.
Stetige Deformation 273.
Strain 7.
Strains, gekreuzte 193, 225, 226, 239 u. a.
Stofftransport am Faltenscharnier 247—250.
— längs der Faltenachse 260.
Streckungshöfe, scheinbare 275.
Stress 8.
Stressellipsoid und Strainellipsoid 90.
Stresstektonik 53, 61, 73ff., 79.
Striemung 226.
Strömen 63.
Strömungsanisotropie 152.
Strömungsgefüge 277.
Struktur 143.
Sukzessive Gefügebildung 107.
Summation der Diagramme 134.
Suturen, intrakristalline 158.
Symmetriebetrachtung 22.
Symmetrie der Lagenkugelbesetzungen 146.
Symmetriegemäß 8, 22, 23, 24, 32, 90.
Symmetriegemäße Durchbewegung 146.
—, einander s. Teilregeln 144.
— Gesteinsmetamorphose 116, 117.
— Sedimentation 104.
— Verlagerung 145.
Symmetriegesetz, allgemeinstes, der Gefüge und Gebilde 108.
Symmetriehabitus der Lagenkugelbesetzungen 146.
Symmetrieklassen der Lagenkugelbesetzungen 146.
Symmetriekonstant 9, 23.

Symmetrische Wiederholung 109.
Synoptische Diagramme 134.

Tangentalstrain 17.
Tangentalwellung 110.
Technische Anisotropie der Gesteine 284ff.
Teilbewegung 115, 117, 135, 273.
Teildiagramme 130, 211.
Teilgefüge 1.
Teilweises Fließen der Gefüge 272.
Tektonit 62.
Tektonische Entmischung 271, 272.
Textur 143.
Translationsregelung 147.
Translative Wiederholung 109.
Trikline Gefüge 239.
Turbulenz 65.
Typische Züge der Korngefüge 217.

Überindividuen 133, 135ff.
Überlagerte Strains (Analysen) 246ff.
Überlagerungsperiodizität (P. II. Art) 109.
Überlagerungssymmetrie 26—28, 30.
Überprägung 28, 30, 281.

Umformung s. Deformation.
— und Umwandlung, Beziehbarkeit aufeinander 114.
Umprägung 28, 30.
Umscherung 39, 42ff., 244.
Ungezwungene Deformation (Tektonik) 30.
Ungleichscharige Scherung 94, 100, 101, 194, 206.
Ungleichufriges Strömen 145, 199, 238, 239, 281.
Untermaxima 131.
Unverzerrte Ebenen 17, 18.
Vektorengefüge 1.
Vektorensymmetrie 26, 57, 72, 108, 109.
Verlagertes (unverlagertes) Interngefüge 164.
Verwachsungen zwischen Körnern 157, 158.
Vorkristalline Deformation 114, 263, 269.

Wachstumsgefüge 156, 158ff.
Wachstumsregelungen 201, 206, 215, 217.
Walzen, tektonisches 58, 67.
Wandständige Stengel 161.
Wegsamkeit 142, 283.
Wellengleitung 70, 110.
Wickelfalten 69—72, 254, 276, 277.
Winkel von *s* zum Hauptdruck 90, 98, 99.
Wirbel 69—72, 276, 277, 280.
Wirbelfäden 280.

Zähigkeit 88.
Zeitrelation zwischen mechanischer Deformation und Kristallisation 262ff., 264, 273, 274.
— zwischen gekreuzten Scherflächen 240, 242.
Zusammengesetzte Deformation 13.
Zwillingsgefüge 27.
Zwischengefüge 3, 36, 37.

Technische Gesteinkunde für Bauingenieure, Kulturtechniker, Land- und Forstwirte, sowie für Steinbruchbesitzer und Steinbruchtechniker. Von Ing. Dr. phil. Josef Stiny, o. ö. Professor an der Technischen Hochschule, Wien. Zweite, vermehrte und vollständig umgearbeitete Auflage. Mit 422 Abbildungen im Text und 1 mehrfarbigen Tafel, sowie einem Beiheft: „Kurze Anleitung zum Bestimmen der technisch wichtigsten Mineralien und Felsarten." (Mit 11 Abbildungen im Text, 23 Seiten.) VIII, 550 Seiten. 1929. Gebunden RM 45.—

Inhaltsübersicht:

I. Einführende Vorbemerkungen: Die Bestandteile der Gesteine. Größe und Gestalt der Gesteinsgemengteile. Die wichtigsten Verfahren zur Bestimmung der Korngröße der Gesteinsgemengteile und die Darstellung der gewonnenen Untersuchungsergebnisse. II. Die Bildung der Gesteine und ihrer Bestandteile; die wissenschaftliche Einteilung der Gesteine. III. Die technischen Eigenschaften der Gesteine und ihre Prüfung; Gewinnung und Verwertung der Gesteine. Schriftenverzeichnis, Sachverzeichnis, Ortsverzeichnis. Anhang (Beiheft): Kurze Anleitung zum Bestimmen der technisch wichtigsten gesteinbildenden Mineralien und Felsarten.

Ingenieurgeologie. Herausgegeben von Dr. K. A. Redlich, o. ö. Professor der Deutschen Technischen Hochschule Prag, Dr. K. v. Terzaghi, o. ö. Professor des Institute of Technology, Cambridge, Mass., U. S. A., und Dr. R. Kampe, Direktor des Quellenamtes Karlsbad, Privatdozent der Deutschen Technischen Hochschule Prag. Mit Beiträgen von Dir. Dr. H. Apfelbeck, Falkenau, Ing. H. E. Gruner, Basel, Dr. H. Hlauschek, Prag, Privatdozent Dr. K. Kühn, Prag, Privatdozent Dr. K. Preclik, Prag, Privatdozent Dr. L. Rüger, Heidelberg, Dr. K. Scharrer, Weihenstephan-München, o. ö. Professor Dr. A. Schoklitsch, Brünn. Mit 417 Abbildungen im Text. X, 708 Seiten. 1929. Gebunden RM 57.—

Inhaltsübersicht:

I. Kosmische und geophysikalische Geologie. — II. Vulkanismus. — III. Gesteinskunde. — IV. Technologisch und anderweitig wichtige Mineralstoffe. — V. Tektonik und Gebirgsbildung. — VI. Erdbeben. — VII. Die geologische Karte und das Profil. — VIII. Untersuchung, Bewertung und obertägiger Abbau von Lagerstätten. — IX. Bodenkunde: Technisch-geologische Beschreibung der Bodenbeschaffenheit für bautechnische Zwecke. Der Boden als landwirtschaftlicher Faktor. — X. Tunnelgeologie. — XI. Erd- und Grundbaugeologie: Bergstürze und Erdrutschungen. Bewegungen der Oberfläche infolge des Bergbaubetriebes. Tragfähigkeit des Baugrundes und die Setzungserscheinungen. Gründung von Stauwerken. Gründungsarbeiten auf Moorböden. Straßenbaugeologie. — XII. Das Wasser. — XIII. Die Veränderungen der Erdoberfläche durch bewegte Medien: Tätigkeit der Luft. Tätigkeit des fließenden Wassers. Seebildung. Das Meer. Die geologische Wirkung von Schnee und Eis. — XIV. Morphologie der Erdoberfläche. — XV. Erdgeschichtliche (stratigraphische) Tabelle.

Entwicklungsgeschichte der mineralogischen Wissenschaften. Von P. Groth. Mit 5 Textfiguren. VI, 262 Seiten. 1926.

RM 18.—; gebunden RM 19.50

Mineralogisches Taschenbuch der Wiener Mineralogischen Gesellschaft. Unter Mitwirkung von A. Himmelbauer, R. Koechlin, A. Marchet, H. Michel, O. Rotky. Redigiert von J. E. Hibsch. Zweite, vermehrte Auflage. Mit 1 Titelbild. X, 187 Seiten. 1928. Gebunden RM 10.80

Anleitung zur Bestimmung von Mineralien. Von Professor N. M. Fedorowski, Moskau. Übersetzung der letzten (zweiten) russischen Auflage. Mit 15 Textabbildungen. VIII, 136 Seiten. 1926. RM 7.50

Berichtigungen.

Ab Seite 118 lies überall Fedorow statt Federow.

Seite 289: Die Diagramme 3 und 4 sind nicht wie die anderen Diagramme nach
Prozenten sondern nach Promille gestuft; also sind die Zahlenwerte
durch 10 zu dividieren.

Sander, Gefügekunde.